LE

# RÈGNE VÉGÉTAL

TEXTES

Paris. — Imprimerie de P.-A. Bourdier et Cie, rue Mazarine, 30.

# LE
# RÈGNE VÉGÉTAL

DIVISÉ EN

TRAITÉ DE BOTANIQUE GÉNÉRALE, FLORE MÉDICALE ET USUELLE

HORTICULTURE BOTANIQUE ET PRATIQUE

(PLANTES POTAGÈRES, ARBRES FRUITIERS, VÉGÉTAUX D'ORNEMENT)

PLANTES AGRICOLES ET FORESTIÈRES

HISTOIRE BIOGRAPHIQUE ET BIBLIOGRAPHIQUE DE LA BOTANIQUE

PAR MM.

**A. DUPUIS**
professeur d'histoire naturelle,
ancien professeur de botanique et de sylviculture
à l'Institut agronomique de Grignon,
membre de plusieurs Académies
et Sociétés savantes, etc.

**O. REVEIL**
docteur en médecine,
pharmacien en chef des hôpitaux,
professeur agrégé à la Faculté de médecine de Paris
et à l'École supérieure de pharmacie,
membre de plusieurs Sociétés savantes, etc.

**FR. GÉRARD**
botaniste - micrographe,
membre de plusieurs Sociétés savantes, l'un des
collaborateurs du Dictionnaire
d'histoire naturelle.

**F. HÉRINCQ**
botaniste attaché au Muséum d'histoire naturelle
rédacteur en chef de l'Horticulteur français,
membre de plusieurs Sociétés
savantes, etc.

ET D'APRÈS LES TRAVAUX DES PLUS ÉMINENTS BOTANISTES FRANÇAIS ET ÉTRANGERS

Formant (avec l'Histoire de la Botanique)

**Dix-sept beaux volumes**

dont neuf volumes grand in-8° jésus de textes

ET HUIT ATLAS PETIT IN-QUARTO DE PLANCHES GRAVÉES

Les Atlas renfermant (avec des textes descriptifs en regard)

**PLUS DE 5000 DESSINS DE PLANTES OU DE DÉTAILS BOTANIQUES**

FINEMENT COLORIÉS

# PARIS

LIBRAIRIE DES SCIENCES NATURELLES

ET DES ARTS ILLUSTRÉS

**Théodore MORGAND**, libraire-éditeur

RUE BONAPARTE, 5

—

# TRAITÉ

DE

# BOTANIQUE GÉNÉRALE

ACCOMPAGNÉ DE DEUX ATLAS ICONOGRAPHIQUES

---

TEXTE

Paris. — Imprimerie de P.-A. BOURDIER et Cⁱᵉ, rue des Poitevins, 6.

# TRAITÉ

DE

# BOTANIQUE

## GÉNÉRALE

PAR MM.

**F. HÉRINCQ**

botaniste attaché au Muséum d'histoire naturelle,
rédacteur en chef de l'Horticulteur français,
membre de plusieurs Sociétés
savantes, etc.

**FR. GÉRARD**

botaniste - micrographe,
membre de plusieurs Sociétés savantes, l'un des
collaborateurs du Dictionnaire
d'histoire naturelle

**O. REVEIL**

Docteur en médecine, pharmacien en chef des hôpitaux, professeur agrégé à la Faculté de médecine
et à l'École supérieure de pharmacie de Paris,
membre de plusieurs Sociétés savantes, etc., etc.

(*Pour la Chimie végétale*)

OUVRAGE RÉSUMANT

LES PLUS SAVANTES RECHERCHES ET LES MEILLEURS TRAVAUX SUR LA MATIÈRE

FAITS EN FRANCE, EN ALLEMAGNE, EN ANGLETERRE, EN ITALIE, ETC., ETC.

TOME DEUXIÈME

# PARIS

LIBRAIRIE DES SCIENCES NATURELLES
ET DES ARTS ILLUSTRÉS
**Théodore MORGAND, libraire-éditeur**
RUE BONAPARTE, 5

# BOTANIQUE GÉNÉRALE

## LIVRE IV

### DES ORGANES DE LA REPRODUCTION

# BOTANIQUE
## GÉNÉRALE

## ORGANES DE LA REPRODUCTION

Ainsi que les animaux, les végétaux ont une double activité. Les appareils de nutrition, que nous venons d'examiner, servent à l'entretien de la vie individuelle, et des organes différents, essentiellement spéciaux, servent à la continuation de la vie végétale par la production de la graine.

Il existe néanmoins une différence importante dans les végétaux : c'est que la durée intégrale de la vie se prolonge, quand on s'oppose par la mutilation à l'accomplissement de la fonction de reproduction ; en effet, on peut la prolonger d'une année à l'autre et rendre bisannuelle une plante qui ne doit vivre qu'une année, en en supprimant les fleurs, surtout si on la met dans une condition telle, qu'elle soit soustraite à l'influence désorganisatrice des agents ambiants. Dans l'animal, la mutilation est sans influence sur la durée de la vie : on peut même dire que l'accomplissement de la fonction qui nous occupe est une des nécessités impérieuses de son existence.

Considérée sous le rapport du mode de reproduction, la plante ressemble plus aux animaux inférieurs qu'aux supérieurs, et toutes, sans exception, jouissent de la faculté de se reproduire soit par des spores, soit par des graines, ce qui constitue dans toute la série végétale le mode normal de reproduction ; cependant les végétaux jouissent d'une propriété qui ne se trouve que dans le bas de l'échelle animale et qui existe à un égal degré dans tous les embranchements du règne végétal : c'est de se reproduire par des parties détachées de la plante, tels sont les boutures, les drageons, les marcottes, les tubercules, les propagules, les sporules, les innovations. Dans certains végétaux, tels que les plantes bulbeuses, il y a une reproduction par ramification du bulbe, qui reproduit des caïeux; dans certaines autres, ce sont des bulbilles, qui se forment dans le fruit et remplacent la graine; dans les végétaux à tubercules, les yeux, qui sont le point où doit se développer le bourgeon reproducteur, émettent des jets propres à donner naissance à des individus nouveaux. On fait des boutures avec certaines feuilles; on en fait même avec des fragments de feuilles, des tronçons de racines et d'écorce, d'écailles de bulbes; en un mot, avec tout organe de la végétation, dans lequel il y a du tissu cellulaire en voie de formation.

Le mode de multiplication par bourgeonnement, indépendamment de la fécondation, a lieu dans l'état naturel, et se voit dans les *lemna*, ou lentilles d'eau, dont on trouve si rarement des fleurs, et qui se multiplient par des bourgeons latéraux. Qu'est-ce, au reste, que la graine, si ce n'est un bourgeon libre d'une figure particulière et plus complexe? Quelle différence faire entre la reproduction par simple division, par gemmation ou par graine? Le système reste le même, le mode seul varie. Ce qui est vrai pour la plante, l'est aussi pour l'animal; de là l'analogie qui existe entre l'œuf et la graine, entre l'œuf du vivipare et l'œuf de l'ovipare, entre le bourgeon reproducteur, la cellule génératrice et la graine. Comme il est dans l'essence de la nature de procéder du simple au complexe, nous voyons, quand nous avons franchi les fougères, les plantes douées d'organes générateurs distincts, séparés sur des pieds différents, d'autres fois réunis sur un même pied, mais avec des téguments floraux différents, puis enfin réunis dans la même enveloppe : l'hermaphrodisme est donc la loi supérieure de l'être végétal, comme la sexualité distincte l'est de l'animal.

On retrouve, dans les appareils reproducteurs des végétaux, une analogie plus grande avec ceux des animaux que dans les appareils de la vie organique; et l'on est frappé de la persistance de la nature à employer un même moyen pour arriver à des résultats identiques, mais en variant le mode à l'infini.

# CHAPITRE PREMIER



La fleur est la dernière expression de la végétation. En observant avec attention le phénomène de la floraison, on voit que les bourgeons terminaux ou axillaires subissent une modification qui frappe l'œil le moins exercé. Les feuilles dernières perdent de leur ampleur, souvent même se colorent, et se convertissent en bractées; puis du centre de ces bractées s'élance un bourgeon terminal, dont les feuilles plus ou moins altérées, ou métamorphosées, sont rapprochées en plusieurs collerettes ou verticilles superposés, dont l'ensemble constitue ce qu'on appelle la *fleur*. Quoiqu'on trouve, dans cet appareil, des éléments semblables aux feuilles qui se métamorphosent souvent de la manière la plus élégante et la plus bizarre, et finissent par des organes qui sont les instruments directs de la génération, et qu'on soit porté à n'y voir que des feuilles se transformant de proche en proche, on ne peut cependant pas toujours suivre cette transformation, qui répond à une loi fondamentale, celle de la floraison, un des grands mystères de la vie végétale.

Toutes les fleurs ne présentent pas la même composition. Il est aussi difficile de donner une définition rigoureuse de la fleur, que de définir exactement le végétal; nulle part la nature n'a tracé de ligne de démarcation bien nette.

Une fleur est quelquefois constituée par une seule étamine ou par un seul pistil, sans enveloppe spéciale, comme on le voit dans les *arum*; d'autres fois, la fleur se compose d'une simple écaille, à l'aisselle de laquelle sont deux étamines ou un seul pistil; telle est la fleur des saules (Pl. 1, fig. 9, 10). Dans les conifères, des écailles sont disposées en cône, et chacune d'elles abrite quelques anthères (Pl. 1, fig. 8) ou 2 ovules nus, c'est-à-dire qui ne sont pas contenus dans un ovaire; chacune de ces écailles ou chacune de ces anthères et de ces ovules peut être regardée comme une fleur.

Dans les cypéracées (Pl. 1, fig. 1), trois étamines et un pistil résident ensemble à l'aisselle d'une écaille; on trouve deux écailles

ou glumelles avec trois étamines et un pistil, pour chaque fleur des
graminées (Pl. 1, fig. 2). La fleur de mercuriale (Pl. 1, fig. 11) est
composée de trois petites feuilles vertes insérées à la même hauteur
autour de l'axe, formant un verticille ou calice, au centre duquel se
trouvent des étamines. Dans les joncées (Pl. 1, fig. 3), la fleur présente six écailles disposées sur deux rangs, six étamines et un pistil
au centre ; une double enveloppe florale est manifeste dans le perce-
neige (fig. 5) et les broméliacées (fig. 7). Enfin, la fleur de renoncule,
qui est une fleur des plus complètes, offre quatre organes très-distincts ;
extérieurement, cinq petites feuilles vertes ou sépales forment un
premier verticille nommé *calice* ; en dedans de ce calice, cinq autres
petites feuilles jaunes ou pétales constituent un second verticille qui
est la corolle ; des étamines composent le troisième verticille ou
androcée ; et des pistils occupant le centre représentent un quatrième
verticille auquel on a appliqué le nom de gynécée (Pl. 1, fig. 15).

Rien n'est plus variable, comme on voit, que la composition de la
fleur ; il est donc impossible d'en donner une définition absolue.

Théoriquement, il n'en est plus ainsi : la fleur existe partout où
il y a un des organes sexuels, qu'il soit accompagné ou non d'appendices extérieurs. La fleur réside exclusivement dans les deux organes
de la reproduction, étamines ou pistils ; réunis, ils constituent la
fleur *hermaphrodite* (Pl. 1, fig. 3) ; séparés l'un de l'autre, la fleur
est unisexuée ; elle est dite *mâle* quand il n'y a que des étamines
(fig. 9), et *femelle* quand l'organe sexuel est le pistil (fig. 10).

Suivant que ces deux organes floraux sont dépourvus ou accompagnés d'appendices extérieurs, la fleur est nue, incomplète ou complète. Pour qu'une fleur soit *complète*, il faut qu'elle présente quatre
verticilles d'organes différents, disposés autour de l'axe commun :
1° le calice ; 2° la corolle ; 3° les étamines ; 4° les pistils. Le verticille
de glandes nectarifères qu'on observe dans quelques fleurs doit être
considéré comme anormal. Chaque fois qu'il manque un des quatre
verticilles normaux, la *fleur est incomplète*.

Les fleurs de l'*arum maculatum* et du frêne (*fraxinus elatior*)
sont *nues* ; celles de la clématite sont *incomplètes* parce qu'elles n'ont
qu'un calice coloré ; dans les renoncules elles sont *complètes* (Pl. 1,
fig. 15).

Toutes les parties de ces quatre verticilles floraux prennent naissance sur un axe central, qui n'est autre que le sommet de l'axe

même de la plante, soit de la tige, soit des ramifications de la tige, raccourci et plus ou moins élargi, creusé en coupe, ou relevé en sphéroïde, et qui porte le nom de réceptacle.

On peut suivre avec beaucoup de clarté dans certaines plantes la transformation des éléments foliacés en éléments floraux, et celle qui se prête le mieux à cette étude est le nymphæa blanc.

On distingue fort bien les folioles calicinales ou du calice, vertes à la base et blanches sur les bords; puis les pétales constituant la corolle et formant le second verticille ou le second cercle, de même forme, mais plus grand; la réduction successive des pétales, et leur conversion en étamines ou troisième verticille, c'est-à-dire un cercle plus intérieur encore, avec leurs loges pollinifères soudées sur le filet; souvent les étamines, quoique formant un seul verticille, sont disposées en plusieurs séries, comme dans les familles polyandres; enfin le quatrième verticille, ou les carpelles. On peut donc suivre le passage d'un verticille à l'autre avec la plus grande facilité.

Pour vérifier la théorie de l'origine foliaire des différents verticilles, on peut, après avoir suivi la transformation des éléments qui les composent les uns dans les autres : celle des bractées en folioles calicinales, des folioles calicinales en pétales, des pétales en étamines, des étamines en pétales, ce qui a lieu dans la duplicature des fleurs, la conversion des feuilles carpellaires en étamines et réciproquement, retrouver, par un renversement de la loi naturelle d'évolution, la métamorphose en feuilles de tous les verticilles ou d'une partie d'entre eux. On donne à la transformation des feuilles en organes de reproduction et des différents verticilles en verticilles supérieurs, le nom de *métamorphose ascendante*, et celui de *métamorphose descendante* à la conversion des verticilles floraux en feuilles ou en verticilles inférieurs. Nous étudierons ces faits dans le chapitre de la tératologie.

L'étude du pistil est plus difficile au premier abord, et pour y reconnaître la transformation d'un organe foliacé, il faut choisir des sujets qui se prêtent à cette étude. Certaines renonculacées, dans lesquelles le fruit est un follicule, sont les meilleurs exemples à étudier. Dans l'origine, le follicule est une simple feuille, dont les bords opposés se rapprochent et finissent par se souder pour former le pistil; plus tard, lors de la maturité des semences, elle s'ouvre et reprend sa forme laminaire. Les ancolies, les *eranthis*, les hellébores, les *delphinium* sont dans ce cas. On a donc donné à chacune des parties qui forment le pistil le nom de *feuille carpellaire* ou de *carpelle*.

Si maintenant on étudie le développement des verticilles des différents noms, il est facile de reconnaître que, depuis les folioles calicinales jusqu'aux feuilles carpellaires, l'évolution est spirale, ce qui s'explique parfaitement, comme pour les feuilles, et fait voir la cause pour laquelle, lors du développement de chacune des parties, elles sont disposées le plus souvent de manière à alterner entre elles; ainsi les pétales ne sont pas appliqués sur la foliole calicinale ou ne lui sont pas opposés, mais ils sont alternes; les étamines ne sont pas opposées aux pétales, mais alternantes. Cependant il s'en faut que ce soit uniforme et constant; on remarque, chez quelques plantes, les vignes, les primevères, par exemple, des modifications qui échappent à la règle. Quant à la recherche de la spirale primitive, c'est une étude de même valeur que la phyllotaxie.

Quoique le nombre des éléments floraux varie à l'infini, on constate généralement une loi commune à certains groupes, et qui a été longuement exposée dans le chapitre relatif à l'ascendance des formes : c'est le nombre trois dans les monocotylédones, et le nombre cinq dans les dicotylédones.

On doit admettre que toute fleur, pour répondre au but que la nature lui a assigné, doit être complète et, de plus, régulière, c'est-à-dire offrir la régularité géométrique. Il s'agit maintenant de décider si les fleurs dans lesquelles les éléments qui les composent sont divisés en un nombre égal et normal de parties distinctes, sont celles qui réunissent le plus haut degré de perfection, ou si ce sont au contraire celles dont les différentes parties, soudées entre elles, ne paraissent formées que d'une seule pièce. Si nous recherchons dans le règne animal les éléments de la solution de cette question, nous verrons que c'est la division des organes en autant d'appareils appropriés aux fonctions qui constitue le plus haut degré de perfection : c'est ainsi que dans les vertébrés, surtout dans les mammifères supérieurs et dans l'homme, chaque fonction a son appareil spécial, et il n'y a pas cumulation de fonctions dans un même organe; mais comme, dans le règne végétal, on remarque une opposition réelle avec le règne animal, une sorte de renversement des lois morphologiques et physiologiques qui constitue son système propre d'évolution, on serait tenté de croire que la soudure des organes est une perfection. Cependant nous pensons que c'est une erreur, et que, dans la coordination philosophique des groupes, on doit procéder du simple au complexe, de l'irrégulier au régulier. Si nous suivons l'ordre évolutif des grandes familles, nous voyons, dans les cypéracées (Pl. 1, fig. 1) et les graminées (fig. 3), des enveloppes florales qui ressemblent assez aux parties vertes, pour ne s'en distinguer que par leur fonction; le fruit est un caryopse, c'est-à-dire le plus simple des fruits : un sac renfermant un périsperme farineux, avec un petit embryon à l'un des bouts. Dans les joncacées (fig. 3), la fleur, quoique n'étant pas encore sortie de la contexture herbacée, est cependant déjà plus fleur que dans les groupes précédents, et nous trouvons l'ovaire à trois loges distinctes ; la famille des joncs est un passage aux monocotylédones à périanthe coloré. Dans toutes les familles qui suivent, les éléments floraux sont distincts ; les fruits eux-mêmes se composent en général de capsules à plusieurs loges, dans les angles desquelles sont attachées les graines.

Dans les dicotylédones, les groupes diclines commencent et présentent des ovules nus ou protégés par une enveloppe. La plupart des fleurs sont incomplètes : ce sont des écailles, comme dans les conifères (fig. 8), ou des fleurs monandres; tandis que, d'après la loi normale d'évolution, les éléments de chaque verticille doivent être en nombre égal ou double, mais toujours en rapport de nombre avec alternance, et presque toutes les fleurs de la diclinie sont incomplètes. On y trouve au bas de l'échelle des étamines monadelphes ou soudées, comme cela a lieu dans les myristicées, des styles soudés dans les cytinées; et sous le rapport de la distribution des sexes, des plantes monoïques, dioïques, polygames, enfin tous les jeux imaginables; ainsi pas de fleurs réellement complètes, et des soudures multipliées.

Dans les dicotylédones apétales, les fleurs hermaphrodites commencent à paraître; ce sont des fleurs incomplètes avec soudure de certains verticilles et pas de verticilles bien définis. Dans les monopétales régulières, on trouve une évolution plus normale et des fleurs complètes; mais les différentes pièces qui les composent sont soudées, et l'on n'y remarque que des divisions, qui laissent cependant voir les points où la soudure a eu lieu (Pl. 1, fig. 12). On trouve dans ce grand groupe les apocynées et les asclépiadées, qui semblent représenter les orchidées dans les monocotylédones; les composées, qui se distinguent surtout par la soudure des anthères, par la transformation en poils ou en aigrettes des calices, et par les paillettes des réceptacles. Les monopétales irrégulières sont également complètes et avec des soudures moins distinctes; toutefois les étamines sont souvent en nombre inférieur à celui des divisions du limbe. Viennent ensuite les polypétales, dont les fleurs, complètes dans la plupart des familles, présentent cependant deux anomalies : des étamines indéfinies et des verticilles irréguliers; puis des soudures de verticilles entiers : telles sont les étamines dans les malvacées. Dans les polypétales périgynes se trouvent le plus grand nombre de fleurs complètes, et on trouve que, dans les grandes familles, qu'on peut regarder comme les types, il y a distinction des parties et rapport numérique des organes reproducteurs.

Que remarque-t-on dans l'évolution florale, comme éléments : 1° les *adhérences* ou *soudures*, qui s'appliquent aux verticilles des différents ordres : pour les calices, c'est la soudure des sépales ; pour les corolles, celle des pétales. Les filets des étamines se soudent aussi quelquefois, tantôt par les filets, comme dans les malvacées, où elles constituent les types monadelphes, soit par les anthères, comme dans les synanthérées; l'adhérence des folioles carpellaires constitue le pistil unique. Outre les soudures des éléments de verticilles semblables, il y a encore soudure de verticilles dissemblables entre eux, ce qui est essentiellement anormal, car il est dans l'essence même du développement floral que chaque verticille soit sans cohérence avec les verticilles inférieur et supérieur, et que même les parties qui la composent soient libres entre elles. On voit les pétales se souder aux folioles du calice, les étamines aux pétales; quelquefois ces trois verticilles se soudent avec l'ovaire. C'est ici le cas d'étudier le mode de génération des fleurs dans lesquelles les adhérences sont nombreuses, pour s'assurer si, dans leur état embryonnaire, les parties réunies étaient libres; mais le perfectionnement, expression dont nous nous servons pour reproduire une idée vulgaire (car une fleur incomplète et irrégulière, suffisant à la production de son fruit, est aussi parfaite que celle dont les divers éléments sont distincts), consiste dans le nombre régulier des verticilles, l'alternance des parties verticillaires, la symétrie et la régularité de ces mêmes parties. En suivant l'ordre d'évolution ascendante, nous constatons le fait de l'amélioration de la forme par la division et la liberté des éléments de la fleur. Les types considérés comme les plus élevés, sont donc ceux qui réunissent les quatre principes énoncés ci-dessus. On ne peut dire que les adhérences, dans l'état d'évolution normale, viennent de la compression des parties : nous voyons dans les fleurs en thyrse d'énormes rameaux à fleur qui sont composés d'un tel nombre de fleurs, que les soudures devraient être l'accident le plus ordinaire ; cependant il n'en est rien, et le marronnier d'Inde, qui devrait dans sa fleur présenter le plus d'adhérences, est au contraire composé d'éléments floraux très-distincts. Nous ne parlons ici que de l'évolution normale, et non des cas de tératologie, où la compression des parties et l'hypertrophie sont des causes de soudures.

Les grandes exceptions à la loi de régularité, dans le nombre et la disposition des verticilles, viennent encore : 2° *de la multiplication du nombre des parties de la fleur* ; 3° *de leur réduction*.

La *multiplication des parties* a lieu surtout pour les étamines, qui, au lieu d'être égales en nombre aux autres éléments verticillaires, ce qui leur a valu le nom de fleurs *isostémones*, sont en nombre double, les *diplostémones*, ou plus. Ces anomalies détruisent la régularité, et l'on chercherait vainement à retrouver, dans l'ordre de disposition, des verticilles d'évolution spirale. Quelquefois il y a multiplication, sans qu'il y ait augmentation du nombre des verticilles : les pétales se doublent par l'accroissement de certains appendices qui s'hypertrophient, ou bien les filets staminaux se ramifient et forment des faisceaux, au lieu de présenter un filet simple.

La modification du type normal *par réduction*, ou par avortement de parties de verticilles, ne donne pas toujours naissance à des fleurs incomplètes, mais à des fleurs complètes avec variation dans le type. Ces suppressions portent sur tous les verticilles : dans les fleurs où la corolle manque, ce sont des fleurs *apétales* ; elles sont dites *achlamydées* quand les deux verticilles calicinaux et corollins ne se sont pas développés ; quand, au contraire, ce sont les organes reproducteurs ou les deux verticilles intérieurs, elles sont dites *neutres*, ce qui se voit souvent dans certains genres de composées.

On doit toujours admettre qu'une fleur est complète, et regarder les fleurs monoïques comme celles dans lesquelles il y a eu arrêt de développement pour un des verticilles reproducteurs. Nous voyons dans les genres *urtica*, *lychnis*, des espèces dioïques, ce qui prouve qu'il y a eu résorption d'un des verticilles.

Par suite de cette tendance de notre esprit, qui nous porte à rechercher partout des analogies, nous avons, par une synthèse judicieuse, comparé les étamines aux mâles des animaux, et les pistils qui contiennent les ovules aux femelles : de là, ainsi que nous l'avons déjà dit, le nom de *fleurs mâles* donné à celles qui n'ont que des étamines ; de *fleurs femelles* à celles qui n'ont que des pistils ; et de *fleurs hermaphrodites* à celles dans lesquelles les deux verticilles staminaux et pistillaires sont réunis dans une même enveloppe.

On a donné le nom commun de *diclines* aux végétaux dans lesquels les fleurs sont incomplètes, c'est-à-dire apétales, et les sexes séparés, soit sur un même pied, soit sur des pieds différents. Quand les sexes séparés sont portés par un même individu, on les appelle *monoïques*, et *dioïques* quand, au contraire, ils sont sur des pieds différents.

Les végétaux *polygames* sont ceux qui portent à la fois des fleurs hermaphrodites, des fleurs mâles et des fleurs femelles sur un même pied.

L'ensemble des organes mâles ou staminaux s'appelle *androcée*, et celui des organes femelles *gynécée*, expressions qui n'en disent pas plus que les mots étamines et pistils : les botanistes anciens attachaient à ces deux noms une valeur semblable ; par étamines, ils entendaient l'ensemble de l'organe mâle, ou le verticille fécondateur, et, par pistil, l'ensemble de l'organe femelle plus complexe et composé de parties essentiellement distinctes.

Pour suivre le développement des verticilles des différents noms, et voir leurs modifications ascendantes ou descendantes, on a imaginé des coupes horizontales des boutons à fleurs avant leur épanouissement et à la hauteur des étamines ; il en est résulté une suite de figures, dans lesquelles on reconnaît parfaitement la position relative et le nombre des verticilles floraux. On a donné à ces coupes le nom de *diagrammes* (Pl. 2 et 3) : elles sont fort utiles pour faire connaître les rapports des groupes les uns avec les autres ; mais elles sont fort difficiles à faire, parce qu'il faut choisir l'époque précise du développement primitif des verticilles floraux pour obtenir une coupe qui représente leur aspect réel[1]. Cependant avec de l'habitude on obtient des diagrammes satisfaisants. On pourrait joindre, à la coupe horizontale, un diagramme vertical qui ferait connaître la position des étamines par rapport à la corolle et au pistil, et la disposition des ovules dans le fruit.

Une des connaissances les plus importantes à acquérir, et qui présente des difficultés qu'on ne peut vaincre que par l'habitude, c'est celle de l'insertion des parties de la fleur, et surtout du rapport des étamines et du pistil. Les insertions fournissent des distinctions d'une grande valeur, pour grouper les végétaux suivant leurs affinités naturelles, sous le rapport méthodologique, et l'étude en est indispensable, parce qu'elle forme la base de la classification de Laurent de Jussieu.

Si les fleurs se développaient toujours normalement, les quatre verticilles fondamentaux seraient superposés à partir du calice, le plus externe, qui en formerait la base, jusqu'au pistil, qui est le verticille le plus interne, et en formerait le sommet. Il n'y aurait, dans ce cas, qu'un seul mode de rapports, et l'ovaire serait toujours libre et supère ; mais les adhérences et tous les autres modificateurs opposent à cet arrangement primitif une perturbation très-grande.

Lorsque l'ovaire surmonte le point d'attache des parties environnantes et qu'il n'y a de continuité qu'avec le réceptacle, il est dit *supère* ; c'est ce qui a lieu dans le plus grand nombre des végétaux phanérogames ; mais il existe des groupes entiers dans lesquels l'ovaire est soudé avec le calice qui l'enveloppe et le recouvre, et ne forme qu'un corps avec lui : les autres verticilles se trouvent placés au sommet ; l'ovaire se trouve alors au-dessous, et est dit *infère*.

On a désigné sous le nom de *torus*, de *réceptacle*, le sommet du pédoncule sur lequel sont attachés tous les verticilles floraux ; mais pour qu'il conserve ce nom, il faut qu'il soit plan ou à peu près. Dès qu'il est allongé, il affecte d'autres caractères qui méritent d'être pris en considération ; pour désigner cette disposition particulière, on a inutilement créé des mots qui n'ont pas leur raison logique

1. Il faut pour cela couper le bouton avec un instrument bien tranchant et à lame mince, de manière à ne pas lacérer les tissus et détruire ainsi les rapports des parties qui composent les verticilles ; puis on regarde la coupe, qu'on en ait fait une tranche mince, ou bien qu'on se soit borné à couper dans la masse du bouton, avec une loupe dont l'amplification doit être de trois à quatre diamètres.

d'être : ceux d'axe staminaire, pistillaire, suffisaient; cependant on a appelé *gonophore* l'axe portant les étamines, et *gynophore* l'axe portant l'ovaire ou le pistil. Le *gynandropsis palmipes*, espèce de capparidée, offre un exemple fort remarquable du *gonophore* et du *gynophore*. On a désigné sous le nom d'*anthophore* le prolongement de l'axe, qui porte à la fois les étamines, le pistil et la corolle, ainsi que cela se voit dans le *lychnis viscaria*. On pourrait fort bien l'appeler *axe florifère*, à moins qu'on ne reprenne le nom de *stipe*, adopté par Linné, pour désigner tout prolongement de l'axe portant un verticille floral quelconque ; on ferait disparaître cette nomenclature surchargée, qui rend la botanique si difficile pour les personnes étrangères à l'étude des sciences ou qui, n'ayant pas reçu une éducation classique, ne sont pas familiarisées avec les mots grecs.

Un autre appareil, qui surmonte le réceptacle, et remarquable par sa propriété sécrétante, ce qui l'avait fait confondre avec les nectaires, est celui qu'Adanson a désigné sous le nom de *disque*, et qui a reçu de Desvaux celui de *glandes ovariennes*. Ces glandes ont de l'importance dans la diagnose, parce qu'elles existent dans un grand nombre de végétaux qu'elles servent à distinguer.

Dans les crucifères, on trouve des glandes hypogyniques qui se composent de plusieurs tubercules naissant sur le sommet du pédoncule, et indépendants de l'ovaire et du calice.

Dans certaines rosacées, entre autres dans le rosier, les glandes nectarifères forment une protubérance orbiculaire autour du calice.

Dans les ombellifères, les rubiacées et les œnothérées, la glande fait saillie au-dessus du sommet de l'ovaire.

La *floraison*, appelée encore *fleuraison* [1] et *florification*, est le phénomène évolutif qui suit la *préfleuraison*. Elle varie suivant les végétaux, et même suivant les espèces, les climats, les stations et certaines circonstances ambiantes. La chaleur est l'agent le plus actif de la végétation; car, dans les pays chauds, la floraison des mêmes végétaux arrive plus tôt que dans les pays froids. Les plantes des climats méridionaux, qui sont cultivées sous un climat plus froid, ne donnent souvent ni fleurs ni fruits. Il y a un grand nombre de végé-

---

1. Quelques auteurs, pour arriver à la précision, établissent entre *floraison* et *fleuraison* une distinction futile. La première de ces expressions indiquerait l'instant où la fleur épanouie brille de tout son éclat; l'autre, la durée de la fleur depuis l'épanouissement jusqu'à la marcescence.

taux qui sont dans ce cas; c'est pourquoi les horticulteurs sont
obligés de forcer ces plantes, c'est-à-dire de les faire lever sur
couche, pour en activer la végétation : les célosies, les balsamines, les cobées sont dans ce cas. On peut mettre encore au
nombre des causes qui empêchent la floraison, l'excès de développement, qui fait pousser les organes appendiculaires aux dépens des
fleurs.

Suivant la nature des végétaux, les fleurs apparaissent à une époque différente de leur vie. Dans les plantes herbacées dont le cycle
de végétation est limité, il y en a qui naissent, fleurissent, fructifient
et meurent dans une même saison : ce sont les plantes *annuelles*.
Les plantes *bisannuelles* ne fleurissent que la seconde année, et meurent après. Les végétaux herbacés *vivaces* durent depuis trois années
jusqu'à huit ou dix ans et plus; dans ces plantes, appelées aussi
*pérennes*, le système ascendant reparaît chaque année, fleurit et
meurt à l'automne pour revivre l'année suivante. Dans les végétaux
ligneux, il y a plus de variété dans la floraison : c'est toujours une
seule fois par an qu'ils fleurissent; mais le bourgeon qui renferme
la fleur ne se développe pas toujours au printemps; quelquefois la
fleur passe l'hiver tout entier cachée dans le bouton avant de se
montrer; dans certains arbres, il faut deux années pour que la fleur
se prépare. Il semblerait que la loi de l'évolution florale soit d'une
régularité rigoureuse; car nous voyons la plupart des arbres exotiques, que nous avons soumis à la culture, fleurir sous notre climat
à la même époque que dans leur pays natal. L'amandier est dans ce
cas : il fleurit chez nous comme dans les chaudes régions d'où il a
été importé, et les Juifs mêmes le regardaient comme l'arbre le plus
précoce. Les fleurs apparaissent, sous le climat de Paris, à la fin de
février ou dans les premiers jours de mars, et elles ont beau être,
la plupart du temps, moissonnées par la gelée, l'arbre n'en a pas
moins conservé sa floraison précoce.

Dans les pays tempérés, les végétaux ne fleurissent qu'une seule
fois, excepté pour les plantes précoces, qui fleurissent souvent à
l'arrière-saison, comme cela se voit sous notre climat qui jouit,
depuis quelques années, d'automnes très-doux et qui se prolongent
jusqu'au milieu de décembre; mais, par compensation, les printemps
sont froids et les gelées très-tardives, ce qui retarde la floraison. En
général, quand, dans des climats comme le nôtre, où l'hiver ne fait

que rétrograder et où le froid amène toujours une suspension de la végétation, il y a une floraison nouvelle des végétaux domestiques ; c'est un mauvais présage, car la fleur est moissonnée par l'hiver et la fructification de l'année suivante s'en ressent. Le figuier nous offre un exemple de cette double floraison : les fruits de la seconde récolte sont presque toujours perdus.

Dans les pays plus méridionaux, la double floraison est un phénomène habituel, et dans les climats tropicaux elle est continue.

La floraison est dans plus d'un cas indépendante du développement des feuilles, ce qui se voit dans l'orme, le *calycanthus præcox*, l'érythrine, le paulownia, le magnolier yulan, le colchique, les tussilages. On avait donné à ces végétaux, quoique bien différents, le nom de *filius ante patrem* (le fils avant le père), à cause de l'apparition de la fleur avant les feuilles. Dans l'arbre de Judée, les boutons à fleurs naissent sur le vieux bois ; ils sortent de la racine dans l'astragale cendrée ; dans le rosier des haies, l'évolution foliaire précède de peu de temps l'apparition florale ; d'autres fois, ce qui a lieu surtout pour les plantes annuelles ou herbacées, la fleur n'apparaît qu'à la fin du cycle végétal [1].

Un phénomène qui mérite l'attention est le moment de l'épanouissement des fleurs [2], qui sont soumises, comme la floraison elle-même, à des lois constantes. Les fleurs n'épanouissent pas toutes à des heures égales. On a établi une distinction naturelle entre les fleurs *diurnes*, qui ne s'épanouissent que le jour, et les fleurs *nocturnes*, qui ne s'ouvrent que le soir. Les roses, les œillets, les camélias sont des fleurs diurnes ; elles persistent pendant plusieurs jours, et ne sont soumises à aucun mouvement apparent, tandis que d'autres exécutent des mouvements de dilatation et de contraction qui se lient aux grands phénomènes météorologiques. La belle-de-nuit, le *mesembryanthemum noctiflorum*, le *cereus grandiflorus*, sont des fleurs

1. On a assez inutilement donné le nom de *gemmæ proterantheæ* aux boutons à fleurs se développant avant les feuilles ; celui de *gemmæ synantheæ* à ceux qui sont contemporains, et de *gemmæ hysterantheæ* à ceux dont les fleurs viennent après les feuilles.

2. On a donné le nom d'*anthèse*, qui est assez généralement adopté, à l'époque où la fleur épanouie a acquis son plus grand développement. Cet instant n'a pas lieu dans des temps égaux : c'est ainsi que l'anthèse des lis, des asphodèles, a lieu brusquement ; quand la force qui retenait les pétales est vaincue, ils se redressent, et l'épanouissement est complet. Il ne faut qu'une heure aux pavots, qui font, en s'épanouissant, tomber les deux sépales de leur calice. D'autres mettent une matinée à s'ouvrir.

nocturnes, parce qu'elles n'épanouissent que quand le soleil a quitté l'horizon.

On a donné le nom de fleurs *éphémères* à celles qui ne s'épanouissent que pour briller un instant et se flétrir ensuite ; et, parmi ces plantes, il y a des *éphémères diurnes*, tels sont les cistes, et des éphémères nocturnes, le *cereus grandiflorus*.

Les *fleurs équinoxiales* sont celles qui s'ouvrent et se ferment à des heures déterminées : c'est ainsi que les plantes de la tribu des chicoracées, et le *convolvulus tricolor*, s'ouvrent le matin ; les malvacées vers le milieu du jour, et la belle-de-nuit le soir. Il y a encore des équinoxiales diurnes et des nocturnes. Parmi les autres influences de la lumière sur l'anthèse, il y a celle produite sur certaines fleurs dites *tropiques*, qui suivent la marche du soleil ; elles sont à demi épanouies le matin, très-ouvertes à midi, et reprennent le soir leur attitude nocturne. Le souci en est un exemple. C'est en s'appuyant sur l'observation de l'anthèse, qu'on a établi une *horloge de Flore*, dénomination gracieuse, par laquelle Linné a désigné une liste de quelques végétaux à floraison équinoxiale, dont l'épanouissement a lieu aux diverses heures de la journée [1]. L'idée du savant botaniste

1. L'horloge de Flore est un indicateur assez arbitraire de la mesure du temps ; mais on peut toutefois éprouver de la satisfaction à voir s'épanouir sous ses yeux, et en suivant les progrès de la journée, diverses plantes qui croissent toutes sous notre climat. Il faut toutefois les mettre à une exposition convenable, c'est-à-dire méridionale, et tenir compte des changements de temps qui peuvent faire varier l'épanouissement quelquefois de plus d'une heure. En général, c'est par un ciel pur et sans nuages que ce phénomène a lieu avec le plus de régularité.

MATIN.

*De 2 à 3 heures.*

Le Salsifis des prés, *Tragopogon pratense*.
  (C'est, dans les grands jours d'été, le moment où le jour commence à poindre.)

*De 3 à 4 heures.*

Le Liseron des haies.

*De 4 à 5 heures.*

La Chicorée sauvage.
Le Laiteron.
Le Crépis des toits.

*De 5 à 6 heures.*

Le Pissenlit.

Le Lin commun.
L'Épervière en ombelle.

*De 6 à 7 heures.*

La Laitue cultivée.
Le Souci pluvial.
La Piloselle.
Le Nénuphar blanc.

*De 7 à 8 heures.*

La Vésiculaire.
L'OEillet prolifère.
Le Mouron à fleurs rouges.

suédois ne lui appartient pas cependant ; car Pline dit dans son livre admirable et trop peu connu (liv. XVIII, § 27) : « Il semble que la nature crie au laboureur : Pourquoi regardes-tu le ciel? pourquoi interroges-tu les astres? Je t'ai donné des plantes qui t'indiquent les heures, et pour que le soleil ne te fasse pas détourner les regards de la terre, l'héliotrope et le lupin le suivent dans sa marche diurne. »

Les fleurs *météoriques* sont celles qui, sensibles à tous les changements de l'atmosphère, obéissent, par une sorte d'hygroscopicité, aux influences hygrométriques. Les influences électriques jouent sans doute aussi un grand rôle dans ces mouvements. Le souci pluvial est une des plantes qui paraissent subir l'influence de l'atmosphère avec le plus de puissance. Quand le ciel est pur, il s'épanouit le matin, vers sept heures ; mais si le temps est couvert et pluvieux, il reste fermé tout le jour. Les différentes espèces des genres *scorsonère* et *tragopogon* sont dans le même cas. Les feuilles des *oxalis* et des trèfles

*De 8 à 9 heures.*

La *Nolana prostrata*.
La Ficoïde barbue.

*De 9 à 10 heures.*

La Mauve d'Amérique.
La Glaciale.

*De 12 à 1 heure.*

Le Pourpier,
L'*Hypochœris chondrilloides*.

*De 1 à 2 heures.*

La Scille poméridienne,
La Mauve à feuilles rondes,  } se ferment.
L'Œillet prolifère,

*De 2 à 3 heures.*

La Piloselle,
La Pulmonaire,  } se ferment.

*De 3 à 4 heures.*

Le Souci des champs se ferme.

*De 4 à 5 heures.*

Le Silène noctiflore s'ouvre.
Les *Gorteria*,
La Belle-de-jour,  } se ferment.

*De 10 à 11 heures.*

La Scorsonère de Tanger.
L'Ornithogale à ombrelle.

*A 12 heures.*

Les Ficoïdes.
Les *Gorteria*.
Le Laiteron (ferme sa fleur).

SOIR.

*De 5 à 6 heures.*

L'Œnothère odorante s'ouvre.
Le Nénuphar blanc se ferme.

*De 6 à 7 heures.*

La Belle-de-nuit,
L'Œnothère à 4 ailes,  } s'ouvrent.

*De 7 à 8 heures.*

Le Cactus à grandes fleurs s'ouvre.
L'Hémérocalle se ferme.
Le *Pelargonium triste* répand son odeur parfumée.

*A 9 heures.*

Le *Nyctanthes arbor tristis* s'ouvre.

*A 10 heures.*

Le Liseron à fleurs pourprés s'ouvre.

se redressent et s'appliquent l'une contre l'autre quand le temps est à l'orage. L'érophile printanière, petite crucifère distraite du genre *draba*, à cause de ses pétales fendus en deux, incline sensiblement sa petite ombelle quand la pluie menace. Si le temps est beau, le liseron des haies, qui n'épanouit sa grande fleur blanche que le soir, reste ouvert le matin jusqu'à dix heures, et se ferme si la pluie menace. Le *sonchus sibiricus* indique, au contraire, quand il se ferme à l'approche de la nuit, que le jour du lendemain sera beau ; et si, au contraire, il doit y avoir de la pluie le jour suivant, il s'épanouit.

On peut encore mettre au nombre des plantes hygroscopiques les longues barbes soyeuses du *stipa pennata*, qui sont droites pendant les temps humides, et contractées et enroulées en spirales si le temps est sec ; les folioles involucrales du *carlina acaulis*, dressées pendant la sécheresse, s'épanouissent à l'humidité. On peut encore se servir comme d'hygromètres des arètes de l'avoine, qui se contournent pendant la sécheresse ; de la columelle des végétaux de la famille des mousses, de la rose de Jéricho (*anastatica hierochuntica*), et d'une espèce de fucus, la *laminaria saccharina*, dont la fronde s'allonge par la pluie et se raccourcit par la sécheresse.

Nous ne répéterons pas ici ce qui a été dit précédemment sur la chaleur qui se développe dans certaines fleurs pendant l'anthèse.

Sous le rapport de la durée, l'anthèse présente des variations nombreuses. Tandis que le lilas, le marronnier d'Inde ont presque leurs fleurs épanouies en même temps, les œnothères, ayant une végétation successive, restent plus longtemps en fleur. Les crucifères épanouissent successivement les leurs, mais en peu de jours. Quelques végétaux, parmi lesquels on peut citer certaines espèces de véroniques, donnent des fleurs dès leur premier développement, et continuent d'en donner jusqu'à la fin de la saison. On trouve des exemples semblables, de floraison prolongée, dans certaines caryophyllées des genres *cerastium*, *alsine* et *arenaria*. Les primevères officinale et des jardins ne restent que peu de jours en fleurs, tandis que la primevère de Chine fleurit pendant une saison tout entière.

Le phénomène qui frappe le plus, dans la floraison, est le rôle de la corolle, qui n'est que l'enveloppe protectrice des organes générateurs pendant leur développement, mais qui perd toute son importance dès qu'ils ont acquis leur perfectionnement. Dans certaines fleurs la corolle persiste jusqu'à la perfection du fruit ; dans d'autres, tels sont les pavots, les pétales tombent peu de temps après leur développement ; la corolle des campanules se dessèche sans tomber, dès que la fécondation est accomplie : c'est ce qu'on appelle *marcescence*. Mais, dans la plupart des cas, le moment de la fécondation est le signal de la mort de la corolle, qui perd ses couleurs brillantes, se flétrit et laisse à nu, en tombant, l'ovaire qui n'a plus besoin de protection.

L'époque de la floraison dépend essentiellement des climats, pour les végétaux qui croissent spontanément ou que la culture a rendus indigènes, et la connaissance en est indispensable aux personnes qui s'occupent d'agriculture et d'horticulture, ainsi qu'à celles qui récoltent des plantes médicinales. Les tableaux donnés par la plupart des auteurs étant en grande partie inexacts, nous avons cru devoir reprendre ce travail et le compléter, sans lui donner pourtant trop de développement.

Nous appellerons l'attention des amis de la nature sur l'idée qu'avait Linné de prendre pour guide, dans les opérations les plus importantes de l'agriculture, qui exigent pour réussir des conditions particulières, le moment de la floraison de certaines plantes, dont la croissance est spontanée, et qui peuvent servir d'indicateur précis dans la marche ascendante ou décroissante des saisons.

*Floraison des principales espèces végétales qui croissent spontanément ou sont cultivées sous le climat de Paris [1].*

JANVIER.

| | |
|---|---|
| Les Mousses. | Ellébore noir. |
| Les Lichens. | —    fétide. |

[1]. Ce tableau convient à la région comprise entre le 48° et le 49° de latitude boréale. Pour établir les rapports de floraison, en tenant compte de la précocité des années, il faut en reculer l'époque de dix ou quinze jours en remontant vers le nord ou jusqu'au 51°, l'avancer de dix jours jusqu'au 46°, de quinze entre le 45° et le 44°, et d'un mois du 44° au 42°. Les stations, les altitudes, le voisinage de la mer, les îles, les expositions abritées ou exposées aux vents froids, modifient les époques de floraison. Les observations sont, en général, faites avec négligence, et l'on ne peut prétendre à la précision. Il faudrait toujours avoir soin d'indiquer les limites extrêmes de la floraison, c'est-à-dire l'époque de la première apparition et la durée, puis la réapparition automnale qui a lieu pour certaines espèces.

FÉVRIER.

Noisetier.

Perce-neige.

Bois-gentil.

Lauréole.

MARS.

Aune.

Les Peupliers.

Genévrier.

If.

Violette odorante.

— de chien.

Anémone sylvie.

— des Apennins.

Amandier.

Pêcher.

Abricotier.

Hépatique.

*Capsella.*

Giroflée de muraille.

Fusain.

Tulipe précoce.

Cytise à feuilles sessiles.

Magnolier discolore.

*Draba verna.*

*Scilla bifolia.*

La Mercuriale vivace.

Véronique de printemps.

— à feuilles de lierre.

*Lamium amplexicaule.*

Mâche.

Pas-d'âne.

Cassis.

Fritillaire damier.

— couronne impériale.

Doronic du Caucase.

Tourette printanière.

*Arabis Alpina.*

Cynoglosse printanière.

Linaigrette à gaines.

*Dirca palustris.*

Cornouiller mâle.

Gui.

Holostée.

Saxifrage tridactyle.

Ajonc.

Orobus vernus.

*Bellis perennis.*

AVRIL.

Bouleau.

Les Saules.

Orme.

Charme.

Chêne.

Hêtre.

Pin sylvestre.

Sapin commun.

Épicéa.

*Paulownia imperialis.*

Anémone pulsatille.

Marronnier d'Inde.

Le Prunier.

Le Cerisier.

Le Pommier.

Le Poirier.

Le Cognassier.

Le Fraisier.

Potentille printanière.

Ficaire.

Populage.

La plupart des Laiches (*Carex*).

Les différentes espèces du genre
　　*Brassica.*

Alysse, Corbeille d'or.

Corydale bulbeuse.

— à fleurs jaunes.

Gentiane acaule.

Lilas commun.

Cardamine des prés.

*Scilla nutans.*

Ornithogale.

Muscari.

La Pervenche.

Primevère officinale.

Pulmonaire.

Véronique des champs.

Lierre terrestre.

*Lamium album.*

— *purpureum.*

Valériane officinale.
Groseillier rouge.
— sanguin.
— doré.
Frêne.

Houx.
Les Érables.
Saxifrage granulé.
*Adoxa moschatellina.*

MAI.

Hêtre.
Pin maritime.
Les Paturins.
Les Fétuques.
Les Bromes et un grand nombre de Graminées.
Un grand nombre de Crucifères, telles que les genres
*Barbarea.*
Pastel.
Lunaire.
Thlaspi.
*Sinapis.*
Quelques Labiées, appartenant aux genres
Lamium.
Galéopsis.
Mélisse.

Narcisse des prés.
*Orchis militaris* et un grand nombre d'autres espèces.
*Arum maculatum.*
Les Euphorbes précoces.
Chèvrefeuille.
*Rhododendron Ponticum.*
Pissenlit.
Doronic à feuilles de Plantain.
Groseillier à maquereau.
Sorbier.
Alisier.
Néflier.
Aubépine.
Épine-vinette.
*Spartium scoparium.*
Muguet de mai.
Muscari odorant.

JUIN.

Noyer.
Les Millepertuis.
Les Roses.
Tilleul.
Le Froment et les autres Céréales.
Colza.
La plupart des Géraniums.
Érodium.
Ronce bleue.
Spirées.
*Raphanistrum.*
Le *Cochlearia armoracia* (Raifort).
*Satyrium hircinum.*
Orties.
Chanvre.
Les différentes espèces du genre Rumex.
Vigne.
Betterave.
Les Euphorbes plus tardifs.
La plupart des Borraginées.
Les Scrofulariées.

Une partie des Labiées, qui continuent en juillet et août.
Les Campanulacées.
Les Cucurbitacées.
Les Sureaux.
Presque toutes les Rubiacées.
Les Synanthérées précoces.
Bluet.
Coréopsis.
La plupart des Ombellifères que donne encore le mois suivant.
Un grand nombre de Caryophyllées.
Les Crassulacées, ainsi que dans le mois suivant.
Les Papavéracées.
Les Nuphars.
Les Genêts.
Les Ononis.
Robinier faux-acacia.
Un grand nombre de Légumineuses, qui continuent le mois suivant.

Sceau de Salomon et autres Aspara-
    ginées.
Lis blanc.
— orangé.

Lis martagon.
Châtaignier.
Morelle.

JUILLET.

Clématite des haies.
Les Pigamons.
Un grand nombre d'espèces du
    genre *Sisymbrium*.
Houblon.
Sarrasin.
Les Plantains.
Les Gentianes.
Les Mourons.
Les Liserons.
La plupart des Solanées.
Bruyère commune.
Les Linaires et une partie des Pédi-
    culariées.
Les *Panicum*.
Les Balisiers.
Romarin.
Sauge officinale.

Glaïeul cardinal.
Les Scabieuses et en général les
    Dipsacées.
Menthe sylvestre.
Les Laitues.
La plus grande partie des Synan-
    thérées.
Les Œnothérées.
Les Caryophyllées.
Lin cultivé.
Salicaire.
Sophora du Japon.
Tulipier de Virginie.
Les Cistes.
Les Malvacées.
Chanterelle.
Agaric poivré.
Apparition des Lycoperdons.

AOUT.

*Arundo phragmites*.
Tabac.
Bardane.
Céphalanthe d'Amérique.
Menthe pouliot.
Laurier-rose.
Chardon à foulons.
Eupatoire à feuilles de chanvre.
Tanaisie.

Catalpa.
Ketmie des jardins.
Aylante, vernis du Japon.
Julibrissin.
Érigéron.
Verge d'or.
*Peucedanum Parisiense*.
Chardon Roland.
*Sedum telephium*.

SEPTEMBRE.

Amaryllis jaune.
Fougères.
Hélénie d'automne.
Reine-Marguerite.
*Bidens tripartita*.
Scabieuse succise.

Verge d'or à larges feuilles.
Vernonie de New-York.
Topinambour.
Lierre.
Colchique d'automne.
Arbousier commun.

OCTOBRE.

Chrysanthème des jardins.
*Gomphrena globosa*.

Vernonie élevée.
*Tagetes erecta*.

*Aster grandiflorus.*
De nouvelles floraisons parmi les Crucifères, les Composées, les Gé-
raniées.
Les Champignons des genres Agaric.

Les Champignons des genres Bolet.
 — Polypore.
 — Helvelle.
 — Clavaire.

NOVEMBRE ET DÉCEMBRE.

Rose de Noël.
Tussilage odorant.
*Daphne mezereum.*

Les Cryptogames, Champignons, Mousses, Lichens.

# CHAPITRE II



Le bourgeon à fleurs, qu'il faut essentiellement distinguer du bouton à fleur, est l'ensemble d'un bourgeon terminal, qui se compose d'éléments divers et arrête la végétation de l'axe qui l'a produit, excepté dans le cas de prolification. A la partie la plus extérieure du bourgeon se trouvent d'abord des feuilles, puis des bractées et des écailles, enfin une ou plusieurs fleurs ; tandis que le bouton à fleur proprement dit ne se compose que des différentes pièces ou verticilles qui entrent dans la formation de la fleur.

Le bouton se présente sous des formes assez variées ; il est *globuleux* dans la mauve, *ovoïde* dans le rosier, *oblong-cylindrique* dans l'œillet, en *massue* ou *claviforme* dans le lilas, en *croissant* dans les papilionacées, etc. ; mais sa forme éprouve quelques modifications depuis le moment où il apparaît, jusqu'à celui de son épanouissement.

On a donné le nom de *préfloraison* et d'*estivation* à la disposition des différentes parties de l'enveloppe florale dans le bouton.

Le calice et la corolle offrent, dans leur disposition estivaire, des modifications assez variées, qu'on peut cependant ramener à huit types, qui semblent être les dispositions fondamentales.

1° *Préfloraison imbriquée.* Les parties sont imbriquées ou disposées par recouvrement : telles sont les folioles du calice du camélia (atl. I, pl. 33, fig. 1). Quand l'imbrication cesse, et que les parties se recouvrent en entier, ce qui est une transformation de la préfloraison imbriquée, elle est dite *convolutive*.

2° *Préfloraison tordue* ou *spiralée*. Dans cette disposition, chaque partie recouvre d'un côté la partie voisine, tandis qu'elle est recouverte elle-même, de l'autre côté, par une autre partie. Les corolles du lin, de nerium, de liseron, en offrent un exemple (atl. I, pl. 33, fig. 2).

3° *Préfloraison quinconciale*. Celle où deux parties sont extérieures, deux autres tout à fait intérieures, et une cinquième intermédiaire, recouvrant, d'un côté, le bord de l'une des deux intérieures, et recouverte, de l'autre, par l'une des deux extérieures. Les sépales de la rose fournissent un bel exemple de cette préfloraison ; les deux extérieurs, ayant leurs bords non recouverts, présentent des appendices des deux côtés ; les deux intérieurs dont les bords sont recouverts, n'en présentent pas, et l'intermédiaire n'en offre que sur un bord qui est celui non recouvert (atl. II, pl. 4, fig. 2). C'est à cette disposition des sépales du rosier, que ce distique latin fait allusion :

> Quinque sumus fratres, duo sunt sine barba,
> Barbatique duo ; sum semi-berbis ego [1]. »

4° *Préfloraison valvaire*. C'est celle des mauves ; les parties d'un même verticille se touchent seulement par leurs bords sans se recouvrir (atl. I, pl. 33, fig. 4).

5° *Préfloraison enroulée* ou *induplicative*. Les bords du calice ou de la corolle sont roulés en dedans : les clématites (atl. I, pl. 33, fig. 5). Une des variations de ce mode de préfloraison est la *réduplicative*, dans laquelle le bouton présente autant d'angles saillants qu'il y a de parties appliquées l'une contre l'autre : le calice de la rose trémière.

6° *Préfloraison vexillaire* (atl. I, pl. 33, fig. 6). Cette disposition se trouve dans toutes les corolles papilionacées ; la carène est recouverte par les ailes, qui sont enveloppées par l'étendard plié dans son milieu.

7° *Préfloraison cochléaire*. Dans les corolles à deux lèvres, comme dans les labiées, la lèvre supérieure recouvre l'inférieure, qui est pliée de dehors en dedans ou de bas en haut.

8° *Préfloraison chiffonnée*. Les pétales sont plissés sans ordre, comme dans le grenadier, le pavot.

Il ne faut pas attacher de valeur absolue à cet arrangement, qui varie d'un verticille à l'autre. C'est ainsi que, dans l'*althœa rosea*, la préfloraison du calice est *réduplicative*, et celle des pétales *tordue*;

1. *Traduction* : Nous sommes cinq frères (les cinq sépales) ; deux sont sans barbe (allusion aux appendices) ; deux sont barbus ; moi je ne suis barbu que d'un côté.

elle est *valvaire* dans le calice des énothérées, et *contournée* dans la corolle; dans les myrtacées, les acérinées, les hippocastanées, les violacées, les crucifères, les capparidées, le calice et la corolle sont à préfloraison *imbriquée*; dans les rosacées, la préfloraison calicinale est *quinconciale* ou *valvaire*, tandis que les pétales sont *imbriquées*; dans les aurantiacées, le calice est *imbriqué* et la corolle *valvaire*; dans les asclépiadées, la préfloraison du calice est *imbriquée* et celle de la corolle *tordue* et parfois *valvaire* : c'est un point encore non complétement éclairé de la science. On doit seulement se rappeler que, dans les fleurs régulières, la préfloraison *valvaire* et la *tordue* sont les plus communes; tandis que les préfloraisons irrégulières dérivent plus directement de l'arrangement spiral. Ainsi dans les labiées, essentiellement irrégulières, la corolle est cochléaire en préfloraison; il en est de même des scrophularinées; cependant les acanthacées sont *tordues* en préfloraison. On trouve aussi la préfloraison imbriquée dans les caryophyllées, qui sont régulières. Il y a au reste des préfloraisons mixtes ou incertaines, même dans de grandes familles : c'est ainsi que, dans les solanées, la préfloraison de la corolle est plicatile, impliquée-valvaire ou quelquefois simplement valvaire. Au reste, la nature échappe, comme toujours, à nos méthodes, et l'on trouve, dans certaines familles, un arbitraire qui semble annoncer que toutes les règles, que nous tentons d'établir, offrent des exceptions nombreuses. La loi sur laquelle on fonde la double disposition *imbricative* et *valvaire* repose sur le mode de développement propre à chaque verticille. Si ce verticille est nettement déterminé, il y a préfloraison valvaire ou tordue; si, au contraire, l'axe s'allonge, il y a imbrication des parties préflorales.

On peut indiquer comme une loi, qui donne à l'étude de préfloraison plus d'importance qu'on n'en attache communément, non pas dans la diagnose individuelle, mais dans l'étude philosophique qui fait connaître les rapports qui existent entre les genres d'une même famille, que la *préfloraison* présente en général une disposition uniforme, soit dans le même genre, soit dans la même famille; d'où il suit que la préfloraison peut, dans un grand nombre de cas, fournir de bons caractères. Si une plante présentait une préfloraison dissemblable, on devrait en étudier les rapports avec plus de soin, et ils se trouveraient peut-être tout autres qu'on ne supposait. Ce qui est vrai

pour le genre et la famille l'est aussi pour l'espèce. Si quelques espèces présentent un mode de préfloraison différent de celui des autres
espèces du même genre, il y a lieu d'en conclure qu'elle appartient
à un autre genre. (Voir les pl. 2, 3 de diagrammes, qui représentent
toutes ces préfloraisons.)

# CHAPITRE III



Le premier verticille floral, ou l'enveloppe la plus extérieure de la fleur, est le calice, qui est le plus communément de la couleur des parties herbacées; quelquefois cependant il est *corolliforme*, c'est-à-dire que les sépales sont colorés, et simulent alors les pétales de la corolle. C'est la difficulté de distinguer le calice, dans certaines circonstances, qui a fait dire à Linné que la nature n'a pas établi de limites entre le calice et la corolle. C'est à tort que ce célèbre naturaliste avait regardé le calice comme une production de l'écorce, ce qui est en contradiction avec ses idées sur la transformation des parties les unes dans les autres.

Considéré sous le rapport de sa génération directe, le calice est une métamorphose des bractées et des feuilles, et le premier degré de transformation de ces organes en enveloppes protectrices de la fleur. On remarque dans certaines familles, telles que les ternstrœmiacées, les dilléniacées et quelques autres, plusieurs séries de folioles qui font du calice, comme de l'androcée, un verticille à séries multiples (alt. II, pl. 1, fig. 1).

Dans les monocotylédones, le calice est plus difficile à distinguer ; dans cette classe, les fleurs sont généralement composées de deux verticilles : un extérieur de trois pièces, et l'intérieur d'un même nombre, quelquefois semblables pour la forme et la coloration (Pl. 1, fig. 3, 4, 6), d'autres fois différant par la forme (le *galanthus nivalis*, Pl. 1, fig. 5) et par la couleur (l'*alisma*). Dans ces derniers végétaux, les enveloppes extérieures sont colorées en vert, et représentent parfaitement le calice des dicotylédones, et les intérieures sont colorées de manière à offrir l'image des pétales.

La terminologie des fleurs des monocotylédones a dû, par suite de ce jeu assez capricieux des formes pour offrir des apparences diverses, subir des variations : c'est ainsi que De Candolle a donné à ces fleurs, dont l'enveloppe paraît unique, le nom de *monochlamydées*, et à l'enveloppe elle-même le nom de *périgone*; mais on lui donne plus communément celui de *périanthe*; il conviendrait de réserver exclusivement ce nom pour les fleurs des monocotylédones. Cependant, en y regardant de plus près, et soumettant certaines fleurs à l'observation, on trouve fréquemment des stomates sur le tégument externe, ce qui le rapproche du calice, tandis que les folioles internes en sont privées, caractère propre à la corolle [1]; il en résulterait que le périanthe, quoique simple en apparence, est presque toujours double, et qu'il y a calice et corolle.

Dans les dicotylédones, le calice existe sous une forme plus nettement définie; les verticilles sont plus distincts et les fleurs plus complètes à mesure qu'on s'élève dans la série : car en bas, au point de contact des deux embranchements, comme dans les pipéracées, les aristolochiées, les conifères, les familles comprises jadis sous le nom commun d'amentacées, les chénopodiées, les urticées, les euphorbiacées, les laurinées, les polygonées, les plantaginées (Voir atl. I, pl. 1 à 5, fig. 17), composées de deux classes, les apétales et les diclines, il n'y a qu'une seule enveloppe florale, qu'on regarde comme un calice, et qui est généralement désignée, dans les ouvrages descriptifs, sous le nom de *périanthe*.

Nous allons, en passant en revue les organes propres à chaque verticille, retrouver l'ascendance ou l'amélioration successive de la forme. Après les apétales viennent les monopétales, dont les calices sont presque toujours d'une seule pièce, bien que, dans les dicotylédones polypétales, on trouve également des calices monosépales. Sont-ce des pièces originairement libres ou soudées, ou bien, les sutures distinctes qu'on y remarque sont-elles simplement des lignes de démarcation qui indiquent qu'il y a préparation à une division ultérieure? C'est ce qu'il est difficile de dire. Dans tous les cas, il y a des circonstances où l'on ne peut nettement distinguer les sutures; l'opinion actuelle est que les folioles, primitivement libres, ne sont réunies que par soudure, ce qui paraît le plus fondé.

---

1. De Candolle comprenait sous le nom de *périgone* l'enveloppe des appareils de la fécondation, et, quand il y a calice et corolle, il disait *périgone double*. Il entendait par *périgone simple* ou *périgone* la fleur dans laquelle il y a soudure des deux premiers verticilles, et dans le cas où il est douteux si l'enveloppe florale est corolle ou calice. Il rejetait le nom de *périanthe*, employé par Linné pour désigner toutes les espèces de calices ou d'involucres (περί autour, ἄνθος fleur), dont on a fait un synonyme de périgone.

Les calices d'une seule pièce, ou ceux dont les sépales sont plus ou moins soudés entre eux, sont dits *monophylles* ou *monosépales*. On a donné le nom de *phylles* (feuilles)[1] et de *sépales* aux différentes pièces du calice, pour caractériser les parties de ce verticille, bien que le premier mot soit plus conforme à l'idée de transformation de la feuille en foliole ou phylle. Pour rester fidèle à la doctrine de la perfection des végétaux par la soudure des parties, libres dans leur état primitif, De Candolle ne voulait pas qu'on dit *monosépale* : mais *gamosépale*, ce qui veut dire calice soudé, du grec γάμος, noce, union. Il y a dans la glossologie un amas de puérilités, de distinctions subtiles, qui nuisent au progrès de la vraie science en en faisant un grimoire inintelligible.

Le calice composé de pièces distinctes est dit *polyphylle* ou *polysépale*.

Le calice monophylle se compose du *tube*, formé par la partie indivise ; de la *gorge*, point où le tube finit et où le limbe commence, et du *limbe*, qui se compose des portions des sépales ou folioles restées libres. Quand il ne présente aucune division, il est dit *entier* (Pl. 4, fig. 6). Lorsque les divisions sont profondes, il est dit *bipartite*, l'orobanche ; *tripartite*, l'*alisma plantago* ; *quadripartite*, les gentianées ; *quinquépartite*, la pulmonaire, l'héliotrope. Lorsqu'il y a un plus grand nombre de divisions, il est dit *multipartite* ou *pluripartite*.

Si les divisions sont moins profondes, comme cela a lieu dans les labiées, et qu'il ne reste que des pointes aiguës, le calice est dit *denté* (Pl. 4, fig. 3, 11) ; mais, au contraire, la division qui pénètre jusqu'à moitié a fait introduire dans la nomenclature des dénominations spéciales : quand il est divisé en deux, il est *bifide*, comme dans la verveine ; il est *trifide* dans le *globba nutans* : *quadrifide* dans les *selago*, les *gaura* ; *multifide* dans les *aphanes, peplis*.

Le calice monophylle est *tubuleux* dans les primulacées ; *conique* dans le grenadier et le *silene conica* (Pl. 4, fig. 9) ; *cylindrique*

---

1. On a d'abord donné aux pièces du calice le nom de *folioles*, puis De Candolle a remplacé foliole par *phylle* (du grec φύλλον, feuille), en réservant le nom de folioles pour les divisions de la feuille, et il a fini par adopter le nom de *sépale* créé par Necker. Les deux ont prévalu ; cependant le premier est plus généralement adopté. Quand on emploie le mot *sépale* ou tout autre, on le fait précéder du nom des nombres qui en indiquent les divisions.

dans l'œillet; *campanulé* dans les *hibiscus* (fig. 15); *turbiné* dans la bourgène; *urcéolé* dans la jusquiame noire, le *rhexia virginica*; *vésiculeux* dans le *silene inflata* (Pl. 4, fig. 3); *cupuliforme* dans l'oranger; *globuleux* dans le *geranium macrorrhizon*; *prismatique* dans les *mimulus*; *comprimé* dans le *rhinanthus crista-galli.*

Dans le calice *polysépale* ou *polyphylle*, car les deux expressions sont indifféremment employées, on fait précéder les parties par le nom du nombre qui les compose : ainsi, le calice est *diphylle* ou *disépale* dans les papavéracées et les fumariacées; *triphylle* dans le ficaire, la célosie, le *tradescantia*; *tétra-quadriphylle* dans les crucifères; *penta* ou *quinquéphylle* dans les renonculacées, les linées, etc. (Voir pl. 4.)

Après le nombre vient la forme, qui est assez variée et qui se rapproche de celle affectée par les feuilles, les sépales n'étant que des feuilles transformées.

La position des folioles calicinales présente un petit nombre de variations : elles sont *dressées* dans la plupart des crucifères; *connirentes* dans le *ceanothus americanus*, le trolle d'Europe ; dans ce cas, il y a occlusion et le calice est fermé. Lorsque les folioles sont dirigées en dehors, le calice est *divergent*, c'est ce qu'on voit dans l'*œnothera biennis*, les *sinapis*; il est *étalé* dans les fraisiers ; *réfléchi* dans la renoncule bulbeuse; *révolutées*, dans le *sterculia platanifolia*; *involutées*, dans le *centranthus ruber.*

Sous le rapport des relations des parties entre elles, le calice est *régulier* dans la bourrache, la tormentille, où toutes les parties sont semblables; quand elles sont alternativement plus longues et plus courtes, comme dans certaines ombellifères, il est encore régulier.

Il est *irrégulier* dans le *trifolium rubens* (Pl. 4, fig. 4), et *symétrique* dans les labiées, où il est souvent *bilabié* (fig. 4, 10, 13), comme dans les genres *melissa, thymus, ocymum, origanum, prunella.* Dans d'autres, et c'est le plus grand nombre des cas, la lèvre supérieure est divisée en deux, et l'inférieure est tridentée ; dans les papilionacées, le calice monophylle est quinquédenté, excepté dans l'*ulex*, dont le calice est composé de deux folioles parfaitement semblables (Pl. 4, fig. 8).

Parmi les anomalies calicinales, il faut mentionner le développement excessif des folioles du calice de l'*origanum majorana*, qui est bractéiforme (Pl. 4, fig. 14).

*Persistant* dans le plus grand nombre des cas, et adhérent même souvent au fruit qu'il couronne dans la pomme, et, en général, dans toutes les plantes de la famille des pomacées, ainsi que dans la grenade; il n'est que simplement persistant dans un grand nombre de familles, telles que les borraginées, les primulacées, les papilionacées. Le calice est *décidu* dans les crucifères, c'est-à-dire qu'il tombe après la fécondation. Le cas le plus rare de caducité est celui des pavots, dans lesquels les sépales tombent au moment de l'épanouissement de la fleur et sont détachés par le mouvement des pétales pour se déplisser : dans ce cas, le calice est dit *caduc* ou *fugace*. Dans les mourons (les *anagallis*), le calice *marcescent* se flétrit; le calice persistant prend quelquefois de l'accroissement et se développe d'une manière anormale : il est dit *accrescent* comme dans la belladone, l'*histera coccinea*, et *vésiculeux* ou *induvial* dans l'alkékenge et le trèfle fraise.

Le calice, quoique assez généralement simple, porte cependant parfois des appendices : il est appendiculé dans un grand nombre de rosacées; *gibbeux* dans la *biscutella auriculata* et dans le *teucrium botrys*; surmonté d'une protubérance semi-orbiculaire *en coupe* dans les scutellaires (fig. 10); prolongé en bec, *en éperon*, dans les *delphinium* et dans les tropéolées (fig. 7). Dans les renonculacées, les genres anormaux ont des calices modifiés de toutes sortes : ce sont des *casques* dans les aconits; des *cornets* dans les ancolies, etc.

Quand il y a un double calice, on nomme *calicule* le plus extérieur (Pl. 4, fig. 15), qui est quelquefois stipulaire, comme dans les fraisiers, ou bractéal dans les caryophyllées, c'est-à-dire que ce second calice est formé par un verticille de stipules ou de bractées. Dans la salicaire, il est difficile de dire si ce sont des appendices stipulaires ou un second calice. Quoi qu'il en soit, le *calicule* doit expressément être un verticille surnuméraire.

Le calice n'est pas toujours tellement distinct de l'involucre et de la corolle, qu'on ne puisse le confondre avec l'un de ces deux verticilles. Ainsi, dans les berberis, les parties qui constituent l'enveloppe florale sont tellement semblables entre elles et par la forme et par la couleur, qu'on est disposé à ne voir ou qu'un calice, ou qu'une corolle. Dans l'*anemone hepatica*, la fleur présente trois petites feuilles vertes et six colorées. On est généralement disposé à prendre ces trois folioles vertes pour le calice; mais quand on examine les espèces voisines, l'*anemone pulsatilla*, par exemple, qui offre un périanthe à six folioles colorées, au-dessous duquel se trouve une collerette composée de trois feuilles très-profondément divisées, on reconnait que, dans les deux cas, les folioles vertes appartiennent à un involucre plus ou moins rapproché de la fleur, qui n'a qu'une seule enveloppe, un calice ou périanthe coloré, dit *corolliforme*.

La transformation la plus remarquable du calice est celle que présentent les plantes de la famille des composées, dans lesquelles le calice, divisé en lanières d'une extrême ténuité, est devenu une *aigrette* simple dans les *sonchus* (Pl. 4, fig. 19), plumeuse dans les scorsonères (Pl. 4, fig. 18) et dans les tagétès, ainsi que dans les valérianées (Pl. 4, fig. 21 et 22); ce sont des écailles dans le *catananche* (Pl. 4, fig. 17) et les chicorées; des aigrettes aristées dans le *bidens* (fig. 20).

Le sépale, étant la transformation la plus proche de la feuille bractéale, doit avoir, avec cette dernière, la plus grande analogie de structure, à cette différence près, cependant, que les faisceaux en sont plus simples et moins ramifiés. Ce n'est donc en quelque sorte qu'une feuille atrophiée. Le tissu est composé de tissu cellulaire dont la densité est quelquefois seulement supérieure à celle des feuilles; ses nervures sont formées de faisceaux vasculaires (Pl. 5, fig. 11 et 12), composés de vaisseaux semblables à ceux des feuilles et des bractées, entourés de cellules allongées (Pl. 5, fig. 10); le parenchyme, en s'épanouissant, donne au calice la forme qui lui est propre : l'épiderme est percé de stomates ayant la même figure que dans les feuilles (fig. 9), et il est tapissé de poils variables, parfois simples, d'autres fois glanduleux (fig. 4), et de glandes semblables à celles qu'on trouve sur les autres organes.

Il est intéressant d'étudier le mode de nervation des calices, qui présentent, au point de réunion des différentes pièces qui les composent, des nervures bien marquées, ce qui est d'un grand secours dans la diagnose. Quand elles sont relevées en côtes saillantes, elles donnent naissance aux calices prismatiques ou anguleux.

Les pointes épineuses qui prolongent souvent le calice, comme dans l'involucre de certaines composées, et dans un grand nombre de labiées, sont dues à la proéminence des faisceaux vasculaires (fig. 7 et 8).

*Nomologie du calice.* — Le calice est d'une grande importance dans certains groupes, et sert à distinguer entre eux des genres ou des espèces voisines; c'est ainsi que, dans la famille des renonculacées, nous trouvons le calice du genre *helleborus* persistant et celui du genre *eranthis* caduc; dans le genre *alyssum*, de la famille des crucifères, le *campestre* et le *calycinum* ont une assez grande ressemblance pour qu'on puisse les confondre entre eux ; mais le premier a le calice caduc, et le dernier persistant.

Voici, au reste, les lois générales à déduire du calice :

On réserve le nom de *calice* pour le verticille le plus extérieur de la fleur simple; mais chaque fois qu'un appareil floral, simulant un calice, renferme plusieurs fleurs, comme cela se voit d'une manière très-apparente dans le genre *astrantia*, il prend le nom d'*involucre* : les composées, les dipsacées sont *involucrées*. Le calicule peut, sans inconvénient, prendre le nom d'involucre, bien qu'il ne contienne qu'une seule fleur.

On ne trouve pas de plante à ovaire infère qui soit dépourvue de calice, quelle que soit la transformation que subisse le verticille, comme cela se voit dans les composées et les ombellifères, dont les unes ont des aigrettes et les autres des bourrelets.

Tout calice réellement simple est plus ou moins coloré et infère, et répond à la polyandrie : les renonculacées offrent un exemple de cette loi, qui se retrouve dans les nymphéacées.

Dans les monocotylédones, on peut regarder comme un calice les divisions extérieures de la fleur quand elles sont entièrement divisées ou multipartites.

On peut regarder comme calice toute enveloppe florale simple, qu'elle soit verte ou colorée, dont les folioles qui la constituent sont opposées aux étamines.

# CHAPITRE IV



La corolle est le second verticille floral. Elle se distingue du calice par sa contexture plus délicate et son tissu à mailles plus lâches, par l'abondance des sucs aqueux dont elle est gorgée, par sa coloration constante, son odeur pénétrante dans un grand nombre de végétaux, l'absence de stomates, et sa courte durée. Ces différents attributs ne sont pas sans exceptions, car on voit des corolles persistantes et qui se dessèchent sur la plante après la fécondation : telles sont les campanules.

On distingue dans les corolles, comme dans les calices, des corolles *monopétales* ou *gamopétales* (Pl. 5, fig. 1 à 8), pour indiquer que la monopétalie est le résultat d'une soudure, et *polypétales* quand elles sont composées de pièces distinctes (Pl. 5, fig. 10 à 14). Il n'y a pas pour la corolle, comme pour la fleur, incertitude sur le nom à donner aux parties qui composent ce verticille. On appelle *pétale* chacune des pièces de la corolle. Le nom de *monopétale* appliqué primitivement aux corolles d'une seule pièce, est vicieux, en ce sens qu'il signifie un pétale, tandis qu'en réalité il y en a plusieurs qui sont plus ou moins longuement soudés entre eux; c'est pour rectifier cette erreur que de Candolle a proposé le nom de *gamosépale*, qui veut dire pétales soudés.

Il y a des corolles régulières, irrégulières et symétriques : ces épithètes indiquent les mêmes accidents de structure que dans les calices.

Une corolle monopétale est *entière* quand elle ne présente sur ses bords aucune découpure : les *convolvulus* (Pl. 1, fig. 14) sont dans ce cas; elle peut être divisée plus ou moins profondément, et, suivant le plus ou moins de pénétration des divisions, elle porte les mêmes noms que les calices : elle est *partite* ou *dentée*, quand les divisions sont peu profondes et aiguës (Pl. 5, fig. 1 et 6); *lobée*, quand les découpures sont larges et arrondies (fig. 2), et l'on dit qu'elle est bi-tri-quadri-quinqué-partite, ou dentée ou lobée, suivant que le nombre des divisions est 2, 3, 4 ou 5.

On distingue dans la corolle monopétale trois parties : le *tube* ou portion inférieure dans laquelle les pétales sont intimement soudés entre eux ; le *limbe* ou l'ensemble des portions supérieures libres des pétales, et la *gorge* ou entrée du tube ; ces noms s'appliquent également au calice monosépale.

Le tube des corolles monopétales tubulées est presque invariablement cylindrique : il offre cependant, parfois, des renflements très-prononcés ; mais c'est le limbe qui affecte le plus de modifications dans la forme et la direction. En un mot, malgré la soudure des pièces qui composent ces corolles, elles présentent à peu près les mêmes formes que les corolles polypétales.

Les formes *labiées* ou à deux lèvres (Pl. 4, fig. 7), et *personées* ou en masque (fig. 8), dont la corolle *ringente* ou en gueule est une variété, sont des corolles monopétales irrégulières. Les fleurs des composées, de la tribu des semi-flosculeuses, sont également des corolles irrégulières, auxquelles on a donné le nom de corolles *ligulées*, en ce qu'elles représentent des sortes de ligules ou languettes (Pl. 4, fig. 16, 17).

On trouve, dans les monopétales comme dans les polypétales, les gibbosités, les éperons qui constituent des anomalies si prononcées dans certaines familles : il y existe également des franges, des couronnes, des écailles, importantes surtout dans les borraginées, où elles servent à distinguer les genres.

La corolle *polypétale* peut être aussi plus ou moins profondément divisée dans chacune de ses parties, ou divisée en lanières minces, comme dans le *lychnis flos cuculi*, et dans ce cas elle est dite *laciniée*.

Chaque pétale se compose de l'*onglet*, qui est la partie inférieure plus ou moins rétrécie, et de la *lame*, qui est la partie élargie.

Dans les corolles polypétales comme dans les corolles monopétales, l'alternance des parties qui les composent avec les pièces du calice est une loi qui ne souffre que de rares exceptions. On trouve ces exceptions dans les primulacées et les vignes.

Le pétale est dit *régulier* quand, en le pliant sur sa nervure médiane, les deux parties opposées se recouvrent complétement, tandis

que, quand il y a dissemblance entre les deux parties, le pétale est
*irrégulier*; ce qui n'empêche pas qu'une corolle ne puisse être régulière quoique composée de pétales irréguliers. La giroflée et la plupart des crucifères fournissent l'exemple des corolles régulières; les
pélargonium, les véroniques, des corolles irrégulières. On trouve
moins de familles irrégulières dans les monocotylédones; mais celles
qui le sont, comme les scitaminées et les orchidées (Pl. 5, fig. 9), le
sont au plus haut degré, et toujours, comme l'a constaté Desvaux,
avec déformation des deux verticilles intérieurs. Dans les dicotylédones, la section des monopétales renferme le plus grand nombre
de fleurs à corolle irrégulière, les orobanchées, les scrofulariées, les
acanthacées, les labiées, les bignoniacées, les caprifoliacées, une
partie des synanthérées, qui sont les plus grands groupes naturels de
cette section, sont essentiellement irrégulières; tandis que, dans les
dicotylédones polypétales, le nombre des familles régulières est le
plus grand, et l'irrégularité n'est qu'une exception : les géraniacées,
les polygalées, les fumariacées, les résédacées, les violariées, les papilionacées sont dans ce cas; mais il n'en résulte pas moins que la
régularité est la loi la plus constante.

Le nombre des pétales varie suivant les familles, et l'on retrouve,
suivant les embranchements, les nombres trois et six dans les monocotylédones, cinq et anormalement quatre dans les dicotylédones; il
en résulte que dans ces grands groupes, chaque fois qu'il y a un
nombre plus ou moins grand de pétales, il y a un arrêt de développement quand le nombre est moindre de trois ou de cinq, et excès
de développement quand il y en a plus de trois ou de six et de cinq
ou de quatre. Nous trouvons, dans les œnothérées, le nombre quatre
invariablement; cependant la circée ne présente que deux pétales.
Les autres familles à quatre pétales sont les crucifères, les capparidées, les papavéracées et la famille des méliacées, dans laquelle on
trouve parfois le nombre cinq, car il y a un grand nombre de familles
qui présentent ces deux nombres. C'est ainsi que, dans les linées, le
genre *radiola* a quatre pétales seulement. Il faut donc regarder cinq
comme normal et typique. Dans les rosacées, le nombre cinq est
constant. On trouve ce nombre dans les papilionacées, malgré leur
irrégularité, dans les ombellifères, les caryophyllées, les cistinées,
les violariées, etc.; dans les salicariées, il est de six.

C'est par exception qu'on trouve dans certaines familles, comme dans les laurinées, les styracées, les nombres quatre et six dans les divisions du calice. Dans les polypétales, les guttifères ont un calice à deux ou six sépales, et la corolle a de quatre jusqu'à douze pétales. On trouve les nombres trois et cinq dans les aurantiacées, trois et six dans les olacinées, ce qui ne détruit pas la loi.

Suivant le nombre des pétales qui la composent, une fleur est dite *dipétale* ou *dipétalée, tripétale, tétrapétale, pentapétale, hexapétale, octopétale*, etc.

On a établi pour principe à cette loi numérique la correspondance de la disposition spirale des feuilles avec le nombre des pétales ; ainsi, dans les aloès, de la classe des monocotylédones, la spirale est de trois feuilles, tandis que dans les dicotylédones, qui offrent le nombre cinq dans leur corolle, les feuilles affectent la disposition quinaire, et dans celles où l'on trouve le nombre deux, les feuilles sont disposées deux par deux, ou opposées. Il s'en faut beaucoup que cette loi, qui trouve sa confirmation dans les rubiacées, les dipsacées, un grand nombre de gentianées, d'acérinées, etc., soit exempte d'exceptions.

On remarque dans le pétale, dont il ne faut jamais perdre de vue l'analogie avec la feuille, qu'il est diversement attaché au réceptacle : il y en a d'*onguiculés* à différents degrés : c'est ainsi que dans certaines crucifères l'onglet est très-court, tandis que dans les caryophyllées il acquiert sa plus grande longueur dans le genre *dianthus*. D'autres fleurs, au contraire, ont les pétales absolument *sessiles*.

Les pétales présentent dans leur forme plus de variété que les folioles du calice. Ils sont, dans leurs conditions normales :

*Linéaires* dans l'*hamamelis Virginiana*.

*Oblongs* dans les crucifères.

*Elliptiques* dans le *saxifraga decipiens*.

*Lancéolés* dans l'*hypericum montanum*.

*Ovales* dans le lin, le *statice armeria*.

*Orbiculaires* dans la *potentilla fruticosa*, le *crambe Tartarica*.

*Cordiformes* dans la *rosa canina*, la *stellaire holostée*.

*Cunéiformes* dans le *linum Austriacum*.

*Spatulés* dans le *cleome pentaphylla*, le *dictamnus albus*.

Outre ces formes géométriques primitives des pièces de la corolle qui se retrouvent dans les feuilles, il y a les formes anormales des

pétales de la parnassie, du tilleul, des *berberis*, qui sont *concaves*;
des *loasa*, qui sont *naviculaires*; du *ceanothus*, où ils sont *cochléari-
formes*; dans le *myosurus*, ils sont *tubuleux*; *bilabiés* dans l'*eranthis*;
*cucullés, cuculliformes* ou en *capuchon* dans les *ancolies*; *éperonnés*
dans les violettes.

Sous le rapport des découpures, les pétales présentent toutes les
variétés du calice et des feuilles. Ils sont *échancrés* ou *émarginés*, *cré-
nelés, dentés, laciniés, frangés* ou *fimbriés, bifides, trifides*, etc. L'onglet présente aussi des modifications qu'il est intéressant de suivre
sous le rapport morphologique et diagnostique.

Quant à la direction des pétales, elle rentre dans celle des feuilles
et des calices, et le plus souvent elle sert de caractère : c'est ainsi
que l'on trouve depuis la verticale qui constitue le pétale *dressé* des
*fuchsia* jusqu'au pétale *plane* et *horizontal* des potentilles, *réfléchi* des *cyclamen*, et *révoluté* ou roulé en dedans de certaines ombellifères.

La consistance des pétales varie également beaucoup : ils sont
fermes dans le *camellia*, les cactées, les pivoines; secs et membraneux dans les *xeranthemum*, les *gnaphalium*, les *rhodanthe*; transparents et de la plus fine contexture dans les *volubilis*, et d'une fuga-
cité extrême dans les pavots et les salicaires.

On trouve, dans certaines fleurs, des pétales accompagnés d'appendices de forme capricieuse : dans les orchidées, ce sont des ailes,
des cornes, des sacs, des éperons; dans les linaires, c'est un éperon aigu; dans les *antirrhinum*, un sac obtus; les ancolies ont la
base des pétales allongée en cornet; dans les *lychnis*, c'est une frange
qui accompagne le sommet de l'onglet comme une gracieuse collerette; dans le *polygala*, c'est une crête frangée.

Tournefort, frappé de la forme affectée normalement par certains
groupes végétaux, a établi le premier un système sur la forme des
corolles, ramenées à un certain nombre de types.

Les unes sont *régulières* ou *normales*, d'autres *irrégulières* et *anormales*, et l'on trouve les deux types dans les monopétales et les polypétales.

Il y a six sortes de *corolles monopétales régulières*.

1. *Corolle en roue* ou *rotacée*. Elle est ouverte, étalée, pourvue
d'un tube très-court et présente la forme d'une roue. Exemple : le
mouron rouge, *anagallis* (Pl. 5, fig. 3 et 4), la bourrache, le *verbas-*

*cum thapsus*, le *physalis alkekengi*. La corolle *en étoile* ou *étoilée* des *galium* est une variété de la corolle en roue, dont les lobes sont aigus.

2. *Corolle campanulée* ou *campaniforme*. Cette sorte de corolle a la forme d'une cloche : la belladone, la fleur des campanules en est le type le plus parfait (fig. 2).

3. *Corolle en entonnoir* ou *infundibuliforme*. C'est une sorte de corolle campanulée qui s'évase graduellement de la base au sommet, comme dans le liseron (Pl. 1, fig. 14).

4. *Corolle hypocratérimorphe* ou *en coupe*. Le tube de cette sorte de fleur est droit, long et le limbe évasé : la pervenche, les phlox, la primevère (Pl. 5, fig. 3). La corolle *cyathiforme* ou *en bol* du *symphytum tuberosum* est une corolle hypocratérimorphe dont le limbe est droit et le tube un peu dilaté à la gorge.

5. *Corolle tubuleuse*, à tube long, cylindrique, avec un limbe très-petit et presque perdu dans le tube : certaines bruyères, le *spigelia Marylandica* (Pl. 5, fig. 5).

6. *Corolle en grelot* ou *urcéolée*. Forme globuleuse avec le limbe très-peu saillant : le *vaccinium myrtillus*, les *muscaris* (Pl. 5, fig. 6).

Il y a trois sortes de *corolles monopétales irrégulières*.

1. *Corolle labiée*. Les lobes de cette corolle forment deux lèvres, une supérieure et une inférieure : les labiées (fig. 7). Quand les deux lèvres sont écartées l'une de l'autre et ressemblent à une bouche ouverte, on l'appelle *corolle ringente*.

2. *Corolle personnée* ou *en gueule*. La corolle personnée diffère de la précédente, à laquelle elle ressemble cependant beaucoup, parce que la lèvre supérieure est plus courte que l'inférieure, et qu'elle offre un renflement très-prononcé qu'on appelle le *palais*, et qui ferme l'entrée du tube (fig. 8) : tels sont les linaires, les muffliers. Dans les rhinanthes, la lèvre supérieure est comprimée et dite alors *en casque*.

3. *Corolle anormale* ou *irrégulière*. On désigne simplement par un de ces noms toutes les corolles dont la forme ne rentre pas dans les deux précédentes, et ces formes sont très-variées : les orchidées en sont le meilleur exemple; elles ressemblent, dans les orchidées indigènes, aux labiées : les pétales supérieurs sont réunis en casque, et le pétale inférieur, appelé *labelle* ou *tablier*, a beaucoup d'analogie avec la lèvre inférieure des *galeopsis*.

On distingue encore dans les monopétales anormales les fleurs des composées : les unes, les *semiflosculeuses,* ont une fleurette ou fleuron, ayant en bas un tube très-court, et au sommet, qui est aplati, un limbe appelé *languette* ou *ligule* (Pl. 5, fig. 16). Les *flosculeuses* ont des *fleurons* ou corolles monopétales tubulées à cinq petites dents égales : telles sont les centaurées (fig. 15) ; les *radiées* réunissent les ligules des semiflosculeuses, qui forment les rayons du disque composé de fleurs tubuleuses (fig. 17).

Les *corolles polypétales* présentent aussi des types réguliers et irréguliers.

Il y a trois types *réguliers*.

1. Les *corolles cruciformes*, composées de quatre pétales munis d'onglet et disposés en croix : les crucifères (Pl. 5, fig. 10).

2. Les *corolles rosacées*, à cinq pétales non onguiculés : les roses, les fraisiers, les renoncules (fig. 11).

3. Les *corolles caryophyllées*, à cinq pétales onguiculés : les œillets et la plupart des caryophyllées (fig. 12).

Les *corolles polypétales irrégulières* n'ont qu'un seul type défini. Ce sont les *papilionacées,* composées d'un pétale supérieur grand et redressé qu'on appelle l'*étendard*, de deux pétales latéraux à onglet court, nommés les *ailes*, et de deux pétales inférieurs soudés assez fréquemment, qu'on nomme la *carène*. Les légumineuses sont dans ce cas (fig. 13).

Les renonculacées présentent de nombreux cas de déformation des pétales; les ancolies, les pieds-d'alouette, en offrent des exemples. Les fumeterres, les polygales sont également irréguliers.

Linné regardait les fleurs des graminées comme des fleurs à double périanthe, composées de deux sortes d'enveloppes : il considérait les *glumes* les plus externes, qui occupent la base des épillets, comme le calice, et les plus internes, ou *glumelle*, comme la corolle. Il serait certainement plus rationnel de regarder les glumes comme un involucre qui renferme une ou plusieurs fleurs (involucre uniflore ou multiflore), les glumelles comme le calice, et les glumellules comme la corolle. Ces enveloppes sont composées de deux pièces appelées *valves* et *squames* (fig. 18)[1].

1. Pour faciliter la lecture des auteurs d'agrostologie, la connaissance de la synonymie des parties de la fleur des graminées est importante : *glume* est synonyme de

On trouve, au chapitre des inflorescences, d'autres modes de floraisons qui ne sont pas définis et qui rentrent dans les formes anormales : telles sont les strobiles des conifères et les *spathes* des aroïdées.

On a constaté, dans les feuilles et les autres organes appendiculaires, des métamorphoses en épines et en vrilles, qui se retrouvent en partie, quoique à un moindre degré, dans les corolles : ainsi, la pointe de la fleur du *cuvieria* est réellement épineuse et endurcie ; une des lèvres du *stifflia aurea* s'enroule en tire-bouchon ; dans le *strophanthus hispidus*, la partie médiane de la corolle se prolonge en une longue pointe qui atteint jusqu'à 25 ou 30 centimètres, et devient une véritable vrille qui s'enroule autour des corps voisins. Ces changements sont, au demeurant, très-rares et ne constituent, dans la morphologie de la fleur, que des exceptions dont on ne peut rien déduire.

On n'a que peu de choses à dire sur l'anatomie de la corolle, qui diffère peu, par sa structure, des appendices foliacés ; le tissu en est plus fin, et l'on peut regarder, comme une particularité de structure qui fait occuper à la corolle une place particulière dans l'histologie végétale, les utricules remplies de liquides colorés qui sont symétriquement rangées dans l'épaisseur des pétales, au-dessous de l'épiderme, et auxquelles ils doivent leur coloris (Pl. 7, fig. 1 à 6).

L'absence de stomates est à peu près générale dans les corolles ; cependant Tréviranus a observé des stomates dans l'épiderme extérieur des corolles du datura, de l'*asclepias* et des *stapelia* ; on en trouve fréquemment dans le périanthe extérieur des monocotylédones, ce qui justifie la manière de voir de certains botanistes qui regardent ce périanthe comme analogue au calice.

Les vaisseaux spiraux des corolles sont d'une extrême ténuité (Pl. 6, fig. 7 et 8) ; ils sont réunis en faisceaux nombreux, entourés de cellules plus allongées, qui répondent aux fibres des tissus ligneux et foliacés (fig. 10). On remarque ordinairement une nervure dans la partie médiane de la feuille florale, et qui en forme l'axe ; mais

---

balle ou *bâle*, de *l'épicène* ; *glumelle*, de *glume intérieure*, de *glume corolline*, de *périgone*, de *stragule* ; les *valves*, de *spathelles*, de *paillettes*. L'espèce de nectaire appelé *glumellule* s'appelle encore *écaille*, *lodicule*, *paillette*.

souvent les trachées sont dispersées dans le tissu sans se réunir en nervures ; dans les composées, la nervure primaire court le long du bord de la corolle, et souvent la nervure médiane manque. La nervation des pétales suit une loi semblable à celle des feuilles et affecte les mêmes modes ; il en résulte que la forme des pétales dépend de la figure des nervures : elles sont penninerves, palminerves, digitinerves, rectinerves. En général, quel que soit le nombre des nervures formant le réseau épanoui dans le limbe du pétale, il y a, à l'origine de chaque pétale, trois nervures, même dans les fleurs des plantes dicotylédones. Les corolles monopétales affectent le même mode de nervation, ce qui indique clairement une identité complète de morphologie entre ces deux grandes sections.

Tout le parenchyme de la corolle, quand même il n'est pas coloré, renferme un liquide abondant, qu'on peut extraire par la pression, et qui se mêle aux sucs colorés des utricules chromatophores ou aux principes aromatiques.

*Nomologie de la corolle*. — La corolle exige toujours la présence d'un calice ; ce qui est vrai, même dans les composées, où le calice atrophié a changé de nature, sans que pour cela il y ait absence de calice ; ce qui revient à dire que la corolle appelle nécessairement la présence d'un premier verticille qui en paraît être le générateur.

Dans les fleurs polypétales, les pièces du second verticille se convertissent souvent en étamines : ainsi, toute partie florale qui se change en étamine est une corolle ou a de l'analogie avec elle.

La connexion des étamines et de la corolle est telle, que ce sont toujours les premières qui fixent le mode d'insertion de la seconde.

Quand les deux premiers verticilles présentent une seule série, il y a toujours une corrélation nécessaire entre les parties qui les composent, et l'on ne trouve d'exception à cette loi que dans les fleurs irrégulières. Quand les séries sont multiples, les rapports échappent à l'observation.

A peu d'exceptions près, qui ne se trouvent que dans les berbéridées et les ampélidées ; chaque fois que le nombre des parties composant la corolle et le calice est égal, il y a alternance entre eux.

L'irrégularité de la fleur tient quelquefois à la compression, comme dans les composées, et dans ce cas il n'y a aucune déformation dans le style et les étamines; tandis que, dans les fleurs libres, l'irrégularité se lie le plus souvent à une inflexion du style et des étamines, ou à une déformation des organes composant les deux verticilles intérieurs. Dans les papilionacées, la courbure de l'androcée et du gynécée sont très-visibles; dans les labiées, il y a presque toujours une inflexion très-prononcée du style ; dans les violacées, l'irrégularité se lie à un style coudé; dans les fumariacées et les verbénacées, il y a aussi inflexion du gynécée ; dans les hippocastanées, les utriculariées, les orobanchées, ce sont surtout les étamines qui sont réfléchies; mais c'est dans les orchidées, principalement, qu'on reconnaîtra jusqu'à quel point la déformation des appareils de la fécondation se lie à l'irrégularité des deux premiers verticilles. Quelque légère que soit l'irrégularité de la corolle d'une plante, elle indique cependant qu'elle est voisine d'une famille irrégulière.

C'est dans les corolles irrégulières qu'on remarque surtout l'absence d'uniformité dans la coloration.

Lorsqu'une corolle monopétale n'adhère que par un seul point au réceptacle, elle appartient nécessairement à un groupe polypétale, dont elle est une altération.

Toute corolle monopétale a les pétales insérés au même point que les étamines ; le genre fusain seul fait exception. Il ne faut cependant pas regarder comme monopétales les corolles dont les pétales ne sont réunis à la base que par leur soudure au filet élargi des étamines, comme dans les plantes à étamines monadelphes, entre autres les malvacées et les géraniacées.

Il y a toujours un nombre défini d'étamines dans une corolle monopétale.

Dans toute corolle polypétale, les étamines sont insérées sur le calice ou sur le réceptacle. A l'exception de la famille des crassulacées, on ne trouve pas les étamines portées par les pétales où l'adhérence ne vient que de la juxtaposition des parties.

Au contraire, dans les corolles monopétales, excepté dans les éricacées et les campanulacées, les étamines sont invariablement portées par la corolle.

Une corolle monopétale ne renferme qu'un seul ovaire, ou quand il y en a plusieurs, comme dans les apocynées, asclépiadées, borraginées, labiées, il n'y a qu'un style unique, ce qui indique une soudure des ovaires dans le premier âge.

La dissemblance de forme des étamines dans une corolle monopétale entraîne son irrégularité.

Dans les familles végétales à corolle irrégulière bilabiée, la prédominance de la lèvre supérieure indique une labiée, et celle de la lèvre inférieure une scrophulariée.

La division profonde d'une corolle monopétale indique ses rapports avec les végétaux polypétales.

# CHAPITRE V



Il est important de s'arrêter pendant quelques instants, sans entrer cependant dans une longue discussion, pour savoir si l'on peut conserver dans la langue botanique le nom de *nectaire*, qui s'applique à des parties essentiellement dissemblables, souvent non excrétoires, ou bien, sans acception de forme et de position, appliquer ce nom à tous les organes, quels qu'ils soient, qui sécrètent un fluide visqueux sucré, et s'en tenir à la définition de Linné : *Nectarium pars mellifera flori propria* (le nectaire est un organe mellifère propre à la fleur). Tout en restreignant ainsi cette dénomination, on ne peut cependant pas se refuser à dire que rien n'est moins philosophique. Le nom de *nectarothèque*, créé par Sprengel, n'a pas avancé la solution de cette question, et l'on ne peut donner du nectaire une définition rigoureuse qui le fasse reconnaître en dehors de sa fonction assez obscure. Toutefois, il faut dire que le nectaire est un appareil sécrétoire qui n'entre en fonction qu'à l'époque de la fécondation, et à toutes les autres époques est un réservoir vide et se rattachant à l'appareil floral. Desvaux admettait en principe que, dans les végétaux, chaque fois qu'une partie se trouve abritée, sa surface, lorsqu'il n'y a pas d'adhérence, est disposée à devenir sécrétoire, et il combat l'appellation du nectaire comme une superfétation. Dans l'impossibilité de donner une idée précise du nectaire, on peut seulement indiquer certains végétaux dans lesquels il se rencontre, tels que les delphinium, les hellébores, les renoncules, les capparidées, les orchis, la fritillaire, le chèvrefeuille, les trèfles, les primevères. On a reconnu la présence d'organes nectarifères dans quatre-vingt-quatre familles. Le principe sucré est sécrété tantôt par le calice, comme dans le câprier, tantôt par les pétales, comme dans la couronne impériale et les renoncules (Pl. 8, fig. 27), par les étamines dans les plombaginées (fig. 8), par l'ovaire dans les épacris (fig. 9), par le disque dans l'asphodèle et le lierre (fig. 6). Ainsi il n'y a donc pas d'appareil spécial pour cette sécrétion ; il s'agit seulement de rechercher si le nectaire joue un rôle quelconque dans la fécondation.

Pontedera assure que, si l'on enlève les nectaires de l'aconit jaune, la fécondation n'a pas lieu ; M. Soyer-Willermet dit la même chose ; Perroteau partageait cette opinion. Desvaux, excellent observateur et botaniste savant, a obtenu des résultats diamétralement opposés : il a enlevé le nectaire à des orchidées qui n'en ont pas moins mûri leurs graines ; la nigelle de Damas a été dans le même cas. Rien de précis dans ces expériences contradictoires ; il faut cependant plutôt s'en rapporter à ceux qui se sont prononcés pour la négative que pour les autres.

Sans rappeler les idées qui ont passé par la tête de tant de botanistes qui ne veulent laisser aucun fait sans explication, nous nous bornerons à citer Vaucher, l'observateur naïf et de bonne foi, qui a constaté, dans la lopézie, l'intervention irrécusable du nectaire, qui retient le pollen et sert à favoriser la fécondation. Ce qui peut être vrai pour cette plante est radicalement impossible pour la plupart des autres ; aussi les opinions émises sur la fonction des nectaires sont-elles fondées sur des hypothèses qu'il est impossible de justifier, non plus que la comparaison hypothétique du nectar avec le liquide amniotique du fœtus. D'autres auteurs, en le faisant servir à la nutrition de la graine, et en avançant le fait controuvé de l'existence d'un nectaire dans les plantes dont la graine est oléagineuse, tandis qu'on n'en trouve pas dans les végétaux dont les semences sont farineuses ou ligneuses, prouvent qu'il est dangereux de vouloir conclure sans examen du particulier au général. Les conifères et les amentacées qui ont les graines huileuses, tels que le hêtre, le noisetier, sont dépourvus de nectaires. Dunal regarde cet appareil comme un simple réservoir destiné à recevoir une excrétion surabondante, sans qu'il résulte rien de cette idée que l'expression d'un fait. Le nectaire le plus étrange qu'on puisse voir est celui de l'orchidée appelée *coryanthes* (Pl. 8, fig. 5), présentant un réservoir de deux centilitres de capacité, dans lequel tombe goutte à goutte un liquide mielleux s'échappant par des cornes qui existent de chaque côté du gynostème.

C'est en vain qu'on a longtemps discuté pour savoir quelle est la fonction véritable des nectaires et du fluide qui les remplit ; car un grand nombre de théories ont été publiées sans avoir jeté du jour sur cette question. Le plus sage est donc de s'en tenir à l'opinion de De Candolle, qui regarde la sécrétion des nectaires comme une simple sécrétion excrémentitielle des fleurs qui, dans quelques cas très-rares, peut servir à lubrifier le stigmate, et, accidentellement, en attirant les insectes, déterminer dans les organes sexuels un mouvement favorable à la fécondation.

Dans le langage usuel de la botanique, on a étendu le nom de nectaires à des parties de la fleur tout à fait différentes des glandes sécrétantes, et qui ne sont évidemment que des transformations de certains organes floraux. Ces sortes de nectaires, auxquels on a donné le nom de *parties accessoires,* se présentent sous des formes très-variées : tantôt ce sont des filets qui garnissent la face supérieure des folioles des fleurs de lis ou des iris (Pl. 8, fig. 11) ; tantôt ce sont des fossettes comme dans les kalmia (fig. 4), ou des sortes de cornets comme dans les asclépias (fig. 1), ou enfin des écailles ou des poils qui garnissent la gorge des corolles, comme on en trouve dans les borraginées, ou bien encore qui accompagnent les ovaires, ainsi qu'on le voit dans les pervenches.

Souvent ce sont des bourrelets entourant l'ovaire ; dans ce cas, on les désigne sous le nom de disques. Ces disques sont ou entiers, comme dans les convolvulus, ou lobés, comme dans les sedum (Pl. 8, fig. 3).

Les étamines présentent fréquemment de ces organes accessoires. Ce sont ou des lames, ou des soies, ou des excroissances en forme de pointes de verrues ou de crêtes. Mais, nous le répétons, ces organes n'ont aucune analogie avec les glandes sécrétantes, qui sont les vrais nectaires ; aussi les désigne-t-on le plus généralement sous le nom d'appendices.

# CHAPITRE VI



ÉTAMINE

Dans l'évolution spirale des éléments floraux, les étamines, qui sont les organes fécondateurs de la plante, forment le troisième verticille ; on peut les considérer comme les derniers bourgeons libres. Comme elles se développent suivant le mode normal de l'évolution du bourgeon, dans l'aisselle des feuilles, elles offrent le plus communément les nombres trois et six dans les monocotylédones, et cinq dans les dicotylédones.

L'*étamine* ou organe mâle se compose d'un *filet*, petite baguette le plus souvent filiforme, au sommet de laquelle est l'*anthère*, espèce de sac communément à deux loges ovales ou elliptiques, réunies entre elles par un corps intermédiaire qui porte le nom de *connectif*. Quand on ne trouve, dans une fleur, que des rudiments d'étamines ou des corps anormalement développés, ils prennent le nom de *staminodes*. Les loges de l'anthère sont formées de deux *valves* réunies en un point qu'on appelle le *sillon* ou la *suture*. La cloison, qui séparait d'abord chaque loge de l'anthère en deux parties, se résorbe et n'apparaît dans certains cas que comme un débris ou un rudiment. On distingue dans l'anthère la *face* ou la partie opposée au point où le filet est attaché, et qu'on appelle le *dos*.

Quand l'anthère manque, l'étamine est dite *abortive* ; si, au contraire, le filet manque ou est d'une brièveté qui empêche d'en tenir compte, elle est dite *sessile*, ce qui se trouve également dans les feuilles, qui sont abortives parfois (dans les *mimosa* de l'Australie, dont le pétiole seul s'est développé), et plus souvent sessiles ou dépourvues de pétioles.

Le filet, qui est le plus communément une petite baguette cylindrique, est *capillaire* dans les graminées (Pl. 9, fig. 3) ; il s'amincit parfois à son sommet et devient *subulé*, la tulipe ; il est *plane* ou aplati dans l'*allium fragrans* (fig. 6) ; *pétaloïde* dans le canna ; *dilaté* dans les campanules ; *crénelé* dans le *broussonetia* ; *géniculé* ou plié en coude dans le *mahernia pinnata*; *spiralé* dans l'*hirtella*; *toruleux* ou *noueux* dans le *sparmannia Africana*; *voûté* dans l'asphodèle; *appendiculé* quand il porte à son sommet, ou sur une de ses parties, un prolongement quelconque, comme dans la bourrache et la fabagelle (fig. 4, 2).

Il est *bifurqué* au sommet dans la brunelle et l'*ornithogalum nutans*; *tricuspidé* dans l'*allium ampeloprasum*; *émarginé* ou *échancré* dans le poireau; *capité* dans la *dianella*; *velu* dans le *kœlreuteria* et l'avocatier (fig. 20); il est *barbu* dans certains *verbascum*, et *glandulifère* dans le dictamne blanc.

Il est *simple* et prend le nom de *filet* quand il est unique et ne porte qu'une seule anthère; mais, quand il en porte plusieurs, il s'appelle *androphore* : ce n'est, au reste, qu'un filet rameux ou quelquefois plusieurs filets soudés à leur base. Cette réunion des filets porte le nom d'*adelphie*, et dans ce cas l'androphore est dit *colomnaire*, comme dans les malvacées, qui sont *monadelphes*, c'est-à-dire qui ont les filets réunis en un seul corps; *tubuleux* dans la même famille; et *fendu* dans les légumineuses *diadelphes*. Les étamines sont *triadelphes* dans les millepertuis, et *pentadelphes* dans les *melaleuca*; dans ce cas, on désigne sous le nom de *polyadelphes* les plantes dans lesquelles les filets sont réunis en plusieurs faisceaux. Dans les violariées, les anthères sont également adhérentes, mais cette adhérence est faible. Dans les lobéliacées et les cucurbitacées, la soudure s'étend aux filets et aux anthères.

Les filets sont ordinairement blancs; mais, dans certaines plantes, ils sont colorés : dans le *fuchsia coccinea*, ils sont rouges; violets dans le *verbascum blattaroïdes*; bleus dans les *scilla*; jaunes dans les renoncules.

Sous le rapport de la direction, le filet est dressé dans la plupart des cas; mais dans le cas où il est fort long et capillaire, comme dans les graminées, il est réfléchi, à moins qu'il ne soit renfermé dans un long tube comme dans le genre *exostemma*.

Le filet, comme tous les organes appendiculaires d'un végétal, présente des anomalies frappantes : il est *éperonné* dans le romarin; dans la bourrache (fig. 4), le filet porte une écaille à sa partie antérieure, et dans le *simaba ferruginea*, elle naît au dos.

L'anthère est *biloculaire* ou à deux loges dans la plupart des végétaux phanérogames; elle est *uniloculaire* ou à une seule loge dans les polygalées, les épacris, les conifères, les mauves (Pl. 9, fig. 11), *quadriloculaire* dans le tulipier.

On a donné l'épithète d'*adnée* à l'anthère qui est fixée au filet (la nigelle), qu'il y ait un connectif ou non; dans ce cas, elle est immobile, tandis qu'elle est *vacillante* et *mobile* quand elle est portée sur la pointe du filet et s'y balance (la tulipe). Elle est *basifixe* quand elle est, comme dans les iridées et les amandiers, attachée par sa base (Pl. 9, fig. 5), *médifixe* dans le lis où elle est fixée par le milieu (fig. 14); *introrse* quand la suture regarde le centre de la fleur, *extrorse* quand elle occupe la position inverse (le genre *cucumis*).

Sous le rapport de la forme, les loges, qui sont le plus communément allongées, sont *globuleuses* dans la guimauve (fig. 10); *didymes* dans la mercuriale (fig. 7); *ovoïdes* dans les *fuchsia*; *lancéolées* dans le *cerinthe major*; *sagittées* dans le *dodecatheon*; *cordiformes* dans le basilic (fig. 13); *réniformes* dans le lierre terrestre; *tétragones* dans la tulipe; *tordues* dans le *chironia*; *bifides* dans les graminées (fig. 3); *bicornes* dans les éricacées (fig. 19 et 22); *quadricornes* dans le *gaultheria procumbens* (fig. 21); *arquées* dans les mélastomes; *sinueuses* ou *mandriformes* dans les cucurbitacées (fig. 12); *tétragones* dans le genre *solanum*.

On a donné le nom de *déhiscence* à la manière dont s'ouvre l'anthère; elle est *longitudinale* dans la plupart des cas; *apiculaire* dans les *erica* (fig. 19), où les loges s'ouvrent au sommet; *transversale* dans la lavande; *valvulaire* dans le *leontice*, le *laurus persea*, où ce sont de petits opercules qui se soulèvent et sont au nombre de deux ou quatre, d'où les noms de *bivalvulées*, *quadrivalvulées* (fig. 20). D'autres fois ce sont des *pores*, comme dans les *solanum*, les *gaultheria* (fig. 19) et, suivant le nombre, les anthères sont dites *uniforées* et *biforées* (fig. 17, 19).

Nous avons vu dans l'adelphie les filets soudés entre eux et affecter la forme colomnaire; dans les synanthérées, ce sont les anthères, comme l'indique leur nom (σύν, avec, ἀνήρ, mâle). Il arrive quelquefois que les anthères se soudent dans certaines circonstances anormales : telles sont celles du *salix monandra*, qu'en suivant dans leur évolution on reconnaît évidemment être formées de deux étamines confondues en une étamine unique. Dans le genre *cissampelos*, les anthères sont uniloculaires et soudées par quatre, de manière à former un disque élargi.

Quant à l'époque de la déhiscence, elle varie, bien que dans l'ordre normal elle ait lieu lors de l'épanouissement de la fleur. Dans certaines graminées, la fécondation a lieu avant cette époque; d'autres fois les anthères n'abandonnent le pollen que dans les circonstances où le pistil est apte à la fécondation.

On a donné le nom de *pollen* à la poussière fécondante contenue dans les loges de l'anthère. Libres dans la plupart des végétaux, les grains de pollen sont réunis par des filaments déliés dans les œnothères, réunis en masse dans les asclépiadées et les orchidées. A part ces cas exceptionnels, les grains de pollen sont entièrement indépendants et forment comme une sorte de poussière.

Ils varient beaucoup pour la forme : *elliptiques* dans la plupart des végétaux (Pl. 10, fig. 2, 3), ils sont *globuleux* dans les cucurbitacées (pl. 10, fig. 1); *ovoïdes* dans la balsamine; *anguleux* dans l'*allium fistulosum*; *réniformes* dans la comméline tubéreuse, le narcisse, l'amaryllis; *trilobés* dans l'*azalea viscosa*; *à facettes* dans les composées (Pl. 13, fig. 17; Pl. 15, fig. 27). Les uns sont *lisses*, comme dans les *allium* et *convolvulus* (Pl. 10, fig. 2, 3); d'autres sont *hérissés* de pointes, comme dans les cucurbitacées et les malvacées (Pl. 14, fig. 26, 27); *polyédriques* et *ciselés* dans les composées (Pl. 15, fig. 28).

Sous le rapport de la couleur, ils sont *blancs* dans l'actée à épi, la mauve, la pariétaire, l'ortie; *glauques* dans les iris; *jaunâtres* dans l'*impatiens noli tangere*; *jaunes* dans la plupart des végétaux (Pl. 10); *soufre* dans le pin (Pl. 12, fig. 11); *orangés* dans le *lilium croceum*; *verts* dans le glaïeul; *bruns* dans la tulipe; *bleus* dans le *collomia* (Pl. 13, fig. 20); *violets* dans le genre *arctium* et le *dianthus Carthusianorum*.

Le nombre des grains de pollen contenus dans chaque loge est considérable. Grew en a compté 4,000 dans une seule loge; mais dans certaines familles, comme dans les cucurbitacées et les *althæa*, ils sont assez gros pour qu'on puisse les voir à l'œil nu.

Le grain de pollen est rempli de *fovilla*, matière fluide remplie de corpuscules, dans laquelle paraît résider la propriété fécondante du pollen. On a reconnu dans la fovilla des corpuscules allongés, doués de mouvements regardés comme spontanés, ce qui les a fait prendre pour des phytozoaires, et ce sont eux qu'on a crus chargés de la fécondation.

La déhiscence ordinaire des grains de pollen a lieu par rupture de la membrane ; le grain allongé devient globuleux, et, après avoir subi une extension considérable, il éclate ; dans d'autres végétaux, la déhiscence a lieu par de petits pores arrondis, dans le chanvre et la salicaire ; allongés dans la bourrache : operculés dans les cucurbitacées (Pl. 10. fig. 1), et affectant, suivant les groupes, diverses figures. (Voir Pl. 10, 11, 12, 13, 14 et 15.) C'est sous l'influence de l'humidité que le grain de pollen se gonfle et laisse échapper, par les pores, la membrane interne sous forme de boyau, qu'on appelle *boyau pollinique* ou *tube pollinique*. Quand ce dernier a subi toute l'extension dont il était susceptible, il éclate et répand la fovilla.

Au chapitre fécondation nous ferons connaître la structure intime du pollen et de la matière fécondante.

Suivant leurs rapports avec le pistil, les étamines prennent les noms d'*hypogynes*, quand elles naissent sur le réceptacle au-dessus de l'ovaire ; de *périgynes*, lorsqu'elles sont insérées sur le calice ; et d'*épigynes* si leur insertion a lieu sur un disque qui couronne l'ovaire comme dans les ombellifères.

Quand elles sont en nombre égal aux parties des autres verticilles, on les dit *isostémones* : les liliacées sont dans ce cas ; elles sont dites *anisostémones* quand elles affectent des rapports numériques différents ; *diplostémones* quand le nombre en est double ; *méiostémones* quand il est moindre ; et *polystémones* quand elles sont en nombre excédant.

Les étamines sont *définies* quand on peut les nombrer, ce qui a lieu jusqu'à 15 seulement, bien que Linné se soit élevé jusqu'à 20 (Icosandrie) ; au delà le nombre n'est plus fixe ; elles sont dites *indéfinies* quand elles ne sont pas nombrées, de 15 à 100.

Quand les étamines sont en nombre égal aux parties de la corolle ou du calice, elles sont assez généralement de même grandeur. On a donné le nom de *didynames* à celles qui, étant au nombre de quatre, sont inégales, deux plus grandes étant placées au-dessus des deux autres qui sont plus petites, ainsi que cela se voit dans les labiées et les rhinanthacées. Quand elles sont au nombre de six, dont quatre plus grandes alternant avec deux plus petites, elles sont dites *tétradynames* comme dans les crucifères. Quand il y a plusieurs séries d'étamines, elles sont ordinairement inégales, et c'est au centre que se trouvent souvent les plus petites. Outre l'inégalité de longueur, il y a encore l'inégalité de forme, comme cela a lieu dans les fumeterres, qui ont des filets larges et d'autres filiformes ; les ornithogales sont dans le même cas.

Dans les fleurs isostémones, les étamines sont toujours *unisériées*, ou sur un seul rang ; elles sont *bi* ou *plurisériées* dans les anisosté-mones–polystémones.

Les étamines sont *libres* ou *soudées*, soit par les filets, soit par les anthères, comme on l'a vu plus haut.

Sous le rapport de la direction, les étamines suivent en général celle des premiers verticilles : elles sont *dressées* ou *étalées*, suivant que les enveloppes florales affectent ces deux directions : on les dit *infléchies* quand elles se dirigent vers le centre de la fleur, et *réflé-chies* lorsqu'elles se courbent en dehors ; parfois elles s'inclinent toutes en se courbant d'un même côté de la fleur, comme dans le marronnier, les amaryllis ; elles sont dites alors *déclinées*.

On a distingué avec raison, bien que quelquefois ce ne soit pas un caractère constant, les étamines suivant leur rapport avec la corolle : elles sont dites *incluses* quand elles ne font pas saillie au dehors, comme dans les borraginées, et *exsertes* ou *saillantes*, quand elles excèdent les enveloppes florales, telles que les étamines des *fuchsia* ; dans certains genres, comme les menthes, c'est un caractère spéci-fique qui a de l'importance.

On a donné le nom d'étamines *unilatérales* à celles qui sont placées d'un seul côté de la fleur, comme cela a lieu dans les résédas.

La structure anatomique du filet de l'étamine ne présente rien de particulier : au centre est un faisceau de trachées, entouré de tissu cellulaire allongé ; à l'extérieur, et comme membrane d'enveloppe, un épiderme mince, parfois percé de stomates. Le faisceau des tra-chées se termine le plus souvent à la base du connectif, composé de cellules de consistance glanduleuse, plus denses que celles du filet, qui sont, en général, assez lâches.

L'anthère diffère essentiellement, par sa structure, du filet qui la porte : les fonctions qu'elle est destinée à accomplir le voulaient ainsi ; c'est pourquoi les parois des loges qui contiennent le pollen sont composées de deux membranes, une extérieure et épidermique, pourvue quelquefois de stomates, et qui ressemble à l'épiderme des pétales ; la couche moyenne est formée de cellules de plus en plus lâches, en allant de l'extérieur à l'intérieur, et la couche interne, appelée *endothèque*, composée primitivement de cellules spirales, annulaires, ou le plus souvent réticulées (Atl. I, pl. 18, fig. 8, 9, 10), mais dont la paroi propre disparaît, par résorption, aux approches de la maturité des anthères; alors il ne reste plus que les bandelettes et les réseaux intérieurs des cellules, qui doublaient leur paroi, et qui représentent, dans cet état, des cellules à claire voie, auxquelles on a donné le nom de *cellules fibreuses*, qu'il ne faut pas confondre avec les fibres ligneuses du bois, qui n'ont aucune analogie avec ces bandelettes, puisque ces fibres ligneuses sont de véritables cellules allongées ; cette disposition est une des nécessités du mode de déhiscence propre à l'anthère, qui doit s'ouvrir de dedans en dehors pour lancer le pollen. Il y a donc dans l'anthère une structure modifiée suivant l'époque de son développement ; on y trouve d'abord le type unique et primitif de formation du tissu cellulaire, mais il présente des conditions particulières appropriées à la fonction complexe de cet appareil. Ce qu'on constate dans l'anthère, c'est une résorption successive de la paroi de son tissu cellulaire primitif à mesure qu'elle approche de l'époque où le pollen ira féconder l'ovaire ; il ne reste plus que les bandelettes et réseaux internes de ces cellules, qui constituent le tissu de *cellules fibreuses* des diverses apparences. On peut même dire que, suivant les groupes, le tissu de cellules fibreuses se modifie, et doit être considéré comme un adjuvant de la diagnose des familles. Le caractère particulièrement propre à ce tissu est qu'il décroît de résistance depuis la ligne médiane dorsale jusqu'aux bords de la commissure où a lieu la déhiscence, de sorte qu'on peut comparer le mouvement élastique de l'anthère à celui de certains fruits, ceux par exemple de la balsamine, qui lancent au loin leurs graines à l'époque de leur maturité complète. En observant le tissu de l'anthère après sa déhiscence, c'est-à-dire quand elle a rejeté au dehors tout le pollen qu'elle contenait, car avant cette époque il est encore gorgé d'humidité, on remarque qu'il est essentiellement hygrométrique ; les fibres, qui se sont d'abord contractées pour permettre l'émission du pollen, obéissent aux différentes variations de l'atmosphère et sont douées d'une véritable hygroscopicité.

Si maintenant nous étudions le développement de l'étamine, nous voyons l'ensemble de l'androcée se présenter comme les feuilles et les autres organes appendiculaires : c'est un simple mamelon de tissu cellulaire, qui est le rudiment de l'anthère. A mesure qu'elle se développe, on voit se dessiner à sa surface un sillon, qui est le premier linéament du connectif ; deux nouveaux sillons moins apparents indiquent les points où aura lieu la déhiscence ; le filet, qui ne se développe qu'après l'anthère, reste plus longtemps verdi par la chlorophylle. Dans son principe, le filet a une contexture cellulaire qu'il quitte bientôt, et il se forme, au centre, des trachées qu'on n'avait pas aperçues lors de son premier développement.

L'anthère, à son origine, offre une structure homogène ; c'est un tissu compacte, composé de cellules de même forme et de même dimension ; mais plus tard il se forme dans l'intérieur de ce tissu quatre petites cavités qui s'élargissent au fur et à mesure du grossissement du mamelon anthérifère ; et bientôt on distingue deux petites loges dans chaque moitié de l'anthère. On considère la formation de ces cavités comme le résultat de la désorganisation des tissus cellulaires dans plusieurs points intérieurs de la masse anthérifère. Nous ne croyons pas que la nature opère ainsi ; c'est-à-dire qu'elle perfectionne son œuvre par un travail de désorganisation ; il nous paraît plus vraisemblable d'admettre qu'il existe, dès le début, quatre solutions de continuité dans la masse cellulaire, lesquelles solutions de continuité s'élargissent en même temps que grossit le mamelon anthérifère. C'est qu'en effet, ces cavités sont d'abord très-étroites, linéaires, et qu'elles s'élargissent peu à peu, pour constituer chacune une loge, dont la paroi interne est formée de petites cellules spirales, annulaires ou réticulées qui, plus tard, produisent l'enveloppe fibreuse dont nous avons parlé.

Quoi qu'il en soit, et quel que soit le mode de formation de ces cavités, on ne tarde pas à les trouver remplies d'un fluide mucilagineux, qui s'organise en grandes cellules qu'on appelle *utricules polliniques*, parce que c'est dans leur intérieur que se forme une masse de petits grains qui deviennent le pollen. En effet, le fluide mucilagineux de chaque utricule pollinique s'épaissit, se solidifie (Pl. 10, fig. 5) et se divise, de la circonférence au centre, en quatre noyaux (fig. 5 *b*) qui finissent par s'isoler les uns des autres, en même temps que les membranes des utricules polliniques, d'abord épaisses et succulentes, s'amincissent graduellement, jusqu'à être ensuite entièrement résorbées ; de sorte que tous les noyaux pollinifères de toutes les utricules d'une même cavité se trouvent libres, et forment des grains qui s'échappent plus tard sous forme de poussière. C'est alors que l'anthère est définitivement constituée, et qu'elle présente quatre cavités ou loges, comme dans les *poranthera* et *tetratheca* : mais, le plus souvent, la cloison qui sépare les deux cavités de la moitié de chaque anthère disparaît également, et c'est ainsi que ces deux cavités n'en font plus qu'une ; l'anthère ne présente plus alors que deux loges ; ce qui est le cas le plus commun.

Le pollen n'est pas toujours composé de grains isolés ; dans quelques familles, les orchidées et asclépiadées, par exemple, tous les grains d'une même loge restent agglutinés, de manière à former un corps qui remplit toute la loge : c'est ce qu'on appelle *masse pollinique*.

Les grains de pollen ne sont pas des corps entièrement solides ; ce sont des utricules, ayant chacune une enveloppe d'une structure particulière, et dont l'intérieur est rempli d'un liquide qui est regardé comme le principe vivifiant des embryons ; cette enveloppe est le plus généralement composée de deux membranes distinctes ou adhérentes entre elles : l'externe, qui donne au grain sa forme et sa couleur, est l'*exhyménine* de Guillemin, et l'interne est l'*endhyménine*.

L'exhyménine, ou membrane externe du pollen, est tantôt lisse (Pl. 15, fig. 30), tantôt relevée de saillies de diverses formes. Dans le plus grand nombre de cas, ce sont des ponctuations ou des granulations, comme dans l'*allium fistulosum* (Pl. 13, fig. 16, 21), qui sont disposées avec une certaine régularité, de manière à constituer des réseaux à mailles ou à facettes très-élégantes (Pl. 14, fig. 23 et 24) ; d'autres fois cette membrane est hérissée de poils ou de points qui ressemblent à des épines (Pl. 14, fig. 25 à 27). On attribue à ces saillies, de l'exhyménine, la propriété d'exsuder un liquide huileux et coloré, qui donne au grain cette couleur brillante que nous admirons sur ceux des *pelargonium, armeria*, etc. (Pl. 14, fig. 23, 28).

Ce qui semble positivement prouver que c'est au liquide sécrété par ces saillies que le pollen doit sa coloration, c'est qu'il est incolore toutes les fois que la membrane externe est lisse ou dépourvue de granulations.

Outre ces aspérités que présente le pollen, on trouve encore des plis et des pores qui sont, pour certains botanistes, de véritables solutions de continuité, et pour d'autres de simples amincissements de la membrane externe. Les plis suivent, le plus souvent, une ligne droite qui va d'un bout à l'autre bout opposé du grain ; ce qui arrive dans les pollens ellipsoïdes (Pl. 10, fig. 2 et 3) ; ou bien ils décrivent des cercles ou des spirales, comme dans le pollen du *thumbergia*

*fragrans* (Pl. 12, fig. 42). Ces plis sont en nombre variable ; on en
trouve un seul dans la plupart des monocotylédones, trois dans les
*convolvulus tricolor* (Pl. 10, fig. 2 et 3) ; de quatre à six dans la
bourrache ; dans le pelargonium, ils forment un réseau très-élégant
(Pl. 14, fig. 23).

Ces plis, qui se présentent sous forme de bande, sont de véritables replis de la membrane externe, qui disparaissent par la dilatation du grain sous l'action de l'eau.

Ce qu'on appelle pores ou *ostioles* sont des points plus ou moins
grands de l'*exhyménine*, et qu'on distingue facilement aux extrémités des protubérances du pollen d'*œnothera* et de *clarkia* (Pl. 15,
fig. 30 et 31). Pour quelques botanistes, et M. Mohl en particulier,
ces ostioles ne seraient pas perforées ; elles ne seraient que des
amincissements de la membrane, et ces auteurs s'appuient sur ce
que, dans quelques cas, comme celui que présente le pollen de la
courge (Pl. 10, fig. 4), ces ostioles sont fermées par une sorte d'opercule que chasse la membrane interne au moment de la formation du
tube pollinique.

Tous les pollens ne présentent pas, cependant, ces pores ou ostioles ;
celui des *anona* en est dépourvu ; dans le pollen de la plupart des
monocotylédones, il n'y en a qu'un ; on en trouve deux dans celui
du *beloperone* (Pl. 13, fig. 22) ; trois dans les onagres et clarkia
(Pl. 15, fig. 30 et 31) ; quatre ou cinq dans les balsamine et baselle
(Pl. 13, fig. 18) ; huit et plus dans le collomia (Pl. 13, fig. 20), le
cobœa (Pl. 15, fig. 29) ; on en compte jusqu'à deux cents dans la
rose trémière (Pl. 14, fig. 26) : telle est la structure de la membrane externe ou exhyménine.

L'*endhyménine* est la membrane interne, dont la structure est la
même dans tous les pollens ; elle est homogène et très-mince, à
peu près comme la membrane des cellules. Quelquefois elle est tellement adhérente à la membrane externe qu'il est impossible de la
séparer. Elle est très-extensible sous l'action de l'eau, qu'elle absorbe très-facilement ; et souvent, sous la pression du liquide
qu'elle a absorbé, elle fait saillie par les ostioles, forme autant de
petits tubes ou boyaux polliniques plus ou moins allongés, qui finissent par se rompre et qui lancent, par jets souvent intermittents, le
fluide fécondateur nommé *fovilla* (Pl. 10, fig. 4).

Mais tous les grains de pollen ne présentent pas cette même organisation ; dans quelques cas, comme dans le *crocus vernus,* le pollen offre une troisième membrane intermédiaire aux deux que nous avons décrites ; dans d'autres, plus rares encore, la membrane est unique et présente la texture de l'exhyménine.

Le pollen des conifères (Pl. 12, fig. 10 et 11) se présente sous une forme toute particulière ; il offre souvent des dilatations séparées par un pli profond, et son intérieur est rempli d'une génération cellulaire, dont la dernière se gonfle et fait saillie pour constituer le tube pollinique. Ce fait a été observé par Robert Brown, Meyen et Schacht, qui pensent que cette organisation doit se retrouver dans les cycadées, mais nous ne croyons pas qu'elle ait été confirmée par l'observation.

L'agglutination de tous les grains de pollen en masse pollinique, que nous avons signalée dans les orchidées et les asclépiadées, ne se rencontre pas seulement dans ces deux familles ; on les retrouve encore réunis par quatre dans les *pyrola,* et par seize, selon M. Schacht, dans les *acacia.*

La *forilla* ou fluide fécondateur contenu dans le grain de pollen est un liquide épais, mucilagineux, incolore le plus souvent, dans lequel s'agitent de nombreux corpuscules granuleux, auxquels sont associés souvent des gouttelettes d'huile, ou des granules de fécule. Les corpuscules sont le plus généralement d'une extrême petitesse et globuleux ; mais quelquefois ils sont plus gros, ellipsoïdes ou allongés-cylindriques. Ils paraissent doués de ce mouvement particulier qu'on appelle rotatoire ; ce qui les a fait assimiler aux corpuscules spermatozoïdes des animaux. Mais ce fait, qui a été le sujet de bien des controverses de la part des naturalistes, demande à être encore bien étudié ; car il se pourrait que ce mouvement ne soit dû qu'à cette particularité, encore inexpliquée, découverte par Robert Brown, dans les grains de poussière extrêmement ténus de tous les corps bruts, et que l'on désigne sous le nom de *mouvement brownien ;* cette hypothèse semble, du reste, être confirmée par M. Fritzsch, qui a constaté que tous ces corpuscules bleuissent par l'iode (Pl. 12, fig. 9) et ne seraient, par conséquent, que des grains de fécule.

Tous les anciens auteurs ont refusé aux végétaux, qui ont été successivement désignés sous les noms d'*agames*, de *cryptogames* et d'*acotylédones*, les organes sexuels ou de la fécondation. C'est

Hedwig qui, le premier, fit connaître que le plus grand nombre de ces plantes possédait les deux organes mâle et femelle, comme les phanérogames. On donna alors le nom d'*anthéridies* à l'organe mâle, et ceux de sporanges et spores à l'organe femelle.

Les anthéridies représentent donc l'anthère. C'est, en effet, le plus souvent un petit sac dont la forme et la position varient suivant les plantes ; tantôt c'est une simple vésicule ; tantôt c'est une membrane celluleuse comme dans les mousses. Ces anthéridies se présentent sous la forme d'un globe (Pl. 11, fig. 6), d'un œuf, d'une massue ou d'une bouteille (fig. 7 *a*), et elles sont situées tantôt dans l'intérieur de la plante, tantôt à la surface.

Elles diffèrent essentiellement des anthères par la nature de la matière qu'elles contiennent. Cette matière consiste généralement en une masse d'utricules distinctes, diversement groupées suivant les familles, et, au lieu de contenir une substance fluide, comme la *fovilla*, chacune d'elles renferme un petit corps cylindrique, sorte de petit ver, d'abord courbé et enroulé sur lui-même en cercle ou en spirale, puis se déroulant, à la sortie de l'utricule, par un mouvement très-actif, qui dure pendant un certain temps (Pl. 11, fig. 8 *b*). A l'aide du microscope, on a constaté, sur ces corpuscules, deux cils vibratils, qui sont évidemment les organes du mouvement ; de telle sorte qu'il est impossible de ne point reconnaître en eux de véritables animalcules.

*Nomologie de l'étamine.* — L'étamine n'est qu'une feuille transformée, et présente, tant dans sa structure que dans ses modifications, les mêmes apparences que l'élément foliaire.

L'anthère constitue l'étamine et en est la partie essentielle.

Il n'y a que trois positions possibles pour l'étamine : elle ne peut être qu'*hypogyne, périgyne* ou *épigyne*.

Pour connaître le nombre réel des étamines, il faut tenir compte des staminodes ou étamines avortées.

Dans toute corolle monopétale, le nombre naturel des étamines est simple ou double des divisions.

Toute corolle polypétale qui contient dix étamines en a cinq courtes alternant avec cinq plus longues.

Chaque fois que les étamines sont en nombre double des divisions de la corolle, il y en a moitié qui sont opposées aux divisions de la corolle et moitié à celles du calice.

Dans les fleurs régulières, quand les étamines sont en nombre égal à celui des divisions de la corolle, ou isostémones, elles alternent avec; mais, dès que les fleurs deviennent polystémones, comme les étamines sont sur plusieurs rangs, tous les rapports cessent; cependant il est facile de constater que les étamines de la rangée externe sont alternes avec les pétales.

Toute déclinaison de l'étamine entraîne après soi l'irrégularité de la corolle.

Les plantes didynames ont les étamines réfléchies, à l'exception du genre basilic, dans lequel la direction est inverse.

La diadelphie consiste dans la disposition des étamines en deux corps, quel que soit le nombre qui les compose.

Les fleurs tétradynames sont toujours des crucifères, quelles que soient les anomalies des autres verticilles.

Toute étamine gynandrique appartient à une fleur infère, et elle ne peut être considérée comme telle que quand elle fait corps avec le style.

Tout filet staminal est uni à l'anthère par une articulation.

On doit regarder comme une étamine abortive tout corps, quelle que soit sa forme, qui occupe la place affectée aux étamines.

Ce n'est que dans le groupe des urticées qu'on trouve des étamines plicatiles et élastiques sans être irritables.

L'anthère, dans son état normal, est biloculaire et pourvue d'un connectif; elle ne devient quadriloculaire ou uniloculaire que par la persistance des cloisons qui existaient lors de la première formation ou de la résorption de ces mêmes cloisons.

Un des caractères propres à l'anthère est que son mode d'insertion est identique dans les mêmes groupes : elle est mobile dans les liliacées, adnée dans les renonculacées. Il en est de même de sa direction : quoique l'anthère soit le plus communément introrse, elle est extrorse dans les iridées, les aristolochiées, les cucurbitacées; dans les laurinées, toutes sont extrorses, ou bien la série externe est introrse et l'interne extrorse. On a donné le nom d'*adduction* à cette disposition des anthères : quand elle s'écarte du type introrse, elle coïncide avec quelque anomalie florale.

On peut mettre, au rang des caractères de premier ordre, le mode de déhiscence des anthères; c'est ainsi qu'elle est valvulaire dans les *epimedium*, circulaire dans les *brosima*, etc.; mais le mode le plus commun est la fissilité.

La synanthérie est un caractère d'ordre dans les composées.

Le connectif est constamment distinct du filet par une articulation dans les anthères libres.

Tout appendice anthérique différent des loges appartient au connectif, tels que les oreillettes du *vaccinium myrtillus* (Pl. 9, fig. 22), l'appendice aristé du *vaccinium uliginosum* (fig. 19), du *nerium oleander* (fig. 16). On doit regarder les loges de toutes les étamines, dont les anthères sont biloculaires, comme unies par un connectif; même dans les éricinées dont les deux loges, quoique distinctes, sont néanmoins unies à la base par un rudiment du connectif.

Dans les anthères didymes et globuleuses, le connectif est plus court que les anthères (Pl. 9, fig, 11).

Le connectif est surtout très-apparent dans les fleurs à corolle monopétale.

Chaque fois que le connectif prend un développement extraordinaire, le filet subit une diminution et s'atrophie, ce qui répond, du reste, à la loi du balancement organique.

On ne trouve de pollen proprement dit que dans les végétaux cotylédonés; il est remplacé dans les acotylédones par des utricules anthérozoïdes.

La forme des grains de pollen est identique dans les mêmes genres et dans une même famille.

# CHAPITRE VII



Le dernier verticille floral, celui qui occupe le centre de la fleur,
le plus important, puisqu'il joue dans la propagation de l'espèce le
rôle le plus essentiel, est l'ensemble de l'organe femelle appelé
*pistil*. Il se compose de trois parties distinctes : l'*ovaire*, partie inférieure renflée dont la cavité nommée *loge*, renferme la jeune
graine ou ovule ; c'est la partie constitutive de l'appareil de gestation ;
elle représente l'utérus des animaux supérieurs, et se compose de
deux parties : le *dos*, qui regarde les téguments floraux, et le *ventre*,
qui est tourné vers le milieu de la fleur ; le *style*, espèce de colonne
qui est le prolongement de l'ovaire, et le *stigmate*, ou la partie
terminale du pistil. Quand les pistils manquent, soit par arrêt de
développement, soit par atrophie successive, les fleurs, privées du
verticille central, sont réduites à leurs organes mâles. Le pistil est
souvent composé de plusieurs parties qui ont chacune leur loge
ovarienne, leur style et leur stigmate. On a donné le nom de *carpelle* (du grec καρπός, fruit) au pistil simple, et ce mot a prévalu.
Quant à l'ensemble de l'appareil de gestation, il a reçu le nom de
*gynécée*, qui est usité, bien qu'il ne soit guère plus utile que l'androcée, puisque nous entendons par *pistil* tout l'appareil gestateur,
et par *étamine* tout l'appareil fécondateur.

Nous avons déjà dit, dans les considérations générales sur la fleur,
que le pistil est, comme tous les autres organes floraux, une simple
feuille modifiée, pliée longitudinalement et soudée par ses bords
pour former la cavité ovarienne. Pour bien faire comprendre cette
modification, nous allons étudier d'abord un de ces pistils isolé,
et nous suivrons ensuite la soudure de plusieurs de ces feuilles
carpellaires, ou carpelles, réunies au centre d'une même fleur, et
dont l'ensemble constitue le pistil composé.

La fleur double du cerisier offre un bel exemple de cette modification de la feuille en carpelle. Le centre de cette fleur est occupé

par plusieurs petites feuilles vertes dont la base est élargie et dont
le sommet est au contraire rétréci en pointe (Pl. 16, fig. 2); la
position de ces feuilles indique suffisamment qu'elles ne sont autres
que celles qui devaient former le pistil. Si, par la pensée, on étale
une de ces feuilles, on retrouve une feuille normale, comme celle
qui est représentée Pl. 16, fig. 1. Mais si, au contraire, nous rappro-
chons davantage ses deux bords, et que nous les soudions ensemble,
nous aurons un véritable pistil ; la partie inférieure élargie consti-
tuera l'ovaire; la partie supérieure rétrécie, qui est la continuation de la nervure médiane, représentera le style, et les bords
soudés deviendront le *placenta*, ou partie interne de l'ovaire sur
laquelle sont attachés les ovules; le sommet dilaté de cette nervure
sera le *stigmate*. Or, ce que nous avons fait idéalement, on le
trouve naturellement dans une fleur simple de ce même cerisier
(Pl. 16, fig. 3).

Mais le pistil n'est pas toujours simple, il est le plus souvent composé de plusieurs feuilles carpellaires diversement unies entre elles.
Tantôt, en effet, ces carpelles sont pliées dans leur longueur, *et* simplement soudées par leurs bords en restant distinctes entre elles au
centre de la fleur; dans ce cas, les pistils sont multiples, comme
dans les pivoines. Tantôt, après s'être soudées séparément par leurs
bords, elles se soudent entre elles par leurs faces latérales, et sur une
plus ou moins longue étendue (Pl. 16, fig. 4 et 5); c'est ce qui s'observe très-bien dans les diverses espèces de nigelles, chez lesquelles
on trouve tous les passages de carpelles tout à fait distincts, jusqu'aux carpelles entièrement adhérentes par la partie inférieure ou
ovaire, les styles seuls restant libres (Pl. 16, fig. 5). Enfin, dans le
plus grand nombre des cas, les parties stylaires se soudent aussi; et,
de plusieurs carpelles ainsi soudées, il en résulte un seul tout ou
pistil unique, offrant autant de cavités intérieures ou loges, qu'il
entre de carpelles dans sa composition; on dit alors que le pistil
est pluri ou multi-carpellé, et pluri ou multi-loculaire; dans ce cas,
les ovules ou jeunes graines sont insérés à l'angle interne de chaque
loge, qui représente les bords soudés longitudinalement de chaque
carpelle, ou les placentas : c'est ce que montre la figure 8 de
la planche 16, et ce qu'on trouve dans la tulipe, les lis et les
*hibiscus*.

Tous les pistils pluricarpellés n'offrent cependant pas toujours cette même organisation. Il arrive, chez plusieurs plantes, la violette par exemple, que les feuilles carpellaires ne sont pas pliées longitudinalement, ni par conséquent soudées préalablement par leurs bords, mais qu'elles restent étalées, de manière que leur connexion ne peut pas avoir lieu par leurs faces latérales; la réunion de ces carpelles, pour former un seul tout, se fait alors par la soudure de leurs bords avec les bords des deux carpelles voisines, et il en résulte un pistil à une seule cavité ou *uniloculaire*, dans l'intérieur duquel les ovules sont insérés sur la paroi de l'ovaire, à l'endroit de la soudure des feuilles carpellaires, qui est toujours la ligne ou suture placentaire (Pl. 16, fig. 9 et 10).

Enfin, dans certains cas, le pistil est composé de plusieurs carpelles unies par leurs bords pour former une seule cavité; mais les ovules, au lieu d'être attachés au point de soudure sur la paroi de l'ovaire, sont insérés sur une colonne centrale ou placenta central, comme dans les primulacées (Pl. 16, fig. 12, 13, 14). Cette structure est tout à fait anormale et ne peut pas être expliquée par la théorie des feuilles carpellaires. Dans les pistils composés de plusieurs carpelles formant autant de cavités ou loges, la membrane qui partage ainsi l'intérieur du pistil est donc formée par les parois des deux carpelles, puisqu'elle résulte de la soudure de deux feuilles carpellaires par leur face latérale. On a donné à ces membranes le nom de *cloisons* qui sont toujours verticales, et qui se prolongent toujours dans toute l'étendue de la cavité ovarienne; et on appelle fausses cloisons les membranes transversales de la casse fistuleuse, et toutes celles qui, quoique verticales, proviennent de toute autre partie de la feuille carpellaire; ainsi, dans les daturas et les lins, chaque loge est partagée par une fausse cloison qui provient du développement extraordinaire et lamelleux de la nervure médiane; dans les pavots, les fausses cloisons sont des placentas lamelleux pariétaux.

La soudure des autres parties du pistil suit les mêmes lois que celle de la portion inférieure ou ovarienne; ainsi les styles sont entièrement distincts dans les caryophyllées; dans la fritillaire à damier, ils sont soudés jusqu'à moitié, tandis que dans le lis ils sont soudés jusqu'aux stigmates.

Enfin on trouve parfois, comme dans les apocynées, des ovaires distincts et des styles et stigmates soudés (Pl. 18, fig. 14).

Si nous examinons maintenant les rapports de nombre de ce verticille dans les différents groupes de végétaux, nous y retrouvons les rapports arithmétiques qui nous ont frappés dans les autres verticilles. En prenant les liliacées pour exemple, nous trouvons : un périanthe à six divisions, trois extérieures, trois intérieures ; un ovaire à trois valves et à trois loges ; le style et le stigmate sont simples, ou plutôt formés de trois parties soudées en un seul corps ; tandis que, dans les colchicacées, il y a un périanthe à six divisions, six étamines, trois styles, un ovaire à trois loges, trois stigmates, une capsule à trois valves et à trois loges. Dans les dicotylédones, nous voyons dans le genre *epilobium* un calice à quatre divisions, une corolle à quatre pétales, huit étamines, une capsule à quatre angles et à quatre loges. Ces rapports sont d'une telle régularité que, dans les genres anormaux, les différents verticilles présentent les mêmes altérations : ainsi la circée, cette petite et gracieuse œnothérée, dont tous les verticilles sont réduits à moitié, a un calice à deux divisions, deux pétales, deux étamines, une capsule à deux loges et à deux graines. Dans les crassulacées, dont les organes floraux sont en nombre variable, le genre *tillæa* a un calice à trois folioles, trois pétales, trois étamines et trois ovaires ; le genre *bulliardia*, un calice à quatre divisions, quatre pétales, quatre étamines, quatre ovaires ; le genre *crassula* a un calice à cinq ou sept divisions, et les pétales, les étamines, les ovaires sont en nombre égal aux divisions du calice. Comme dans toute la grande série végétale, il y a des exceptions ; mais elles ne détruisent pas la loi si précise et si fixe des rapports numériques des différents verticilles.

Dans les solanées, où les trois premiers verticilles affectent régulièrement le nombre cinq, l'ovaire est à deux, trois ou quatre loges ; le genre *convolvulus* présente la même anomalie ; dans le *delphinium consolida*, le verticille carpellaire est réduit le plus souvent à un seul élément. Outre les anomalies que présentent les carpelles, on remarque, en règle générale, qu'on ne trouve qu'une seule cloison quand il y a deux carpelles, et que, passé ce nombre, il y a autant de cloisons qu'il y a de carpelles.

Ce qui distingue les carpelles, ou *feuilles carpellaires*, qui correspondent aux feuilles-calices ou aux feuilles-corolles, de ces deux premiers verticilles, c'est qu'ils se soudent par les bords, et dans leur réunion circulaire ils sont amincis au point de contact ou sur la face ventrale, et présentent un segment de cercle à la partie dorsale. Cette disposition se retrouve jusque dans les carpelles des monocotylédones ou de certaines dicotylédones, comme les polygonées, qui ont un ovaire à trois angles plus ou moins arrondis.

## § I. *De l'ovaire.*

Nous avons vu, dans le paragraphe précédent, que l'ovaire est la partie essentielle de l'appareil pistillaire. Il est susceptible d'autant de modifications que les carpelles le sont d'adhérences ou de séparation, et les modes varient à l'infini. On appelle *ovaire simple* celui qui est libre et composé d'une seule feuille carpellaire, et *ovaire composé* celui qui résulte de la réunion ou de la soudure de plusieurs carpelles, bien que, dans certains cas, il affecte la forme simple, tant les adhérences sont intimes. Mais l'*ovaire* est *unique* dans les papavéracées et les crucifères; il est dit *multiple* quand il y en a plusieurs dans la fleur, comme dans les labiées, les renonculacées. Il est *sessile* dans le lis; *exhaussé* dans le *cleome*, le *sterculia*, quand il est porté sur un gynophore ou un podogyne; il est *uniloculaire* dans les pois; à deux loges dans les *chéiranthus*; *triloculaire* ou à trois loges dans les lis, les euphorbes; *pluriloculaire* dans les *rhododendrum*; *multiloculaire* dans la *cassia fistula*.

Suivant ses diverses apparences ou le degré de soudure des feuilles carpellaires, il est *partite* ou *fendu* dans la nigelle des champs; *bi-tri-quadri-multilobé*, quand les carpelles présentent des lobes distincts; dans la fritillaire à damier il est *trilobé*, et dans le *sida aurantiaca, quinquélobé*.

Les ovaires ne sont pas seulement susceptibles d'adhérence entre eux; ils peuvent encore se souder aux verticilles voisins, et le mode le plus commun est la soudure de l'ovaire avec le calice. Par suite d'une loi aujourd'hui confirmée par l'observation des faits tératologiques, l'adhérence d'un organe avec un organe contigu entraîne après soi la disparition ou l'atrophie d'organes voisins; c'est ainsi que, dans l'adhérence du calice et de l'ovaire, appelé *calice* ou *ovaire adhérent*, ce qui répond à l'ancienne dénomination de *calice supère* et *ovaire infère*, expressions qui rendaient un compte exact de l'apparence des verticilles soudés, on voit les verticilles intermédiaires faire corps avec eux ; ce qui est très-évident dans la fleur de toutes les cucurbitacées (Pl. 18, fig. 5), où le renflement inférieur de l'ovaire montre son adhérence intime avec le calice, tandis que la partie supérieure du calice excède l'ovaire et lui donne l'apparence réelle d'un organe superposé. On reconnaît toujours l'adhérence de l'ovaire au renflement qu'il forme au-dessous des divisions limbaires du calice. En faisant une section longitudinale ou verticale de l'ovaire du pommier, du poirier, des *eucalyptus*, des ombellifères, on voit que la partie renflée est creusée de loges ovulifères, ce qui indique une adhérence complète. L'adhérence de l'ovaire entraîne toujours après soi la périgynie ou l'épigynie des étamines.

Dans certains cas, l'adhérence n'est pas complète : il n'y a que la partie inférieure de l'ovaire qui soit soudée avec le calice, et la partie supérieure faisant saillie en est réellement indépendante : dans ce cas, on donne à cette disposition intermédiaire entre l'ovaire adhérent et l'ovaire libre le nom de *calice* ou d'*ovaire semi-adhérent* et aussi celui d'*ovaire semi-infère*. Qu'on examine la fleur d'un saxifrage granulé [1], on voit que l'ovaire n'adhère au calice que jusqu'à la moitié de sa hauteur, et que toute la partie supérieure est libre.

On a donné le nom de *calice* ou d'*ovaire libre*, dénomination correspondant à celle de *calice infère* ou *ovaire supère*, aux deux verticilles dont l'un, le calice, est placé d'une manière incontestable au-dessous de l'ovaire qui le surmonte, et en est entièrement indépendant. Ainsi, il est libre et dégagé jusqu'à sa base dans les caryophyllées, les crucifères, les papavéracées, les légumineuses.

La forme de l'ovaire varie beaucoup, quoique sa figure fondamentale soit la sphère et le cylindre modifiés : il y en a de globuleux, l'alkékenge ; d'elliptiques, les caryophyllées ; de cylindriques, de cordiformes. Quelle que soit la figure adoptée par l'ovaire, il est toujours régulier : le genre muflier, seul, nous offre l'exemple d'un ovaire irrégulier. La forme de la feuille carpellaire décide de celle de l'ovaire ; mais elle subit elle-même, en devenant verticille pis-

---

1. On trouve dans le genre saxifrage les trois modifications que présente l'ovaire il est libre dans les *saxifraga stellaris* et *umbrosa ; semi-adhérent* dans les *saxifraga oppositifolia, granulata, hypnoides*, et *adhérent* dans le *saxifraga tridactylites*.

tillaire, des transformations telles, qu'on ne peut l'étudier à l'état foliaire. Ce que nous pouvons constater, c'est que, par suite de la figure le plus communément allongée de la feuille, lorsqu'elle se replie et se soude par ses bords, elle doit affecter la forme du follicule de l'aconit, de la nigelle, de l'éranthe, qui semblerait représenter le fruit sous sa forme la plus simple ; cependant il n'en est rien, car, dans les monocotylédones, on trouve des capsules, des baies et des fruits secs, monospermes, indéhiscents.

La surface de l'ovaire est glabre ou villeuse, et les poils qui le couvrent sont très-souvent différents de ceux du reste de la plante.

La structure de l'ovaire est celle du limbe de la feuille : il est composé d'un tissu variable pour l'épaisseur, d'une uniformité assez constante de structure dans ses différentes couches, qui se modifient cependant à mesure que l'ovaire se développe, et dans l'épaisseur duquel s'épanouissent des faisceaux fibro-vasculaires, formés de vraies trachées, variant pour le nombre et la direction, mais se terminant sans exception à l'extrémité supérieure du style, et formant, par leur réunion, une espèce de réseau souvent très-compliqué (Pl. 17, fig. 2). Un épiderme semblable à celui de la face inférieure de la feuille, et, comme elle, chargé de stomates, recouvre le parenchyme de l'ovaire, ce qui n'a pas lieu pour l'épiderme intérieur, qui est d'un tissu plus lâche et plus pâle, et est dépourvu d'orifices stomatiques (Pl. 17, fig. 3 à 7). On voit donc que l'ovaire présente, sous le rapport anatomique, une structure essentiellement semblable à celle de la feuille ; et, dans l'évolution de l'ovaire, nous voyons la nervure médiane se prolonger et devenir style. Ceci n'est vrai, au reste, que dans la majorité des cas ; car quelquefois l'ovaire n'est pas la transformation de la feuille normale et complète, il n'en est qu'une partie plus ou moins considérable.

L'ovaire, tel que nous le comprenons, est l'appareil gestateur de la graine, et la graine n'est autre qu'un bourgeon, ou mieux, un œuf semblable à celui des animaux, formé sur le bord de la feuille carpellaire, où il attend, pour subir les modifications qui le rendront propre à la continuation de la vie dans le végétal, l'action du fluide fécondateur renfermé dans le globule pollinique. Il y a dissidence sur le mode de génération de la graine, et certains auteurs la regardent comme le produit des lignes placentaires, qui seraient elles-mêmes

les axes de la plante se prolongeant dans l'ovaire, et venant se terminer, comme un dernier effort de la nature, par un ovule, qui
est le but extrême de la végétation.

### § II. *De la placentation.*

Quand plusieurs carpelles se soudent pour former l'ovaire composé, c'est par les faces latérales qui se dépriment et forment des
cloisons qui vont de la circonférence au centre ; ces cloisons appartiennent pour moitié chacune à une des carpelles, de sorte qu'il y a
autant de loges qu'il y a d'ovaires. Dans quelques cas, les cloisons
se détruisent par résorption ou ne se continuent pas jusqu'au centre
du fruit, et alors on ne peut reconnaître le nombre des carpelles,
qu'en appelant à son secours l'examen des styles ou des stigmates
qui, dans l'ordre naturel des choses, doivent surmonter chaque
ovaire. C'est dans les caryophyllées que cet examen est le plus facile,
parce que les ovaires sont surmontés par des styles libres. Quand
tous ces moyens d'investigation ne sont pas possibles, il faut recourir
à l'observation du mode de distribution des ovules sur la paroi des
carpelles, ce qu'on a nommé *placentation,* et l'on a donné le nom de
*placenta* à la partie de la carpelle ou de la loge carpellaire à laquelle sont
attachés les ovules. Quand on considère l'ensemble des placentas, on
applique à leur réunion la dénomination de *placentaire ;* mais souvent on la limite au point où un ovule est attaché.

La placentation affecte trois modes principaux : la *placentation
axile,* la *placentation pariétale* et la *placentation centrale.*

*Placentation axile.* — Dans ce système de placentation, l'ovaire
résulte de l'adhérence des carpelles soudées par leurs bords, puis pos-
térieurement par leurs faces latérales ; la conséquence de cette disposition est que les bords, se réunissant au centre de l'ovaire,
forment un axe central autour duquel sont attachés les ovules. Chacune des loges est à double placenta, et les bords de chacun portent
les ovules ; il en résulte que les ovules contenus dans chaque loge
dépendent d'une même carpelle. On trouve un exemple de ce genre
de placentation dans les malvacées, les liliacées, les antirrhinées, les
polémoniacées (Pl. 16, fig. 7, 8 et 11).

*Placentation pariétale.* — C'est de la juxtaposition de deux carpelles, au moins, dont les bords se touchent sans se continuer jusqu'au centre de l'ovaire, que résulte le placenta pariétal ; ce qui forme, malgré la multiplicité des feuilles carpellaires, un ovaire uniloculaire, comme s'il était formé d'une seule carpelle. Il faut donc, pour que la placentation soit pariétale, la réunion de plusieurs carpelles. Les papavéracées, les violariées offrent le meilleur exemple de ce mode de placentation, qui est soumis à de nombreuses variations (Pl. 16, fig. 9 et 10).

*Placentation centrale.* — C'est la plus facile à déterminer, car elle résulte de l'absence absolue des cloisons ; il se trouve alors, au centre de l'ovaire, un axe ou colonne formée par les placentaires portant les ovules. Il s'en faut que cette placentation soit toujours le résultat de l'atrophie des cloisons primitives qui se sont résorbées successivement, comme cela a lieu dans les caryophyllées (Pl. 16, fig. 13, 14) : l'axe est, dans certains cas, indépendant de la paroi de l'ovaire et paraît s'être ainsi formé primitivement : tel est celui des primulacées, qu'on distingue par l'épithète de *placenta central libre* (Pl. 16, fig. 12).

Outre ces trois modes généraux de placentation, il y a des variétés qui méritent une simple mention, quoiqu'on puisse les rapporter à ces trois systèmes de disposition placentaire : ainsi on a nommé *placentation apicilaire* celle dans laquelle le placenta occupe le sommet de la cavité péricarpienne : les ombellifères sont dans ce cas ; *placentation basilaire* quand il en occupe la base : le jujubier, l'épinevinette ; il est *unilatéral* dans les apocynées, ou est attaché d'un seul côté du péricarpe ; *bilatéral* dans le genre *ribes* ; *valvaire* dans les *orchis* ; il est de plus divisé en deux, trois parties ou plus. Au delà de cinq, ce qui a lieu dans l'*argemone Mexicana*, il est dit *multiparti* ou *multipartite*.

Sous le rapport de la substance, le placenta est *charnu* dans le genre *vaccinium* ; *subéreux* dans la jusquiame ; *coriace* dans le pavot ; *ligneux* dans le *swietenia Mahogoni*. Sa surface est *alvéolée* dans les *anagallis* ; *tuberculée* dans le *datura stramonium* ; *velue* dans le *cucubalus*.

Il est *septiforme* ou élargi en cloison dans les crucifères ; *sphérique* dans l'*anagallis arvensis* ; *subulé* dans le genre *dianthus* ; *trigone* dans la polémoine bleue ; *tétragone* dans l'*adoxa moschatellina* ; *lobé* dans les *kalmia*, les *rhododendrum*.

Dans les légumineuses, il se fend en deux et est dit *bipartible*; quand il ne se divise pas, comme dans la digitale, la polémoine, il est dit *persistant*.

Pour arriver à plus de précision dans la description, on compte les nervules du placentaire, et, suivant leur nombre, il est dit *uninervulé, binervulé, trinervulé, multinervulé*.

On n'a que peu de chose à dire sur l'anatomie du placenta; on peut le considérer comme une émanation de la membrane interne de la feuille carpellaire, à cette différence près qu'il est plus charnu ou d'un tissu plus lâche, et composé de tissu utriculaire parcouru par un grand nombre de faisceaux vasculaires qui prennent leur origine dans la plante mère, et apportent aux ovules la nourriture qui doit servir à leur développement, tandis qu'il descend du style une partie de tissu émanant du tissu conducteur et qui vient apporter aux ovules le principe fécondant (Pl. 17, fig. 4 à 7).

## § III. *De l'ovule.*

L'*ovule* est le rudiment de la graine, et peut être comparé à l'ovule des animaux qui est dans un état primitif d'indifférence, et doit, avant de passer à l'état embryonnaire et fœtal, subir des modifications nombreuses. L'ovule végétal est dans le même cas : depuis le moment de l'imprégnation jusqu'à la perfection du fruit, il s'évolue et se transforme graduellement. Le nom d'ovule s'applique à la graine non fécondée, qui le conserve encore dans les premiers temps de la fécondation; ce n'est qu'après son développement complet qu'il prend le nom de graine.

On a critiqué Malpighi d'avoir sans cesse cherché à établir des rapports entre l'animal et le végétal; c'est cependant un point de vue philosophique qu'il ne faut point abandonner; car la loi qui régit le monde organique est la même du haut en bas de l'échelle des êtres. La plante est le monde des êtres à l'état rudimentaire, et l'animal est l'idée végétale perfectionnée.

Malgré l'anathème dont on a frappé cette manière de voir, on ne saurait trop répéter que le point de vue le plus fécond, celui qui ne devrait jamais être abandonné par les botanistes, est la comparaison des organes végétaux avec les organes correspondants dans les animaux, et c'est surtout dans la génération et l'évolution des organes reproducteurs, que ces rapprochements sont lumineux. La fécondation végétale ressemble par plus d'un point à la fécondation animale ; et dans les phanérogames, le phénomène a lieu par dualité sexuelle, comme dans les êtres les plus complexes de l'animalité. On ne devrait donc jamais décrire un organe végétal sans établir un rapport avec le système évolutif correspondant dans les animaux ; et certes il y a matière à comparaison ; car depuis les derniers infusoirs jusqu'aux vertébrés, il y a toutes les nuances possibles qui peuvent se retrouver dans la vie de la plante. Un tissu vivant ne peut exister qu'en vertu de conditions qui seront les mêmes, malgré la diversité apparente des modes : une molécule ne s'associera à une autre molécule que par une puissance d'affinité qui est la même pour tous les êtres organisés ; dans la nature, il y a unité dans la loi, et variété seulement dans le mode.

Dans ce paragraphe, nous traiterons l'ovule au point de vue organographique seulement ; sa structure et son développement seront traités au chapitre suivant, consacré à la fécondation.

Le plus ordinairement, l'ovule est attaché au placenta à l'aide d'un filament de forme très-variable, qui porte le nom de *funicule* ou de cordon ombilical ; le point par lequel il est fixé au funicule est le *hile* ou *ombilic*.

La position de l'ovule, dans l'ovaire, est un point très-important à déterminer dans l'étude des végétaux. Quand l'ovule est seul dans une loge, il peut s'attacher au fond de la loge, comme dans l'ortie ; on le dit *dressé* (Pl. 24, fig. 3, 4). Ou bien il prend son attache au sommet comme dans l'hippuris, et alors il est appelé *ovule renversé* (fig. 7). Mais le plus souvent le placenta est à l'angle de la loge, et, dans ce cas, si c'est dans le haut qu'il est inséré, comme dans le boisgentil, l'ovule est *pendu* (fig. 8) ; il est au contraire *ascendant* dans le grand soleil, quand son point d'attache est en bas (fig. 6). On lui applique, du reste, l'une ou l'autre de ces deux épithètes chaque fois que l'ovule se dirige vers le bas ou vers le haut de la loge, quelle que soit la hauteur à laquelle il est attaché. On le dit *horizontal* quand son sommet n'est dirigé sur aucun de ces points (fig. 2 et 15).

La direction est facile à saisir quand l'ovule est droit ; mais il en est autrement quand l'ovule présente une arqûre, et que le hile est situé au centre de la courbe ; il devient alors impossible d'indiquer une direction. Pour lever la difficulté, on a appliqué le nom de *campulitrope* à l'ovule qui offre cette forme courbée (Pl. 21, fig. 10, 11).

Dans les cas où les loges contiennent plusieurs ovules, on les dit collatéraux ou juxtaposés, quand, s'insérant l'un à côté de l'autre, ils se dirigent du même côté; mais quelquefois ils se dirigent en sens opposés, l'un alors pendu et l'autre ascendant (fig. 14). Ils peuvent également s'insérer à des hauteurs inégales et se placer l'un sur l'autre : ce sont des ovules superposés (fig. 15).

Le nombre des ovules est très-variable; tantôt ils sont solitaires dans chaque loge, qui est dite, dans ce cas, *loge uniovulée* (fig. 13); on la dit bi-tri-multi-ovulée quand elle en contient deux, trois, ou un plus grand nombre (fig. 14, 15 et 16).

Ces simples connaissances de la direction des ovules suffisaient autrefois pour l'étude de la botanique descriptive; mais elles sont devenues insuffisantes aujourd'hui, que les botanistes modernes prennent pour base de leur classification la structure de l'ovule et la forme de l'embryon. C'est ce qu'on trouvera traité au chapitre *Fécondation et développement des ovules*.

## § IV. *Du style.*

Le style est la partie du pistil qui surmonte l'ovaire et l'unit au stigmate. C'est une espèce d'oviducte ou de canal, qui va porter à l'ovule le fluide fécondateur déposé par le pollen sur la surface stigmatique; et nous avons vu qu'il peut être considéré comme le prolongement de la nervure médiane de la feuille carpellaire.

Le nombre des styles est toujours égal à celui des carpelles, et c'est par lui qu'on peut déterminer le nombre des carpelles, et réciproquement. Dans le cas où les styles sont soudés, on peut reconnaître leur nombre par celui des loges ou des lignes placentaires qui correspondent aux styles.

Les styles sont dits *uniques*, quand ils sont soudés, et surmontent plusieurs ovaires. Dans les scrofulaires, il y a un ovaire et un style (Pl. 18, fig. 4); dans les labiées et plusieurs borraginées, il y a plusieurs ovaires et un style (fig. 20, 21); dans le genre rumex, il y a un seul ovaire et plusieurs styles (fig. 8 et 19); mais ce n'est qu'une simple apparence : le botaniste doit étudier les carpelles lorsqu'elles sont à l'état rudimentaire, et qu'elles n'ont encore subi aucune des transformations qui les distingueront plus tard ; car on doit admettre rationnellement que les styles sont en nombre égal à celui des feuilles carpellaires.

Le style est *terminal* et *apicilaire* quand il continue l'ovaire à son sommet, les convolvulacées (fig. 13) ; *latéral* dans les thymélées ; *basilaire*, quand il est au bas de l'ovaire, le fraisier, l'*artocarpus incisa*. Il est *inclus*, quand il ne se montre pas au-dessus de l'orifice du périanthe, le narcisse ; *exsert* ou *saillant*, quand il fait saillie au-dessus du périanthe, les *fuchsia* : *filiforme* dans la pervenche (fig. 14) ; il est *subulé* ou *en alène* dans l'ail cultivé ; *trigone* dans le lis bulbifere ; *claviforme* dans le *leuconum æstivum* : *turbiné* dans la violette de Rouen (fig. 12) ; *infundibuliforme* dans l'*hura crepitans* : *pétaloïde* dans les *canna* ; *glabre* dans le lis ; *velu* dans la vipérine ; *arqué* dans le genre fumeterre (fig. 6) ; *décliné* ou *abaissé* dans le marronnier d'Inde ; en *spirale* dans la *glycine* ; *infléchi* ou courbé en dedans dans le *grevillea* ; *réfléchi* ou courbé en dehors dans la rhubarbe ; *géniculé* dans le *geum urbanum*. Sous le rapport de la division, il est *simple* dans la pervenche (fig. 14) ; *fendu* ou divisé à sa partie supérieure dans un grand nombre de plantes, et *bifide* dans le *salicornia* ; *trifide* dans le glaïeul ; *multifide* dans le genre mauve. Quand la séparation se prolonge au delà de la moitié du style, il est dit *partagé* ou *partite* ; il est *bipartite* dans les *casuarina*. Dans le genre *cordia*, il est *dichotome* ou fourchu. *Caduc* dans le genre *prunus*, il est *persistant* dans les *geranium*, et *accrescent* dans la pulsatille et le genre clématite.

La surface du style est le plus généralement glabre ; quelquefois il est velu ; mais d'autres fois, et c'est le cas le plus rare, il est hérissé de poils rétractiles, unicellulaires, qui sont logés dans une cavité où ils se retirent comme dans une gaîne. Les grains de pollen que le poil rétractile entraîne ne servent pas à la fécondation, puisque le fourreau dans lequel il est logé n'a aucune communication avec le centre du style. Cette sorte de poils, qu'on trouve dans les campanulacées, s'appelle *poils collecteurs* ou *balayeurs*.

Une modification du style basilaire est sa position tout à fait au bas de l'ovaire, de telle sorte qu'il semble partir du torus, comme cela a lieu dans les labiées (fig. 20, 24). On a donné à cette disposition le nom de *gynobase*, et au style celui de style *gynobasique*.

Le style est un cylindre composé de tissu cellulaire de forme prismatique, dans l'épaisseur duquel se trouve un étui de faisceaux vasculaires, qui n'en occupe pas le centre mais la périphérie intérieure, et se termine presque au sommet, c'est-à-dire dans le voisinage du stigmate (Pl. 19, fig. 2, 6, 8). L'épiderme qui recouvre le style n'est autre que la continuation de celui de l'ovaire. Dans la partie centrale, on trouve quelquefois un canal capillaire qui a son orifice au stigmate et son point de départ dans la cavité de l'ovaire. Dans un grand nombre de végétaux, que le canal soit simple ou composé de plusieurs styles soudés en un seul, il est vide, comme cela a lieu dans le cerisier et un grand nombre de rosacées, et dans la plupart des liliacées (fig. 5). Dans d'autres cas, comme dans les campanulacées, il est rempli de cellules de formes variables, qu'on a nommées, à cause de leurs fonctions dans l'imprégnation, *tissu conducteur*; elles l'obstruent presque complétement et ne laissent que des méats irréguliers (Pl. 19, fig. 7, 8). On peut dire que, dans le cas même où le tissu utriculaire remplit en entier ce canal, il a une structure différente de celle du tissu propre aux végétaux, et souvent les parois internes sont hérissées d'aspérités (fig. 4) qui empêchent le fluide fécondateur de rétrograder et, lors de l'orgasme qui accompagne la fécondation, paraissent gorgées d'humidité. On définit donc le style un canal perforé dans le sens de sa longueur, ce qui le distingue du stigmate, qui est essentiellement de structure cellulaire. Il s'en faut beaucoup que la perforation du style soit un fait universellement constaté et sans contradiction : Desvaux s'était déclaré d'une manière formelle pour l'imperforation du style. Il en a fait un axiome; et dans le cas même où il y a perforation comme dans le lis, il dit ne l'avoir suivi qu'à la profondeur de quelques millimètres. M. Dujardin est d'opinion que le canal central du lis ne sert pas à l'introduction du pollen, mais que les tubes polliniques pénètrent, par les méats intercellulaires, dans l'épaisseur même du tissu. On se méprend seulement sur la valeur du mot *perforation* : il faut voir, dans la plupart des cas, non un canal lisse, mais un tissu perméable qui permet le cheminement du tube fécondateur à travers le style, du stigmate à l'ovaire.

Le rôle du style dans l'acte de la fécondation est d'une importance bien réelle, quoique son utilité soit contestable, puisqu'il représente l'appareil conducteur qui transmet la fovilla à l'ovule. On doit s'étonner de voir si constamment, dans la nature organique, ces appareils intermédiaires qui doivent avoir une signification et semblent cependant inutiles, à moins que ce ne soient des appareils d'excitation, et que, dans son trajet à travers le tissu conducteur, le pollen ne subisse des modifications nécessaires à l'acte générateur ; car pourquoi le pollen n'irait-il pas directement à l'ovule par l'orifice de l'ovaire? A quoi bon le long style des *posogueria,* de certains *gardenia?* On conçoit difficilement que le tube pollinique puisse parcourir un trajet capillaire ayant une longueur de 15 ou 20 centimètres avant d'arriver à l'ovaire; cependant la fécondation n'est possible qu'à la condition de la transmission du fluide fécondateur à l'ovule, quelle que soit la distance qui le sépare de la surface stigmatique. C'est le mystère qui entoure, dans la plante comme dans les animaux, cet acte continuateur de la vie, qui avait fait attribuer à l'être de raison, appelé *aura seminalis,* le rôle essentiel dans la génération.

## § V. *Du stigmate.*

Le stigmate paraît formé par l'épanouissement du tissu central du style ; il reçoit les grains de pollen qui y adhèrent, retenus qu'ils sont par la viscosité qui l'enduit. C'est la terminaison du pistil et le véritable appareil externe de la génération. Il peut être sessile ; mais le plus communément il est porté par le style et varie dans sa position.

Le stigmate est *unique* dans la primevère ; *double* dans la plupart des convolvulacées (Pl. 18, fig. 13); *triple* dans les iris; *quintuple* dans les *hibiscus* et les campanules (fig. 11); *multiple* dans le genre *malva*; *sessile* dans le *menyanthes* (fig. 1). Sous le rapport de la forme il est : *pétaloïde* dans les iris; *globuleux* dans le *mirabilis jalapa*; *capité* ou *en tête* dans le bananier, les *clusia*; *conique* dans l'héliotrope (fig. 24); *sagitté* dans le *thalictrum elatum*; *linéaire* dans les *dianthus*; *pelté* dans le *sarracenia*, *rayonnant* dans le pavot; *étoilé* dans le cabaret ; *ombiliqué* dans le *monotropa*; *onciné* ou *en crochet* dans le baguenaudier (fig. 17); *émarginé* dans le butome; *semi-luné* ou *en croissant* dans le *corydalis lutea* (fig. 7); *crénelé* dans la pyrole ; *cilié* dans le *rumex scutatus* (fig. 8); *simple* dans la bourrache (fig. 24); *bifide* dans les composées; *lacinié* ou divisé en lanières dans le genre *stigmaphyllon*; *trifide* dans le genre *narcisse*; *multifide* dans le *tur-*

*nera*; *bilobé* dans le *glaucium*; *trilobé* dans le genre tulipe; *quadrilobé* dans le genre parnassia; *bilamellé* ou à deux lames dans le genre *mimulus*; *engainant* dans le genre *sideritis*, où une des lames embrasse l'autre (fig. 2). Au point de vue de la vestiture, il est *glabre* dans le châtaignier; *pubescent* dans le platane; *velu* dans le *robinia hispida* et beaucoup de graminées; *pénicilliforme* ou *en pinceau* dans le *triglochin maritima*; *aspergilliforme* ou *en goupillon* dans l'*arundo phragmites*; *plumeux* dans l'*avena elatior*; *granuleux* dans le *mirabilis jalapa*; *visqueux* dans le *nicotiana fruticosa*; *sillonné* dans le bananier. Quant à la direction, il est *dressé* dans le *statice armeria*; *oblique* dans le genre *actœa*; *tordu* dans les *begonia*; *infléchi* dans le genre *goodenia*; *révoluté* dans l'épilobe à épi.

Les appendices du stigmate sont peu nombreux, mais caractérisques : dans les lobélies, il est muni d'un *anneau de poils*; dans le *tournefortia mutabilis*, l'anneau est *glanduleux* (fig. 23); dans la pervenche de Madagascar, il est garni d'un *rebord membraneux* (fig. 14), et d'une *urcéole* ou coupe membraneuse dans le genre *scœvola* (fig. 10).

La coloration des stigmates mérite d'être indiquée : ils sont le plus généralement blancs; mais, par exception, bleus dans l'iris de Florence, jaunes dans certaines composées, etc.

Dans les cas les plus rares, le stigmate est composé de cellules unies; mais il est communément semé d'aspérités ou de poils qui en hérissent la surface, et sont souvent d'une structure réellement plumeuse. Il est toujours dépourvu d'épiderme, et ses cellules sont allongées et perpendiculaires à la surface. Entre les utricules il existe des méats dits intercellulaires qui permettent l'introduction des tubes polliniques (Pl. 19, fig. 4).

Les fonctions du stigmate sont absolument négatives : il n'est que l'orifice de l'ovaire et l'organe de réception du pollen; c'est à sa surface visqueuse, sans doute, que les granules fécondateurs doivent les modifications qu'ils subissent, ce dont on peut, au reste, s'assurer en prenant du pollen qu'on projette dans une eau gommée, où il perd sa forme primitive; il devient globuleux, et émet bientôt son fluide fécondateur soit par déchirement, soit par déhiscence. Tout, dans cet appareil, concourt à la perfection du rôle auquel il est destiné. Il est doué, dans certains végétaux, d'une irritabilité qui lui donne une apparence de sensibilité : c'est ainsi que, dans les *mimulus*, le stigmate est composé de deux lèvres triangulaires, dont l'une est dressée et l'autre abattue : lors de l'imprégnation ou par la plus simple titillation avec un corps aigu, la lèvre abaissée se redresse et s'applique contre l'autre d'une manière si intime, qu'on ne peut plus l'en séparer sans lacérer le tissu. Dans le genre *stylidium*, la colonne est excitable quand la fécondation a eu lieu ; on ne peut l'agiter ni toucher à sa base sans qu'elle se déjette aussitôt du côté opposé à celui d'où l'attouchement est venu ; et quand l'excitabilité a cessé, elle reprend sa première position. Il est évident que la sensibilité des végétaux existe surtout dans les appareils de fécondation ; leur petitesse seule, surtout celle des papilles ou des poils stigmatiques, nous empêche de percevoir les mouvements dus à l'orgasme générateur.

# CHAPITRE VIII

DÉVELOPPEMENT ET FÉCONDATION DES OVULES

### § I. — *Formation et développement des ovules.*

Comme tous les organes composés des végétaux, l'ovule naît d'une simple cellule. Quand il commence à se montrer sur le placenta, c'est un mamelon celluleux qui s'accroît pendant un certain temps, dans tous les sens, et finit par former une masse conique ou ovoïde, toujours composée d'un tissu cellulaire homogène. On a donné le nom de nucelle à ce noyau ou première ébauche de l'ovule. Bientôt on voit apparaître, à sa base, un renflement ou bourrelet circulaire, qui s'allonge tout le long du noyau central, et qui finit par l'envelopper entièrement, en laissant seulement, à son sommet, une petite ouverture par laquelle l'extrémité du nucelle fait saillie pendant quelque temps (Pl. 20, fig. 1 à 12). L'ovule est ainsi muni d'un tégument simple, comme dans les scrophularinées. Mais le plus généralement un deuxième bourrelet circulaire apparaît à la base de cette première enveloppe, s'allonge comme elle (fig. 4), et finit par la dépasser. Lorsqu'elle est parvenue au delà de la pointe du nucelle, cette seconde enveloppe se rétrécit graduellement, de manière à réduire son ouverture en un petit trou (fig. 7, 11), qui a été nommé *micropyle* (du grec μικρός, petit, et πύλη, porte). Des noms différents ont été donnés à ces deux enveloppes de l'ovule. Robert Brown, qui a été un des premiers à constater cette structure, a nommé *testa* l'enveloppe externe, et *membrane interne* la plus intérieure. M. Ad. Brongniart, après lui, a conservé le nom de *testa* à l'enveloppe externe et a appliqué celui de *tegmen* à la membrane interne de R. Brown. Enfin M. Mirbel, qui a fait de très-beaux travaux sur l'histoire du développement de l'ovule, a proposé les noms de *primine* et *secondine* pour désigner ces deux sortes de sacs, non pas d'après l'ordre de formation, mais d'après leur ordre de superposition de dehors en dedans; et il a donné les noms d'*exostome* (ἔξω, en dehors, et στόμα,

bouche, ouverture) à l'ouverture de la primine, et d'*entostome*
(ἔνδον, en dedans) à celle de la secondine. Malpighi et Grew, qui
avaient déjà assez exactement décrit la structure de l'ovule avant les
botanistes modernes, n'avaient point distingué ces deux membranes;
ils les avaient toujours confondues en une seule.

Quand l'ovule conserve cette forme primitive, que le micropyle
se trouve situé au sommet, et opposé au point d'attache ou *hile*,
M. Mirbel l'appelle ovule *orthotrope* (du grec ὀρθὸς droit) : tel est
l'ovule des *polygonum* et *commelina* (Pl. 20, fig. 1 à 4).

Mais ce n'est pas le cas le plus commun. Dans un assez grand
nombre de végétaux, le développement ne se fait pas régulièrement
de tous côtés; il arrive que l'accroissement n'a lieu que d'un côté,
de telle sorte que l'ovule décrit une courbe très-prononcée qui rapproche le micropyle du hile : c'est ce qui arrive dans la giroflée et
toutes les crucifères (Pl. 20, fig. 9 à 12). A cet ovule on a donné le
nom de *campulitrope*, qui veut dire recourbé.

Enfin il est un autre développement qui produit le renversement
de l'ovule, et qu'on appelle pour cette raison *anatrope* ou réfléchi.
Dans l'espèce, la base de l'ovule semble s'amincir et s'allonger, de
manière à former une sorte de pédicule sur lequel se renverse et se
soude le corps de l'ovule. On aperçoit alors une ligne saillante partant du point d'insertion et qui va se perdre au point opposé (Pl. 20,
fig. 7) : on appelle cette ligne *raphé* (mot grec signifiant ligne qui ressemble à une couture). Ce raphé est composé d'un faisceau de
vaisseaux venant du hile, et qui se séparent au point opposé (fig. 8),
où ils forment une sorte d'empattement nommé *chalaze* ou hile
interne, c'est-à-dire point d'attache du nucelle sur la membrane
interne de l'ovule.

Pendant l'accroissement de ces membranes, et les diverses évolu-
tions externes de l'ovule, que nous venons de décrire, il s'opère, en
même temps, une modification très-importante dans le centre du
nucelle ou noyau primitif. En effet, à un moment donné, on aperçoit,
au milieu de la masse cellulaire du nucelle, une cavité qui est le sac
embryonnaire dans lequel se forme plus tard l'embryon (Pl. 20,
fig. 8). D'après M. Mirbel, ce sac embryonnaire serait une sorte de
boyau délié qui tient par un bout au sommet du nucelle, et par
l'autre à la chalaze. Mais, à la suite des belles observations de plusieurs botanistes modernes, cette opinion de M. Mirbel a été aban-

donnée. Le sac embryonnaire serait formé du développement prédominant d'une cellule de ce nucelle, autour de laquelle il y aurait résorption plus ou moins considérable de tissu cellulaire. On retrouve encore ici ce principe de l'école moderne : désorganisation d'une partie d'un organe pour arriver à son perfectionnement.

Ainsi que l'ont constaté MM. Schacht et Tulasne, c'est vers la partie supérieure du nucelle qu'apparaît primitivement ce sac; il s'étend ensuite au fur et à mesure de la résorption des cellules, et il arrive parfois, comme dans les légumineuses et les crucifères, que tout le tissu du nucelle est entièrement résorbé. Dans ce cas, ce nucelle est réduit exactement à deux membranes : la membrane externe du nucelle, qui est la *tercine* de M. Mirbel, et le *sac embryonnaire* ou *quintine*, que Rob. Brown appelle *amnios*. Mais souvent la résorption n'est pas complète; une partie du nucelle persiste, et c'est à elle que s'applique le nom d'amande donné par M. Brongniart. Quant à la *quartine* de M. Mirbel, membrane intermédiaire à la tercine et à la quintine, aucun autre observateur n'a pu en constater la moindre trace; il faut évidemment la considérer comme une erreur d'optique.

Quelquefois il existe dans le même nucelle plusieurs sacs embryonnaires ; M. Alexandre Braun, dans son Mémoire sur la polyembryonie (*Über Poly-embryonie*, etc.), dit les avoir observés dans le *cœlobogyne* ; M. Tulasne les a rencontrés dans la giroflée des murailles ; et M. Hofmeister prétend que les trois à cinq ovules simples du gui, signalés par M. Decaisne, sont encore des sacs embryonnaires : ce qui a été confirmé, depuis, par M. Baillon, dans son Mémoire sur les loranthacées.

En même temps que le sac embryonnaire s'accroît par son extrémité inférieure, on voit se former dans son intérieur le *noyau primaire*, les *vésicules embryonnaires* d'Amici, et les *cellules antipodes* de Hofmeister.

Le noyau primaire est une sorte de protoplasma sirupeux, ou matière première de l'embryon ; il est d'abord confondu avec le sac embryonnaire; mais plus tard il s'en sépare et sécrète alors une substance plastique, qui s'étend sur la paroi sous forme de rubans, lesquels mettent ce noyau en communication, au dire de M. Hofmeister, avec les cellules embryonnaires, et certaines cellules que ce botaniste allemand appelle *cellules antipodes* ; enfin ce noyau primaire disparaît graduellement, à mesure que les cellules antipodes et embryonnaires apparaissent et se développent.

Les vésicules embryonnaires naîtraient, d'après M. Hofmeister, du noyau primaire ou protoplasma, sorte de cambium embryogénique ; elles sont généralement au nombre de deux dans chaque sac embryonnaire ; quelquefois elles sont plus nombreuses, comme on l'a observé dans les orchidées et les amaryllidées, chez lesquelles on a constaté le nombre trois ; M. Tulasne en a même trouvé cinq dans le *nothoscordum fragrans*. Ainsi s'explique la pluralité des embryons dans les graines de *citrus*, de *funkia cærulea*, de *cælobogyne*, puisque ces vésicules embryonnaires sont les germes latents ou les rudiments des embryons.

MM. Brongniart, Mirbel, Spach, Amici et Mohl, ont admis, au moment de la découverte de M. Hofmeister, que la vésicule embryonnaire existe avant l'acte de la fécondation ; mais M. Tulasne, dans un premier travail, publié en 1849, a contesté cette assertion ; et en 1855 il soutenait encore qu'elle n'apparaît qu'après. Aujourd'hui la vérité s'est fait jour. Pour résoudre cette importante question, M. Hofmeister a étudié, au mois de novembre, un bouton floral de gui, qui ne devait éclore qu'en avril de l'année suivante, et il y a trouvé, déjà formées, les vésicules embryonnaires ; le même observateur a constaté également leur présence dans un bouton de *crocus*, qui ne devait être fécondé que deux mois après ; il les a observées dans toutes les monocotylédones et les dicotylédones angiospermes avant la fécondation. Ce fait a une grande importance, comme on le verra plus tard, en ce qu'il infirme certaine théorie sur la fécondation.

Quant aux [*cellules antipodes* (*gegenfussterzellen*) que M. Hofmeister a rencontrées dans le fond du sac embryonnaire, c'est-à-dire dans la partie opposée à celle où sont situées les vésicules embryonnaires, on leur attribue la cause de l'excroissance vide qu'on remarque à la partie inférieure du sac embryonnaire ; leur membrane est beaucoup plus résistante que celle des vésicules ; leur nombre est très-variable ; on en trouve deux ou trois dans les liliacées et les iridées, et de six à douze dans certaines graminées de la tribu des triticées. Jusqu'à présent on ne leur connait aucun rôle dans l'acte de la fécondation.

Telle est donc la structure de l'ovule au moment où le pollen, tom-

bant sur le stigmate, vient apporter la vie aux vésicules embryonnaires, dont le développement amènera la formation de l'embryon
destiné à reproduire l'espèce sur laquelle il a été engendré.


§ II. — *Fécondation des ovules.*


La connaissance de la sexualité des végétaux remonte à la plus
haute antiquité. Hérodote, dans son livre I, § 193, mentionne les
dattiers mâles et femelles, et la fécondation artificielle dont ils
étaient l'objet de la part des Babyloniens. Aristote, dans son *Traité
sur la génération des animaux*, reconnaît les sexes des plantes, et
trace un parallèle entre les individus du règne végétal et du règne
animal. Théophraste, qui reconnait la sexualité des végétaux, tombe
à ce sujet dans la plus incroyable contradiction ; il fait porter les
fruits, tantôt par des palmiers mâles, tantôt par des palmiers femelles. Pline, dans son *Histoire naturelle*, développe l'opération de
la fécondation ; il dit qu'il faut, pour qu'un palmier femelle porte
des fruits, qu'on secoue sur lui la poussière des fleurs du palmier
mâle. Cassianus Bassus, dans les troisième et quatrième siècles de
l'ère nouvelle, expose les mêmes faits dans son chapitre IV, livre X ;
et, jusqu'à la fin du dix-septième siècle, tous les auteurs qui se sont
occupés de ce sujet n'ont fait que répéter la citation d'Hérodote.

Malpighi, cet observateur si habile, qui a porté la lumière sur
d'autres points de l'histoire des végétaux, ne paraît pas avoir exactement connu le rôle des étamines et du pistil ; il regarde l'étamine
comme un organe d'élaboration et de dépuration des humeurs végétales. Pour trouver la première indication du rôle du pollen, il faut
arriver à l'année 1682, dans laquelle Grew fit paraître son ouvrage
intitulé : *The anatomy of plants*. Il compare l'étamine et le pistil
aux organes générateurs des animaux ; et, « aussitôt que les anthères s'ouvrent, dit-il, la poussière pollinique tombe sur l'ovaire, et la
fécondation est opérée. » En 1686, Ray, dans son Histoire des
plantes (*Historia plantarum*, t. I, p. 17), rapporte et soutient l'opinion de Grew, qui est l'objet de quelques réflexions de la part de
Christophe Sturm, en 1687. Rod. Jac. Camerarius, professeur à
Tubingue, reprend cette théorie, qu'il développe dans une remarquable dissertation où la théorie sexuelle est admirablement déve-

loppée ; il y distingue nettement les plantes hermaphrodites des monoïques et des dioïques, et il y définit exactement l'organe femelle, qui, pour lui, consiste dans l'ensemble du pistil.

Malgré les faits qu'il présente à l'appui de cette théorie, il rencontre dans Tournefort (*Institutiones rei herbariæ*) un incrédule qui nie presque la fécondation ; mais elle est professée, en 1717, publiquement en France, au Jardin du Roi, par Sébastien Vaillant, et elle est confirmée en Angleterre, en 1720, par Blair, et en 1724, par Bradley, contrairement à la théorie de Pontedera, qui, dans son *Anthologia*, publiée en 1720, prétend que le pollen ne va point sur le stigmate, mais que les sucs formés dans les anthères reviennent par les filets jusqu'aux ovules.

Enfin Linné vint, et, par son système sexuel, édifié en 1735 dans *Fundamenta botanica*, il confirme définitivement le principe de la sexualité des végétaux.

Cependant, malgré l'autorité du grand maître de la science, Spallanzani prétendit prouver que la production des graines peut avoir lieu sans fécondation ; c'est alors qu'apparaît cette fameuse théorie de la parthénogénèse, qui s'est étendue dans ces dernières années aux animaux mêmes, mais que des observations récentes ont réduite au néant.

Nous venons de faire, dans ce court exposé, l'histoire de la sexualité des plantes, sans parler des opinions émises par les différents auteurs sur l'action du pollen, c'est-à-dire sur la manière dont le pollen agit sur l'ovule pour le rendre apte à la production.

Nous allons reprendre maintenant l'étude de cette poussière fécondante, et reproduire les principales théories concernant son action.

Au commencement du dix-huitième siècle, un physiologiste d'une certaine autorité, Leeuwenhoek, émit cette opinion : que les spermatozoïdes des animaux étaient l'origine de l'embryon animal. Samuel Morland crut pouvoir étendre cette opinion au règne végétal, et, dès 1703, il avançait, d'après des observations faites sur les styles des papilionacées, que le grain de pollen s'introduisait dans un canal central du style, tombait sur l'ovule, y pénétrait et donnait naissance à l'embryon. D'après cette théorie, ce serait l'organe mâle qui produirait le germe ; l'organe femelle ne ferait que le nourrir et le développer. Cette théorie n'eut aucune consistance ; on s'aperçut bientôt que le canal stylaire n'existe pas toujours, et que le plus souvent l'intérieur du style est composé d'un tissu particulier, tissu conducteur, qui obstrue le canal et ne permet pas au grain de pollen de descendre dans l'ovaire.

Geoffroy, en 1711, admit que c'était la partie la plus subtile du pollen qui parvenait jusqu'à l'ovule pour former l'embryon. Hill, en 1758, appuya cette opinion. Antoine de Jussieu, en 1721, ayant vu sortir des granules d'un grain de pollen, crut que ces grains pénétraient dans l'ovule pour y former l'embryon; ce fut aussi l'opinion de Needham et de Gleichen, qui fit, en 1764, les premières observations sérieuses sur le développement du pollen. Jusque vers 1820, l'étude de l'action du pollen ne fit aucun progrès; mais, à partir de ce moment, le progrès fut rapide. M. Amici, armé de son puissant microscope, découvre que le grain de pollen, déposé sur le stigmate, émet un tube pollinique qui, s'introduisant dans le style par les méats du tissu conducteur, se continue jusqu'au voisinage des ovules, pénètre ensuite dans l'ovule par le micropyle, et féconde les vésicules embryonnaires. M. Guillemin, auquel on doit de beaux travaux sur la structure du pollen, nia l'existence du tube, qui fut confirmée plus tard par les observations de M. Brongniart. Mais ce savant n'admit pas le contact du tube avec l'ovule; selon lui, ce tube pollinique, qui pénètre bien dans le style, se rompt pendant le trajet dans le tissu conducteur, et la fovilla est projetée sur les ovules.

Tous les botanistes sont aujourd'hui d'accord sur l'existence du tube pollinique; mais ils cessent de l'être au sujet du phénomène par lequel s'opère la fécondation. Plusieurs nouvelles théories ont encore été émises, et celle de Leeuwenhoek reparaît, appuyée par M. Agardh, qui regarde le grain de pollen comme un embryon qui germe sur le stigmate. D'après Horkel, et surtout Schleiden, le tube pollinique pénètre dans l'ovule par le micropyle, parvient au sac embryonnaire qu'il refoule, puis l'extrémité du tube se gonfle et devient embryon. Quelques observateurs, entre autres MM. Martius, Meyen, Griffith, Tulasne et Schacht, élève de Schleiden, confirmèrent cette théorie, qui a été combattue par MM. Amici, Hugo-Mohl, C. Muller et Hofmeister.

Aujourd'hui, en présence des observations qui ont constaté positivement la présence des vésicules dans le sac embryonnaire, avant la fécondation, tous les défenseurs de la théorie de Schleiden, et particulièrement M. Schacht, qui engagea une lutte des plus vives avec

M. Hofmeister, reconnaissent leur erreur, et tous les botanistes sont d'accord sur l'origine de l'embryon. Quant à la manière dont il est fécondé, la question n'est pas plus avancée qu'à l'époque où Hérodote mentionnait la fécondation des dattiers par les Babyloniens.

La théorie de Schleiden est inadmissible, même sans la présence des vésicules embryonnaires avant la fécondation. En effet, si l'embryon était formé par l'extrémité du tube pollinique, cet embryon appartiendrait exclusivement à l'organe mâle, et il devrait, par conséquent, reproduire toujours la plante type; l'hybride serait impossible.

L'opinion de M. Amici, d'après lequel le tube vient se mettre en contact avec l'ovule, n'est guère plus acceptable; il faudrait accorder à ces tubes polliniques une sorte d'intelligence, une entente cordiale, pour parvenir à la fécondation de tous les ovules. Si nous prenons, par exemple, un ovaire de paulownia ou de tabac, nous trouvons dans sa cavité plusieurs centaines, peut-être un millier d'ovules placés les uns au-dessus des autres, et tout autour de deux gros placentas; il faudrait, par conséquent, autant de tubes polliniques; et mille tubes polliniques dans un style se verraient facilement à l'aide du microscope. Or, ils sont si rares, qu'il faut une certaine habileté de préparation pour obtenir une coupe longitudinale qui en présente quelques-uns. Mais, en admettant l'existence de ces mille tubes, comment parviennent-ils chacun à un ovule différent, pour ne pas faire double emploi? C'est ici que l'intelligence est nécessaire; car ils doivent discerner l'ovule fécondé, et passer outre pour aller plus loin, ou à côté, porter la vie à ceux qui ne l'ont pas encore reçue.

La doctrine de M. Brongniart, fécondation par la fovilla s'échappant par la rupture du tube et se répandant dans la cavité ovarienne, nous paraît plus vraisemblable; les ovules qui en sont touchés se développent; ceux qui n'en sont pas atteints ne prennent aucun accroissement et restent stériles. Quant à l'opinion de M. Auguste de Saint-Hilaire, admise par M. Roeper, qui fait arriver la fovilla à l'ovule par imbibition des tissus, du style et du placenta, elle ne donne aucunement raison des ovules avortés qu'on rencontre assez communément dans les fruits. Si, en effet, les tissus se trouvaient imbibés du principe vivificateur, tous les ovules devraient recevoir ce principe de vie, et être tous fertiles; ce qui n'est pas, ainsi qu'on peut s'en assurer en examinant les gousses de pois, de haricots, etc., dans lesquelles il y a, presque toujours, quelques graines avortées.

La théorie de M. Brongniart pourrait trouver sa confirmation dans le mode de fécondation des plantes cryptogames de la famille des algues particulièrement.

Là, ainsi que nous l'avons dit, les organes mâles sont des sortes de sacs nommés anthéridies, qui renferment certains corps doués de mouvement. Au moment de la rupture de ces organes, considérés comme analogues aux anthères, ces corpuscules s'agitent dans le liquide et finissent par se fixer sur les spores, ou organes femelles, auxquelles ils apportent évidemment la fertilité ; car, quelque temps après, le corpuscule meurt et la spore opère sa germination. Nous reviendrons sur cet intéressant sujet au chapitre de la génération des cryptogames.

Mais si l'obscurité règne encore autour du mode d'excitabilité des ovules, et ne permet pas de voir comment l'embryon reçoit le principe vivificateur, l'expérience et la pratique ont répandu une vive lumière sur le rôle des organes sexuels des végétaux ; aujourd'hui il n'est plus possible de mettre en doute la réalité de la fécondation.

Quelques auteurs modernes, cependant, ont cherché à faire revivre, dans ces derniers temps, la doctrine de Spallanzani, publiée en 1788, et qui tend à mettre en doute la nécessité de la fécondation pour produire la fertilité des graines. Ils appuyaient cette théorie, à laquelle on applique le nom de *parthénogénèse*, d'individus femelles, de *chanvre*, d'*épinard* et de *cælobogyne*, qui, isolés de tout individu mâle, avaient produit des fruits fertiles. Mais des observations plus attentives, faites, dans ces derniers temps, par plusieurs botanistes, et entre autres par M. Baillon, sur les plantes précitées, ont fait connaître l'existence de fleurs mâles, qui se trouvent souvent mêlées aux fleurs des individus femelles ; dès lors la fécondation de ces dernières est naturellement expliquée.

Si l'on veut acquérir par soi-même la preuve de la nécessité de la fécondation, il suffit de suivre l'exemple de certains jardiniers, qui enlèvent toutes les fleurs mâles de melon et de cornichon, cultivés sous châssis ; aucune fleur femelle ne produira de fruit.

Pour que la fécondation ait lieu, il n'est pas nécessaire que ce soit le pollen de la plante qui tombe sur le stigmate.

Linné avait, dans ses serres, plusieurs plantes dioïques qui ne produisaient pas de graines; il répandit sur leurs fleurs du pollen d'une autre plante, et il les rendit fertiles. M. Naudin, dans son beau mémoire sur l'hybridation, qui a remporté, en 1863, le grand prix de physiologie de l'Académie des sciences, confirme, en partie, ce fait avancé par le célèbre botaniste suédois; c'est-à-dire qu'il a constaté l'influence d'un pollen étranger sur l'accroissement de l'ovaire; mais il nie la fertilité des graines; dans tous les cas de ce genre qu'il a observés, les graines ne contenaient jamais d'embryon.

Le véritable rôle du pollen n'est plus aujourd'hui un mystère; tous les jardiniers imitent Koelreuter, qui, un des premiers, répandit le pollen d'une espèce sur le pistil d'une autre, et obtint des plantes participant plus ou moins des deux, et auxquelles on applique le nom d'*hybrides*.

On obtient facilement des hybrides en croisant de simples variétés; mais il est moins facile d'en obtenir d'espèces très-distinctes, comme par exemple de la *pomme de terre* et de la *douce-amère*, qui toutes deux appartiennent au genre *solanum*; et il est impossible d'en produire par le croisement d'espèces appartenant à deux genres différents bien tranchés, comme du cerisier et du pommier qui sont cependant tous deux de la même famille. Le croisement réussit sans peine dans certains genres; on obtient très-facilement des hybrides dans les genres *digitalis*, *nicotiana*, *verbascum*, *petunia*, *datura*, *primula*, etc.; dans d'autres la réussite est moins assurée, et lorsqu'il y a hybridation, l'hybride est le plus souvent stérile.

La stérilité et la fertilité des hybrides ont été, pendant longtemps, un sujet de controverse. Koelreuter et Knight ont posé en principe: que tout hybride provenant de deux espèces distinctes est toujours stérile, c'est-à-dire que ses graines sont avortées, et qu'il n'y a que les hybrides de variétés qui sont fertiles. D'autres botanistes, et tous les horticulteurs, admettent que tous les hybrides en général sont fertiles, qu'ils fécondent leurs graines par leur propre pollen. Enfin quelques autres, parmi lesquels se trouvent Regel et Linné, pensent que les hybrides d'espèces peuvent être fertiles et se reproduire pendant une série de générations qui peut être indéfinie. M. Naudin, à la suite de nombreuses expériences, a constaté que ces hybrides sont fréquemment fertiles, mais qu'ils ne tardent pas à retourner par la voie des semis à l'un des types qui les a produits; à chaque génération, suivant lui, l'hybride perd de son caractère particulier; de telle sorte qu'à la troisième ou quatrième génération il ne produit plus que l'un de ses parents. En d'autres termes, les graines d'un hybride produisent des individus qui n'ont déjà plus exactement le caractère de la plante qui les a produites; que les graines de ces individus donnent naissance à des sujets qui ont encore moins ce caractère, et que les graines qu'ils portent ne produisent plus que l'une des espèces dont la fécondation croisée a amené la production de l'hybride.

Un fait qui avait déjà été observé par Sageret, au sujet des hybrides chez lesquels les caractères des deux parents ne sont pas fondus, mais restent distincts sur le même individu, a été confirmé par les expériences de M. Naudin. Ce savant expérimentateur a constaté qu'un hybride provenant, par exemple, d'une espèce à fleur rouge fécondée par une espèce à fleur bleue, peut présenter ces deux couleurs non confondues pour produire des fleurs violettes, mais isolées, sur des fleurs distinctes, les unes rouges et les autres bleues, de manière que l'individu offre les deux types ou espèces qui l'ont produit. Le *cytisus Adami* est un exemple qu'on trouve fréquemment dans les jardins. Cet arbre est un hybride du *faux ébénier* à fleurs jaunes en grappes et du *cytisus purpureus*, à fleurs solitaires pourpres. Il porte trois sortes de fleurs : des jaunes en grappes comme celles du faux-ébénier; des pourpres solitaires comme celles du *cytisus Adami*, et d'autres disposées en grappes d'un rose vineux ou jaune pourpré, coloris mixte qui est le résultat de la fusion des deux couleurs des types producteurs. M. Naudin voit dans ce phénomène singulier, qu'il appelle *disjonction*, la véritable cause du retour des hybrides fertiles aux types spécifiques qui les ont produits.

Quant à la stérilité des hybrides inféconds, il est reconnu qu'elle est due tantôt à la défectuosité du pollen, tantôt à l'imperfection des ovules. Dans le cas de fertilité par défectuosité du pollen, on peut rendre l'hybride fertile en le fécondant avec le pollen d'un de ses parents; mais alors on active son retour à l'un des types producteurs; rien ne peut ramener la fertilité quand il y a vice de conformation de l'ovule.

Les plantes hybrides ne peuvent donc pas se perpétuer par voie de génération; elles se reproduisent bien d'elles-mêmes, mais seulement pendant les trois ou quatre générations qui suivent leur naissance. La nature a donc mis des bornes à la puissance créatrice de l'homme ; elle n'a pas voulu que son œuvre puisse être dénaturée par lui.

Les phénomènes qui accompagnent la fécondation ne s'accomplissent pas aussi mystérieusement que ceux de la fécondation même ; l'œil peut les saisir sans instrument amplifiant ; car ils se produisent dans la fleur.

Au moment où l'acte le plus important de la vie végétale va s'accomplir, la fleur s'est parée des plus brillantes couleurs ; elle étale coquettement ses pétales, dont le coloris est vif et éclatant ; de délicieux parfums, et parfois une chaleur assez vive se dégagent de son sein : le stigmate se gonfle et sécrète une matière visqueuse ; l'anthère s'ouvre et laisse échapper le pollen qui se répand sur l'organe femelle ; alors commence le mystérieux phénomène de la vivification.

Dans certaines plantes, une certaine irritabilité se manifeste dans les étamines et détermine le déplacement de ces organes, pour opérer le transport du pollen. Ces mouvements très-variés ont été le sujet d'études particulières de la part de MM. Goeppert, Baillon et Kabsch. Chez les *berberis*, où les étamines sont étalées, aussitôt que la base des filets est touchée, ces étamines se redressent et se rapprochent du pistil en lançant le pollen sur le stigmate. Dans l'*amaryllis aurea*, les étamines sont douées d'un mouvement convulsif spontané, et dans le *sparmannia Africana*, le mouvement se produit par saccades et en plusieurs temps. Dans les renonculacées, les étamines sont appliquées sur les ovaires au moment de l'épanouissement des fleurs, elles s'en écartent successivement aussitôt après l'émission de leur pollen. Ce mouvement a lieu quelquefois simultanément pour toutes les étamines, comme dans le tabac ; d'autres fois, c'est l'une après l'autre qu'elles s'éloignent ou se rapprochent du pistil, comme dans le lis, ou par faisceaux comme dans les *loasa*. Dans les pariétaires, ce mouvement est très-brusque ; le calice est à peine entr'ouvert que les filets, recourbés vers le centre de la fleur, se redressent avec élasticité et lancent à une grande distance un nuage de pollen ; le déplacement des étamines est manifeste, particulièrement chez les *cereus*, le *butomus*, le *marronnier d'Inde*, le *sedum telephium*, les *geranium*, la *capucine*, etc.

Chez d'autres plantes, c'est le style qui est doué de mouvement. Le *stylidium* en offre un exemple très-remarquable. Au moment de l'anthèse, le style, qui est normalement fléchi et déjeté du côté antérieur de la fleur, se redresse pour aller prendre le pollen des étamines.

Pour connaître la cause de ce mouvement et de cette irritabilité des étamines, M. de Humboldt appliqua sur elles l'électricité; le mouvement se produisit, mais l'irritabilité cessa complétement. Nasse, en 1812, ayant mis le pôle positif de la pile en communication avec le pédoncule, et le pôle négatif avec le sommet d'une fleur, vit les étamines se mouvoir avec la plus grande activité; Tréviranus en tira cette conclusion un peu hasardée, que l'organe mâle possède l'électricité positive. Le sulfure de carbone, absorbé par les plantes, détruit l'irritabilité des étamines; et, d'après les expériences de M. Baillon, citées dans sa thèse *sur les mouvements dans les organes sexuels*, soutenue en 1856, des fleurs plongées dans le chloroforme perdent leur irritabilité en trente minutes, mais elles la recouvrent dès qu'elles en sont retirées.

Toutes ces expériences ont fait connaître l'action des agents extérieurs sur ce phénomène d'irritabilité, mais elles n'en ont pas dévoilé la cause. M. Kabsch pense que les agents de ce mouvement sont les cellules papilleuses qui recouvrent les filets des étamines du berberis; il faut regarder cette opinion du botaniste allemand comme tout à fait hypothétique, car ces papilles n'existent pas sur les filets de toutes les étamines irritables.

Le mouvement naturel des étamines répond à l'anthèse, c'est-à-dire au moment de l'ouverture des anthères, qui n'a pas toujours lieu en même temps pour toutes les étamines. Ainsi, dans les œillets qui ont dix étamines, ce sont d'abord les cinq étamines les plus rapprochées du pistil qui laissent échapper le pollen; puis les cinq plus éloignées. M. Chatin, dans ses *Recherches des rapports entre l'ordre de naissance et l'ordre de déhiscence des étamines*, insérées au *Bulletin de la Société botanique de France*, dans le courant de l'année 1862, constate que, dans les caryophyllées et les rutacées, presque toujours le verticille des grandes étamines a terminé son anthèse avant que celui des plus petites ait commencé la sienne, et qu'il y a, chez ces plantes, ainsi que chez les géraniacées, les rosacées, les liliacées et amaryllidées, rapport direct entre l'ordre de naissance et celui de la maturation; le rapport est au contraire inverse dans l'ordre de la maturation des étamines, dans les *cassia* et quelques *oxalis*.

On attribue généralement la déhiscence ou l'ouverture des anthères à l'élasticité de la membrane fibreuse dont est composée la paroi anthérale interne ; les belles observations de M. Chatin sur la structure des anthères nous semblent plutôt propres à confirmer qu'à infirmer cette opinion. Cet habile observateur a constaté, en effet, que la membrane fibreuse manque dans certaines familles, où la déhiscence se fait, non par une fente longitudinale, mais par des pores au sommet des anthères, comme dans les éricacées et le genre *solanum*. Si cette même membrane existait dans ces anthères, on ne comprendrait pas pourquoi la déhiscence n'est pas longitudinale, car la même cause doit produire les mêmes effets.

La dispersion du pollen n'a pas toujours lieu par le mouvement spontané des étamines. Pour les plantes à fleurs unisexuées, la nature a modifié ses moyens. La plupart des arbres où les sexes sont séparés, comme les pins, les chênes, les noisetiers, etc., ont un pollen très-abondant, qui est enlevé et transporté par les vents, sous forme de nuage de soufre, à de grandes distances, et c'est pendant ce long parcours qu'il féconde les arbres femelles.

D'autres fois, les insectes jouent le rôle de dispensateurs du pollen. Qui n'a pas contemplé, au moins une fois dans sa vie, l'abeille travailleuse, ou le papillon volage, pénétrer au fond d'une fleur, et s'agiter au milieu des étamines ; ses mouvements déterminent l'ouverture des anthères ; son corps hérissé se couvre de pollen ; il passe sur le stigmate qui en retient quelques grains, et la fécondation s'opère. Les orchidées ne sont pas fécondées autrement. Aussi, dans les serres où les insectes fécondateurs font défaut, voyons-nous toutes les plantes de cette famille ne porter jamais de fruits. Pour en obtenir du vanillier, il faut que l'homme supplée aux insectes, en prenant les masses polliniques pour les porter dans la cavité du stigmate situé au-dessous des loges de l'anthère.

Cette opération a fait connaître un phénomène d'attraction des plus curieux. On a remarqué que la masse pollinique était attirée par le stigmate, lorsqu'elle était présentée à un ou deux millimètres, et en face de l'appareil stigmatique.

D'après M. Hofmeister, les insectes n'auraient aucun rôle à jouer dans la fécondation des orchidées ; il prétend avoir vu les tubes polliniques se former sur l'anthère même, en sortir et arriver en serpentant au stigmate. S'il en est ainsi, pourquoi les orchidées cultivées en serres ne produisent-elles de fruits que quand on les féconde artificiellement? L'opinion de M. Hofmeister a donc besoin d'être confirmée par de nouvelles observations.

Mais le phénomène précurseur de la fécondation le plus singulier est certainement celui qui a été observé chez le *vallisneria spiralis*, plante aquatique vivant au fond des eaux. Ses fleurs sont unisexuées; les femelles sont portées sur un long pédoncule qui porte la fleur jusqu'à la surface de l'eau, et les fleurs mâles sont au contraire sessiles. Au moment de la fécondation, les fleurs mâles se séparent de la plante, arrivent à la surface du liquide, et, flottant sur l'eau, se rassemblent autour des fleurs femelles sur lesquelles elles projettent leur pollen.

Micheli est le premier qui a fait connaître, en 1719, dans son *Nova genera*, cette rupture des fleurs mâles. Linné, A. Laurent de Jussieu, et L.-C. Richard, dans son *Mémoire sur les hydrocharidées*, ont confirmé, par l'observation, le fait signalé par Micheli, et qui a été admis par presque tous les botanistes. Nuttall, cependant, en 1822, a nié, dans *Chapman's Philadelphia journal*, la rupture de la fleur mâle; il prétend que ce qu'on a considéré comme des fleurs entières, ne sont que des grains de pollen. Paolo Barbieri (*Osservazioni microscopiche, memoria physiologico-botanica*), en 1828, et Meyen, en 1839 (*Newes system der pflanzenphysiologie*), soutiennent l'opinion de Nuttall; ils prétendent n'avoir jamais vu flotter que des masses de pollen, et non de fleurs. M. Chatin, qui a observé dans ces derniers temps le vallisneria, a vu, lui, toujours des fleurs et non du pollen, nager à la surface de l'eau dans laquelle était cultivée cette plante; mais il fait remarquer que ces fleurs sont trèspetites, et qu'elles ont pu être prises pour des grains de pollen. Quant aux fleurs femelles, aussitôt qu'elles ont reçu le pollen, leur pédoncule s'enroule sur lui-même et les emmène au fond de l'eau, où elles développent leur ovaire et mûrissent leur fruit. La plupart des botanistes avaient admis que ce pédoncule se déroulait d'abord au moment de la fécondation pour porter la fleur à la surface de l'eau, et qu'il s'enroulait de nouveau aussitôt l'acte accompli. M. Chatin, dans son *Mémoire sur le vallisneria*, fait connaître que le pédoncule de la fleur femelle est d'abord parfaitement droit, et qu'il ne s'enroule qu'après la fécondation, comme celui du cyclamen.

Un autre curieux phénomène, qui prélude ou qui accompagne la fécondation, est le développement de chaleur qu'on observe pendant la floraison, et que Lamark fit connaître, en 1777, au sujet de l'*arum maculatum*. Depuis cette époque, de nombreuses expériences ont été faites par Hubert, Sénebier, de Saussure, Schultz, de Vrièse, Ad. Brongniart, Dutrochet, Van Beeck, Otto, Klotzsch, Robert Caspary, Arrighi, et beaucoup d'autres physiologistes et physiciens, qui ont constaté le même phénomène chez plusieurs autres plantes. C'est généralement au moment de l'épanouissement des fleurs, qui correspond à la fécondation, que la température de l'appareil floral acquiert une élévation supérieure à la température ambiante. Hubert a fait connaître, en 1804, dans le *Journal de physique*, que le spadice de l'*arum cordifolium* acquiert une température supérieure de 25° à celle de l'air environnant. Dutrochet a constaté, pendant la floraison de l'*arum maculatum*, deux accès de ce qu'il appelle fièvre quotidienne; le premier jour de l'épanouissement de la spathe, l'excès de température s'est manifesté dans l'extrémité du spadice constitué par des fleurs mâles avortées; le deuxième jour, le siége principal de la température était dans la partie occupée par les fleurs mâles normales. M. Brongniart a compté jusqu'à six accès de fièvre dans le *colocasia odora*, et l'excès de température n'a pas dépassé 11 degrés; MM. Otto, Klotzsch et Caspary (*Ueber Warmeentwickelung in der Blüthen der Victoria*), ont observé, en 1855, trois maxima et deux minima de température dans les fleurs du victoria, plante de la famille des nymphéacées.

D'après tous ces physiologistes, c'est aux anthères qu'est due principalement la production de la chaleur; dans les anthères du victoria elle atteint de 3 à 4 degrés Réaumur au-dessus de la température de l'eau, et de 8 à 10° au-dessus de celle de l'air. La cause de cette production de chaleur est attribuée à l'absorption de l'oxygène, qui est plus considérable par les étamines que par les autres parties de la fleur.

Le résultat de tous les phénomènes que nous venons de décrire est la formation et le développement de l'embryon.

Avant la fécondation, des vésicules embryonnaires seules existaient dans l'ovule; l'action du pollen a déterminé leur transformation en une masse cellulaire qui varie dans sa forme, selon les

espèces, et qui devient embryon. Pendant la production de ces phénomènes intérieurs, la fleur perd son parfum; ses brillantes couleurs se ternissent; la corolle, les étamines et le style se fanent et
tombent; l'ovaire, au contraire, acquiert plus de vigueur; il s'accroît dans toutes ses parties, et quand il est parvenu à son dernier
degré d'accroissement, ce n'est plus un ovaire, c'est un fruit qui porte
les germes de nouvelles plantes.

# CHAPITRE IX



Avant de passer à l'étude du fruit, jetons un coup d'œil superficiel sur l'ensemble de la fleur.

En étudiant les divers verticilles floraux, nous avons vu qu'ils sont soumis à une invariable loi de symétrie, même dans les fleurs qui sont irrégulières.

On a souvent confondu, ou plutôt considéré comme synonymes, ces deux mots symétrie et régularité : ils expriment cependant deux choses bien différentes.

Une fleur est régulière, quand les parties qui composent chaque verticille sont semblables entre elles, et placées à égale distance les unes des autres ; les parties d'un même verticille, prises isolément, peuvent être irrégulières, c'est-à-dire que les deux moitiés d'un pétale, par exemple, peuvent être dissemblables, et former néanmoins un ensemble ou corolle régulière.

La symétrie ne tient aucun compte de la forme des parties, elle s'applique à leur ordre et à leur disposition ; l'alternance de ces différentes parties constitue donc la symétrie de la fleur. Il y a symétrie parfaite, toutes les fois que les pétales alternent avec les sépales, c'est-à-dire que les pétales sont placés entre les sépales ; que les étamines sont opposées aux pièces du calice, et alternes aux pétales ; et enfin que les carpelles ou loges de l'ovaire sont entre les étamines et en face des pétales, de telle sorte que la projection linéaire pourrait être représentée ainsi :

Calice à cinq sépales :    —   —   —   —   —
Corolle à cinq pétales :    —   —   —   —   —
Androcée à cinq étamines : —   —   —   —   —
Gynécée à cinq carpelles : —   —   —   —   —

La symétrie ne tenant aucun compte, ni de la régularité, ni de l'irrégularité des parties, mais seulement de leur nombre et de la position, il s'ensuit que le calice, la corolle et les étamines de la vio-

lette constituent une fleur irrégulière symétrique, puisque chacun
de ces trois verticilles est composé de cinq parties qui alternent avec
les parties du verticille voisin, et que, au contraire, la fleur du jasmin est régulière non symétrique, parce que le calice et la corolle
sont à quatre parties, et qu'il n'y a que deux étamines.

Pour qu'il y ait symétrie, il faut au moins trois verticilles, puisque cette disposition est fondée sur l'alternance. On ne peut donc pas
dire d'une corolle isolée qu'elle est symétrique, mais on dit qu'elle
est régulière ou irrégulière; car, ici, cette disposition ne comprend
que la forme des parties d'un même verticille. Ainsi la fleur de la
pervenche est symétrique; elle présente en effet quatre parties au
calice, à la corolle, et les étamines sont au nombre de quatre; le
verticille central seul ne présente que deux ovaires, qui sont accompagnés de deux longues glandes nectarifères. Dans le jasmin,
la fleur est considérée comme asymétrique, malgré la régularité de
ses parties : le calice et la corolle sont à quatre lobes, les étamines
au nombre de deux, et l'ovaire est à deux loges.

De ce que les différents organes de la fleur sont considérés comme
des feuilles transformées, on a cherché à démontrer que l'alternance
de ces diverses parties florales était le résultat de la disposition quinconciale des feuilles, dans laquelle la sixième feuille est située au-
dessus de la première (volume 1ᵉʳ, page 295). On trouve, en effet,
dans quelques fleurs monstrueuses, l'axe floral allongé, sur lequel
les sépales et les pétales affectent les dispositions spirales des feuilles;
mais ce n'est pas le premier pétale, représentant la sixième feuille
de la spirale foliaire, qui correspond au premier sépale, comme
cela doit avoir lieu d'après les lois de la phyllotaxis, c'est la première étamine, par conséquent la onzième feuille. Dans les fleurs
régulières, c'est aussi l'étamine qui correspond au sépale, c'est-à-
dire qui est placée en face de lui. Tout en admettant la disposition
spirale des organes de la fleur, disposition très-manifeste dans certains cas, on ne peut lui appliquer la règle qui régit la disposition
des feuilles, puisqu'on ne trouve nulle part ici le chiffre 10 pour dé-
nominateur. C'est encore un de ces faits comme il s'en présente si
souvent dans l'œuvre de la création, et devant lesquels viennent se
briser toutes les théories de la science.

La symétrie de la fleur est souvent déguisée par la multiplication
des parties. Dans les anémones, les divisions du périanthe sont dis-

posées sur deux rangs, et forment deux verticilles ; on en trouve également deux pour les pétales des berberis ; il y en a quelquefois jusqu'à sept dans les magnolia ; toutes ces parties sont toujours disposées d'après l'ordre de la symétrie, c'est-à-dire que les parties d'un verticille alternent avec les parties des verticilles voisins. Il en est tout autrement quand ce sont les ovaires qui se multiplient ; l'alternance disparaît, et ces ovaires sont disposés en une spirale continue. Pour les étamines en nombre indéfini, elles forment de nombreuses séries spirales parallèles, qui imitent les spirales secondaires des feuilles très-rapprochées ; mais quand elles sont en nombre double des parties des autres verticilles, elles constituent deux verticilles, celles du verticille intérieur alternant avec les étamines du verticille extérieur, qui sont placées dans les intervalles des pétales ; l'ordre symétrique n'est pas interrompu.

Cette alternance des étamines, en nombre double, disposées en deux verticilles, se retrouve également pour les pétales qui affectent la même disposition. C'est ainsi que les fleurs de pavots offrent un calice à deux ou trois sépales, et quatre ou six pétales disposés sur deux rangs ; ceux du rang intérieur alternant avec les extérieurs qui ont conservé leur disposition alterne avec les sépales ; il en est de même pour les fumeterres.

Les divers organes de la fleur des épimédium, qui semble présenter une exception à la loi d'alternance, rentrent dans la loi commune ; ces fleurs sont composées de quatre sépales, quatre pétales et de quatre étamines, tous opposés en apparence l'un à l'autre. En examinant avec attention, on reconnaît aussitôt que les quatre sépales forment deux verticilles de chacun deux sépales qui alternent entre eux ; que des quatre pétales, les deux extérieurs sont alternes avec les deux sépales intérieurs et les deux autres pétales, et qu'il en est de même des étamines ; la symétrie existe donc là de la manière la plus parfaite.

Dans les fleurs chez lesquelles les parties d'un même verticille se soudent, la disposition symétrique se retrouve dans les portions restées libres. Ainsi, dans le calice de la salicaire, qui est monosépale et à douze dents, on en voit six plus extérieures alternant avec les six plus intérieures.

Le dédoublement des organes ne détruit pas toujours la symétrie ; il est rare dans les calices ; mais les corolles et les étamines en offrent de nombreux exemples. Pour les pétales, le dédoublement se fait ou par les côtés ou par les faces ; dans le premier cas il est dit *collaté-ral*, et multiplie le nombre des organes d'un même verticille ; dans le second cas, on le nomme *parallèle*, et il double, triple ou quadruple le nombre des verticilles, dont les parties, on le comprend, sont toutes opposées entre elles. Il importe donc, dans les corolles à plusieurs rangées de pétales, d'examiner attentivement l'insertion de ces organes, car souvent le dédoublement s'opère près du réceptacle, et on peut croire à l'isolement de chaque pièce résultant du dédoublement ; mais parfois ce n'est qu'à une certaine hauteur, au-dessous du point d'insertion, que se fait la division ; l'erreur n'est plus possible.

Dans les végétaux monopérianthés ou qui n'ont qu'une enveloppe florale, la symétrie est en apparence détruite ; on trouve, en effet, les étamines opposées avec les divisions du périanthe. Dans ce cas il y a suppression d'un verticille intermédiaire, c'est-à-dire avortement complet de la corolle. De là cette règle adoptée par tous les botanistes : que toutes les fois qu'une fleur ne présente qu'un seul verticille de folioles florales opposées aux étamines, ce verticille appartient au calice.

Quant à ces fleurs qui présentent des nombres différents pour chaque verticille, et qu'on veut ramener au type symétrique, nous croyons, malgré les théories ingénieuses du savant botaniste Auguste de Saint-Hilaire, qu'on ne peut que former des conjectures.

# CHAPITRE X



On a donné le nom de fruit à l'ovaire développé et qui a atteint son dernier degré de maturité.

Ce qui se passe dans la transformation des parties constitutives de l'appareil de reproduction et de ses enveloppes des divers noms est facile à observer, et le phénomène est le même pour tous les végétaux phanérogames. Les divers verticilles floraux se flétrissent dans la plupart des cas et disparaissent ; l'androcée, dont la fonction cesse aussitôt après que l'acte de la fécondation est accompli, s'atrophie et suit la loi de marcescence des organes à mesure que leur utilité cesse ; la corolle ne tombe, en général, que quand les styles, dont la fonction ne va pas au delà de la fécondation, se sont flétris à leur tour. Le calice est le verticille le plus durable ; il accompagne souvent même le fruit, et persiste autant que lui ; dans certains cas le tube qui est adhérent comme dans la pomme, la poire, la nèfle, concourt, avec les parois de l'ovaire, à former le fruit même ; le limbe seul du calice reste libre au sommet.

Le fruit est l'ensemble des graines et de l'enveloppe qui les contient ; on a donné le nom particulier de *péricarpe* à cette enveloppe des graines, dont la contexture est très-variable.

Parfois le style persiste, et son apparence la plus remarquable est dans la clématite, où il forme une espèce de queue poilue et flexueuse.

Ce qui a été dit du développement de la feuille carpellaire s'applique également au fruit, qui n'est autre chose qu'une feuille carpellaire avec tout son développement ; et l'on peut en suivre les modifications jusqu'à l'entière métamorphose de la carpelle en fruit ; c'est cette même feuille, dont les transformations sont si complètes qu'on aurait peine à la reconnaître, qui constitue le péricarpe. Pour suivre l'analogie qui existe entre la feuille, la carpelle et le péricarpe, nous dirons que, comme elle, il est composé de trois couches

distinctes : l'épiderme, ou la couche celluleuse de la face inférieure
de la feuille qui répond à la partie la plus extérieure du fruit ; c'est
ce qu'on nomme l'*épicarpe*, et que dans le langage ordinaire on appelle la *peau ;* dans les fruits secs il est réduit à l'état de membrane
épidermique. La surface de l'épicarpe varie beaucoup : elle est lisse,
velue, striée, tuberculeuse, ou épineuse, comme dans le *datura
stramonium.*

L'*endocarpe* est la membrane interne du péricarpe ou fruit ; il
répond à la couche celluleuse ou épidermique de la face supérieure
de la feuille ; le plus souvent il a très-peu d'épaisseur ; d'autres fois
il est dur et ligneux, et forme alors, avec une portion plus ou moins
épaisse de la couche intermédiaire, le noyau de la pêche et de l'abricot, la coquille de la noix et la coque de l'amande. L'endocarpe
de l'orange est la membrane qui entoure la chair, et dans les pomacées, c'est la partie écailleuse qui tapisse l'intérieur des loges où
sont les graines.

La partie moyenne, celle qui est comprise entre ces deux peaux
épicarpe et endocarpe, s'appelle *mésocarpe :* c'est la chair des fruits
charnus. L'endocarpe est sec et coriace dans l'amande et la noix, où
il prend le nom de *brou*, et très-développé dans le melon et les
fruits de la famille des rosacées. On a réservé le nom de *sarcocarpe*
pour ce dernier genre de mésocarpe, quand il a une grande épaisseur.

Ces changements, qui portent sur le développement du péricarpe,
modifient aussi les carpelles, les cloisons et tous les appareils intérieurs qui accompagnent les graines.

L'avortement d'un ou plusieurs carpelles est très-fréquent, et devient même normal dans un certain nombre de genres ; quand ces
avortements se reproduisent avec régularité, ils modifient le système
primitif d'organisation des fruits. C'est ce qui rend si difficile la classification des fruits, fondée sur leur apparence primitive, et fait que
des fruits composés, lors de leur premier développement, se convertissent en fruits simples. C'est ainsi que nous voyons le frêne présenter, dans le principe, quatre ovules renfermés dans deux loges, et dont
deux seulement mûrissent ; la placentation, qui était axile lors des
premiers temps de l'évolution, devient ensuite pariétale. Ce fait est
plus frappant et plus communément observable dans le marronnier,
dont les trois loges et les six ovules se réduisent à une seule loge et une

seule graine ; mais il reste constamment dans le péricarpe les graines avortées, qui sont là pour montrer l'organisation primitive du fruit.

Les *cloisons*, qui sont des parties intérieures de la carpelle, subissent, par la compression et les conditions intérieures de leur développement, une modification qui les rend essentiellement différentes du péricarpe. Quoique composées comme lui de trois membranes, elles sont réduites à des lames si minces, qu'elles ont une apparence qui les rend méconnaissables. Dans un certain nombre de cas, les cloisons se résorbent ; et, dans cette circonstance, la placentation change de nature et devient centrale. On a donné aux cloisons normalement formées par le développement interne de la carpelle le nom de *vraies cloisons*, et celui de *fausses cloisons* à celles qui ont pour origine un repli de la paroi péricarpienne, dont le développement, étant transversal, coupe le fruit par des diaphragmes réguliers, comme cela a lieu dans le *cassia fistula* et dans les siliques presque charnues de quelques crucifères. Il arrive parfois que les fausses cloisons sont verticales et ont l'aspect de cloisons véritables ; mais on les reconnaît facilement à ce qu'elles ne sont jamais séminifères et ne correspondent pas au style.

Les placentas se durcissent dans les fruits secs, et deviennent charnus, ou pulpeux, ou générateurs d'un tissu pulpeux dans certains fruits succulents, comme dans la tomate. Dans l'orange, la partie charnue est une production de l'endocarpe : ce sont des poils vésiculeux remplis de liquide, et qui tapissent la paroi interne des loges ; dans la grenade, la pulpe est une dépendance de la graine.

Lorsque le fruit est arrivé à toute sa perfection, et qu'il n'a plus besoin du secours de la plante mère, il s'en sépare et tombe sur le sol, où la graine, mise en liberté par l'ouverture ou la division de l'enveloppe, doit reproduire un végétal semblable à celui qui lui a donné naissance. On a donné le nom de *déhiscence* à la manière dont s'ouvre le péricarpe, qui, lorsqu'il est composé de feuilles carpellaires dans la cavité desquelles se forment et se développent les ovules, est divisé intérieurement en un certain nombre de panneaux appelés *valves*. Le nombre des valves est quelquefois égal à celui des loges ; d'autres fois il est double. Suivant les circonstances, il est *univalve* dans les fruits de pivoine et de pied-d'alouette ; *bivalve* dans les fruits des crucifères ; *multivalve* dans les balsaminées.

On a donné le nom de *déhiscents* aux péricarpes qui sont susceptibles de se diviser à leur maturité en autant de parties qu'il y a de carpelles soudées, ou qui affectent un mode défini d'émission de la graine qu'ils ont mûrie ; celui d'*indéhiscents* est appliqué à ceux dont le péricarpe se détruit sans s'ouvrir pour laisser passage à la graine ; on les appelle *péricarpes ruptiles*, quand ils se rompent en pièces irrégulières. La déhiscence est le plus souvent le résultat de la dessiccation du péricarpe ; il n'y a guère d'exception que pour la balsamine et l'élatérium, qui lancent leurs graines à une époque de leur évolution, qui est loin de répondre à la dessiccation du péricarpe. Dans la cardamine des prés, les valves des siliques s'ouvrent élastiquement de la base au sommet, et se roulent sur elles-mêmes en lançant leurs graines ; la capsule du sablier (*hura crepitans*) se compose d'un grand nombre de carpelles ligneuses, dont la déhiscence produit une explosion très-bruyante, et qui a une grande force de projection.

Il ne faut pas confondre avec la déhiscence véritable le phénomène qui se passe dans les ombellifères et les géranium (Pl. 23, fig. 12, 13), dont les fruits, accolés l'un à l'autre, se séparent lors de leur maturité, et constituent chacun, à part soi, un péricarpe indéhiscent. Dans les malvacées, les fruits, groupés circulairement, se divisent, et chaque portion isolée représente un fruit. La déhiscence véritable consiste dans l'ouverture de chaque carpelle ; mais cette déhiscence varie beaucoup, et sert à déterminer l'association de groupes entiers. Dans le pavot, le muflier (Pl. 23, fig. 17), la déhiscence est *apicilaire*, c'est-à-dire qu'elle a lieu par des trous ou pores situés au sommet du fruit ; elle est *basilaire* quand elle a lieu par la base du péricarpe, comme dans la raiponce (fig. 18). Elle est *transversale* dans le fruit des mourons et des plantains (fig. 19).

Dans les péricarpes composés de plusieurs carpelles soudées ensemble, on distingue deux modes particuliers de déhiscence, une *incomplète*, et l'autre *complète*. On appelle déhiscence incomplète ou *déhiscence denticide* celle qui a lieu par l'ouverture des carpelles à leur sommet sans que les valves se séparent, comme cela se voit dans la plupart des caryophyllées (Pl. 23, fig. 20).

La déhiscence complète ou *loculicide*, qui s'effectue par la séparation complète des valves de haut en bas, affecte trois modes principaux. Elle est dite *septicide*, quand chaque carpelle reprend son indépendance en se séparant des carpelles voisines par le dédoublement des cloisons, comme cela se voit dans le colchique.

Il s'en faut beaucoup que, dans ce système de déhiscence, la séparation des carpelles ait lieu de la même façon : tantôt elles s'ouvrent ou ont une déhiscence ventrale propre ; d'autres fois la déhiscence est bivalve, et, dans ce cas, la séparation a lieu par les deux sutures. Une autre modification dont l'importance est la même, c'est que, dans certains cas, chaque carpelle, en se séparant des carpelles voisines, emporte avec elle son placenta ; ou bien, comme cela a lieu dans les euphorbes et les mauves (Pl. 22, fig. 10, 11), les placentas réunis forment au centre un axe qu'on a nommé la *columelle*.

Le second mode de déhiscence, et l'un des plus communs après le précédent, est la déhiscence *septifère* dans laquelle chaque carpelle s'ouvre par sa suture ventrale ; chaque valve porte alors en son milieu une cloison ; le fruit de l'*abelmoschus* (Pl. 23, fig. 22) est un exemple de ce système de déhiscence. Les modifications sont semblables en tout à celles de la déhiscence septicide. On trouve parfois les deux premiers modes de déhiscence réunis : ainsi dans la digitale, le premier acte de la maturité du péricarpe est de se séparer d'après le mode *septicide* ; puis les carpelles s'ouvrent par le dos, et le second acte est la déhiscence *septifère*.

Dans la déhiscence dite *septifrage*, les cloisons se séparent des valves et restent attachées à l'axe, ainsi que cela se voit dans le fruit de l'acajou à meuble (Pl. 23, fig. 23).

On donne le nom de *maturation* aux diverses modifications qui succèdent au perfectionnement physiologique du fruit, et qui sont le résultat d'actions purement chimiques. A proprement parler, la maturation est l'action du double perfectionnement du péricarpe et de la graine. La déhiscence, ou l'ouverture du fruit, est le phénomène qui préside à la dissémination des graines.

Le péricarpe, sec et foliacé dans sa jeunesse, participe à la vie de la feuille, et, comme elle, il absorbe de l'acide carbonique pendant le jour, et de l'oxygène pendant la nuit. Son flétrissement est analogue à celui de la feuille, à cette exception près, qu'il est, dans la plupart des cas, soumis au phénomène appelé *déhiscence*.

Le péricarpe charnu, qui a une origine commune, est d'un tissu plus mou qui acquiert un développement considérable, tantôt sans que les faisceaux vasculaires augmentent; d'autres fois, au contraire, ils se multiplient, et, dans ce cas, ils deviennent filandreux. Sa vie est celle de la feuille; mais, à l'époque de sa maturation, les produits que nous retrouvons, non-seulement dans les fruits, mais dans les autres parties des végétaux, tels que la gomme, le sucre, la fécule, les huiles fixes ou essentielles, les acides, les substances albuminoïdes, avec résorption et transformation de l'eau et du ligneux, sont les changements intérieurs qu'il éprouve sous l'influence des agents extérieurs. On a vu, dans la chimie organique, les métamorphoses que subissent les premiers agents qui résultent de la présence des sucs élaborés [1].

On a établi, pour la classification des fruits, différentes méthodes qui ne sont guère que la mise en œuvre d'une même idée. Comme il est intéressant de faire connaître ces diverses méthodes, nous les exposerons dans leur ordre chronologique. Il est à regretter que les auteurs de ces classifications aient multiplié les noms, et qu'ils aient traduit leurs idées dans une langue trop souvent inintelligible. Il en est de la classification des fruits comme de toutes celles qui ont pour

---

1. Dans la première période de la maturation des fruits, avant la formation du sucre et du ligneux, il existe une quantité d'eau de végétation qui diminue, à mesure que les fruits mûrissent, dans des proportions souvent considérables; il se forme ensuite du sucre qui augmente en quantité, et, de l'état vert ou de formation primitive à celui de maturité, arrive à être en proportion décuple; d'un autre côté, le ligneux diminue généralement de moitié. Voici comment se passent les phénomènes observés, dans leur ordre de succession :

|  | Eau avant la maturité. | Eau à la maturité. |
| --- | --- | --- |
| Abricots | 89,39 | 74,87 |
| Groseilles | 86,41 | 81,10 |
| Cerises royales | 88,28 | 74,85 |
| Prunes de Reine-Claude | 74,87 | 71,10 |
| Pêches d'été | 90,31 | 80,24 |
| Poires Cuisse-madame | 86,28 | 83,88 |

*Formation du sucre.*

|  | Vert. | Mûr. |
| --- | --- | --- |
| Abricots | 6,64 | 16,48 |
| Groseilles | 0,52 | 6,24 |
| Cerises royales | 1,12 | 18,12 |
| Prunes de Reine-Claude | 17,71 | 24,81 |
| Pêches d'été | 0,63 | 11,61 |
| Poires Cuisse-madame | 6,45 | 11,52 |

but de méthodiser des faits dont l'oscillation est presque sans limites :
il faut se borner aux généralités et abandonner les faits de détail ;

*Ligneux dont la quantité diminue à mesure que les fruits mûrissent.*

|                          | Verts. | Mûrs. |
|--------------------------|--------|-------|
| Abricots                 | 3.61   | 1.86  |
| Groseilles               | 8.45   | 8.01  |
| Cerises royales          | 2.44   | 1.12  |
| Prunes de Reine-Claude   | 1.26   | 1.11  |
| Pêches d'été             | 3.01   | 1.21  |
| Poires Cuisse-madame     | 3.80   | 2.19  |

*Temps écoulé entre la floraison et la maturation des fruits de certains végétaux.*

| | |
|---|---|
| Panicum viride | 12 jours. |
| Panicum sanguinale, avena pratensis | 14 |
| Festuca ovina, briza media | 16 |
| Agrostis repens, aira cæspitosa | 17 |
| Poa angustifolia, avena elatior, hordeum bulbosum | 18 |
| Poa aquatica, hordeum pratense, medicago sativa (luzerne) | 19 |
| Festuca rubra, dactylis glomerata, festuca duriuscula, lolium perenne (ray-grass), triticum repens | 20 |
| Onobrychis sativa (sainfoin) | 21 |
| Cynosurus cristatus (crételle des prés), bromus tectorum, aira flexuosa (canche flexueuse) | 22 |
| Avena flavescens | 23 |
| Festuca glabra, poa cristata | 24 |
| Alopecurus pratensis (vulpin des prés), festuca elatior | 25 |
| Holcus mollis (houlque molle), agrostis vulgaris | 27 |
| Glyceria fluitans (manne de Pologne) | 28 |
| Alopecurus agrestis | 30 |
| Agrostis stolonifera, A. canina, phalaris canariensis (Millet des oiseaux) | 31 |
| Stipa pennata, melica cærulea | 41 |
| Holcus lanatus (houlque laineuse), trifolium pratense (trèfle des prés), bunias orientalis | 43 |
| Elymus arenarius, phleum pratense et nodosum, poa pratensis | 45 |
| Cynosurus cristatus | 51 |
| Anthoxanthum odoratum (flouve odorante) | 53 |
| Framboisier, fraisier, cerisier, orme, pavot, potentilles, filipendules, euphorbia esula | 60 |
| Prunus padus, amélanchier, tilleul, gaude | 90 |
| Marronnier d'Inde, rosiers | 4 mois. |
| Vigne, poirier | 5 à 6 |
| Bouleau, aune, sorbier des oiseaux | 5 |
| Pommier, prunier, hêtre, noyer | 3 à 5 |
| Châtaignier, néflier, noisetier, amandier, hippophaë | 6 |
| Olivier, chêne rouvre, sabine, lauréole | 7 |
| Colchique d'automne | 8 à 9 |
| Pin laricio | 10 |
| La plupart des pins | 11 |
| Beaucoup d'autres conifères, les mousses | 1 an. |
| Genévrier, chêne vert, plusieurs espèces de chênes d'Amérique, métrosidéros. | l'année qui suit la floraison. |
| Cèdre du Liban | 24 à 27 mois. |

c'est pourquoi nous ne prendrons que les plus grands groupes, ceux qui répondent aux principales familles naturelles. Il n'y a, pour cette matière, que deux législateurs qui aient vu toute la nature végétale de haut, et sans descendre aux infiniment petits, qui étrécissent l'esprit et font perdre le sens des idées plus élevées. Ces deux grands législateurs sont Linné et Jussieu. Nous prendrons la classification du premier comme base, en ce qu'elle peut servir de guide dans toutes les autres.

Nous ne parlerons pas de la classification d'Adanson, de Claude Richard, à qui la carpologie doit cependant des progrès, mais qui n'a pas fait de travail spécial ; non plus que de celle de Gaertner, de Necker, de Mœnch, etc., bien que chacun d'eux ait contribué à fixer la nomenclature : ainsi, Claude Richard a défini le caryopse, le polakène, le syncarpe ; Gaertner a caractérisé l'utricule et la samare. Au reste, dès les premiers temps de la botanique scientifique, nous retrouvons une partie des noms qui répondent aux grands groupes : ainsi, on voit, dans J. Bauhin (1650), les noms de pomme, baie, légume, silique, cône. On trouve dans Magnol des sections fondées sur les dénominations ayant la structure des fruits pour base, telles que les silicules, les noix, les gousses ou légumes, mais sans systématisation complète.

### CLASSIFICATION CARPOLOGIQUE DE LINNÉ.

1. *Capsule*. — Péricarpe creux, à déhiscence déterminée : les pavots.
2. *Silique*. — Péricarpe à deux valves, aux sutures dorsale et ventrale desquelles les graines sont attachées : les crucifères (Pl. 24, fig. 27).
3. *Légume*. — Péricarpe bivalve, dont les graines sont attachées à la suture ventrale : les légumineuses (Pl. 22, fig. 8).
4. *Follicule* ou *conceptacle*. — Péricarpe univalve, à déhiscence latérale et longitudinale, distinct des graines : hellébores (Pl. 22, fig. 7).
5. *Drupe*. — Péricarpe charnu et indéhiscent contenant un noyau : les prunes, les cerises (Pl. 23, fig. 1).
6. *Pomme*. — Péricarpe charnu et indéhiscent, renfermant une capsule : la pomme, la poire.
7. *Baie*. — Péricarpe charnu renfermant des graines nues : les groseilles.
8. *Strobile*. — Péricarpe en chaton : les amentacées, les conifères (Pl. 24, fig. 31, 32).

Cette classification est la plus élémentaire et celle qui repose sur les faits observés dans leur plus grande généralité. En 1789, Jussieu, qui attacha tant d'importance aux fruits dans la détermination des groupes, adopta aussi huit sortes de fruits, qu'il définit à peu près de la même façon, mais peut-être avec plus de précision ; ses définitions, aussi courtes, sont plus satisfaisantes :

1. *Capsule*. — Fruit membraneux, coriace ou crustacé (Pl. 23, fig. 17 à 23).
2. *Silique*. — Capsule bivalve, avec chaque suture opposée séminifère.
3. *Légume*. — Capsule bivalve, avec une seule suture séminifère.
4. *Noix*. — Fruit osseux.
5. *Baie*. — Fruit juteux, pulpeux ou charnu, rempli de graines séparées.
6. *Pomme*. — Fruit charnu, renfermant une capsule.
7. *Drupe*. — Fruit charnu, renfermant une noix.
8. *Strobile* ou *cône*, succédant à la disposition amentacée des fleurs : le fruit se compose de graines ou de noix mêlées d'écailles, et rassemblées en capitule ou en cône (Pl. 24, fig. 31 et 32).

En 1813, de Candolle donna, dans sa *Théorie élémentaire de la botanique*, une classification des fruits qui devait conduire à celle que M. de Mirbel publia deux années plus tard , et qui fut perfectionnée dans la seconde édition de 1819. Il divisa les fruits de la manière suivante :

FRUITS SIMPLES.

1. — *Fruits pseudospermes* ou *carcérulaires* (de Mirbel).

1. Le *caryopse*, ou Cérion : les graminées (Pl. 22, fig. 4).
2. L'*akène* ou *achaine*, ou cypsèle : les renoncules (Pl. 22, fig. 3).

Il distingue les akènes, dont le caractère essentiel est d'être monospermes secs, à péricarpe adhérent, en *nus, aigrettés, marginés, membraneux, écailleux, capillaires, plumeux, rameux.*

3. *Polakène* ou *polachaine*, ou crémocarpe : capucine.
4. *Utricule*, synonyme de carcérule : les atriplicées.
5. Le *scléranthe*, fruit renfermé dans la base du périgone endurci et persistant : comme dans la belle-de-nuit. Cette division est inutile, car elle s'applique à un trop petit nombre de cas pour mériter une dénomination spéciale.
6. La *samare* ou *camare*, synonyme de Ptéridie, de Mirbel : l'orme, l'érable ; on a conservé ce nom pour tous les fruits comprimés, uni ou biloculaires, à bords membraneux et prolongés en ailes (Pl. 22, fig. 5, 6).
7. Le *gland*, synonyme de Calybione ; les chênes.
8. La *noisette* ou *nucule*, synonyme de noix.
9. Le *carcérule*, fruit indéhiscent, sec, à plusieurs loges et à plusieurs graines : tel est, par exemple, le tilleul. Ce n'est pas le carcérule de M. de Mirbel. De Candolle l'a défini d'une manière plus précise.
10. L'*amphisarque*, fruit indéhiscent, sec, multiloculaire, ligneux à l'extérieur et pulpeux à l'intérieur : le baobab.

*2. — Fruits gynobasiques ou cénobionnaires* (de Mirbel).

Ce sont des fruits dont les loges, que M. de Mirbel appelle *trèmes*, sont assez distinctes pour avoir l'apparence de fruits séparés.

1. Le *sarcobase*, à gynobase ou disque très-grand et très-charnu : telles sont les ochnacées.
2. Le *microbase*, synonyme de cénobion : ce sont les fruits des labiées et de plusieurs espèces de borraginées.

*3. — Fruits charnus.*

1. La *drupe*. Le noyau du centre s'appelle encore *pyréne*, *ossicule*.
2. La *noix*.
3. La *nuculaine*, fruit charnu, non couronné par les lobes du calice, et renfermant plusieurs noyaux : le sureau.
4. La *pomme*, divisée en pomme à pepins : la pomme, et en pomme à osselets : la nèfle (Pl. 23, fig. 13).
5. La *balauste*, ou le fruit du grenadier, à péricarpe durci, couronné par les lobes du calice.
6. Le *péponide*, synonyme de pépon ; fruit très-gros, à mésocarpe très-épais ; graines réunies dans une cavité intérieure.
7. L'*hespéridie* ou *orange* : fruit divisé en de nombreuses loges remplies de poils vésiculeux.
8. La *baie*. On a établi des distinctions essentielles dans les fruits de ce genre : la *vraie baie*, qui n'a pas de loges et dont les graines sont disposées sans ordre, comme la groseille, le raisin ; la *fausse baie*, qui a des loges et des graines rangées dans un ordre apparent. On a donné le nom d'*arcesthide* au fruit bacciforme du genévrier (Pl. 24, fig. 33).

*4. — Fruits capsulaires ou déhiscents.*

1. Le *follicule*, fruit membraneux, univalve, allongé, s'ouvrant par une suture longitudinale : les asclépias.
2. La *camare*, fruit membraneux, à deux valves soudées, et renfermant une ou plusieurs graines attachées à un angle interne ; ce sont les étairions de M. de Mirbel : les renonculacées (Pl. 22, fig. 7).
3. L'*hémigyre*, fruit ligneux, à une ou deux loges, déhiscent d'un seul côté : les protéacées.
4. La *gousse* ou le *légume*.

On distingue les gousses en *uniloculaires* ou à une loge, comme dans le genêt ; *biloculaires*, à deux loges comme dans les astragales ; *diaphragmatiques* ou *multiloculaires* comme dans le *cassia fistula*, dont le fruit est divisé en deux ou plusieurs loges monospermes par des cloisons transversales ; *lomentacées* ou *articulées*, divisées en plusieurs loges monospermes (Pl. 22, fig. 9).

5. La *silique*. Lorsqu'elle est courte ou que son diamètre excède peu sa longueur, on lui donne le nom de *silicule* : la lunaire ou monnaie du pape.

6. La *pyxide* ou *boîte à savonnette*, est un fruit qui s'ouvre transversalement (Pl. 23, fig. 19).

7. La *diérésile*.

8. Le *regmate*, synonyme d'*élatérion*, de Richard. On donne plus communément à ce fruit les noms de capsule à deux, trois ou plusieurs coques : telles sont les euphorbiacées (Pl. 22, fig. 11).

9. La *diplotège* ou *capsule infère* : les campanulacées, les orchidées. C'est un fruit déhiscent, adhérent au calice (Pl. 23, fig. 18).

10. La *capsule*, nom donné à tout fruit sec et déhiscent.

De Candolle n'établit pas de classification particulière pour les *fruits multiples* ou *étairionnaires* de M. de Mirbel, parce qu'il les regardait comme une réunion de fruits simples ; non plus que pour les *fruits agrégés*, bien qu'il admette les noms de :

1. *Syncarpe*, synonyme de sorose de M. de Mirbel : le mûrier.
2. *Figue*, synonyme de sycone : le figuier.
3. *Cône* ou *strobile* : les conifères.
4. *Galbule*, nom réservé pour le fruit du cyprès (Pl. 24, fig. 32), dont les bractées sont en bouclier ou peltées, et à l'extrémité desquelles adhèrent plusieurs graines.

Vers la même époque, Desvaux, botaniste distingué, mais homme de détail et d'analyse minutieuse, établit une classification plus complexe encore que celle de ses prédécesseurs, et dans laquelle il créa quarante-cinq groupes désignés, pour la plupart, par des noms barbares. Il n'y a que les titres généraux qui soient judicieusement établis et ressortent de la nature même des fruits. Il y avait d'abord deux classes, et, dans chacune d'elles, deux ordres :

1<sup>re</sup> CLASSE. — Péricarpes secs.

1<sup>er</sup> Ordre. — Péricarpes simples et indéhiscents : *caryopse, akène, gland,* etc.
   —         —      simples et déhiscents : *silique, gousse, capsule,* etc.
2<sup>e</sup> Ordre. — Péricarpes secs composés : *follicule, strobile.*

2<sup>e</sup> CLASSE. — Péricarpes charnus.

1<sup>er</sup> Ordre. — Péricarpes charnus simples : *baie, péponide, drupe,* etc.
2<sup>e</sup> Ordre         —         composés : *baccaulaire, syncarpe.*

Plus tard, il remit sur le métier sa classification déjà si compliquée, et en multiplia les titres généraux. Nous ne citerons que les principales divisions sans donner sa nomenclature tout entière, qui est hérissée de noms étranges, et nous donnerons la préférence aux dénominations qui correspondent à celles des autres auteurs. On nous saura gré d'avoir omis de donner une longue nomenclature dans laquelle figurent les noms de *stéphanoé*, *stérigmé*, *plopocarpe*, *sphalérocarpe*, etc. Il divisa les fruits en

1° Fruits simples.

1° *Fruits autocarpiens*, ou se développant sans contracter aucune adhérence avec les parties environnantes, et les autocarpiens en

> Autocarpiens secs indéhiscents : le *caryopse*.
> Autocarpiens secs déhiscents : la *silique*, la *gousse*.
> Autocarpiens charnus : la *baie*.

2° *Fruits hétérocarpiens*, dans lesquels le péricarpe se développe avec quelque autre corps, qui, sans en cacher la forme primitive, la modifie par augmentation de volume ou par addition de quelques parties.

> Hétérocarpiens secs uniloculaires, cachés ou cryptocarpiens : l'*aggédule* ou *cypséla*.
> —          multiloculaires, à parties accessoires : le *gland*.
> Hétérocarpiens secs phénocarpiens, ou sans accessoires : la *polakène*.
> —          uniloculaires phénocarpiens : la *noix d'acajou*.
> Hétérocarpiens charnus : le *pépon*.

3° *Fruits pseudocarpiens*, dont le péricarpe est caché de telle sorte que la véritable forme en est dissimulée : le *pyridion*.

2° Fruits composés.

> Autocarpiens secs : le *follicule*.
> —          pulpeux : le *baccaulaire*.
> Hétérocarpiens secs : le *microbase*.
> —          pulpeux : le *sarcobase*.
> Pseudocarpiens : la *balauste*.

3° Fruits agrégés.

> Le *strobile* ou *cône*.
> Le *syncarpe*, etc.

En 1845, M. de Mirbel, comprenant ce qu'avait de défectueux et d'incomplet une classification semblable, essaya de répondre à certaines idées générales, qui devaient à la fois donner plus de précision aux principes fondamentaux de la carpologie, et satisfaire aux lois de l'analogie, qui se faisaient sentir d'autant plus vivement, que l'on en était revenu des classifications artificielles, et que les bons esprits aimaient à retrouver, dans ces grands groupes si savamment réunis par Jussieu, les analogies qui unissent les genres les uns aux autres. Voici comme s'exprimait le savant botaniste : « La méthode la plus savante et la plus naturelle, pour classer les fruits, serait de les distribuer et de les nommer, en considérant d'abord la structure vasculaire des péricarpes et des graines, et en n'employant que comme caractères secondaires la succulence ou la sécheresse des tissus, et la déhiscence ou l'indéhiscence des péricarpes, c'est-à-dire la propriété qu'ils ont de s'ouvrir ou de rester clos. L'élève reconnaîtrait alors, avec une singulière satisfaction, que les fruits, dans une même famille, sont le plus souvent dessinés sur un même modèle qui peut bien éprouver des modifications extérieures, mais qui conserve presque sans altération ses caractères essentiels de structure interne. Malheureusement l'état actuel de la science ne permet guère encore de distribuer les fruits d'après de telles considérations; et peut-être, quand on aura plus approfondi cette matière, trouvera-t-on qu'une classification fondée sur des caractères si importants, mais si délicats, très-bonne sans doute pour éclairer l'anatomie et la physiologie végétale, ne saurait être employée avec succès dans la botanique descriptive.

« Je divise, par la considération des fruits, tous les végétaux *phanérogames* en deux grandes classes : d'un côté, je range ceux qui ont des fruits libres ou bien des fruits adhérents au calice, lesquels ne sont masqués par aucun organe étranger, et ne contractent aucune union qui les rende méconnaissables : ce sont les végétaux *gymnocarpiens* (renonculacées, crucifères, ombellifères, malvacées, pêchers, cerisiers). De l'autre côté, je range tous les végétaux à fruits recouverts par quelque organe étranger qui les déguise pour ainsi dire, et ne permet pas de les reconnaître au premier coup d'œil; ce sont les *angiocarpiens* (conifères, corylacées). »

Pour rendre sa disposition plus méthodique, M. de Mirbel divisa les fruits en ordres et en genres de la manière suivante :

FRUITS GYMNOCARPIENS.

1<sup>er</sup> ORDRE. — *Fruits carcérulaires.*

(Péricarpes secs indéhiscents.)

1<sup>er</sup> Genre : la *cypsèle.* — Péricarpe ligneux, membraneux, adhérent, n'ayant qu'une loge et qu'une graine : la grande famille des composées.

2ᵉ Genre : le *cérion*. — Péricarpe mince, adhérant pour l'ordinaire au tégument, qui est lui-même adhérent à un périsperme farineux : les graminées.

3ᵉ Genre : la *carcérule*. — Ce genre comprend tous les fruits qui ne peuvent pas rentrer dans les deux genres précédents : les jasminées, les combrétacées, les atriplicées.

### 2ᵉ ORDRE. — *Fruits capsulaires*.

(Péricarpes secs déhiscents.)

1ᵉʳ Genre : le *légume* ou la *gousse*. — Même définition que celle donnée par les auteurs précédents : les légumineuses (Pl. 22, fig. 8).

2ᵉ Genre : la *silique* et la *silicule*. — Les crucifères (Pl. 24, fig. 27).

3ᵉ Genre : la *pyxide*. — Capsule à deux valves, l'une fixe et l'autre mobile. C'est une appellation toute spéciale à un petit nombre de végétaux. On trouve ce genre de déhiscence dans plusieurs familles : dans les primulacées, le genre *anagallis* ; dans les myrtacées, le genre *lecythis* ; dans les plantaginées, le genre *plantago* Pl. 23, fig. 19).

4ᵉ Genre : la *capsule*. — C'est un genre dont les caractères sont négatifs, puisqu'on y fait entrer tous ceux qui n'appartiennent à aucun des précédents. Les fruits des liliacées et les follicules de certaines renonculacées sont des fruits capsulaires. A proprement parler, la capsule est un fruit sec, à déhiscence variable (Pl. 23, fig. 17 à 23).

### 3ᵉ ORDRE. — *Fruits diérésiliens*.

(Péricarpes secs, réguliers, composés de plusieurs coques rangées symétriquement autour d'un axe central réel ou imaginaire.)

1ᵉʳ Genre : le *crémocarpe*. — C'est la diakène des ombellifères (Pl. 23, fig. 15).

2ᵉ Genre : le *regmate*. — La coque des euphorbiacées (Pl. 22, fig. 11).

3ᵉ Genre : la *diérésile*. — La capsule des malvacées et des rubiacées aspérifoliées (Pl. 22, fig. 10).

### 4ᵉ ORDRE. — *Fruits étairionnaires*.

(Péricarpes irréguliers n'adhérant pas au calice, contenant plusieurs graines, et ayant une suture postérieure.)

Les considérations que fait valoir M. de Mirbel, pour montrer la séparation croissante des fruits et justifier ainsi l'ordre qu'il a adopté, reposent sur l'unité ou la monocarpie des fruits capsulaires des genres Cypsèle et Cérion ; le commencement de séparation dans les capsulaires polycéphales, tels que la nigelle ; la séparation du péricarpe en plusieurs coques après sa maturité, dans les fruits diérésiliens, et leur séparation primordiale dans les fruits étairionnaires. Ces diverses formes d'un même type se trouvent dans une même famille, et montrent les rapports qui unissent entre eux les différentes espèces de fruits, qui ne sont que la traduction d'une même idée.

1ᵉʳ Genre : le *double follicule*. — On n'observe ce mode de fructification que dans les apocynées.

2ᵉ Genre : l'*étairion*. — Ce fruit est formé par la réunion de plusieurs camares autour d'un axe; il y en a un nombre indéterminé dans la renoncule, l'anémone, la clématite : cinq dans l'ancolie, et le plus communément trois dans le pied-d'alouette.

### 5ᵉ ORDRE. — *Fruits cénobionnaires*.

Genre unique : le *cénobion*. — Péricarpe sec ou succulent, uniloculaire, ne portant pas de style à son sommet : les labiées, les borraginées.

### 6ᵉ ORDRE. — *Les drupacées*.

Genre unique : la *drupe*. — Définition semblable à celle des auteurs anciens.

M. de Mirbel désignait, sous le nom de *drupéole*, toute drupe succulente dont le volume ne dépasse pas celui d'un pois : le *rivinia*; et sous celui d'*utricule*, toute drupe plus petite dont l'enveloppe externe forme autour du noyau un sac membraneux : l'arroche.

### 7ᵉ ORDRE. — *Fruits bacciens*.

(Péricarpes succulents, renfermant plusieurs graines, contenues parfois dans les nucules.)

1ᵉʳ Genre : le *pyridion*. — C'est la pomme des auteurs anciens.

2ᵉ Genre : le *pépon*. — C'est le fruit des cucurbitacées.

3ᵉ Genre : la *baie*. — Même définition que celle vulgairement adoptée. On donne ce nom à tout ce qui n'est ni pyridion, ni pépon.

### FRUITS ANGIOCARPIENS.

(Les fruits angiocarpiens se rapprochent, sous beaucoup de rapports, des gymnocarpiens, si l'on fait abstraction des enveloppes qui les recouvrent. On n'y trouve qu'un seul ordre.)

1ᵉʳ Genre : le *calybion*. — C'est le fruit composé de carcérules contenus en tout ou partie dans une cupule : le chêne, le noisetier, l'if (Pl. 24, fig. 29).

2ᵉ Genre : le *strobile* ou *cône*. — Les conifères, les amentacées.

3ᵉ Genre : le *sycone*. — Enveloppe aux parois internes de laquelle sont attachées les graines : le figuier, le dorstenia.

4ᵉ Genre : la *sorose*. — Fruits réunis en épi ou en chaton, et recouverts de leurs enveloppes florales; ils sont succulents et entre-greffés : le mûrier, l'ananas (Pl. 24, fig. 30).

En 1841, M. Lindley adopta, dans son *Introduction à la botanique* (Introduction to botany, London), le nombre très-restreint et suffisant contenu dans les divisions suivantes :

### PÉRICARPES SIMPLES.

1. Le *follicule*, péricarpe sec, s'ouvrant par la suture d'une carpelle foliacée : l'aconit napel.

2. Le *légume*, ou la *gousse*; fruit s'ouvrant en deux valves portant les graines sur un de leurs bords : le pois.
3. La *drupe*; fruit charnu ne contenant qu'un noyau : la prune.
4. La *noix*; péricarpe osseux renfermant une seule graine.

PÉRICARPES SIMPLES PAR AVORTEMENT.

5. Le *caryopse*; fruit sec, dont le péricarpe est soudé avec la graine unique qu'il contient : le blé.
6. L'*akène*; fruit sec, à une loge, ne contenant qu'une graine, non soudée avec le péricarpe : les composées, la capucine.
7. Le *gland*; les fruits du chêne, du noisetier, du châtaignier.
8. La *capsule*, terme général pour les fruits secs composés de deux ou plusieurs carpelles diversement combinées ou modifiées.
9. Le *pépon* (the gourd) : les cucurbitacées.
10. La *baie*; fruit à chair succulente, dans laquelle sont les graines nommées pepin : raisins.
11. La *pomme*; fruit à chair ferme, avec les graines contenues dans des loges : pomme.
12. La *samare*; fruit sec ne s'ouvrant point, muni d'une aile : érable, orme (Pl. 22, fig. 5, 6).
13. La *silique*; fruit sec à deux loges, s'ouvrant en deux valves; graines fixées sur les bords d'une cloison membraneuse : giroflée (Pl. 24, fig. 27).

En 1844, M. de Jussieu donna, dans son *Cours élémentaire de botanique*, une classification reposant cependant sur les mêmes principes, et ne différant que par la nomenclature :

1. — *Fruits apocarpés* (séparés).

Apocarpés indéhiscents charnus : la *drupe*.
    —      —     secs : la *noix*, le *caryopse*, l'*akène*, le *gland*, la *samare*.
Apocarpés déhiscents : le *follicule*, la *coque*, le *légume*, le *lomentum* ou la *gousse articulée*.

2. — *Fruits syncarpés* (réunis).

Syncarpés indéhiscents : la *baie*, la *pomme*, la *nuculaine*, le *pépon*, l'*hespéridie*.
    — déhiscents : la *capsule*, le *crémocarpe*, la *pyxide*, la *silique*, la *silicule*.
*Fruits anthocarpés*. Outre leur enveloppe, ces fruits présentent des accessoires fournis par une autre partie de la fleur que l'ovaire : la belle-de-nuit et la baie d'if (Pl. 24, fig. 28, 29).

*Fruits agrégés*.

Le cône ou strobile, la sorose, le sycone.

Cette classification, qui rentre dans la simplicité des méthodes carpologiques primitives, est une de celles qui résument le mieux les généralités de la structure des fruits, et elle suffit aux besoins des descriptions. C'est un retour heureux vers des idées moins complexes, et vers une glossologie qui ne peut que gagner à plus de simplicité.

Si maintenant nous étudions anatomiquement le fruit, nous trouvons que les trois couches qui composent le péricarpe ont chacune une structure particulière. Dans sa jeunesse, l'organisation du péricarpe est celle de la feuille, puisque la carpelle n'est autre chose qu'une feuille transformée : à part les modifications accidentelles que présente l'épicarpe, sa structure est celle de l'épiderme de la feuille, et pour compléter l'analogie, on y voit quelquefois des stomates : c'est surtout dans les fruits charnus, ou dont le mésocarpe est très-épais, qu'on trouve cette analogie d'une manière plus frappante ; les cellules sont aplaties et souvent on voit à la surface des poils nombreux. Dans les baies, les cellules de l'épiderme sont polygonales et aplaties, car, dans les fruits secs, cet épiderme adhère fortement au mésocarpe et est entièrement sec.

Le mésocarpe a une structure essentiellement vasculaire ; c'est la seule partie du fruit qui présente des vaisseaux ; les cellules en sont arrondies et volumineuses, remplies de liquide, et dans les drupes, les pépons, enfin tous les fruits qui ont un péricarpe très-charnu, le tissu cellulaire est parcouru par un grand nombre de faisceaux vasculaires. Quand ces faisceaux augmentent, la chair devient sèche et filandreuse. On voit souvent, dans le parenchyme de la poire, des groupes de cellules remplies d'une substance incrustante de nature ligneuse. Dans les baies, le parenchyme est formé de grosses cellules ovoïdes ou polyédriques, avec les angles arrondis.

L'endocarpe, qui a une structure purement cellulaire, est composé de cellules polyédriques très-petites, par suite de la pression mutuelle qu'elles exercent les unes sur les autres, et dans l'intérieur desquelles il se dépose une substance ligneuse incrustante.

On ne peut regarder comme appartenant à l'histologie du fruit les principes de diverses sortes qui se déposent dans les cellules de l'épicarpe ou du mésocarpe, tels que la fécule, le sucre, les huiles essentielles, etc.

Il est difficile d'indiquer, pour l'anatomie du fruit, autre chose que des généralités : car il n'existe pas de travail complet, d'études comparatives, sur les modifications que présentent les tissus des trois ordres dont il est composé.

Les fonctions du péricarpe se lient d'une manière intime à la maturation de la graine, et les modes nombreux qu'il affecte ne sont que de simples accidents, sans influence sur le développement de l'ovule. L'akène, la capsule, la samare, le follicule, nourrissent et mûrissent aussi bien leurs graines que la baie, la pomme, le pépon. Le sycone ne diffère du strobile qu'en ce que le premier est charnu et le second sec; mais voyez le sycone desséché par résorption des sucs dont le tissu était gorgé, et la ressemblance est complète. On le voit dans l'amandier-pêche, dont la fructification rentre dans le domaine de la tératologie, et sur lequel on trouve à la fois des fruits couverts d'un mésocarpe épais, tandis que d'autres n'ont qu'un brou sec comme celui de l'amande.

La structure du péricarpe a si peu d'importance, aux yeux de la nature, que l'on voit, dans les familles les plus naturelles, une grande variété dans la substance péricarpienne.

Les téguments multiples qui constituent le péricarpe ne sont donc pas essentiels à la maturation de la graine, qui est la partie réellement importante du fruit. Ce sont cependant parfois des enveloppes protectrices, car si l'on réduisait la pomme à son simple endocarpe, la graine ou le pepin ne mûrirait pas; il en serait de même du melon et des autres cucurbitacées, dont les graines, plongées dans la pulpe ou le parenchyme, autrement le sarcocarpe, ne pourraient arriver à leur perfection sans être protégées par ces enveloppes tutélaires.

Le péricarpe est donc en général un fait, et non une production contingente et nécessaire, puisque nous avons des graines nues, comme dans les conifères, qui arrivent à toute leur perfection.

Pour résumer ce qui a rapport au fruit, nous dirons :

Tout fruit est le produit d'un ovaire et appartient à un végétal cotylédoné.

La structure du fruit est celle de l'ovaire, et c'est par l'étude de la structure de l'ovaire qu'on arrive à connaître celle du fruit.

Le fruit se compose essentiellement du péricarpe et de la graine.

Tout fruit véritable est le produit d'une seule fleur, que l'ovaire soit simple ou partible.

Tout fruit multiple est composé de plusieurs carpelles.

La nature du péricarpe ne détruit pas les affinités de structure qui unissent les plantes d'une même famille.

Tout fruit, quelle que soit l'adhérence de son péricarpe avec la graine, présente à son état rudimentaire des ovules libres.

La maturation de la graine détermine celle du péricarpe, comme celle de l'embryon détermine celle de la graine.

On donne le nom de *péricarpe* à toute enveloppe de la graine, quelle que soit sa nature.

Les téguments imparfaits ne sont pas un péricarpe, ce sont tout simplement des parties accessoires. La cupule du gland en est un exemple.

On distingue dans le péricarpe trois parties différentes, l'épicarpe et l'endocarpe, ou peaux extérieures et intérieures entre lesquelles se trouve le sarcocarpe ou mésocarpe.

Le péricarpe se distingue de la graine par la présence de la cicatrice ou de la baie du style ou sommet du fruit; la châtaigne est un fruit; le marron d'Inde une graine.

Tout péricarpe privé de valves est indéhiscent ou ruptile par la décomposition ou par la germination.

Tout péricarpe monosperme est sans valves et indéhiscent.

# CHAPITRE XI



La graine n'est autre chose que l'ovule à l'état de maturité. Elle se compose généralement de trois parties : d'une enveloppe et d'une amande constituée par l'embryon, partie vitale de la graine et souvent d'un albumen ou périsperme.

Nous avons vu que l'ovule, qui naît du placenta ou trophosperme, est porté par un *funicule* ou podosperme. Ce support s'étend quelquefois sur la surface de la graine et l'enveloppe plus ou moins ; c'est ce qui constitue l'arille (Pl. 20, fig. 13 à 16). Cet arille commence par une sorte de renflement qui forme à peu près une cupule, comme celle d'un gland de chêne (fig. 13 et 14) ; puis il grandit et finit par envelopper la presque totalité de l'ovule (fig. 15 et 16). Le fusain offre un bel exemple d'arille enveloppant ; dans la muscade, l'arille forme un réseau nommé *macis*, et dans les hedychium ses bords sont très-élégamment frangés. L'arille est généralement de consistance charnue, et il offre les couleurs les plus brillantes.

Outre cette enveloppe accessoire ou arille, la graine présente encore quelquefois, sur un point seulement de sa surface, un petit renflement charnu, qui recouvre une partie de la petite ouverture que nous connaissons sous le nom de *micropyle*. Ce renflement est ce qu'on appelle *caroncule* ; les graines d'euphorbiacées, et particulièrement du ricin, sont pourvues d'une caroncule.

La transformation de l'ovule en graine amène quelques modifications dans les diverses parties de cet organe, qui prennent alors d'autres noms. C'est ainsi que la primine et la secondine de l'ovule deviennent le *testa* et le *tegmen* de la graine, que des auteurs appellent *tégument externe* et *tégument interne*. Mais ces deux membranes ne sont pas aussi distinctes que les deux appellations peuvent le faire croire ; elles sont toujours au contraire intimement soudées entre elles, pour former la peau de la graine, nommée *épisperme* par Richard et *spermoderme* par Decandolle. On peut néanmoins séparer facilement ces deux membranes par la macération ; dans l'amande le *testa* est la partie externe rugueuse fauve ; le *tegmen* est la peau intérieure membraneuse très-mince et blanche.

Mais c'est surtout sur les parties internes que de notables modifications se sont opérées. Aussitôt après la formation de l'embryon dans l'ovule, le sac embryonnaire s'est rempli d'un fluide demi-liquide, tantôt absorbé par le jeune embryon qui prend alors un certain développement et envahit toute la cavité de la graine, de sorte que l'embryon est recouvert directement par l'enveloppe épispermique, comme dans le haricot, le pois et toutes les graines dites *exalbuminées*, c'est-à-dire dépourvues d'*albumen*. Tantôt ce fluide demi-liquide s'organise en une masse de tissu cellulaire, qui enveloppe plus ou moins l'embryon, et à laquelle on a donné le nom de *périsperme*, qui est l'*endosperme* de Richard et l'*albumen* de Gœrtner. Ce périsperme n'est cependant pas toujours formé par le fluide mucilagineux du sac embryonnaire ; il est le plus souvent constitué par la nucelle même qui s'épaissit et dont le tissu varie par sa nature, sa consistance et les principes qu'il contient. De là l'*albumen sec* et *farineux* des céréales ; *oléagineux* des composées et notamment du madia, du soleil ; dans le ricin l'albumen est oléagineux et inoffensif ; mais l'embryon contient une substance huileuse qui est un purgatif drastique, que chacun connaît sous le nom d'huile de ricin.

L'albumen est *mucilagineux* dans les convolvulus ; *corné* dans la datte et le café ; *transparent* ou *translucide* dans le riz, et *opaque* dans le froment.

Quant à la place qu'il occupe, l'albumen est dit *central* lorsqu'il forme, au centre de la graine, une masse ou noyau environné par l'embryon, comme dans les nyctaginées ou la belle-de-nuit ; *périphérique* lorsqu'il enveloppe l'embryon, ce qui est le cas le plus ordinaire ; et enfin *unilatéral* lorsqu'il est d'un côté et l'embryon de l'autre, comme dans les graminées.

L'*embryon* est la partie essentielle de la graine ; c'est à son profit qu'a eu lieu l'appareil compliqué qu'on appelle le péricarpe. Il forme le végétal à l'état rudimentaire. Dans les végétaux où la graine est dépourvue d'albumen, l'embryon remplit l'enveloppe ou épisperme et constitue à lui seul l'amande : on lui donne alors le nom d'*embryon inalbuminé* ou *exalbuminé*; il prend celui d'*embryon albuminé* quand, au contraire, il est pourvu d'un albumen. L'embryon est *extraire*, quand il est placé en dehors de l'albumen, d'une manière plus ou moins complète, comme dans la belle-de-nuit et les graminées, et *intraire*, quand il est entièrement renfermé dans l'intérieur de l'albumen, comme dans le ricin. L'embryon est très-variable quant à la forme; il est *ovoïde* dans le coudrier; *conique* dans le *caryota urens*; *turbiné* dans le nénuphar blanc; *claviforme* dans le *scilla* ou *agraphis nutans*; *cordiforme* dans le *gunnera*; *scutelliforme* dans le genre *holcus*; *trochléaire* ou *en poulie* dans la comméline; *recurvé* dans les crucifères; *arqué* dans la belle-de-nuit; *replié* ou *condupliqué* dans la sagittaire; *annulaire* dans le *claytonia*; *spiralé* dans la cuscute.

Sous le rapport de la position, il est *axile*, quand il parcourt en droite ligne un point quelconque de la graine, comme dans les campanules; *transverse*, lorsqu'il suit une direction à peu près parallèle au plan du style, dans l'asperge, le cyclamen d'Europe; *oblique* dans les graminées; il est *basilaire* dans les pavots; *apicilaire* dans le colchique; *niché* ou *nidulaire* dans la comméline, où il est logé dans une cavité formée par un repli de l'épisperme.

Le blanc est la couleur de la plupart des embryons; mais l'embryon est jaunâtre dans le groseillier épineux; vert dans la belle-dejour et le pistachier térébinthe; gris de plomb dans l'*œchinops*; purpurin dans le bidens et les zinnia.

La *plumule* est l'axe ascendant à l'état embryonnaire. La portion terminale, formée par les feuilles primordiales, constitue le premier bourgeon qui s'évoluera et sortira d'entre les cotylédons. On donne à ce bourgeon primitif le nom de *gemmule*, celui de *tigelle* à la partie comprise entre les feuilles primitives et la radicule, et qui doit devenir plus tard la tige.

La gemmule est *visible* ou très-développée dans le marronnier d'Inde; *invisible* ou peu développée dans la comméline, l'oignon, le cyclamen; *coléoptilée*, c'est-à-dire enveloppée d'une *coléoptile* ou gaine, dans les liliacées; *nue* ou dépourvue de coléoptile; *tigellée* dans la fève; *feuillée* ou assez développée pour qu'on en reconnaisse les jeunes feuilles, dans le haricot.

On remarque dans la gemmule deux manières d'être : elle est libre ou *piléolée* quand elle est munie d'un *piléole*, feuille primordiale parfaitement close, qui a la forme d'un éteignoir, et qui recouvre et cache encore les autres feuilles : les scirpes, les graminées.

La *radicule* est l'axe descendant ou la partie souterraine de la plante à son état naissant ; dans l'embryon, c'est l'extrémité inférieure de la tigelle.

Elle présente pour particularité d'être *conique* dans les labiées ; *arrondie* dans l'épine-vinette ; *ovoïde* dans le groseillier ; *claviforme* dans le *rhizophora ; aiguë* dans la fève ; *courte* ou moins longue que les cotylédons dans la *cassia fistula*. Par sa direction, suivant ses rapports avec la graine, elle est *rectiligne* quand elle suit sans dévier l'axe des cotylédons ; recourbée dans le genèt, où elle se rapproche du hile ; *adverse*, quand elle est tournée du côté du hile : le frêne ; *inverse*, en un sens opposé au hile : l'acanthe ; *latérale*, quand elle est tournée vers un point périphérique autre que la base ou le sommet de la graine : la comméline. On la dit encore *centrifuge*, quand elle se dirige horizontalement vers la paroi du fruit : les cucurbitacées ; *centripète*, lorsqu'elle se dirige vers le centre du fruit : le citronnier. Les appendices de la radicule sont *filiformes* dans le *cycas ; lamelliformes* ou en forme de poche, autour de l'embryon dans les *nymphœa*.

Les cotylédons, qu'il faut distinguer de l'albumen ou périsperme, sont encore des feuilles transformées qui, de feuilles aériennes, se sont métamorphosées de proche en proche, et sont devenues successivement des verticilles de divers noms, variant pour le nombre de une à deux et plus. Les végétaux qui ne sont pourvus que d'un seul cotylédon, ou dont les cotylédons sont alternes, portent le nom de *monocotylédonés*. Ceux qui ont des feuilles cotylédonaires ou des cotylédons opposés ont été appelés *dicotylédonés*.

Le tissu ordinaire des cotylédons est un tissu cellulaire ferme et succulent, comme cela se voit dans les haricots, les fèves. Les cotylédons sont foliacés dans les convolvulacées, le tilleul, les euphorbiacées ; les cotylédons charnus sont ordinairement *énervés* ou dépourvus de nervures ; les foliacés sont *nervés* ou pourvus de nervures ; *ponctués* dans les aurantiacées, et à ponctuation colorée dans les *anagallis*.

Ils sont très-grands dans l'amandier, la fève, le potiron : très-petits dans le rhododendron ; longs dans la soude ; courts dans le genre nogrea.

Le cotylédon des monocotylédones est *latéral*, parce qu'il est attaché d'un seul côté de la tigelle. Les corps cotylédonaires sont *opposés* dans le haricot, la fève et la plupart des dicotylédones; *verticillés* dans les conifères; *réfléchis* dans les nyctaginées; *circinés* ou
roulés en spirale de haut en bas dans le *koelreuteria paniculata*;
*convolutés* dans le grenadier; *plissés* dans le hêtre; *chiffonnés* dans les
mauves, les *convolvulus*; *fenêtrés* dans le *menispermum fenestratum*;
*orbiculaires* dans les acanthacées; *ovales* dans l'amandier; *elliptiques* dans le chêne; *réniformes* dans l'*anacardium occidentale*; *cordiformes* dans le café; *falqués* ou *en faux* dans l'*hypericum*; *linéaires*
dans le *hieracium glaucum*; *semblables* ou *conformes* dans la fève;
*dissemblables* dans le *trapa natans*.

Il s'en faut beaucoup que les graines aient, malgré leur identité
de fonctions, une similitude de structure et de volume. Tandis que
le fruit à trois graines du *lodoicea Sechellarum* égale deux fois au
moins le volume de la tête, la graine de la campanule raiponce est
fine comme de la poussière, et celle des orchidées plus fine encore
peut-être. Isolées dans certains végétaux, elles sont réunies en grand
nombre dans une seule capsule dans les pavots, les scrophulariées,
les primulacées et tant d'autres groupes; et, dans les mêmes familles,
elles affectent des caractères semblables. C'est ainsi que, dans la famille des cucurbitacées, les graines sont toutes plates, elliptiques et
d'une figure à peu près similaire; il en est de même de la grande
famille des composées, dont les graines, malgré de nombreuses variations dans la forme, n'en ont pas moins une figure à peu près
identique. Ce sont des caractères bons à observer. Dans les graminées, on trouve des exceptions remarquables dans le sorgho à graines
noires, le millet, l'alpiste, le maïs, et surtout le *coix lacryma*, dont
les grosses graines, d'un gris perle, servent à faire des chapelets.
Les crucifères présentent plus d'uniformité dans la configuration de
la graine; les ombellifères offrent plus de variété et sont plus dissemblables, quoiqu'elles aient cependant des rapports généraux qui
servent à les rapprocher.

En général, ce n'est pas en Europe qu'il faut chercher les graines
brillantes, si l'on en excepte notre fusain, les graines de ricin, celles
de la pivoine avant leur maturité complète, et nos haricots, qui ont
fourni par la culture tous les jeux imaginables de panachures et de
coloration. Dans les régions tropicales, cette patrie des fruits mons-

trueux ou bizarres, les graines sont brillantes : l'*abrus precatorius* donne une jolie graine rouge à œil noir; l'*adenanthera pavonina* a de grosses graines comprimées d'un beau rouge de corail. On trouve, en général, beaucoup de graines dans lesquelles la couleur rouge est alliée au noir. Les graines noires du *cardiospermum* portent un cœur de couleur blanche, ce qui leur a fait donner le nom de pois de merveille. C'est dans la famille des légumineuses qu'on trouve les graines les plus remarquables par leur grosseur et leur beauté. Dans le genre *mucuna*, les graines, grosses et déprimées, brunes ou jaunâtres, sont bordées d'un cercle noir presque complet : elles ont été désignées sous le nom d'*œil de bourrique*.

Les graines ne conservent pas toutes à un égal degré leurs facultés germinatives : quelques-unes les perdent dès qu'elles ont quitté leurs péricarpes. Cette faculté dure à peine quelques jours après la maturité pour les graines du café, du thé, du manglier. Les graines des plantes de la famille des liliacées durent une seule année, tandis que, dans la famille des crucifères, des cucurbitacées, cette faculté se conserve plusieurs années; celles de certains *mimosa*, le seigle et le froment, semblent destinés à se conserver pendant un temps indéterminé quand ils sont mis dans des conditions convenables. Dans le ciment des bâtiments, dans la profondeur du sol, les graines conservent souvent pendant des siècles leurs propriétés germinatives, tandis que les graines d'Europe ne peuvent être envoyées sous les tropiques sans s'altérer, bien qu'on ait soin de les mettre dans une caisse de bois revêtue de fer-blanc. Les apparitions spontanées, dont il a été parlé au commencement de ce livre, prouvent que les graines placées dans certaines conditions peuvent se conserver indéfiniment et attendent, pour se développer, qu'elles se trouvent dans des circonstances favorables.

On peut résumer ainsi l'étude de la graine : Toute graine est le résultat du développement d'un ovule.

Le hile est le seul point par lequel la graine soit adhérente au péricarpe.

C'est dans l'ovaire qu'il faut étudier le nombre primitif des graines et leur situation relative ou absolue, à cause des avortements qui en diminuent le nombre et la position.

Lorsque les graines sont en nombre déterminé, leur situation respective fournit un caractère ordinique.

La cicatricule qui existe à l'extérieur d'une graine est le hile.

La partie occupée par le hile indique toujours la base de la graine.

A l'exception du hile, on ne trouve à la surface de l'épisperme aucune trace de communication avec l'extérieur.

Nul embryon n'existe sans être accompagné de cotylédons.

Tout embryon est monocotylédone ou polycotylédone.

L'embryon, qui est parfois soudé à l'albumen, devient libre par suite de la maturation de la graine.

Tout embryon monocotylédone est comme indivisé à sa surface.

Un embryon indivis en apparence, mais qui offre à la surface une échancrure légère, est dicotylédone.

Pour qu'une graine soit complète, et qu'elle soit propre à la reproduction de la plante, il faut qu'il y ait un embryon.

La partie radiculaire d'un embryon correspond toujours avec le micropyle.

Dans une même famille naturelle, l'embryon a toujours une même direction.

Le volume des cotylédons est toujours en raison inverse de l'albumen.

Le rapport du volume de l'embryon à celui de l'albumen est toujours le même dans une même famille naturelle.

L'albumen n'entoure pas l'embryon d'une manière si complète, qu'il n'y ait un point de la surface de l'amande où l'on ne puisse l'apercevoir.

Toutes les fois qu'une partie perce l'albumen dans un point, ce ne peut être que la radicule.

# CHAPITRE XII



Rien de plus varié que le mode de dissémination des graines : la loi qui y préside a pour but de répandre partout la vie sous les formes les plus variées et dans toutes les stations. Le mode le plus naturel est la déhiscence, par laquelle les semences sont mises à nu et confiées à la terre. Les feuilles de la plante même les recouvrent et forment un terreau naturel qui les met en état de germer promptement. Les courants aériens se chargent encore de les conduire à de très-grandes distances, et celles ainsi portées sur les ailes des vents sont légères et munies de membranes, ou d'appendices plumeux, qui leur permettent de franchir des espaces considérables : la plupart des graines des composées sont dans ce cas; d'autres, comme les bardanes, les *xanthium*, munies d'appendices crochus, s'attachent aux poils des animaux, aux plumes des oiseaux ou aux vêtements des hommes, qui les transportent au loin; les graines et les fruits coriaces et creusés en barques, ou bien ligneux, comme les cocos, les noix, suivent les courants ou sont transportés par les eaux, souvent à plusieurs centaines de lieues de leur point de départ. Après ces causes naturelles, viennent les disséminations par les oiseaux frugivores, qui digèrent la pulpe des fruits et rejettent les graines dans les conditions les plus convenables pour la germination. Les poissons, qui avalent également des fruits mous et des graines, sont encore des agents de dissémination. C'est ainsi qu'on s'explique la présence à des distances prodigieuses de plantes étrangères au pays qu'elles ont envahi.

Avec le secours de l'imagination, on peut trouver, à certaines structures, des raisons d'être qui répondent à telle ou telle finalité; mais il y a tant d'exceptions à ces lois particulières, il est si difficile de dire pourquoi telle structure est propre à la dissémination, tandis que telle autre ne l'est pas; pourquoi les végétaux nuisibles se propagent plus facilement que ceux qui servent à la

nourriture de l'homme et des animaux; pourquoi avec une dissémination abondante et universelle, l'équilibre végétal reste le même,
et pourquoi les espèces le plus abondamment séminifères ne sont
pas plus répandues que celles qui portent quelques graines : ainsi,
les coquelicots contiennent dans leurs petites capsules des quantités
considérables de semences, et pourtant les champs sont plus encore
envahis par la moutarde sauvage, dont la semence est grosse, que
par les coquelicots; si cependant la loi de la dissémination était appliquée dans toute sa rigueur, nos champs seraient entièrement
envahis par les coquelicots. Nous voyons, dans le règne végétal
comme dans le règne animal, que, chaque fois qu'un être est me-
nacé de plus de chances de destruction, il est plus prolifique. Dans
les végétaux, cependant, il y a des exceptions : c'est ainsi que le
bouleau, qui a des graines très-fines, n'est pas plus exposé à la destruction que les hêtres ou les chênes. Le tilleul a des graines très-
petites, les saules sont dans le même cas, et ces derniers surtout sont
très-vivaces et résistent plus que le châtaignier, malgré son gros
fruit. On ne peut rien déduire de la finesse ou de la grosseur des
graines; elles obéissent à des lois que nous ne pouvons saisir : ce que
nous voyons, c'est que la nature a, avec sa prévoyance ordinaire,
semé les graines avec profusion, pour que nulle part la vie ne man-
quât; peu lui importent les myriades d'êtres organiques qui périssent
faute d'air ou d'espace; elle n'en a besoin que d'un à peine sur
mille, et pourvu que celui-là ne lui fasse pas défaut, elle s'en con-
tente. En effet, quelle est la plante, si faible qu'elle soit, dont les
graines, si toutes germaient, ne rempliraient bientôt tous les terrains
du globe? On a parlé plus d'une fois de la fécondité du pavot, qui, au
bout de trois générations, envahirait tout le sol; que dira-t-on des
orties, dont les graines sont aussi fines que la poussière la plus ténue?
Dodart, qui s'est occupé de la fécondité des arbres, augmentée par
la taille, a compté les graines d'un orme de 12 ans, d'après le nombre
de graines que portait une de ses branches. Il en est résulté, pour
l'ensemble, le chiffre rond de 330,000 graines. Or, un orme, dit-il,
peut vivre 100 ans, c'est donc 33 millions de graines qu'il produit
durant son existence; par conséquent la semence qui a donné naissance à cet arbre, contenait le germe de 33 millions d'individus;
elle en contenait même plus, car chacune, de ces 33 millions de
graines, en a produit autant à son tour dès la seconde génération;

et ainsi jusqu'à l'infini. L'imagination est épouvantée à la pensée de
ce que peut produire une seule graine, d'orme par exemple. En
effet, la progression est si rapide que la raison se perd dans ce curieux calcul, dès la quatrième génération; car cette progression est
celle-ci : Premier terme, 1; second, 33 millions; le troisième est le
quarré de 33 millions, soit 1,089,000,000,000; le quatrième est le
cube, et véritablement c'est incalculable. Si toutes les fleurs don-
naient des fruits et que les graines germassent toutes, il y aurait,
dans un seul pied, de quoi couvrir une surface immense. Cette prévoyance de la nature se retrouve surtout dans les végétaux, plus utiles,
plus indispensables même que les animaux; car ces derniers sont
d'abord et nécessairement phytophages, comme les chenilles, certains insectes, les mammifères dits herbivores, les oiseaux palmipèdes, les échassiers, les granivores et les frugivores; et les animaux
créophages ne trouveraient pas de proie si les végétaux ne fournis-
saient pas à la subsistance des phytophages. Le règne végétal est
donc la véritable base de la vie; sans lui, elle serait impossible. La
nature a donc abondamment pourvu les plantes de moyens de reproduction, et ce n'est que par l'immense multiplicité des graines que
les végétaux résistent à toutes les causes de destruction; la dissémination se présente à l'observateur avec les ressources les plus variées,
et c'est encore un des moyens secrets, employés par la nature, pour
entretenir à la surface du globe la vie universelle.

Si nous observons maintenant les phénomènes qui se passent quand
la graine, confiée à la terre, devient le siége du mouvement appelé
la *germination*, nous verrons que l'embryon et le périsperme se gon-
flent et déchirent les téguments qui les protégeaient. Il apparaît au
dehors deux corps végétants, dirigés en sens inverse : un qui tend à
monter : c'est la plumule ou système ascendant; l'autre, qui plonge
dans la terre : c'est la radicule, ou système descendant. Cette direction est tellement naturelle, qu'elle se manifeste quelle que soit la
position de la graine. Quand le micropyle, au lieu d'être placé en
bas sur la terre, est au contraire tourné vers le ciel, la radicule qui
en sort se retourne sur elle-même, pour reprendre sa direction normale, c'est-à-dire descendante ou vers le sol, tandis qu'au contraire
la jeune tige se redressera en se contournant, elle aussi, pour se diriger et s'élever vers le ciel.

La cause de ce phénomène est un sujet de physiologie des plus délicats, et qui occupe les physiciens depuis le commencement du siècle dernier. Dodart, le premier, a essayé de donner l'explication de ce phénomène, un des plus curieux parmi ceux que nous offre la vie végétale. Dans un mémoire sur la *Perpendicularité des tiges par rapport à l'horizon*, publié en 1700 dans les *Mémoires de l'Académie des sciences*, il admet que la racine est composée de parties qui se contractent par l'effet de l'humidité, et que les parties de la tige, au contraire, se contractent par l'effet de la sécheresse. Et il en résulte, selon lui, que dans les graines semées à contre-sens, la radicule tournée vers le ciel s'incline vers la terre, siège de l'humidité ; tandis qu'au contraire la tigelle se contracte et se tourne du côté du ciel, dans l'atmosphère, plus sec ou moins humide que la terre. Mais Dodart oublie que les mêmes phénomènes se produisent aussi bien sous terre comme à l'air, et au soleil comme à l'ombre.

Aussi De la Hire, son contemporain, n'admit point cette théorie ; mais, par déférence pour son confrère, il ne lui fit aucune opposition. Ce n'est qu'en 1708, à l'occasion d'un ouvrage envoyé par la société de Montpellier à l'Académie des sciences, qu'il se décida à présenter sa doctrine sur la perpendicularité des tiges.

« Il conçoit, dit-il dans la note insérée aux Mémoires de l'Académie, 1708, page 67, que dans les plantes, la racine tire un suc plus grossier et plus pesant ; la tige et les branches, au contraire, un suc plus fin et plus volatil. Et, en effet, la racine passe, chez tous les physiciens, pour l'estomac de la plante, où les sucs terrestres se digèrent et se subtilisent au point de pouvoir ensuite s'élever jusqu'aux extrémités des branches. Cette différence des sucs suppose de plus grands pores dans la racine que dans les branches ; en un mot, une différente contexture, et cette différence de tissu doit se trouver, proportions gardées, jusque dans la petite plante invisible que la graine renferme. Il faut donc imaginer dans cette petite plante comme un point de partage, tel que tout ce qui sera d'un côté, c'est-à-dire, si l'on veut, la racine, se développera par des sucs plus grossiers qui y pénétreront, et tout ce qui sera de l'autre, par des sucs plus subtils.

« Que la petite plante, lorsqu'elle commence à se développer, soit entièrement renversée dans sa graine, de sorte qu'elle ait sa racine en haut, et sa tige en bas, les sucs qui entreront dans la racine ne laisseront pas d'être toujours les plus grossiers, et quand ils l'auront

développée et en auront élargi les pores au point qu'il y entrera des
sucs terrestres d'une certaine pesanteur, ces sucs, toujours plus
pesants, appesantissant toujours la racine de plus en plus, la tire-
ront en bas, et cela d'autant plus facilement, ou avec d'autant plus
d'effet, qu'elle s'étendra ou s'allongera davantage, car le point de
partage supposé étant conçu comme une espèce de point fixe de
levier, ils agiront par un plus long bras. »

Cette théorie n'est pas plus admissible que celle de Dodart ; car
les sucs de la racine ne sont pas plus grossiers, pas plus pesants que
ceux de la tige.

Lorsque la radicule et la plumule sortent de la graine, elles sont
imprégnées du même fluide nutritif, et cependant chacune prend
aussitôt une direction inverse que rien ne peut empêcher.

De la Hire considérait le phénomène en mécanicien et non en
physiologiste.

Duhamel fit des expériences pour découvrir la cause de cette
persévérance de la racine à s'enfoncer, ou plutôt à se diriger vers la
terre. Voulant contraindre la graine à pousser sa racine en haut, il
en enferma dans des tubes qui ne permettaient pas le retournement
de la racine et de la tige. Ces organes, ne pouvant obéir à leur tendance naturelle, se contournèrent en spirale. Ces expériences prouvent qu'il est impossible d'intervertir la direction de la racine et
de la tige ; mais elles ne font nullement connaître la cause déter-
minante de ces tendances opposées des organes tigellaires et radiculaires.

M. Dutrochet entreprit de nouvelles expériences. Une boîte, dont
le fond était percé de trous, fut remplie de terre ; à chaque trou il
plaça un haricot, et la boîte fut suspendue à six mètres d'élévation
et en plein air. « De cette manière, dit-il, les graines, placées dans
les trous pratiqués à la face inférieure de la boîte, recevaient de bas
en haut l'influence de l'atmosphère et de la lumière ; la terre humide
se trouvait placée au-dessus d'elles ; si la cause de la direction de la
plumule et de la radicule existait dans une tendance de ces parties
pour la terre humide et pour l'atmosphère, comme le prétend
Dodart, on devait voir la radicule monter dans la terre placée au-
dessus d'elle, et la tige, au contraire, descendre vers l'atmosphère
placée au-dessous ; c'est ce qui n'eut point lieu. Les radicules des
graines descendirent dans l'atmosphère, où elles se desséchèrent

bientôt ; les plumules, au contraire, se dirigèrent en haut dans l'intérieur de la terre.

D'autres expériences de Percival, Johson, Lefébure, Knight, etc., ont amené au même résultat, direction de la racine en bas, et direction de la tige en haut ; mais elles n'ont pu faire connaître la cause agissante.

Knight et Dutrochet, ayant placé des graines sur une roue verticale, dont la vitesse de rotation était de 150 révolutions par minute, virent, au moment de la germination, toutes les radicules se diriger vers la circonférence, et les plumules vers le centre de la roue. Ils ont cru pouvoir conclure de ces faits que, dans l'ordre naturel, c'est la gravitation qui est la cause de la direction des racines vers le centre de la terre. La question ne nous paraît pas néanmoins parfaitement résolue ; car, en admettant que cette direction soit due à la force centrifuge, on ne sait pas plus, pour cela, pourquoi la racine se dirige en bas et non la tige ; on constate, une fois de plus, un fait, mais on ne l'explique pas.

D'autres physiologistes ont vu, dans cette tendance de la racine à s'enfoncer en terre, une action de la lumière. Selon eux, la racine fuit la lumière, et la tige la recherche. Les expériences de M. Dutrochet, avec sa caisse remplie de terre, et de laquelle sont sorties les racines, mettent à néant cette opinion. Les jacinthes cultivées dans les carafes d'eau développent parfaitement leurs racines sous l'action de la lumière.

Ne cherchons pas davantage à résoudre ce problème ; soyons aussi sages que Percival et Lefébure, qui l'ont relégué parmi les faits inexpliqués, dus à l'action directe de cet agent mystérieux que nous désignons sous le nom de force vitale, et contentons-nous de suivre les différents phénomènes qui s'accomplissent pendant cette première période de la vie végétale qu'on appelle la germination.

Pour que la germination s'accomplisse, il faut certaines conditions de température, d'humidité et d'air. Suivant la nature de la graine, la durée d'incubation est très-variable ; elle varie de quarante-huit heures à deux ans, ainsi qu'on peut le voir dans le tableau suivant.

| | |
|---|---|
| Panicum miliaceum | 2 jours. |
| Cresson alénois ; choux-rave | 2 à 3 |
| Sisymbrium (plusieurs espèces) | 4 |
| Potiron | 5 |

Froment, avoine........................................ 6 jours.
Chicorée sauvage, laitue (en moyenne).................. 7
Pourpier, scorsonère, maïs, arroche, tabac............ 8
Pois, guimauve........................................ 9
Épinards, mâches...................................... 10
Cerfeuil, aster....................................... 11
Fève, œillets, pavots................................. 12
Raiponce.............................................. 13
Persil................................................ 14
Asclepias syriaca, mouron bleu........................ 16
Basilic anisé......................................... 17
Asperge............................................... 19
Pied-d'alouette et pigamon............................ 20
Sumac vernis, jasmin frutescent....................... 21
Mufflier, origan, linaires............................ 22
Digitale, campanule à grandes fleurs.................. 24
Ricin................................................. 26
Gui................................................... 1 mois 1/2.
Amandier (graine nouvelle)............................ 6
Pêcher, châtaignier................................... 1 an.
Cornouiller, rosier, planera.......................... 1 an 1/2 à 2 ans.
Amarantacées.......................................... 6 à 8 jours.
Crucifères............................................ 8
Borraginées    }
Caryophyllées  } ..................................... 8
Malvacées............................................. 10
Composées      ⎫
Plantaginées   ⎪
Géraniacées    ⎬ ..................................... 11
Convolvulacées ⎭
Polygonées............................................ 12
Chénopodiées   }
Valérianées    } ..................................... 13
Légumineuses   }
Labiées        } ..................................... 14
Renonculacées......................................... 19
Antirrhinées   }
Ombellifères   } ..................................... 23

Dans l'ordre normal de succession des phénomènes, c'est la radicule qui se développe la première; si elle est renfermée dans une
coléorhize, celle-ci se distend pour laisser passage à la radicule (caudex descendant, système descendant), qui, ayant pour fonction de
puiser dans le sol les matériaux de la vie nécessaire à la plante, doit
être mise en contact avec les agents extérieurs. Dans les monocotylédones coléorhizées, la radicule n'a pas de durée, et il pousse, à la
base de la jeune tige, un grand nombre de radicules (Pl. 25, fig. 4),

ce qui n'a pas lieu dans les dicotylédones, dont la radicule s'allonge et continue à croître pendant toute la vie de la plante.

La gemmule (caudex ascendant, système ascendant) ne tarde pas à suivre l'évolution de la radicule (Pl. 25, fig. 1 à 10). Dans les monocotylédones, elle apparaît sur le côté du cotylédon, qui prend peu de développement et reste souvent à l'état de gaine, appelée *coléorhize*. Dans les dicotylédones, la gemmule est retenue par les cotylédons (Pl. 26, fig. 4) entre lesquels elle est courbée ; puis elle se redresse et se dégage ; la tigelle prend de l'accroissement, a bientôt franchi les cotylédons, et se présente à la surface du sol (Pl. 26, fig. 11 et 13). Les cotylédons restent quelquefois dans le sol, où ils se détruisent ; ils sont dits *hypogés*. Mais le plus souvent ils sortent de terre, ce qui est très-évident dans les crucifères, les ombellifères et les convolvulacées ; dans ce dernier cas, ils prennent le nom de cotylédons *épigés* ou de *feuilles séminales*, et ils en ont en effet tous les caractères, car ils sont pourvus de stomates comme les feuilles aériennes. Aux cotylédons succèdent les *feuilles primordiales*, dont la configuration et la disposition sur la tige diffèrent souvent des *feuilles caulinaires*; dans les haricots elles sont opposées, tandis que toutes les autres sont alternes (Pl. 26, fig. 11). Les cotylédons des graines dépourvues d'albumen sont épais et charnus, et pendant le phénomène de la végétation, ils prennent un accroissement plus ou moins considérable (Pl. 26, fig. 1 à 8) ; tandis que dans les semences pourvues d'un albumen, ils sont minces et foliacés.

Ce mode de germination est le plus commun, on peut même dire qu'il est le mode normal ; mais il y a des végétaux dont la germination présente d'étranges anomalies : c'est ainsi que, dans le manglier, la radicule se développe pendant que le fruit tient encore à l'arbre, et elle acquiert près de 35 centimètres de longueur, jusqu'au moment où, le fruit se détachant, la radicule tombe dans la vase, s'y plonge, et la germination suit son cours. C'est, en général, dans les graines des plantes aquatiques que ces anomalies sont le plus fréquentes. On voit cependant ce même phénomène se produire pour le fruit de la *chayotte*, dans lequel l'embryon germe et sort du péricarpe avant la séparation du fruit de la plante.

Parmi les végétaux à germination anormale, on peut citer le gui, dont la radicule suit la loi inverse de direction des axes, et remonte vers la branche au-dessous de laquelle la graine est attachée.

Il n'est pas nécessaire d'énumérer ici toutes les variations que présentent les phénomènes de germination : il faut étudier les phénomènes normaux et se borner à en saisir les lois ; les exceptions ne s'apprennent que peu à peu, sans préjudicier à la connaissance des lois qui régissent la nature végétale.

Quelles sont les modifications que subissent les graines avant leur germination, et pendant cette partie si importante de leur vie ? L'embryon, qui constitue seul la plante à venir, mais qui est trop délicat pour rester exposé à l'action destructive des agents extérieurs, est enfermé dans l'épisperme ; cette enveloppe protectrice lui permet d'attendre pour se développer le moment favorable, et le défend contre les alternatives de chaleur et d'humidité, qui toutes deux tueraient le nouvel être ; les graines qu'on en dépouille germent difficilement, et ne donnent naissance qu'à des individus chétifs.

L'albumen joue, dans les graines qui en sont munies, un rôle bien positif ; il fournit, à l'embryon qui se développe, les premiers matériaux de la nutrition. On trouve dans certaines graines un endosperme corné, qui néanmoins subit les influences des agents ambiants, et contribue à l'évolution de la jeune plante.

Les cotylédons sont indispensables à la vie de la plante ; ils ne peuvent être retranchés sans en causer la perte. Ils deviennent le siége d'un travail qui est presque indépendant de la radicule et de la plumule, pourvu qu'on ait soin de ne pas toucher au point où sont fixées la plumule et la radicule. C'est à cause de leur rôle, dans la vie de la plante, que Bonnet leur avait donné le nom de *mamelles végétales*.

A l'exception des graines des plantes aquatiques, qui germent dans l'eau, il n'y a pas de germination possible avec un excès d'humidité. L'eau, qui doit fournir à la graine les premiers éléments de la vie, y pénètre par le hile et sature la substance même du périsperme, qui est de texture spongieuse. Toutes les parties de la graine, le péricarpe lui-même, participent à cette action ; il suit le mouvement général, et il finit par se dissoudre. La graine devient alors le siége d'une série de modifications chimiques, dont les principaux agents sont l'eau et le calorique ; les éléments constituants de la graine fournissent le reste. Ces transformations ont été fort bien étudiées dans ces derniers temps par les botanistes-chi-

mistes. L'agent principal de la germination, celui qui met en
œuvre les matériaux fournis tant par la graine elle-même que par
les agents extérieurs, est l'oxygène. On a essayé de faire germer des
graines dans les autres gaz, et l'on n'a pas réussi. L'oxygène seul,
soit mêlé à l'azote, comme dans l'air atmosphérique, soit pur,
comme on l'obtient dans les laboratoires, est l'agent actif de cette
fonction.

Voici l'explication la plus récente du phénomène de la germination, telle qu'elle a été donnée par les chimistes. Lorsque les plantes
sont adultes, elles tirent leur nourriture de l'atmosphère; mais, pendant la germination, elles l'empruntent aux fécules, aux gommes,
aux corps gras qui entourent l'embryon. Il faut, pour qu'il se développe, que ces matériaux accumulés soient entièrement consommés.
Les cotylédons sont, comme l'albumen, des dépôts de fécule, de pectine ou de corps gras qui sont destinés à nourrir l'embryon. Pendant toute la durée de la germination, la jeune plante vit aux dépens
des amas de nourriture qui l'enveloppent; à mesure qu'elle grandit,
la masse des cotylédons diminue, et quand elle est assez forte pour
pouvoir puiser directement sa nourriture dans le sol, ces cotylédons
s'atrophient et tombent. Le phénomène qui se passe dans les cotylédons, entre autres dans ceux qui sont féculents, est la transformation successive et lente de la fécule en pectine, en dextrine et en
sucre. Quand les graines sont grasses, la succession des actions chimiques est la même; quelquefois cependant, sous l'influence de
l'oxygène, les principes gras se convertissent en oxygène et en eau,
et dans ce cas la nutrition de la plante ne vient que de la fécule et
de la pectine, qu'on trouve associées aux corps gras dans les graines
oléagineuses. Le produit direct de ces différentes transformations
est du sucre, c'est-à-dire que la graine devient le siége d'une fermentation saccharine, qui passe à l'état de fermentation alcoolique,
puis acétique, pendant laquelle il se dégage de l'acide carbonique,
dont la formation commence à l'époque où l'oxygène de l'air
se combine avec le carbone contenu dans la substance périspermique pour former du sucre. C'est donc en perdant une portion
de son carbone que la substance cotylédonaire est transformée en
sucre. On prétend que c'est par l'intervention d'un acide que la
fécule se transforme en sucre, comme cela a lieu dans nos laboratoires.

Pendant la germination, il disparaît de l'oxygène et un peu d'azote, et il se dégage de l'acide carbonique. En général, tous les corps oxygénants et le chlore ont la propriété d'accélérer la germination ; c'est même par ce moyen, c'est-à-dire en arrosant des graines de *mimosa scandens* avec une eau aiguisée d'acide chlorhydrique, qu'on a pu les faire germer, ce qui n'avait pu avoir lieu auparavant. On a fait germer en cinq à six heures des graines de cresson, qui exigent de vingt-quatre à trente-six heures pour se développer normalement. L'accélération des phénomènes de germination, par les acides, s'explique par la conversion en sucre de la matière féculente. Ce qui distingue la germination de la végétation, c'est que les acides l'activent, tandis que les alcalis la retardent : le contraire a lieu pour les végétaux adultes.

La germination a lieu entre certaines limites de température, dont l'inférieure est 0°, et la supérieure 40° à 45° cent.; mais la température la plus favorable est entre 10° et 25°. Les graines ne peuvent cependant pas se développer à toutes les températures, et les semences des végétaux des tropiques ne peuvent que difficilement germer sous notre climat. L'action du calorique n'a sans doute pas d'autre effet que de faciliter les réactions chimiques et d'agir comme un excitateur.

Le fluide électrique qui agit sur la végétation avec une grande puissance agit également sur la germination ; et l'on a cru remarquer que l'électricité négative l'accélère, tandis que l'électricité positive la retarde. Tout cela est encore bien hypothétique.

L'influence du fluide lumineux sur la germination est aussi très-grande, et l'on sait qu'elle lui est préjudiciable, sans doute à cause de son action sur la radicule, qui a besoin d'être dans un milieu d'une certaine densité pour remplir ses fonctions. Quoiqu'on ait fait germer des graines dans toutes les circonstances les plus variées, et qu'on ait même pu faire croître des plantes dans des corps métalliques très-divisés, il n'en faut pas conclure que le sol soit un milieu absolument indifférent ; il agit comme réservoir d'humidité, se pénètre de calorique sous l'influence des rayons solaires, par suite de sa division infinie et de sa couleur obscure, et agit encore par les substances qui y sont chimiquement mêlées.

Quant à la structure anatomique d'une jeune plante en état de germination, elle est à peu près celle de la plante parfaite. La tige offre des cellules allongées qui constituent le corps de l'axe, dans lequel apparaissent déjà quelques faisceaux épars, composés de trachées, et de vaisseaux rayés, annulaires, suivant le degré de germination. Les cellules diminuent de diamètre vers la circonférence, et la couche tout à fait extérieure est composée de cellules plus serrées, qui constituent l'épiderme (Pl. 27, fig. 1 à 6).

# CHAPITRE XIII



Pour terminer ce modeste essai de botanique élémentaire, il convient de parler de l'ensemble des organes de la fructification et de la germination dans les végétaux cryptogames ou acotylédones.

Il y a dans cette classe, encore si peu connue, une plus grande variété de modes de reproduction que dans les phanérogames. On les a divisés en deux grands groupes, suivant le mode affecté par chacun d'eux dans le développement de ses corps reproducteurs : ainsi, on appelle *endosporées* les cryptogames dont les spores se développent dans l'intérieur des tissus : tels sont les *protococcus*, les *palmella* ; et *exosporées* celles dont les spores se développent à l'extérieur de l'utricule : tels sont les champignons. Quant au mode particulier de reproduction, il se rapporte à trois grandes modifications fondamentales ; ce sont : 1° les *spores*, semblables aux graines des phanérogames et n'en différant que par leur mode de formation, qui paraît seulement être l'isolement de cellules qui reprennent l'individualité dans les cellules qui entrent dans la composition des tissus mêmes ; c'est au reste le mode de génération le plus simple et celui qui est propre aux animaux inférieurs ; 2° les *gemmules*, appelées encore *innovations*, sortes de bourgeons qui naissent dans l'aisselle des feuilles, s'allongent, et forment de petites branches qui se détachent de la plante mère, et donnent naissance à de nouvelles plantes ; c'est encore un mode de reproduction qui rentre dans le premier et est aussi naturel ; 3° les *propagules*, corps cellulaires composés d'un petit nombre de cellules placées bout à bout et sans ordre, qui tombent à terre, germent et donnent naissance à une nouvelle plante ; 4° on a observé dans les mousses de petits *tubercules* qui se développent à la surface des racines et reproduisent la plante : ce sont des espèces de bourgeons qui se forment sur certaines parties du végétal mère, et, en tombant sur le sol, jouissent de la faculté de produire une plante nouvelle. On a encore signalé dans les lycopodes et les azollées des corps reproducteurs inconnus.

Dans les algues, classe si nombreuse et si variée, on trouve plusieurs modes de reproduction ; le plus simple est celui des confervoïdes, dont les utricules remplissent à la fois les fonctions de la végétation et celles de la reproduction, ou, comme les êtres inférieurs, n'ont pas d'appareils distincts pour la vie de nutrition et pour celle de reproduction. Quand la plante est arrivée à une certaine époque de sa vie, la matière verte de chaque utricule se concrète et se partage en nombre variable de petits grains, nommés *spores* (Pl. 28, fig. 17 à 29), qui servent à reproduire la plante ; mais ces spores, en nombre indéterminé dans les confervacées, présentent déjà un nombre déterminé dans les ulvacées, qui sont tétraspores ; c'est l'individualisation d'une utricule dans les hydrodictyons, une fissiparité dans les nostochinées, etc. Dans les végétaux de cette classe, les spores munies de cils vibratiles (Pl. 28, fig. 20 et 21) sont douées de mouvement, et ce mouvement paraît spontané comme celui des animaux infusoires, mais il ne dure que jusqu'au moment de la germination.

Dans les phycées, les spores se développent dans des *thèques*, espèces de cellules spéciales, diversement disposées ; elles sont latérales et unisporées dans les vauchéries ; unisporées aussi dans les charas ; mais les thèques sont enveloppées de filaments cloisonnés appelés *paraphyses*, contournés en spirale, et formant par leur soudure une tunique externe, ou *induvie*. Dans les fucus, les thèques tapissent les parois de cavités creusées dans le *thalle*, et appelées *conceptacles* ; elles sont accompagnées de paraphyses. On ne trouve pas de paraphyses dans les corallines. On trouve, à l'intérieur des charagnes et des fucacées, des *phytozoaires*, petits filaments roulés en spirale assez semblables à ceux représentés Pl. 29, fig. 11, 14, 15, 16 et 25, et paraissant être des animalcules semblables aux zoospermes ; les utricules qui les renferment, et qu'on regarde comme l'analogue des anthères, ont été appelées *anthéridies* et *zoothèques*.

Dans les floridées, les thèques sont tantôt extérieures, comme dans les callithamniées, tantôt disséminées dans le tissu ; les unes sont accompagnées de paraphyses, les autres, comme les lomentariées, ont les thèques renfermées dans des portions de thalles différant par leur structure du reste des tissus, et qu'on a nommées *stichidies* ; dans les claudées ils sont au milieu d'un thalle réticulé.

En suivant avec attention le développement des spores nues ou induviées, externes ou internes, on n'y voit que le jeu d'un système de formation semblable. Dans les plus inférieures, on trouve la confusion ; dans les plus élevées, la symétrie, en un mot une arithmétique qui ne présente, comme il a été dit au commencement de ce livre, que des nombres pairs ayant 2 pour facteur premier, et qui en sont presque toujours les multiples.

Dans les champignons arthrosporés, ce sont des utricules terminales, affectant la forme d'un chapelet, et qui se séparent à leur maturité. On distingue les genres d'après la nature des spores et la structure des corps qui les supportent ; les trichosporés ont les spores placées à l'extrémité de filaments simples. Les thécasporés ont les spores renfermées dans des *thèques* (Pl. 28, fig. 4).

Les spores sont, suivant les familles, disposées sans ordre, ou bien symétriques à la surface du réceptacle : tels sont les lichens dont les thèques (fig. 16) sont fixées aux parois internes d'un conceptacle évasé, dont les bords se sont rapprochés et forment une cavité ouverte seulement par une fente ou une petite ouverture appelée *ostiole* ; ou bien encore ils tapissent, comme dans les truffes, la cavité d'un *péridium*, réceptacle commun ouvert à son sommet ou entièrement clos, qui renferme des conceptacles libres ou soudés (Pl. 28, fig. 8, 11) ; on a donné le nom de *gleba* à la masse des conceptacles renfermés dans le péridium.

Les spores, au lieu d'être simplement lisses et ovales, sont cloisonnées, baculiformes, didymes, tricuspides ou réticulées, et le nombre varie de 4 à 8 (fig. 8, 16). Dans les basidiosporés, les spores, presque toujours au nombre de 4, sont portées sur une utricule tétracuspide, tantôt à la face inférieure d'un conceptacle enveloppé du sac membraneux à compartiments appelé péridium, ou bien tapissant les lamelles ou lacunes creusées dans la *gleba*. C'est à cet ordre qu'appartiennent les champignons des genres agaric, bolet, clavaire, chanterelle, lycoperdon.

Les myxosporés ont les spores simples ou composés, flottant dans une masse mucilagineuse d'abord, qui forme ensuite une sorte de péridium, ou mêlée à des filaments divers appelés *capillitium*.

La classe des mousses, qui comprend les hépatiques et les mousses proprement dites, est remarquable par son système de reproduction. Ce sont bien toujours des spores ; mais elles sont renfermées dans un sac appelé *sporange*, revêtu d'une enveloppe extérieure appelée *épigone*, et cet ensemble porte le nom d'*archégone*. Quand les spores sont mûres, le sporange déchire l'épigone et apparaît; les spores en sortent de diverses manières. L'archégone est entouré ordinairement d'une gaine appelée *périgone*, qui renferme toujours plusieurs archégones, dont un seul se développe, et toujours l'archégone, qu'il soit ou non entouré d'un périgone, est accompagné, dans les genres foliacés, d'une rosette de feuilles appelée le *périchèze*. Le périchèze semblerait représenter le calice des phanérogames, et le périgone la corolle. Le sporange à coiffe des mousses, qui a la forme d'une urne, est porté sur un pédicelle et renferme au centre une colonne nommée *columelle*. Cette urne a une triple paroi; on donne le nom de *sac sporophore* à l'urne interne, et celui d'*apophyse* à la masse charnue sur laquelle l'urne intérieure repose, et qui est formée par le développement des deux urnes extérieures. L'urne externe se continue au sommet et est fermée par une membrane appelée *opercule*, qui en est toujours séparée par une rangée de cellules élastiques appelées *anneau*. Elles se distendent au moment de la dissémination des spores, et font tomber l'opercule. Les urnes internes sont le plus souvent bordées de petites lanières appelées le *péristome*. Le péristome est simple ou double; il varie beaucoup dans sa forme et sert à distinguer les genres.

Outre cet appareil compliqué qui renferme les corpuscules reproducteurs, il y a dans les mousses comme dans les jongermannes, soit sur le même individu, soit sur des individus différents, de petits corps ovoïdes formés d'une membrane mince et incolore, et renfermant une masse cellulaire contenant dans chaque utricule, suivant la plupart des auteurs, un *phytozoaire* (Pl. 25, fig. 25). Le corps qui le renferme s'appelle, comme nous l'avons déjà dit, le *zoothèque* (les *anthoïdies* ou *anthéridies* de quelques cryptogamistes). La spore serait alors l'ovule fécondé par le phytozoaire. De là, la distinction des mousses en hermaphrodites, quand les zoothèques et les archégones sont renfermés dans un même périgone; en monoïques, quand ils sont séparés quoique sur le même pied, et en dioïques, quand ils sont sur des pieds différents.

La reproduction des mousses a également lieu par *sporules*, par *innovations* et par *tubercules*.

Quant à la valeur des zoothèques et des phytozoaires, il n'est plus permis de douter de leur influence fécondante. L'histoire des phytozoaires et des zoospermes est si ambiguë, qu'on ne peut dire si ce sont des animaux ou des corpuscules doués d'un mouvement mécanique et dépourvus de spontanéité. Le fait est que l'on n'est pas d'accord sur ce point : ce que les uns affirment, les autres le nient. Les zoospermes ont eu une fortune diverse : tantôt on les a élevés au rang d'animaux, d'autres fois on en a fait de simples filaments animés du mouvement brownien.

Les fougères se multiplient par des spores contenues dans un sac membraneux appelé *sporange* (Pl. 30, fig. 4, 5, 6, 7), placé à la face inférieure des frondes (Pl. 30, fig. 1, 2 et 3), et affectant des dispositions particulières suivant les sections et les genres. La forme et la nature du sporange sont même un caractère de la plus haute importance pour distinguer les groupes entre eux. Le sporange est composé d'une simple membrane dont les utricules sont semblables entre elles et autour desquelles est un *anneau* appelé *connecticule* (fig. 4, 5, 6), partant du pédicelle qui supporte le sporange, et l'enveloppant comme le cimier d'un casque ou comme un turban. La figure du sporange et celle des spores présentent d'innombrables variétés. Les sporanges, réunis sous les frondes en groupes de figures diverses, ce qui constitue le mode d'inflorescence propre à ces végétaux, sont rarement solitaires : ils sont rassemblés en amas appelés *sores* (Pl. 30, fig. 1) ; quelquefois nus et d'autres fois recouverts d'une membrane protectrice qu'on appelle *indusie*, qui varie elle-même suivant les genres. D'autres fois elle est *cyathiforme* (fig. 2, 3), et c'est dans cette coupe que sont contenues les spores.

Dans les genres osmonde et todée, les sporanges forment une panicule (Pl. 30, fig. 7) et rappellent, par leur figure, l'inflorescence de certaines graminées. On retrouve dans le *botrychium* une panicule ramifiée, et dans l'*ophioglossum* un épi distique à sporange dépourvu de connecticule. La nervure moyenne des frondes des hyménophyllées porte des godets dans lesquels se trouvent les sporanges insérés sur une colonne centrale (fig. 8).

On trouve dans les fougères, comme dans les mousses, des bourgeons qui se développent sur les frondes, se détachent et produisent un être nouveau (fig. 9).

Dans les lycopodiacées, les sporanges sont insérés sur les feuilles et ne sont jamais recouverts d'une enveloppe ; les sporanges sont uniques dans les lycopodes (Pl. 30, fig. 10, 11), et portés sur une feuille fructifère. D'autres fois on trouve, à la place des sporanges, un corps plus gros, renfermant, au lieu de la fine poussière qui constitue les spores, et est connue sous le nom de *poudre de lycopode*, quatre globules (fig. 12) qui, étant mis en terre, germent et reproduisent la plante, et paraissent être des bulbilles. Dans les psilotées, les sporanges, au nombre de trois (fig. 13), sont portés par la base du pétiole.

Après avoir vu les spores des cryptogames inférieures sous la forme la plus simple, s'élever et passer au sporange distinct des hépatiques et des mousses, puis à l'inflorescence des fougères déjà détachée de la fronde dans l'osmonde et l'ophioglosse, nous arrivons aux équisétacées, dans lesquelles un épi terminal ovoïde, distinct du reste de la plante, représente le mode d'inflorescence propre à cette famille. Il se compose d'écailles rabattues sur un court pédicelle fixé horizontalement à l'axe floral et simulant une tête de clou (Pl. 30, fig. 14); ce sont des sporanges contenant des spores entourées de deux filaments élargis à leurs extrémités (fig. 15), et qui jouissent d'une telle sensibilité hygroscopique, qu'en les observant au microscope, l'humidité chaude de l'haleine les fait se contracter de mille manières, de telle sorte qu'on les prendrait pour des êtres animés : ils paraissent avoir pour objet de projeter les spores hors du sporange.

Les *azolla* ont encore des sporanges distincts de leurs feuilles, portés sur un long pédicelle et renfermés dans une indusie.

Dans les rhizocarpées, les plus élevées des cryptogames, les organes de la reproduction sont des *sporocarpes*, petits sacs ovoïdes renfermant des spores et fixés sur un pédicelle. Dans la *pilulaire* et le *marsilea*, les spores paraissent attachées à un placenta pariétal (Pl. 30, fig. 16 à 19), tandis que dans les salviniées elles le sont à un placenta central (fig. 20). Cette fructification parait être la dernière expression du mode de reproduction dans l'embranchement des cryptogames, dont les organes générateurs méritent d'être étudiés. On n'y voit rien qui rappelle les végétaux phanérogames; les spores paraissent être des ovules renfermés dans leurs sporanges, comme ces derniers dans leurs loges pistillaires.

Quant à la sexualité des végétaux de cet embranchement, elle se réduirait, suivant les uns, à un simple grain de pollen soumis à une influence vitale différente et devenant, non plus une utricule remplie de granules générateurs, mais bien un ovule reproducteur ; suivant d'autres, elle présenterait, outre cet ovule reproducteur, une véritable anthère (*l'anthéridie*), mais qui, au lieu de renfermer des grains de pollen remplis par la fovilla, contiendrait directement des phytozoaires, ce qui rendrait bien différent le mode de génération des cryptogames, puisque, dans le premier cas, il y aurait génération primordiale, et dans le second, identité avec les phanérogames ; l'étude de la vie des êtres inférieurs est encore trop incomplète pour que les mystères en soient positivement connus.

Dans les cryptogames, la germination présente des phénomènes plus simples et cependant plus variés que dans les phanérogames ; mais un fait domine dans la germination cryptogamique : c'est que, quelle que soit l'espèce qu'on observe dans l'état de développement primitif de ses spores, elle présente toujours, dans son premier âge, l'aspect d'une espèce inférieure, de telle sorte qu'il est difficile de dire si c'est cette dernière à l'état adulte, ou l'autre à l'état embryonnaire (Voir pl. 34).

Dans le *protococcus*, dans cette algue si simple, puisque chaque cellule est un individu complet, la reproduction a lieu sans germination ; chaque cellule ou individu donne naissance à d'autres cellules qui ne changent point de forme ; elles sortent sphériques de la cellule mère, elles restent sphériques et ne prennent seulement que de l'accroissement. Dans d'autres végétaux inférieurs, la spore subit une certaine modification : de sphérique qu'elle est, elle devient ovoïde, puis oblongue, s'étrangle dans son milieu, et alors il y a deux cellules, comme on le voit dans le ferment de la bière (Pl. 28, fig. 4). Les spores des conferves germent ainsi ; c'est d'abord une cellule sphérique ou ovoïde (Pl. 34, fig. 1, 2, 3) qui s'allonge et se cloisonne pour en former deux ; la cellule terminale s'allonge à son tour, se cloisonne aussi pour donner naissance à une troisième, qui présente le même phénomène, et ainsi des autres. Il résulte de cet allongement par succession utriculaire, des petits filaments cloisonnés qui ne changent plus de forme et ne font plus que grossir et grandir (Pl. 34, fig. 7). Les spores des vauchériées et de quelques autres algues offrent un singulier phénomène au moment de leur germination. Ces spores, munies de cils vibratiles (Pl. 28, fig. 20, 21, et pl. 34, fig. 6), se meuvent dans l'intérieur des cellules dans lesquelles elles ont été formées, et leur mouvement est toujours dirigé vers un point de la paroi qu'elle frappe pour s'ouvrir un passage. Aussitôt que l'ouverture est pratiquée, toutes les spores sortent, et, devenues libres, elles exécutent, dans le liquide, des mouvements désordonnés, pendant environ deux heures, et qui ne cessent que quand les cils tombent ; alors les spores germent, s'allongent et reproduisent des plantes nouvelles.

Dans les algues lamelleuses, les fucus, les ulves, etc., la spore se cloisonne également transversalement ; la partie inférieure s'amincit comme en une sorte de radicule ; la portion supérieure au contraire s'élargit, et la matière qu'elle renferme se cloisonne diversement en plusieurs cellules pour former le thalle ou première ébauche de la plante (Pl. 31, fig. 4, 5).

Les spores des champignons ont un mode de germination à peu près semblable à celui des conferves : ce sont des granules sphériques, qui donnent naissance à des filaments cloisonnés, simples ou rameux, s'enchevêtrant ensemble pour constituer ce qu'on appelle le *mycelium* ou *blanc de champignon*. Ces filaments sont composés de cellules placées bout à bout, et ne renferment jamais d'endochrome. C'est à l'extrémité de ces filaments, ou sur les côtés, que se forment les nouvelles spores, ou des amas celluleux qui constituent les champignons dont la forme est très-variable.

Comme les champignons, les lichens naissent d'une spore qui est tantôt simple, c'est-à-dire formée d'une seule cellule, tantôt composée de plusieurs cellules placées bout à bout. En germant, elle donne naissance à des filaments blanchâtres enchevêtrés comme le mycelium des champignons, et qui forment une membrane dans laquelle on distingue des mailles d'un tissu très-serré. Cette membrane se détruit, après avoir produit une expansion, généralement foliacée, qui devient le thalle, sur lequel se développent les organes reproducteurs. Les lichens se reproduisent encore par les *gonidies*, sortes de grains arrondis ou ellipsoïdes, contenus dans le tissu inférieur du thalle, et renfermant de la chlorophylle (Pl. 28, fig. 6). Ces gonidies se multiplient par division binaire ; c'est-à-dire que la cellule s'allonge et se divise transversalement en deux cellules qui finissent par se séparer.

Les jongermannes présentent à peu près le même mode de germination que celui des *fucus* ; la spore (Pl. 31, fig. 9), de simple qu'elle est, devient un amas celluleux (fig. 10) muni inférieurement d'un filament radiculaire (fig. 11), et donne naissance à un thalle qui prend bientôt la forme de la plante parfaite.

La germination des mousses ressemble à celle des champignons : dans les deux cas, la spore (Pl. 31, fig. 13) se déchire, donne naissance à un filament qui s'allonge (fig. 14), se ramifie (fig. 16), et dont les ramifications s'entre-croisent ; mais il y a cette différence, que les filaments des mousses renferment de la matière verte, et que ceux des champignons n'en contiennent pas. Après plusieurs jours de cette végétation confervoïde, on voit naître, sur différents points de ces filaments, des petites feuilles disposées en rosette autour d'une petite tige, à la base de laquelle se développent des sortes de racines. Cette tige est formée exclusivement de cellules, dont celles du centre sont allongées comme des fibres ; il n'y a cependant ni véritables fibres, ni vaisseaux ; c'est sur ces tiges que naissent les organes reproducteurs.

Dans les fougères la spore en germination ressemble à un grain de pollen qui a émis son tube pollinique. La spore de ces plantes présente, comme le grain de pollen, deux membranes ; lorsqu'elle commence à germer, la vésicule interne se gonfle, déchire la membrane externe et fait hernie sous forme d'un tube cylindre rempli de matière verte (Pl. 31, fig. 17) ; ce tube s'élargit ensuite, à son extrémité, en une lame foliacée (fig. 12) d'un tissu cellulaire, sur le bord de laquelle se développe un bourgeon (fig. 15) dont les premières feuilles ne tardent pas à paraître ; ces premières feuilles sont toujours simples ; ce n'est que plus tard que viennent les feuilles découpées, qui ne sont pas de véritables feuilles, mais les frondes ou réceptacles, puisque ce sont elles qui portent les organes reproducteurs.

Les germinations de fougères présentent ce singulier phénomène, de porter certains corpuscules, que des botanistes n'ont pas hésité à considérer comme les organes mâles et femelles.

Pendant longtemps on a regardé les spores comme l'organe femelle des fougères, et les poils écailleux, les glandes qui environnent les spores, comme les organes mâles ; il n'y a rien cependant dans ces écailles et dans ces glandes qui pût autoriser à émettre une pareille opinion ; mais comme on avait trouvé ces deux sexes dans les autres familles des plantes dites cryptogames, on voulait trouver des analogues dans les fougères. S'il faut en croire les botanistes modernes, on était loin de la vérité ; les spores ne sont nullement les

organes femelles, et les poils écailleux n'ont aucun caractère des anthéridies. C'est M. Nægeli qui, le premier, découvrit, en 1844, les
véritables organes mâles; et M. Thuret, en 1848, confirma sa découverte.

En étudiant la germination des fougères, M. Nægeli trouva, sur le
premier rudiment de la plante qu'il nomme *pro-embryon*, — que
M. Thuret appelle *pseudo-cotylédon* et M. Wigand *protophylle*, — des
organes que, par analogie, il regarda comme des anthéridies. Ce sont
des cellules, au nombre de 60 à 70, qui se trouvent à la base du
pro-embryon : d'abord sphériques, elles prennent ensuite une forme
polyédrique. La matière verte disparaît, et à sa place se développent
des *anthérozoïdes* ou corpuscules aplatis, tordus en spirale, et munis,
à l'une de leurs extrémités ou *rostre*, d'une couronne de poils
(Pl. 29, fig. 11, 14, 15 et 16), à l'aide desquels ils se meuvent avec une
grande agilité, aussitôt qu'ils sortent de la cellule anthéridienne.
MM. Nægeli et Thuret considéraient toujours la spore comme l'organe
femelle ; ce qui souleva d'assez vives discussions. On demandait, en
effet, comment ces anthérozoïdes pouvaient féconder des spores, qui
apparaissent sur les frondes plusieurs années après la germination.
C'est vers la même époque que M. Suminsky découvrit, à son tour,
sur ce même pro-embryon, un nouvel organe, qu'il n'hésita pas à
considérer comme le véritable organe femelle, auquel il appliqua le
nom d'ovule; mais depuis il est généralement désigné sous celui
d'*archégone*. Ce fait fut d'abord contesté; il a fallu les observations
de M. Hofmeister, publiées en 1854, pour le faire accepter par la
majorité des botanistes. Ces organes femelles sont moins nombreux
que les anthéridies; on n'en compte généralement que de 4 à 20 sur
un pro-embryon, et, suivant M. Hofmeister, ils peuvent ne pas exister sur la même germination avec les organes mâles; il y aurait donc,
comme dans les mousses, monoécie et dioécie.

Malgré l'autorité des éminents savants pour lesquels ce fait est incontestable, il nous est cependant difficile de l'admettre. Qu'est-ce
alors que cette spore qui germe, et donne naissance à une fronde
comme celle des hépatiques, des fucacées, etc., chez lesquels la spore
a besoin d'être préalablement fécondée pour la produire? On répon-
dra, sans doute, que cette fronde, ce thalle, ce proto-embryon,
comme on l'appelle, n'est que l'état parfait de la spore, et qu'elle
ne peut pas plus produire de tige ou de feuilles que la cellule em-

bryonnaire des végétaux phanérogames ne peut produire d'embryon sans le concours du liquide fécondateur du pollen ; qu'elle est, en un mot, l'analogue de l'ovule avant la fécondation. C'est en effet ce qui peut ressortir de la théorie de M. Hofmeister. Le pro-embryon, une fois formé, porte plusieurs archégones, ou cellules embryonnaires ; des anthérozoïdes à mouvements très-vifs sortent de leur enveloppe, se répandent sur toute la face du pro-embryon, pénètrent dans les cavités archégoniennes, et déterminent la fécondation des organes femelles, au nombre de 4 à 20, qui émettent alors seulement une tigelle. Mais, pour une cause restée inexpliquée, il n'y a jamais qu'une seule tige qui s'élève de ce pro-embryon ; il faut donc admettre qu'il n'y a jamais qu'un seul archégone de fécondé. De nouvelles observations nous paraissent nécessaires, pour rendre incontestable la théorie de la fécondation des fougères, d'après la théorie de MM. Suminsky et Hofmeister.

A la suite de ce premier développement, c'est-à-dire de la formation du pro-embryon, il apparaît, sur cet organe, une tigelle qui porte des feuilles ou frondes sporangifères, et en même temps des racines se forment à sa base. Dans le plus grand nombre de cas, la tige est souterraine ou rampante ; d'autres fois, elle est aérienne, verticale, et atteint une hauteur considérable. Il est admis par tous les botanistes que la tige des fougères arborescentes ne s'accroît qu'en hauteur, et que chaque pousse une fois formée ne grossit plus. C'est encore une erreur, que la simple observation des espèces cultivées dans nos serres ne tardera pas à détruire.

Les tiges des fougères arborescentes sont, en effet, presque cylindriques ; de là vient l'erreur. Elles présentent de nombreuses cicatrices, qui proviennent de la chute des feuilles (Pl. 32, fig. 5). Leur structure est très-différente de celle des tiges monocotylédonées et dicotylédonées. Le centre est occupé par une large moelle celluleuse autour de laquelle sont disposés des faisceaux fibro-vasculaires (Pl. 32, fig. 4, 9, 10, 11), composés chacun d'un tube ligneux de forme très-variable (Pl. 32, fig. 8), dont les fibres ont les parois très-épaisses généralement colorées en brun, et les vaisseaux sont des vaisseaux scalariformes (Pl. 32, fig. 7). Ces tubes fibro-vasculaires sont remplis et entourés de tissu cellulaire comme celui du centre.

La germination et le développement des lycopodiacées ressemblent à ceux des fougères. La spore, en germant, devient celluleuse et donne naissance à des filaments allongés ou à des thalles : c'est le pro-embryon, sur lequel se développe la tigelle, qui devient tige. La structure des tiges des lycopodiacées diffère de celle des fougères. C'est une masse cellulaire, au centre de laquelle sont dispersés diversement des vaisseaux scalariformes (Pl. 32, fig. 1 à 3).

On retrouve ce même phénomène de germination chez les équisétacées, les rhizocarpées et les salviniées. C'est toujours la spore produisant, en germant, un pro-embryon qui porte des archégones et des anthéridies. Dans les équisétacées, la spore se divise en deux cellules : l'une paraît donner naissance à la racine, l'autre qui se remplit de chlorophylle forme le pro-embryon ou le *prothallium* (Pl. 31, fig. 18 à 21). C'est d'abord une lame verte, irrégulièrement lobée (fig. 22), puis apparaît au milieu une sorte de nervure composée de tissu plus serré, et sur laquelle se développent les organes femelles, d'où naissent les véritables tiges (fig. 23).

Dans les marsilea, la spore se gonfle dans l'épispore et devient une masse celluleuse pro-embryonique, comme dans la pilulaire (Pl. 31, fig. 24, 25), mais sans changer notablement de volume ; et la germination n'apparaît que quand la plante est arrivée à l'état parfait (Pl. 31, fig. 27, 28, 29), ce qui peut faire croire à l'absence de pro-embryon ; mais cette absence n'est qu'apparente.

Enfin, dans les salviniées, petites plantes aquatiques qui nagent à la surface des eaux stagnantes, au moment de la germination, l'épisperme, ou l'enveloppe extérieure de la spore, se déchire et donne passage à une lame verdâtre (Pl. 31, fig. 31), qui prend ensuite la forme d'un croissant pédicellé ; c'est le pro-embryon, de l'échancrure duquel naît la nouvelle plante (fig. 32 et 33).

Ainsi, dans toutes ces dernières familles, c'est le même mode de germination, le même mode de fécondation, que ceux signalés dans les fougères : des archégones fécondées par des anthérozoïdes, qui pourraient fort bien n'être que des infusoires développés sous l'action de l'eau, dans laquelle germent les spores.

# BOTANIQUE GÉNÉRALE

## LIVRE V

### DES MALADIES ET DES ANOMALIES

# CHAPITRE PREMIER



La phytothérasie, que Plenck a appelée la pathologie végétale ou l'étude des maladies, et Ré, la nosologie végétale ou la classification des maladies, constitue-t-elle réellement une branche de la science? On peut répondre négativement à cette question. Il est impossible de comparer la plante à l'animal, si ce n'est aux animaux les plus inférieurs ou aux annelés ; car étant privées de système nerveux et d'organes splanchniques, chaque nœud ou mérithalle étant la répétition de l'acte primitif, on ne trouve par conséquent pas dans la plante, comme dans l'animal, une unité vitale, une individualité qui rend tous les organes solidaires. Les maladies sthéniques ou par excès de vitalité n'existent pas dans le végétal à l'état morbide : ce sont des phénomènes d'hypertrophie qui amènent des fasciations, des élongations, le géantisme, etc.; mais on ne trouve rien qui corresponde aux phlegmasies ou aux maladies actives. Les maladies réelles sont asthéniques et tiennent surtout à la nature des modificateurs ambiants, tels que le sol, les expositions, les eaux, les vents, l'altitude, et ce sont celles qui, jointes souvent à des causes mécaniques, amènent la fin de la vie dans le végétal. Par suite de la texture celluleuse du végétal, et de cette même tendance de la cellule à l'individualisme, elle devient le centre d'une activité nouvelle, et les phénomènes qui se produisent ne sont pas toujours la fin de la vie, mais la succession d'apparitions organiques anormales. Quand un insecte le pique ou y fait une blessure, il se produit une extravasion des sucs, qui s'organisent et donnent naissance à des végétations bizarres, à des galles; mais ce ne sont pas des maladies. La destruction des tissus par les larves a plus d'importance et détermine la pourriture; celle des bourgeons est plus grave encore, en ce qu'elle prive la plante de ses appareils réels de nutrition et en empêche le développement. Les cryptogames vrais causent une dégénérescence des tissus et donnent lieu, comme l'ergot, à des produits anormaux; mais ils ne font qu'altérer le fruit et s'opposer ainsi à la reproduction de la plante sans nuire à l'individu végétant. Les ustilaginées sont cause de maladies plus graves et peuvent entraîner la mort du végétal ; mais ce sont des altérations qui rentreraient dans les maladies chirurgicales, et qui peuvent, par leur ablation, permettre de rétablir les tissus dans leur état primitif. Il n'y a donc pas, à proprement parler, de nosologie végétale ; c'est pourquoi les classifications ne sont pas susceptibles d'être disposées sous les mêmes rubriques que les maladies des animaux. La tératologie, à laquelle nous renvoyons pour l'ordre physiologique des phénomènes, comprend les faits de dégénérescence, et la nosologie ne peut se composer que des altérations qui entraînent la mort du végétal ou d'une de ses parties. En général, la mort du végétal présente cette différence avec la mort de l'animal. Dans les végétaux annuels, la mort suit la fructification : son cycle vital est de quelques mois. Dans les végétaux bisannuels, pendant la première année, le végétal se développe, et pendant la seconde, les fleurs paraissent, les fruits mûrissent et la vie cesse : on peut cependant prolonger la vie de la plante en l'empêchant de fructifier. Dans les végétaux vivaces, il y a succession de phénomènes : le cycle végétal se renouvelle chaque année. Dans les végétaux vivaces herbacés, la tige meurt, les racines persistent, et l'année suivante la vie reparaît. Dans les végétaux ligneux et dans les arbres, la vie ne cesserait pas, si le tronc, réduit presque à l'état de base de sustentation, ne finissait par se détruire mécaniquement. On peut dire que, sans ces causes mécaniques de destruction et certaines influences ambiantes, la durée de l'arbre serait éternelle.

Les maladies qui se transmettent par voie de génération sont le plus souvent d'ordre tératologique.

Nous voyons depuis longtemps des maladies réelles attaquer nos végétaux cultivés, et elles se manifestent par la présence de cryptogames qui ne sont sans doute que des effets et nullement des causes, comme on le croit généralement. Il est difficile de leur assigner une cause première positive, et les caractères sporadiques, épidémiques et contagieux s'y trouvent simultanément réunis. Les influences atmosphériques en sont évidemment le principe, et elles ne cesseront qu'avec un changement dans les circonstances météorologiques qui les ont produites.

Pour rendre cet ouvrage aussi complet qu'on peut le désirer, et pour répondre au but de l'étude, nous allons donner les deux systèmes de phytothérasie de Plenck et de Philippe Ré, qui ont essayé de grouper les maladies sur le plan des nosologies médicales.

## TABLEAU DE PATHOLOGIE VÉGÉTALE

### D'APRÈS PLENCK.

#### CLASSE I. — LÉSIONS EXTERNES.

GENRE 1. *Blessures* : quelle qu'en soit la cause, par la foudre ; par le vent ; par la neige.

GENRE 2. *Fente* (gélivure) : par polysarcie ; par le froid.

GENRE 3. *Exulcération* : par blessure ; gommeuse ; par l'effet des insectes ; spontanée ; par communication ; totale.

GENRE 4. *Défoliation* : par les insectes ; par une fumée àcre ; artificielle ; d'automne ; phylloptosie.

#### CLASSE II. — ÉCOULEMENTS.

GENRE 5. *Hémorrhagie* : par blessure ; spontanée ; par désorganisation.

GENRE 6. *Les pleurs* : par blessures ; spontanées.

GENRE 7. *Le blanc* ou meunier : par les champignons ; par les pucerons.

GENRE 8. *Le miélat* : par les pucerons.

#### CLASSE III. — DÉBILITÉS.

GENRE 9. *Faiblesse* : par manque d'eau ; par manque d'air ; naturelle ; par méphitisme ; par trop de lumière.

GENRE 10. *Suspension d'accroissement* (léthargie) : par défaut d'air ; par racines trop voisines ; par plantes volubiles ; par insectes ; par stérilité du sol ; par maladie particulière.

#### CLASSE IV. — CACHEXIES.

GENRE 11. *Chlorose* : par défaut de lumière ; par les insectes.

GENRE 12. *Ictère* : par l'effet du froid ; par cessation d'accroissement.

GENRE 13. *Anasarque* : par longues pluies ; par trop d'arrosement.

GENRE 14. *Taches* : par le soleil ; les insectes ; ferrugineuses ; par les *uredo* (taches ustilagineuses) ; naturelles.

GENRE 15. *Phthiriasis* : des plantes saines ; des plantes malades ; par la cochenille.

GENRE 16. *Vermination* : des fruits, des feuilles, des graines.

GENRE 17. *Phthisie* ou langueur : par sol stérile ; par climat contraire ; par sol contraire ; par transplantation ; par blessure ; par chancre ; par défoliation ; par floraison excessive ; par plantes parasites ; par empêchement d'accroissement ; par maladie.

#### CLASSE V. — PUTRÉFACTION.

GENRE 18. *Teigne des Pins* : par sécheresse ; par froid ; par vent.

GENRE 19. *Rouille.*

GENRE 20. *Charbon* ou *nielle.*

Genre 21. *Ergot* : malin et bénin.
Genre 22. *Nécrose* : par brumes ; par froid ; par chaleur ; par défaut de séve ; par le vent ; par les *sclerotium*.
Genre 23. *Gangrène* : par le sol humide ; par le sol gras ; par contusion ; par contagion (pourriture).

### CLASSE VI. — EXCROISSANCES.

Genre 24. *Galles* de diverses sortes : de l'orme ; du lierre terrestre, etc.
Genre 25. *Bédégar* du rosier.
Genre 26. *Squamation* des bourgeons ou développement d'écailles sur les bourgeons : le saule, le pin, le chêne.
Genre 27. *Carnosités* des feuilles.
Genre 28. *Folioles charnues* sur les feuilles : aiguës, larges.
Genre 29. *Carcinome* des arbres : caché, ouvert.
Genre 30. *Lepre* des arbres : par humidité.

### CLASSE VII. — MONSTRUOSITÉS.

Genre 31. *Plénitude des fleurs* : du calice ; des nectaires ; des fleurs composées ; de la corolle pleine, multiple, prolifère.
Genre 32. *Mutilation des fleurs* : de la corolle ; des étamines ; du calice ; du pédoncule.
Genre 33. *Difformité* de la corolle : des feuilles ; des tiges ; des fruits ; par un sol gras ; le climat ; les insectes ; les vents ; lésion ; hybridisation.

### CLASSE VIII. — STÉRILITÉ.

Genre 34. *Polysarcie* : par sol trop gras ; par engrais.
Genre 35. *Stérilité* : par la pluie, le froid, les insectes, la fumée, le climat, le défaut de fécondation ; la polysarcie, l'hybridisation, la plénitude de fleurs ; par lésion.
Genre 36. *Avortement* : par trop de fruits ; par la sécheresse, les insectes ; le sol stérile ; la vieillesse.

### CLASSE IX. — ANIMAUX ENNEMIS.

Genre 37. *Mammifères* : les rongeurs, lièvres, lapins, rats, souris ; les ruminants, la chèvre, la brebis.
Genre 38. *Oiseaux*.
Genre 39. *Vers et mollusques*.
Genre 40. *Insectes*.

## NOSOLOGIE

## DE PHILIPPE RE.

### CLASSE I. — MALADIES DES VÉGÉTAUX, CONSTAMMENT STHÉNIQUES.

Genre 1. *Anthéromanie*. Quand il y a plus d'anthères que dans l'état naturel.
Genre 2. *Pétalomanie*. Nombre anormal de pétales.
Genre 3. *Prolification*. Partie sortant d'une autre partie.
Genre 4. *Périanthomanie*. Multiplication du calice.
Genre 5. *Carpomanie*. Surabondance de fruits.

GENRE 6. *Sphrygosapanthésie*. Accroissement excessif du végétal.

GENRE 7. *Polyanthocarpie*. Avortement de tous les fruits.

GENRE 8. *Phyllomanie*. Abondance de feuilles, dans laquelle on doit faire entrer la *lussuria delle Biade* (Ré), qui attaque quelquefois les moissons.

GENRE 9. *Cormemphytége*. Greffe naturelle des rameaux.

GENRE 10. *Gourmand* (*zucchiane*). Lorsqu'un rameau prédomine.

GENRE 11. *Pinguédine*. Obésité végétale des racines de certains arbres.

GENRE 12. *Gomme*. Extravasion du mucilage.

GENRE 13. *Brûlure*. Feuilles des arbres noircies.

GENRE 14. *Desséchement* (*seccheraccio*). Quand tout le végétal se dessèche spontanément.

GENRE 15. *Feu*. Sécheresse des parties du pêcher en feuilles et en fruits.

GENRE 16. *Pleurs* (*lacrimazione*). Abondance d'écoulement de séve.

GENRE 17. *Galle* (*scabbia*). Rugosités extraordinaires des végétaux.

GENRE 18. *Teigne des pins* (*tarlo de' pini*). Nécrose particulière aux pins.

GENRE 19. *Rachitis* (*carolo*, Ré). Dépérissement du riz.


CLASSE II. — MALADIES DES VÉGÉTAUX, CONSTAMMENT ASTHÉNIQUES.

GENRE 1. *Stérilité*. Toutes les parties de la fleur impropres à concourir au développement du fruit.

GENRE 2. *Apanthérosie*. Défaut d'anthère.

GENRE 3. *Apétalisme*. Manque de pétales.

GENRE 4. *Carpomosie*. Avortement des fruits.

GENRE 5. *Distrophie*. Inégalité dans le développement des parties semblables des mêmes végétaux.

GENRE 6. *Phyllosystrophie*. Enroulement et altération des feuilles.

GENRE 7. *Chlorose*. Pâleur ou jaunisse des végétaux.

GENRE 8. *Taches*. Altération du tissu des feuilles dans un point de leur surface.

GENRE 9. *Callosité*. Dérivation de la séve pour former des tubercules inutiles.

GENRE 10. *Le blanc* (*albugine*). Feuilles couvertes de blanc.

GENRE 11. *Léthargie*. Suspension de la végétation, sans mort de la plante.

GENRE 12. *Nécrose*. Mort des végétaux.

GENRE 13. *Cadran* (*quadrante*). Fente des troncs d'arbres.

GENRE 14. *La roulure* (*rotolo*). Fente circulaire.

GENRE 15. *Faux-aubour*. Aubier imparfait.

GENRE 16. *Carcinome*. Excroissance humide et altérée dans les arbres.

GENRE 17. *Brouïre* (*selon* Ré). Quand les épis de blé sont sans grains.

GENRE 18. *La raye*. Maladie qui rend les feuilles du pois chiche crépues.

GENRE 19. *Phryganoptosie*. Chute naturelle des rameaux.

GENRE 20. *Suffocation*. Action de végétaux sur d'autres qui en sont étouffés.

GENRE 21. *Lépre*. Corps étrangers à l'arbre et croissant à sa surface.

GENRE 22. *Vieillesse*. Caducité prématurée des arbres.


CLASSE III. — MALADIES QUI TIENNENT D'ASTHÉNIE ET DE STHÉNIE.

GENRE 1. *Moscoxéransie*. Desséchement des pistils et perte de leur onctuosité.

GENRE 2. *Anthoptosie*. Chute des fleurs spontanément.

GENRE 3. *Carpoptosie*. Chute spontanée des fruits.

GENRE 4. *Avortement*. Quand les fruits n'ont pris qu'un développement imparfait.

Genre 5. *Acaulosie*. Privation extraordinaire des tiges.

Genre 6. *Phyllorrhysséme*. Crispation des feuilles.

Genre 7. *Stéléchorriphyssie*. Tortuosité des rameaux des arbres et des arbustes.

Genre 8. *Phylloptosie*. Chute des feuilles à une époque différente de celle assignée par la nature.

Genre 9. *Hétérophyllie*. Modification accidentelle de la forme des feuilles.

Genre 10. *Polysarcie*. Croissance subite d'un végétal.

Genre 11. *Anasarque*. Gonflement aqueux de toutes les parties d'un végétal.

Genre 12. *Fente* (*screpolo*, Ré). Séparation spontanée des parties d'un arbre.

Genre 13. *Phthisie*. Dépérissement de toutes les parties d'un végétal.

Genre 14. *Botanopséphide*. Endurcissement des racines des végétaux.

Genre 15. *Ulcère*. Ouverture qui se fait au tronc des arbres, par où s'écoulent des sucs altérés provenant de la décomposition du bois.

Genre 16. *Ictère*. Jaunisse des feuilles de toute une plante.

Genre 17. *Gangréne*. Pourriture spontanée du végétal.

Genre 18. *Langueur*. État maladif.

Genre 19. *Hémorrhagie*. Écoulement d'humeur d'un endroit quelconque d'un végétal.

### CLASSE IV. — Lésions.

Genre 1. *Blessure*.

Genre 2. *Fracture*.

Genre 3. *Amputation*.

Genre 4. *Secousse*.

Genre 5. *Contusion*.

Genre 6. *Excoriation*.

Genre 7. *Difformité*.

Genre 8. *Flagellation*.

Genre 9. *Effeuillaison*.

Genre 10. *Lacération*.

Genre 11. *Perforation*.

### CLASSE V. — Altération dont les causes sont inconnues.

Genre 1. *Rouille*. Effet de l'*uredo rubigo*.

Genre 2. *Jaunée* (*Giallume*, Ré).

Genre 3. *Miélat*.

Genre 4. *Charbon*.

Genre 5. *Carie*.

Genre 6. *Ergot*.

Genre 7. *Fungus*.

Genre 8. *Rachitis*.

Genre 9. *Taches solaires* ou *blanc*.

Genre 10. *Asphyxie*.

Genre 11. *Contagion radicale*.

Genre 12. *Maladie du jasmin*, ou *falchetto, salvanello, mosca, cancro, idropisia*.

Après Ré et Plenck, dont les systèmes n'ont eu que peu de retentissement, et sont considérés plutôt comme des théories que comme des faits coordonnés capables d'une application quelconque, il a été

publié sur les dégénérescences végétales, qui ne sont que des phénomènes pathologiques, des travaux plus ou moins heureux. Le *Bon
Jardinier* contient, sur les maladies des plantes, un travail plus étendu
et mieux coordonné que ceux que nous avons vus jusqu'à ce jour.
Elles sont divisées en six sections :

1° L'*excès* de force végétative générale ou partielle, qu'on peut
appeler *sthénie*, ou *maladies sthéniques* ;

2° La diminution de la force végétative générale ou partielle :
l'*asthénie* ou *maladies asthéniques* ;

3° Les maladies organiques ou spéciales ;

4° Les lésions physiques ;

5° Les entophytes ;

6° Les parasites végétaux ou animaux.


*Maladies sthéniques.*


La plupart des phénomènes pathologiques qui résultent de l'excès
de force végétative n'entraînent pas la mort de la plante ; c'est seulement un trouble dans l'équilibre végétal qui porte avec véhémence
les sucs nourriciers vers certains organes qui se développent d'une
manière prodigieuse ; mais les fonctions vitales n'en sont pas trou-
blées, et l'horticulture, ainsi que l'agriculture, mettent à profit
cette disposition, pour avoir des produits plus beaux ou plus savoureux. Cela a même pour conséquence de provoquer le développement de l'ensemble du végétal ; nos betteraves, nos carottes, la
plupart des plantes potagères sont dans ce cas, et c'est un véritable
phénomène d'accroissement avec excès de la force végétative ; dans
d'autres circonstances, comme cela a lieu pour les fruits, les
fleurs, etc., on ne voit se développer que quelques parties de la
plante : telles sont les hypertrophies. Il en résulte que, dans le
règne animal, la sthénie, ou l'excès de force vitale localisé, produit,
outre la turgescence, des inflammations et la désorganisation des
tissus ; dans les végétaux, au contraire, c'est tout simplement un
développement excessif avec une surabondance des fluides aqueux.
Mais cet excès de vitalité a pour conséquence une altération profonde de l'organisme végétal déterminant promptement un état
asthénique ou d'épuisement.

On fait entrer dans cette section les *gourmands*, qui résultent de l'absence d'équilibre dans les branches d'un arbre.

La *fasciation* (Pl. 32, fig. 2, 3 et 4) se voit dans la célosie à crête, qui en est un des exemples les plus vulgaires et les plus frappants.

La *phyllomanie*, ou l'excès d'accroissement des feuilles plutôt en nombre qu'en volume. Nos choux sont un produit de la phyllomanie.

La *carpomanie* ou l'abondance excessive des fruits. Quand il y en a trop, les arbres rompent sous le poids, et ils deviennent alors cause d'accidents purement physiques; la carpomanie n'est pas par elle-même une maladie, mais elle peut être cause d'états morbides variés.

La *phellose* ou *subérosie*. C'est l'épaississement subéreux de l'écorce, si frappant dans le chêne-liége. La subérosie n'est pas encore une maladie, puisque les plantes qui en sont atteintes conservent leur santé, et que leur fonctionnement vital n'en est pas troublé.

Cette première section n'est donc pas du domaine de la pathologie; la richesse du sol, la fertilité du climat, les engrais et les arrosements habilement dispensés, ces sources de la vie, en sont les causes déterminantes.

### *Maladies asthéniques.*

Les phénomènes qui rentrent dans cette section appartiennent la plupart à la tératologie, car ce sont des accidents qui n'ont rien de commun avec la pathologie; d'autres, au contraire, sont essentiellement pathologiques, et tiennent aux causes ambiantes; la privation des principes réparateurs en est la cause.

Les phénomènes qui rentrent dans la tératologie sont : la *panachure*, qui n'influe en rien sur la santé du végétal.

A la pathologie appartient la *chute des feuilles*, qui résulte de causes bien diverses, telles que l'excès de sécheresse, le froid, l'insolation, les insectes, la faiblesse naturelle à la plante. Il ne faut pas confondre cette altération, qui est un mal, avec l'effeuillaison, opération artificielle qui a pour but de faire refluer la séve vers les fruits.

Il en est de même de la chute des fruits, qui est due aux mêmes causes.

La *langueur* ou *décrépitude*, dépérissement prématuré dû aux causes ambiantes.

La *jaunisse*, appelée improprement *ictère*. Il faut distinguer le phénomène de la coloration en jaune par maladie de celle qui a pour cause l'expiration du cycle naturel de la végétation : telles sont la maturation et la cessation de la période de croissance. Le blé jaunit par maturation, les feuilles des arbres jaunissent à l'automne, parce que leur rôle physiologique est terminé. C'est dans le premier cas, seulement, qu'il appartient à la pathologie : c'est une forme particulière de l'étiolement. L'absence d'arrosement, ou l'excès d'eau, et la privation de nourriture, produisent la jaunisse. On ferait mieux d'appeler cette maladie la *jaunisse ;* car la cause de l'ictère des animaux et celle des plantes diffèrent trop pour qu'on emploie une même expression pour désigner des faits si différents.

La *chlorose* et l'*étiolement*. On a donné ce nom aux végétaux dans lesquels abondent les sucs aqueux et qui sont pâles et sans couleur. C'est une dégénérescence générale qui affecte toutes les parties de la plante et en modifie les produits. L'absence d'air et l'humidité sont la cause de cet état morbide, qui est une véritable diathèse lymphatique ou scrofuleuse; car, comme les scrofules, elle amène la carie, faute de réaction suffisante des tissus contre les agents extérieurs.

Les végétaux chlorotiques sont cependant ceux qui entrent dans nos cultures, et les qualités de volume, de saveur douce et souvent insipide que nous recherchons dans les légumes de nos jardins, ne sont que l'utilisation de l'élaboration excessive de la lymphe.

On a remédié avec succès à la chlorose en arrosant les végétaux avec une légère dissolution de sulfate de fer, qui a pour effet de leur rendre leur tonicité naturelle.

La *stérilité*. La stérilité est le résultat d'influences atmosphériques opposées, l'excès de froid ou de chaleur, qui détruisent ou atrophient les organes de la génération et empêchent ainsi la propagation par semence. Les cryptogames parasites sont encore une des causes de la stérilité : ils s'établissent dans la fleur, en envahissent tous les verticilles et détruisent les appareils générateurs ou le fruit tout formé. On cultive, dans nos jardins, des plantes qui ne donnent jamais de fruit parce que nous n'avons que des pieds femelles.

La stérilité, ou plutôt la stérilisation des fleurs par hypertrophie des organes générateurs, est une source de plaisirs pour nos jardins d'ornement. En développant le verticille staminaire, nous convertissons les filets en pétales (Pl. 33, fig. 5), et c'est ainsi que nous obtenons les fleurs doubles, dont la multiplication n'est plus possible que par les boutures ou marcottes.

*Anasarque.* C'est un état semblable à l'hydropisie, qui se distingue, comme la chlorose, par le développement exagéré des tissus sous l'influence d'un afflux trop grand de lymphe ou de fluide aqueux. Toutes les propriétés végétales sont alors modifiées, et dans ce cas les qualités odorantes ou sapides sont diminuées. Un grand nombre de fruits et de légumes acquièrent, sous l'influence de cette maladie, un volume extraordinaire et qui tient à une mauvaise élaboration des sucs nourriciers produite par l'humidité de la saison. Quand les influences extérieures permanentes sont la cause de cette maladie, on n'y peut pas porter remède, s'il s'agit de végétaux annuels : quant aux végétaux vivaces ou ligneux, ils réparent d'eux-mêmes, par le changement des modificateurs ambiants, la nature de l'élaboration des sucs nourriciers.

La *blettissure*. C'est à tort qu'on a mis cette modification chimique de certains fruits pulpeux astringents au nombre des altérations morbides : c'est un mouvement de transformation chimique opérée par l'action de la pectase et des acides organiques sur la pectose, qui est ainsi transformée en pectine; toutefois il est souvent très-difficile d'établir une ligne de démarcation tranchée entre ce phénomène et la pourriture. Dans certaines poires, dans les nèfles et les sorbes, la blettissure est très-recherchée et constitue même une des qualités essentielles de ces fruits.


### Maladies organiques.


Il est permis de se demander, en voyant des contrées tout entières envahies par certaines maladies qui se propagent parmi des végétaux de même nature, s'il y a dans le règne végétal des maladies contagieuses. Cette question, non douteuse pour les animaux, est bien moins résolue pour les plantes. Si l'on entend par *contagion* les maladies qui se transmettent par contact, les végétaux sont, comme

les animaux, soumis à une même influence; il y a encore, pour
expliquer la contagion, les miasmes, les effluves, sans doute les
corpuscules animés, qui, charriés dans l'espace et favorisés par les
influences ambiantes, se transmettent de proche en proche, et finissent par se propager dans un rayon proportionnel à ces influences.
Le typhus ne se développe que dans les hôpitaux ou les grandes
agglomérations d'hommes; les chambres des malades, malgré la pro-
preté qui y règne, ont une odeur particulière qui affecte vivement
l'odorat; les animaux eux-mêmes, les insectes surtout, tels que les
punaises et les parasites, sont chassés par l'odeur de la maladie : donc
la plupart des animaux vivants, dans l'état de maladie, émettent des
particules qui affectent l'odorat des insectes. Les maladies organiques
sont des conditions favorables au développement des végétaux d'un
ordre inférieur qui se propagent par une dissémination si nombreuse,
que tout le sol et toute l'atmosphère en sont imprégnés ; l'inoculation
du mal est facile à comprendre. D'un autre côté, les maladies
qui proviennent d'une décomposition spontanée, sont dues à des
conditions particulières de milieu qui, étant les mêmes pour des
végétaux semblables, produisent un même état pathologique. Dans
ce cas, la contagion ou la transmission par contact de certaines
désorganisations n'est pas un fait démontré; on n'a pas, au contraire, pu inoculer la gangrène à des végétaux sains, parce que les
tissus désorganisés ne sont pas susceptibles de communiquer la maladie dont ils sont atteints à des tissus voisins.

Le *tacon*, cette maladie propre au safran seulement, paraît dû à
la présence d'un cryptogame, le *perisporium crocophilum*, qui n'est
peut-être qu'un effet et non une cause. L'ablation de la partie altérée est le seul moyen de guérir les bulbes malades.

La *morve blanche*, maladie des oignons de jacinthe et des glaïeuls,
est une affection dont la cause est inconnue, mais qui paraît due à
l'influence de l'humidité; car c'est en Hollande que cette maladie
s'est développée. Elle se manifeste par la décomposition successive
des tuniques de l'oignon, de l'extérieur à l'intérieur, convertissant
le parenchyme en un liquide filant, visqueux, sans odeur, qui paraît
être le résultat d'une cause asthénique produisant l'extravasion de
la gomme.

La *maladie de la pomme de terre*. Elle a pour cause évidente,
outre les influences ambiantes et particulièrement les pluies abon-

dantes, l'humidité du sol, etc., qui ont pu la développer, l'excès de
fumure ou l'excès de développement produit par une culture ayant
pour but d'augmenter le volume des tubercules aux dépens de leur
qualité. C'est le résultat d'une espèce d'anasarque. Quant aux cryptogames et aux insectes qui se développent sur ou dans les tubercules
malades, ils ne sont que des effets, et nullement des causes; mais on
ne peut nier que, pour les cryptogames surtout, d'effet ils deviennent
cause, et jouent leur rôle dans cette maladie. On arrête facilement
cette maladie en arrachant les tubercules, et en les exposant dans un
local un peu chaud et bien ventilé. La partie malade se sèche.

La *maladie de la vigne*. Il en est de cette maladie comme de celle
des pommes de terre; elle est due à des influences générales qui
facilitent le développement d'un cryptogame qu'on a appelé *oïdium
Tuckeri*, et qui, après avoir été effet, devient cause à son tour. Cet
oïdium disparaît sous l'influence du soufre qu'on répand sur les ceps
malades, dès l'apparition du cryptogame; on peut recommencer
deux ou trois fois l'opération en cas de persistance; le soufrage est
le seul remède contre cette maladie.

*Lésions physiques.*

Les lésions physiques reconnaissent pour cause l'action des agents
météorologiques. Ainsi l'*étincelle électrique* agit à la fois comme
agent mécanique déchirant les tissus, et comme corps comburant.
La *chaleur* dessèche les fluides contenus dans les vaisseaux et cause
la mort par suspension des fonctions vitales. Le *froid*, en congelant
les fluides contenus dans les mailles des tissus, en augmente le
volume et les fait éclater; il est principalement à redouter pour les
végétaux herbacés; ses effets sont variés : sur la vigne, dont le jeune
bois est si tendre, il frappe de mort les rameaux naissants et les
désarticule à tous les nœuds; quand l'action est intense, il ne reste
plus de bois pour la taille : c'est ce qu'on appelle la *champelure*; la
*gélivure*, produite encore par le froid, se manifeste par des fentes
sur le tronc des arbres.

On avait cru pendant longtemps que les *poisons* agissaient sur les
végétaux comme sur les animaux, c'est-à-dire qu'ils étaient absorbés
par les racines, et même par les feuilles et les parties vertes, et que
charriés dans l'organisme ils y portaient la mort : cela est vrai

d'après les expériences récentes de M. le docteur Reveil pour certains poisons irritants, tels que l'acide arsénieux, le bichlorure de mercure, le sulfate de cuivre, etc., etc., lorsqu'ils sont en solution concentrée, à un ou deux millièmes par exemple; mais lorsque les dissolutions sont très-étendues, ou lorsque l'eau contient des poisons moins actifs, comme les sels de zinc, de plomb, d'antimoine, etc., les plantes souffrent, mais ne meurent pas; tandis que d'autres sels, qui n'exercent sur l'économie animale aucune action nuisible, tels que l'iodure de potassium, et surtout les chlorates alcalins, en solution même étendue, tuent rapidement les plantes.

M. Reveil a vu en outre que les alcalis organiques étaient absorbés par les plantes sans qu'elles en éprouvent aucun effet; il a vu encore que les alcaloïdes persistaient dans les feuilles pendant quelques jours, tandis qu'ils étaient rapidement détruits dans les fleurs. Quant à l'absorption par les feuilles et autres parties vertes des végétaux, elle est contestée par M. Duchartre; le moyen d'investigation dont nous venons de parler pourra servir à élucider cette question.

Les *plaies*, quelle qu'en soit la nature, sont des érosions plus ou moins profondes, des solutions de continuité, qui ne sont dangereuses que par leur étendue. D'après l'idée qu'on doit se faire du végétal, on comprend que les plaies des organes appendiculaires ont moins de gravité que celles du tronc, parce que la partie affectée meurt sans nuire aux parties voisines; tandis que, quand c'est le tronc ou la souche qui est le siége du mal, cette partie, étant l'axe, réagit sur le reste de la plante ou sur les parties qui correspondent à la partie blessée. La cicatrisation est souvent rapide dans les jeunes sujets; mais, dans les arbres vieux ou rachitiques, elle est lente, et souvent il y a épuisement par extravasion des fluides nutritifs. Les seules plaies graves sont celles qui résultent de la décortication partielle ou totale. Dans ce dernier cas, il est impossible de préserver l'arbre de la mort. En général, les plaies des arbres se guérissent par limitation, et la vie reprend son cours. On remarque, dans les végétaux ligneux, que souvent il se trouve une partie morte enchâssée dans une partie vivante : elle altère successivement les endroits voisins, et se convertit en un ulcère qui gagne de proche en proche et finit par envahir toute la plante.

Les *bourrelets*, *loupes*, *exostoses*, *nodules* et *broussins*, sont des phénomènes qui tiennent à des causes identiques, comme dans l'ani-

mal, où les loupes, les périostoses, les indurations de parties naturellement molles, s'engendrent par dépôt de particules calcaires ;
les loupes et autres accidents sont dus à des dépôts de ligneux qui
acquièrent souvent un développement considérable. Les arts tirent
parti de ces accidents naturels.

Le *couronnement* ou *décurtation* est la cessation de l'accroissement
dans le sens de la longueur, ce qui arrive quand les racines sont
arrêtées par une couche impénétrable ; il y a alors suspension de la
vie d'élongation ; l'arbre est dit *couronné* et les branches seules conservent leur vitalité pendant un certain temps, puis l'arbre périt.
Quand, au contraire, le couronnement est le résultat d'un accident ou
de l'ablation involontaire de la flèche, comme cela a eu lieu pour le
cèdre du Liban du Jardin des Plantes de Paris, l'arbre ne meurt pas ;
il n'est que mutilé.

*Entophytes.*

*Anguillules.* La présence de cet entozoaire, assez rare, et qu'on
n'a encore constatée que dans le blé, est un fait de fermentation, et
l'on sait que l'acétification est une cause de génération spontanée
des *rhabditis*, qui sont dans ce cas des effets, et non des causes ; ils
sont le résultat de l'humidité.

*Cryptogames.* Ce sont les champignons entophytes, tels que le
*sphacelia segetum*, qui produit l'ergot du seigle ; les urédinées, les
puccinies, les *phragmidium*, les gymnosporanges et les *podisoma*.

Les urédinées proprement dites sont la rouille, *rubigo vera* ; la
grosse rouille, *uredo vilmorinea* ; parmi les ustilaginées on distingue
le charbon, *ustilago segetum*, qui attaque indistinctement les céréales, froment, orge, avoine, millet ; le charbon du maïs, *ustilago maydis* ; la carie, *ustilago caries*, qui est propre à plusieurs graminées.

Le *meunier*. On donne ce nom à des taches blanches pulvérulentes
qui tapissent la surface des feuilles ; elles sont dues à la présence
d'un cryptogame du genre *érysiphe*, qui appartient aux *phytoctones*,
ou cryptogames parasites des végétaux vivants ; on peut les confondre,
pour l'aspect extérieur, avec les *oïdium* et les *botrytis*.

Ce que Raspail avait cru remarquer dans les animaux, dont il
attribuait la plupart des maladies à une influence parasitique, existe
plus réellement chez les végétaux, dont les tissus plus perméables,

et la décomposition plus facile, admettent la présence de parasites; mais ce qui frappe dans les deux règnes et qui semble justifier la théorie des générations spontanées, c'est que, dans le règne végétal, les parasites sont des végétaux de l'ordre inférieur, et les invasions animales ne sont que de rares exceptions; tandis que, dans le règne animal, ces invasions sont le fait normal. Chaque espèce, chaque groupe a ses parasites spéciaux : tantôt ce sont des aptères, tels que les poux, les puces, qui sont des épizoaires; les autres, appartenant à la classe des helminthes, sont des entozoaires : les premiers ne vivent que sur la peau : les poux et les diverses espèces du genre *pediculus* paraissent naître des diverses exsudations, mais ce sont réellement des produits d'éclosion d'œufs; les helminthes, au contraire, sont des parasites internes qui ont pris naissance à la surface des muqueuses ou dans la profondeur des tissus. On ne peut toujours dire que la présence des entozoaires soit une maladie; ils n'engendrent en général d'affections morbides que quand ils sont en trop grand nombre et altèrent le mode de vitalité des organes; dans le cas contraire, ce sont des apparitions anormales qui dépendent de l'âge, de la nourriture, de la santé du sujet ou du milieu dans lequel il vit. Quand les tissus, plus profondément désorganisés, n'offrent plus que des éléments organiques près de se transformer, ils donnent naissance à des apparitions d'un autre ordre : c'est ainsi que les œufs des diptères éclosent dans les chairs putréfiées. La putréfaction, de son côté, attire par ses émanations des insectes d'autre sorte, des silphes, des nécrophores, etc.; mais ils viennent pâturer des débris, y déposent souvent leurs œufs, qui éclosent plus tard en grande quantité et tout à coup, c'est ce qui a fait croire aux générations spontanées.

Les cryptogames ne naissent que par exception sur les produits animaux; les byssus, et en général les mucédinées, se développent sur les chairs qui ont subi la cuisson et qui sont abandonnées à elles-mêmes. Quelquefois les animaux de l'ordre inférieur, et surtout les invertébrés, succombent au développement de parasites végétaux, entre autres les guêpes, qui deviennent le siége de la croissance des *isaria* ayant quatre à cinq fois la longueur de leur corps. Ces parasites appartiennent tous ou presque tous à la grande famille des champignons et viennent sur les végétaux vivants sains, ou malades, ou sur les tissus altérés; à peine un végétal tombe-t-il, que

les cryptogames se disputent ses dépouilles, et bientôt il en est la
proie. Les champignons sont donc des végétaux qui naissent dans
toutes les circonstances où la puissance végétale est modifiée. Une
branche cesse-t-elle de recevoir une nutrition suffisante, que ses
tissus amollis ne présentent plus assez de résistance aux agents de
destruction, les cryptogames s'en emparent; une feuille se détache-
t-elle de la branche, elle devient le siége d'une végétation cryptogamique; ce sont, en un mot, les ministres de la destruction, et,
comme pour les animaux, chaque espèce a ses parasites particuliers.
La théorie de Raspail serait plus applicable aux végétaux qu'aux
animaux, mais les parasites, avant d'être les causes d'un état morbide, sont les effets d'une vie languissante et livrée à l'action de
tous les modificateurs externes : dans les animaux, les helminthes
et autres parasites ne sont également pas des causes premières de
maladie, mais les résultats d'une altération des fluides, et l'on sait
que chaque fluide organique altéré est un terrain dans lequel certains
germes végétaux ou animaux se développent plus facilement.

Le *miellat*, la *fumagine*, qui font périr les végétaux, paraissent
être des dépôts de sécrétions d'insectes, sur lesquels il naît des
champignons microscopiques; ce qui justifie la vérité de cette opinion, c'est que les deux maladies ne viennent que sur les végétaux
couverts de poussière.

### Des faux parasites.

Ce sont les lichens, les mousses, les hépatiques, qui ne nuisent à
la végétation que quand ils sont en trop grande abondance; car
dans ce cas ils causent la pourriture de l'écorce et occasionnent le
rabougrissement des arbres. Les chèvrefeuilles, le lierre, le célastre
grimpant ne nuisent guère non plus que quand ils ont écrasé l'arbre
sous leur poids.

### Des parasites vrais.

*Parasites caulicoles*. On comprend mieux l'action des parasites
caulicoles tels que le gui, qui croît sur les branches des pommiers,
des peupliers, et y cause un préjudice sensible. Les *cuscutes*, qui
croissent sur les luzernes, le thym, le serpolet, le lin, les étouffent

sous leurs étreintes et finissent par s'emparer de tout le suc nourricier. Ce ne sont pas des maladies, mais des bourreaux.

*Parasites radicicoles.* Les orobanches, la clandestine, l'hypociste, le monotropa, sont des parasites vrais, qui ont une station spéciale, mais ne paraissent pas nuire matériellement aux végétaux sur lesquels ils croissent.

Les mélampyres, les euphraises et les autres rhinanthacées viennent sur la racine des graminées, d'après les observations de M. Decaisne.

Les rhizoctones qui se fixent sur les safrans, la garance, les pommes de terre, les patates, la luzerne et les différentes espèces du genre *allium*, sont des champignons, mais de la nature la plus meurtrière. Ils répondent aussi à un état pathologique particulier de la plante ; mais, une fois établis, ils deviennent les agents les plus actifs de la destruction.

Le *blanc* des racines, maladie terrible encore, est causé par la présence d'un cryptogame appelé rhizophile.

On voit que, dans le règne végétal, il y a trois causes pour les maladies essentielles : le dépérissement ou *atrophie*, par nutrition insuffisante ; l'*hypertrophie* ou accroissement de volume, par excès de nutrition ; la *destruction par les parasites* : ce sont ces derniers qui causent le plus grand nombre de maladies.

Nous ne parlerons pas des maladies causées par les insectes ; malgré leurs apparences souvent singulières, ce sont toujours des lésions plus ou moins profondes, des extravasions de sucs épanchés au dehors sous mille formes, des pertes de substance, en un mot des altérations mécaniques qui deviennent morbides.

Nous n'avons pas besoin d'ajouter que les expressions employées pour désigner les divers états morbides des végétaux, et qui sont empruntées à la pathologie animale, ne présentent aucun caractère de ressemblance ou d'identité dans leurs caractères, leur nature, leur marche, dans les deux règnes. Ce n'est donc que par une extension très-forcée, que l'on a donné les mêmes noms à des maladies ou à des lésions bien différentes.

# CHAPITRE II



Nous avons pensé que la place qui convenait le mieux à ce chapitre était après celui qui traite de la pathologie végétale, dont il servira d'explication, et avant celui de l'espèce considérée comme unité. La plante, dans son état normal, est un être symétrique; l'asymétrie ou l'irrégularité ne procède que de l'intervention de quelques lois perturbatrices que nous n'avons pas encore découvertes; mais ce que l'expérience et l'observation nous ont révélé, c'est que toute fleur asymétrique tend à se symétriser quand elle est affectée d'un changement tératologique.

Pour bien faire comprendre l'importance de l'étude de la *tératologie*, ou, pour nous servir d'une expression plus vulgaire, des déformations qu'on a appelées *monstruosités*, il faut bien se rappeler ce que nous avons dit de la symétrie (page 98).

En botanique, comme en zoologie, on n'arrivera à jeter du jour sur les faits encore obscurs qu'en étudiant la tératologie, qui comprend depuis les plus petites modifications jusqu'aux plus grandes. Quand on les connaîtra avec certitude, on pourra mieux alors grouper les espèces, et peut-être arrivera-t-on à connaître la loi qui unit entre eux les différents éléments du règne végétal; ce sera le point de départ d'une véritable philosophie de la science.

Le système de classification adopté ici est emprunté à M. Moquin-Tandon, qui a traité avec succès cette partie importante de la science, dans ses *Éléments de tératologie végétale* (1841); nous n'acceptons pas toutefois toutes les idées qu'il a émises, car nous partageons davantage les opinions de M. Is. Geoffroy Saint-Hilaire, qui a répandu, dans le monde scientifique, des lumières nouvelles par la systématisation des phénomènes tératologiques. On regardait avant lui les monstruosités comme des jeux de la nature, aussi arbitraires que variés; mais il a démontré pour les animaux, ce qui peut s'appliquer aux végétaux, que les anomalies dérivent toutes d'une loi commune à un même genre : c'est ce qui ressort lumineusement de sa doctrine. En cela il a suivi la voie ouverte par les naturalistes philosophes, car Adanson avait dit, dans son grand ouvrage sur les familles naturelles, que les monstruosités « sont des écarts qui ont aussi leurs lois et qu'on peut ramener à des principes certains. » Il faut, pour bien saisir le sens de cette énigme vivante, connaître les lois de l'*épigénèse*, les plus fécondes en résultats philosophiques.

On peut dire que toute *anomalie* est une déviation du type normal : elle procède de l'influence des agents ambiants, de celle de la station sèche ou humide ; l'état de fertilité ou de stérilité, la température, les vents et toutes les causes dont il a été question dans le chapitre qui traite de la géographie botanique, sont autant de causes qui peuvent influer sur la production de ces anomalies. Les altérations produites par un dérangement dans la santé du végétal et par certains phénomènes généraux, tels que le froid, l'extrême sécheresse, les blessures, la piqûre des insectes, ne sont ordinairement qu'accidentelles ; tandis que certaines qualités acquises se transmettent héréditairement, et finissent par former des types spécifiques nouveaux ; ce que nous voyons par l'effet de la culture, et ce que produisent les changements de station ou de climat.

Tout en ayant cependant considéré comme typiques le nombre cinq, dans les dicotylédones, et le nombre six dans les monocotylédones, nous ne partageons pas l'opinion des botanistes qui croient que ce sont les types uniques et fondamentaux, et que chaque fois que les végétaux en ont plus ou moins, c'est qu'il y a eu atrophie ou hypertrophie des organes. Ainsi l'enveloppe unique (périanthe) des euphorbiacées n'implique pas nécessairement l'avortement constant de la corolle ; et les nombreuses étamines des renonculacées n'impliquent pas une hypertrophie. Nous croyons que cette théorie repose sur un point de vue faux, par abus de généralisation, bien toutefois qu'il y ait beaucoup de probabilité pour que les savants organographes se soient approchés de la vérité ; mais il manque trop d'éléments encore, pour se prononcer sur ce point avec certitude. La tératologie végétale est plus fertile en phénomènes que la tératologie animale ; il semblerait que, dans les plantes, les éléments des tissus soient plus oscillants que dans les animaux, ce qui tient sans doute à la nature même de la plante, en ne regardant que les dicotylédones, qui sont de véritables collections de végétaux portés sur un axe commun. Il en résulte que l'anomalie d'une partie peut exister indépendamment de celle des autres, parce que c'est un des êtres multiples qui composent le végétal atteint de difformité; tandis que dans l'animal, être plus essentiellement unitaire, l'anomalie de la partie réagit sur le tout; mais aussi, la graine provenant d'une anomalie de structure, dans la fleur qui l'a produite, peut se reproduire par voie de génération, ce qui n'empêchera pas la souche de conserver son caractère normal.

On peut regarder comme des altérations tératologiques les altérations souvent assez légères que présente le type, et qui donnent naissance à la *variété*, déviation du type reposant sur certains caractères d'importance minime, qui le plus souvent se perpétuent, retournent quelquefois au type, et se transmettent quand la multiplication a lieu par une bouture ou une marcotte, c'est-à-dire quand on n'a rien changé à la vie du végétal. Si l'on n'admet pas le retour au type, en quoi la *variété* différera-t-elle de l'*espèce*? C'est qu'en effet il est souvent difficile d'assigner à la variété un caractère qui en fasse une individualité : la variété serait alors le passage à une espèce, si les caractères sur lesquels elle est fondée devenaient fixes au lieu d'être muables. La *race* est le type primitif modifié, et qui se propage par la semence, en résistant à toutes les influences ambiantes, mais qui produit des variations. On a réservé le nom assez vague de *variation* à la variété purement accidentelle qui retourne au type dès que les influences qui l'ont produite disparaissent.

DES VARIATIONS.

Les quatre grands phénomènes qui servent à distinguer les variétés sont les changements : 1° de couleur, 2° de vestiture, 3° de consistance, 4° de taille.

§ I. *Changements de couleur*.

Comme il a été déjà parlé de la coloration des végétaux dans un des chapitres précédents, nous n'y reviendrons pas ici.

Les changements de couleur sont de trois sortes : l'*albinisme* ou la décoloration ; le *chromisme*, ou l'excès de couleur ; et les *changements de coloration*.

La privation de la lumière et de l'air produit l'*albinisme* dans la plupart des végétaux ; c'est le phénomène que nous voyons mis à profit dans nos cultures maraîchères, pour donner plus de saveur et moins de consistance aux légumes qu'on fait blanchir : tels sont les céleris, les cardons, la chicorée sauvage. Ce n'est pas un phénomène tératologique, mais bien une altération pathologique ; c'est de l'étiolement. Si les végétaux soumis à cette opération sont exposés à la lumière, ils reprennent peu à peu leur couleur verte.

Le véritable *albinisme* est très-influencé par l'action du froid ; c'est ainsi que dans les régions polaires on trouve plus de fleurs blanches que de fleurs colorées, et que les espèces que nous sommes accoutumés à voir revêtues d'une livrée brillante la perdent quand on les cultive dans le Nord ; ce que Linné nous apprend dans son *Voyage en Laponie*, où il dit n'avoir trouvé aucune fleur bleue ou rouge qui n'ait des variétés incolores.

L'altitude, qui répond à l'abaissement de température, est dans le même cas : les plantes des plaines, transportées sur les montagnes, perdent de l'éclat de leurs couleurs, surtout les fleurs rouges ou bleues, et passent souvent au blanc ; le jaune est moins facilement altérable.

La nature du sol joue un grand rôle dans ce phénomène : lorsqu'il est de mauvaise qualité, il influe puissamment sur la coloration, altère les couleurs vives et les fait passer au blanc.

Quant à l'albinisme de certaines fleurs et de quelques fruits, on ne peut lui assigner d'autre cause qu'une modification dans le mode de nutrition ; il en est de même des plantes à feuilles panachées, qui sont si communes dans nos jardins, entre autres l'*aucuba japonica* (Pl. 33, fig. 1), l'*agave americana*, le *phalaris arundinacea*, les alaternes. Quelquefois l'albinisme n'est pas complet, c'est une simple altération dans la nuance du vert.

Les fleurs et même les fruits se panachent facilement ; nos collections horticoles regorgent de variétés qui présentent des fleurs panachées. A la longue ces anomalies disparaissent, ce qui a lieu dans les dahlias, les tulipes et les œillets ; d'autres fois elles persistent et se transmettent ; mais, en général, la culture dans un sol trop riche a pour effet d'altérer ces variations.

Nous avons des exemples de *chromisme* dans les fruits de nos vergers, qui sont toujours chaudement colorés du côté exposé au soleil. La culture produit des résultats semblables sans qu'on en connaisse la cause : les semences de haricot présentent les nuances de couleurs les plus variées ; les pommes de terre ont produit une variété violette. Les racines, malgré la nature du milieu dans lequel elles croissent, ont souvent des couleurs très-vives : telles sont les betteraves, qui sont blanches dans la nature, et jaunes ou pourpres par suite de la culture ; les carottes, les radis, les navets qui sont rouges, jaunes, et même violets.

Le chromisme le plus commun est celui qui varie à l'infini les nuances des fleurs ; nous en avons l'exemple dans les tulipes, les anémones, les renoncules, les jacinthes, les dahlias, les pétunias, les chrysanthèmes, les glaïeuls, les rosiers, les camellias, les giroflées, qui sont cultivés en collection, et produisent chaque année des variétés nouvelles. Le bleu et le rouge sont toujours les couleurs qui se modifient le plus facilement ; les fleurs jaunes subissent moins d'altération. Les fruits présentent une égale mobilité dans leur coloration ; les feuilles elles-mêmes sont atteintes de chromisme. Nous avons des hêtres et des noisetiers à feuilles pourpres, des amaranthes à feuilles rouges ; la baselle et les bettes ont des variétés jaunes et rouges. Nous ne savons à quoi attribuer ce changement dans la couleur ; la seule chose que nous puissions dire, c'est que la variation dans la couleur ne doit pas être regardée avec trop d'importance dans la création des espèces, et il faut ne jamais oublier l'axiôme de Linné : *Nimium ne crede colori*, ne te fie pas trop à la couleur.

§ II. *Changements dans la vestiture, ou du glabrisme et de la villosité.*

Le *glabrisme* ou la disparition de la villosité, propre à certaines espèces, est un phénomène assez commun, et dû surtout à l'exubérance de la nutrition. Un sol riche, des arrosements abondants, font perdre aux végétaux les poils dont ils sont couverts. Ainsi le lis martagon, complétement glabre dans nos jardins, se couvre de poils courts et roides, lorsqu'il est abandonné à lui-même, et il retourne à son état primitif. L'étiolement est encore une cause de glabrisme; le changement de station (tel est, entre autres, le passage des plantes de montagne dans les plaines), et souvent même un simple changement de localité, suffisent pour produire ce phénomène. La duplicature des enveloppes florales et la vieillesse sont encore des causes fréquentes de disparition de la pilosité.

Le phénomène contraire ou le *pilosisme*, l'apparition de poils, a lieu quand les circonstances sont inverses de celles qui ont produit le *glabrisme*. Les stations maigres et sèches favorisent la production des poils; c'est ainsi que la persicaire, glabre quand elle croît au bord des eaux, se couvre de poils lorsqu'elle se trouve placée dans des lieux secs; le serpolet, le plantain corne-de-cerf, et tant d'autres, présentent des phénomènes analogues. En un mot, chaque fois qu'au lieu d'une pléthore causée par abondance de nourriture, il y a une sorte d'atrophie, de langueur dans la végétation, le *pilosisme* apparaît, et les plantes naturellement velues se hérissent de poils. L'action de la lumière est encore une des causes à signaler, et l'espèce d'atrophie produite tantôt par un abaissement de température, tantôt par un excès de chaleur, peut être regardé comme une cause prédisposante de pilosité.

### § III. *Changements dans la consistance.*

On peut considérer comme des phénomènes du même ordre la *carnosité*, ou l'augmentation du parenchyme aux dépens des parties solides, ce qui se présente fréquemment dans nos cultures potagères; c'est même à cette cause que nous devons nos légumes tendres et savoureux. L'abondance de nourriture, les arrosements fréquents et l'étiolement sont les principaux agents de ce phénomène, qui se produit naturellement quand les végétaux se trouvent dans des conditions idenfiques; et les agents extérieurs que nous avons vus produire le pilosisme, déterminent l'*induration* ou l'augmentation des parties coriaces et solides aux dépens du parenchyme : la lumière et la chaleur sont les principaux.

### § 4. *Changements dans les dimensions.*

Le *nanisme*, ou la diminution de la taille, se retrouve fréquemment dans nos végétaux cultivés, où l'on voit des variétés désignées sous le nom de *naines*, pour indiquer la nature de la plante. Nous avons des variétés naines de haricots, de pois, de reines-marguerites, de rosiers, de dahlias, de chrysanthèmes. Le pommier Paradis est une variété naine du pommier commun. On connaît aussi un grand nombre de plantes naines croissant spontanément, entre autres un pigamon, un ajonc, une renoncule, un sèneçon, un plantain, etc. Nos espèces botaniques présentent des variétés naines : telles sont la renoncule scélérate, le trèfle couché, le *samolus valerandi*, etc.; mais le nanisme affecte encore certaines plantes, sans pour cela que les caractères en soient altérés : tels sont, entre autres, la tanaisie, le plantain à grandes feuilles, les soucis, le chrysanthème des prés, qui sont quelquefois réduits à des proportions exiguës, par suite des changements de station. Les altitudes sont encore une cause de nanisme. On peut produire artificiellement le nanisme : c'est ainsi que nous avons conservé pendant cinq ans, dans une petite bouteille d'eau, un jeune pied de sureau qui avait 10 centimètres au moment de la déplantation, et qui, cinq ans après, n'en avait que 23. Il était plein de santé, et un accident seul empêcha de pousser plus loin l'expérience. Nous avons élevé dans un sol siliceux, appauvri artificiellement par des lavages, un pied de reine-marguerite, dont la tige avait 4 centimètres de hauteur, et la fleur à peine un centimètre de diamètre. C'était le nanisme par défaut de nutrition, et cette cause est la plus commune.

Le *géantisme* ou *gigantisme* est le contraire du *nanisme*, et produit par des circonstances opposées. Nous trouvons fréquemment le *géantisme* par excès de nutrition, dans nos cultures maraîchères et horticoles, où tous les agents de la végétation, habilement combinés, donnent aux plantes le plus grand degré possible d'accroissement. Quelquefois il est accidentel : tel est, entre autres, ce fameux chou colossal qui a occupé tout Paris, et n'était qu'une variété géante accidentelle. Dans l'état de nature, le *géantisme* est encore fréquent, et la *Flore* de notre pays renferme un grand nombre de variétés et même d'espèces, désignées par les noms de *géant, grand, très-*

*grand* : telles sont la grande orobanche, une espèce d'androsace, une espèce de pimprenelle, une consoude, une scabieuse. Linné conseille dans sa *Philosophie botanique* de s'abstenir de considérer trop facilement comme caractère spécifique ce développement anormal. Souvent un simple changement de station suffit pour produire le géantisme, et quelquefois la greffe détermine l'excès de développement des formes.

Quant au *géantisme* par longévité, il peut être regardé comme accidentel. Aussi ne citerons-nous qu'un petit nombre de faits rentrant dans cette classe de phénomènes. Pour ne citer que les faits connus, il faut mettre en première ligne le *gros châtaignier* de Sancerre, qui était déjà désigné sous ce nom il y a six cents ans, et qui doit en avoir au moins huit cents; l'*oranger de Nice*, qui avait plus de 3 mètres de circonférence, et rapportait chaque année 5 à 6,000 oranges; l'*oranger de Versailles*, connu sous le nom de Grand-Bourbon, et qui a quatre cents ans; les *platanes* de Bujuk-Déré, qu'on croit avoir plus de sept cents ans; les *cèdres* du Liban, qui avaient huit cents ans en 1787; le *tilleul de Norwich*, qui avait plus de cinq cents ans; le *sapin* mesuré par M. Berthelot sur la montagne de Béqué, et qui est connu sous le nom d'*écurie des chamois*, parce que ces animaux y cherchent un abri pendant l'hiver : son âge est évalué à douze cents ans; le célèbre *chêne d'Allouville*, qui a plus de huit cents ans; un *olivier* existant aux environs de Nice, et qui a plus de cent ans : il produisait, à l'époque de sa plus grande vigueur, 150 kilogrammes d'huile : les *ifs* de l'abbaye de Fontaine dans le comté d'York, qui avaient douze cents ans à la fin du siècle dernier; le *cyprès de Montézuma*, contemporain de ce prince, et celui de Santa-Maria de Terla, que M. De Candolle estimait avoir quatre mille ans; les baobabs vus par Adanson aux îles de la Madeleine, et qu'il disait avoir six mille ans; le *dragonnier* d'Orotava, dans les Canaries, auquel M. Berthelot croit pouvoir attribuer six mille années d'existence; et enfin le géant des forêts de la Californie, le *sequoia gigantea*, qui atteint 90 et 100 mètres de hauteur sur 6 à 10 mètres de diamètre, et dont les plus gros n'ont, dit-on, pas plus de 4200 ans.

Il résulte, des observations faites sur le géantisme par longévité, que les arbres à bois dur offrent des exemples plus fréquents de ce phénomène, bien que les baobabs, dont le bois est mou, se présentent comme une exception.

Il résulte de ce qui précède que, dans la création des espèces, il ne faut pas attacher trop d'importance à la couleur, à la pilosité, non plus qu'à la taille. Pour s'assurer si un végétal n'a pas pu subir de ces changements qui en modifient l'aspect, il faut bien étudier les circonstances dans lesquelles il se trouve, et voir si un changement de station n'est pas la cause des modifications que présentent ses caractères.

DES MONSTRUOSITÉS.

Les monstruosités sont des déformations du type qui se manifestent dès le moment où l'individu ou l'organe affecté se développe; elles ne sont pas, comme les variations, des phénomènes passagers ou locaux, qui se produisent sous l'influence des agents extérieurs, ne se transmettant pas toujours par voie de génération, et disparaissant avec les circonstances qui les ont produites. Ce sont des changements plus profonds, dus à la modification de la loi de développement normal, qui se poursuivent en vertu de la loi évolutive de l'épigénèse.

Elles affectent tantôt les organes appendiculaires, tantôt l'axe lui-même de la plante. Dans le premier cas, elles disparaissent souvent quand l'organe tombe et se flétrit; d'autres fois elles persistent; mais dans les monstruosités axillaires, elles durent autant que l'individu qui en est atteint. Les faits tératologiques demandent à être étudiés avec soin; ils mettront évidemment sur la voie des lois qui président au développement normal, et c'est sur l'observation de ces mêmes faits que reposera la philosophie de la science.

Les monstruosités portent sur le *volume* : atrophie, hypertrophie; sur la *forme*, qui devient irrégulière ou régulière, ou subit un changement total ; ce qu'on appelle *métamorphose*; sur la *disposition* : tels sont les soudures, les disjonctions et les déplacements; sur le *nombre* : les avortements et les multiplications.

### § I. *Monstruosités de volume.*

Pour bien comprendre ce dont il va être question dans ce paragraphe, il faut savoir qu'avant d'arriver à son développement complet, un organe passe par des formes transitoires et successives, et qu'il n'arrive à son état normal, que lorsque cette série de phénomènes n'a pas subi d'arrêt de développement, que l'évolution en est complète. Dans le cas contraire, si l'arrêt de développement a frappé l'organe au moment où il était arrivé à une de ces phases ascendantes qui devaient le conduire à l'état parfait, il y a *atrophie*, et elle est proportionnelle à l'époque d'évolution à laquelle elle correspond. Si, au contraire, un organe franchit les limites qui lui sont assignées dans l'état normal, il y a *hypertrophie* ou accroissement par excès.

L'*atrophie* des organes appendiculaires est commune. Elle se voit dans les feuilles, dont le limbe rétréci est souvent réduit à sa partie purement pétiolaire. L'arrêt de développement s'est opéré au moment où le limbe devait s'épanouir, et il l'a fait avorter en tout ou en partie. Quand ce phénomène a lieu par le seul concours des forces vitales, c'est un fait tératologique; quand, au contraire, il est le résultat de la présence d'un cryptogame, c'est un phénomène pathologique.

Le calice est atrophié dans certaines plantes, surtout dans celles que l'homme a soumises aux lois de la culture, et il se présente fréquemment ainsi dans les arbres fruitiers.

La corolle est plus fréquemment encore atrophiée, et dans ce cas tout ou partie des pétales subit un arrêt de développement, ainsi que cela se voit souvent dans les corymbifères, où les demi-fleurons de la circonférence, en s'atrophiant, ressemblent aux fleurons réguliers du disque.

L'androcée, ou le verticille qui porte les organes mâles, est sujet à de fréquents arrêts de développement : souvent l'étamine est réduite à une portion informe du filet, et dans la famille des géraniacées, le genre *erodium* présente constamment dix étamines, dont cinq étamines sont dépourvues d'anthères et réduites à de simples filets. C'est dans la fleur encore en bouton qu'il faut suivre ces arrêts de développement, qui peuvent jeter du jour sur la génération des organes normaux, et ramener les types irréguliers à des lois constantes.

Les *organes femelles* s'atrophient souvent dans certaines renonculacées, et dans la caryophyllée appelée *arenaria tetraquetra*, qui devient polygame quand elle croît sur des montagnes élevées.

On peut, par l'étude des arrêts de développement, suivre les pro-

grès de ces phénomènes dans les végétaux qui sont exceptionnellement dioïques, et même dans ceux qui le sont normalement, et où
l'on voit le plus souvent l'atrophie de l'un ou de l'autre des verticilles
appartenant aux organes reproducteurs.

L'atrophie de l'ovaire est le résultat de circonstances souvent cli-
matériques, et nos arbres fruitiers nous en donnent de trop fréquents
exemples. L'arrêt de développement porte alors sur l'ensemble des
fruits, et les graines sont infécondes ; ce sont les atrophies les plus
communes, et l'on remarque qu'elles sont plus fréquentes dans les
végétaux hybrides.

L'atrophie des organes axiles rentrerait dans le phénomène du
nanisme ; quelquefois elle est assez complète pour que le végétal ne
présente plus qu'une apparence de tige. Dans les axes secondaires,
ce sont les branches qui se changent en épines, surtout quand le
végétal souffre par privation de nourriture (Pl. 33, fig. 8).

L'*hypertrophie* est le phénomène opposé. L'organe, au lieu de
s'arrêter au moment où il est arrivé à son développement complet,
continue de croître, et présente alors un phénomène de déformation
qui est l'hypertrophie.

L'hypertrophie des feuilles est assez commune ; un échantillon de
plantain lancéolé nous a offert des feuilles longues de 30 centimètres,
et de la largeur de la main. Lorsqu'un arbre est jeune et vigoureux,
les feuilles sont le plus souvent hypertrophiées ; ainsi, nous avons
vu un tilleul, reste d'un jeune arbre dont on avait abattu la tête,
produire des feuilles de plus de 35 centimètres de diamètre ; et l'on
connaît le développement considérable des feuilles du *paulownia*
tant que la tige est encore succulente. Quelquefois l'hypertrophie ne
porte que sur une partie du limbe, et plus rarement sur la nervure
moyenne.

Le calice est accidentellement le siége d'une hypertrophie ; souvent même il acquiert un développement considérable sans que la
forme en soit altérée.

La corolle subit des amplifications semblables : elles sont très-
remarquables dans les fleurs du *viola tricolor* ; cette fleur, à l'état
sauvage, est très-petite, et apparaît dans nos jardins avec un diamètre de 6 à 8 centimètres. Les *fuschia*, les roses, les œillets, sont
presque toujours hypertrophiés, et c'est sous cette forme que nous
les recherchons dans nos cultures.

Les organes mâles et femelles se montrent souvent à nous dans un
état d'hypertrophie ; mais ce n'est qu'accidentellement, et les ovaires
ne sont hypertrophiés que par suite de la piqûre des insectes.

L'hypertrophie du fruit est un phénomène des plus communs.
Tous les fruits de nos vergers apparaissent dans cet état. Nos légumes sont dans le même cas, ainsi que nos racines alimentaires. On
peut mettre au rang des hypertrophies l'apparition de bulbilles dans
la rocambole, le lis bulbifère (Pl. 34, fig. 4) et l'oignon patate,
dont la spathe florale contient, au lieu de graines, de véritables
bulbilles (Pl. 34, fig. 3).

Les organes axiles présentent le même phénomène. Tout le monde
sait que, quand une racine rencontre un filet d'eau, les radicules se
développent dans toutes les directions, et forment ce qu'on appelle
la *queue de renard*. On peut rapprocher de cet ordre d'hypertrophie
axillaire, que M. Moquin-Tandon appelle *élongation*, la longueur
démesurée qu'acquièrent les germes de pommes de terre et de
navets, lorsqu'ils sont placés dans une cave à une certaine distance
de la lumière, vers laquelle ils se dirigent. Les lins cultivés pour le
tissage sont le produit d'un phénomène d'élongation ; ils sont semés
assez serrés pour que, ne pouvant se développer dans tous les sens,
ils ne le fassent que dans celui de la longueur ; les blés de Toscane,
dont on fait les chapeaux de paille, sont dans le même cas.

Nous ne parlerons pas des hypertrophies axillaires qu'on appelle
*renflements* ; ils ne sont le plus souvent que des cas pathologiques :
telles sont les exostoses de certains arbres ; cependant il faut considérer comme un cas d'hypertrophie les exostoses coniques qui s'élèvent sur les racines du cyprès distique.

Une sorte d'hypertrophie qui est plus importante est la *fasciation*.
Les *fascies* sont des aplatissements de la tige ou des branches, qu'on
remarque plutôt dans les végétaux herbacés que dans les légumes.
Elles sont le résultat d'un développement en éventail des fibres longitudinales qui affectent une forme semi-fasciée. On en voit un
exemple dans la *celosia cristata* ou amarante passe-velours (Pl. 33,
fig. 2), chez laquelle la fasciation est l'état normal ; le *sedum cris-
tatum* est dans le même cas. Les euphorbes y sont sujets ; nous
avons vu un bel individu de jasmin des Açores présentant une fascie
large de 8 centimètres à la partie supérieure, et qui produisait
des fleurs toutes déformées. On les trouve encore dans plusieurs

Composées, qui ont une disposition assez prononcée à ce genre de monstruosité. Quoique plus rares dans les végétaux ligneux, elles ne sont cependant pas sans exemples. Les fougères elles-mêmes présentent quelquefois cette singularité. On peut rapporter au même phénomène l'aplatissement des branches des *xylophyllum*, les rameaux des fragons (Pl. 33, fig. 3, 4), les phyllodes de certaines mimosées de la Nouvelle-Hollande.

Ce qui mérite surtout d'être observé, c'est le balancement organique qui fait que, par suite d'une solidarité réelle entre les organes, une hypertrophie est accompagnée d'atrophie, et réciproquement. Rarement, en effet, on verra ces déformations ne pas se présenter simultanément. On peut dire que le balancement organique est une loi féconde qui mérite d'être étudiée ; c'est même à elle que nous devons les fruits sans pepins ou sans noyaux ; dans certains bananiers, les néfliers, les *berberis*, les groseilliers, les semences sont avortées, et le parenchyme s'est développé avec excès : tels sont encore les ananas, qui donnent, dans nos serres, des fruits monstrueux, tandis qu'à l'état sauvage le parenchyme est peu développé.


§ II. *Des anomalies par changement de forme.*


Les *déformations*, ou altérations des lois de l'équilibre dans les végétaux symétriques, sont les résultats d'atrophie ou de développement en moins, ou bien d'hypertrophie ou développement par excès. On trouve dans cette série tératologique l'application de la loi du balancement organique, en vertu de laquelle l'excès et le défaut, l'atrophie et l'hypertrophie, sont sans cesse le résultat l'un de l'autre ou existent simultanément. Ce ne sont pas toujours les organes analogues qui sont le siége de ce balancement, mais des organes ou des portions d'organe différentes ; telles sont les atrophies des anthères, qui amènent l'hypertrophie du filet, et *vice versâ* (Pl. 34, fig. 5). Les arrêts de développement sont encore le résultat de déformations dans les organes binaires. Ainsi, si un des côtés du limbe d'une feuille s'atrophie, l'autre prend de l'accroissement, ce qu'on trouve normalement dans certains végétaux à feuilles symétriques. Un autre genre de déformation, est celui qui porte sur la figure de l'organe, sans qu'il y ait inéquiparité ou diminution de volume.

Les feuilles sont très-sujettes à la déformation : on trouve même des végétaux, tels que le mûrier à papier, qui présentent des jeux très-variés dans la figure de leurs feuilles. Le limbe est plus sujet que le pétiole à se déformer; aussi trouve-t-on fréquemment sur une même plante des feuilles de forme différente : les choux, les campanules sont dans ce cas; les synanthérées ont le plus souvent des feuilles radicales différentes des feuilles caulinaires.

Les fleurs présentent des déformations assez remarquables, et nous citerons, parmi les plus extraordinaires, celles des choux brocolis et des choux-fleurs qui résultent de l'atrophie des fleurs, ségrégées dans le brocoli, et réunies en masse dans le chou-fleur.

Les calices se déforment moins souvent que les corolles, bien qu'on puisse regarder comme une déformation calicinale digne d'attention les monstruosités qui se développent dans toutes les roses moussues.

Parmi les monstruosités de forme assez fréquentes sont celles des fleurs à éperon : souvent elles se perdent; celles qui, comme les *antirrhinum*, n'ont qu'une gibbosité sacciforme, se trouvent au contraire munies d'éperons. Les synanthérées à fleurs doubles offrent la déformation des fleurons réguliers du disque qui deviennent liguliformes, ce que nous voyons dans les matricaires et les dahlias, qu'on ne rencontre plus que rarement à l'état primitif. Cette déformation affecte plutôt la périphérie du disque que le centre.

Les étamines sont très-sujettes à la déformation, comme cela se voit dans les fleurs dont la duplication est due à l'épanouissement en lames ou à l'hypertrophie des filets, et à la réduction ou atrophie des anthères.

La déformation des ovaires est commune dans beaucoup de plantes et présente des variétés très-bizarres, comme cela se voit dans les piments, qui affectent les formes les plus variées, et les fruits du genre *citrus*, qui sont souvent très-bizarres. Les fruits de nos vergers ne sont eux-mêmes variés que par la déformation du type primitif, ce qui ne se voit au reste que pour les fruits à parenchyme épais, quoique dans l'amandier-pêche il y ait un développement du parenchyme qui est quelquefois très-considérable. Les cucurbitacées, et nos melons surtout, sont essentiellement mobiles dans leur forme : les différentes espèces de courges affectent une variété de structure très-remarquable.

Sans faire de catégories pour les différentes déformations, nou trouvons dans les feuilles des ondulations et la crispation du limbe très-fréquentes, ainsi que cela se voit dans une variété d'oseille et dans un rosier : les feuilles des robiniers se crispent très-souvent sur leurs bords, et les choux, la chicorée, affectent souvent la forme crispée ou frangée ; ce sont des effets de la culture.

La déformation en ruban se trouve fréquemment dans les plantes aquatiques : la renoncule aquatique en présente un exemple dans une de ses variétés. La sagittaire a des feuilles pétiolées à limbe distinct quand elle croît hors de l'eau, et à feuilles longuement rubanées quand elle est submergée, à tel point que plusieurs botanistes y ont été trompés et les ont prises, les uns pour une graminée, les autres pour une vallisnérie. Le plantain d'eau est dans le même cas, et la déformation de ses feuilles est la même ; les potamots à demi submergés ont des feuilles à pétioles rubanés et sans limbe ; les phyllodes des acacias, celles du buplèvre difforme et de quelques oxalis sont dans le même cas.

Les déformations cucullées des feuilles de certaines plantes sont dues à des phénomènes pathologiques, et c'est l'état normal des népenthès et des sarracéniées. Souvent, dans les renonculacées à fleurs irrégulières, on trouve des déformations cucullées (Pl. 33, fig. 5).

L'enroulement et la torsion sont des déformations qui se présentent souvent dans les organes axiles. Dans le premier cas, les enroulements sont souvent accompagnés de fasciations, mais souvent aussi ils sont le résultat de piqûres d'insectes. Dans le cas de torsion, c'est une déformation naturelle qu'on trouve très-développée dans l'orme appelé *tortillard* pour cette raison. Il existe dans nos cultures une rave en tire-bouchon appelé rave tortillée ; elle se perpétue par la semence.

Les *pélories*, au lieu d'être des déformations irrégulières, sont au contraire des altérations de forme qui régularisent des organes irréguliers dans leur état normal. Les linaires, dont la fleur est celle d'un muflier, se déforment régulièrement et affectent une forme pentalobée (Pl. 33, fig. 6) ; le rudiment de la cinquième étamine se développe dans ce cas, et, au lieu d'être didyname, la fleur est pentandre. La plupart des espèces de ce genre sont sujettes à des pélories ; un muflier a présenté le même phénomène, qui se rencontre dans certaines labiées, dans les rhinanthacées, et même dans des

balsamines et des violettes. Quelquefois les demi-fleurons des synanthérées deviennent réguliers par pélorie. Chaque fois qu'il y a
pélorie, le type déformé ressemble à un autre régulier : c'est ainsi
que les calcéolaires péloriées ressemblent aux *fabiana* ; les *teucrium*
ont la forme des campanules, les digitales celle du tabac, et de Candolle regardait les personnées comme une altération du type des
solanées, parce qu'elles semblent, par la pélorisation, retourner à ce
type.

Le contraire est plus rare : c'est-à-dire qu'on trouve plus de fleurs
irrégulières devenues symétriques par pélorisation, que de fleurs régulières devenues asymétriques. Dans les pélories, il y a diminution
de volume, et souvent il y a, dans le reste de la fleur, des déformations
concomitantes. Mais la pélorisation n'est qu'accidentelle, et souvent un individu à fleurs péloriées redevient irrégulier à la floraison
suivante. On regarde, en général, les pélories comme un cas particulier d'hypertrophie par excès d'alimentation.


## § III. *Des métamorphoses.*


Le phénomène tératologique appelé *métamorphose* est un des plus
intéressants de la tératologie végétale ; il consiste dans le changement
de structure et de fonctions de certains organes appendiculaires, qui
se trouvent convertis en organes nouveaux, et exercent à ce titre,
dans la vie du végétal qui en est atteint, le rôle de l'organe normal
en lequel ils ont été métamorphosés. Cette belle théorie, appelée à
jouer un grand rôle dans les études de physiologie végétale, et à jeter
du jour sur la véritable valeur des divers éléments qui constituent
l'individu végétal, a été exposée pour la première fois par Wolf, qui
annonça l'identité des organes élémentaires et leur réductibilité à un
type unique ; mais cette belle découverte passa inaperçue, et ce fut à
la fin du dix-huitième siècle, seulement, que Goëthe la reprit et lui
donna, par la clarté et l'élégance de son mode d'exposition et par la
portée philosophique de ses aperçus, une valeur qu'elle n'avait pu
acquérir qu'avec un interprète aussi illustre. Il fallut néanmoins
vingt années pour que ces idées pénétrassent chez nous, et ce ne fut
pas, comme on pourrait le croire, le résultat d'une inspiration, mais
autant de découvertes faites successivement, et à peu d'années de

distance, par des hommes qui n'avaient, non-seulement aucune connaissance des travaux de Goëthe, mais ne se connaissaient pas entre eux. Ce sont, en 1810, M. Pelletier d'Orléans ; en 1819, Dunal et De Candolle, et, en 1820, Turpin, ce botaniste philosophe qui a mêlé tant d'idées profondes à de simples jeux de son imagination. Depuis ce moment, il n'est pas un seul botaniste qui ne s'en soit occupé, et c'est en effet une des branches les plus intéressantes de la physiologie végétale.

Ces métamorphoses sont de quatre sortes : les unes sont la transformation des organes fondamentaux entre eux ; tels sont, 1° les changements d'étamines en pistils, et réciproquement ; 2° des organes fondamentaux en organes accessoires, les changements des feuilles en épines ; 3° des organes accessoires en organes fondamentaux, la métamorphose des aiguillons en feuilles ; 4° des organes accessoires entre eux : tel est le changement d'une glande en vrille ou d'une vrille en glande.

Nous ne donnerons à ces changements, quels qu'ils soient, que le nom de *métamorphoses*, sans établir de distinction entre eux, ni de priorité dans les rapports organiques des diverses parties des plantes, qui sont toutes parfaites, suivant le rôle que la nature leur a assigné. C'est pourquoi nous repoussons le nom de *dégénérescence*, qui ne peut s'entendre que de l'abâtardissement d'un organe plus élevé.

On a donné le nom de *virescence* à la métamorphose des organes appendiculaires en organes foliacés, cas particulier d'hypertrophie qui est très-commun et porte sur les bractées, les stipules, les aiguillons, etc. La métamorphose des sépales, qui ont déjà une apparence foliacée, se rencontre souvent dans les renonculacées, les rosacées, les primulacées, les crucifères, les papavéracées, et enfin dans les végétaux dont l'appareil calicinal se prête à ce changement, quand il y a excès de nutrition. Quoique moins fréquente dans les corolles, on la trouve cependant encore, et l'on en cite d'assez nombreux exemples. Les étamines sont plus rebelles que les autres organes à cette métamorphose ; mais les pistils ou carpelles, qui ont une structure foliaire, se prêtent fréquemment à cette transformation, qui est très-commune dans les fleurs doubles, et très-apparente surtout dans les cerisiers et merisiers, les renoncules et les anémones.

Les épines se métamorphosent assez souvent en feuilles ; il a été remarqué plusieurs fois sur les vinettiers du Népaul, dont les épines, en avançant en âge, s'aplatissent et se convertissent en feuilles (Pl. 33, fig. 9). La conversion des stipules en feuilles n'a rien qui puisse surprendre, leur structure s'y prêtant assez naturellement (Pl. 34, fig. 2).

On comprend que ce genre de métamorphose ne produit pas toujours des feuilles normales, et qu'on y doit trouver toutes les nuances possibles de modifications.

On peut rattacher à la virescence les métamorphoses des divers organes floraux en sépales, à ceux de la structure foliacée des calices, et c'est surtout dans les monocotylédones qu'on trouve certaines parties du périgone converties en sépales verts.

La *pétalisation*, ou conversion en pétales des organes fondamentaux ou accessoires, est une des métamorphoses les plus communes. On peut regarder, comme appartenant à cette classe de phénomènes, la coloration et la structure pétaloïde des bractées, dans la sauge hormin, les hortensias, certaines espèces d'euphorbia, entre autres, le splendens, les mélampyrum, les rhinanthus, les justicia, les porphyrocoma ; les calices des ancolies, des delphinium, des aconits, des anémones, sont passés normalement à l'état pétaloïde ; les sépales des orchidées brillent de couleurs aussi vives que les pétales. Quant à la conversion des organes sexuels en pétales, elle est si commune qu'il suffit de la signaler : nos roses, nos camellias, nos pivoines, etc., nous en offrent journellement des exemples, et l'on voit souvent des métamorphoses incomplètes ; les filets à demi dilatés portent encore à leur sommet une anthère souvent parfaite ; d'autres fois l'anthère est atrophiée et forme une simple gibbosité ou une simple duplicature sur une nervure saillante du filet pétaloïde (Pl. 34, fig 4). Un des faits remarquables de la pétalisation, c'est que, dans les ancolies et les autres renonculées anormales, ce sont les étamines qui se métamorphosent ; elles se convertissent en cornets qui s'emboîtent les uns dans les autres (Pl. 33, fig. 5) ; ce qui est une des belles applications de la loi de l'épigénèse, et mérite l'attention des botanistes. Quelquefois, pourtant, comme dans les ancolies stellées, les pétales sont tout simplement plans. Le seul fait digne d'être consigné ici, c'est que les fleurs polypétales doublent plus facilement que les fleurs gamopétales ou monopétales ; toutefois, parmi les polypétales, on peut signaler, comme présentant pour exceptions des exemples de duplicature, les papilionacées et les scrofulariées. Les ombellifères, les géraniacées, les polygalées, les orchidées, ne doublent jamais.

Il reste à décider si la transformation en pétales est le résultat constant de la métamorphose des filets, ou si l'anthère prend quelquefois le rôle principal. M. de Candolle dit que les clématites doublent par le filet, les renoncules par l'anthère, et les ellébores par le filet et l'anthère. Nous croyons que, dans le plus grand nombre des cas, le filet joue le rôle essentiel, et que les autres parties de l'androcée ne font que suivre. Au reste, la pétalisation est plus commune dans les familles polyandres que dans les autres.

Il arrive plus fréquemment que les pistils, entraînés dans le mouvement qui produit la métamorphose, se convertissent en pétales ; on en a des exemples très-remarquables. On peut, au reste, regarder la pétalisation comme un cas particulier de développement par excès.

Les différents éléments qui entrent dans la composition de la fleur se convertissent quelquefois aussi en étamines, ce qui constitue le phénomène de *staminisation* : cela se voit plus fréquemment dans les pétales et les ovules. M. de Candolle a trouvé un haricot dont les ailes et la carène étaient métamorphosées en étamines. Chamisso cite un fait semblable dans une digitale, et nous avons vu un pied de muflier à fleurs pourpres, dont toutes les fleurs étaient fendues jusqu'au calice ; les deux bords libres de la corolle portaient deux étamines anthérifères, parfaitement conformées, dont le pollen était fécondant, et qui ne différaient des autres qu'en ce que le filet était soudé à la corolle. Les ovules se changent aussi assez fréquemment en étamines, quelquefois même en feuilles (Pl. 33, fig. 10) ; parfois c'est l'ensemble des carpelles, d'autres fois ce n'est qu'une partie de la feuille carpellaire.

La métamorphose en pistils, ou *pistillisation,* a lieu de deux manières : tantôt ce sont les enveloppes florales, d'autres fois et plus fréquemment les étamines. La joubarbe et les *crassula* sont assez sujettes à cette anomalie. On voit souvent des épis mâles de maïs, dont une partie porte des ovaires parfaits, quoique petits. On trouve quelquefois des fleurs complétement femelles, par suite de la métamorphose des étamines en pistils. Souvent l'anthère seule se métamorphose ; d'autres fois le filet participe à ce changement.

C'est dans l'étude du développement embryonnaire des fleurs unisexuelles et polygames qu'il faut étudier ce phénomène qui mérite l'attention des physiologistes. On doit y trouver sans cesse cette conversion ou l'atrophie par résorption des organes destinés à disparaître.

Les métamorphoses des organes accessoires, quoique moins importantes, sont des cas particuliers d'atrophie qui présentent de l'intérêt. L'avortement du limbe de la feuille ou des stipules donne naissance aux vrilles, ce qu'on peut vérifier dans les gesses ; d'autres fois c'est le pédoncule, comme dans la vigne, dont la vrille porte quelquefois des fleurs atrophiées. Les écailles de certaines plantes sont des atrophies plus complètes, qui laissent à la place de l'organe avorté une ou plusieurs écailles affectant le plus souvent la forme scarieuse. C'est à un phénomène semblable qu'est due la métamorphose en poils ; et peut-être même les aigrettes des synanthérées ne sont-elles que des folioles calicinales converties en poils par avortement. Les pétioles, le limbe des feuilles, les stipules, et quelquefois même les pédicelles, se convertissent en aiguillons par atrophie avec induration. Quant à la métamorphose glandulaire, elle est assez fréquente, et c'est l'organe réduit à son expression la plus simple, et bien près d'une résorption complète.

La *chloranthie* est la métamorphose en bourgeons de tout l'ensemble de l'appareil floral ; rarement ce changement est partiel et affecte un seul verticille. Dans ce cas, il présente, au lieu de fleurs, une réunion plus ou moins compacte de feuilles. Cette anomalie, dont on a de nombreux exemples, est plus commune dans les crucifères, les graminées, les cypéracées et les juncaginées, que dans les autres familles. Il arrive souvent que la chloranthie est le résultat de la piqûre des insectes ou de la présence des cryptogames du genre *œcidium*.

L'inverse a lieu dans certaines circonstances dont la cause nous est inconnue : les bourgeons, au lieu de suivre leur mode accoutumé de développement, se changent en boutons à fleurs, et la métamorphose est assez complète pour que ces fleurs produisent des fruits.

Les liliacées offrent un exemple assez fréquent de la métamorphose des fleurs en bulbilles ayant toutes les qualités requises pour la reproduction, et l'on peut, à volonté, faire naître dans l'aisselle des feuilles de lis, des bulbilles (Pl. 34, fig. 1) analogues par leur structure et leurs fonctions à des graines en en coupant la tige un peu avant la floraison, et en la suspendant la tête en bas dans un lieu humide.

Dans les familles non bulbifères, une semblable anomalie peut se présenter; mais les exemples sont rares.

On a reconnu que cette anomalie était le résultat constant d'une hypertrophie de la graine ou de la production de bourgeons par excès de nutrition, ce qui constitue une véritable viviparité; la continuation de ce phénomène donne naissance à la *prolification* (Pl. 34, fig. 3, 6, 7, 8, 9).

Les monstruosités de disposition sont de trois sortes : 1° les *soudures*, celles chez lesquelles il y a défaut de séparation; 2° les *disjonctions* par séparation anormale; 3° les *déplacements*, par changement de situation.

Les monstruosités par *soudure* sont dues fréquemment à des atrophies ou des hypertrophies; quelquefois on ne peut les attribuer ni à l'une ni à l'autre de ces deux causes. Elles présentent ensuite tous les degrés possibles de nuances : elles sont plus ou moins complètes; ce qui ne doit pas surprendre, quand on songe à la variété des accidents qui produisent ces anomalies.

On distingue avec raison deux sortes de soudures des organes appendiculaires : celles qui ont lieu entre des organes appendiculaires appartenant à un même verticille, ce que M. de Candolle a nommé *cohérence*, et celles qui ont lieu entre des verticilles différents, qu'il a appelées *adhérence*.

Le phénomène de *cohérence* est plus fréquent dans les organes homologues, c'est pourquoi les feuilles sont de tous les organes appendiculaires ceux qui présentent les cohérences les plus fréquentes; le fraisier monophylle en est un exemple. Quelquefois ce sont les lobes qui se soudent et affectent alors des formes bizarres. C'est surtout par les bords que la cohérence a lieu. Les stipules présentent aussi ces anomalies; les calices polysépales deviennent gamosépales par cohérence, de même que dans les corolles polypétales la soudure accidentelle des pétales en fait des fleurs monopétales; les étamines se soudent par les filets ou les anthères, et l'on remarque dans la cohérence de ces organes des cohérences très-variables. C'est un sujet d'étude très-intéressant, parce que ces divers systèmes de soudures présentent des cas analogues à certaines structures, qui se retrouvent normalement dans quelques genres et même quelques familles.

Les pistils offrent aussi de nombreux exemples de cette sorte de monstruosité.

Quoique moins communes que les cohérences, les *adhérences* ont cependant encore été observées plusieurs fois ; telles sont celles des feuilles et des bractées, des pétales et des étamines, plus fréquentes que celles des sépales et des pétales, et celles des étamines et des pistils, qui représentent alors la structure normale des végétaux que Linné a réunis dans sa gynandrie.

On a donné le nom de *synophthies* aux soudures qui ont lieu entre les bourgeons ; elles diffèrent des cohérences simples, en ce qu'elles affectent l'ensemble des individus. Un des exemples les plus intéressants de la tératologie végétale est la soudure des embryons : elle produit ou plusieurs embryons dans une seule graine, ou bien la cohérence de deux graines. C'est ainsi que, dans la famille des aurantiacées, on a reconnu l'existence de plusieurs embryons dans la graine du citronnier, et l'on en trouve quatre dans celle de l'oranger, et de quatre à huit dans la variété appelée pampelmousse. Les cycadées et les conifères offrent aussi des exemples de la pluralité des embryons. Quelquefois ces embryons sont distincts et groupés symétriquement ; d'autres fois ils sont soudés ; dans ce cas, la germination présente des traces de cette cohérence. Les cotylédons sont multiples ; d'autres fois il y en a un qui avortent, et même il y a cohérence complète entre deux cotylédons.

Les synophthies des bourgeons sont plus fréquentes, et par cela même soumises à un plus grand nombre de variations. Les cohérences ne sont souvent que superficielles, et, dans ce cas, les bourgeons se développent parallèlement sans que l'anomalie persiste ; ou bien il y a synophthie complète de deux ou plusieurs bourgeons, et, dans ce cas, les éléments qui les composent sont plus nombreux ; mais c'est aux dépens de la tige qu'a lieu ce phénomène. La synophthie existe souvent avec la fasciation, et l'on comprend facilement comment ce phénomène a lieu.

Nous ne dirons que quelques mots de la *synanthie*, ou soudure entre les fleurs, parce que cette cohérence, quoique commune surtout dans nos arbres fruitiers, est soumise à la même loi que la synophthie : comme cette dernière, elle est complète ou incomplète, et quand elle est complète les éléments en sont réunis d'une manière si intime, qu'à part le volume de la fleur, qui est augmenté, elle a les caractères normaux. Souvent aussi cette monstruosité n'a lieu qu'aux dépens de certains organes qui s'atrophient ; et, dans ce cas, on trouve tous les nombres possibles dans cette combinaison. Les *synanthies* offrent un exemple frappant de l'homologie : ce sont les organes semblables qui se rapprochent et se soudent, et la loi des affinités électives s'y remarque presque toujours ; il faut des ressemblances de position ou de structure pour que les cohérences aient lieu. Les *synanthies* avec soudure des verticilles dissemblables sont plus rares, mais elles ne sont cependant pas sans exemple. On peut dire qu'en général la *synanthie* est plus commune dans les végétaux dont les fleurs sont très-rapprochées, bien que cependant elle soit très-rare dans la grande famille des composées, et les plantes à fleurs distantes présentent même ce phénomène morphologique ; mais, dans ce dernier cas, il est rare qu'on trouve plus de deux fleurs soudées ensemble. Cette anomalie de cohérence de trois et quatre fleurs n'est cependant pas sans exemple. La loi des *synanthies* est encore à découvrir, car ce n'est pas seulement une greffe causée par simple compression.

La *syncarpie*, ou la soudure des fruits entre eux, est commune dans nos arbres fruitiers, et se présente quelquefois dans les autres végétaux : le *gleditschia triacanthos* et le *cæsalpinia digyna* en offrent des exemples assez fréquents, pour qu'on puisse la regarder comme une anomalie essentiellement propre à ces végétaux. On remarque que, dans la *syncarpie*, les fruits cohérents sont très-souvent égaux : c'est encore une sorte de greffe. Quelquefois il arrive que la cohérence est devenue si intime, qu'on distinguerait difficilement les fruits l'un de l'autre. On distingue les syncarpies par les fleurs cohérentes et par les fleurs distinctes : dans le premier cas de *synanthie-syncarpie*, le fait tératologique est plus intéressant. Quelquefois un seul des fruits est resté adhérent à l'arbre qui le porte, et la nutrition de l'autre n'a lieu que par l'intermédiaire du premier. Quant aux *syncarpies* que présentent les papilionacées, elles proviennent de la monstruosité par cohérence des organes carpellaires, et l'on distingue difficilement les fruits soudés les uns des autres ; c'est souvent une monstruosité par augmentation numérique. On peut donc établir, pour loi générale, que la *syncarpie* résultant de la synanthie est plus complète que dans le cas de simple cohérence.

La *synspermie*, ou soudure des graines, est soumise aux mêmes lois, et souvent elle est le résultat de la multiplicité des embryons.

On ne peut rapporter à la *synaxie*, ou cohérence des tiges et des rameaux, que celle qui a lieu par suite de synophthie, c'est-à-dire quand deux ou plusieurs bourgeons cohérents donnent naissance à des axes ayant entre eux une cohérence manifeste, bien que souvent il y en ait de frappés d'avortement. Quant à la cohérence par simple juxtaposition, c'est une greffe en approche dont on trouve dans nos forêts des exemples très-fréquents ; c'est alors un accident et non plus un phénomène tératologique. La multiplicité des axes cohérents rentre dans la *synaxie* et ne mérite pas de mention spéciale.

Les *disjonctions* sont l'inverse des soudures ; elles ont lieu par augmentation de séparation, ou par séparation anormale ; elles affectent tous les organes appendiculaires, et ont presque toujours lieu par la scissure des parties semblables, et de haut en bas. C'est ainsi que des fleurs gamopétales deviennent polypétales, et que des fleurs gynandres deviennent *éleuthérandres* ; il en résulte que ce phénomène présente deux cas : la disjonction par scissure des parties, et la séparation des organes soudés à l'état normal. Il y a donc des disjonctions par division, ou *diérésomérie*, et des disjonctions par isolement, *éleuthéromérie*.

On trouve d'assez nombreux exemples de diérésomérie dans les organes foliacés ; c'est ainsi que dans la mercuriale et le lilas de Perse les disjonctions sont assez multipliées pour que les feuilles soient laciniées. Les végétaux cultivés dans des terrains stériles présentent ce phénomène, et l'excès de nutrition produit quelquefois le même résultat : ce sont donc encore les deux phénomènes opposés d'atrophie et d'hypertrophie qui amènent la disjonction. Les pétales deviennent bifides ou se déchiquettent par les mêmes causes, et l'on en voit des exemples dans nos jardins, surtout dans les pavots, les œillets (Pl. 33, fig. 7), les tulipes : car la culture est un des puissants modificateurs des végétaux. Les organes sexuels, étamines et pistils, offrent le phénomène de la disjonction, surtout par l'hypertrophie, et c'est même l'état normal des anthères du myrtille.

L'*éleuthéromérie* est plus fréquente que la *diérésomérie*. Les calices monosépales et les corolles monopétales deviennent polysépales et polypétales par disjonction avec assez de facilité. La primevère des jardins en offre un assez fréquent exemple, et, dans certains cas, cette anomalie est assez complexe pour tromper l'œil exercé du botaniste. Assez souvent les corolles monopétales sont disjointes dans tous leurs verticilles. Le chèvrefeuille est sujet à cette disjonction. Nous avons vu, à Versailles, une variété de rhododendron, dont la corolle était fendue jusqu'au calice et simulait une véritable corolle polypétale; la grosse campanule, la polémoine, les azalées, les digitales offrent des exemples de disjonction assez fréquents. L'hybridisation en est encore une source, et l'on a remarqué l'éleuthéromérie dans des gentianes, produite par le croisement des espèces.

Les étamines monadelphes des malvacées deviennent libres quand la fleur commence à doubler, et, dans les papilionacées, le même phénomène a lieu quand les fleurs se métamorphosent en bourgeons foliacés; mais elles-mêmes subissent cette transformation.

Dans les crucifères, la disjonction des carpelles est assez fréquente. On peut même dire que l'éleuthéromérie se présente fréquemment chez un grand nombre de végétaux; mais presque toujours elle a lieu avec transformation des enveloppes ovariennes en organes foliacés. La conversion des ovaires en fruits ne change pas toujours l'anomalie, lorsque les disjonctions sont complètes, à moins que la cohérence ne vienne rétablir l'état normal. On remarque que les disjonctions sont plus fréquentes dans les péricarpes secs que dans les fruits charnus, bien que ces derniers n'en soient pas exempts. On en trouve des exemples fort bizarres dans les fruits de l'oranger.

L'étude de la position des organes, base de toute classification, est une des plus importantes de la botanique, puisqu'elle sert de point d'appui à la classification. Il est donc d'un grand intérêt d'examiner si elle varie, de pénétrer dans cette loi d'inversion pour voir l'enchaînement des familles les unes aux autres, et de suivre la disposition symétrique des organes dans leurs différentes transformations. L'*ectopie*, nom qui convient à ce genre de monstruosité, est moins fréquente dans les végétaux que dans les animaux, car la nature tout extérieure des organes des plantes permet plus difficilement cette transposition. Toutes les causes que nous avons étudiées précédemment, la compression, la torsion, la fasciation, l'atrophie, l'hypertrophie, les cohérences, peuvent amener le déplacement des organes. Il faut avouer que, sous ce rapport, nous ne connaissons qu'un petit nombre de faits qui peuvent rentrer dans une des catégories que nous venons d'indiquer ; mais il est important de signaler ce genre de métamorphose, parce qu'il peut jeter du jour sur bien des obscurités.

La diminution du nombre par avortement est plus commune : on en trouve normalement des exemples dans les renonculacées, telles que la ficaire, les adonides, dont le nombre des pétales varie ; dans les végétaux polyandres, dont les étamines varient en nombre ; dans les monotropées, dont le nombre des écailles et des étamines varie de 2 à 10 ; dans l'adoxa, qui a des fleurs à 4 et à 5 étamines ; dans l'avortement normal des ovules, dont quelques-uns seulement se développent. Ce qui se produit normalement se présente accidentellement par atrophie ; c'est seulement dans la comparaison des deux systèmes normaux et anormaux qu'il faut chercher la loi de diminution du nombre.

L'avortement des feuilles est très-fréquent, et se trouve aussi bien dans les feuilles simples que dans celles qui sont composées. Tantôt un verticille, tantôt une spirale, peuvent être privés d'un ou de plusieurs des éléments qui les composent dans l'état normal. L'avortement complet, qu'on trouve dans quelques acacias à phyllodes, est une exception.

Les sépales du calice avortent quelquefois, mais moins souvent que les pétales qu'on trouve diminués dans leur nombre. Quand il y a avortement d'un ou plusieurs sépales, les pétales correspondants avortent aussi. M. Seringe cite un *diplotaxis tenuifolia*, dont deux pétales avaient disparu par avortement, et M. Moquin-Tandon mentionne une corolle de pois réduite à l'étendard, ce qui le rapprochait de l'état normal de l'amorpha. L'avortement des étamines est souvent concomitant avec celui des pétales ; d'autres fois, c'est un avortement purement staminal : on peut citer le *cerastium tetrandrum*. Le *mollugo cerviana*, qui a cinq étamines au Sénégal, n'en a plus que deux en France ; et, dans les monstruosités de la digitale pourprée, deux étamines ont disparu. L'état diandre des sauges et de l'*anthoxanthum odoratum* est dû à un avortement qui est devenu normal. Les pistils et les fruits, plus sujets à la compression que les autres verticilles, présentent aussi d'assez nombreux exemples d'avortement.

L'avortement complet d'un verticille est assez commun dans l'état normal. Nous avons, dans nos environs, des végétaux chez lesquels les pétales manquent entièrement; tel est, entre autres, le *sagine apetala*; mais, malgré le nom qui lui a été donné, il en présente cependant quelquefois. Un changement de climat, de station même, suffit pour produire ce phénomène. Le *cerastium viscosum* aux environs d'Agen prend parfois des pétales; la corolle du *ranunculus auricomus* avorte fréquemment en Thuringe, et, dans le jardin d'Upsal, le même phénomène a lieu pour le *campanula perfoliata* et le *ruellia clandestina*. Dans les Pyrénées orientales, l'*ajuga iva* est privé de corolle.

L'avortement des étamines se présente fréquemment : l'*erica tetralix* en offre un exemple. On a remarqué, dans un grand nombre de chénopodiées, des fleurs devenues femelles par avortement des étamines, et dans les composées cette monstruosité est assez commune. Certaines variétés de pommiers sont unisexuelles par avortement de l'androcée.

Ce qui a lieu pour les étamines se passe aussi pour les pistils, et les fleurs de certaines plantes deviennent également unisexuelles mâles par l'avortement des organes femelles. On cite le *torilis anthriscus*, qui présente au centre de son ombelle, dont les pistils sont avortés, des fleurs unisexuelles. Dans les fleurs doubles, les organes femelles avortent très-fréquemment, surtout dans les renoncules.

Le changement de climat fait quelquefois avorter les fruits, et plus souvent les graines, ce qui a lieu aussi par l'hybridisation.

On voit que l'avortement du verticille staminal produit des fleurs unisexuelles femelles; celui des pistils, des fleurs unisexuelles mâles; l'avortement complet des deux verticilles, des fleurs neutres, et, quand le phénomène n'est pas complet, des végétaux polygames.

L'avortement des organes axiles n'est jamais total, même dans les plantes dites acaules, qui ont une tige très-courte, et qui deviennent caulescentes quand elles sont placées dans des circonstances où leur tige rudimentaire présente le phénomène de l'hypertrophie avec élongation; mais, par suite des influences ambiantes, les organes axiles secondaires ou tertiaires s'atrophient, et quelquefois même avortent presque complétement. C'est le plus souvent un accident, qui ne mérite guère de prendre place dans la tératologie.

Les monstruosités par *multiplication* sont très-fréquentes : elles ne sont pas le résultat de transformations, mais bien des organes surnuméraires qui augmentent le nombre des éléments qui entrent dans la composition d'un verticille, sans qu'aucun autre organe verticillaire ait disparu ou se soit transformé. Il ne faut pas les confondre avec la disjonction; celle-ci se reconnaît à la structure même de l'organe qui se trouve dimidié; tandis que, dans la multiplication, l'organe surnuméraire présente une structure presque toujours normale. Ainsi, l'existence d'une corolle dans des plantes apétales, l'hermaphrodisme dans des végétaux unisexuels, sont des cas de multiplication. Dans les linaires péloriées, la cinquième étamine est un phénomène de multiplication, de même que les véroniques triandres ou tétrandres. Les pistils sont dans le même cas; c'est ainsi que la betterave, cultivée au Brésil, se développe souvent avec cinq stigmates. Dans les chénopodiées normalement digynes, on trouve des exemples de multiplication assez fréquents. Le nombre des carpelles est également sujet à la multiplication, et quelquefois ces individus anormaux reviennent au type symétrique. On cite des *prunus domestica* à deux fruits, des ombellifères à trois carpelles, et des cucurbitacées à quatre.

Les feuilles simples ou composées présentent des cas assez fréquents de multiplication, et il n'est pas rare de trouver des trèfles blancs à quatre, cinq folioles et plus; les stipules sont dans le même cas. Les sépales sont plus rarement affectés de cette multiplication. Les pétales se multiplient rarement; nous avons cependant vu une œnothère odorante qui, pendant une seule année, donna des fleurs à cinq pétales.

Les étamines se multiplient facilement, surtout dans les végétaux de la famille des scrophulariées, et nous rappellerons l'existence de deux étamines surnuméraires dans un muflier affecté de disjonction : d'autres fois, on remarque que la production d'étamines surnuméraires vient de l'existence d'une étamine rudimentaire, et dans ce cas c'est un phénomène d'hypertrophie; mais, dans les végétaux polyandres, l'accroissement du nombre des étamines est fréquent.

La multiplication des pistils est plus rare, mais non pas sans exemple; car on voit dans le Midi le *cneorum tricoccos* avoir quatre fruits, et aux Canaries le *cneorum pulverulentum* présente le même phénomène.

Souvent la multiplication affecte des verticilles entiers, et, parmi les végétaux qui offrent le plus souvent cette anomalie, il faut excepter ceux qui ont des involucres ou des calicules; mais ce phénomène est en général accompagné d'atrophie des organes floraux ou des verticilles supérieurs. Le calice se multiplie rarement; la corolle est au contraire fréquemment affectée de multiplication : les œillets, les roses, les renoncules sont dans ce cas. Dans la fleur multiple, tel est entre autres le *datura fastuosa*, et dans plusieurs *campanules*, la multiplication présente le phénomène remarquable de corolles emboîtées comme des cornets les unes dans les autres. Quelquefois cette multiplication a lieu sans disparition de l'androcée, d'autres fois le verticille staminal manque entièrement; c'est alors, non plus une chorise, mais une métamorphose. La multiplication du verticille staminal est plus commune encore que celle de la corolle, surtout dans les plantes qui ont un grand nombre d'étamines. Les verticilles pistillaires et les fruits sont plus rarement affectés de chorise.

La *prolification*, qui rentre dans la multiplication, est un fait tératologique dû, le plus souvent, à un excès de nutrition, et l'on en trouve de très-fréquents exemples. On distingue deux sortes de prolifications : celle des fleurs et celle des fruits.

Les fleurs frondipares, du centre desquelles il sort un bouquet de feuilles, sont assez rares; on en cite cependant des exemples dans les roses (Pl. 34, fig. 8), les renoncules, les œillets, les arbres fruitiers (Pl. 34, fig. 7), les labiées, etc., tandis que les fleurs floripares sont communes. La prolification est *médiane* quand elle se trouve au centre des organes (fig. 8); *axillaire* quand elle vient dans les aisselles, et *latérale* quand elle se forme sur le côté des fleurs (fig. 6).

On pourrait multiplier les citations, si l'on voulait énumérer tous les faits de *prolification floripare médiane*, dans lesquelles on voit sortir d'une fleur une autre fleur qui a souvent le volume de celle qu'elle surmonte : les roses, les œillets, les anémones, les renoncules, en offrent des exemples très-fréquents. Dans ce cas, il y a avortement ou atrophie dans l'une ou l'autre des deux fleurs, et assez communément c'est la fleur supérieure qui est atrophiée.

Les prolifications frondipares et floripares axillaires offrent les mêmes caractères, et ne diffèrent que par la position de la fronde ou de la fleur supplémentaire, et elles présentent toujours des métamorphoses des organes sous-jacents ou périphériques.

Les *prolifications latérales* se rencontrent surtout dans les végétaux en ombelles ou en tête : elles naissent des supports de la fleur, et l'accompagnent comme production surnuméraire. Les *frondipares latérales* sont rares, les *fleurs floripares latérales* sont au contraire très-communes ; les ombellifères, les scabieuses et les composées, en offrent de très-fréquents exemples. Un fait qui mérite d'être signalé, mais qui s'explique de lui-même, c'est que rarement ces fleurs sont accompagnées de métamorphoses, d'atrophie ou d'hypertrophie.

Il est rare, mais pourtant pas sans exemple, que les fleurs prolifères soient fécondes, et dans ce cas les fruits sont disposés à la prolification.

Les fruits prolifères, qui peuvent résulter des trois modes de prolification, sont *frondipares*, ou portent des organes foliacés (Pl. 34, fig. 7) ; *floripares*, des fleurs ; *fructipares*, des fruits (fig. 9).

On trouve des exemples fréquents de poires frondipares, et le mélèze est sujet à cette anomalie ; mais, dans les premières, la prolification est médiane, et dans l'autre latérale. C'est encore la poire qui fournit un exemple de *floriparité* ; quant aux fruits doubles, ils sont assez communs : le célèbre pommier de Saint-Valery, qui est dioïque, réunit tous les genres possibles d'anomalies, d'avortement, de multiplication, de villosité ; il n'est fécondé qu'artificiellement, et c'est un des plus curieux exemples de prolification fructipare avec pénétration et fusion. On a remarqué le même phénomène dans le froment et d'autres graminées, et parmi les cypéracées. On trouve dans les orangers la *fructiparité incluse*, c'est-à-dire qu'un fruit en contient d'autres dans son intérieur ; les pommes, les poires, les melons, les passiflores, présentent également cette curieuse anomalie ; on a même trouvé plusieurs fruits les uns dans les autres, et Turpin cite la pomme-figue dans laquelle les fruits sont emboîtés par trois, comme les tubes d'une lorgnette.

La *multicaulité* ou *polycladie* est une multiplication d'un axe unique en un nombre infini de petits rameaux qui s'entrelacent et se soutiennent ; on cite l'exemple d'un ormeau, d'un *broussonetia* et de plusieurs autres arbres. C'est plutôt un fait accidentel qu'un véritable fait tératologique.

Nous avons réuni le plus de faits généraux possible sur les phénomènes tératologiques, bien que nous devons avouer que cette branche

de la science est encore fort peu avancée; mais nous avons cru
devoir nous étendre sur ce sujet pour appeler l'attention des botanistes sur les anomalies végétales, et les inviter à rechercher si, dans
les types asymétriques, on ne revient pas constamment au type symétrique par l'observation des apparitions anormales. C'est sur les
végétaux à organes reproducteurs variables qu'il faut chercher la loi
qui préside à ce jeu incessant des métamorphoses.

# BOTANIQUE GÉNÉRALE

## LIVRE VI

### THÉORIE DES CLASSIFICATIONS OU TAXONOMIE VÉGÉTALE

# THÉORIE DES CLASSIFICATIONS

ou

## TAXONOMIE VÉGÉTALE

Nous adoptons le mot *taxonomie* comme le plus usité dans la langue des sciences, bien que le mot *taxologie* soit plus conforme à l'idée qu'on veut représenter. Cette branche de la science traite des associations établies dans les végétaux, comme une nécessité de la méthode, pour se reconnaître à travers le dédale des transformations sans nombre auxquelles est soumise la matière organique.

# CHAPITRE PREMIER



De tous les termes employés en histoire naturelle, le mot espèce est celui qui a soulevé le plus de controverses, et sur le sens réel duquel on est le moins d'accord. Mais il ne s'agit pas ici d'une simple dispute de mots reposant sur une vue de l'esprit. L'idée attachée au mot espèce divise, depuis bien des siècles, les naturalistes en deux écoles antagonistes, qui resteront divisées tant que l'une refusera de voir les faits et se retranchera derrière des *a priori*, et que l'autre persistera à s'appuyer sur l'observation et ne croira qu'à l'*a posteriori*. Néanmoins, à part le sens qu'ils y attachent, les naturalistes des deux camps s'en servent également; mais les uns, enchaînés par une pensée étrangère à la science, affirment non-seulement que l'espèce est une réalité, mais encore qu'elle est immuable et qu'elle a existé de tout temps. Ils la regardent comme l'unité organique par excellence, et accusent d'aveuglement et d'erreur ceux qui refusent d'y croire. Les autres, au contraire, s'appuyant sur les faits et secouant le joug de toute autorité que n'avoue pas la raison, nient la réalité de l'espèce et ne voient dans la nature que des individus. Ils ont été peut-être un peu trop absolus dans leurs affirmations, erreur qui leur est commune avec leurs adversaires; car l'absolu n'est pas philosophique; et, tout en défendant cette doctrine, on peut laisser au doute la part qu'il doit avoir dans les théories humaines.

Cette question se divise en quatre parties distinctes : 1° les espèces sont-elles des types existant depuis l'origine des êtres, et destinées à traverser les siècles sans s'altérer; en un mot, sont-elles éternelles et immuables? 2° les espèces ainsi définies sont-elles limitées par des caractères rigoureux? le criterium établi pour les déterminer est-il infaillible, et est-ce bien de lui qu'on se sert dans la diagnose? 3° les caractères extérieurs et tous ceux reconnus variables par tous les naturalistes ne sont-ils pas, au contraire, ceux employés pour distinguer les espèces entre elles? 4° si les partisans de l'existence empirique de l'espèce ont raison, que doit-on entendre par espèce, et quel rôle doit jouer l'espèce dans la méthode?

Voici comment s'exprime un zoologiste qui s'est fait le représentant des doctrines affirmatives, M. Hollard :

« L'élément que nous offre immédiatement la nature est l'individu...; mais l'individu n'est pas, comme le disent certaines écoles, la seule réalité naturelle : autrement l'humanité serait une fiction, et toute société serait impossible. Par delà l'individu se trouve l'espèce, l'espèce non moins réelle que l'individu, bien qu'elle ne se circonscrive pas, comme celui-ci, dans l'espace et dans le temps de manière à tomber sous nos yeux sous une forme concrète... Nous définirons donc l'espèce, *un type d'organisation, de forme et d'activité rigoureusement déterminées qui se multiplie dans l'espace et se perpétue dans le temps par génération directe et d'une manière indéfinie.* »

Cette définition a le défaut de toutes les abstractions : c'est d'être vague, et c'est, il faut le dire, le vice introduit dans la langue philosophique par l'école allemande, savante il est vrai, mais trop spéculative, et qui prend trop souvent les mots pour des idées. Par malheur, l'école française, qui avait toujours été renommée pour sa clarté et sa précision, est tombée dans cette erreur, et la langue a gagné en complication ce qu'elle a perdu en lucidité et en logique.

Buffon a défini l'espèce : « Une succession constante d'individus semblables entre eux et capables de se reproduire. »

Ainsi, dès le principe, l'espèce fut déclarée avoir pour caractères essentiels : 1° la ressemblance ; 2° la succession par voie de génération.

Cette formule a été considérée par la plupart des zoologistes comme un *criterium* infaillible, et ils l'ont tous adoptée. Cuvier, qui avait commencé par douter et fini par affirmer, a exprimé de la manière suivante le caractère auquel on distingue l'espèce : « La réunion des individus descendus l'un de l'autre, ou de parents communs, et de ceux qui leur ressemblent autant qu'ils se ressemblent entre eux. »

De Candolle a adopté une formule à peu près semblable : « L'espèce, dit-il, est la collection de tous les individus qui se ressemblent plus entre eux qu'ils ne ressemblent à d'autres ; qui peuvent, par une fécondation réciproque, produire des individus fertiles, et qui se

reproduisent par la génération, de telle sorte, qu'on peut, par analogie, les supposer tous sortis originairement d'un seul individu ou
d'un seul couple. »

Pourtant le même auteur, d'accord sur ce point avec Buffon et
Cuvier, qui l'avaient, avant lui, formulé à peu près dans les mêmes
termes, quoique d'une manière plus absolue, ajoutait : « Cette idée
fondamentale est évidemment fondée sur une hypothèse ; mais elle
est cependant la seule qui donne une idée réelle de ce que les naturalistes entendent par espèce. Le degré de ressemblance qui nous
autorise à réunir les individus sous cette dénomination est très-
variable d'une famille à l'autre ; et il arrive souvent que deux individus qui appartiennent réellement à la même espèce diffèrent plus
entre eux en apparence que des espèces distinctes : ainsi l'épagneul
et le chien danois sont, à l'extérieur, plus différents entre eux que
le chien et le loup, et les variétés de nos arbres fruitiers offrent
plus de différences apparentes que bien des espèces : les différentes
variétés de pêchers, de poiriers, de pommiers, se distinguent par le
bois, les feuilles et le fruit ; cependant elles sont issues d'une souche
commune. »

Après les naturalistes qui ont cru à l'existence absolue de l'espèce,
viennent des hommes éminents de toutes les époques qui ont exprimé
nettement leur doute sur l'existence réelle de l'espèce, considérée
comme type de l'unité organique.

Linné, le réformateur de la science, a exprimé ce doute dans ses
*Amœnitates acad.* (vol. VI, p. 296). Il dit : « Depuis longtemps je
suppose, et comme je n'ose l'affirmer, je présente mon opinion
comme une hypothèse, que toutes les espèces d'un même genre ont
formé dans le principe une seule espèce ; mais que, s'étant propagées
par des générations hybrides, de même que tous les congénères sont
issus d'une même mère, des pères différents ont engendré les diverses
espèces. »

Après lui vient Lamarck, connu comme le représentant le plus
franchement avoué de la non-existence de l'espèce. Il a émis cette
opinion dans ses écrits les plus philosophiques, et il en ressort nécessairement une croyance formelle à l'individualité des êtres :

« On a appelé espèce, dit-il (*Philosophie zoologique*, vol. I, p. 54
et suiv.), toute collection d'individus semblables qui furent produits
par d'autres individus pareils à eux. Cette définition est exacte : car

tout individu jouissant de la vie ressemble toujours, à très-peu près,
à celui ou à ceux dont il provient. Mais on ajoute à cette définition
la supposition que les individus qui composent une espèce ne varient
jamais dans leur caractère spécifique, et que conséquemment l'espèce a une constance absolue dans la nature. C'est uniquement cette
supposition que je me propose de combattre, parce que les preuves
évidentes obtenues par l'observation constatent qu'elle n'est pas
fondée..... Elle est tous les jours démentie aux yeux de ceux qui ont
beaucoup vu, qui ont longtemps suivi la nature, et qui ont consulté
avec fruit les grandes et riches collections de nos Muséums... Les
espèces des genres (nombreux en espèces), rangées en séries et rapprochées d'après la considération de leurs rapports naturels, présentent, avec celles qui les avoisinent, des dissemblances si légères,
qu'elles se nuancent, et que ces espèces se confondent, en quelque
sorte, les unes avec les autres, ne laissant presque aucun moyen de
fixer, par l'expression, les petites différences qui les distinguent...
Par la suite des temps, la continuelle différence des situations des
individus dont je parle, qui vivent et se reproduisent dans les mêmes
circonstances, amène en eux des différences qui deviennent en quelque sorte essentielles à leur être, de manière qu'à la suite de beaucoup
de générations qui se sont succédé les unes aux autres, ces individus, qui appartenaient originairement à une autre espèce, se
trouvent à la fois transformés en une espèce nouvelle distincte de
l'autre... Pour l'homme, qui ne juge que d'après les changements
qu'il aperçoit lui-même, ces mutations sont des états stationnaires
qui lui paraissent sans bornes, à cause de la brièveté d'existence
des individus de son espèce..... Parmi les corps vivants, les espèces
n'ont qu'une constance relative et ne sont invariables que temporai-
rement. »

Telle est l'opinion d'un des plus profonds naturalistes dont s'ho-
nore la science française.

Desvaux dit en traitant ce sujet : « Nous ne pouvons croire à
l'espèce en général, telle qu'on l'a définie; mais nous croyons indispensable la distinction qu'on en fait; sans cela tout rentrerait dans
la confusion comme au premier temps de l'étude des végétaux.

« Pour prouver la stabilité de l'espèce à laquelle notre expérience
ne peut plus nous permettre de croire, on s'est appuyé sur ce que les
anciens ont dit des végétaux qu'ils connaissaient; mais à cet égard

les Romains et les Grecs ne mettaient pas plus de précision que les habitants de nos campagnes n'en mettent dans la connaissance des espèces végétales : pour eux la fumeterre se composera toujours des cinq ou six espèces que le botaniste est parvenu à y distinguer ; on peut même croire que les anciens ne voyaient comme espèce nominale que ce que nous traitons maintenant de genre.

« Si l'on se contentait de définir l'espèce « une réunion d'individus se ressemblant en général dans toutes les parties essentielles et par les qualités principales, mais pouvant offrir des variations dans la forme ou dans la coloration de quelques-unes de ces parties, il est certain que l'on en donnerait l'idée la plus exacte et la plus admissible ; mais si l'on y ajoute que dans l'espèce les individus ont la propriété de continuer la reproduction par la graine, la nature et l'expérience sont là pour donner le démenti à ceux qui veulent la renfermer dans de semblables limites. Il pourrait même bien arriver encore qu'on s'entendît pour la définition ; mais, arrivés à l'application, nous avons la certitude qu'il y aurait impossibilité de la faire dans beaucoup de circonstances. »

Avant de discuter la question des distinctions spécifiques, Desvaux énumère les différentes sortes de variations qui permettent d'établir, avec autant d'exactitude qu'il est possible, les caractères qui distinguent l'espèce de la variété.

Ces variations se rapportent à quatorze classes particulières :

1° *Les variations de couleurs*, qui n'influent en rien sur les formes générales des appareils du végétal, de manière qu'il est toujours facile de ramener à leur type commun les individus qui offrent sous ce rapport quelques particularités.

2° *Les variations de saveur*, qu'on remarque dans les végétaux qui sont restés longtemps soumis aux influences de l'industrie de l'homme. Le botaniste n'en peut tenir aucun compte, qu'autant qu'elles se trouvent accompagnées des caractères d'un autre ordre et dont la fixité soit reconnue.

3° *Les variations des odeurs*, qui ne peuvent suffire à caractériser une variété et à plus forte raison pour signaler ce qu'on nomme une espèce.

4° *Les variations dans l'aspect des surfaces*, telles que la présence des poils, de la pruine qui donne une teinte glauque aux espèces qui en sont couvertes ; des glandes, des villosités, du gonflement de la surface des feuilles : tous caractères qui ne constituent souvent que des variations.

5° *Les variations résultant de la direction des parties*, telles que la verticalité, l'horizontalité ou le renversement des rameaux, qui ne sont que des caractères de variations.

6° *Les variations qui résultent de l'armature* : les aiguillons et les épines ne constituent souvent que de simples variations.

7° *Les variations tenant aux proportions des parties* ; les variations de hauteur, de grosseur, affectant la plante entière ou quelques-unes de ses parties, ne sont pas des caractères d'espèces, mais de simples variations.

8° *Les variations tenant à la forme des parties* ; les changements dans le nombre, la forme et la division des parties, la production ou l'absence de parties accessoires, telles que des éperons, des tubes, etc., sont de simples variations.

9° *Les variations dans la consistance*, qui tiennent au milieu ou à la culture, ne sont pas encore des caractères spécifiques.

10° *Les variations dans le nombre des parties* ne peuvent avoir d'importance que quand ces modifications se présentent concurremment avec d'autres dispositions.

11° *Les variations tenant aux habitudes*, phénomènes de station ou de climat qui modifient à la longue un végétal sans pour cela lui imposer des caractères spécifiques.

12° *Les variations relatives à la durée*. La durée ne peut pas fournir une distinction rigoureuse ; car dans quelques circonstances elle est variable, suivant les changements de station ou de climat ; les végétaux sont annuels ou vivaces sans que cette propriété fasse autre chose qu'une simple variété de durée.

13° *Les variations dépendantes des difformités*, qui existent dans la tératologie et affectent toutes les parties de la plante.

14° *Les variations dépendantes de la stérilité*. Ces variations, quoique plus importantes, ne constituent pas toujours des différences spécifiques ; la polyœcie en est une preuve, et il peut se produire dans les verticilles internes des avortements qui stérilisent certaines fleurs.

Nous citerons après Devaux l'opinion de Duhamel du Monceau, celle de Féburier, de Poiteau, de Sageret, etc., qui nient la fixité de l'espèce, et nous reproduisons celle de Poiret (*Leçons de Flore,*

p. 254), qui niait l'individu comme type d'unité organique :

« Outre les causes locales, dit-il (qui peuvent produire de nouvelles espèces), on peut encore ajouter le grand nombre d'étamines dont la plupart de ces plantes sont pourvues (les bruyères, les géraniums, les ficoïdes, les euphorbes, etc.), d'où il doit résulter, quand leur poussière est dispersée par les vents, si violents dans ces contrées (au Cap), un mélange favorable à la production des plantes hybrides. Nous voyons, en effet, que les genres les plus nombreux en espèces sont, la plupart, les plus fournis d'étamines : tels sont ceux cités plus haut, ainsi que les mimosas, les rosiers, les renoncules, les anémones, les cistes, etc. Ces genres grossissent tous les jours et renferment, de plus, un nombre considérable de variétés. »

Il résume sa discussion (p. 255) par une série de propositions, dont nous nous bornerons à énoncer la première, comme celle qui fait le mieux connaître la pensée de l'auteur : « 1° Il se forme, quand les circonstances sont favorables, de nouvelles espèces de plantes à la surface du globe, soit par le changement de localité, soit par le moyen d'autres espèces congénères. »

M. Is. Geoffroy Saint-Hilaire a nettement exprimé son doute sur cette question dans son *Histoire des Anomalies*, t. III, p. 606. « Le système de la fixité des espèces, dit-il en d'autres termes, cette hypothèse toute gratuite que les espèces aujourd'hui existantes ont été créées initialement, et se sont transmises immuables depuis leur origine, est encore la base presque universellement admise en zoologie. La définition de l'espèce, telle qu'elle est presque partout reproduite, est fondée sur cette pure abstraction ; et c'est sur la définition de l'espèce que s'élèvent, à leur tour, successivement, les définitions du genre, de la famille et de tous les groupes supérieurs. Il est donc vrai de dire, que l'échafaudage tout entier de la classification zoologique repose sur une base bien peu solide, puisqu'il est suspendu sur le vide... L'hypothèse de la fixité des espèces est à son tour devenue l'origine de tous ces abus de la doctrine des causes finales qui, pour la plupart des zoologistes, ont si longtemps tenu lieu (il aurait fallu dire *tiennent encore lieu*) de toute philosophie... » Nous regrettons de ne pouvoir citer tout ce passage, écrit à un sage point de vue philosophique ; on y reconnaît une étroite communauté de pensée avec son père et Lamarck ; ce n'était pas à lui de déserter une si belle cause.

Ainsi les opinions les plus divergentes sont clairement établies : 1° les uns soutiennent l'éternité et l'immutabilité des espèces ; 2° d'autres, leur fixité, sans remonter plus haut que l'observation actuelle, et se contentant de cette preuve ; 3° certains croient à l'espèce, mais à sa variation incessante par suite des modificateurs ambiants et du croisement des espèces congénères ; 4° un petit nombre de naturalistes, et l'on trouve parmi eux les hommes du plus haut mérite et de la plus noble indépendance, nient l'espèce absolue, et ne voient que des individus soumis à toutes les modifications superficielles ou profondes que produisent les agents extérieurs, et groupés, pour les besoins de l'étude, en coupes arbitraires de différents ordres.

Nous ne discuterons pas l'opinion des naturalistes qui soutiennent l'éternité des espèces, et qui voient dans les êtres organisés une création faite d'un seul jet, et se perpétuant sans altération depuis près de *six mille ans* : toutes les preuves sont contre eux, et on ne comprend pas comment ils peuvent, en présence de tant de faits qu'eux-mêmes enregistrent et étudient, soutenir leur opinion. Tout annonce dans les corps vivants, animaux ou végétaux, un modèle primitif, mais qui varie à l'infini, et sous toutes les formes.

Après les naturalistes qui croient à l'éternité de l'espèce, viennent des hommes plus sérieux : ce sont ceux qui, sans remonter si haut, se contentent de soutenir l'immutabilité des espèces. Il n'y aurait au fond qu'un seul point à examiner dans leur *criterium* : celui de la fécondité des produits, puisqu'on a vu, par ce qui précède, qu'eux-mêmes ont éliminé la ressemblance comme un caractère incertain. Mais comme ils ne peuvent, faute de vérification possible de ce criterium, avoir recours à cette preuve, et qu'ils fondent leurs espèces sur des caractères purement empiriques, c'est une question à examiner avant tout. Les modificateurs ambiants, tels que la chaleur, la lumière, le climat, la nourriture, la domesticité, ne sont, pour Cuvier et les hommes de son école, que les causes qui déterminent les variétés d'une espèce, et, suivant eux, elles n'agissent que sur les caractères les plus superficiels, tels que la couleur, l'abondance du poil, la taille de l'animal, etc.

Si nous examinons les végétaux, nous verrons que les caractères spécifiques ne sont pas établis sur le criterium solennellement reconnu, mais sur des caractères empiriques essentiellement variables.

Ainsi les caractères spécifiques sont : la tige et sa nature ligneuse ou herbacée, simple ou rameuse, sa durée, son glabrisme ou sa villosité, ce qui se rapporte à toute la plante ; ses feuilles, leurs formes, leur position, leur couleur, l'absence ou la présence du pétiole, le mode d'inflorescence, la forme, le nombre des divisions, la couleur du calice ou de la corolle, le nombre des étamines, celui des stigmates, la forme du fruit, le nombre de ses divisions, la nature de la graine, etc.

Or, voyons si ces caractères sont réellement des formes fixes, et si les mêmes causes qui font varier les animaux n'agissent pas sur les végétaux. Nous ne prendrons pour exemple que les phanérogames ; quant aux cryptogames, ils ont des formes moins fixes encore : témoin les travaux si contradictoires des naturalistes qui s'occupent de cette partie de la botanique, leur confusion et leur embarras.

Les variations que présentent les végétaux sont bien plus nombreuses que chez les animaux, parce qu'étant privés de la locomotilité, ils ne peuvent se soustraire aux influences qui les impressionnent.

Sans prendre un à un les exemples qui contredisent la valeur des caractères spécifiques, nous nous bornerons à examiner les faits bien constatés de modification profonde. Quoique ces modifications affectent les organes appendiculaires plutôt que les organes axiles, on voit les caractères varier dans des limites inconnues. On sait que, dans les terrains maigres et stériles, les tiges se chargent de rameaux courts et divergents, tandis que, dans un terrain gras ou humide, elles se dressent, se développent et deviennent d'autant plus simples, qu'elles sont plus vigoureuses. La durée et la consistance de la tige dépendent également de circonstances ambiantes : ainsi beaucoup de végétaux, vivaces dans les pays tropicaux, sont annuels dans notre climat. Le ricin, annuel et herbacé chez nous, est déjà un arbre dans nos départements méridionaux. Le réséda est dans le même cas ; cette plante, qui, chez nous, est un végétal à tige grêle et couchée, que tuent les premiers froids, devient ligneuse en serre tempérée et forme un arbuste. En Angleterre, on trouve des résédas hauts de 2 à 3 mètres, et qui durent dix ans : on sait qu'on peut, en supprimant les fleurs d'une plante annuelle, la rendre bisannuelle ou trisannuelle. Certaines torsions axillaires accidentelles se sont perpétuées et ont fini par former une variété constante : témoin l'orme tortillard.

La taille des végétaux dépend encore de l'influence des milieux. L'oseille des neiges, *rumex nivalis*, trouvée en 1836 par M. Moritzi sur les montagnes de la Suisse, à la limite des neiges, était haute à peine de 3 pouces dans son pays natal ; elle est devenue grande de plus d'un pied dans les jardins de Soleure. Mais cette espèce, qu'on avait prise d'abord pour le *rumex acetosa*, est dioïque, tandis que la dernière est dicline.

Les racines sont dans le même cas ; elles changent surtout de volume et de couleur ; quelques-unes, comme la rave tortillée, sont tordues. Les racines de betterave, de navet, de carotte, de radis, incolores dans l'état de nature, deviennent, par la culture, rouges, jaunes ou noires, et conservent cette coloration acquise.

Les épines disparaissent, comme on le sait, par la culture : aussi Linné a-t-il dit, dans sa *Philosophie botanique*, § 272, ouvrage qu'on lit trop peu : *Spinosæ arbores cultura sæpius deponunt spinas in hortis ;* celles qui existaient au moment de la plantation persistent, et les autres se changent en rameaux ; on voit, en effet, dans les jardins de nombreuses variétés inermes de plantes épineuses. Nous trouvons même à l'état sauvage une variété sans épines du *prunus spinosa* et du *rubus fruticosus*. Si, au contraire, on renverse ces conditions, et qu'on mette certains arbres dans une mauvaise terre, il s'y développera des épines.

La villosité et le glabrisme se produisent encore par des changements de milieu. Les exemples en sont très-fréquents : ainsi les végétaux des montagnes, transplantés dans les plaines, perdent leur villosité et deviennent glabres, ce qui est le résultat d'un excès de nutrition, et la production de la pubescence a lieu dans des circonstances inverses. Linné a remarqué que la persicaire, qui est glabre quand elle croît au bord des eaux, devient rude et hérissée de poils dans les lieux secs. Le serpolet, glabre dans nos champs, devient velu dans les sables maritimes. Nous trouvons dans nos environs une variété pubescente du *prismatocarpus speculum*, de l'*isatis tinctoria*, des *thymus serpyllum* et *acinos ;* une variété terrestre à feuilles rudes et velues du *polygonum amphibium* à tige et feuilles glabres ; une variété glabre du *jasione montana ;* une autre à feuilles vertes et presque glabres de l'*onopordum acanthium*.

Les feuilles subissent aussi d'innombrables variations par suite de l'influence des agents extérieurs et des excitateurs internes ; pourtant la feuille est un des principaux organes choisis pour établir une espèce, car on dit : à petites feuilles, à grandes feuilles, à feuilles linéaires, etc. ; nous citerons parmi les faits contradictoires le *broussonetia papyrifera* et le *polygonum aviculare*, dont toutes les feuilles diffèrent entre elles ; le sureau lacinié, qui est une variété du sureau commun ; deux variétés à feuilles lancéolées et elliptiques du *phyteuma orbicularis* ; une à feuilles crépues du *lepidium sativum* ; une autre à feuilles sétacées du *linaria vulgaris* ; à feuilles dentées du *ranunculus flammula* ; à feuilles ondulées du *tragopogon pratense* ; à feuilles crépues, roides et à dents épineuses du *sonchus oleraceus* ; une variété à cinq folioles de l'*eupatorium cannabinum*, et une autre de la même plante à feuilles supérieures entières. Le *cannabis sativa*, dont les feuilles sont opposées, produit une variété à feuilles alternes[1] ; viennent ensuite les variétés *longifolia, obtusifolia, rotundifolia, microphylla* du *magnolia grandiflora*. Les déformations que ces organes peuvent subir sont telles, que Poiret décrivit sous le nom de *vallisneria bulbosa* une sagittaire dont la feuille était rubanée. Le plantain d'eau porte en même temps des feuilles linéaires entières et des feuilles larges et sagittées. Les phyllodes sont, comme on le sait, très-communes dans les *acacia*. Le *cereus speciosissimus* porte à la fois des tiges aplaties et triangulaires ; et M. Guidon, jardinier à Suresnes, a vu un *cereus peruvianus* engendrer un *monstruosus*, que plusieurs botanistes regardent comme une espèce distincte.

La couleur est encore un des caractères spécifiques le plus généralement employés ; cependant aucun n'est plus incertain, et il importerait beaucoup d'observer si les différences concomitantes ne sont pas le résultat des influences qui ont changé la couleur. « *Nimium ne crede colori*, » a dit Linné (*Phil. bot.*, § 266), et il ajouta plus tard comme preuve, dans sa *Critica botanica*, p. 155, qu'en se fondant sur ce seul caractère, Tournefort a trouvé dans deux jacinthes 63 espèces, et 96 dans une seule tulipe. M. Moquin-Tandon (*Élé-*

---

[1]. Ces changements sont évidemment dus à des circonstances locales ; mais nos flores sont faites à un point de vue si peu philosophique, qu'une variété n'est indiquée la plupart du temps que par son caractère différentiel, sans qu'il soit fait mention de l'influence qui l'a dû produire. Ce travail, d'un haut intérêt scientifique, est encore tout entier à faire.

*ments de tératologie végétale*) cite l'exemple de certaines gentianes qui, bleues dans la plaine, deviennent blanches à une grande élévation ; l'*oxitropis montana* et le *trifolium pratense* passent au blanc sur les Pyrénées et les Alpes. On a vu, dans un sol médiocre, un *geranium batrachioides*, dont les fleurs sont bleuâtres, se panacher de blanc la première année, passer au blanc pur la seconde, et conserver ce caractère d'albinisme. On trouve dans nos champs une variété à fleurs blanches du *lamium purpureum*, de l'*erica vulgaris*, du *verbascum lychnitis*. Les fleurs du *symphytum officinale* sont jaunâtres ou blanches, et la variété dite *patens* a les fleurs rouges ; celles du *myosotis perennis* sont bleues ou blanches ; celles de la variété dite *versicolor* du *myosotis annua* passent au jaune en vieillissant, tandis que d'autres restent bleues. La *campanula trachelium* porte des fleurs bleues, violettes ou blanches. Les nombreuses variétés de nos jardins sont encore une preuve que rien n'est plus commun que les changements de coloration.

La forme de la corolle varie également : par atrophie ou par hypertrophie, les pétales deviennent linéaires, laciniés, bifides, ou bien larges, épais, succulents. On connaît une variété apétale de la *sagina procumbens* et de la *viola canina*. Le *jasione montana* a produit une variété à fleurs prolifères ; les fleurs des orchis présentent de fréquentes variations ; les linaires ont souvent la corolle péloriée. Leur disposition est sujette encore à de nombreuses modifications ; le *crepis virens*, à fleurs en panicules, a une variété uniflore ; le *trifolium filiforme*, dont les fleurs sont réunies en tête au nombre de 6 à 12, présente une variété, le *dubium*, dont les fleurs sont groupées par 20 à 30.

Le nombre des pétales varie aussi sur un même individu : la rue, le nerprun, le houx, le marronnier d'Inde en ont de 4 à 5 ; le fusain, de 4 à 6 ; la nigelle, de 5 à 8, la ficaire, de 8 à 9, etc. Le nombre des divisions du style et des étamines est dans le même cas : aussi Poiret rejette-t-il le nombre des étamines comme caractère spécifique, et il s'en tient à la graine. Pourtant elle aussi varie : témoin l'épinard, dont les graines sont lisses ou épineuses, et tous les botanistes s'accordent à regarder la première comme une simple variété.

Après la fleur vient le fruit, qui se modifie à l'excès. On sait que rien n'est plus variable que le nombre des loges capsulaires ; l'hy-

pertrophie parenchymateuse est d'une fréquence qui dispense de
citer aucun exemple; mais on peut mentionner comme preuve du
contraire les salicornes et les soudes cultivées au Jardin des plantes
de Toulouse, dont les fruits ont presque complétement perdu leur
nature succulente.

L'induration des baies et des drupes est encore un phénomène qui
se présente quelquefois : M. Schlechtendal a vu une vigne dont les
baies étaient devenues de véritables capsules, et M. Knight est parvenu, par des fécondations croisées, à rendre fibreux le parenchyme
de plusieurs pêches.

Une preuve de plus de l'effet du climat et surtout de l'altitude,
sont les exemples rapportés par M. Gay dans son voyage aux Andes.
« Les vrilles du *mutisia*, dit-il, étant inutiles dans ces froides régions,
où il ne croît ni buissons ni arbustes, se changent en feuilles; j'ai
remarqué aussi que les plantes herbacées dans les plaines deviennent
ici complétement ligneuses, et que plusieurs espèces d'arbres, principalement les *escallonia*, au lieu d'avoir cet aspect bifurqué qui les
caractérise, deviennent rabougries et rampent le long des rochers,
offrant ainsi moins de surface au froid dont est chargé le vent qui
passe sur ces immenses glaciers. Mais une autre observation, plus intéressante encore, est la forme imbriquée qu'affectent les feuilles de
la plupart des végétaux, même dans les genres où cette disposition
n'est pas habituelle. C'est ainsi que les feuilles du *triptilion*, si lâches
et si petites dans les régions inférieures, deviennent à cette hauteur
dures, velues, s'imbriquant étroitement sur la tige, et couvrant
même les fleurs de cette charmante plante. Les *mutisia*, presque dé-
garnis de feuilles, en sont chargés à leur extrémité, lorsqu'ils croissent sur le versant des montagnes. Les violettes n'y ont pas la forme
élégante que nous leur connaissons dans la plaine; elles sont disposées en rosettes comparables à celles des *sedum*, avec cette différence
que les feuilles, au lieu d'être presque verticales, sont entièrement
horizontales dans ces violettes alpines ; et ces feuilles, qui sont ordinairement dures et velues, sont rondes, glabres, imbriquées, et
portent à leur base des fleurs sessiles, d'un violet tirant presque sur
le rouge. Quoique très-familier avec les genres *triptilion*, *escalonia*,
*mutisia* et *viola*, l'aspect particulier de ces espèces alpines me les fit
complétement méconnaître, et je ne reconnus le genre auquel elles
appartenaient que lorsqu'après mon retour je les eus étudiées. »

Or, que devient l'espèce absolue en présence de faits que nous pourrions multiplier à l'infini, et auxquels nous ajouterons les exemples tirés de la culture, en disant des végétaux ce qui a été dit des animaux, c'est-à-dire que les modificateurs mis en action par l'homme ne sont autres que les agents naturels, variant seulement pour la quantité et la durée? Mais nous demanderons d'abord aux partisans de l'espèce immuable, si le froment, l'avoine, l'orge, le seigle, qui chaque année couvrent nos champs, et dont la graine a acquis un volume considérable, sont des variétés d'une espèce sauvage connue. Dans le cas de négative, la métamorphose est donc devenue telle, qu'on ne peut reconnaître le type sauvage de ces céréales; pourtant il existe certainement, au milieu de nous peut-être. On ne peut pas dire des végétaux ce qu'on objecterait à l'égard des animaux, que l'homme s'est emparé de l'espèce tout entière : un brin d'herbe aurait bien échappé à la main de l'homme, et nous y reconnaîtrions l'espèce primitive, si la variété n'avait subi des modifications qui la rendent méconnaissable. Nous ne connaissons pas l'histoire des variétés innombrables de cotonniers, qui envoient de tous les points du globe leurs produits sur nos marchés. Cette question, longuement discutée dans des ouvrages *ex professo*, n'a pu être élucidée d'une manière satisfaisante. Il en est de même des caféiers, du riz, du maïs, etc., qui présentent des différences sensibles à l'œil sans que l'on sache si ce sont des espèces ou de simples variétés.

Voyons maintenant dans les espèces cultivées, et dont le type sauvage nous est connu, les modifications introduites par la culture. Nous connaissons le chou sauvage, aux feuilles glauques, étroites et coriaces; il est pourtant le générateur des nombreuses variétés qui peuplent nos jardins, et dans lesquelles on trouve des modifications de forme, de couleur, de durée, de saveur, et des productions étrangères, résultats de faits tératologiques devenus persistants. On peut citer les choux verts, frangés, crépus, diversement colorés; les choux de Milan aux feuilles cloquées; les choux cabus, qui forment une pomme arrondie et consistante; les brocolis verts ou violets, dont les rameaux à fleurs portent des végétations granuliformes si singulières; les choux-fleurs, chez lesquels cette anomalie est arrivée au plus haut degré de développement; les choux-raves, dont le collet renflé est la seule partie comestible, et qui se couronnent d'un maigre bouquet de feuilles : ce sont pourtant des variétés d'un seul et même chou, lesquelles variétés se reproduisent identiquement ; et, à part certaines dégénérescences locales, jamais un chou pommé ne produira un chou-rave, ni le chou-rave un chou rouge ou un chou-fleur ; et chacune de ces variétés en produit autant d'autres, différant aussi par la couleur, la taille, la forme, la saveur, tous caractères spécifiques, etc. Dans les cucurbitacées, les formes sont peut-être moins fixes encore, et leurs fruits capricieux, différant par la couleur et la saveur, offrent les anomalies les plus bizarres. Les fruits de nos vergers ne présentent-ils pas le même phénomène? Dira-t-on que la pomme d'api, si rouge, si parfumée, soit d'une autre espèce que le gros rambour ou le calville? la poire d'épargne est-elle d'une autre espèce que le saint-germain? La pêche fondante et à peau veloutée est-elle d'une autre espèce que le brugnon à peau lisse et luisante?

Les vignes offrent une multitude de variétés reconnaissables au bois ou au feuillage ; et dans nos parterres, où les horticulteurs se plaisent à multiplier les monstres, que de variétés dans les rosiers, les pélargonium, les azalées, les camellias, les rhododendrum, les œillets, les pensées, les tulipes, les glaïeuls, les dahlias! Or, comment s'obtiennent ces variétés si nombreuses et si différentes entre elles? Par le semis, sans autre artifice ; et pourtant la voie si directe de la génération dans un milieu commun, qui devrait respecter l'espèce, n'en a nul souci : il se trouve toujours des variations organiques, et c'est à ces modifications sans cesse renaissantes que nous devons les fleurs brillantes qui embellissent nos parterres et les fruits de nos vergers.

Pourquoi les partisans de l'immutabilité de l'espèce n'ont-ils pas repoussé la théorie de la métamorphose, comme ils ont fait de la doctrine de l'unité de type dans le règne animal? car elle tend à détruire l'idée d'une fixité spécifique absolue, puisque les causes ambiantes sont les éléments modificateurs, et que mille accidents tératologiques peuvent donner lieu à des variations de forme qui sont autant de nuances apportées dans la stabilité des caractères spécifiques. La plupart des botanistes modernes ont pourtant adopté cette théorie, et en ont tiré des conséquences morphologiques sur la génération des organes.

Quant à l'influence de l'habitat, elle est connue; et c'est à cette cause que les races, et souvent les espèces nouvelles, doivent leur création. Ainsi le pommier, transporté à Saint-Pierre de Miquelon, a changé d'époque de floraison. Le seigle, cueilli par M. le comte de Villeneuve sur les montagnes Bleues, où il fleurit tardivement, reprend peu à peu sa précocité quand il est semé dans la plaine de Toulouse. Il faut aussi quelque temps aux variétés hivernales de blé pour devenir estivales.

M. Oscar Thouin (*Ann. hort.*, juin 1842) est d'accord avec tous les praticiens sur la fixité du caractère des races, transmissible par la culture. « Ces caractères, dit-il, sont le résultat d'habitudes prises sous l'influence de causes agissant progressivement par leur continuité; et ainsi les variétés transmissibles doivent être considérées comme des espèces conditionnelles, qui peuvent se perpétuer parfois indéfiniment dans les circonstances où elles se sont développées. »

La discussion qui précède démontre, ce nous semble, assez clairement que les caractères spécifiques, employés en botanique, sont purement empiriques, puisqu'ils portent sur des propriétés essentiellement variables, et que ce n'est pas en s'appuyant sur de si faibles bases, que les partisans de la fixité de l'espèce pourront obtenir gain de cause. Il reste toujours cette demande : Qu'est-ce qu'un caractère spécifique? Où faut-il le prendre pour ne pas se tromper?

On a proposé l'étude des dissemblances dans les caractères anatomiques; mais les formes ne se modifient pas toujours assez profondément pour que cette base de certitude ne soit encore trompeuse, surtout quand il s'agit d'êtres voisins l'un de l'autre; car, la plupart du temps, les caractères spécifiques sont géographiques, c'est-à-dire dus à des influences locales, qui ne causent pas la modification profonde du type. Le caractère anatomique n'est donc pas une base radicale pour la détermination de l'espèce.

On a encore établi les espèces sur les différences que les êtres présentent dans leur manière de vivre ou leur habitat; mais les nécessités de milieu font les mœurs, l'habitude d'une station les perpétue, et les dissemblances externes et souvent internes en sont le résultat. Ce sont précisément à ces stations diverses qu'on peut attribuer les créations de variétés qui, en se fixant et se perpétuant, deviennent des espèces.

Il faut donc alors en revenir au criterium de la succession par voie de génération. Or, comment peut-on arriver à ce résultat, si ce n'est par le croisement des espèces, pour s'assurer si elles sont réellement dissemblables, ou bien si ce sont de simples variétés? La question de croisement présente, il est vrai, de grandes obscurités, et elle a offert aux naturalistes qui ont voulu y avoir recours, pour constater la véritable pureté de l'espèce, suivant l'axiome des maîtres de la science moderne, des anomalies et des contradictions sans nombre. Le croisement de deux genres est toujours infécond, disent-ils, et les métis de deux espèces sont toujours stériles : c'est ce que nous allons examiner ; mais il suffit, ce nous semble, de quelques exceptions pour détruire la règle, et elles ne manquent pas.

Du reste, l'opinion de la fécondité des métis et de l'arbitraire de l'espèce est partagée par des hommes qui sont loin d'appartenir à l'école philosophique française. Allen Thomson dit (*Cyclop. of anat. and physiol.*, part. XIII, pag. 445) : « Les mulets mâles ou femelles sont communément (*usually*) impropres à la propagation. » Et plus loin il ajoute : « Nous ne devons pas oublier que la distinction des espèces est toujours *artificielle*, c'est-à-dire un ouvrage de l'homme. »

Si peu de naturalistes se sont livrés à des expériences sur le croisement des animaux des diverses classes, qu'on est obligé de recourir aux végétaux, dont le mode de génération repose sur une loi semblable à celle qui préside à la génération des animaux. Les opinions sur l'hybridité sont encore partagées ; pourtant, sur une foule de points, il n'y a pas d'incertitude, et nous trouvons extraordinaire que quelques botanistes, tels que Gærtner, Wiegman et Meyer, soutiennent la stérilité constante des hybrides. Nous citerons quelques-unes des expériences faites à ce sujet, et plusieurs sont contradictoires. Ainsi, Kœlreuter féconda la digitale jaune par la pourpre, et obtint des graines fécondes. Les deux plantes qui avaient servi à l'expérience étaient bisannuelles, et le produit fut vivace. M. A. de Saint-Hilaire a trouvé des hybrides de ces deux digitales à l'état sauvage, dans les environs de Combronde, dans la Limagne d'Auvergne ; mais elles étaient stériles. M. Boreau a trouvé le même hybride, reproduit artificiellement par M. Henslow. Le jardinier de M. Feray, au château de Chantemerle, à Essonne, a trouvé dans un petit bois l'hybride de la digitale à petites fleurs avec la digitale pourpre, ainsi que les hybrides de cette dernière et de la digitale jaune. M. Madale possède des hybrides naturels des *digitalis lutea*, *purpurea* et *ambigua*, différant suivant que l'une ou l'autre de ces espèces a joué le rôle de mâle ou de femelle. Knigt obtint des graines du croisement de l'*hibiscus palmatus* et du *vitifolius*, ce qui le porta à regarder la seconde comme une simple variété de la première; mais Knigt est un des plus fervents apôtres de l'espèce créée, et il nie toute fécondation croisée donnant des produits fertiles : seulement il est plus conciliant quant à l'effet des modificateurs ambiants, et il rapproche les espèces qui sont regardées comme les plus disparates : tels sont les *prunus armeniaca* et *siberica*, dont l'un, notre abricotier, a de gros fruits jaunes; et le second, petit arbre dont les fleurs ressemblent pour la grandeur et la couleur à celles du *kalmia*, porte de petits drupes noirs. La fraise du Chili, la fraise-ananas et la fraise écarlate produisent ensemble des individus féconds. On a obtenu par le croisement du *magnolia yulan* et du *discolor* une variété, le *soulangiana*, à fleurs odorantes comme le premier; et nos jardins se sont enrichis d'un hybride de l'*azalea* et du *rhododendrum*, qui a reçu le nom de *azaleoides* : mais nous ignorons s'il est fécond. Un exemple assez extraordinaire de croisement fécond est fourni par Kœlreuter : ce botaniste féconda l'*aquilegia vulgaris* par le pollen du *canadensis*, et n'obtint que des hybrides inféconds; mais, en intervertissant les rôles, il en résulta des hybrides féconds dont les capsules contenaient jusqu'à 40 graines. La véronique hybride [1] est le produit de la véronique à épis et de l'officinale. Le *ranunculus lacerus* est le résultat de la fécondation du *R. pyræneus* par l'*aconitifolius*. M. Sageret, qui s'est beaucoup occupé de cette question, a obtenu un singulier hybride (*Mémoire sur les cucurbitacées*, p. 36), résultant du croisement du radis noir et du chou; il l'a appelé *brassica raphanus*. Il fleurissait abondamment, mais *grenait* difficilement, et pourtant il n'était pas stérile. Le même individu portait deux espèces de siliques : les unes, semblables en tout à celles du chou; les autres, à celles du radis. Il a obtenu six hybrides bien caractérisés par les croisements successifs du *cucumis melo* et du *C. chate*. Deux espèces distinctes de *datura*, le *ferox* et le *tatula*, ont produit des individus féconds; tandis que le *tatula* et le *stramonium*

---

1. Les botanistes ont donné comme au hasard le nom d'hybrides à des plantes dont la génération n'est pas connue, et il semble ici n'avoir d'autre valeur, que celle d'intermédiaire. C'est une question qui mérite un examen approfondi.

ne donnent naissance qu'à des produits stériles, ce qui semble une contradiction. Des expériences semblables sur les belles-de-nuit et les mauves ont réussi ; mais les plantes mères sont regardées comme impropres à féconder les hybrides. On ne sait trop à quoi s'en tenir sur les résultats du croisement du *lychnis dioica* avec le *cucubalus viscosus* ; mais il paraît douteux. M. Sageret dit (p. 34), relativement à l'opinion de Kœlreuter sur l'hybridité : « Les *mulets* sont communément plus vigoureux que leurs ascendants ; mais si quelques-uns sont stériles comme les *mulets*, plusieurs autres aussi grènent et fructifient abondamment ; et cette stérilité et cette fécondité peuvent également se remarquer dans des individus pareils, c'est-à-dire provenant des mêmes ascendants. C'est aussi ce que j'ai vu, et, suivant moi, la proportion des hybrides féconds est infiniment plus grande. »

Voici, au reste, l'opinion de Lindley sur les hybrides. Il dit (*Théorie de l'horticulture*, page 76) : «Quelques auteurs, raisonnant d'après un petit nombre de faits, et d'après l'analogie qu'ils établissaient entre les végétaux et les ordres les plus élevés dans l'échelle animale, ont pensé que tous les hybrides végétaux sont stériles, et que, lorsque la stérilité n'est pas le résultat du croisement de deux espèces, ils n'en sont naturellement pas distincts, quelle que soit leur différence extérieure. Toutefois, les faits prouvent que des hybrides bien déterminés peuvent être fertiles. » Wagner dit que les hybrides qui tiennent le milieu entre les deux espèces génératrices sont absolument stériles, et qu'ils ne peuvent se propager que lorsqu'une des deux espèces domine.

Enfin, des expériences nombreuses faites par M. Naudin, il résulte que les hybrides de deux types très-différents, loin d'être condamnés à une stérilité absolue, sont fréquemment doués de la faculté de produire des graines susceptibles de germer ; mais ce savant naturaliste a constaté qu'à chaque génération l'hybride perd de son caractère distinctif, de telle sorte qu'à la troisième ou à la quatrième génération, il ne produit plus que l'un de ses deux parents. « A partir de la seconde génération, dit M. Naudin, la physionomie des hybrides se modifie de la manière la plus remarquable. Dans bien des cas, à l'uniformité si parfaite de la première génération succède une bigarrure de formes : les unes se rapprochant du type spécifique du père, les autres de celui de la mère, quelques-uns rentrant subitement et entièrement dans l'un ou l'autre. D'autres fois, cet acheminement vers les types producteurs se fait par degrés et lentement, et quelquefois on voit toute la collection des hybrides incliner du même côté. C'est que, effectivement, c'est à la seconde génération que, dans la grande majorité des cas (et peut-être dans tous), commence cette dissolution de formes hybrides qui me paraît aujourd'hui hors de toute contestation. »

D'après M. Naudin, les hybrides peuvent se diviser en deux classes : les uns qui sont fertiles par l'ovaire seulement, et les autres qui le sont à la fois par l'ovaire et par le pollen ; en d'autres termes, les uns ne sont fertiles que par le pollen de leurs ascendants, et les autres le sont par eux-mêmes.

Ainsi la question des hybrides, quoique négative sur plus d'un point, ne l'est pas sous plusieurs rapports ; car nous trouvons de nombreux exemples de fécondation d'espèce à espèce, et quelques-uns de genre à genre. Au fond, il faut avouer que cette question, par son obscurité même et en présence des faits contradictoires, fait planer l'incertitude sur l'opinion des partisans de l'espèce absolue ; mais, en admettant qu'elle doive être considérée, par les esprits prévenus, comme résolue affirmativement, on trouve encore, dans les variations produites par les agents extérieurs, assez d'arguments pour soutenir que l'espèce, telle qu'elle est définie encore aujourd'hui, est purement artificielle. Il est évident que les modifications dans les formes entraînent aussi des changements dans l'organisation profonde ; et alors, qui sait si telle espèce impropre à en féconder une autre ne le peut pas faire après une modification qui a changé ses conditions organiques? Enfin, comme en toutes choses, il existe sous ce rapport une grande obscurité pour qui cherche la vérité. Pour établir une règle fixe, on est convenu que la race ressemble à l'espèce, en ce qu'elle se reproduit sans altérations ; nous avons néanmoins, dans nos jardins, des plantes qui sont de simples variétés, et néanmoins jouissent de cette propriété : tels sont les *lonicera tatarica, grandiflora, rubra* ; le *ribes malvifolium* ; le *laserpitium dissectum* ; le *sambucus heterophylla* ; le pêcher à fleurs doubles, que M. Pepin, du Jardin des Plantes, dit se reproduire depuis quinze ans sans le moindre changement. Nous sommes convaincu, comme Lamarck, Poiret et Geoffroy, que les variétés deviennent des espèces, et que c'est ainsi que se forment les espèces nouvelles qui jettent dans la science tant d'hésitation et d'incertitude.

Si l'on suivait attentivement tous les faits qui se présentent dans la science, on verrait que les productions hybrides vont toujours croissant.

Les horticulteurs, gens simples et sans préjugés scientifiques, doutent moins de la possibilité de l'hybridité, et, pour eux, un croisement est une affaire tout ordinaire. Il est vrai qu'ils n'ont pas de théories à soutenir, et que leur but est de se créer une nouvelle source de gain; aussi regardent-ils souvent de simples variations accidentelles comme des hybrides pour lesquels ils ne peuvent faire connaître les parents.

Il est une réflexion qui ne paraît pas être venue à l'esprit des défenseurs de l'espèce, considérée comme type d'unité organique : c'est qu'ils doivent apporter le plus grand scrupule à détruire une espèce pour la fondre avec une autre, quand il y a doute, et ils doivent en faire un cas de conscience; car si cette espèce allait être réelle et qu'ils y eussent porté une main sacrilége, qu'arriverait-il? Mais on peut, sur ce point, être rassuré; ils en font plutôt plus que moins, et leur conscience est en repos.

C'est ainsi que du *ranunculus acris* de Linné, M. Jordan fait six espèces, d'après la longueur du bec des carpelles, la division des feuilles, et la souche plus ou moins rampante. Linné avait reconnu trois espèces dans les *iberis* de France; les botanistes novateurs en ont fait quinze. Avec la *viola tricolor* ou pensée sauvage, on a trouvé moyen de faire vingt-six espèces. Le pissenlit (*taraxacum dens leonis*) comprend actuellement douze espèces; et soixante-quatorze espèces ont été créées par M. Boreau pour les rosiers indigènes à la France, etc., etc.

De Candolle, cité par la plupart des botanistes comme une autorité irrécusable, ne trouva, répète-t-on, en 1832, que quarante hybrides naturels bien constatés; c'est une grande imprudence que de relever et de mettre pour ainsi dire en relief les erreurs des hommes les plus éminents dans la science. Il est évident que de Candolle avait entendu dire par là, qu'il n'avait constaté jusque-là, dans la *sphère étroite* où gravite l'expérience personnelle d'un seul homme, que quarante hybrides; mais les naturalistes, qui vont partout cherchant une autorité sous laquelle ils abritent leurs idées favorites, ont pris au pied de la lettre la parole du maître, et s'en sont fait une preuve pour réfuter ceux qui ont avancé l'opinion de la mutabilité des espèces.

Si les naturalistes, en établissant des espèces nouvelles, agissent à l'aventure et sans respect pour leur criterium, il est bien moins rationnel encore de disjoindre des espèces pour en faire des genres nouveaux. Puisque les espèces d'un même genre produisent ensemble des individus inféconds, et c'est là, dit-on, leur caractère réel, et que les genres ne produisent rien par le croisement, le genre n'est donc pas plus arbitraire que l'espèce, et l'on ne peut pas plus y porter la main qu'à celle-ci, puisque, comme elle, il a son criterium propre. Alors, que dire des naturalistes qui créent des genres nouveaux sur des caractères qui ne sont peut-être même pas des différences spécifiques?

Ainsi, depuis la classe jusqu'à l'individu, tout est arbitraire dans la science. Il n'y a donc de réel que les types généraux d'organisation, vrais dans le médium, incertains aux deux extrémités, qui jouissent de la propriété de varier dans des limites plus ou moins étendues, et, pendant une période indéterminée, sont renfermés dans un cercle de combinaisons se reproduisant avec régularité; ils sont comme autant de jalons, pour se reconnaître dans la classification naturelle des êtres. En zoologie, ce sont les groupes appelés genres, comme chat, chien, écureuil, cerf, etc.; en botanique, ce sont les familles dont les genres sont les espèces zoologiques, et les espèces les variétés.

Malgré les difficultés que présente la détermination de l'espèce, la stérilité des produits en serait encore le caractère le plus réel et le véritable criterium; mais admettons-le pleinement et sans restriction, regardons-le comme la preuve irrécusable de la règle posée par les naturalistes. Voyons comment les savants qui croient à l'espèce par sentiment plutôt que par évidence doivent procéder pour éviter toute erreur. Il leur faut la preuve de la stérilité des produits pour caractère de l'espèce, et la stérilité de l'accouplement ou le refus de croisement pour celui des genres; ils ont donc dû vérifier sur chaque être vivant, en les croisant dans toute la série, leur criterium sacramentel. L'ont-ils fait? Ils répondront à cette demande, qu'ils trouveront peut-être naïve (c'est quelquefois le nom qu'on donne à ce qu'on ne comprend pas), qu'une semblable expérience est impraticable. C'est aussi ce que nous croyons; mais, puisque, sur les trois termes de criterium, deux sont éliminés, la ressemblance et l'identité des produits, caractères communs aux races et à certaines variétés, et qu'il ne reste que le croisement à essayer, on ne peut donc se prononcer sur la réalité de l'espèce avant d'y avoir eu recours. En mathématiques, il n'y a pas de règle sans preuve; et, en logique, une affirmation n'a de valeur que quand toutes les causes d'erreur et d'incertitude ont été éliminées. Or, l'expérience est reconnue impraticable dans le plus grand nombre des cas. Pourtant, aujourd'hui on crée des espèces comme un horticulteur crée des variétés; c'est presque une profession. Aussi quel dédale que la science !

On peut ajouter, aux arguments qui prouvent l'incertitude de l'espèce, les contradictions dans lesquelles sont tombés les savants les plus célèbres. Qu'on nous permette, en faveur de l'importance du sujet, de faire une excursion rapide dans le domaine de la zoologie pour démontrer qu'il en est de même qu'en botanique. En mammalogie, cette classe si élevée dans l'échelle organique et qui comprend un nombre relativement si limité de formes, nous trouvons de nombreux exemples de l'incertitude spécifique; ainsi les orangs forment plusieurs espèces qu'on suppose de simples variétés d'âge, et les particularités ethnographiques fournies par les voyageurs se rapportent on ne sait trop à quoi. Les espèces voisines peuvent-elles engendrer par le croisement des êtres intermédiaires, et faire de nouvelles espèces sans s'en douter? C'est ce qu'on ignore; mais l'on va jusqu'à raconter des exemples d'accouplements féconds d'orangs ou de chimpanzés avec des négresses, ce qui serait à la fois une vérité bien curieuse pour la science et bien humiliante pour ceux qui refusent aux singes le droit de primogéniture. Mais on ne sait à quoi s'en tenir sur ce sujet. Il se présente maintenant une série de questions : le *mycetes niger* de Kuhl est-il bien, comme le pensait Cuvier, à qui nous empruntons ces exemples, le mâle du *mycetes barbatus* de Spix; et le *mycetes ursinus* du prince Maximilien est-il identique à l'espèce établie sous ce nom par E. Geoffroy Saint-Hilaire, ou bien au *mycetes fuscus* du même auteur, ou encore au *mycetes discolor* de Spix? Le *mycetes stramineus* de E. Geoffroy Saint-Hilaire diffère-t-il de l'espèce à laquelle Spix donne le même nom? Les Sajous et les Saïs, qui présentent de nombreuses nuances de coloration, sont-ils d'une détermination assez certaine pour qu'ils aient pu être divisés avec certitude, par Spix, en un si grand nombre d'espèces ? Le *cebus apella* était-il regardé avec raison par Cuvier comme le jeune du *cebus robustus* du prince de Neuwied; le *cebus macrocephalus* de Spix est-il bien un sajou ordinaire, comme il le croyait ? Où sont les limites qui séparent les ouistitis, qui ne diffèrent que par des nuances très-légères ? La roussette d'Edwards semble à M. Temminck n'être autre chose que le jeune âge de la roussette noire; les diverses espèces du genre molosse sont encore incertaines, et quand on les aura vérifiées, ce seront encore des espèces arbitraires. Les *sorex tetragonurus*, *constrictus* et *remifer* paraissaient à Cuvier de simples variétés d'âge du *sorex fodiens*: et les *sorex myosurus*, *Capensis*, *Indicus* et *giganteus* lui semblaient les variétés d'une même espèce. Nous rappellerons les moufettes, dont il a été déjà parlé, qui varient entre elles assez dans une même espèce pour que la distinction en soit difficile. Le *canis pallidus* de Rüppell paraît identique au *canis corsac* de Gmelin. Les *canis vulpes*, *fulvus* Desm., et *alopex* Schreb., sont-ils des variétés ou des espèces distinctes ? C'est ce qu'on ignore. Il règne encore de l'incertitude sur la distinction réellement spécifique du *felis chaus* et du *caligata*, et l'on sait combien il faut se défier des espèces nombreuses enregistrées dans les catalogues. Il est inutile de multiplier les citations, dont on ferait un volume en réunissant toutes les opinions contradictoires et les questions insolubles dans la série zoologique; nous avons seulement cherché à établir que, puisque tant d'espèces sont si incertaines, dans une classe dont les êtres peu nombreux ne peuvent, comme les oiseaux, les animaux marins, les insectes et la plupart des invertébrés, franchir de grandes distances ou se soustraire à nos investigations, en se plongeant dans les profondeurs des mers, quelle est-elle pour les autres classes? encore n'entend-on ici que l'espèce admise d'après l'examen du caractère extérieur, sans vérification du criterium, de celle que le naturaliste dénomme, sans plus de scrupule que l'horticulteur baptise une tulipe ou un dahlia. Et nous ne parlons pas des êtres si nombreux dans la science qui ont des points de ressemblance si multipliés avec plusieurs groupes, qu'on ne sait où les placer; tels sont : certaines fauvettes, des fringilles, des chevaliers, etc. On en fait souvent aujourd'hui des genres, pour se tirer d'embarras; mais c'est tourner la difficulté plutôt que la résoudre. Malgré ces incertitudes sans nombre, on ne s'arrête pas là, et les paléontologistes font des espèces nouvelles sur une vertèbre ; encore n'en ont-ils pas besoin : un morceau d'os leur suffit. C'est pourquoi nous avons déjà cinq espèces de *dinornis;* dont le genre a été établi sur un fragment de fémur, et l'on dénomme hardiment un animal dont on n'a qu'un débris insignifiant ; tandis qu'avec la tête entière du *dinotherium*, l'incertitude est assez grande pour que MM. Kaup et Owen en fassent un animal voisin des Mastodontes, et M. de Blainville un Lamantin. On ignore si le dronte, récemment perdu, et dont on a une tête, une patte, plusieurs descriptions et une figure, est un vautour, une autruche, un manchot ou un gallinacé. Il est vrai, dit un naturaliste anglais, que cette tâche ne convient pas aux faibles, mais aux forts ; et en effet, il faut être bien fort pour établir tant de genres et d'espèces sur des débris le plus souvent méconnaissables ; autant vaudrait-il faire le portrait d'un homme en voyant son chapeau ou son soulier, et ce ne serait pas plus fort, car qui serait tenté de nier la ressemblance ? Ainsi, tandis que nous avons sous les yeux pour types et modèles : Linné, Buffon, Jussieu, Adanson, Lamarck, Geoffroy Saint-Hilaire, qui ont tous envisagé la science de haut et avec le coup d'œil d'hommes de génie, nous nous amusons, comme les savants de Gulliver, à peser des œufs de mouche dans des balances de toile d'araignée.

En botanique, la confusion est la même qu'en zoologie ; et comme les botanistes se complaisent également à créer des espèces, nous signalerons quelques-unes des incertitudes auxquelles ils sont livrés.

Les exemples seraient nombreux en puisant dans les travaux des botanistes modernes les longues controverses sur les espèces végétales : nous nous contenterons de faits pris pour ainsi dire au hasard, et qui n'en sont pas moins frappants. Ainsi, M. G. Thuret (*Recherches sur les mouvements des spores dans les Algues, Annales des sciences naturelles*, t. IX, p. 275) propose de réunir en une seule espèce les *vaucheria clavata, ovata, sessilis, terrestris, geminata, cœspitosa et cruciata* sous le nom de *vaucheria ungheri*. Ce botaniste, en proposant cette fusion, ne s'appuie que sur de sérieuses études. Où sont donc alors les caractères spécifiques qui ont guidé les créateurs de ces espèces ? Link rapporte à l'*erysibe guttata* les *erysibe coryli, fraxini* et *ulmarum*, et il regarde le *berberidis* comme une simple variété de l'*erysibe penicillata*. Une espèce du genre *usnea* de Dillenius, regardée par Rebentisch comme le *rhizomorpha setiformis*, est considérée par De Candolle comme une variété de cette plante, qui était pour Bulliard un *hypoxylon*, un lichen pour Leysser et Willdenow; et Rebentisch, après mûr examen, en a fait un genre sous le nom de *chænocarpus*. Mérat regarde comme identiques au *chara fetida* les *chara batrachosperma, funicularis, ramulosa* et *decipiens*. Il rapporte également au *chara vulgaris*, les *chara fragilis, globularis, capillacea, scoparia, radians* et *setacea*. Le *digitaria ciliaris* de Retzius est un *digitaria sanguinalis* dont les fleurs neutres sont ciliées, mais qui porte aussi des fleurs non ciliées. Les renonculacées présentent aussi les plus grandes incertitudes sous le rapport de la détermination des espèces. Prenons encore pour exemple le genre *adonis*. Linné n'en reconnaissait, ou, pour mieux dire, n'en légitimait qu'une seule espèce, l'*æstivalis*. Jacquin en a séparé le *miniata*, Walroth, le *maculata*, et Reichenbach regarde comme identiques à l'*æstivalis* les *adonis flava, citrina* et *microcarpa* de De Candolle. Les *adonis anomala* et *parviflora* de De Candolle sont encore rapportées par le même auteur au *flammea*, regardé comme une espèce bien constatée, et le *micrantha* du savant auteur du Prodrome ne semble à Reichenbach autre chose que l'*adonis autumnalis*. Un autre botaniste, M. de Saint-Amans (*Flore agénaise*, pag. 284), réunit l'*adonis flammea* de Jacquin à l'*æstivalis*, et supprime l'*autumnalis*; il finit par ne rester que l'*æstivalis*. M. Soyer-Willemet (*Observations sur quelques plantes de France*, p. 10) réunit en une seule espèce les *ranunculus montanus, Villarsii* et *Gouani*, qu'il regarde comme deux variétés et une variation. « C'est dans les terrains gras et herbeux, dit-il (p. 12), que j'ai vu le *ranunculus gouani* dans toute sa force; il est probable qu'en le transportant dans un terrain plus maigre, on le ferait passer au *montanus* ou au *Villarsii*. » Les *ranunculus cassubius* et *auricomus* sont aujourd'hui réunis par la plupart des botanistes.

Loiseleur-Deslonchamps avait mis dans la première édition de sa *Flora gallica*, et a rétabli depuis, après l'avoir abandonné, un *berberis articulata* qui n'était autre chose qu'un cas tératologique ou un retour du *berberis cretica* au *berberis vulgaris*.

M. Bentham (*Catalogue des plantes des Pyrénées*, p. 75) réunit les *draba tomentosa, stellata* et *lævipes* de De Candolle au *draba stel-*

*lata*[1] de Jacquin, comme en étant de simples variétés, et cette opinion paraît fondée sur des preuves solides. Bernhardi (*Ueber den Begriff der Pflanzenart*, etc.) dit que la *rosa bicolor* de Jacquin devient à la transplantation le *rosa lutea*. Les *anagallis arvensis phœnicea*, *cærulea* et *carnea* sont, pour lui, trois variétés considérées comme trois espèces; les *sesleria cylindrica* et *nitida* lui paraissent identiques à l'*elongata*; il en est de même des *bromus sterilis* et *longiflorus*, dont il regarde la pubescence comme un caractère très-variable, et des *bromus arvensis* et *brachystachys*. La turgescence bulbiforme des racines du *phleum nodosum* ne paraît pas à Bernhardi un caractère suffisant pour le distinguer du *phleum pratense*; cette particularité ne lui ayant rien présenté de bien constant. Il réunit aussi le *matthiola incana* à l'*annua* comme une variété, leur croisement ayant donné naissance à des hybrides féconds, et il regarde les *matthiola glabra* DC. et *græca* de Sweet comme des variétés glabres, tandis que le *matthiola fenestralis* lui paraît une simple variété crépue. Il résulte d'une longue suite d'expériences faites par lui-même que les *erysimum hirsutum* et *virgatum* sont une seule et même espèce. A ces exemples déjà assez nombreux on pourrait ajouter toutes les contradictions, les incertitudes, les doubles emplois qui sont dans les *species* autant de superfétations; il suffit de citer les trois volumes de controverse assez âcre entre MM. Mérat, Germain et Cosson, au sujet de la Flore parisienne de ces derniers auteurs.

Que résulte-t-il de ceci? C'est que les caractères spécifiques sont essentiellement variables et difficiles à déterminer, et que si l'on soumettait à une révision sérieuse et complète les animaux et les végétaux de nos collections, on réduirait de beaucoup le nombre des espèces.

Il résulte de ce qui précède que le *criterium infaillible* est inapplicable, et que la détermination de l'espèce est livrée à l'arbitraire. Or, comment peut-on faire de l'absolu avec de tels éléments d'incertitude? ne faut-il pas, au contraire, apporter la plus grande circons-

---

1. M. Soyer-Willemet a, dans son Herbier, cinq variations du *Draba stellata* :

> 1. Pédicelles et carpelles velus;
> 2. Pédicelles velus et carpelles glabres;
> 3. Pédicelles velus et carpelles ciliées;
> 4. Pédicelles glabres et carpelles ciliées;
> 5. Pédicelles et carpelles glabres.

pection dans la dénomination des espèces, et ne doit-on même pas les considérer rationnellement comme simplement arbitraires ? Au point de vue indépendant de la philosophie, cette incertitude n'est une cause ni de découragement ni de désillusion ; car on n'attache à l'espèce que la valeur qu'elle doit avoir, celle d'une collection d'individus dans un état stationnaire, et chez lesquels les modifications ne s'impriment que faiblement dans l'organisme, ce qui ne porte aucun préjudice à la science ; mais au point de vue des finalistes, c'est une question bien plus grave, et l'on a vu précédemment qu'ils menacent de ruine la société humaine, si elle refuse de croire à la réalité de l'espèce éternelle, immuable et fonctionnelle ; ils en font la pierre angulaire des études naturelles et des principes de morale, et anathématisent les incrédules, comme si une vérité scientifique pouvait être une affaire de sentiment.

Pourtant il y a possibilité de conciliation ; l'espèce est un fait méthodologique essentiel, et il est vrai qu'il n'y a pas de science possible sans l'espèce ; mais ce type d'unité organique n'en est pas moins un type arbitraire ; car, au point de vue philosophique, et nous entendons par là la plus haute généralisation, il n'y a réellement que des individus dont la réunion avec identité de forme, d'organisation, de mœurs, de facultés reproductrices *actuelles*, constitue l'espèce, mais l'espèce variable, relative, arbitraire et non absolue. C'est pourquoi il ne faut jamais regarder l'espèce comme l'objet le plus important de l'étude de la science : ce sont les dernières formes organiques qui conduisent à l'individu, véritable anneau primitif de la chaine des êtres.

Les espèces, désignées comme elles le sont maintenant par des caractères empiriques, doivent donc être enregistrées dans les *Species* sous un nom particulier, provisoire, pour celles erronément établies sur les différences de sexe, d'âge, etc., et fixe pour les variations constantes dans les caractères du groupe. Mais à cela doit se borner l'étude des espèces ; y attacher plus d'importance, c'est perdre son temps.

Quant aux espèces ballottées entre plusieurs groupes génériques, elles demandent une étude plus approfondie ; mais souvent l'incertitude est si grande, que le problème est insoluble, à moins qu'on ne puisse avoir recours au croisement : encore peut-il jeter dans l'erreur ; mais quand il s'agit de classer ces êtres ambigus, il importe réellement peu qu'ils soient un peu plus haut ou un peu plus bas dans l'échelle organique.

Ainsi, en nous résumant, disons-nous : Les faits, loin de confirmer le criterium établi par les naturalistes pour la détermination de l'espèce, s'accordent à démontrer que les espèces ne sont ni éternelles ni immuables, mais essentiellement mobiles ; que les formes organiques, correspondant aux différents degrés de l'évolution organoplastique des corps vivants, à la surface de notre planète, sont susceptibles de *variations* dont les limites nous sont inconnues, et qui tirent leur origine de l'influence des milieux, de la transmission par voie de génération des qualités acquises et du croisement ou *hybridation* des espèces voisines ; que par conséquent elles ne peuvent être qu'arbitrairement considérées comme un type d'unité organique, et que nous ne devons regarder celles qui existent aujourd'hui que comme des *formes actuelles*, flottant entre des limites plus ou moins étroites et tendant constamment à se mettre d'accord avec les milieux ambiants, qui exercent leur action directe sur l'individu, la seule unité organique véritable.

# CHAPITRE II



Si l'espèce est un groupe de convention, le genre est plus artificiel encore et d'invention toute moderne. C'est Conrad Gessner qui eut la première idée du genre; car avant lui on n'en avait aucune notion précise, et les associations d'espèces ayant des caractères similaires étaient inconnues. Tournefort continua l'œuvre commencée par Gessner; Linné vint, avec la supériorité de son génie, perfectionner le groupe qu'on a désigné sous ce nom; Laurent de Jussieu y mit la dernière main et en fit ce que nous le voyons aujourd'hui.

Le genre résulte de la réunion d'espèces ayant plus de rapports entre elles qu'avec d'autres végétaux, et provenant de considérations prises dans l'appareil floral.

Ce qui fait l'incertitude du genre, c'est celle de l'espèce : s'il était possible de bien définir l'espèce, rien de plus facile alors à déterminer que le genre. Les règles pour l'établir reposent sur le rapport des sept parties de la fleur : le calice, la corolle, les étamines, le pistil, le fruit, la graine, le réceptacle. Ceci n'est, au reste, vrai que pour les végétaux phanérogames : car, les cryptogames étant dépourvus d'appareil floral, on a formé les genres sur les apparences que présentent les appareils reproducteurs. Aussi les genres de l'embranchement des cryptogames sont-ils plus incertains encore que ceux des embranchements phanérogames.

Pour bien comprendre la difficulté d'établir les genres, il faut être convaincu de la mobilité presque sans limites des formes végétales : ce qui fait qu'on hésite toujours dans l'association des groupes inférieurs pour en former des genres. Dans les genres monotypes, comme le genre *salvia*, par exemple, on peut admettre des sections fondées sur des variations des organes appendiculaires : ce sont des modifications de formes plus ou moins nombreuses. C'est ce que nous trouvons encore dans le genre *viscum*, qui peut être considéré comme un exemple du genre monotype, et qui présente plusieurs formes dont la variation est dans la configuration des feuilles, qui sont étroites, larges, courtes ou pendantes ; et, malgré cela, ce genre est regardé comme essentiellement monotype.

Nous trouvons chez les botanistes deux systèmes opposés dans la création des genres : les uns, comme Linné et son école, voyant la nature de haut, saisissant les rapports généraux avec sagacité, ont établi les genres sur un ensemble de caractères généraux, qui paraissent, au premier aperçu, d'une rigueur mathématique, mais qui ne soutiennent pas l'analyse et sont le plus souvent d'une application difficile. Les autres, avec Necker, Adanson et un grand nombre de botanistes modernes, on pourrait presque dire tous les botanistes modernes, ont établi leurs genres sur les moindres différences dans l'appareil floral ; il en résulte que tous les genres deviennent monotypes, ce qui les multiplie à l'infini, et rend l'étude difficile.

Les préceptes, quelque précis qu'ils soient, ne sont pas d'une application si facile qu'on pourrait le croire ; on doit cependant dire que les différences qui servent à distinguer les genres doivent être prises dans les modifications des appareils servant à établir les coupes génériques dans une même association végétale, à moins que le port ne s'y oppose. C'est dans cette circonstance qu'il est important de bien étudier la subordination des caractères. Mais, dès les premiers pas, on trouve des anomalies qui portent sur des différences regardées comme de l'ordre le plus élevé. C'est ainsi que, dans la famille des caryophyllées, nous trouvons dans le genre *sagina* une espèce à corolle nulle, tandis que les autres ont de quatre à cinq pétales ; et la présence ou l'absence de la corolle constitue un caractère important, puisqu'il a servi à Antoine-Laurent de Jussieu à créer trois divisions dans le grand embranchement des dicotylédones. Dans le genre *spergula*, le nombre des étamines varie dans le même genre ; parmi les espèces décandres, il y en a de pentandres ; il en est de même du genre *cerastium*, qui est également décandre ou pentandre. Dans le genre *lythrum*, l'*hyssopifolia* a six étamines au moins, et le *salicaria* douze étamines ou plus.

Si maintenant nous prenons à la lettre le précepte de Linné : *Genera tot dicimus, quot similes constructæ fructificationes proferunt diversæ species naturales*, nous nous trouverons dans l'obligation de multiplier les genres en séparant les espèces qui diffèrent par le fruit, ce qui a eu lieu trop souvent, et tend à jeter la confusion dans la nomenclature.

Dans l'état actuel de la science, le *genre monotype* est le plus souvent composé d'une seule espèce autour de laquelle se groupent des variétés.

Les *genres polytypes* sont les véritables genres, ce sont eux qu'il faut réellement considérer comme les genres typiques. Ce qui les caractérise, c'est qu'ils sont composés de plusieurs espèces pour sections avec leurs variétés pour espèces. Ce sont les seuls genres qui soient conformes aux idées philosophiques. Le genre *convallaria*, en y comprenant les démembrements désignés sous le nom de *polygonatum* et *mayanthemum*, est un genre polytype.

Le genre *scilla*, démembré en tant de groupes secondaires, est essentiellement polytype. En un mot, on distingue le genre monotype du genre polytype, en ce que, dans le premier, l'identité de l'ensemble des caractères est si complète, que l'on ne peut fonder les espèces que sur des caractères d'ordre secondaire, ce qui autorise à ne voir en elles que de simples variétés. Le genre monotype est devenu le genre par excellence, ce qui explique la cause pour laquelle les genres se sont si prodigieusement multipliés. Quant au genre polytype, il est fondé sur des caractères généraux communs, et présente, dans son ensemble, des rapprochements assez évidents pour qu'on ne puisse séparer les groupes qui le composent; mais, tout en les laissant ensemble, on les divise en groupes secondaires ou sections, qui deviennent les chefs de groupes tertiaires. Il existe aujourd'hui un petit nombre de genres polytypes : ils ont tous été démembrés; on peut citer le genre *epilobium*, qui a été partagé en trois sous-genres ou sections : les sous-genres *chamœnerion* à fleurs irrégulières, pétales ovales, étamines défléchies, filets élargis, et feuilles alternes; *lisymachion*, à fleurs régulières, pétales obcordés, étamines dressées, feuilles inférieures opposées et supérieures alternes; *crossostigma*, à fleurs régulières, pétales profondément bilobés, étamines bisériées, stigmate presque pelté, feuilles alternes.

Les *genres par enchaînement* sont ceux dont les espèces, tout en ayant successivement entre elles des ressemblances marquées, sont néanmoins assez différentes aux deux extrémités pour établir le passage avec un groupe voisin. On peut citer comme un exemple le genre molène, *verbascum*, et les genres *melissa*, *cucurbita*. Ils sont d'une détermination rigoureuse assez difficile, mais néanmoins ils existent, par la force même des ressemblances et des analogies qui empêchent leur séparation.

Il y a encore une sorte d'association artificielle qu'on peut appeler *genre systématique* : ces genres sont purement artificiels, et se fondent sur certains caractères de méthode convenus; mais ils s'écartent de la véritable méthode de création des genres.

Malgré la difficulté d'établir des genres nettement définis, on a formé certaines associations qui sont généralement adoptées dans leur médium, mais permettent des démembrements très-multipliés aujourd'hui. Le travail à faire est de reconstituer les genres sur la base polytype, et de faire disparaître les coupes trop nombreuses qu'on a établies dans ces derniers temps. Au reste, quelque soin qu'on apporte à déterminer avec précision les coupes génériques, quel que soit le principe qu'on adopte pour servir de criterium à l'établissement des genres, il y aura toujours de l'hésitation; ce qu'il faudra observer, c'est le principe établi par Linné : *Character non facit genus*, c'est-à-dire que, si l'ensemble des caractères rapproche des groupes de manière à en faire une réunion d'espèces de séparation difficile, *un seul caractère* ne doit pas en faire séparer certaines espèces pour les élever à la hauteur de genres.

Il faut donc, pour établir un genre avec autant de certitude qu'il est possible, prendre les caractères dans la modification des appareils de reproduction qui servent dans le groupe à fonder les genres, mais en admettant toutefois que le caractère général de la plante ne s'y oppose pas.

Nous répéterons au reste ce qui a été dit en traitant du genre en zoologie : c'est qu'on ne peut établir des groupes avec certitude, de quelque ordre qu'ils soient, qu'en ayant beaucoup observé et pendant longtemps. On acquiert par cet exercice une sagacité qui fait mieux et plus sûrement sentir les affinités que les observations micrographiques les plus minutieuses. C'est là l'avantage des Linné, des Jussieu, des Adanson, des Cuvier, etc. Ce qu'on connaît en botanique rurale sous le nom de *caractère d'herborisation*, espèce de signe de reconnaissance indéfinissable, mais pourtant très-sûr, peut donner une idée de la méthode que nous proposons de suivre.

Quand on a affaire à un genre dont les espèces sont nombreuses, il faut les diviser en sections, qui servent de chefs à toute la série d'espèces présentant des affinités semblables.

Le genre est donc plus artificiel encore que l'espèce, et n'est rien qu'un moyen artificiel pour grouper les végétaux par affinités, pour se retrouver à travers le dédale des variations sans nombre que présente la nature.

# CHAPITRE III



Les associations par affinités qui constituent la méthode naturelle sont plus réelles que les genres et les espèces, et n'ont dans les grands groupes rien qui soit artificiel ; il y a donc des familles ou ordres qui ne sont au reste qu'un grand genre ; et dans les premiers temps de la botanique, où l'on formait les groupes de sentiment et non pas, comme on le fait aujourd'hui, en prenant pour base un certain nombre de caractères généraux similaires, soit pour le nombre, soit pour la situation, on a établi les premiers ordres, qui sont restés tels que les ont créés les auteurs. Ainsi, les graminées, les juncacées, les ombellifères, les labiées, les composées, les crucifères, les rosacées, les légumineuses, n'ont jamais été séparées ; cependant quelques-unes, qu'on peut appeler *monotypes*, comprennent des végétaux qui ont entre eux de si étroites affinités, qu'on les prendrait pour de grands genres : telles sont les aristolochiées, les dipsacées, les cistinées, qui ne comprennent qu'un petit nombre d'espèces ; d'autres, comme les commélinacées, les graminées, qui sont au contraire composées d'un grand nombre de genres.

Il y a au contraire des *familles polytypes* qui paraissent formées de petits groupes qui, tout en ayant entre eux des affinités incontestables, semblent formés de plusieurs familles réunies : telles sont les solanées, qui se divisent en verbascées, pétuniées, solanées, cestrées ; les rubiacées, dont on a fait un grand nombre de sous-divisions, telles que les aspérulées, les anthospermées, les operculariées, les spermacocées, les cofféacées, les guettardées, les pœdériées, les cordiérées, les hermelliées, les isertiées, les hédyotées, les gardéniées, les cinchonées, qu'on peut regarder comme autant de genres étroitement unis par une affinité irrécusable.

On a appelé *familles par enchaînement* celles qui, tout en étant composées de genres bien tranchés et qui aux extrémités de la série ont des caractères dissemblables, ne peuvent cependant souffrir de dissociation.

Telle est la grande famille des renonculacées dont nous analyserons les genres, pour bien faire comprendre la présence de genres si différents dans une même famille, et l'impossibilité de la séparation.

Dans le genre *clematis*, ce sont des plantes grimpantes à feuilles opposées; les fleurs ne présentent qu'une enveloppe simple ou calice, composée de quatre à huit sépales colorés (Pl. 35, fig. 1); point de pétales ou pétales rudimentaires; les *étamines sont très-nombreuses* et entourent plusieurs ovaires, qui deviennent à la maturité des akènes terminés par des aigrettes généralement plumeuses (Pl. 35, fig. 1*a*). Les *thalictrum* sont des herbes à feuilles alternes; les fleurs ont un calice à quatre ou cinq sépales caducs, point de corolle, des *étamines nombreuses*; les fruits, au *nombre* de *quatre à quinze*, sont des akènes terminés par le style persistant (fig. 2).

A part la disposition des feuilles et l'aigrette des fruits, l'affinité est manifeste. On la retrouve également dans le genre *anémone*, dont la fleur, qui n'a pas de pétales, a des *étamines* et des *ovaires nombreux* (fig. 3, 4, 5) et offre une sorte d'involucre à trois folioles (fig. 6), qui, dans certaines espèces, est tellement rapproché du périanthe, qu'on peut le prendre pour le calice, et le calice coloré joue alors le rôle de corolle, comme le montre l'hépatique qu'on a cru devoir élever, pour cette raison, au rang de genre. Dans le genre adonis, on retrouve, comme dans les genres précédents, le caractère d'*étamines* et d'*ovaires nombreux* (fig. 7); mais le calice et la corolle sont ici incontestables. Ce genre se trouve donc lié au genre anémone par l'involucre sépaloïde de l'hépatique; quant au genre renoncule, il ne diffère du précédent que par une glande située à la base de chaque pétale (fig. 11*d*). Les pétales, qui sont plans dans les renoncules et adonis, sont tubuleux dans le myosurus. Un caractère constant, comme on voit, se présente jusqu'ici; le nombre indéfini d'étamines, la pluralité des ovaires, et la nature du fruit, qui est toujours un akène; la différence réside dans l'enveloppe florale.

Dans d'autres genres on retrouve les deux premiers caractères; la nature du fruit seule diffère; ce n'est plus un akène, c'est un follicule, c'est-à-dire un fruit qui contient plusieurs graines et s'ouvrant à sa maturité (Pl. 35, fig. 12 et 13, et pl. 36, fig. 1 à 11). Ce qui distingue ces genres entre eux, c'est l'absence ou la présence de la corolle, la forme des sépales et pétales qui sont irréguliers. Comme dans le genre *clematis*, le genre *caltha* n'a qu'un calice à sépales plans, colorés; les *trollius* ont une corolle de cinq à vingt pétales, tubuleux comme dans le genre myosurus; l'*éranthis* s'en distingue par un involucre foliacé (Pl. 36, fig. 1), dont on retrouve l'analogue dans le genre anémone; les *hellébores* (fig. 2, 3), qui ont les pétales tubuleux, comme l'*éranthis*, n'ont pas d'involucre. Jusqu'ici, les follicules sont distincts; ils commencent à se souder, entre eux, dans la portion inférieure de la face interne, dans le *garidella* et la nigelle des champs (Pl. 36, fig. 4); ils sont entièrement soudés, et ne forment plus qu'une seule capsule dans la nigelle de Damas.

L'irrégularité des pétales passe aux sépales dans les *ancolies*, les *delphinium* et les *aconitum*; ces plantes, si différentes des renoncules, présentent toujours ce caractère constant : *étamines nombreuses*, et *plusieurs ovaires*. On peut être étonné de rencontrer, dans cette famille, les *actea* qui n'ont qu'un seul ovaire, et dont le fruit est charnu (Pl. 36, fig. 10); mais on arrive à cette unité pistillaire, d'un côté par les delphinium et les pivoines (Pl. 36, fig. 7 et 8), qui n'ont souvent que deux carpelles, quelquefois une seule; et, de l'autre, par les *actinophora* et *cimifuga*, dont la structure de l'enveloppe florale est identique à celle de l'*actea*, et qui ne présentent aussi que deux ou trois fruits folliculaires plus ou moins charnus (Pl. 36, fig. 11).

D'après cet examen de la famille des renonculacées, on voit pourquoi, dans une même famille, on réunit des genres qui se ressemblent en apparence si peu. C'est que tous présentent un caractère commun, et qui, pour les renonculacées, est : *étamines nombreuses*, c'est-à-dire au-dessus de dix, et *pluralité des ovaires*.

Ce caractère, il est vrai, se retrouve encore dans d'autres plantes, qui n'appartiennent pas néanmoins à cette famille : ce sont celles qui constituent les familles des *magnoliacées*, *anonacées* et *dilléniacées*.

En jetant les yeux sur la planche 37 de l'atlas afférent à ce volume, on jugera de suite de l'analogie qui existe entre la fructification de ces trois familles et celle des renonculacées; ce sont partout des fruits plus ou moins agrégés; et quant aux autres caractères de la plante, rien de caractéristique : feuilles alternes avec ou sans stipules; calice et corolle à 3, 4, 5 ou 8 parties, nombre qu'on trouve dans les renonculacées. Les anonacées, les magnoliacées et les dilléniacées sont, il est vrai, des arbres ou des arbrisseaux, tandis que les renonculacées sont généralement des herbes; mais ce caractère n'a pas la moindre importance, puisque dans les légumineuses nous trouvons des herbes, des arbrisseaux et de très-grands arbres. Néanmoins, en voyant toutes ces plantes, on saisit un ensemble de traits particuliers à chaque groupe, que la description ne peut rendre, et qui ne permet pas de les réunir aux renonculacées. C'est pour appuyer ces caractères indescriptibles, que le botaniste est obligé, pour justifier certaines séparations et caractériser certaines familles très-voisines, de chercher un caractère dans la structure de la graine, souvent très-difficile à saisir. C'est ainsi qu'on distingue les magnoliacées à l'albumen charnu et à l'arille qui enveloppe la graine; les anonacées à l'albumen charnu et ruminé; les dilléniacées à l'albumen charnu non ruminé; et les renonculacées à l'albumen corné.

Il est encore un autre ordre de familles, qu'on appelle *familles systématiques*. Celles-ci sont formées par le démembrement de grandes familles, et sont fondées sur des caractères de peu d'importance; ces coupes sont de pur artifice, et n'ont pas de fondement réellement philosophique. On en peut juger par la famille des *lardizabalées*, créée pour des plantes qui appartenaient autrefois à la famille des *ménispermées* (Pl. 38, vol. 2).

Les plantes de l'une et l'autre de ces familles sont grimpantes; les fleurs unisexuelles, offrent le même nombre de parties dans le calice, la corolle, les étamines et les ovaires. Il n'y a de différent que le contenu des ovaires. Dans les ménispermées, l'ovaire uniloculaire ne renferme qu'un seul ovule (Pl. 38, fig. 2 et 3); il en contient plusieurs dans les lardizabalées (fig. 1). La grande famille des composées, qui a d'abord été divisée en trois groupes principaux, a successivement été subdivisée en un nombre de groupes plus grand, et dans ces derniers temps elle l'a été en 3 sous-ordres, 8 tribus, 42 sous-tribus, 61 divisions et 25 sous-divisions. Il en résulte qu'aujourd'hui nous avons 139 noms de groupes systématiques, tandis que du temps de Jussieu il n'y avait que 154 genres.

Les principes sur lesquels sont établies les familles doivent être supérieurs à ceux qui servent à établir les genres et les espèces; mais ils varient de groupe à groupe, et souvent reposent sur des formes typiques particulières qui ne se trouvent pas dans d'autres groupes;

la structure de la fleur et celle de la graine sont les caractères sur lesquels sont généralement établies les familles. Il est, dans les familles
comme dans les genres et les espèces, des caractères généraux qui
échappent, comme nous l'avons dit, à toute description et ne se sai-
sissent que par des traits particuliers qui constituent ce qu'on appelle
le *port*; il faut donc que le botaniste soit nourri par de bonnes et
saines observations, et qu'il ait acquis, par l'habitude de voir, la sagacité qui fait le véritable botaniste ; car l'œil est un appréciateur plus
juste que l'application de la diagnose la plus savante : et ce n'est que
dans le cas de doute qu'on a recours à l'observation de certaines particularités qui mettent sur la voie des affinités réelles servant à unir
les genres les uns aux autres pour constituer une famille réellement
naturelle. On trouve un exemple de ce système d'association dans la
famille polytype des éricacées, qui se compose de quatre types distincts pouvant être séparés, tels que les vacciniées, les éricées, les
rhododendrées, les épacridées. Rien de plus naturel que cette association, qui ne comporte aucune disjonction, quoiqu'on ait séparé
les sections qui la composent ; mais on ne pourra séparer les éricacées
des épacridées ; et ce sont des traits généraux qui constituent les
affinités réelles ; ils sont si puissants, qu'on ne peut désunir des
familles, et si on les divise, c'est pour les mettre assez près les unes
des autres pour que l'on sente que le classificateur a obéi à la loi
impérieuse de l'affinité.

La coordination systématique des familles constitue la méthode
naturelle ; mais elle est encore loin d'être satisfaisante, parce que si
certains groupes se rapprochent réellement, il y a des lacunes, des
hiatus qui ne permettent pas de grouper certains types suivant leurs
rapports naturels, et l'on se guide d'après certains caractères ou en-
sembles de caractères qui répondent plutôt à des idées systématiques
qu'à des affinités saisissantes.

# CHAPITRE IV



La classe est la réunion de plusieurs familles ; elle est fondée sur des caractères plus généraux et d'une plus grande valeur que ceux de la famille.

On ne connaissait, à l'époque de Jussieu, que quinze classes arbitraires et dont l'ensemble constituait la clef de sa méthode ; les botanistes qui l'ont suivi ont toujours donné ce nom à certaines associations générales comprenant un nombre plus, ou moins grand de familles. Dans ces derniers temps on a réuni ces familles par groupes similaires auxquels on a donné le nom de *classes*, ce qui les élève à un nombre aussi grand que l'était autrefois celui des familles ; mais le nombre varie suivant les auteurs, et ne répond pas toujours à des types fondés sur des idées d'un même ordre : c'est ainsi que nous trouvons dans Endlicher une classe des agrégées, fondée sur la réunion des fleurs dans une enveloppe commune ; les aquatiques, dont le nom est pris dans le genre de vie des végétaux qui la composent, quoiqu'en général le nom des classes soit emprunté à celui de la famille principale ou dominatrice des groupes. Ainsi la classe des *caryophyllinées* se compose des mésembrianthémées, des portulacées, des caryophyllées, des phytolaccacées. M. Ad. Brongniart, qui a également une classe des caryophyllinées, y introduit les nyctaginées, les chénopodées, les amarantacées, qui sont des oléracées pour Endlicher, et rejette les mésembrianthémées dans les cactoïdées.

On ne peut cependant nier qu'il y ait dans ces associations générales une heureuse idée ; mais, faute d'une clef, on est obligé de s'en tenir à certains caractères systématiques, et les classes modernes répondent aux grandes associations qui constituaient les groupes appelés *familles*.

Les associations végétales, en commençant par les plus importantes, sont, d'après Endlicher :

1° La *région*, ou le groupe le plus général.

2° La *section*, ou groupe de second ordre.

3° La *classe*.

4° L'*ordre* ou *famille*.

5° Le *sous-ordre*.

6° La *tribu*.

7° La *sous-tribu*.

8° La *division*.

9° La *sous-division*.

10° L'*espèce*.

11° La *race*.

12° La *variété*.

13° La *sous-variété*.

14° La *variation*.

15° L'*individu*.

Ces divisions multipliées peuvent au premier abord paraître méthodiques ; mais elles sont plus propres à jeter la confusion dans l'esprit qu'à y porter la lumière. Nous croyons qu'on doit éviter ces dénominations taxonomiques trop multipliées et se rapprocher de la méthode des zoologistes. Ainsi, nous appellerons avec eux :

1° *Embranchement*, le groupe le plus général. Tels sont les acotylédones, les monocotylédones, les dicotylédones, qui répondent aux embranchements des vertébrés et des invertébrés.

2° *Classe*, les divisions de l'embranchement : ce sont les associations végétales qui comprennent des types de forme. Telles sont, dans les monocotylédones, les glumacées, les joncinées ou coronariées, les bromélioïdées ou ensatées ; dans les dicotylédones, les malvoïdées ou columniférées, les æsculinées ou acères. Ce qui répond aux divisions des vertébrés en quatre classes ; les mammifères, les oiseaux, les reptiles, les poissons.

3° *Ordres* : tels sont, en ornithologie, les oiseaux de proie, les passereaux, les gallinacés, les échassiers, les palmipèdes. En botanique, ce sont les composées, les rosacées, les légumineuses qui sont des familles pour certains botanistes.

4° *Familles* : ce sont les divisions des ordres en groupes inférieurs. Tels sont les oiseaux de proie en deux familles : les diurnes et les nocturnes, les passereaux en dentirostres, fissirostres, conirostres, etc. Ainsi, les composées divisées en *chicoracées*, *carduacées* et *astérées* ; les rosacées en *pomacées, rosées* et *amygdalées* ; les légumineuses en *papilionacées, mimosées, swartziées*, etc.

5° La *tribu* ou division de la famille. Dans les oiseaux de proie diurnes, les vautours et les faucons; en botanique, ce qu'Endlicher appelle les sous-tribus. Telles sont les salviées, les rosmarinées, les horminées, les monardées dans la famille des labiées.

6° *Le genre.*

7° *L'espèce.*

8° *La variété.*

9° *L'individu.*

# CHAPITRE V



DES CARACTÈRES EN BOTANIQUE

Les caractères sont des signes simples ou composés qui servent à différencier les végétaux, et à établir entre eux des divisions subordonnées, c'est-à-dire à indiquer leurs rapports. Il s'en faut beaucoup que ces signes caractéristiques soient constants, et qu'on puisse les regarder comme des faits absolus ; ils sont susceptibles de nuances si multipliées, qu'on ne peut les considérer que comme des signes diagnostiques généraux.

Il faut distinguer deux sortes de caractères : les *caractères positifs*, ou ceux qui existent réellement et ont une valeur intrinsèque, et les *caractères négatifs*, qui n'ont qu'une valeur comparative et suppléent à l'insuffisance des caractères positifs.

On doit distinguer, des caractères positifs variables, les caractères positifs invariables, fixes ou constants : tels sont le nombre et la présence des cotylédons, la présence et le caractère des embryons, l'insertion des parties ; mais ces caractères positifs ne sont cependant pas absolus ; ils ont seulement plus de fixité que les autres.

Les caractères sont de plusieurs sortes : le *caractère primaire* ou *caractère naturel*, fondé sur la connaissance de tous les caractères que fournit un végétal ; il sert à tous les degrés possibles de l'échelle de la classification.

Le *caractère secondaire*, encore appelé *caractère de végétation*, qui a pour base les caractères tirés de la racine, de la tige, des feuilles et de la disposition des fleurs ou de l'inflorescence ; il appartient à des groupes moins élevés.

Le *caractère essentiel* ou *diagnostique*, qui est plus court encore que les précédents et sert à distinguer les genres et les espèces.

Le *caractère accidentel*, qui est exceptionnel et peut rentrer dans le caractère essentiel, mais n'existe que par exception ou par accident ; il est quelquefois positif, mais plus souvent négatif.

Le degré d'importance des caractères, appelé la *subordination des caractères*, est un des points les plus délicats de la science : c'est celui qui exige une connaissance plus parfaite de la botanique, et ne peut s'acquérir que par l'habitude de voir des végétaux, et de les voir surtout comparativement. On peut établir, en règle générale ou absolue, que la valeur d'un caractère est en raison de l'importance de l'appareil sur lequel il repose.

Nous distinguerons donc, en partant du point de vue le plus élevé et le plus général :

Les *caractères classiques*, qui reposent sur le mode d'insertion des appareils de la fleur, combinés avec le nombre des parties de la corolle ou leur absence, et constituent les caractères du premier degré ;

Les *caractères ordiniques*, caractères du second degré, tirés de l'ensemble des parties, et surtout de la disposition générale des appareils de la fleur, et quelquefois aussi de la structure du fruit ;

Les *caractères génériques*, caractères du troisième degré, qui servent à la distinction des genres et reposent encore sur la fleur et le fruit, ainsi que sur les caractères généraux de la tige et des feuilles ;

Les *caractères spécifiques* ou du quatrième degré, qui servent à distinguer les espèces, et sont tirés des appareils autres que la fleur, qui n'y joue qu'un rôle secondaire ;

Les *caractères de variété*, qui servent à distinguer les variétés, et ont pour base des signes purement accidentels et variables.

Tel est l'énoncé des caractères des différents ordres qui serviront à établir les associations des divers noms ; en ayant soin de ne prendre que des caractères apparents, et en évitant de se servir de ceux qui ne peuvent être distingués qu'au moyen de puissants appareils d'amplification.

On a essayé d'établir le rapport numérique de l'importance des caractères ; mais ce travail manque de précision. Il faut, sous le rapport taxonomique et en tenant compte des progrès de la science, qui s'est enrichie de faits nouveaux, consulter les principaux législateurs de la science botanique, Linné, Jussieu, De Candolle, etc. : l'on y trouvera tous les éléments d'une bonne et sage taxonomie. La *Philosophie botanique* de Linné ; le *Genera plantarum* de Jussieu ; l'introduction à la *Flore française* de Lamarck ; la théorie élémentaire de la botanique de **De Candolle**, sont des livres qu'il faut lire et toujours lire, parce qu'ils sont conçus à un point de vue élevé dont certains botanistes modernes paraissent avoir perdu le sens. On ne doit répudier ni l'analyse, ni la synthèse, mais se servir des matériaux que fournit la première, qui est l'œuvre d'hommes patients et laborieux, pour arriver à la seconde.

# CHAPITRE VI



Il est assez difficile de faire une bonne description, surtout si elle est succincte : il faut avoir, comme Linné ou Jussieu, le sentiment des caractères différentiels, pour énoncer brièvement la forme caractéristique d'une plante ou d'un groupe. Pour en arriver là, il ne suffit pas de l'habitude, il faut avoir un sens particulier joint à une connaissance parfaite des végétaux. Les descriptions anciennes étaient quelquefois d'une trop grande concision, et ne suffisaient pas pour faire reconnaître une plante : les descriptions modernes sont, au contraire, d'une trop grande prolixité et n'atteignent pas le but que s'est proposé l'auteur ; car l'esprit s'égare dans ce dédale de noms, d'épithètes, dans ces subtilités de langage, qui ne sont pas toujours heureusement inventées malgré leurs prétentions à l'exactitude rigoureuse.

La langue descriptive est loin d'avoir acquis sa perfection parce qu'elle s'est enrichie de termes multipliés, et l'on peut, sans épuiser la terminologie barbare des Wachendorf et des Necker, élever le nombre des mots qui composent le vocabulaire descriptif à 6,000, tant de glossologie que de taxologie.

Avant de faire une description, il faut acquérir la connaissance exacte des caractères ordiniques, en les groupant suivant leur ordre d'importance ; c'est une étude préparatoire qui doit précéder tout essai glossologique. Une bonne diagnose est, en science, une chose d'une haute importance, et c'en est, en général, la partie faible. Il faudrait que les études des naturalistes comprissent l'art de la description, et que cette partie si essentielle ne fût pas livrée à l'arbitraire. Il y a dans la description plusieurs modes suivant l'importance ou le caractère plus ou moins général du groupe qu'on veut décrire. C'est ainsi qu'on ne décrit pas une famille comme un genre, un genre comme une espèce, une espèce comme une variété.

Il faut donc bien avoir égard aux différences qui constituent les caractères propres à tel ou tel groupe, et surtout éviter de confondre les caractères, et mêler à des groupes généraux des caractères qui ne conviennent qu'à des groupes inférieurs.

Un des points essentiels est de bien étudier la glossologie particulière au groupe qu'on décrit, et d'adopter un langage uniforme : ainsi l'on ne décrira pas les groupes anormaux, tels que les orchidées, comme les familles normales, les ombellifères comme les crucifères, les labiées comme les borraginées ; chacun de ces groupes présente, dans sa structure, des particularités qui méritent une étude spéciale.

Pour une description de famille, il faut énoncer si les végétaux qui la composent sont des *arbres*, des *arbustes* ou des *herbes ;* puis on passe à l'examen des organes dans l'ordre suivant :

*Racine*. Sa nature, ses divers caractères.

*Tige*. Son caractère. Système de ramification.

*Feuilles*. Préfoliation ; avant tout leur disposition, si elles sont pétiolées ou sessiles. Leur caractère de consistance, d'intégrité ou de division.

*Stipules*. Leur présence ou leur absence.

*Fleurs*. Si elles sont hermaphrodites, mâles ou femelles, complètes ou incomplètes, régulières ou irrégulières, axillaires ou terminales.

*Bractées*. Leur absence ou leur présence ; leur caractère.

*Calice*. Estivation ; son caractère, et, avant tout, s'il est gamosépale ou polysépale, régulier ou irrégulier ; disposition extérieure.

*Corolle*. Estivation ; sa position relativement aux verticilles centraux : disposition extérieure, division ou nombre des pétales ; forme générale.

*Nectaires*. Leur figure, s'il y en a ; leur position.

*Glandes*. Leur caractère, leur position.

*Étamines*. Mode d'insertion ; si elles sont incluses ou exsertes, introrses ou extrorses, unisériées ou plurisériées : leur nombre.

*Filets*. Leur forme, leur connexion.

*Anthères*. Nombre des loges, leur caractère, leur mode de déhiscence.

*Pollen*. Sa figure, qui est caractéristique dans certains groupes.

*Ovaire*. Sessile ou podogyné, libre ou adhérent ; nombre des carpelles, leur soudure ou leur liberté, nombre des loges.

*Disque*. Sa présence, sa forme.

*Ovules*. Leur disposition, leur nombre, leur mode de placentation, leur direction, orthotrope, anatrope ou campulitrope ; leur structure.

*Style*. Sa présence ou son absence, sa forme.

*Stigmate*. Sa forme, sa division ou son indivision.

*Péricarpe*. Sa nature, en adoptant un système uniforme de carpologie ; sa déhiscence.

*Graines*. Leur nombre, leur figure ; caractère de l'épisperme, présence ou absence d'un albumen, sa nature.

*Embryon*. Sa figure, sa position.

*Cotylédons*. Leurs caractères.

*Radicule*. Forme et figure, sa direction par rapport au hile.
*Affinités*.
*Distribution géographique*.

Il est de la plus haute importance, dans un *Genera* ou même une *Flore*, d'indiquer les affinités de la famille avec les groupes voisins.

On observe dans une même famille des caractères variables, positifs ou négatifs, parce que les genres qui les composent ne sont pas absolument uniformes. C'est ainsi que, dans les orchidées, on aura des bulbes ou des racines fibreuses, ou bien des pseudo-bulbes et des végétaux épigés ou épiphytes; dans les euphorbiacées, des végétaux charnus comme des cactées, herbacés, ligneux, épineux; dans les légumineuses, des arbres, des herbes ou des tiges volubiles; les feuilles sont opposées ou alternes, dans une même famille; les fleurs régulières ou irrégulières; c'est ainsi que, dans les légumineuses, il y a des fleurs régulières ou irrégulières; des étamines monadelphes ou diadelphes. Sous le rapport des fruits, les familles diffèrent encore beaucoup; cependant, il y a certaines familles, telles que les ombellifères, qui ont presque constamment des diakènes.

Pour la description du genre, il faut indiquer le nom d'auteur et faire suivre de la synonymie.

Si c'est un genre nouveau et démembré, désigner l'espèce qui a servi de type, et continuer dans l'ordre suivant :

*Calice*. Ses divisions, ses caractères, son estivation.
*Corolle*. Son insertion, gamopétale ou dialypétale, caractère propre aux pétales. Leur rapport d'alternance avec le calice; son estivation.
*Étamines*. Leur nombre, leurs rapports.
*Filets*. Leur caractère.
*Anthères*. Leur figure, le nombre de leurs loges.
*Style*. Son caractère, consistant surtout dans sa longueur.
*Stigmate*. Sa forme, son caractère propre.
*Ovaire*. Sa forme, le nombre des loges qui le composent.
*Ovules*. Leur disposition dans les loges, et leur nombre.
*Fruit*. Sa nature, sa figure.
*Semence*. Sa forme, ses caractères particuliers.
*Embryon*. Dressé ou non, albuminé ou non albuminé.
*Cotylédons*. Leur caractère foliacé ou non, leur figure.
*Radicule*. Sa longueur, sa figure, supère ou infère.
*Inflorescence*. Définie ou indéfinie, simple ou composée, sa nature.
*Fleurs*. Caractère propre.
*Bractées*. Présence ou absence, caractères.
*Feuilles*. Préfoliation; caractère des feuilles, radicales ou caulinaires, pétiolées ou sessiles, entières ou non, leur figure, leur consistance, leur vestiture.

 TAXONOMIE VÉGÉTALE.

*Nature.* Arbres, arbrisseaux ou herbes, à tiges ou acaules, vivaces ou à durée limitée.
*Patrie.* Non-seulement en général, mais avec les limites inférieures ou supérieures de végétation.
*Altitude.*
*Station.* Détermination précise des localités qu'affectionnent les diverses espèces du genre.

Dans la description d'une espèce, on joint au nom de la plante celui de l'auteur, puis on ajoute la synonymie scientifique, les noms vulgaires, et on cite les ouvrages qui en donnent les meilleures figures. C'est alors qu'on commence la description dans l'ordre suivant :

*Racine.* Ses caractères différentiels.
*Tige.* Ses caractères, son système de ramification, sa hauteur.
*Feuilles.* Caractères généraux et particuliers décrits avec précision ; grandeur, vestiture, couleur, consistance.
*Fleurs.* Disposition particulière, sessiles ou pédonculées.
*Calice.* Figure, vestiture, caractères propres.
*Corolle.* Grandeur, couleur, caractères particuliers, odeur.
*Étamines.* Rapports avec la corolle.
*Filets et anthères.* Leurs caractères différentiels.
*Style et stigmate.* Caractères différentiels, surtout les rapports de longueur, leur couleur, leur villosité.
*Ovaire.* Structure particulière.
*Fruit.* Sa nature, sa figure, sa grosseur, sa couleur.
*Graines.* Grosseur, couleur, particularités.
*Floraison.* Époque précise, sa durée; dire si la plante remonte, c'est-à-dire si elle refleurit une seconde fois.
*Fréquence ou rareté.*
*Distribution géographique de l'espèce.*
*Nature géologique du terrain qu'elle affectionne.*
*Altitude.*
*Station.*
*Localité.* Bien précise.
*Associations.* Dire quelles sont les plantes avec lesquelles le végétal décrit croît en commun.

# CHAPITRE VII



Les botanistes anciens, ceux qu'on peut regarder comme les pères
de la science, connaissaient un trop petit nombre de végétaux pour
qu'il leur fût possible, malgré la similitude évidente de certains
groupes, de fonder une méthode de classification; ils se bornèrent à
établir certaines coupes, destinées à distinguer empiriquement entre
elles les différentes parties de leur sujet, et ils n'allèrent pas au delà ;
cependant ils réunirent instinctivement les végétaux qui présentaient
certaines affinités, et suivirent, à leur insu, la voix qu'indique la raison,
mais sans avoir la conscience d'une méthode naturelle ou analogique.
A mesure que les découvertes multipliaient les richesses végétales,
il devenait impossible de se contenter des divisions grossières des
premiers botanistes, qui n'avaient décrit que quelques centaines de
végétaux. Le but qu'on se proposa, dès lors, et celui qui semblait au
premier abord le but unique de la science, fut de faire arriver par le
chemin le plus facile et le plus court à la connaissance du nom d'un
végétal, de sorte que les méthodes artificielles furent les premières
inventées. Malgré les services qu'elles durent rendre à l'étude de la
botanique, c'était un premier pas vers l'association systématique des
végétaux, car il n'y en a pas, quelque artificielle qu'elle soit, qui ne
réunisse nécessairement les grandes familles naturelles, unies entre
elles par des affinités indissolubles; mais, dans la plupart des cas,
ces mêmes affinités sont méconnues, ce qui a fait tomber en discrédit
la plus célèbre de toutes, celle de Linné, qui est cependant marquée
au coin du génie. Ce qui séduit dans une méthode artificielle, c'est
la simplicité, le propre de toutes les classifications systématiques,
qui reposent sur des principes absolus; mais, quand on arrive aux
exceptions, on ne tarde pas à reconnaître leur imperfection, et l'on
en est aujourd'hui arrivé à les délaisser complétement, la supériorité
de la méthode naturelle ayant été bien reconnue. Cependant on em-

ploie encore l'artifice ingénieux de Lamarck pour arriver plus facilement à découvrir le nom d'une plante; mais c'est un simple auxiliaire qui ramène toujours à la classification philosophique, la seule qui mérite d'être suivie par ceux qui veulent faire une étude sérieuse de la botanique. C'est un moyen employé par les esprits paresseux, qui semblent redouter le travail et se contentent de connaissances superficielles. Nous ne prétendons pas dire pour cela que la méthode naturelle soit infaillible, impeccable; mais la science n'a pas dit son dernier mot, et les travaux incessants des botanistes modernes conduiront, sans doute, à une méthode unique, adoptée par toutes les nations, et qui se perfectionnera par l'étude et la méditation.

*Des méthodes artificielles.*

Le nombre des méthodes artificielles est trop considérable pour qu'on puisse ici les exposer toutes longuement; nous ne parlerons que de celles qui ont eu une application réelle et qui s'enchaînent entre elles, de manière à faire voir comment elles ont passé de l'une à l'autre en se perfectionnant sans cesse, et en conduisant, de proche en proche, à la connaissance des lois d'affinité qui ont donné naissance à la méthode naturelle.

Ce fut le dix-septième siècle qui vit éclore le plus grand nombre d'essais de classification. Après J. Bauhin, qui n'a pas créé de système, dans l'acception que nous donnons à ce mot, vinrent Morison et Ray; mais leurs ébauches sont si incomplètes, qu'il est inutile de les citer. Le premier qui apparaît comme le créateur d'un système qu'on peut regarder, même avant celui de Linné, comme le plus commode pour l'étude, est Rivin, dont la classification, publiée en 1690, dans l'ouvrage intitulé : *Rivini Ordines plantarum,* et qui repose sur le nombre des pétales, eut un succès d'un demi-siècle, et balança même la réputation du système de Tournefort. Il est composé de 18 classes, comprenant 91 sections, ayant pour base les caractères secondaires.

*Système de Rivin.*

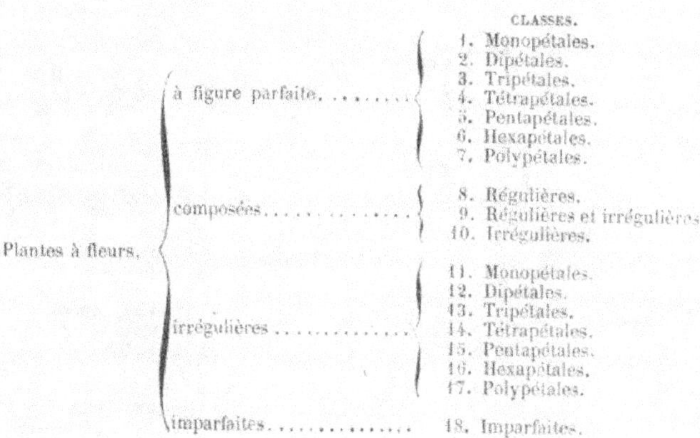



La facilité d'application de ce système le fit employer par plusieurs auteurs, dont quelques-uns y firent de légères modifications; ce sont Kœnig, Hebenstreit, Heister, Ruppius, Knaut, Ludwig et Siegesbeck.

Quatre années après Rivin, c'est-à-dire en 1694, Tournefort publia sa classification, qui eut un succès prodigieux. Ce savant botaniste eut, sur son compétiteur, l'avantage de délimiter les genres, illustrés par des dessins faits avec exactitude, et d'appliquer son système dans son *Historia rei herbariæ*, où il décrivit plus de dix mille plantes. Le seul reproche qu'on puisse lui faire, est d'avoir cédé à un préjugé qui existait à son époque et faisait éloigner les végétaux herbacés des végétaux ligneux, ce qui rend inutiles les classes 21 et 22, qu'on retrouve dans les classes 6 et 10.

## Méthode de Tournefort.

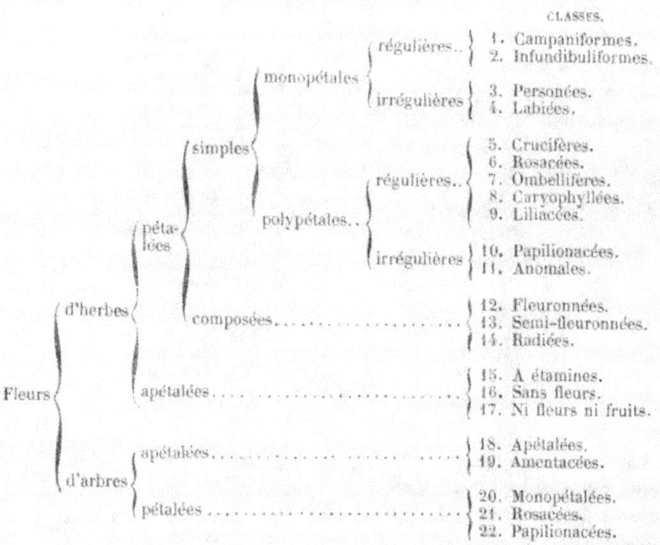

Ces 22 classes renferment 122 sections, reposant sur la position des fleurs et des fruits, sur le nombre des pétales et sur toutes les parties du fruit.

Pontedera reprit en 1720 la méthode de Tournefort, mais sans succès. Bergen, au contraire, dans sa *Flora Francofurtana* (1750), la perfectionna d'une manière aussi savante qu'ingénieuse. Elle fut adoptée par quelques botanistes; mais la publication du système sexuel de Linné était destinée à la faire tomber dans l'oubli. Nous ne citerons, parmi les savants qui suivirent la même voie, que le botaniste anglais Hill, qui combina ingénieusement le système de Rivin avec la méthode de Tournefort, et en tira tout ce qu'on peut obtenir d'un semblable mode de classification. Si ce botaniste eût accompagné son système d'un *Species*, ou de quelque grand travail d'ensemble, il est évident qu'il eût balancé avec avantage le système de Linné; car il offre cela de remarquable, qu'on y retrouve un plus grand nombre de familles naturelles que dans la plupart des autres systèmes.

On fait à juste titre honneur à Linné du système sexuel, dont il est le véritable créateur, mais il ne fut pas le premier qui eut cette idée : en 1702, Burkhard adressa à Leibnitz une lettre dans laquelle il demandait si l'on ne pourrait pas tirer parti de la comparaison des étamines. Comme cette lettre, la seule qui reste de ce savant, ne fut publiée qu'en 1750, il est évident qu'elle n'inspira pas Linné ; mais on reconnaît que, quand tous les esprits méditatifs prennent une direction, il jaillit de toutes parts des étincelles recueillies par un homme de génie, résumant en lui toute son époque.

Linné publia pour la première fois son *Système sexuel* dans la *Florula Laponica*, qui parut dans les mémoires de l'Académie d'Upsal, de 1732 à 1734, et fit une révolution dans la science. Comme certains ouvrages récents, et même encore en voie de publication, sont disposés d'après cette méthode, nous la ferons connaître *in extenso*.

Le *Système* de Linné repose sur les deux organes sexuels, les *étamines* et les *pistils*. Dans ses *Classes plantarum*, l'ingénieux botaniste suédois fait connaître qu'il a été conduit à établir ce système, en observant l'importance de ces organes pour la végétation ; ce sont les seuls, dit-il, essentiellement nécessaires à la fructification ; les autres parties de la fleur manquent quelquefois ; les étamines et les pistils étant les organes reproducteurs, ne manquent jamais.

Le système linnéen, tout admirable qu'il soit, n'est cependant pas sans défauts, comme nous le ferons voir par la suite, et il n'aurait peut-être pas eu tout le succès qu'il a obtenu, si les noms employés n'exprimaient que le nombre et la situation des organes. Ce qui a puissamment contribué à faire adopter ce système sexuel, c'est, croyons-nous, la poésie dont Linné a encadré son œuvre. Au lieu de donner à ces classes les noms de *monostaminées* et de *monopistillées*, pour indiquer les plantes à une étamine ou à un pistil, il a dit *monandrie, monogynie*, noms dans lesquels il y a une poésie philosophique exquise. Pour Linné, en effet, les étamines sont les hommes des fleurs ; c'est pour cela que dans son système il les désigne par le mot grec ἀνδρός, de ἀνήρ, qui veut dire homme. Les pistils en sont les femmes, et c'est pour cette raison qu'il se sert du mot γυνή (*gunè* ou *gyné*), en français femme, pour les désigner. De là, *monandrie*, un homme ; *monogynie*, une femme. Et plus loin, lorsqu'il lui faut indiquer que les étamines se soudent entre elles, il emploie le mot ἀδελφός (*adelfos*, frère), parce qu'elles lui semblent être unies par l'amitié comme des frères. Pour les plantes à fleurs qui ne présentent qu'un seul organe, étamine ou pistil, mais chez lesquelles le même pied porte les deux espèces de fleurs, il a créé le mot *monœcie*, de μόνος (*monos* une seule), et οἰκία maison, c'est-à-dire le mari et la femme placés dans deux lits (fleurs) différents, mais réunis dans la même maison ; la *diœcie*, c'est le mari et la femme dans deux lits (fleurs), et habitant deux maisons différentes, ou moins métaphoriquement, les fleurs mâles sur un pied, et les fleurs femelles sur un autre.

Examinons maintenant ce système. Voici d'abord le tableau des 24 classes. (Voir les pl. 36 et 37, afférentes à ce volume.)

*Système sexuel de Linné.*

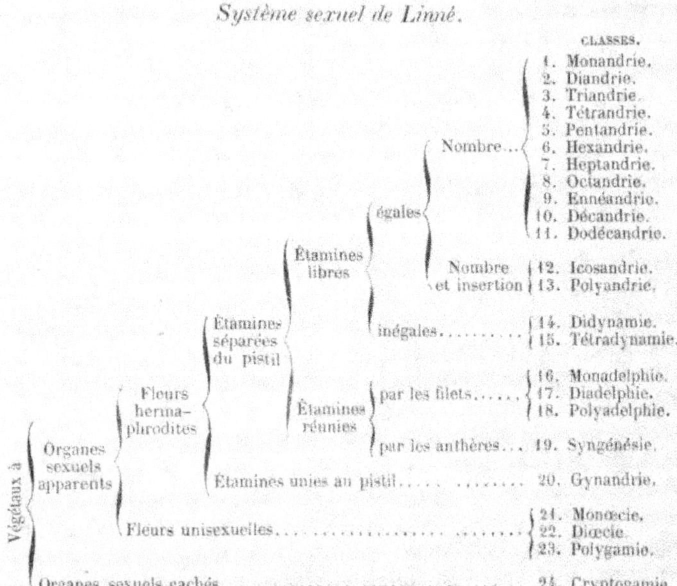


Ainsi qu'on peut le voir d'après ce tableau, Linné divise d'abord les végétaux en *phanérogames* ou à organes sexuels apparents, et en *cryptogames* ou à organes sexuels cachés, et il subdivise le tout en 24 classes. Les 20 premières contiennent les plantes à fleurs hermaphrodites, c'est-à-dire celles qui présentent dans la même fleur étamines et pistils; les 21°, 22° et 23° sont consacrées aux plantes dont les organes sexuels sont séparés. Dans les classes à fleurs hermaphrodites, dix, de la *monandrie* à la *dodécandrie*, forment une série dont les noms indiquent le nombre d'étamines de chaque fleur (Pl. 39, fig. 1 à 11). Les classes 12 et 13, *icosandrie* et *polyandrie* (εἴκοσι, 20, et πολύς, beaucoup) renferment des plantes dont les fleurs ont 20 étamines et plus; mais ici, outre le nombre, on a encore égard à l'insertion : dans l'icosandrie les étamines sont insérées sur le calice (Pl. 39, fig. 12); dans la polyandrie, l'insertion a lieu sur le réceptacle (Pl. 40, fig. 13).

Pour les classes 14 et 15, on ne tient plus compte du nombre, mais de la différence de longueur : la *didynamie* (δίς, deux fois, et δύναμις, force) est réservée aux plantes dont les fleurs ont 4 étamines, dont deux plus longues (Gesneria, Pl. 40, fig. 14), et la *tetradynamie* (τέτρα, quatre) comprend les végétaux à 6 étamines, dont 4 plus longues (lunaire, fig. 15).

Dans les classes 16, 17 et 18, c'est la soudure par les filets qu'il faut seulement considérer, sans tenir compte du nombre; dans la *monadelphie* (μόνος, un seul, ἀδελφός, frère) les étamines sont toutes soudées ensemble en un seul faisceau (mauve, fig. 16); dans la *diadelphie*, les étamines sont soudées en deux faisceaux (erythrina, fig. 17), et dans la *polyadelphie*, elles sont soudées inférieurement en plusieurs corps (millepertuis, fig. 18).

La *syngénésie* (σύν, ensemble, γένεσις, engendrement) ou 19° classe, comprend les plantes dont les étamines, quel qu'en soit le nombre et sans y avoir égard, sont soudées, non plus par les filets, mais par les anthères, qui forment alors un tube que traverse le pistil (Composées, fig. 19).

Dans la 20° classe, c'est encore la soudure qui est le caractère; mais ce n'est plus soudure entre les parties d'un même organe; elle a lieu entre les étamines et le pistil, qui ne font plus qu'un tout; de là le nom de *gynandrie* (γυνή, femme ou pistil, et ἀνδρός, homme ou étamine), (Orchidées, fig. 20).

Le caractère des 21°, 22° et 23° classes, porte sur la séparation des deux organes, c'est-à-dire que les étamines occupent une autre fleur que les pistils, et qu'elles sont sur le même pied ou sur des pieds différents.

La *monœcie* (μόνος, une seule, οἰκία, maison) comprend les plantes qui portent sur le même individu des fleurs mâles et femelles (ricin, fig. 23) ; à la *diœcie* appartiennent les plantes dont les fleurs mâles et femelles sont séparées sur deux individus différents (Saules, fig. 22); et la *polygamie* (πολύς, beaucoup, γάμος, noces) est réservée aux espèces qui ont à la fois des fleurs mâles, des fleurs femelles et des fleurs hermaphrodites réunies sur le même pied (pariétaire, fig. 21).

Enfin la 24ᵉ classe, ou *cryptogamie* (κρυπτός, caché, et γάμος, noces), renferme les plantes dont les organes de la reproduction ne sont ni des étamines, ni des pistils, et qui, à l'époque où Linné inventa son système, étaient inconnus (champignons, mousses, fougères, algues, etc.), (Pl. 40, fig. 24).

On voit que ces *Classes* sont fondées sur l'absence ou la présence et le nombre des étamines ; sur leurs rapports entre elles ; sur leur réunion par les filets ou les anthères ; sur leur présence dans la même fleur avec les pistils, ou leur isolement sur le même pied ou sur des individus différents.

Les *Ordres*, ou la division de ces classes, sont établis sur des principes différents : pour les treize premières classes, c'est le nombre des pistils qui sert à diviser chacune d'elles. De là, la *monandrie monogynie*, *digynie*, *trigynie*, etc., et *polygynie*, quand le nombre des pistils est indéterminé.

Lorsque les classes ne sont pas établies sur le nombre des étamines, mais sur leur rapport, leur situation ou autre disposition, les Ordres sont établis sur une autre distinction. Ainsi :

La *didynamie* est divisée en *gymnospermes* (γυμνός, nu, σπέρμα, graine) ou à graines nues, et en *angiospermes* (ἀγγεῖον, vase) ou à graines renfermées dans une enveloppe, c'est-à-dire dans le péricarpe du fruit. Ces divisions, ou plutôt les noms employés pour les désigner, sont très-inexactes. Ce que Linné prenait pour des graines nues sont les fruits des labiées et des borraginées, qui, en effet, ont l'apparence de graines, mais qui présentent bien réellement la structure des véritables fruits nommés Caryopses.

La *tétradynamie* est divisée d'après la forme du fruit : en *siliculeuse*, quand le fruit est raccourci, qu'il a autant de largeur que de longueur, comme dans la lunaire, les alyssum ; et en *siliqueuse*, quand le fruit est plus long que large, comme dans la giroflée.

Dans les classes établies sur la soudure des filets des étamines, *monadelphie*, *diadelphie* et *polyadelphie*, les Ordres portent sur le nombre des étamines; d'où *monadelphie pentandrie, décandrie*, etc.

La *syngénésie* mérite une étude attentive : c'est un véritable chef-d'œuvre d'observation. Cette classe présente de grandes difficultés; mais la sagacité de Linné s'y montre tout entière. Elle est *monogame*, quand les fleurs sont solitaires, comme cela a lieu dans les lobélia-cées, les violettes, etc., et *polygame*, quand, au contraire, les fleurs sont réunies sur un réceptacle commun, comme dans les composées. Elle se divise alors en : *polygamie égale*, quand tous les capitules ont étamine et pistil; *polygamie superflue*, quand les florales du cen-tre sont complètes et celles du tour femelles; *polygamie frustranée*, quand les florules du centre sont complètes et celles de la circonfé-rence stériles; *polygamie nécessaire*, quand les fleurs de la cir-conférence sont fertiles et celles du centre stériles; *polygamie séparée*, quand chaque fleur a un involucre séparé, comme dans l'échinops.

Dans la *gynandrie*, le nombre des étamines constitue les ordres.

Le nombre des étamines sert également à distinguer les ordres dans la *monœcie* et la *diœcie*.

La *polygamie* est partagée en trois ordres résultant de la disposi-tion des fleurs : *polygamie monœcie*, quand les fleurs de diverses sortes sont réunies sur le même pied : *polygamie diœcie*, quand elles sont sur deux pieds différents, et *polygamie triœcie*, quand il existe sur un individu des fleurs mâles, des fleurs femelles sur un autre, et des fleurs mâles et femelles sur un troisième.

Quant à la 24ᵉ classe, elle est divisée en champignons, algues, mousses et fougères, ce qui rentre dans la méthode naturelle.

Ce système présente, pour l'étude, de grandes commodités, car il est d'un usage très-facile dans le plus grand nombre des cas. On n'a que peu de caractères à observer, et l'on arrive sans beaucoup de peine à trouver le nom d'une plante : aussi a-t-il été la base d'une grande partie des ouvrages destinés à l'étude; telles sont, entre au-tres, les Flores locales ; mais on a constaté un assez grand nombre d'exceptions pour qu'aujourd'hui ce système soit délaissé. C'est ainsi qu'on a reconnu la variabilité du nombre des étamines dans un assez grand nombre de végétaux pour qu'il en puisse résulter de l'incerti-tude. Nous citerons quelques-unes des anomalies qui se présentent dans chaque classe.

Dans la monandrie, le *boerhavia* a quelquefois 2 étamines; le *corispermum* en a 2, 3, 4 ou 5.

Dans la diandrie, on trouve le *chionanthus*, qui a 3 étamines, et la gratiole, qui en a quelquefois 4.

Dans la triandrie, on trouve une valériane à 2 étamines, et une autre qui est dioïque; le genre fétuque a des espèces à 1 ou 2 étamines.

Dans la tétrandrie, les *rivina* sont à 8 étamines; les scabieuses en ont parfois 5; certaines aspérules sont quelquefois à 3 étamines.

Dans la pentandrie, qui renferme un assez grand nombre de genres, il y a encore plus d'exceptions : le fusain, le nerprun, ont 4 étamines; les *gardenia* en ont quelquefois 9; le *tamarix gallica*, 10; le groseillier des Alpes est dioïque; plusieurs *diosma* sont monoïques, et certaines espèces de *lysimachia* monadelphes.

On trouve dans l'hexandrie un narcisse à 3 étamines; le *convallaria bifolia* en a 4; l'asperge est polygame; dans le genre *rumex*, il y en a de monoïques, de dioïques, de polygames; les *polygonum* présentent une variabilité plus grande encore dans le nombre des étamines.

Le *pavia*, qui appartient à l'heptandrie, a 8 étamines.

Dans l'octandrie, il y a l'*adoxa moscatellina*, qui a des fleurs à 5 étamines; l'*elatine tripetala* en a 3 ou 6.

Dans l'ennéandrie, on trouve des espèces dioïques : telle est la mercuriale annuelle; dans le genre *hydrocharis*, il y a une espèce monoïque et l'autre dioïque.

Les exceptions sont plus communes encore dans la décandrie, comme dans toutes les classes nombreuses en genres et en espèces : les spergules ont 5 étamines; une espèce de *cerastium* est dans le même cas; le *ruta* en a 8; les *phytolacca* en ont 8, 10, 20, et quelquefois ils sont dioïques; une espèce du genre *lychnis* est dioïque, et dans ce genre on trouve quelquefois 4 styles au lieu de 3.

La dodécandrie est loin de former une classe régulière : plusieurs espèces de salicaires n'ont que 6 étamines, et le genre aigremoine en a souvent plus de 20.

L'icosandrie compte des espèces dioïques : tel est le *spiræa aruncus*; le *spiræa opulifolia* n'a que 3 étamines; le nombre des pistils varie dans le genre ficoïde.

Dans la polyandrie, on trouve des aconits à 5 pistils; le *delphinium Ajacis* n'en a qu'un seul; certaines nigelles 10; le *clematis flammula* en a 8 ; deux espèces, la *dioïca* et la *virginica*, sont dioïques ; le *ranunculus hederaceus* a 12 étamines. On voit par ce petit nombre d'exemples, choisi sur une grande quantité de végétaux, que le système sexuel présente d'autant plus d'anomalies que les classes comprennent plus de genres.

Les genres *catalpa* et *penstemon* font exception à la didynamie par leurs 5 étamines.

On trouve des espèces à 2 et 4 étamines dans la tétradynamie : tels sont les *lepidium ruderale*, *nudicaule* ; le *cardamine hirsuta* ; d'autres ont les étamines égales.

Le genre *geranium*, à 5, 7, 10 étamines, fait exception dans la monadelphie.

Les trèfles et les *ononis*, quoique appartenant à la diadelphie, sont monadelphes, et l'arachide est monoïque.

Certains genres, faisant partie de la polyandrie, ont les étamines libres ou monadelphes, et l'on trouve dans le genre millepertuis des espèces à 1, 2 et 3 pistils.

La syngénésie n'est pas exempte d'anomalie, malgré sa plus grande régularité. Certaines espèces ont les étamines libres ; plusieurs ont des fleurs dioïques.

Par suite du démembrement de la gynandrie, on a régularisé cette classe.

Dans la monœcie, on trouve des plantes dioïques : tels sont un *arum*, une ortie, la bryone, une grande partie des *casuarina*.

La diœcie renferme des espèces monoïques, d'autres polygames ; certains genres ont des fleurs complètes.

Quant à la polygamie, elle présente des anomalies si nombreuses, que beaucoup de botanistes l'ont supprimée et en ont dispersé les genres dans les autres classes.

Il résulte de ce qui précède que le système sexuel, malgré la facilité apparente de son application, ne peut plus être employé sans qu'on y joigne un tableau des anomalies, ou qu'on ne reporte les genres anormaux dans les classes auxquelles ils appartiennent. Quoi qu'il en soit du jugement qu'on porte sur le système sexuel, il restera toujours comme un chef-d'œuvre de sagacité ; mais on doit dire aujourd'hui qu'il est devenu d'une application si difficile, qu'il faut le reléguer dans les archives de la science en lui donnant une place d'honneur.

Voici le tableau des classes et des ordres de ce système, avec l'indication du nombre des espèces dans chaque classe, et de celui des genres dans chaque ordre, décrites dans le *Species plantarum* de Linné ; nous ajoutons à la suite des *ordres* un nom de plante comme exemple :

CLASSE I. — MONANDRIE : 34 espèces.

| | | |
|---|---|---|
| *Monogynie,* | 11 genres | Balisier. |
| *Digynie,* | 4 — | Corispermum. |

CLASSE II. — DIANDRIE : 186 espèces.

| | | |
|---|---|---|
| *Monogynie,* | 29 genres | Lilas. |
| *Digynie,* | 1 genre | Flouve. |
| *Trigynie,* | 1 — | Poivrier. |

CLASSE III. — TRIANDRIE : 412 espèces.

| | | |
|---|---|---|
| *Monogynie,* | 29 genres | Iris. |
| *Digynie,* | 29 — | Blé. |
| *Trigynie,* | 11 — | Caille-lait. |

CLASSE IV. — TÉTRANDRIE : 335 espèces.

| | | |
|---|---|---|
| *Monogynie,* | 61 genres | Plantain. |
| *Digynie,* | 6 — | Cuscute. |
| *Trigynie,* | 7 — | Potamogéton. |

CLASSE V. — PENTANDRIE : 976 genres.

| | | |
|---|---|---|
| *Monogynie,* | 138 genres | Bourrache. |
| *Digynie,* | 170 — | Carotte. |
| *Trigynie,* | 16 — | Sureau. |
| *Tétragynie,* | 2 — | Parnassia. |
| *Pentagynie,* | 9 — | Lin. |
| *Polygynie,* | 1 genre | Myosurus. |

CLASSE VI. — HEXANDRIE : 330 espèces.

| | | |
|---|---|---|
| *Monogynie,* | 56 genres | Lis, narcisse. |
| *Digynie,* | 2 — | Ris. |
| *Trigynie,* | 9 — | Oseille. |
| *Tétragynie,* | 1 genre | Petiveria. |
| *Polygynie,* | 1 — | Fluteau. |

CLASSE VII. — HEPTANDRIE : 6 espèces.

| | | |
|---|---|---|
| *Monogynie,* | 1 genre | Marronnier d'Inde. |
| *Digynie,* | 1 — | Limeum. |
| *Trigynie,* | 1 — | Saururus. |
| *Heptagynie,* | 1 — | Septas. |

CLASSE VIII. — OCTANDRIE : 169 espèces.

| | | |
|---|---|---|
| *Monogynie,* | 31 genres | Capucine. |
| *Digynie,* | 4 — | Wienmannia. |
| *Trigynie,* | 5 — | Cardiospermum. |
| *Tétragynie,* | 3 — | Parisette. |

### CLASSE IX. — ENNÉANDRIE : 19 espèces.

| | | | |
|---|---|---|---|
| *Monogynie,* | 4 genres | .............. ...... | Anacardium. |
| *Trigynie,* | 1 genre | .. ...... ...... | Rhubarbe. |
| *Hexagynie,* | 1 — | .............. | Butome. |

### CLASSE X. — DÉCANDRIE : 425 espèces.

| | | | |
|---|---|---|---|
| *Monogynie,* | 50 genres | .............. | Cassia. |
| *Digynie,* | 12 — | ........... | Saxifrage. |
| *Trigynie,* | 11 — | .............. | Silène. |
| *Pentagynie,* | 14 — | .............. | Orpin. |
| *Décagynie,* | 2 — | .............. | Phytolacca. |

### CLASSE XI. — DODÉCANDRIE : 131 espèces.

| | | | |
|---|---|---|---|
| *Monogynin,* | 20 genres | .............. | Salicaire. |
| *Digynie,* | 20 — | .............. | Aigremoine. |
| *Trigynie,* | 2 — | .............. | Réséda. |
| *Pentagynie,* | 1 genre | .............. | Glinus. |
| *Dodécagynie,* | 1 — | .............. | Joubarbe. |

### CLASSE XII. — ICOSANDRIE : 238 espèces.

| | | | |
|---|---|---|---|
| *Monogynie,* | 10 genres | .............. | Amandier. |
| *Digynie,* | 1 genre | .............. | Alisier. |
| *Trigynie,* | 2 genres | .............. | Sorbier. |
| *Pentagynie,* | 6 — | .............. | Poirier. |
| *Polygynie,* | 9 — | .............. | Rosier. |

### CLASSE XIII. — POLYANDRIE : 269 espèces.

| | | | |
|---|---|---|---|
| *Monogynie,* | 35 genres | .............. | Pavot. |
| *Digynie,* | 4 — | .............. | Pivoine. |
| *Trigynie,* | 2 — | .............. | Delphinium. |
| *Tétragynie,* | 3 — | .............. | Cimicifuga. |
| *Pentagynie,* | 3 — | .............. | Nigelle. |
| *Hexagynie,* | 1 genre | .............. | Stratiotes. |
| *Polygynie,* | 18 genres | .............. | Clématite. |

### CLASSE XIV. — DIDYNAMIE : 465 espèces.

| | | | |
|---|---|---|---|
| *Gymnospermie,* | 35 genres | .............. | Lamium. |
| *Angiospermie,* | 63 — | .............. | Muflier. |

### CLASSE XV. — TÉTRADYNAMIE : 215 espèces.

| | | | |
|---|---|---|---|
| *Siliculeuse,* | 14 genres | .............. | Lunaire, thlaspi. |
| *Siliqueuse,* | 17 — | .............. | Giroflée. |

### CLASSE XVI. — MONADELPHIE : 181 espèces.

| | | | |
|---|---|---|---|
| *Pentandrie,* | 4 genres | .............. | Hermannia. |
| *Décandrie,* | 3 — | .............. | Geranium. |
| *Endécandrie,* | 1 genre | .............. | Brownea. |
| *Dodécandrie,* | 1 — | .............. | Pentapetes. |
| *Polyandrie,* | 17 genres | .............. | Mauve. |

### CLASSE XVII. — DIADELPHIE : 512 espèces.

| | | | |
|---|---|---|---|
| *Pentandrie,* | 1 genre | .............. | Moniera. |
| *Hexandrie,* | 2 genres | .............. | Fumeterre. |
| *Octandrie,* | 2 — | .............. | Polygala. |
| *Décandrie,* | 27 — | .............. | Haricot. |

### CLASSE XVIII. — POLYADELPHIE : 54 espèces.

| | | |
|---|---|---|
| *Pentandrie,* | 2 genres | Cacaotier. |
| *Icosandrie,* | 1 genre | Citronnier. |
| *Polyandrie,* | 7 genres | Millepertuis. |

### CLASSE XIX. — SYNGÉNÉSIE : 903 espèces.

| | | |
|---|---|---|
| *Polygamie égale,* | 40 genres | Pissenlit. |
| *Polygamie superflue,* | 37 — | Seneçon. |
| *Polygamie frustranée,* | 7 — | Centaurée. |
| *Polygamie nécessaire,* | 13 — | Souci. |
| *Polygamie séparée,* | 6 — | Échinops. |
| *Monogamie,* | 7 — | Violette. |

### CLASSE XX. — GYNANDRIE : 200 espèces.

| | | |
|---|---|---|
| *Diandrie,* | 9 genres | Orchis. |
| *Triandrie,* | 4 — | Sisyrinchium. |
| *Tétrandrie,* | 1 genre | Nepenthes. |
| *Pentandrie,* | 3 genres | Passiflore. |
| *Hexandrie,* | 2 — | Aristoloche. |
| *Décandrie,* | 2 — | Helicteres. |
| *Dodécandrie,* | 1 genre | Cytinus. |
| *Polyandrie,* | 8 genres | Arum. |

### CLASSE XXI. — MONŒCIE : 290 espèces.

| | | |
|---|---|---|
| *Monandrie,* | 5 genres | Elaterium. |
| *Diandrie,* | 2 — | Lemna. |
| *Triandrie,* | 12 — | Carex. |
| *Tétrandrie,* | 8 — | Mûrier. |
| *Pentandrie,* | 9 — | Xanthium. |
| *Hexandrie,* | 2 — | Zizania. |
| *Heptandrie,* | 1 genre | Guettarda. |
| *Polyandrie,* | 13 genres | Noyer. |
| *Monadelphie,* | 18 — | Pin. |
| *Syngénésie,* | 6 — | Concombre. |
| *Gynandrie,* | 2 — | Andrachne. |

### CLASSE XXII. — DIŒCIE : 157 espèces.

| | | |
|---|---|---|
| *Monandrie,* | 1 genre | Nayas |
| *Diandrie,* | 3 genres | Saule. |
| *Triandrie,* | 5 — | Empetrum. |
| *Tétrandrie,* | 5 — | Hippophaé. |
| *Pentandrie,* | 12 — | Pistachier. |
| *Hexandrie,* | 6 — | Smilax. |
| *Ennéandrie,* | 2 genres | Mercuriale. |
| *Décandrie,* | 4 — | Coriaria. |
| *Dodécandrie,* | 2 — | Datisca. |
| *Polyandrie,* | 1 genre | Cliffortia. |
| *Monadelphie,* | 6 genres | Genévrier. |
| *Syngénésie,* | 1 genre | Houx. |
| *Gynandrie,* | 1 — | Clutia. |

### CLASSE XXIII. — POLYGAMIE : 163 espèces.

| | | |
|---|---|---|
| *Monœcie,* | 22 genres | Bananier. |
| *Diœcie,* | 10 — | Frêne. |
| *Triœcie,* | 2 — | Figuier. |

### CLASSE XXIV. — CRYPTOGAMIE : 637 espèces.

| | | |
|---|---|---|
| *Fougères,* | 18 genres | Polypodium. |
| *Mousses,* | 12 — | Bryum. |
| *Algues,* | 12 — | Lichen, fucus. |
| *Champignons,* | 10 — | Agaric. |

La simplicité si séduisante du *Système linnéen* pour qui n'a pas soumis ce système à l'épreuve de l'expérience, lui donna une vogue immense; ce qui n'empêcha pas des botanistes sérieux d'y apporter des modifications : elles ne servirent qu'à mettre plus en relief ses imperfections. Thunberg, Gmelin, Brotero, Patrice Brown, Willdenow, Persoon, Sprengel, ne l'adoptèrent que pour lui faire subir des changements importants; presque tous supprimèrent la polygamie, dont nous avons déjà signalé les imperfections. Parmi les réformateurs du système sexuel, il faut encore citer L.-C. Richard, qui fit un travail qu'on pourrait regarder comme original et dans lequel il fit briller ses profondes connaissances. On peut même dire que, si l'on devait en revenir à l'application du système sexuel, ce serait à celui de Richard qu'il faudrait donner la préférence, en ayant soin, toutefois, de faire rentrer chaque espèce anormale dans la classe à laquelle elle appartient. Voici le tableau de ce système.

*Système de L.-Cl. Richard.*

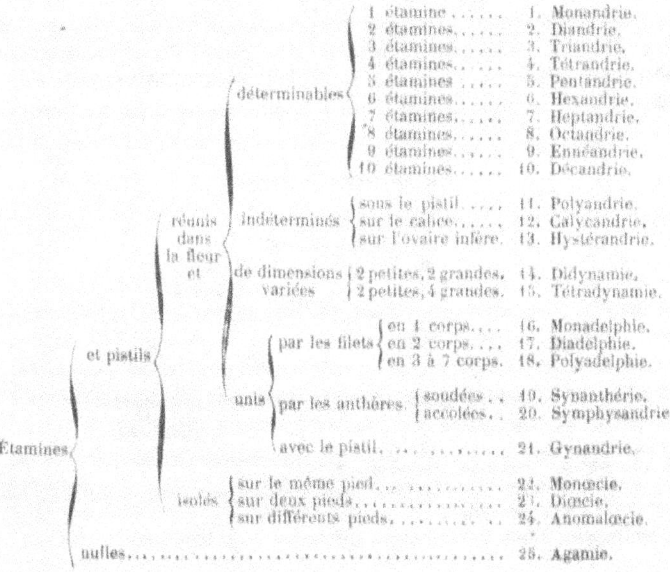

Les ordres sont fondés sur la division du stigmate, et l'on dit *monostigmatie, distigmatie*, et ainsi de suite, jusqu'à la 13ᵉ classe.

La didynamie est partagée en *tomogynie*, ou ovaire divisé, et *atomogynie* ou ovaire non divisé.

La calycandrie est formée pour le seul genre *styrax*.

La synanthérie comprend deux classes : la *monostigmatie* et la *distigmatie*.

Dans la monœcie, les cucurbitacées forment l'ordre de la *symphysandrie*.

*Système de Gaertner.*

Le célèbre Gaertner, l'auteur d'un ouvrage fort estimé de carpologie, a établi, en 1788, un système dont les classes sont fondées sur l'absence, la présence et le nombre des cotylédons ; les sous-classes, sur les rapports du fruit et de la radicule, et les divisions inférieures, sur le nombre des carpelles, ainsi que sur la présence ou l'absence d'un albumen. Ce qui prouve jusqu'à quel point l'ensemble du travail de Gaertner était fondé sur des principes artificiels, c'est qu'il a isolé les familles les plus naturelles, et a produit les associations les plus antianalogiques ; cependant il a fourni des éléments pour la rectification de certains genres, dont il a mieux déterminé les limites.

*Clef du système de Gaertner.*

| | | |
|---|---|---|
| 1ʳᵉ *classe.* | Acotylédones. |
| 2ᵉ — | Monocotylédones. |
| 3ᵉ — | Dicotylédones à fruit infère. |
| 4ᵉ — | — à fruit supère. |
| 5ᵉ — | Polycotylédones. |

**I. — ACOTYLÉDONES.**

**II. — MONOCOTYLÉDONES.**

1. *Fruit supère.*

*a.* Exalbumineuses (alisma, sagittaria).
*b.* Albumineuses (graminées, cypéracées, liliacées, palmiers, asparaginées).

2. *Fruit infère.*

Scitaminées, iridées, orchidées.

**III. — DICOTYLÉDONES, Fruit infère.**

1. Radicule infère.

*a. Monocarpes.*

*a.* Exalbumineuses (composées, circée, poirier).
*b.* Albumineuses (caféier, lobélia, belle-denuit).

2. *Di-polycarpes.*

2. RADICULE SUPÈRE.

α. *Monocarpes.*

a. Exalbumineuses (valériane, noisetier, gaura).
b. Albumineuses (dipsacées, gui, lierre, soude, figuier).

β. *Di-polycarpes.*

Ombellifères, céphalanthe.

3. RADICULE CENTRIPÈTE.

a. Exalbumineuses (myrtacées, épilobes, cactus).
b. Albumineuses (campanules, vaccinium).

4. RADICULE CENTRIFUGE.

Citrouille, groseillier.

5. RADICULE VAGUE.

Grenadier.

IV. — DICOTYLÉDONES, FRUIT SUPÈRE.

1. RADICULE INFÈRE.

α. *Monocarpes.*

a. Exalbumineuses (saule, jasmin, jujubier).
b. Albumineuses (plantain, tilleul, arroche).

β. *Di-polycarpes.*

a. Exalbumineuses (géranium, savonnier).
b. Albumineuses (renoncule, magnolia, malvacées).

2. RADICULE SUPÈRE.

α. *Monocarpes.*

a. Exalbumineuses (platane, bouleau, orme).
b. Albumineuses (genévrier, oxalis, ortie, mûrier, poivrier).

β. *Di-polycarpes.*

a. Exalbumineuses (rosier, borraginées).
b. Albumineuses (anémone, euphorbiacées).

3. RADICULE CENTRIPÈTE.

α. *Monocarpes.*

a. Exalbumineuses (acanthe, millepertuis, thé).
b. Albumineuses (primevère, bruyères, solanées).

β. *Di-polycarpes.*

a. Exalbumineuses (staphylea, nerium).
b. Albumineuses (sedum, pivoine, ellébore).

4. RADICULE CENTRIFUGE.

α. *Monocarpes.*

a. Exalbumineuses (peuplier, légumineuses.)
b. Albumineuses (gentiane, violette, fumeterre, pavot).

β. *Di-polycarpes.*

Uvaria.

5. RADICULE VAGUE.

Baobab.

V. — POLYCOTYLÉDONES.

Cyprès.

## Système de Porta.

J.-B. Porta publia à Francfort, en 1591, sous le titre de *Phytognomonique*, un livre rempli de recherches curieuses, et dont les progrès de la science n'ont pas encore fait disparaître les idées ; car la doctrine des signatures est encore adoptée par certains savants. C'est ainsi que, de nos jours, un savant portugais a recherché les analogies qui existent entre les oiseaux et les plantes ; d'autres ont cherché les ressemblances qui unissent les êtres supérieurs et les insectes.

Il y a dans cette doctrine des analogies frappantes : c'est ainsi que les oiseaux de nuit, de l'ordre des rapaces, ont un plumage semblable à celui des engoulevents de la petite famille des fissirostres, et les lépidoptères nocturnes sont peints des mêmes couleurs. Les mammifères nocturnes eux-mêmes, tels que les chéiroptères, les carnassiers nocturnes, sont roux ou bruns ; les batraciens nocturnes, comme les crapauds, sont également pourvus d'une livrée funèbre ; en un mot, on trouve des analogies inexplicables répandues à travers tout le monde organique, sans qu'il soit pour cela possible d'ériger ces analogies en système ; on n'y peut voir qu'une unité de plus ou des anomalies jetées çà et là, et qui interrompent l'enchaînement des créations liées par affinité.

Ayant remarqué entre les parties des plantes et celles des animaux des ressemblances frappantes, telles que, dans un même ordre d'idées, Robinet en trouva entre les corps bruts et les êtres organisés, il pensa que les plantes devaient avoir des propriétés déterminées par leurs formes, et que, dans l'art de guérir, on devait avoir égard à ces caractères pour en déduire les maladies contre lesquelles elles devaient être employées. Son système, plus curieux par ses recherches que par son caractère scientifique, mérite cependant d'être connu, car il poussa les analogies jusqu'à leurs dernières limites (voir les planches 41 et 42 de ce volume), groupa les plantes non-seulement par affinités physiques mais par affinités morales, et, s'élançant hors de la sphère terrestre, il présenta les associations végétales dans leurs rapports avec les planètes de notre système. On affecte aujourd'hui de traiter avec dédain la doctrine des signatures, mais il est demeuré, dans la médecine populaire, des idées qui sont antérieures à Porta et d'après lesquelles on attribue aux végétaux des propriétés analogues aux parties qu'elles représentent. C'est ainsi que la pulmonaire aux feuilles tachetées est regardée comme souveraine dans les affections du poumon ; la carotte, dont le suc est jaune, est de nos jours encore administrée dans l'ictère, même par les médecins ; le buphthalme, dont les fleurs ressemblent, dit-on, à un œil de bœuf, sont recommandées dans l'ophthalmie ; les racines noueuses de l'hermodacte, dans la goutte ; les racines granuleuses des ficaires sont réputées antihemorrhoïdales ; les fruits vésiculeux de l'alkékenge dans les maladies des voies urinaires. En un mot, il y a des préjugés qui se conservent et se transmettent, et il faut qu'ils soient bien inhérents à l'esprit humain, pour que partout, sans acception de temps et de lieux, ils se reproduisent identiques et prouvent la tendance de l'humanité au merveilleux.

1<sup>re</sup> CLASSE. — *Plantes considérées selon leur lieu natal.*

Section 1. Plantes aquatiques.
2. Plantes terrestres.
3. Plantes des trois climats : le chaud, le tempéré et le froid.
4. Plantes montagnardes.
5. Plantes cultivées.

2<sup>e</sup> CLASSE. — *Plantes qui ont des parties semblables à celles des hommes.*

Section 1. Semblable à des cheveux.......... Exemple : Capillaire.
2. — à des yeux..................... Buphthalme.
3. — à des dents..................... Dentelaire.
4. — à des mains ou à des doigts....... Hermodacte.
5. — à des testicules................. Orchis.
6. — à des cœurs................... Valériane.
7. — à des poumons................. Pulmonaire.
8. — à des fœtus..... ............. Noix et arum.
9. — à des vessies.. ................ Alkékenge.

3<sup>e</sup> CLASSE. — *Plantes qui ont des parties semblables à celles des animaux.*

Section 1. Racines semblables à la queue d'un scorpion. Doronic (Pl. 41, fig. 8 ).
2. Fleurs semblables à des mouches ou à des pa-
pillons.............................. Ophrys (Pl. 42, fig. 1 à 4).
3. Tiges semblables à des serpents............. Serpentaire (Pl. 41, fig. 9).
4. Fruits semblables à des cornes.............. Arum.
5. Fleurs semblables à une crête.............. Corydale, célosie.
6. Fleurs semblables à une gueule............ Muflier (Pl. 42, fig. 6).
7. Feuilles semblables à une langue........... Ophioglosse, cynoglosse.
8. Épines semblables à des aiguillons........... Ronce.
9. Racines semblables à des testicules.......... Orchis mâle.
10. Fruits et fleurs semblables à une queue de scor- ⎰ Héliotrope et les inflores-
pion...... . ..........................⎱ 　cences enroulées.
11. Racines, épis ou tiges semblables à une queue
de cheval ............................ Prêle.
12. Feuilles semblables à un pied d'animal....... Tussilage ou pas-d'âne.

4<sup>e</sup> CLASSE. — *Plantes qui ont des parties semblables aux maladies de l'homme.*

Section 1. Feuilles et tiges tachées comme la peau....... Arum maculé.
2. Fruits et racines à écailles comme des verrues. Scabieuses.
3. Feuilles à grumeaux imitant des varices...... Scrofulaire, ficaire.

5<sup>e</sup> CLASSE. — *Plantes dont les qualités ont des rapports avec celles des animaux.*

Section 1. Plantes belles, qui rendent les hommes beaux.
2. Plantes fécondes, qui rendent les hommes féconds.
3. Plantes stériles, qui rendent les hommes stériles.
4. Plantes de différentes saisons plus convenables à l'homme dans leurs saisons.

6<sup>e</sup> CLASSE. — *Plantes dont les mœurs sont analogues à celles de l'homme.*

Section 1. Plantes gaies ou tristes, qui rendent l'homme gai ou triste.
2. Plantes qui ont de la sympathie ou de l'antipathie avec l'homme.

7<sup>e</sup> CLASSE. — *Plantes qui ont du rapport avec les astres.*

Section 1. Les dorées, qui ont du rapport avec le soleil.
2. Les jaunes, qui ont du rapport avec Jupiter.
3. Les blanches, qui ont du rapport avec la lune.
4. Les rouges, qui ont du rapport avec Mars.
5. Les incarnates, qui favorisent le plaisir et qui ont du rapport avec Vénus.

6. Les livides, vertes, pourpres ou bleues, qui guérissent la rate et qui ont du rapport avec Saturne.
7. Celles de couleurs variées et mélangées, qui ont du rapport avec Mercure.
8. Celles qui se tournent vers le soleil, qui ont du rapport avec le soleil.
9. Celles qui se tournent vers la lune, qui ont du rapport avec la lune.
10. Celles qui ont la forme du soleil, qui ont du rapport avec le soleil.
11. Celles qui ont la forme de la lune, qui ont du rapport avec la lune.
12. Celles qui croissent dans la zone torride, qui ont du rapport avec le soleil.

---

Tels sont les systèmes qui méritent d'être mentionnés; les autres ne sont que des modifications des principes de Tournefort ou de Linné. Malgré la défaveur avec laquelle ils sont accueillis, nous ne pouvons cependant dissimuler que, pour les commençants, ils ne présentent plus de facilités que la méthode naturelle, à laquelle il manque une clef. On se sert aujourd'hui de préférence du système dichotomique de Lamarck, qui est un chef-d'œuvre de sagacité. Comme il n'a pas de principes fixes, mais procède par simple élimination de caractères, en conservant seulement ceux qui peuvent conduire à la connaissance du nom d'une plante, on ne peut trouver un artifice plus simple et plus ingénieux. Nous conseillons cependant, à ceux qui veulent faire de la botanique une étude sérieuse, d'adopter, dès le principe, la méthode naturelle. Peut-être dans le commencement éprouveront-ils des difficultés qui leur paraîtront rebutantes; mais avec de la persévérance, ils arriveront à s'en servir avec facilité, et ils ne regretteront pas la peine qu'ils auront prise. C'est surtout dans les jardins botaniques, où sont réunis les végétaux de toutes les familles, qu'il faut faire cette étude.

### *Système dichotomique de Lamarck.*

Pour ne pas donner un trop long exemple de cette méthode, nous nous bornerons à prendre un seul végétal, appartenant à la Flore de notre pays, pour conduire progressivement à la connaissance de son nom. Nous empruntons cet exemple au Tableau analytique de la *Flore parisienne* de Bautier.

Prenons un muflier, et cherchons dans l'analyse des genres.

1 { Plantes phanérogames................................................... 2
  { Plantes cryptogames ................................................ 679

Cette plante, ayant une fleur visible, appartient à la classe des phanérogames; passons donc au n° 2.

2 { Fleurs réunies dans un involucre commun.................. 3
  { Fleurs non réunies dans un involucre commun............. 4

Les fleurs n'étant pas réunies dans un involucre commun, renvoient au n° 4.

4 { Fleurs hermaphrodites........................................ 5
  { Fleurs unisexuelles............................................. 536

Les fleurs du muflier étant hermaphrodites, on passe au n° 5.

5 { Fleurs complètes ou pourvues d'un calice et d'une corolle.... 6
  { Fleurs incomplètes.............................................. 402

Les fleurs du muflier étant complètes, on passe au n° 6.

6 { Corolle monopétale............................................. 7
  { Corolle polypétale.............................................. 149

La corolle étant monopétale ou d'une seule pièce, c'est dans la section des monopétales qu'il faut chercher le nom de la fleur qu'on a sous les yeux.

7 { Étamines attachées sur la corolle; ovaire libre ou supère...... 8
  { Étamines attachées sur le calice; ovaire adhérent ou infère.... 127

Les étamines sont attachées sur la corolle; par conséquent, on passe au n° 8.

8 { Cinq étamines ou moins...................................... 9
  { Six étamines ou plus......................................... 117

Il y a quatre étamines; on passe au n° 9.

9 { Corolle régulière.............................................. 10
  { Corolle irrégulière ou munie d'éperon....................... 62

Comme la corolle est irrégulière, on passe au n° 62.

62 { Cinq étamines................................................. 63
   { Moins de cinq étamines ..................................... 67

Le muflier n'ayant que quatre étamines, on passe au n° 67.

67 { Un ovaire...................................................... 68
   { Quatre ovaires au fond du calice .......................... 88

Le muflier a un seul ovaire ; on passe au n° 68.

|    |   |                                          |        |
|----|---|------------------------------------------|--------|
| 68 | { | Deux étamines munies d'anthères.......... | 69     |
|    |   | Trois étamines          id.              | Montia.|
|    |   | Quatre étamines.......................... | 74     |

Le muflier a quatre étamines ; on passe au n° 74.

|    |   |                                          |            |
|----|---|------------------------------------------|------------|
| 74 | { | Fleurs en tête.......................... | Globularia.|
|    |   | Fleurs non réunies en tête.............. | 75         |

Les fleurs n'étant pas réunies en tête, on passe au n° 75.

|    |   |                                          |    |
|----|---|------------------------------------------|----|
| 75 | { | Feuilles alternes, nulles ou radicales.. | 76 |
|    |   | Feuilles opposées ou verticillées....... | 8  |

Les feuilles du muflier étant alternes, on passe au n° 76.

|    |   |                                          |    |
|----|---|------------------------------------------|----|
| 76 | { | Feuilles nulles ou écailleuses.......... | 77 |
|    |   | Feuilles autres que des écailles........ | 78 |

Le muflier ayant des feuilles apparentes, on passe au n° 78.

|    |   |                                          |    |
|----|---|------------------------------------------|----|
| 78 | { | Corolle à deux lèvres................... | 79 |
|    |   | Corolle en tube, en roue ou en cloche... | 80 |

La corolle du muflier est à deux lèvres, ce qui conduit au n° 79.

|    |   |                                          |    |
|----|---|------------------------------------------|----|
| 79 | { | Calice à cinq lobes..................... | 80 |
|    |   | Calice à quatre lobes ou quatre dents... | 86 |

Le calice du muflier est à cinq lobes ; on passe au n° 80.

|    |   |                                                        |          |
|----|---|--------------------------------------------------------|----------|
| 80 | { | Corolle éperonnée à la base............................ | Linaria. |
|    |   | Corolle bossue à la base............ Antirrhinum (muflier). | 312  |

Quand on est arrivé au genre *antirrhinum*, dont on vérifie les caractères au n° 312, on trouve qu'il y a deux espèces :

L'une à divisions linéaires, plus longues que la corolle : c'est l'*antirrhinum orontium* ;

L'autre à divisions ovales arrondies, plus courtes que la corolle : c'est notre espèce ; l'*antirrhinum majus*, mufle de veau, gueule de lion.

Le reproche à adresser, non pas à la méthode dichotomique, mais à ceux qui l'appliquent, c'est qu'au lieu de se borner, dans l'application d'un moyen essentiellement artificiel, à l'énoncé des caractères les plus simples, ils en introduisent de trop minutieux et dont la diagnose est souvent impossible. C'est ainsi que, dans l'ouvrage de Bautier, les ombellifères sont presque méconnaissables.

MM. Germain et Cosson, dans leur *Synopsis analytique de la Flore des environs de Paris*, ont encore enchéri sur ce défaut et ont fini par augmenter les difficultés. Ils ont appliqué cette méthode à la diagnose des familles. C'est ainsi que, pour arriver aux *scrofularinées*, synonyme d'*antirrhinées*, famille à laquelle appartient le muflier, ils conduisent jusqu'au n° 76 de leur tableau dichotomique et lui donnent pour caractères :

« Ovaires à deux loges, à placentas soudés avec la partie moyenne de la cloison, périsperme charnu ou corné, fleurs non prolongées en éperon, et quatre étamines. »

Quand on trouve un *antirrhinum orontium* ou *majus*, il faudrait qu'il fût arrivé à un point de développement carpellaire suffisant pour que les placentas, si peu étudiés par les botanistes amateurs, fussent très-apparents; pour les seconds caractères, que les graines fussent mûres, afin de savoir de quelle nature est le périsperme. Ce sont des finesses qui conviennent fort bien à un ouvrage de science pure, mais qui sont déplacées dans un ouvrage didactique. C'est pourquoi l'ouvrage de Bautier convient mieux que celui de MM. Germain et Cosson, parce qu'il est moins savant.

La *Flore d'Orléans* de Dubois est, avec l'ouvrage de Lamarck, le guide le plus sûr pour un commençant, parce que ces deux auteurs ont choisi les caractères les plus vulgaires et ne se sont pas laissé entraîner par les subtilités de la science. Nous le répétons : à la méthode naturelle la science la plus élevée et les recherches les plus délicates : loin d'y être déplacées, elles occupent le lieu qui leur convient ; mais aux ouvrages destinés à vulgariser les connaissances scientifiques, les moyens les plus simples et la langue la moins savante. J.-J. Rousseau, dans ses *Lettres sur la botanique*, est de la plus élégante simplicité.

# CHAPITRE VIII



L'avantage que présente la méthode naturelle, malgré ses imperfections, qui tiennent plus à la variété des productions de la nature qu'à toute autre cause, est de réunir par affinités tous les végétaux, sans qu'il y ait, comme dans les systèmes, des lacunes qui en rendent l'application d'autant plus difficile, qu'on descend dans de plus grands détails. Aussi les uns ne sont-ils qu'un simple artifice plus ou moins ingénieux, tandis que l'autre a une marche régulière et philosophique. Elle repose sur des généralités qui développent l'esprit et l'élèvent à des considérations scientifiques, même à son insu. On peut d'un seul coup d'œil saisir les affinités qui unissent un grand nombre de végétaux, et en déduire des propriétés générales qui évitent le plus souvent, car il y a des exceptions, l'étude minutieuse des individualités isolées. Cependant on remarque que dans tous les systèmes, quelque artificiels qu'ils soient, il y a toujours des groupes entiers qui ne peuvent être séparés, et sont les véritables types morphologiques autour desquels gravitent les autres familles.

Ces affinités sont si faciles à saisir pour les grands groupes, qu'on peut dire que, dès les premiers essais de classification, les grandes associations ont été établies. Nous trouvons d'abord une méthode de tâtonnement, plus une simple série linéaire fondée sur une espèce d'intuition des affinités naturelles; la véritable méthode ne date que du siècle dernier, et c'est depuis trente ans seulement qu'on est dans la voie réellement philosophique. Dès 1532, Tragus groupa quelques familles : ce sont les graminées et les papilionacées ; vingt ans plus tard, Dodoens y ajouta les liliacées, les ombellifères, les fougères, les mousses, les champignons ; Ray, en 1684, présenta une association de vingt-deux familles ; chaque botaniste augmentait ces premiers groupes d'études spéciales sur certaines familles ; mais il restait à les rassembler pour en former un corps de doctrine. En 1689, Magnol, le premier, essaya de les grouper et présenta, sous la forme synoptique, une méthode basée sur les caractères du calice et de la corolle.

*Méthode naturelle de Magnol.*

Magnol étant regardé comme le créateur de la méthode naturelle, il convient de mettre sa méthode en tête de celles qui, depuis cent soixante-dix ans, se disputent la priorité dans le monde botanique ; en la lisant on n'est pas d'abord frappé de l'arrangement des plantes en groupes similaires, car le mode d'exposition de cet auteur est vicieux ; mais il faut voir ce qu'il dit dans le discours préliminaire de son *Prodromus hist. gen. Plant.* (Montpellier, 1689), pour reconnaître ses vues élevées. Voici comment il s'exprime : « L'examen « attentif que j'ai fait des différentes méthodes les plus accréditées « m'a convaincu que les unes, comme celle de Morison, étaient in- « suffisantes et très-défectueuses ; que les autres, telles que celle de « Ray, étaient trop difficiles. Réfléchissant sur les moyens que je « pouvais employer pour éviter de semblables écueils, j'ai cru aper- « cevoir dans les plantes une affinité, suivant les degrés de laquelle « on pourrait les ranger en diverses familles, comme on range les « animaux. Cette relation entre les animaux et les végétaux m'a « donné occasion de réduire les plantes en familles ; comme il m'a « paru impossible de tirer les caractères de ces familles de la seule « fructification, j'ai choisi les parties des plantes où se trouvent les « principales notes caractéristiques, telles que les racines, les tiges, « les fleurs, les graines. Il y a même, dans nombre de plantes, une « certaine similitude, une affinité qui ne consiste pas dans des par- « ties considérées séparément ; mais en total, affinité sensible, qui ne « peut s'exprimer, comme on voit dans les familles des aigremoines « et des quintefeuilles, que tout botaniste jugera avoir entre elles « les plus grands rapports, quoiqu'elles diffèrent néanmoins par les « racines, les feuilles, les fleurs et les graines. Je ne doute pas que « les caractères des familles ne puissent être tirés aussi des pre- « mières feuilles du germe au sortir de la graine. J'ai donc suivi « l'ordre que gardent les parties des plantes dans lesquelles se « trouvent les notes principales et distinctives des familles ; et, sans « me borner à une seule partie, j'en ai souvent considéré plusieurs « ensemble. »

Malgré ces vues remplies de sagacité, Magnol abandonna la voie dans laquelle il s'était engagé, pour établir, sous le nom de *Character Plantarum novus* (Montpellier, 1720), un système fondé sur le calice et le péricarpe.

1<sup>re</sup> PARTIE. — LES HERBES.

1<sup>re</sup> SECTION. — *Caractères tirés des racines.*

| | | |
|---|---|---|
| *Famille* 1. | Bulbeuses.................. | Lis, orchis. |
| 2. | Ayant du rapport avec les bulbeuses................... | Iris, gingembre. |

2° SECTION. — *Caractères tirés des tiges.*

| | | |
|---|---|---|
| *Famille* 3. | Culmifères................. | Graminées, cypéracées. |
| 4. | Ayant du rapport avec les culmifères. | Roseau, jonc. |

3° SECTION. — *Caractères tirés des feuilles.*

| | | |
|---|---|---|
| *Famille* 5. | Champignons............... | Champignon, truffe. |
| 6. | Mousses.................. | Mousses, lichens, lentille d'eau. |
| 7. | Capillaires............... | Fougères, prêles. |
| 8. | Algues................... | Fucus. |
| 9. | Coraux................... | Coraux : du temps de Magnol, on les regardait comme des plantes. |

4° SECTION. — *Fleurs apétales.*

| | | |
|---|---|---|
| *Famille* 10. | Fleurs à graines adhérentes.. | Circée, potamot. |
| 11. | Racémeuses................ | Ortie, mercuriale. |
| 12. | En épi................... | Plantain. |
| 13. | Fleurs à graines triquêtres adhérentes................... | Persicaire. |
| 14. | Fleurs anomales siliculeuses.. | Réséda. |

5° SECTION. — *Fleurs dont quelques-unes ne portent ni fruits ni graines, c'est-à-dire fleurs mâles.*

| | | |
|---|---|---|
| *Famille.* 15. | Lactescentes............. | Tithymales. |
| 16. | Non lactescentes.......... | Ricin. |

6° SECTION. — *Fleurs monopétales.*

| | | |
|---|---|---|
| *Famille* 17. | Feuilles capillaires.......... | Cuscute. |
| 18. | Étoilées.................. | Caille-lait, asperge. |
| 19. | Aspérifoliées............. | Bourrache. |
| 20. | Acaules.................. | Primevère. |
| 21. | A fleurs campanulées....... | Campanule, liseron. |
| 22. | A fleurs en casque.......... | Labiées à deux lèvres. |
| 23. | A fleurs labiées.............. | Labiées à une lèvre. |
| 24. | A fleurs en ombelle......... | Valériane. |
| 25. | Siliculeuses............... | Tabac, gentiane. |
| 26. | Capsulaires............... | Véronique, violette. |
| 27. | Siliqueuses............... | Apocyn, lysimachie. |
| 28. | A fleurs difformes, fructifères, à racine tubéreuse......... | Aristoloche, cyclamen. |
| 29. | A fleurs campaniformes baccifères................... | Muguet. |
| 30. | A fleurs monopétales baccifères grimpantes.......... | Bryone. |

31. Pomifères..................... Melon, calebasse.
32. Pomifères à semences compri-
    mées..................... Solanum.

7e SECTION. — *Corolles à quatre pétales.*

Famille 33. Capsulaires................, Crucifères à fruits courts.
34. Siliqueuses..................... — à fruits longs.
35. Capsulaires siliqueuses........ Pavots, nénuphar.
36. Graines à appendice plumeux. Clématite.]

8e SECTION. — *Corolles ayant plus de quatre pétales.*

Famille 37. Semences laineuses............ Anémones.
38. Semences réunies en têtes.... Renoncules.
39. Fragariées.................... Rosier, aigremoine.
40. Malvacées................... Mauves, géraniums.
41. Crassifoliées................. Pourpier, sedum, aloès.
42. Fleurs papilionacées, dites lé-
    gumineuses................ Haricots.
43. Fleurs papilionacées, ayant de
    l'affinité avec les légumi-
    neuses..................... Genêt, lotier, trèfle.
44. Ombellifères................. Ombellifères.
45. Ayant de l'affinité avec les om-
    bellifères.................. Filipendule.
46. Capsulaires................. Ciste, salicaire.
47. Siliculeuses ................. Les alsines.
48. A loges séminifères dressées.. Nigelle, pivoine.
49. Baccifères.................. Adoxa.

9e SECTION. — *Fleurs monopétales réunies en tête.*

Famille 50. Écailleuses.................. Chardon, jacée.
51. Non écailleuses............. Scabieuse, globulaire.
52. Discoïdées, dites élychrysées. Immortelle, gnaphale.
53. Discoïdées aigrettées........ Conyse, aster.
54. Discoïdées non aigrettées.... Souci, camomille.
55. Corymbifères.............. Absinthe, matricaire.
56. Chicoracées lactescentes..... Laitues.

2e PARTIE. — LES ARBRES.

Famille 57. Pomifères avec des graines... Pommier, figuier, oranger.
58. Pomifères avec des noyaux... Prunier, néflier, olivier, palmier.
59. Florifères nucifères.. ........ Amandier.
60. A chatons nucifères......... Noyer, châtaignier, chêne.
61. A chatons non nucifères..... Aune, saule, bouleau.
62. Fleurs herbacées baccifères... Vigne, houx.
63. Fleurs monopétales baccifères. Groseillier, troène.
64. Fleurs polypétales baccifères. Bourdène, ronce.
65. Fleurs polypétales pomifères.. Rosier.
66. Fleurs herbacées capsulaires.. Fusain, buis.
67. Fleurs monopétales capsulaires
    et siliculeuses............. Lilas, viorne, spirée.
68. Fleurs polypétales capsulaires. Syringa, ciste.
69. Semences membraneuses ou
    foliacées................. Érable, frêne, orme.
70. Pilulifères................. Platane.
71. Lanigères................. Bombax, cotonnier.
72. Fleurs papilionacées........ Casse, staphylée.

73. Fleurs composées siliqueuses. Mimosa.
74. Résinifères conifères........ Les pins.
75. Résinifères baccifères........ Génévrier, térébinthe.
76. Ayant des affinités avec les ré-
  sinifères............... If, bruyère.

## Méthode de Linné.

Après Magnol, qui essaya, quoique avec un succès qui ne répondit pas à ses vues élevées, d'établir une méthode fondée sur les affinités naturelles, nous retrouvons dans divers auteurs, tels que Boerhaave, Pontedera, des groupes qui répondent à nos familles ; et le savant Burckhard, à qui l'on attribue non-seulement la découverte du sexe des plantes, mais encore le système fondé sur cette découverte, a exposé dans une lettre à Leibnitz (*Epistola ad Leibnitzium*), écrite en 1702 et publiée par Heister en 1750 seulement, l'idée de la méthode naturelle. « Celui, dit-il, qui veut pénétrer dans le sanctuaire de la « science, doit faire choix d'une méthode, pour n'être pas accablé « par la multitude des objets qu'il veut connaître. Mais cette méthode « n'est pas celle qui est fondée sur des principes arbitraires, quelque « ingénieux qu'ils puissent être ; c'est la disposition tracée par la « nature, qui réunit tous les êtres conformes, et qui sépare ceux qui « n'ont aucune affinité. A la vérité, le nombre des plantes est im- « mense ; mais si nous faisons attention que l'Auteur de l'univers « les a réunies par familles qui se lient les unes aux autres, nous « sentirons alors l'importance de l'ordre naturel. Un des grands « avantages qu'il présente, c'est de nous conduire sûrement à la « connaissance des vertus des plantes, puisque celles qui se rappro- « chent par leurs caractères sont le plus souvent conformes par leurs « propriétés. »

Il est impossible d'être plus catégorique que Burckhard, ce qui n'empêcha pas qu'il ne fallût près d'un demi-siècle pour qu'il parût un botaniste qui essayât de former des groupes par affinités ; mais, entraîné par le succès prodigieux de son système sexuel, Linné n'apporta pas à la méthode naturelle toute l'attention dont il était capable, ce qui explique en partie ses défectuosités.

Voici comment ce grand naturaliste appréciait la méthode naturelle; on verra, par ses propres paroles, qu'il était d'accord avec les adeptes de l'école philosophique sur les fondements éternels de la vraie méthode.

« La méthode naturelle, dit-il dans sa *Philosophie botanique*, a été « le premier et sera le dernier terme de la botanique; le travail ha- « bituel des plus grands botanistes est et doit être d'y travailler; les « fragments même de cette méthode doivent être étudiés avec succès; « c'est le premier et le dernier but des désirs des botanistes. La mé- « thode naturelle est regardée comme peu de chose par les botanistes « ignorants; mais elle a toujours été fort estimée par les plus habiles, « quoiqu'elle ne soit pas encore découverte. J'ai pendant longtemps, « comme plusieurs autres, travaillé à l'établir; j'ai obtenu quelques « découvertes, je n'ai pu la terminer, et j'y travaillerai tant que je « vivrai. Je publierai ce que je trouverai : et celui-là qui pourra ré- « soudre le peu de doutes qui m'arrêtent sera pour moi un Apollon. « Que ceux qui en sont capables corrigent, augmentent, perfec- « tionnent cette méthode; que ceux qui ne le peuvent pas ne s'en « mêlent pas : ceux qui le font sont des botanistes distingués. »

Il appréciait si bien les différences qui existent entre la méthode naturelle et les systèmes ou méthodes artificielles, qu'il disait dans la préface de sa *Classification des plantes* :

« Les ordres naturels sont utiles pour connaître la nature des « plantes; les ordres artificiels pour distinguer les espèces entre elles. « Il est constant que la méthode artificielle n'est que secondaire de « la méthode naturelle, et lui cédera le pas si celle-ci vient à se dé- « couvrir. »

Linné avait le sentiment si intime des caractères sur lesquels doi- vent être établies les familles naturelles, qu'il s'exprimait ainsi dans le même travail :

« Que ceux qui veulent faire la clef des ordres naturels sachent « qu'aucune considération générale n'est si essentielle que la situation « des parties, et surtout celle de la graine, et dans la graine celle « de l'embryon. Les plantes ont entre elles une affinité qui pourrait « se comparer à celle des territoires sur une carte géographique. »

Ce qui a le droit de surprendre dans un homme aussi éminent, qui avait étudié si profondément le règne végétal, c'est qu'il croyait que tous les genres sont parfaitement délimités et naturels dans toute leur étendue, et il disait dans son *Genera plantarum* :

« Les plantes du même genre ont la même vertu ; celles du même
« ordre naturel ont des vertus analogues ; celles de la même classe
« naturelle ont aussi quelques rapports de propriétés. »

Linné procéda, dans l'établissement de ses familles naturelles, par
sentiment d'affinité, et se borna à donner une série purement linéaire
sans préciser les caractères de ses associations végétales, ni les rattacher entre elles par un lien commun ; quoiqu'il ait dit, d'une manière péremptoire, que tous les caractères devraient être tirés de la
fructification, il avoue cependant qu'il ne faut pas admettre un
caractère exclusif. C'était donc par une espèce d'intuition des res-
remblances organiques, qu'il établissait ses familles, sans se rendre
compte des rapports réels qu'il ne cherchait même pas à découvrir.

« Aucune règle *à priori*, dit-il, ne peut être admise dans la classi-
« fication naturelle (*Class. plant.* 487) ; aucune partie de la fructifi-
« cation ne peut être prise exclusivement en considération, mais
« on doit s'attacher seulement à la simple symétrie de toutes les
« parties. »

On voit que, sous le rapport des principes sur lesquels seront éter-
nellement fondées les familles naturelles, tous les botanistes, même
les plus anciens, sont entièrement d'accord ; il ne reste que la mise
en œuvre de ces principes qui présente des difficultés.

Ce fut en 1738 (*Classes plant.*) que parurent ses premiers essais ;
et ses derniers furent consignés, en 1751, dans son immortel ouvrage
de la *Philosophie botanique*. Il ne commença pas à établir ses associations végétales sur un principe générateur ; il se borna à grouper
les plantes par affinités, fondées sur le sentiment obscur et encore
mal défini de la ressemblance ; ce qui fait qu'on a refusé à tort, à cet
essai le nom de *Méthode naturelle* ; aussi Linné lui-même, frappé
des lacunes qui s'y trouvaient, l'appelait-il modestement *Fragments
d'une méthode naturelle*. Comme tout ce qui est sorti de la plume
d'un homme si éminent ne peut être dénué d'intérêt, nous donnons
le simple énoncé de sa méthode, pour faire voir qu'un même sentiment a présidé à la formation des grands groupes, qui ne sont pas
arbitraires :

| | | | |
|---|---|---|---|
| *Ordre* | 1. Palmiers. | 6. | Ensatées (iridées). |
| | 2. Pipéritées. | 7. | Orchidées. |
| | 3. Cypéracées. | 8. | Scitaminées. |
| | 4. Graminées. | 9. | Spathacées (narcissées). |
| | 5. Tripétaloïdées (joncinées). | 10. | Coronariées (liliacées). |

11. Sarmentacées (vignes).
12. Oléracées (chénopodées).
13. Succulentes (crassulacées).
14. Gruinales (Rutacées et géra-
    niées).
15. Inondées (alismacées).
16. Calyciflores.
17. Calycanthèmes (œnothérées).
18. Bicornes (éricinées).
19. Hespéridées (myrtacées).
20. Rotacées (gentianées).
21. Printanières (Primulacées).
22. Caryophyllées.
23. Trichilées (malpighiacées).
24. Corydalées (fumariacées).
25. Putaminées (capparidées).
26. Multisiliquées (renonculacées).
27. Rhœadées (papavéracées).
28. Suspectes (solanées).
29. Campanacées (convolvulacées
    et campanulacées).
30. Contournées (apocynacées).
31. Vépreculées (daphnacées).
32. Papilionacées (légumineuses).
33. Lomentacées.
34. Cucurbitacées.

35. Senticosées (rosacées).
36. Pomacées.
37. Columnifères (malvacées).
38. Tricoccées (euphorbiacées).
39. Siliqueuses (crucifères).
40. Personées (scrophularinées).
41. Aspérifoliées (borraginées).
42. Verticillées (labiées).
43. Dumeuses ou des buissons (plu-
    sieurs familles).
44. Sépiaires (jasminacées).
45. Ombellées (ombellifères).
46. Hédéracées (araliacées).
47. Stellées (rubiacées).
48. Agrégées (dipsacées).
49. Composées.
50. Amentacées.
51. Conifères.
52. Coadunées (magnoliacées).
53. Scabridées (urticinées).
54. Miscellanées.
55. Fougères.
56. Mousses.
57. Algues.
58. Champignons.

---

*Méthode naturelle de Bernard et d'Antoine-Laurent de Jussieu*
(Pl. 43 et 44).

Après Linné, Ad. van Royen en 1740 groupa le premier les végétaux en deux classes : les monocotylédones et les polycotylédones, et
établit une dizaine de familles bien délimitées ; puis vint Bernard de
Jussieu qui groupa, en 1759, par familles ou par affinités, les plantes
cultivées dans le jardin royal de Trianon. Cet ordre fut conservé,
non dans des documents imprimés, mais dans des catalogues manus-
crits de ce jardin.

L'ordre adopté par Bernard de Jussieu se compose de 65 familles,
qui comprennent, il est vrai, un trop grand nombre de végétaux,
mais dans lesquelles l'analogie est, en général, assez respectée pour
qu'on reconnaisse la supériorité du sentiment de l'affinité chez Bernard de Jussieu sur le botaniste suédois. Quoiqu'il n'ait pas divisé
ses familles en classes répondant aux acotylédones, monocotylédones
et dicotylédones, elles n'y sont pas moins négativement exprimées.
Bernard de Jussieu adopta l'ordre direct, c'est-à-dire qu'il alla du
simple au complexe.

*Familles naturelles d'après Bernard de Jussieu.*

| | | | | |
|---|---|---|---|---|
| 1. Champignons. | | | 34. Convolvulus. | |
| 2. Algues. | | | 35. Borraginées. | |
| 3. Mousses. | | | 36. Labiées. | |
| 4. Naïades. | | | 37. Crucifères. | |
| 5. Aristoloches. | | | 38. Papavéracées. | |
| 6. Fougères. | | | 39. Câpriers. | |
| 7. Orchis. | | | 40. Renoncules. | |
| 8. Balisiers. | | | 41. Lauriers. | |
| 9. Bananiers. | | | 42. Rues. | |
| 10. Iris. | | | 43. Géranium. | |
| 11. Narcisses. | | | 44. Tilleuls. | |
| 12. Lis. | | | 45. Ananas. | |
| 13. Joncs. | | | 46. Caryophyllées. | |
| 14. Palmiers. | | | 47. Jalaps. | |
| 15. Aroïdées. | | | 48. Soudes. | |
| 16. Graminées. | | | 49. Thymélées. | |
| 17. Chicoracées. | | | 50. Polygonées. | |
| 18. Cynarocéphales. | | | 51. Joubarbes. | |
| 19. Corymbifères. | | | 52. Myrtilles. | |
| 20. Dipsacées. | | | 53. Mauves. | |
| 21. Rubiacées. | | | 54. Légumineuses. | |
| 22. Ombellifères. | | | 55. Campanules. | |
| 23. Lysimachiées. | | | 56. Onagres. | |
| 24. Véroniques. | | | 57. Cucurbitacées. | |
| 25. Scrophulariées. | | | 58. Salicaires. | |
| 26. Solanées. | | | 59. Myrtes. | |
| 27. Orobanchées. | | | 60. Nerpruns. | |
| 28. Jasmins. | | | 61. Rosacées. | |
| 29. Verveines. | | | 62. Térébinthes. | |
| 30. Acanthes. | | | 63. Amentacées. | |
| 31. Gentianées. | | | 64. Euphorbes. | |
| 32. Sapotées. | | | 65. Conifères. | |
| 33. Apocyns. | | | | |

En 1774, Antoine-Laurent de Jussieu, neveu de Bernard, exposa, dans ses leçons, un perfectionnement de la méthode précédente, l'appliqua à la disposition des végétaux du Jardin royal des Plantes de Paris, et le fit connaître dans un mémoire particulier, ayant pour titre : *Exposition d'un nouvel ordre de plantes adopté dans les démonstrations du Jardin royal* (Mém. de l'Acad. des sc. pour 1774.) Ce ne fut que dans son *Genera plantarum*, publié en 1789, et l'un des ouvrages les plus remarquables qui aient paru sur la classification des végétaux, qu'il développa la série des familles qu'il avait adoptées, en les décrivant avec plus de précision ; il y joignit la diagnose des genres.

C'est dans ce livre qu'on trouve employé, pour la première fois, le principe de la subordination des caractères, adopté par Bernard de Jussieu, et que Laurent de Jussieu reprit et appliqua d'une manière plus méthodique.

C'est à Bernard de Jussieu, car justice doit être rendue au véritable créateur de la méthode botanique naturelle, qu'on doit l'adoption du principe de formation des groupes supérieurs, d'après l'absence ou la présence et le nombre des cotylédons, et celui des groupes secondaires d'après les rapports des étamines et du pistil.

Convaincu que l'embryon, ou germe reproducteur, est l'organe le plus important, et le moins sujet à varier, Antoine-Laurent de Jussieu le prit pour base de sa classification. Il constate que l'embryon ne présente pas la même structure dans toutes les plantes; que chez certains végétaux, l'embryon n'offre pas de parties distinctes; que chez d'autres, on distingue dans l'embryon des organes particuliers, nommés cotylédons, tantôt réduits à l'unité, tantôt au nombre de deux, et toujours constant dans la même plante. C'est de cette observation qu'il divisa le règne végétal en trois embranchements : les végétaux *Acotylédonés* ou à embryon sans cotylédon; les *Monocotylédonés*, ou à embryon muni d'un seul cotylédon; et les *Dicotylédonés*, qui ont un embryon à deux cotylédons.

Pour subdiviser ces embranchements, Antoine–Laurent de Jussieu chercha, dans les autres organes de la reproduction, un nouveau caractère; croyant reconnaître que l'enveloppe florale pourrait le lui fournir, il créa trois grandes divisions d'après la structure de la fleur :

Les *Apétales*, pour les plantes qui n'ont pas de corolle (Pl. 44, fig. 13, 14 et 15); les *Monopétales*, pour celles qui ont une corolle composée de pétales soudés entre eux (Pl. 43, fig. 16, 17, et Pl. 44, fig. 18 à 26); et les *Polypétales*, pour les plantes à corolle dont les pétales sont distincts (Pl. 44, fig. 27 à 32); mais cette division ne peut s'appliquer qu'aux plantes de l'embranchement des végétaux *dicotylédonés*; les acotylédonés n'ayant pas de fleur proprement dite, et les monocotylédonés, n'offrant généralement qu'une seule enveloppe considérée comme calice. Pour les apétales à fleurs unisexuées, il créa une division sous le nom de diclines (Pl. 44, fig. 33 et 34).

L'insertion des étamines, ayant paru un caractère constant, servit ensuite à établir, dans les monocotylédonés et dans chacune des divisions apétales, monopétales et polypétales, trois nouveaux groupes, qui portent ainsi à 15 le nombre des classes de la méthode naturelle d'Antoine-Laurent de Jussieu ; les familles, au nombre de 100, sont groupées dans ces 15 classes, d'après leur affinité, et dans l'ordre indiqué aux tableaux suivants.

*Clef de la méthode d'Ant.-L. de Jussieu.*

|  |  | Classes. |
|---|---|---|
| Acotylédones | | 1 |
| Monocotylédones | Étamines hypogynes | 2 |
| | — périgynes | 3 |
| | — épigynes | 4 |
| Dicotylédones — Apétales | Étamines épigynes | 5 |
| | — périgynes | 6 |
| | — hypogynes | 7 |
| Monopétales | or olle hypogyne | 8 |
| | — périgyne | 9 |
| | — épigyne. {Anthères connées | 10 |
| | {Anthères distinctes | 11 |
| Polypétales | Étamines épygines | 12 |
| | — hypogynes | 13 |
| | — périgynes | 14 |
| Diclines irrégulières | | 15 |

*Série des familles.*

## I. — ACOTYLÉDONES.

1ʳᵉ CLASSE. — *Acotylédones.*

Familles  1. Champignons.
2. Algues.
3. Hépatiques.
4. Mousses.
5. Fougères.
6. Naïades.

## II. — MONOCOTYLÉDONES.

2ᵉ CLASSE. — *Étamines hypogynes.*

Familles  7. Aroïdes.
8. Massètes.
9. Souchets.
10. Graminées.

3ᵉ CLASSE. — *Étamines périgynes.*

Familles 11. Palmiers.
12. Asperges.
13. Joncs.
14. Lis.
15. Ananas.
16. Asphodèles.
17. Narcisses.
18. Iris.

4ᵉ CLASSE. — *Étamines épigynes.*

Familles 19. Bananiers.
20. Balisiers.
21. Orchidées.
22. Morrènes.

## III. — DICOTYLÉDONES.

APÉTALES.

5ᵉ CLASSE. — *Étamines épigynes.*

Familles 23. Aristoloches.

6ᵉ CLASSE. — *Étamines périgynes.*

Familles 24. Chalefs.
25. Thymélées.
26. Protées.
27. Lauriers.
28. Polygonées.
29. Arroches.

7ᵉ CLASSE. — *Étamines hypogynes.*

Familles 30. Amarantes.
31. Plantains.
32. Nyctages.
33. Dentelaires.

MONOPÉTALES.

8ᵉ CLASSE. — *Étamines hypogynes.*

Familles 34. Lysimachies.
35. Pédiculaires.
36. Acanthes.
37. Jasminées.
38. Gattiliers.
39. Labiées.
40. Scrophulariées.
41. Solanées.
42. Borraginées.
43. Liserons.
44. Polémoines.
45. Bignones.
46. Gentianes.
47. Apocynées.
48. Sapotilliers.

9ᵉ CLASSE. — *Étamines périgynes.*

Familles 49. Plaqueminiers.
50. Rosages.
51. Bruyères.
52. Campanulacées.

10ᵉ CLASSE. — *Étamines épigynes et anthères connées.*

Familles 53. Chicoracées.
54. Cynarocéphales.
55. Corymbifères.

11ᵉ CLASSE. — *Étamines épigynes et anthères distinctes.*

Familles 56. Dipsacées.
57. Rubiacées.
58. Chèvrefeuilles.

POLYPÉTALES.

12ᵉ CLASSE. — *Étamines épigynes.*

Familles 59. Aralies.
60. Ombellifères.

13ᵉ CLASSE. — *Étamines hypogynes.*

Familles 61. Renonculacées.
62. Papavéracées.
63. Crucifères.
64. Câpriers.
65. Savonniers.
66. Érables.
67. Malpighies.
68. Millepertuis.
69. Guttiers.
70. Orangers.
71. Azédarachs.
72. Vignes.
73. Géraniées.
74. Malvacées.
75. Magnoliers.
76. Anones.
77. Ménispermes.
78. Vinettiers.
79. Tiliacées.
80. Cistes.
81. Rutacées.
82. Caryophyllées.

14ᵉ CLASSE. — *Étamines périgynes.*

Familles 83. Joubarbes.
84. Saxifrages.
85. Cactées.
86. Portulacées.
87. Ficoïdes.
88. Onagres.
89. Myrtes.
90. Mélastomes.
91. Salicaires.
92. Rosacées.
93. Légumineuses.
94. Térébinthacées.
95. Nerpruns.

15ᵉ CLASSE. — *Diclines.*

Familles 96. Euphorbes.
97. Cucurbitacées.
98. Orties.
99. Amentacées.
100. Conifères.

---

## Méthode d'Adanson.

Adanson, que les uns mettent avant Antoine-Laurent de Jussieu, puisque le *Genera Plantarum* ne parut qu'en 1789, tandis que l'ouvrage d'Adanson, intitulé *Familles des Plantes*, parut en 1763, question de priorité oiseuse qui n'ôte le mérite d'une création originale ni à l'un ni à l'autre, Adanson, disons-nous, établit une série de familles en partant de ce principe que, dans la classification des végétaux, il faut avoir égard aux rapports de toutes sortes. Il ne se borna pas à établir, entre tous les végétaux connus de son temps, des rapports organographiques ; il les considéra sous le rapport de leur distribution géographique, de leur station, de leurs principes immédiats, de leurs qualités organoleptiques ; enfin, il ne laissa passer inaperçue aucune sorte de considération. Ce fut après avoir formé 65 systèmes artificiels, qui servaient de base à son étude, qu'il créa les 58 familles naturelles dont nous donnons le tableau [1].

*Familles*
1. Byssus.
2. Champignons.
3. Fucus.
4. Hépatiques.
5. Fougères.
6. Palmiers.
7. Gramens.
8. Liliacées.
9. Gingembres.
10. Orchis.
11. Aristoloches.
12. Élæagnus.
13. Onagres.
14. Myrtes.
15. Ombellifères.
16. Composées.
17. Campanules.
18. Bryones.
19. Aparines.
20. Scabieuses.
21. Chèvrefeuilles.
22. Airelles.
23. Apocyns.
24. Bourraches.
25. Labiées.
26. Verveines.
27. Personées.
28. Solanums.
29. Jasmins.
30. Anagallis.
31. Salicaires.
32. Pourpiers.
33. Joubarbes.
34. Alsines.
35. Blitums.
36. Jalaps.
37. Amarantes.
38. Spergules ou Espargoutes.
39. Persicaires.
40. Garou.
41. Rosiers.
42. Jujubiers.
43. Légumineuses.
44. Pistachiers.
45. Tithymales.
46. Anones.
47. Châtaigniers.
48. Tilleuls.
49. Géraniums.
50. Mauves.
51. Câpriers.
52. Crucifères.
53. Pavots.
54. Cistes.
55. Renoncules.
56. Arums.
57. Pins.
58. Mousses.

Les familles établies par Adanson avaient une circonscription trop vaste et formaient plutôt des classes ; mais ses associations sont en général très-heureuses, et si on les sépare en familles, telles qu'elles sont adoptées aujourd'hui, on verra qu'elles correspondent à 140 fa-

---

1. Adanson met en note au-dessous de son Tableau des familles : « Les 58 familles que je présente, dans ce tableau, ne sont autre chose que les 58 lignes premières de séparation marquées par la nature, dans la série des 18,000 espèces ou variétés de plantes connues, rangées suivant l'ordre qu'elles gardent entre elles ; et la table qui suivra celle-ci donnera, dans le même ordre, les 1,615 lignes secondes de séparation appelées communément genres. »

milles. Sous ce rapport, Adanson est supérieur à Linné : il a mieux senti, que le législateur de la botanique, les affinités des végétaux. Il les a rangés dans leur ordre d'évolution, c'est-à-dire en passant du simple au composé ; mais, par une anomalie qu'il est difficile de s'expliquer, il a mis à la fin trois familles, les arums, les pins et les mousses, qui auraient dû être disposées autrement : ainsi les mousses auraient dû être la 5ᵉ famille, les arums la 9ᵉ, et les pins la 48ᵉ. C'est au reste, pour un des premiers essais, le plus remarquable de cette époque.

*Méthode naturelle de De Candolle* (Pl. 45 et 46).

De Candolle exposa pour la première fois en 1813, et présenta une seconde fois en 1819, dans la deuxième édition de sa *Théorie élémentaire de la botanique*, une méthode dans laquelle il prit pour principe fondamental la structure interne des végétaux. Ce point de départ, si différent en apparence du système cotylédonaire, le conduisit néanmoins au même résultat, et lui fit, comme Jussieu, diviser le règne végétal en trois classes, qui répondent aux trois classes du botaniste français. Au lieu de fonder ses sous-classes sur la considération du rapport des étamines et du pistil, il les établit sur la considération du rapport des étamines avec les enveloppes florales ou avec le réceptacle ; de là les noms de *Thalamiflores* ou fleurs (sous-entendu étamines) insérées sur le réceptacle ; *Calyciflores*, étamines sur le calice ; *Corolliflores*, étamines sur la corolle (Pl. 45 et 46). Quant à ses cohortes ou divisions de classes, il en emprunta les principes aux verticilles centraux, c'est-à-dire aux carpelles et aux étamines. Plus tard il augmenta le nombre de ses familles, et les porta de 161 à 194.

Aujourd'hui nous savons, par suite des savants travaux de Hugo Mohl, que la division des plantes vasculaires en endogènes et exogènes est fondée sur une erreur, puisqu'on a pu confirmer la fausseté de la première théorie de l'accroissement des tiges des monocotylédones.

On a encore critiqué, dans cette méthode, la réunion, en une seule classe, des exogènes et des cryptogames, puisque ces dernières sont purement acrogènes et dépourvues de cotylédons; et la division des plantes cellulaires en foliacées et aphylles, distinction insuffisante et incertaine.

Quant à sa classification en général, c'est une simple modification de celle de De Jussieu.

Il adopta l'ordre inverse, et partit des familles qu'il regardait comme les plus parfaites, pour descendre aux plus simples et à celles qu'on a justement regardées comme les premiers essais de la nature, pour traduire son idée organique en végétaux se succédant par enchaînement continu. Considérée sous le rapport philosophique, la méthode de De Candolle est au-dessous de celle de De Jussieu; elle est aussi d'un emploi moins facile, et ne peut réellement pas servir à l'étude habituelle; il faut être botaniste consommé pour en faire usage sans embarras.

*Clef de la méthode de De Candolle.*

VÉGÉTAUX VASCULAIRES OU COTYLÉDONÉS.

1<sup>re</sup> CLASSE. — *Exogènes ou dicotylédones.*

1<sup>re</sup> *sous-classe.* Thalamiflores (Pl. 45, fig. 1 à 3).
2<sup>e</sup>      —      Calyciflores (Pl. 45, fig. 4 à 7).
3<sup>e</sup>      —      Corolliflores (Pl. 45, fig. 7 à 9).
4<sup>e</sup>      —      Monochlamydées (Pl. 45, fig. 10 à 12).

2<sup>e</sup> CLASSE. — *Endogènes ou monocotylédones.*

1<sup>re</sup> *sous-classe.* Phanérogames (Pl. 46, fig. 13 à 18).
2<sup>e</sup>      —      Cryptogames (Pl. 46, fig. 19 à 24).

3<sup>e</sup> CLASSE. — *Végétaux cellulaires ou acotylédones.*

1<sup>re</sup> *sous-classe.* Foliacés.
2<sup>e</sup>      —      Aphylles.

En 1833, il divisa ses groupes généraux en 4 classes :

1<sup>re</sup>. Les exogènes.
2<sup>e</sup>. Les endogènes.
3<sup>e</sup>. Les semi-vasculaires.
4<sup>e</sup>. Les cellulaires.

*Série des familles.*

1. PLANTES VASCULAIRES OU DICO-TYLÉDONES.

1<sup>re</sup> CLASSE. — *Exogènes ou dicotylédones.*

1<sup>re</sup> SOUS-CLASSE. — **Thalamiflores.**

1<sup>re</sup> COHORTE. — *Carpelles nombreuses.*

Ordres 1<sup>er</sup>. Renonculacées.
    2. Dilléniacées.
    3. Magnoliacées.
    4. Anonacées.
    5. Ménispermacées.
    6. Berbéridées.
    7. Podophyllacées.
    8. Nymphéacées.

2<sup>e</sup> COHORTE. — *Carpelles solitaires ou soudées; placentas pariétaux.*

Ordres 9. Papavéracées.
    10. Fumariacées.

11. Crucifères.
12. Capparidées.
13. Flacourtianées.
14. Bixinées.
15. Cistinées.
16. Violariées.
17. Droséracées.
18. Polygalées.
19. Trémandracées.
20. Pittosporées.
21. Frankéniacées.

3e COHORTE. — *Ovaire solitaire; placentas axillaires.*

22. Caryophyllées.
23. Linées.
24. Malvacées.
25. Bombacées.
26. Byttnériacées.
27. Tiliacées.
28. Elæocarpées.
29. Chlénacées.
30. Ternstrœmiacées.
31. Camelliées.
32. Olacinées.
33. Aurantiacées.
34. Hypéricinées.
35. Guttiférées.
36. Marcgraviacées.
37. Hippocratéacées.
38. Érythroxylées.
39. Malpighiacées.
40. Acérinées.
41. Hippocastanées.
42. Rhizobolées.
43. Sapindacées.
44. Méliacées.
45. Ampélidées.
46. Géraniacées.
47. Tropæolées.
48. Balsaminées.
49. Oxalidées.
50. Zygophyllées.
51. Rutacées.

4e COHORTE. — *Fruit gynobasique.*

52. Simaroubées.
53. Ochnacées.
54. Coriariées.

2e SOUS-CLASSE. — **Calyciflores.**

Ordres 55. Célastrinées.
56. Rhamnées.
57. Bruniacées.
58. Samydées.
59. Homalinées.
60. Chaillétiacées.
61. Aquilarinées.
62. Térébinthacées.
63. Légumineuses.
64. Rosacées.
65. Calycanthées.

66. Granatées.
67. Mémécylées.
68. Combrétacées.
69. Vochysiées.
70. Rhizophorées.
71. Onagrariées.
72. Halorragées.
73. Cératophyllées.
74. Lythrariées.
75. Tamariscinées.
76. Mélastomacées.
77. Alangiées.
78. Philadelphées.
79. Myrtacées.
80. Cucurbitacées.
81. Passiflorées.
82. Loasées.
83. Turnéracées.
84. Fouquiéracées.
85. Portulacées.
86. Paronychiées.
87. Crassulacées.
88. Ficoïdées.
89. Cactées.
90. Grossulariées.
91. Saxifragées.
92. Ombellifères.
93. Araliacées.
94. Hamamélidées.
95. Cornées.

3e SOUS-CLASSE. — **Corolliflores.**

Ordres 96. Loranthacées.
97. Caprifoliacées.
98. Rubiacées.
99. Valérianées.
100. Dipsacées.
101. Calycérées.
102. Composées.
103. Stylidées.
104. Lobéliacées.
105. Campanulacées.
106. Cyphiacées.
107. Godénoviées.
108. Roussœacées.
109. Gesnériacées.
110. Sphénocléacées.
111. Columelliacées.
112. Napoléonées.
113. Vacciniées.
114. Éricacées.
115. Épacridées.
116. Pyrolacées.
117. Francoacées.
118. Monotropées.
119. Myrsinées.
120. Sapotées.
121. Ébénacées.
122. Oléinées.
123. Jasminées.
124. Strychnées.
125. Apocynées.

126. Gentianées.
127. Bignoniacées.
128. Sésamées.
129. Polémoniées.
130. Convolvulacées.
131. Borraginées.
132. Solanées.
133. Antirrhinées.
134. Rhinanthacées.
135. Labiées.
136. Myoporinées.
137. Pyrénacées.
138. Acanthacées.
139. Lentibulariées.
140. Primulacées.
141. Globulariées.

4ᵉ SOUS-CLASSE. — **Monochlamydées.**

Ordres 142. Plombaginées.
143. Plantaginées.
144. Nyctaginées.
145. Amarantacées.
146. Chénopodiées.
147. Polygonées.
148. Laurinées.
149. Myristicées.
150. Protéacées.
151. Thymélées.
152. Santalacées.
153. Élæagnées.
154. Aristolochiées.
155. Euphorbiacées.
156. Monimiées.
157. Urticées.
158. Pipéritées.
159. Amentacées.
160. Conifères.
161. Cycadées.

2ᵉ CLASSE. — *Endogènes ou monocotylédones.*

1ʳᵉ SOUS-CLASSE. — **Phanérogames.**

Ordres 162. Hydrocharidées.

163. Alismacées.
164. Orchidées.
165. Drymyrhizées.
166. Musacées.
167. Iridées.
168. Hæmodoracées.
169. Amaryllidées.
170. Hémérocallidées.
171. Dioscorées.
172. Smilacées.
173. Liliacées.
174. Colchicacées.
175. Joncées.
176. Commélinées.
177. Palmées.
178. Pandanées.
179. Typhacées.
180. Aroïdées.
181. Cypéracées.
182. Graminées.

2ᵉ SOUS-CLASSE. — **Cryptogames.**

Ordres 183. Naïades.
184. Équisétacées.
185. Marsiléacées.
186. Lycopodiacées.
187. Fougères.

PLANTES CELLULAIRES.

3ᵉ CLASSE. — *Cellulaires.*

1ʳᵉ SOUS-CLASSE. — **Foliacées.**

Ordres 188. Mousses.
189. Hépatiques.

2ᵉ SOUS-CLASSE. — **Aphylles.**

Ordres 190. Lichens.
191. Hypoxylées.
192. Champignons.
193. Algues.

Un grand nombre de botanistes modernes ont adopté cette méthode, qu'ils ont cependant, en général, assez peu respectée, si ce
n'est dans son principe, pour y faire des modifications parfois importantes. Aujourd'hui que le point de départ de cette méthode est
reconnu pour erroné, et que les sous-classes, et surtout les cohortes,
ne sont que des artifices ne servant pas à la délimitation exacte des
grandes régions végétales, on ferait bien d'en venir à l'adoption de
la méthode si heureusement organisée par Bartling, adoptée par
Endlicher, mise en pratique par M. Ad. Brongniart, parce qu'elle
est réellement conforme à la véritable méthode philosophique, et
qu'on ne peut pas s'en départir sans retourner vers le passé.

### Méthode naturelle de Loiseleur-Deslongchamps et Marquis.

En 1819, Loiseleur-Deslongchamps et Marquis modifièrent la méthode de De Jussieu d'une manière plus commode pour l'étude ; ils n'établirent pas leurs classes sur l'insertion des appareils générateurs, mais sur la position de l'ovaire. Ils adoptèrent l'ordre renversé, et commencèrent par les légumineuses pour finir par les cryptogames. Le mode d'association adopté par ces botanistes a rompu sur plus d'un point les affinités naturelles ; cependant il y a des coupes assez heureusement trouvées, nous en donnons seulement la clef.

*Clef de la méthode.*

1<sup>re</sup> TRIBU. — *Dicotylédones.*

|  |  |  | Classes. |
|---|---|---|---|
| Dipérianthées.. | Polypétales.. | Superovariées | 1 |
|  |  | Inferovariées | 2 |
|  | Monopétales.. | Inferovariées | 3 |
|  |  | Superovariées | 4 |
| Monopérianthées | | Inferovariées | 5 |
|  |  | Superovariées | 6 |
| Squamiflores | | | 7 |

2<sup>e</sup> TRIBU. — *Monocotylédones.*

|  |  | Classes. |
|---|---|---|
| Périanthées | Inferovariées | 8 |
|  | Superovariées | 9 |
| Squamiflores | | 10 |

3<sup>e</sup> TRIBU. — *Acotylédones.*

|  |  |
|---|---|
| Foliées | 11 |
| Aphylles | 12 |

### Méthode naturelle d'Agardh.

Dans ses *Aphorismes botaniques*, publiés de 1817 à 1826, et dans ses *Classes Plantarum* qui ont paru en 1825, Agardh, botaniste suédois d'un grand mérite, exposa une méthode ayant, comme celle de De Jussieu, pour point de départ, l'absence ou la présence des cotylédons ; ce sont :

1° Les plantes acotylédones ou sporidifères,
2° Les plantes pseudo-cotylédones ou sporifères,
3° Les plantes crypto-cotylédones ou granifères,
4° Les plantes phanéro-cotylédones ou séminifères.

Il a groupé, sous ces quatre chefs, 202 familles, qui sont réunies entre elles en 33 groupes naturels qu'il appelle *Classes*. Ses phanérocotylédones sont divisés en 9 groupes, supérieurs aux classes, et reposant sur les caractères que présentent la corolle et le pistil. Le seul mérite de cette méthode, qui est directe et diffère peu de celle des deux grands législateurs de la botanique, est d'avoir, pour la première fois, réuni les plantes sous de grandes divisions naturelles. Depuis on n'a plus négligé ce moyen, qui est réellement plus philosophique qu'une série purement linéaire.

### I. — ACOTYLÉDONES.

*Classes* 1. Algues.
2. Lichens.
3. Champignons.

### II. — PSEUDO-COTYLÉDONES.

*Classes* 4. Muscoïdées.
5. Tétradidymées (rhizocarpées, lycopodinées).
6. Fougères.
7. Équisétacées.

### III. — CRYPTO-COTYLÉDONES.

*Classes* 8. Macropoles (naïades, alismacées, etc.
9. Spadicinées (aroïdées, cycadées, palmiers).
10. Glumiflores (cypéracées, graminées, joncinées).
11. Liliiflores (asphodélées, iridées, narcissées, etc.).
12. Gynandres (musacées, orchidées, etc.

### PHANÉRO-COTYLÉDONES.

### IV. — A. INCOMPLÈTES.

*Classes* 13. Micranthées (euphorbiacées, urticées, amentacées, conifères).
14. Oléracées (amarantacées, chénopodées).
15. Épichlamidées (ulmacées, laurinées, protéacées).
16. Columnanthérées (asarinées, miristicées).

### V. — B. COMPLÈTES.

*a.* HYPOGYNES MONOPÉTALES.

*Classe* 17. Tubiflores (plantaginées, jasminées, primulacées, solanées).

### VI. — b. HYPOGYNES POLYPÉTALES.

*Classes* 18. Centrisporées (caryophyllées, linées, etc.).
19. Brévistylées (berbéridées, podophyllées, etc.).
20. Polycarpellées (magnoliacées, rénonculacées, etc.).
21. Valvisporées (résédacées, violariées, etc.).
22. Columnifères (tiliacées, malvacées, etc.).

### VII. — c. DISCOGYNES MONOPÉTALES.

*Classe* 23. Tétraspermes (borraginées, labiées, etc.).

### VIII. — d. DISCOGYNES POLYPÉTALES.

*Classes* 24. Gynobasées (rutacées, géraniacées).
25. Trihilatées (tropœolées, acérinées, etc.).

### IX. — e. PÉRIGYNES.

*Classes* 26. Hypodicarpées (caprifoliacées, rubiacées).
27. Subagrégées (dipsacées, cynarocéphales).
28. Aridifoliées (éricées, etc.).
29. Succulentes (crassulacées, nopalées).
30. Calycanthèmes (onagrariées, etc.).
31. Péponifères (cucurbitacées, etc.).
32. Icosandres (rosacées, myrtoïdées).
33. Légumineuses (papilionacées).

*Méthode naturelle de Link.*

Link classa les plantes qu'il décrivit dans son *Manuel pour connaître les végétaux les plus utiles et les plus communs*, publié à Berlin de 1829 à 1833, d'après une méthode dont l'inspiration remonte à De Jussieu et à De Candolle. Il conserva les 3 classes de De Candolle; fit des endogènes sa première, et des exogènes sa deuxième classe; il établit dans les exogènes des sous-classes qui ne sont pas toujours des divisions naturelles, mais des sections artificielles. Ces sous-classes servent de chef de série aux familles qui sont réunies sous cette rubrique commune.

---

*Méthode naturelle de Bartling.*

En 1830, Bartling publia sous le titre d'*Ordines naturales Plantarum* (Goëttingue), un essai de classification qui est une combinaison des deux méthodes de De Jussieu et de De Candolle; il emprunta à ce dernier les rapports de structure pour ses divisions générales, et à De Jussieu les considérations tirées du nombre des cotylédons, ainsi que de la structure des enveloppes florales pour les divisions secondaires. Il divisa d'après Friès les végétaux cellulaires suivant leur mode de germination; les vasculaires, en plantes à fleurs cachées ou apparentes, et les dicotylédones, d'après la présence ou l'absence du cystoblaste. Il établit entre ses grandes divisions et ses familles 60 classes naturelles.

Cette méthode l'emporte sur celle de De Jussieu et de De Candolle, en ce que Bartling a su éviter les incertitudes résultant de la détermination précise de la position relative des organes sexuels et de la séparation des sexes, ainsi que la classification obscure des vasculaires en endogènes et exogènes, et des monocotylédones en fructification apparente ou cachée. Les 60 classes naturelles facilitent beaucoup la conception des grands groupes typiques. Il faut donc regarder cette méthode comme ayant réalisé, dans la science, un véritable progrès; nous donnons simplement le tableau des classes.

*Clef de la méthode de Bartling.*

## VÉGÉTAUX

### CELLULAIRES.

**HOMONÈMES.**

1. Champignons.
2. Lichens.
3. Algues.

**HÉTÉRONÈMES.**

4. Mousses.

### VASCULAIRES.

**Cryptogames.**

5. Rhizocarpées.
6. Fougères.
7. Lycopodiacées.
8. [illegible].

**Phanérogames.**

#### MONOCOTYLÉDONES.

9. Glumacées.
10. Joncinées.
11. Ensatées.
12. Liliacées.
13. Orchidées.
14. Scitaminées.
15. Palmiers.
16. Aroïdées.
17. [illegible].
18. Hydrocharidées.

#### DICOTYLÉDONES.

**Chlamydoblastes.**

19. Aristolochiées.
20. Pipéracées.
21. Hydropéridées.

**Gymnoblastes.**

*APÉTALES.*

22. Conifères.
23. Amentacées.
24. Urticinées.
25. Fagopyrinées.
26. Protéinées.
27. Salicinées.

*MONOPÉTALES.*

28. Agrégées.
29. Composées.
30. Campanulinées.
31. Éricinées.
32. Styracinées.
33. Myrsinées.
34. Labistiflorées.
35. Tubiflorées.
36. Contortées.
37. Rubiacinées.
38. Ligustrinées.

*POLYPÉTALES.*

39. Loranthées.
40. Umbelliflorées.
41. Coccalinées.
42. Trisepalées.
43. Polycarpées.
44. Rhoeadées.
45. Peponifères.
46. Cistiflorées.
47. Guttifères.
48. Caryophyllinées.
49. Succulentes.
50. Calyciflorées.
51. Calycanthinées.
52. Myrtinées.
53. Lamprophyllées.
54. Columnifères.
55. Gruinales.
56. Ampélidées.
57. Malpighinées.
58. Tricoccées.
59. Térébinthinées.
60. Calophytes.

*Méthode naturelle de Schultz.*

Dans son *Système naturel du règne végétal d'après son organisation intérieure*, publié à Berlin en 1832, Ch. II, Schultz prit pour point de départ la structure interne, d'où il déduit ses principes de division physiologique. Il a établi ses deux grandes coupes sur la similitude ou la dissemblance des organes. Dans le premier cas, le tissu cellulaire, ou mieux la cellule, suffit à tous les besoins de la vie de la plante, et remplit les fonctions d'assimilation, de circulation, de nutrition et de reproduction : ce sont les végétaux qu'il appelle *homorganes* ou à organes semblables ; les autres au contraire, ayant des appareils séparés pour l'accomplissement de chacune de leurs fonctions, sont dits *hétérorganes* ou à organes dissemblables. Ces derniers sont dits *synorganes* quand les vaisseaux spiraux sont distincts et disséminés dans le tissu : c'est le degré inférieur répondant, à l'exception de la neuvième classe, aux monocotylédones, et les *dichorganes* ont un système de vaisseaux rayonnants mettant en rapport l'étui médullaire et l'écorce au moyen des rayons dits médullaires. Les végétaux homorganes sont sporifères et florifères ; et les hétérorganes synorganes sont sporifères et florifères ; on ne trouve que des florifères parmi les dichorganes. Les classes sont fondées sur les caractères typiques propres à chaque groupe, et ces associations, qui ne sont qu'au nombre de 15, sont conçues avec intelligence. Malgré la dissemblance apparente que présente cette méthode, ses coupes répondent à celles de De Candolle et de De Jussieu. Il en faut excepter ses homorganes florifères et ses synorganes dichorganoïdes dans lesquelles on trouve une telle confusion de familles, qu'il est impossible de les faire concorder avec les associations établies par De Candole et De Jussieu. Cette méthode mérite d'être étudiée, parce qu'elle repose sur des principes pris de haut et qui indiquent, dans son auteur, une profonde connaissance de l'organisation des végétaux.

*Clef de la méthode de Schultz.*

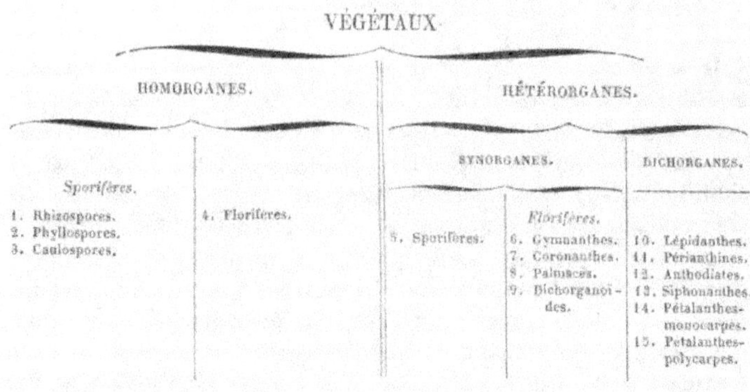


### *Méthode naturelle de M. Lindley.*

C'est en s'inspirant des travaux de De Jussieu et de De Candolle, que M. Lindley a établi une méthode naturelle inverse, dont le mode de division est dichotomique, en descendant de l'ordre supérieur aux cohortes. Il l'a exposée en 1833 dans son *Nixus plantarum* et l'a reprise en 1836 dans son *Natural system of botany*. Il divise d'abord les végétaux en deux grands groupes; les végétaux sexuels et asexuels, puis les vasculaires et les évasculaires; il adopte alors la division en exogènes et en endogènes; celles-ci sont à leur tour subdivisées en angiospermes et gymnospermes, et les premières en complètes et incomplètes, puis les complètes en monopétales et polypétales. Ce que ce système offre de particulier, c'est qu'il a introduit entre les sous-classes et les familles ou ordres, qu'il appela d'abord *nixus*, puis plus tard *alliances*, des associations intermédiaires auxquelles il a donné le nom de cohortes, qui répondent aux classes des botanistes, dont l'importance méthodique a déjà été signalée. Comme progrès, la méthode de Lindley n'offre rien de capital. Le reproche qu'on peut faire à l'auteur, est d'avoir cherché partout les associations quinaires qu'on retrouve dans les naturalistes anglais, entre autres dans l'entomologiste Kirby, qui établit aussi des groupes quinaires. Mais pour arriver à ce nombre, il a été obligé de diviser ses familles de manière à trouver constamment cinq groupes. Son système de glossologie taxonomique qu'on ne peut pas, au reste, lui reprocher plus qu'aux auteurs modernes, est une recherche souvent forcée pour arriver à des terminaisons semblables, ce qui ne fait rien gagner en précision, et conduit le plus souvent à des appellations bizarres. Outre le tableau des grandes divisions, nous donnons la série des familles, non pas parce que nous lui croyons de l'intérêt au point de vue scientifique, mais à cause de l'originalité de la conception.

*Clef de la méthode de M. Lindley.*

## PLANTES

| SEXUELLES. | | | | ASEXUELLES. |
|---|---|---|---|---|
| VASCULAIRES. | | | ÉVASCULAIRES. | |
| Exogènes. | | Endogènes. | Rhizanthées. | |
| ANGIOSPERMES | GYMNOSPERMES. | | | |
| **Complètes.** | **Incomplètes.** | | | |
| POLYPÉTALES. | MONOPÉTALES. | | | |

| POLYPÉTALES. | MONOPÉTALES. | | (Conifères équisétacées). | |
|---|---|---|---|---|
| 1. Albumineuses. | 1. Polycarpes. | 1. Tubifères. | | 1. Épigynes. |
| 2. Gynobasiques. | 2. Épigynes. | 2. Curvembryées. | | 2. Gynandres. |
| 3. Épigynes. | 3. Dicarpes. | 3. Hectembryées. | | 3. Hypogynes. |
| 4. Pariétales. | 4. Personées. | 4. Achlamydées. | | 4. Imparfaites. |
| 5. Calycoses. | 5. Agrégées. | 5. Columnifères. | | 5. Glumacées. |
| 6. Syncarpes. | | | | |
| 7. Apocarpes. | | | | |

*Série des familles.*

**A. PLANTES VASCULAIRES.**

1re CLASSE. — *Exogènes angiospermes complètes.*

1re SOUS-CLASSE. — **Polypétales.**

1re COHORTE. — *Albumineuses.*

*Nixus* 1. Ranales (renonculacées, papavéracées, etc.).
2. Anonales (magnoliacées, dilléniacées, etc.).

3. Umbellales (ombellifères, araliacées).
4. Grossales (grossulacées, escaloniées).
5. Pittosporales (vignes, pittosporées, etc.).

2e COHORTE. — *Gynobasiques.*

*Nixus* 1. Rutales (ochnacées, rutacées).
2. Géraniales (tropæolées, oxalidées, balsaminées).
3. Coriales (coriariées).
4. Florkéales (limnanthées).

3ᵉ COHORTE. — *Épigynes.*

*Nixus* 1. Onagrales (onagrariées, combrétacées).
2. Myrtales (myrtacées, mélastomacées).
3. Cornales (cornées, loranthées).
4. Cucurbitales (cucurbitacées, cactées).
5. Bégoniales (bégoniacées).

4ᵉ COHORTE. — *Pariétales.*

*Nixus* 1. Cruciales (crucifères, capparidées, etc.).
2. Violales (violacées, droséracées, etc.).
3. Passionales (passiflorées, papayacées).
4. Bixales (bixinées).

5ᵉ COHORTE. — *Calycoses.*

*Nixus* 1. Guttales (guttiférées, hypéricinées).
2. Théales (ternstrœmiacées).
3. Acérales (acérinées, hippocastanées).
4. Cistales (linées, cistinées, etc.).
5. Berbérales (berbéridées).

6ᵉ COHORTE. — *Syncarpes.*

*Nixus* 1. Malvales (malvacées, tiliacées).
2. Méliales (méliacées, aurantiacées, etc.).
3. Rhamnales (rhamnées, burséracées).
4. Euphorbiales (euphorbiacées, malpighiacées).
5. Silénales (portulacées, silénées, alsinées).

7ᵉ COHORTE. — *Apocarpes.*

*Nixus* 1. Rosales (rosacées, légumineuses, etc.).
2. Saxales (cunoniacées, saxifragées, etc.).
3. Ficoïdales (ficoïdées).
4. Crassales (crassulacées, galacinées).
5. Balsamales (amyridées, anacardiacées).

2ᵉ SOUS-CLASSE. — **Incomplètes.**

1ʳᵉ COHORTE. — *Tubifères.*

*Nixus* 1. Santales (santalacées).
2. Daphnales (éléagnées, thymélées).
3. Protéales (protéacées).
4. Lauréales (laurinées, etc.).
5. Pénéales (pénæacées).

2ᵉ COHORTE. — *Ciovembryées.*

*Nixus* 1. Chénopodales (amarantacées, chénopodiées).
2. Polygonales (polygonées).
3. Pétivales (pétivériacées).
4. Sclérales (scléranthées, nyctaginées).
5. Cocculales (ménispermées).

3ᵉ COHORTE. — *Nectembryées.*

*Nixus* 1. Amentales (cupulifères, bétulinées).
2. Urticales (urticées, myricées, juglandées).
3. Casuarales (casuarinées).
4. Ulmales (ulmacées).
5. Dasticales (dasticées).

4ᵉ COHORTE. — *Achlamydées.*

*Nixus* 1. Pipérales (chloranthées, pipéracées).
2. Salicinales (salicinées, platanées).
3. Involucrales (monimiées, etc.).
4. Podostémales (podostémonées).
5. Callitrichales (callitrichinées).

5ᵉ COHORTE. — *Columnifères.*

*Nixus* 1. Népenthales (népenthées).
2. Aristolochiales (aristolochiées).

3ᵉ SOUS-CLASSE. — **Monopétales.**

1ʳᵉ COHORTE. — *Polycarpes.*

*Nixus* 1. Brexiales (brexiacées).
2. Éricales (éricées, épacridées, vacciniées).
3. Primulales (primulacées, ilicinées, etc.).
4. Nolanales (nolanacées).
5. Volvales (convolvulacées, polémoniacées).

2ᵉ COHORTE. — *Épigynes.*

*Nixus* 1. Campanales (lobéliacées, campanulacées, etc.).
2. Goodénales (stylidiées, godénoviées).
3. Cinchonales (cinchonacées).
4. Capriales (caprifoliacées).
5. Stellales (stellées).

3ᵉ COHORTE. — *Dicarpes.*

*Nixus* 1. Gentianales (gentianées, apocynées, asclépiadées).
2. Oléales (oléacées, jasminées).
3. Loganiales (loganiacées, potatiacées.)

4. Échiales (borraginées, ehrétia-cées, etc.).
5. Solanales (solanacées, cestri-nées).

4ᵉ COHORTE. — *Personées.*

*Nixus* 1. Labiales (labiées, verbénacées, sélaginées, etc.).
2. Bignoniales (bignoniacées, cyr-tandracées, etc.).
3. Scrofulales (scrofularinées, oro-banchées).
4. Acanthales (acanthacées).
5. Lentibales (lentibulariées).

5ᵉ COHORTE. — *Agrégées.*

*Nixus* 1. Astérales (calycérées, compo-sées.
2. Dipsales ( dipsacées, valéria-nées).
3. Brunoniales (brunoniacées).
4. Plantales (plantaginées, globula-rinées).
5. Plumbales (plumbaginées).

2ᵉ CLASSE. — *Exogènes gymnos-permes.*

Cycadées, conifères, taxinées, équisétacées.

3ᵉ CLASSE. — *Endogènes.*

1ʳᵉ COHORTE. — *Épigynes.*

*Nixus* 1. Amomales (scitaminées, musa-cées).
2. Narcissales (hypoxidées, ama-ryllidées, etc.).
3. Ixiales (iridées).
4. Broméliales (broméliacées).
5. Hydrales (hydrocharidées).

2ᵉ COHORTE. — *Gynandres.*

Orchidées, cypripédiées, apos-tasiées.

3ᵉ COHORTE. — *Hypogynes.*

*Nixus* 1. Palmales (palmées).
2. Liliales (liliacées, asphodélées, mélanthiacées, etc.).
3. Commélales (commélinées).
4. Alismales ( butomées, alisma-cées).
5. Joncales (joncées, phylidrées).

4ᵉ COHORTE. — *Imparfaites.*

*Nixus* 1. Pandales (cyclanthées, panda-nées).
2. Arales (aroïdées, acoroïdées).
3. Typhales (typhacées).
4. Smilales (dioscorées, smilacées, etc.).
5. Fluviales (joncaginées, pistico-cées).

5ᵉ COHORTE. — *Glumacées.*

Graminées, cypéracées, restia-cées, xyridées.

4ᵉ CLASSE. — *Rhizanthées.*

Rafflésiacées, cytinées, balano-phorées, etc.

5ᵉ CLASSE. — *Asexuelles.*

*Nixus* 1. Filicales (polypodinées, osmon-dacées, etc.).
2. Lycopodales ( lycopodiacées, marsiliacées, etc.).
3. Muscales (mousses, jongerman-niacées, hépatiques.
4. Charales (characées).
5. Fungales (champignons, lichens, algues).

---

## Méthode de M. Martius.

En 1835, il parut, à Nuremberg, un ouvrage de M. Phil. von Martius, portant pour titre : *Conspectus regni vegetabilis secundum characteres morphologicos, præsertim carpicos, in classes, ordines et familias digesti.* Le principe adopté par M. Martius, comme idée génératrice de sa méthode, est la division du règne végétal en deux groupes : le premier, composé des *végétaux primordiaux* ou, comme il dit, *primigènes*, et le second, des *végétaux secondaires*. On ne voit pas trop la raison de ce mode d'association ; il prend ensuite l'égalité et la ressemblance des parties et s'appuie sur la fonction et le développement. Il se sert, pour cela, des organes élémentaires ou composés, et prend surtout le fruit pour point de comparaison, sans pour cela négliger les autres parties de la fleur.

Cette méthode a coûté à l'auteur de grandes recherches et indique, de sa part, de profondes connaissances ; mais, outre le vice fondamental, que nous avons signalé dans son point de départ, on trouve matière à critique dans les dénominations de ses cohortes empruntées à des considérations de tous les ordres, ce qui n'a pas sauvé l'auteur de la confusion, car il a multiplié ses cohortes sans nécessité et rompu plus d'une fois la série des affinités naturelles.

Malgré la science profonde dépensée par M. Martius, on doit dire que sa méthode est loin d'être d'un usage commode et facile. Nous donnons simplement la clef de cette méthode, nous dispensant d'énumérer les familles, dont le nombre dépasse le chiffre de 340.

*Clef de la méthode naturelle de M. Martius.*

| VÉGÉTATION PRIMIGÈNE. | VÉGÉTATION SECONDAIRE. |
|---|---|
| *Classes* 1. Plantes ananthes. | *Classes* 1. Protomycètes. |
| 2. Loxinées ou monocotylédones. | 2. Hyphomycètes. |
| 3. Tympanochètes à cellules poreuses. | 3. Gastéromycètes. |
| 4. Orthoïnées ou dicotylédones. | 4. Hyménomycètes. |
| | 5. Myélomycètes. |

## Méthode naturelle d'Unger et d'Endlicher.

Dans la méthode établie par F. Unger et adoptée par Endlicher dans son *Genera Plantarum*, la structure anatomique et le mode de développement pris pour base constituent la première division, d'où la séparation du règne végétal en deux régions : les *Thallophytes*, dépourvus d'axe, et les *Cormophytes* ou plantes axifères. La première région est subdivisée en *protophytes*, ou plantes primitives, et en *hystérophytes*, ou végétaux secondaires : les plantes axiles sont partagées en 3 divisions : les *acrobryes*, qui croissent par l'extrémité ; les *amphibryes*, dont la tige s'accroît par l'addition à la périphérie de nouveaux faisceaux vasculaires ; les *acramphibryes*, dont les faisceaux vasculaires croissent dans le sens longitudinal et transversal. La section *acrobryes* se subdivise en trois cohortes : les *anophytes* qui sont dépourvus de vaisseaux ; les *protophytes* ou végétaux primitifs ; les *hystérophytes* ou végétaux secondaires. Les *acramphibryes* se divisent en quatre cohortes : les *gymnospermes*, à semences nues ; les *apétales* ; les *gamopétales*, et les *dialypétales*. Il termine le tableau de ses 279 familles par 114 genres dont la place, dans la méthode, ne peut que difficilement être assignée.

La méthode d'Endlicher est une des meilleures que nous ayons, malgré les quelques lacunes qu'on y rencontre, et les quelques familles transposées ou séparées de familles analogues par des groupes entièrement étrangers. En comparant cette méthode à celle de De Jussieu, de De Candolle, de Bartling, on reconnaît qu'une combinaison intelligente de ces trois méthodes corrigées l'une par l'autre aurait suffi pour en établir une bonne ; c'est donc la série et l'enchaînement des familles qui constituent le mérite de cette méthode, plutôt que les principes qui lui servent de point de départ. Aussi, croyons-nous utile de la reproduire dans son entier, et d'autant que c'est elle qui est généralement suivie aujourd'hui.

*Clef de la méthode d'Endlicher.*

## VÉGÉTAUX

| THALLOPHYTES | | CORMOPHYTES | | | | | | | |
| --- | --- | --- | --- | --- | --- | --- | --- | --- | --- |
| PROTOPHYTES. | HYSTÉROPHYTES. | ACROBRYES. | | | AMPHIBRYES. | ACRAMPHIBRYES | | | |
| Classes. | 3. Champignons | ANOPHYTES. | PROTOPHYTES. | HYSTÉROPHYTES. | | GYMNOSPERMES. | APÉTALES. | GAMOPÉTALES. | DIALYPÉTALES. |
| 1. Algues.<br>2. Lichens. | | 4. Hépatiques.<br>5. Mousses. | 6. Calamariées.<br>7. Fougeres.<br>8. Hydroptéridées.<br>9. Sélaginées.<br>10. Zamiées. | 11. Rhizanthées | 12. Glumacées.<br>13. Énantioblastées<br>14. Hélobiées.<br>15. Coronariées.<br>16. Artorhizées.<br>17. Ensatées.<br>18. Gynandrées.<br>19. Scitaminées.<br>20. Fluviales.<br>21. Spadiciflores.<br>22. Princes. | 23. Conifères. | 24. Pipéritées.<br>25. Aquatiques.<br>26. Juliflorées.<br>27. Oléracées.<br>28. Thymelées.<br>29. Serpentariées. | 30. Plumbaginées.<br>31. Agrégées.<br>32. Campanulinées.<br>33. Caprifoliacées.<br>34. Contournées.<br>35. Nuculifères.<br>36. Tubiflorées.<br>37. Personnées.<br>38. Pétalanthées.<br>39. Bicornes. | 40. Discanthées.<br>41. Corniculées.<br>42. Polycarpiques.<br>43. Rhéadées.<br>44. Nelumbiées.<br>45. Pariétales.<br>46. Péponifères.<br>47. Opuntiées.<br>48. Caryophyllinées.<br>49. Columnifères.<br>50. Guttifères.<br>51. Hespéridées.<br>52. Acères.<br>53. Polygalinées.<br>54. Frangulinées.<br>55. Tricoccées.<br>56. Térébinthées.<br>57. Gruinales.<br>58. Calyciflores.<br>59. Myrtiflores.<br>60. Rosiflores.<br>61. Légumineuses. |

*Série des familles.*

**1re RÉGION. — THALLOPHYTES.**

**1re SECTION. — *Protophytes.***

1re CLASSE. — *Algues.*

Ordre   1. Diatomacées.
  2. Nostochinées.
  3. Confervacées.
  4. Characées.
  5. Ulvacées.
  6. Floridées.
  7. Fucacées.

2e CLASSE. — *Lichens.*

Ordre   8. Coniothalames.
  9. Idiothalames.
  10. Gastérothalames.
  11. Hyménothalames.

**2e SECTION. — *Hystérophytes.***

3e CLASSE. — *Champignons.*

Ordre   12. Gymnomycètes.
  13. Hyphomycètes.
  14. Gastéromycètes.
  15. Pyrénomycètes.
  16. Hyménomycètes.

**IIe RÉGION. — CORMOPHYTES.**

**3e SECTION. — *Acrobryes.***

**1re COHORTE. — Acrobryes anophytes.**

4e CLASSE. — *Hépatiques.*

Ordre   17. Riccinées.
  18. Anthocérothées.
  19. Targionacées.
  20. Marchantiacées.
  21. Jungermaniacées.

5e CLASSE. — *Mousses.*

Ordre   22. Andréacacées.
  23. Sphagnacées.
  24. Bryacées.

**2e COHORTE. — Acrobryes protophytes.**

6e CLASSE. — *Calamariées.*

Ordre   25. Équisétacées.

7e CLASSE. — *Fougères.*

Ordre   26. Polypodiacées.
  27. Hyménophyllées.
  28. Gléichéniacées.
  29. Schizéacées.

  30. Osmundacées.
  31. Marattiacées.
  32. Ophioglossées.

8e CLASSE. — *Hydroptérides.*

Ordre   33. Salviniacées.
  34. Marsiléacées.

9e CLASSE. — *Sélaginées.*

Ordre   35. Isoétées.
  36. Lycopodiacées.
  37. Lépidodendrées.

10e CLASSE. — *Zamiées.*

Ordre   38. Cycadéacées.

**3e COHORTE. — Acrobryes hystéro-
phytes.**

11e CLASSE. — *Rhizanthées.*

Ordre   39. Balanophorées.
  40. Cytinées.
  41. Rafflésiacées.

**4e SECTION. — *Amphibryes.***

12e CLASSE. — *Glumacées.*

Ordre   42. Graminées.
  43. Cypéracées.

13e CLASSE. — *Énantioblastées.*

Ordre   44. Centrolépidées.
  45. Restiacées.
  46. Ériocaulonées.
  47. Xyridées.
  48. Commélinacées.

14e CLASSE. — *Hélobiées.*

Ordre   49. Alismacées.
  50. Butomacées.

15e CLASSE. — *Coronariées.*

Ordre   51. Juncacées.
  52. Philydrées.
  53. Mélanthacées.
  54. Pontédéracées.
  55. Liliacées.
  56. Smilacées.

16e CLASSE. — *Artorhizées.*

Ordre   57. Dioscorées.
  58. Taccacées.

17e CLASSE. — *Ensatées.*

Ordre   59. Hydrocharidées.
  60. Burmanniacées.

<table>
<tr><td>

61. Iridées.
62. Hémodoracées.
63. Hypoxidées.
64. Amaryllidées.
65. Broméliacées.

18ᵉ CLASSE. — *Gynandrées.*

*Ordre*  66. Orchidées.
67. Apostasiées.

19ᵉ CLASSE. — *Scitaminées.*

*Ordre*  68. Zingibéracées.
69. Cannacées.
70. Musacées.

20ᵉ CLASSE. — *Fluviales.*

*Ordre*  71. Naïadées.

21ᵉ CLASSE. — *Spadiciflores.*

*Ordre*  72. Aroïdées.
73. Typhacées.
74. Pandanées.

22ᵉ CLASSE. — *Princes.*

*Ordre*  75. Palmées.

5ᵉ SECTION. — *Acramphibryes.*

1ʳᵉ COHORTE. — **Gymnospermes**.

23ᵉ CLASSE. — *Conifères.*

*Ordre*  76. Cupressinées.
77. Abiétinées.
78. Taxinées.
79. Gnétacées.

2ᵉ COHORTE. — **Apétales**.

24ᵉ CLASSE. — *Pipéritées.*

*Ordre*  80. Chloranthacées.
81. Pipéracées.
82. Saururées.

25ᵉ CLASSE. — *Aquatiques.*

*Ordre*  83. Cératophyllées.
84. Callitrichinées.
85. Podostémées.

26ᵉ CLASSE. — *Juliflores.*

*Ordre*  86. Casuarinées.
87. Myricées.
88. Bétulacées.
89. Cupulifères.
90. Ulmacées.
91. Celtidées.
92. Morées.
93. Artocarpées.
94. Urticacées.
95. Cannabinées.

</td><td>

96. Antidesmées.
97. Platanées.
98. Balsamifluées.
99. Salicinées.
100. Lacistémées.

27ᵉ CLASSE. — *Oléracées.*

*Ordre*  101. Chénopodées.
102. Amaranthacées.
103. Polygonées.
104. Nyctaginées.

28ᵉ CLASSE. — *Thymélées.*

*Ordre*  105. Monimiacées.
106. Laurinées.
107. Gyrocarpées.
108. Santalacées.
109. Daphnoïdées.
110. Aquilarinées.
111. Éléagnées.
112. Pénacées.
113. Protéacées.

29ᵉ CLASSE. — *Serpentariées.*

*Ordre*  114. Aristolochiées.
115. Népenthées.

3ᵉ COHORTE. — **Gamopétales**.

30ᵉ CLASSE. — *Plombaginées.*

*Ordre*  116. Plantaginées.
117. Plombaginées.

31ᵉ CLASSE. — *Agrégées.*

*Ordre*  118. Valérianées.
119. Dipsacées.
120. Composées.
121. Calycérées.

32ᵉ CLASSE. — *Campanulinées.*

*Ordre*  122. Brunoniacées.
123. Goodéniacées.
124. Lobéliacées.
125. Campanulacées.
126. Stylidées.

33ᵉ CLASSE. — *Caprifoliacées.*

*Ordre*  127. Rubiacées.
128. Lonicérées.

34ᵉ CLASSE. — *Contournées.*

*Ordre*  129. Jasminées.
130. Bolivariées.
131. Oléacées.
132. Loganiacées.
133. Apocynacées.
134. Asclépiadées.
135. Gentianées.

</td></tr>
</table>

221. Élatinées.
222. Réaumuriacées.
223. Tamariscinées.

51ᵉ CLASSE. — *Hespéridées.*

Ordre 224. Humiriacées.
225. Olacinées.
226. Aurantiacées.
227. Méliacées.
228. Cédrélacées.

52ᵉ CLASSE. — *Acères.*

Ordre 229. Acérinées.
230. Malpighiacées.
231. Érythroxylées.
232. Sapindacées.
233. Rhizobolées.

53ᵉ CLASSE. — *Polygalinées.*

Ordre 234. Trémandrées.
235. Polygalées.

54ᵉ CLASSE. — *Frangulacées.*

Ordre 236. Pittosporées.
237. Staphyléacées.
238. Célastrinées.
239. Hippocratéacées.
240. Ilicinées.
241. Rhamnées.
242. Chaillétiacées.

55ᵉ CLASSE. — *Tricoccées.*

Ordre 243. Empêtrées.
244. Stackhousiacées.
245. Euphorbiacées.

56ᵉ CLASSE. — *Térébenthées.*

Ordre 246. Juglandées.
247. Anacardiacées.
248. Burséracées.
249. Connaracées.

250. Ochnacées.
231. Simaroubacées.
232. Zanthoxylées.
253. Diosmées.
254. Rutacées.
255. Zygophyllées.

57ᵉ CLASSE. — *Gruinales.*

Ordre 256. Géraniacées.
257. Linées.
258. Oxalidées.
259. Balsaminées.
260. Tropéolées.
261. Limnanthées.

58ᵉ CLASSE. — *Calycïflores.*

Ordre 262. Vochysiacées.
263. Combrétacées.
264. Alangiées.
265. Rhizophorées.
266. Philadelphées.
267. Œnothérées.
268. Haloragées.
269. Lythrariées.

59ᵉ CLASSE. — *Myrtiflores.*

Ordre 270. Mélastomacées.
271. Myrtacées.

60ᵉ CLASSE. — *Rosiflores.*

Ordre 272. Pomacées.
273. Calycanthées.
274. Rosacées.
275. Amygdalées.
276. Chrysobalanées.

61ᵉ CLASSE. — *Légumineuses.*

Ordre 277. Papilionacées.
278. Swartziées.
279. Mimosées.

Unger modifia plus tard le plan primitif de sa méthode, sans y apporter des perfectionnements qui méritent d'autre mention, que la reproduction des principes sur lesquels il établit ses divisions générales.

*Modifications apportées par F. Unger à la méthode naturelle d'Endlicher.*

# VÉGÉTAUX

## THALLOPHYTES.

- PROTOPHYTES.
- HYSTÉROPHYTES.

## CORMOPHYTES.

### ACROBRYES.

- ÉVASCULAIRES.
- VASCULAIRES, SYSTÈME VASCULAIRE
  - **Simple,** faisceaux vasculaires
    - IMPARFAITS,
      - **Périphériques.**
      - **Centraux.**
    - PARFAITS.
  - **Double.**

### AMPHIBRYES.

### ACRAMPHIBRYES.

- AXYLINES.
- Xylinés, faisceaux vasculaires
  - ÉPARS,
  - NON ÉPARS.

*Classes*

1. Algues.
2. Lichens.
3. Champignons.
4. Mousses.
5. Hystérophytes, Rhizanthées.
6. Protophytes, Fougères, Équisétacées.
7. Lycopodiacées.
8. Cycadées. (Stigmariées.)
9. Hydropeltidées.
10. Monocotylédones.
11. Conifères (Calamitées).
12. Pipérinées.
13. Dicotylédones.

*Méthode naturelle de M. Ad. Brongniart* (Pl. 47).

En 1824, l'École de botanique du Jardin des Plantes fut replantée par les soins de Desfontaines, et l'ordre adopté fut celui établi par Laurent de Jussieu, avec des modifications insignifiantes. Lorsque M. Adolphe Brongniart fut appelé, en 1843, à replanter en entier cette même école, une des plus riches de l'Europe, il voulut mettre à profit les progrès qui s'étaient accomplis depuis dix-huit années, et surtout les travaux sur l'organisation de la fleur. Il consacra, comme une innovation importante, la dispersion des apétales à travers les groupes dialypétales, les premières étant, d'après les vues les plus récentes, des dialypétales à l'état d'organisation imparfaite, opinion qui demande toutefois à être mieux étudiée, car dans l'ordre évolutif, les apétales sont la représentation des glumacées dans les monocotylédones et le prélude de la pétalisation. Il ne se dissimula pas les difficultés d'une série linéaire, et l'impossibilité, reconnue depuis longtemps, de classer les groupes dans l'ordre de succession directe des caractères ordiniques ; il les subordonna à l'appréciation *à posteriori*, c'est-à-dire sans idée préconçue, des caractères invariables qui se retrouvent dans les familles les plus naturelles. Dans son travail, destiné cependant à présenter le tableau des genres existant, tant à l'École de botanique que dans les serres et les jardins du Muséum d'histoire naturelle, il a indiqué les familles qui ne s'y trouvent pas, pour faire connaître les *desiderata*.

Cette classification a été injustement critiquée, et cela, parce qu'elle repose sur des principes qui ne sont généralement pas assez connus en France, bien que, depuis plus de vingt ans, ils soient familiers aux botanistes étrangers ; mais nous ne sortons pas de la méthode de De Jussieu ni de celle de De Candolle, qui comportent cependant les modifications qu'exigent les progrès de la science, et l'on sait assez peu de gré à M. Ad. Brongniart, de son heureuse innovation.

Quoi qu'il en soit, la classification de M. Adolphe Brongniart mérite d'être étudiée, et l'on ne peut plus aujourd'hui se refuser à admettre que la création des groupes généraux qu'il désigne sous le nom de classes, et qui renferment un certain nombre de familles, est justifiée par les associations naturelles fondées sur une même idée végétale (voir pl. 47).

*Clef de la méthode de M. Adolphe Brongniart.*

VÉGÉTAUX

| Cryptogames | | Phanérogames | | | | |
| --- | --- | --- | --- | --- | --- | --- |
| AMPHIGÈNES. | ACROGÈNES. | MONOCOTYLÉDONES | | DICOTYLÉDONES | | |
| | | Périspermées. | Apérispermées. | Angiospermes. | | Gymnospermes. |
| | | | | GAMOPÉTALES | DIALYPÉTALES | |
| 1. Algues. <br> 2. Champignons. <br> 3. Lichens. | 4. Muscinées. <br> 5. Filicinées. | 6. Glumacées. <br> 7. Joncinées. <br> 8. Aroïdées. <br> 9. Pandanoidées. <br> 10. Phœnicoïdées. <br> 11. Lirioidées. <br> 12. Bromélioïdées. <br> 13. Scitaminées. | 14. Orchioïdées. <br> 15. Fluviales. | 16. Campanulinées. <br> 17. Astéroidées. <br> 18. Lonicerinées. <br> 19. Coffeinées. <br> 20. Asclepiadinées. <br> 21. Convolvulinées. <br> 22. Aspérifoliées. <br> 23. Solaninées. <br> 24. Personnées. <br> 25. Selaginoidées. <br> 26. Verbeninées. <br> 27. Primulinées. <br> 28. Ericoïdées. <br> 29. Diospyroidées. | 30. Guttifères. <br> 31. Malvoidées. <br> 32. Crotonnées. <br> 33. Polygalinées. <br> 34. Géranioidées. <br> 35. Térébenthinées. <br> 36. Hespéridées. <br> 37. Æsculinées. <br> 38. Colastroidées. <br> 39. Violinées. <br> 40. Cruciférinées. <br> 41. Papavérinées. <br> 42. Berbérinées. <br> 43. Magnolinées. <br> 44. Renonculinées. <br> 45. Nymphéinées. <br> 46. Pipérinées. <br> 47. Urticinées. <br> 48. Polygonoidées. <br> 49. Caryophyllinées. <br> 50. Cactisidées. <br> 51. Crassulinées. <br> 52. Saxifraginées. <br> 53. Passiflorinées. <br> 54. Hamamélinées. <br> 55. Umbellinées. <br> 56. Santalinées. <br> 57. Asarinées. <br> 58. Cucurbitinées. <br> 59. Œnothérinées. <br> 60. Daphnoidées. <br> 61. Protéinées. <br> 62. Rhamnoidées. <br> 63. Myrtoidées. <br> 64. Rosinées. <br> 65. Légumineuses. <br> 66. Amentacées. | 67. Conifères. <br> 68. Cycadoidées. |

*Série des familles.*

**Iᵉ DIVISION. — CRYPTOGAMES.**

1ᵉʳ EMBRANCHEMENT. — AMPHIGÈNES.

1ʳᵉ CLASSE. — *Algues.*

1ᵉʳ Ordre. — **Zoosporées.**

Sous-ordre 1. Oscillatoriées.
2. Nostochinées.
3. Confervacées.
4. Ulvacées.
5. Caulerpées.

2ᵉ Ordre. — **Aplosporées.**

Sous-ordre 6. Spongodiées.
7. Laminariées.
8. Fucacées.

3ᵉ Ordre. — **Choristosporées.**

Sous-ordre 9. Rytiphlées.
10. Chondriées.

2ᵉ CLASSE. — *Champignons.*

1ᵉʳ Ordre. — **Hyphomycées.**

Sous-ordre 11. Mucédinées.
12. Mucorées.
13. Urédinées.

2ᵉ Ordre. — **Gastéromycées.**

Sous-ordre 14. Tubéracées.
15. Lycoperdacées.
16. Clathracées.

3ᵉ Ordre. — **Hyménomycées.**

Sous-ordre 17. Agaricinées.
18. Pézizées.

4ᵉ Ordre. — **Scléromycées.**

Sous-ordre 19. Hypoxylées.

3ᵉ CLASSE. — *Lichenoïdées.*

Sous-ordre 20. Lichens.

2ᵉ EMBRANCHEMENT. — ACROGÈNES.

4ᵉ CLASSE. — *Muscinées.*

Sous-ordre 21. Hépatiques.
22. Mousses.

5ᵉ CLASSE. — *Filicinées.*

Sous-ordre 23. Fougères.
24. Marsiléacées.
25. Lycopodiacées.

26. Équisétacées.
27. Characées.

**IIᵉ DIVISION. — PHANÉROGAMES.**

3ᵉ EMBRANCHEMENT. — MONOCOTYLÉ-
DONES.

1ʳᵉ SÉRIE. — **Périspermées.**

(*Embryon accompagné d'un périsperme.*)

1. Périanthe nul ou sépales glumacés; périsperme
amylacé.

6ᵉ CLASSE. — *Glumacées.*

Sous-ordre 28. Graminées.
29. Cypéracées.

7ᵉ CLASSE. — *Joncinées.*

Sous-ordre 30. Restiacées.
31. Ériocaulonées.
32. Xyridées.
33. Commélinées.
34. Joncacées.

8ᵉ CLASSE. — *Aroïdées.*

Sous-ordre 35. Aracées.
36. Typhacées.

2. Périanthe nul ou double, sépaloïde ou pétaloïde;
périsperme charnu ou corné, oléo-albumineux,
sans fécule.

9ᵉ CLASSE. — *Pandanoïdées.*

Sous-ordre 37. Cyclanthées.
38. Freycinétiées.
39. Pandanées.

10ᵉ CLASSE. — *Phœnicoïdées.*

Sous-ordre 40. Nipacées.
41. Phytéléphasiées.
42. Palmiers.

11ᵉ CLASSE. — *Lirioïdées.*

Sous-ordre 43. Mélanthacées.
44. Liliacées.
45. Gilliésiées.
46. Amaryllidées.
47. Hypoxidées.
48. Astéliées.
49. Taccacées.
50. Dioscorées.
51. Iridées.
52. Burmanniacées.

3. Périanthe double, l'interne ou tous deux pétaloïdes. Périsperme amylacé.

**12e CLASSE. — *Broméloïdées*.**

Sous-ordre 53. Hémodoracées.
54. Vellosiées.
55. Broméliacées.
56. Pontédériacées.

**13e CLASSE. — *Scitaminées*.**

Sous-ordre 57. Musacées.
58. Cannées.
59. Zingibéracées.

**2e SÉRIE. — Apérispermées.**
(*Périsperme nul.*)

**14e CLASSE. — *Orchioïdées*.**

Sous-ordre 60. Orchidées.
61. Apostasiées.

**15e CLASSE. — *Fluviales*.**

Sous-ordre 62. Hydrocharidées.
63. Butomées.
64. Alismacées.
65. Naïadées.
66. Lemnacées.

**4e EMBRANCHEMENT. — DICOTYLÉDONES.**

**1er Sous-embranchement. — ANGIOSPERMES.**

**1re SÉRIE. — Gamopétales.**
(*Pétales soudés entre eux.*)

1. Périgynes. (Étamines et corolle insérées sur le calice adhérent à l'ovaire.)

**16e CLASSE. — *Campanulinées*.**

Sous-ordre 67. Campanulacées.
68. Lobéliacées.
69. Goodéniacées.
70. Stylidiées.
71. Calycérées.
72. Brunoniacées.

**17e CLASSE. — *Astéroïdées*.**

Sous-ordre 73. Composées.

**18e CLASSE. — *Lonicérinées*.**

Sous-ordre 74. Dipsacées.
75. Valérianées.
76. Caprifoliacées.

**19e CLASSE. — *Cofféinées*.**

Sous-ordre 77. Rubiacées.

2. Hypogynes. (Étamines et corolle insérées sous l'ovaire.)

† Anisogynes. Carpelles moins nombreux que les sépales.

* Isostémones. Étamines en nombre égal aux divisions de la corolle et alternant avec elles.

**20e CLASSE. — *Asclépiadinées*.**

Sous-ordre 78. Spigéliacées.
79. Loganiacées.
80. Apocynées.
81. Asclépiadées.
82. Gentianées.

**21e CLASSE. — *Convolvulinées*.**

Sous-ordre 83. Polémoniacées.
84. Nolanées.
85. Convolvulacées.

**22e CLASSE. — *Aspérifoliées*.**

Sous-ordre 86. Cordiacées.
87. Borraginées.
88. Hydrophyllées.
89. Hydroléacées.

**23e CLASSE. — *Solaninées*.**

Sous-ordre 90. Cestrinées.
91. Solanées.

** Anisostémones. Étamines en partie avortées, 4 didynames ou 2.

**24e CLASSE. — *Personnées*.**

1. Graines à périsperme charnu.

Sous-ordre 92. Scrophulariées.
93. Utriculariées.
94. Orobanchées.
95. Gesnériées.

2. Graines sans périsperme.

Sous-ordre 96. Cyrtandracées.
97. Bignoniacées.
98. Pédalinées.
99. Acanthacées.

**25e CLASSE. — *Sélaginoïdées*.**

Sous-ordre 100. Jasminées.
101. Globulariées.
102. Sélaginées.
103. Myoporinées.

**26e CLASSE. — *Verbéninées*.**

Sous-ordre 104. Verbénacées.
105. Labiées.
106. Stilbinées.
107. Plantaginées.

†† Isogynes. Carpelles en nombre égal à celui des sépales.

27ᵉ CLASSE. — *Primulinées.*

Sous-ordre 108. Primulacées.
109. Myrsinées.
110. Théophrastées.
111. Ægicérées.
112. Plombaginées.

28ᵉ CLASSE. — *Éricoïdées.*

Sous-ordre 113. Épacridées.
114. Éricacées.
115. Pyroléacées.
116. Monotropées. ?
117. Brexiacées. ?

29ᵉ CLASSE. — *Diospyroïdées.*

1. Ovules suspendus, radicule supérieure.

Sous-ordre 118. Ébénacées.
119. Oléinées.
120. Ilicinées.

2. Ovules dressés, radicule inférieure.

Sous-ordre 121. Empétrées.
122. Sapotées.
123. Styracées.

2ᵉ SÉRIE. — **Dialypétales.**

*Pétales libres.*

1. HYPOGYNE. Étamines et pétales indépendants du calice, insérés sous l'ovaire.

† Fleurs complètes presque toutes pétalées.

A. *Calice persistant en général.*

* Polystémones. Étamines généralement en nombre non défini.

30ᵉ CLASSE. — *Guttifères.*

1. Graine sans périsperme; embryon à radicule infère.

Sous-ordre 124. Clusiacées.
125. Marcgraviacées.
126. Hypéricinées.
127. Réaumuriacées.
128. Tamariscinées.

2. Graine souvent périspermée. Embryon à radicule ordinairement supérieure.

Sous-ordre 129. Cistinées.
130. Bixinées.
131. Ternstrœmiacées.
132. Chlénacées.
133. Diptérocarpées.

31ᵉ CLASSE. — *Malvoïdées.*

Sous-ordre 134. Tiliacées.
135. Malvacées.

136. Sterculiacées.
137. Büttnériacées.

** Oligostémonées. Étamines généralement en nombre défini.

32ᵉ CLASSE. — *Crotoninées.*

Sous-ordre 138. Antidesmées.
139. Forestiérées.
140. Euphorbiacées.

33ᵉ CLASSE. — *Polygalinées.*

Sous-ordre 141. Trémandrées.
142. Polygalées.

34ᵉ CLASSE. — *Géranioïdées.*

Sous-ordre 143. Balsaminées.
144. Tropéolées.
145. Géraniacées.
146. Limnanthées.
147. Coriariées.
148. Linées.
149. Oxalidées.
150. Zygophyllées.

35ᵉ CLASSE. — *Térébinthinées.*

Sous-ordre 151. Rutacées.
152. Diosmées.
153. Ochnacées.
154. Simaroubées.
155. Zanthoxylées.
156. Anacardiées.
157. Connaracées.

36ᵉ CLASSE. — *Hespéridées.*

Sous-ordre 158. Burséracées.
159. Aurantiacées.
160. Cédrélées.
161. Méliacées.
162. Ximéniées.
163. Nitrariacées.
163 *bis*.? Humiriacées.
164. Érythroxylées.

37ᵉ CLASSE. — *Æsculinées.*

Sous-ordre 165. Malpighiacées.
166. Acérinées.
167. Hippocastanées.
168.? Rhizobolées.
169. Sapindacées.
170. Vochysiées.

38ᵉ CLASSE. — *Célastroïdées.*

Sous-ordre 171. Vinifères.
172. Hippocratéacées.
173. Célastrinées.
174. Staphyléacées.
175. Pittosporées.

39ᵉ CLASSE. — *Violinées.*

Sous-ordre 176. Sauvagésiées.
177. Violacées.
178. Droséracées.
179. Frankéniacées.

B. *Calice se détachant avant ou après la floraison.*

* Périsperme nul ou très-mince.

40ᵉ CLASSE. — *Crucifèrinées.*

Sous-ordre 180. Résédacées.
181. Capparidées.
182. Crucifères.

** Périsperme épais, charnu ou corné.

41ᵉ CLASSE. — *Papavérinées.*

Sous-ordre 183. Fumariacées.
184. Papavéracées.

42ᵉ CLASSE. — *Berbérinées.*

Sous-ordre 185. Berbéridées.
186. Lardizabalées.
187. Ménispermées.

43ᵉ CLASSE. — *Magnolinées.*

Sous-ordre 188. Schizandrées.
189. Myristicées.
190. Anonacées.
191. Magnoliacées.

44ᵉ CLASSE. — *Renonculinées.*

Sous-ordre 192. Dilléniacées.
193. Renonculacées.
194. Sarracéniées.

*** Périsperme double, l'externe amylacé.

45ᵉ CLASSE. — *Nymphéinées.*

Sous-ordre 195. Nélombonées.
196. Nymphéacées.
197. Cabombées.

†† Fleurs incomplètes. Corolle manquant constamment.

46ᵉ CLASSE. — *Pipérinées.*

Sous-ordre 198. Saururées.
199. Pipéracées.

47ᵉ CLASSE. — *Urticinées.*

Sous-ordre 200. Urticées.
201. Artocarpées.
202. Morées.
203. Celtidées.
204. Cannabinées.

48ᵉ CLASSE. — *Polygonoïdées.*

Sous-ordre 205. Polygonées.

2. PÉRIGYNES. Étamines et pétales insérés sur le calice libre ou adhérent.

† Cyclospermées. Embryon courbe autour d'un périsperme farineux.

49ᵉ CLASSE. — *Caryophyllinées.*

Sous-ordre 206. Nyctaginées.
207. Phytolaccées.
208. Chénopodées.
209. Basellées.
210. Amaranthacées.
211. Silénées.
212. Alsinées.
213. Paronychiées.
214. Portulacées.

50ᵉ CLASSE. — *Cactoïdées.*

Sous-ordre 215. Mésembryanthémées.
216. Cactées.

†† Périspermées. Embryon droit dans l'axe d'un périsperme charnu ou corné.

51ᵉ CLASSE. — *Crassulinées.*

Sous-ordre 217. Crassulacées.
218. Élatinées.
219. Datiscées.

52ᵉ CLASSE. — *Saxifraginées.*

1. Carpelles en nombre égal aux sépales.

Sous-ordre 220. Franconacées.
221. Philadelphées.

2. Carpelles au nombre de 2, rarement 3 ou 5.

Sous-ordre 222. Saxifragées.
223. Ribésiées.

53ᵉ CLASSE. — *Passiflorinées.*

Sous-ordre 224. Loasées.
225. Papayacées.
226. Turnéracées.
227. Malesherbiées.
228. Passiflorées.
229. Samydées.
230. Homalinées.

54ᵉ CLASSE. — *Hamamélinées.*

Sous-ordre 231. Platanées.
232. Balsamifluées.
233. Hamamélidées.
234. Alangiées.
235. Bruniacées.

55ᵉ CLASSE. — *Umbellinées.*

Sous-ordre 236. Umbellifères.
237. Araliacées.
238. Cornées.
239.? Garryacées.

56ᵉ CLASSE. — *Santalinées.*

*Sous-ordre* 240. Cératophyllées.
241. Chloranthacées.
242. Loranthées.
243. Santalacées.
244. Olacinées.

57ᵉ CLASSE. — *Asarinées.*

*Sous-ordre* 245. Balanophorées.
246. Rafflésiacées.
247. Cytinées.
248. Népenthées.
249. Aristolochiées.

††† Apérispermées. Périsperme nul ou peu épais.

58ᵉ CLASSE. — *Cucurbitinées.*

*Sous-ordre* 250. Bégoniacées.
251. Nandhirobées.
252. Cucurbitacées.
253. Gronoviées.

59ᵉ CLASSE. — *OEnothérinées.*

*Sous-ordre* 254. Haloragées.
255. OEnothérées.
256. Mélastomacées.
257. Lythrariées.
258. Rhizophorées.
259. Ménécylées.
260. Combrétacées.
261. Nyssacées.

60ᵉ CLASSE. — *Daphnoïdées.*

*Sous-ordre* 262. Gyrocarpées.
263. Laurinées.
264. Hernandiées.
265. Thymélées.

61ᵉ CLASSE. — *Protéinées.*

*Sous-ordre* 266. Protéacées.
267. Éléagnées.

62ᵉ CLASSE. — *Rhamnoïdées.*

*Sous-ordre* 268. Pénéacées.

269. Rhamnées.
270. Stackhousiées.

63ᵉ CLASSE. — *Myrtoïdées.*

*Sous-ordre* 271. Myrtacées.
272. Lécithydées.
273. Granatées.
274. Calycanthées.
275. Monimiées.

64ᵉ CLASSE. — *Rosinées.*

*Sous-ordre* 276. Pomacées.
277. Neuradées.
278. Spiréacées.
279. Rosacées.
280. Amygdalées.
281. Chrysobalanées.

65ᵉ CLASSE. — *Légumineuses.*

*Sous-ordre* 282. Papilionacées.
283. Césalpiniées.
284. Mimosées.
285. Moringées.

66ᵉ CLASSE. — *Amentacées.*

*Sous-ordre* 286. Juglandées.
287. Salicinées.
288. Quercinées.
289. Bétulinées.
290. Myricées.
291. Casuarinées.

2ᵉ *Sous-embranchement.* — GYMNO-SPERMES.

67ᵉ CLASSE. — *Conifères.*

*Sous-ordre* 292. Gnétacées.
293. Taxinées.
294. Cupressinées.
295. Abiétinées.

68ᵉ CLASSE. — *Cycadoïdées.*

*Sous-ordre* 296. Cycadées.

*Méthode naturelle de M. Adrien de Jussieu* (Pl. 48 et 49).

M. Adrien de Jussieu a établi, dans son *Cours élémentaire de botanique*, une classification qui est fondée sur des principes semblables à ceux adoptés par son illustre aïeul. Il y a apporté l'esprit qui domine dans la méthode analytique, c'est-à-dire la logique rigoureuse déduite de l'observation, logique qui cependant n'est pas toujours le chemin qui conduit à la connaissance du vrai ; c'est pourquoi l'ordre dans lequel se suivent ses associations végétales n'est pas, comme il le dit lui-même, toujours parfaitement conforme à l'ordre naturel. Il a bien senti les imperfections du système analytique : en effet, avec l'habitude des études taxonomiques, et après avoir consciencieusement étudié les nombreux essais de méthodes, on reconnaît qu'il est impossible de suivre l'enchaînement rigoureux des caractères, sans rencontrer des anomalies qui jettent la confusion dans la classification. En conservant la diclinie, il s'est écarté de la voie dans laquelle sont entrés les botanistes modernes, qui la réunirent d'abord aux apétales et finirent même par disperser ces dernières dans les dialypétales. Nous ferons remarquer toutefois que la diclinie, dans un embranchement aussi important que celui des Dicotylédones, qui doit répéter pour ainsi dire les deux embranchements qui précèdent, est un groupe logique, surtout si on le met en tête des dicotylédones et après les gymnospermes, qui leur sont antérieures ; car l'hermaphrodisme étant la loi de perfectionnement ascendant, la séparation des sexes, accompagnée de l'apétalie, est une véritable ébauche organique, et à ce titre elle doit précéder les apétales hermaphrodites.

M. Adrien de Jussieu s'est bien rendu compte des difficultés que présente une classification naturelle ; c'est pourquoi il a mis en tête de chaque groupe des considérations critiques qui servent à éclairer un travail plus didactique que méthodique.

*Clef de la méthode naturelle de M. Adrien de Jussieu.*

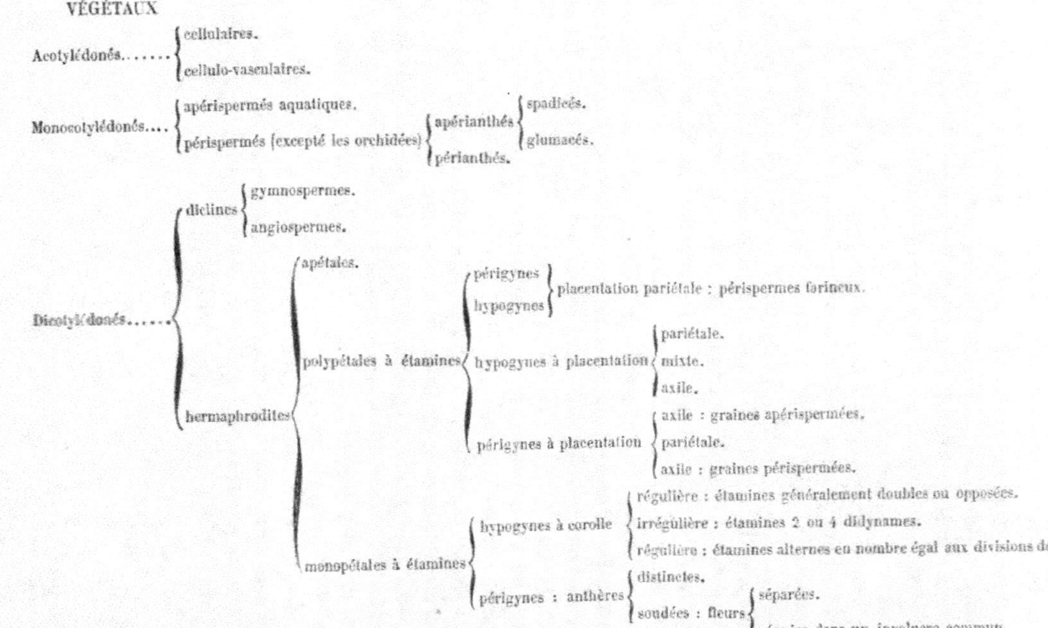

*Série des familles.*

1<sup>re</sup> CLASSE. — VÉGÉTAUX ACOTYLÉDONÉS.

1<sup>er</sup> ORDRE. — *Végétaux acotylédonés, cellulaires et cellulo-vasculaires.*

*Cellulaires.*

Famille   1. Algues.
       2. Champignons.
       3. Lichens.
       4. Hépatiques.
       5. Mousses.
       6. Characées.

*Cellulo-vasculaires.*

Famille   7. Équisétacées.
       8. Lycopodiacées.
       9. Fougères.
      10. Rhizocarpées.

2<sup>e</sup> CLASSE. — VÉGÉTAUX MONOCOTY-
LÉDONÉS.

2<sup>e</sup> ORDRE. — *Végétaux monocotylédonés
aquatiques,*

à graine sans périsperme.

Famille 11. Naïadées.
     12. Potamées.
     13. Lemnacées.
     14. Zostéracées.
     15. Juncaginées.
     16. Alismacées.
     17. Butomées.
     18. Hydrocharidées.

3<sup>e</sup> ORDRE. — *Végétaux monocotylédonés,*
à graine périspermée, à fleur apérianthée.

*Spadicées.*

Famille 19. Pistiacées.
     20. Aroïdées.
     21. Pandanées.
     22. Cyclanthées.
     23. Typhinées.
     24. Orontiacées.

*Glumacées.*

Famille 25. Cypéracées.
     26. Graminées.

4<sup>e</sup> ORDRE. — *Végétaux monocotylédonés,*
à graine périspermée, à fleur périanthée.

Famille 27. Palmiers.
     28. Restiacées.
     29. Xyridées.
     30. Commélinacées.
     31. Tillandsiées.
     32. Joncacées.

Famille 33. Gillésiacées.
     34. Pontédériacées.
     35. Liliacées.
     36. Mélanthacées.
     37. Smilacinées.
     38. Dioscoréacées.
     39. Iridées.
     40. Burmanniacées.
     41. Hémodoracées.
     42. Hypoxidées.
     43. Amaryllidées.
     44. Musacées.
     45. Broméliacées.
     46. Cannacées.
     47. Scitaminées.
     48. Apostasiacées.
     49. Orchidées.

3<sup>e</sup> CLASSE. — VÉGÉTAUX DICOTYLÉDONÉS.

5<sup>e</sup> ORDRE. — *Végétaux dicotylédonés,*

Diclines.

Famille 50. Cycadées.
     51. Conifères.
     52. Saururées.
     53. Pipéracées.
     54. Juglandées.
     55. Myricacées.
     56. Myristicées.
     57. Urticées.
     58. Cannabinées.
     59. Gunnéracées.
     60. Artocarpées.
     61. Morées.
     62. Cératophyllées.
     63. Chloranthacées.
     64. Platanées.
     65. Stilaginées.
     66. Garryacées.
     67. Datiscées.
     68. Podostémées.
     69. Salicinées.
     70. Bétulinées.
     71. Ulmacées.
     72. Euphorbiacées.
     73. Balsamifluées.
     74. Népenthées.
     75. Cupulifères.
     76. Bégoniacées.
     77. Monimiées.
     78. Athérospermées.
     79. Empétracées.
     80. Euphorbiacées.
     81. Papayacées.
     82. Cucurbitacées.
     83. Balanophorées.
     84. Rafflésiacées.
     85. Cytinées.

6ᵉ ORDRE. — *Végétaux dicotylédonés,*

à fleurs hermaphrodites apétales.

Famille 86. Aristolochiées.
87. Santalacées.
88. Myrobalanées.
89. Samydées.
90. Aquilarinées.
91. Pénéacées.
92. Protéacées.
93. Laurinées.
94. Thyméléacées.
95. Éléagnées.
96. Phytolaccacées.
97. Polygonées.
98. Scléranthées.
99. Atriplicées.
100. Amaranthacées.
101. Nyctaginées.

7ᵉ ORDRE. — *Végétaux dicotylédonés et poly-pétales,*

à placentation pariétale et à périsperme farineux entouré par l'embryon.

Famille 102. Portulacées.
103. Paronychiées.
104. Caryophyllées.

8ᵉ ORDRE. — *Polypétales hypogynes,*

à placentation pariétale.

Famille 105. Frankéniacées.
106. Sauvagésiacées.
107. Droséracées.
108. Violariées.
109. Cistinées.
110. Bixacées.
111. Pittosporées.
112. Tamariscinées.
113. Résédacées.
114. Capparidées.
115. Crucifères.
116. Fumariacées.
117. Papavéracées.

9ᵉ ORDRE. — *Polypétales hypogynes,*

à placentation axile.

Famille 118. Renonculacées.
119. Dilléniacées.
120. Anonacées.
121. Magnoliacées.
122. Lardizabalées.
123. Berbéridées.
124. Ampélidées.
125. Sarracéniées.
126. Ménispermacées.
127. Zanthoxylées.
128. Diosmées (d'Europe et d'Australie).
129. Rutacées.
130. Zygophyllées.
131. Linacées.

Famille 132. Érythroxylées.
133. Oxalidées.
134. Méliacées.
135. Cédrélacées.
136. Polygalées.
137. Olacinées.
138. Chlénacées.
139. Humiriacées.
140. Trémandrées.
141. Éléocarpées.
142. Tiliacées.
143. Sterculiacées.
144. Byttnériacées.
145. Bombacées.
146. Malvacées.
147. Diptérocarpées.
148. Ternstrémiacées.
149. Marcgraviacées.
150. Guttifères.
151. Rhizobolées.
152. Hypéricinées.
153. Balsaminées.
154. Géraniacées.
155. Aurantiacées.
156. Méliacées.
157. Hippocratéacées.
158. Malpighiacées.
159. Acérinées.
160. Sapindacées.
161. Hippocastanées.
162. Diosmées.
163. Élatinées.
164. Tropéolées.
165. Diosmées (africaines).
166. Simaroubées.
167. Ochnacées.
168. Amyridées.

10ᵉ ORDRE. — *Polypétales hypogynes.*

Embryon dans un sac particulier.

Famille 169. Nymphéacées.
170. Nélombonées.
171. Cabombacées.

11ᵉ ORDRE. — *Polypétales périgynes,*

Placentation axile. Graine sans périspermes.

Famille 172. Chaillétiacées.
173. Spondiacées.
174. Burséracées.
175. Connaracées.
176. Térébinthacées.
177. Légumineuses.
178. Rosacées.
179. Calycanthées.
180. Crassulacées.
181. Vochysiacées.
182. Lythrariées.
183. Mélastomacées.
184. Pomacées.
185. Granatées.
186. Lécythidées.

*Famille* 187. Barringtoniées.
    188. Myrtacées.
    189. Leptospermées.
    190. Chamélauciées.
    191. Mémécylées.
    192. Rhizophorées.
    193. Combrétacées.
    194. Onagrariées.

12e ORDRE. — *Placentation pariétale.*

*Famille* 195. Loasées.
    196. Homalinées.
    197. Passiflorées.
    198. Malesherbiacées.
    199. Turnéracées.
    200. Grossulariées.
    201. Moringacées.
    202. Cactées.
    203. Ficoïdées.

13e ORDRE. — *Placentation axile.*

Graine périspermée.

*Famille* 204. Francoacées.
    205. Saxifragées.
    206. Escalloniacées.
    207. Philadelphacées.
    208. Bauéracées.
    209. Hamamélidées.
    210. Alangiées.
    211. Halorragées.
    212. Ombellifères.
    213. Araliacées.
    214. Hédéracées.
    215. Cornacées.
    216. Bruniacées.
    217. Rhamnées.
    218. Célastrinées.
    219. Stackhousiacées.

14e ORDRE. — *Monopétales à corolle régulière,*

à étamines ordinairement hypogynes, souvent indépendantes d'elle, multiples, doubles ou opposées, rarement égales ou alternes, ou moindres; à carpelles en nombre souvent égal aux divisions de la corolle.

*Famille* 220. Épacridées.
    221. Pyrolacées.
    222. Rhodoracées.
    223. Ericinées.
    224. Vacciniées.
    225. Styracinées.
    226. Ébénacées.
    227. Jasminées.
    228. Oléinées.
    229. Ilicinées.
    230. Sapotées.
    231. Ægycérées.
    232. Myrsinées.
    233. Primulacées.
    234. Plombaginées.
    235. Plantaginées.

15e ORDRE. — *Monopétales hypogynes,*

à corolle irrégulière, portant les étamines alternes, réduites à 4 didynames, ou à 2 par l'avortement complet ou partiel des autres.

*Famille* 236. Globulariées.
    237. Utriculariées.
    238. Cyrtandracées.
    239. Gesnériacées.
    240. Orobanchées.
    241. Scrofularinées.
    242. Bignoniacées.
    243. Acanthacées.
    244. Myoporinées.
    245. Sélaginées.
    246. Stilbinées.
    247. Pédalinées.
    248. Verbénacées.
    249. Labiées.

16e ORDRE. — *Monopétales hypogynes,*

à corolle régulière, portant les étamines alternes aux lobes, et en nombre égal.

*Famille* 250. Borraginées.
    251. Nolanacées.
    252. Dichondrées.
    253. Convolvulacées.
    254. Cuscutées.
    255. Cordiacées.
    256. Ehrétiacées.
    257. Cobéacées.
    258. Polémoniacées.
    259. Hydrophyllées.
    260. Hydroléacées.
    261. Solanées.
    262. Gentianées.
    263. Spigéliacées.
    264. Loganiacées.
    265. Potaliacées.
    266. Apocynées.
    267. Asclépiadées.

17e ORDRE. — *Monopétales périgynes,*

à ovaire adhérent, à corolle régulière ou irrégulière, portant ordinairement les étamines alternes aux lobes, et en nombre égal, rarement moindre.

*Famille* 268. Rubiacées.
    269. Caprifoliacées.
    270. Loranthacées.
    271. Valérianées.
    272. Dipsacées.
    273. Sphénocléacées.
    274. Campanulacées.
    275. Stylidiées.
    276. Scévolacées.
    277. Goodéniacées.
    278. Lobéliacées.
    279. Campanulacées.
    280. Composées.
    281. Calycérées.

*Méthode proposée par M. Lemaout.*

Dans l'intérêt de la science, et pour ne rien laisser ignorer de ce qui contribue à ses progrès, nous avons cru devoir faire connaître les principaux systèmes, tant français qu'étrangers, car ce n'est que par comparaison qu'on arrive à des améliorations réelles et des vues plus philosophiques. Nous donnons ici un passage des *Leçons élémentaires de botanique* de M. Lemaout, parce qu'il contient un essai fort intéressant de mise en pratique des vues de Robert Brown sur l'iconographie systématique destinée à indiquer, sous forme de tableau comparatif, le mode d'affinité qui unit les groupes les uns aux autres; pour l'intelligence de cette méthode, nous donnons (Pl. 50) le tableau dressé par lui et qui présente un véritable intérêt.

Nous citons textuellement le passage de son livre relatif à cet essai.

« De nos jours l'illustre R. Brown, l'un de ceux qui ont le plus « puissamment travaillé à perfectionner l'œuvre de Jussieu, a écrit « en tête de sa *Flore de la Nouvelle-Hollande* : « J'ai adopté la mé-« thode Jusséenne, dont les familles sont presque toutes vraiment « naturelles; mais je ne me suis pas beaucoup inquiété de la série « des familles, que la nature elle-même n'avoue guère, car elle a « lié les êtres vivants par un réseau plutôt que par une chaîne. »

« Mais ne pourrait-on pas, tout en conservant pour le texte la sé-« rie linéaire, obvier à ses inconvénients, et compléter ses avantages « par une iconographie systématique, qui figurerait le plan du règne « végétal, tel que la nature l'a conçu et exécuté? C'est ce que j'ai « tenté de faire, pour les familles et les genres d'Europe, dans un « travail dont je mets sous les yeux un fragment. » (*Voir ce Tableau,* Pl. 50.)

« Le royaume végétal (*regnum vegetabile*) est divisé en trois grands « *continents* (dicotylédones, monocotylédones, acotylédones). Chaque « continent est divisé en *régions* : ce sont les *classes*; chaque région « contient des *cités* : ce sont les *familles*; chaque cité se subdivise « en *quartiers* : ce sont les *genres*; chaque quartier se compose de « *maisons*, habitées par les *citoyens*, qui représentent les *espèces*.

« Poursuivant dans toutes ses conséquences la comparaison méta-« phorique de Linnæus et de R. Brown, j'ai séparé les continents par

« des mers plus ou moins larges, dans lesquelles s'avancent des pro-
« montoires, qui se rapprochent en raison de leur affinité. Les ré-
« gions sont, les unes séparées par des détroits, les autres réunies par
« des isthmes, les cités de chaque région sont mises en communica-
« tion par des lignes ou chemins qui constituent un réseau, dont
« chaque nœud est occupé par une cité, et dont les vides sont repré-
« sentés par les intervalles qui séparent ces cités.

« Chaque cité s'ouvre par plusieurs portes, où aboutissent les
« lignes de jonction qui la mettent en rapport avec les cités voisines ;
« chaque porte doit donc être semblable ou analogue à celles qui
« lui correspondent par l'intermédiaire de ces lignes ; sans cette
« similitude, la communication ne peut avoir lieu entre les deux cités.

« Ce que nous disons de la cité s'applique à ses quartiers, dont
« chaque maison renferme les individus d'une même espèce.

« Appliquons cette fiction au tableau (Pl. 50), qui représente
« huit cités (ou familles) appartenant à la région des dicotylédones
« monopétales hypogynes de Jussieu (exogènes corolliflores de De
« Candolle). Vos études vous ont familiarisés avec la signification des
« coupes transversale et verticale de la fleur et de la graine. Si donc
« vous avez présente à l'esprit la subordination des caractères, vous
« saisirez rapidement les rapports et les différences entre les huit
« familles que vous avez sous les yeux. Chacune d'elles vous permet
« de voir le nombre des cotylédons, la position de la graine dans
« l'ovaire, la direction de la radicule, la présence ou l'absence de
« l'albumen, la préfloraison de la corolle, enfin la corrélation entre
« les pétales, les étamines et les carpelles, en ce qui concerne la sy-
« métrie de forme, de nombre et de position. Ces divers caractères,
« comme je vous l'ai dit, sont ceux qui possèdent le plus de valeur
« dans la coordination des familles.

« Supposez maintenant que vous vouliez visiter successivement les
« huit cités qui sont représentées sur cette carte : après avoir séjourné,
« par exemple, dans la cité des solanées (douce-amère), vous vous
« disposez à passer dans celle des scrofulariées (muflier). Il y a deux
« portes pour sortir de la cité : l'une, représentant le pistil, que
« nous nommerons porte des gynécées, et l'autre, représentant la
« corolle avec les étamines, que nous nommerons porte de l'andro-
« cée. Si vous êtes sorti par la porte de l'androcée, il vous sera im-
« possible de faire le trajet, parce que les communications n'existent

« pas entre une corolle régulière à cinq étamines et une corolle irré-
« gulière à quatre étamines inégales ; dès lors vous rentrez dans la
« cité, vous la traversez diamétralement, et vous sortez par la porte
« du gynécée qui vous conduit directement à celle des scrofulariées,
« dont la structure est la même, puisqu'elle consiste en un double
« carpelle formant un ovaire à deux loges multi ovulées. Si de là
« vous vouliez passer dans les orobanchées, vous le pourriez directe-
« ment, car il y a communication directe ; cependant le gynécée
« uniloculaire des orobanchées diffère assez du gynécée biloculaire
« des scrofulariées pour rendre le chemin un peu ardu ; ce chemin
« serait beaucoup plus facile si vous étiez sorti des scrofulariées par
« la porte de l'androcée, qui est exactement semblable à sa corres-
« pondante des orobanchées.

« Revenez aux solanées, qui ont été votre point de départ. Vous
« voulez, je le suppose, passer dans les borraginées (consoude) : les
« deux portes des solanées vous y conduisent ; mais il faudra faire
« un détour, et longer en passant la cité des convolvulacées (liseron).
« Toutefois les voies seront plus faciles en sortant par la porte de
« l'androcée, qui offre bien plus d'analogie avec ses correspondantes
« des cités voisines que n'en offre la porte du gynécée. En effet,
« celle-ci se compose, pour les trois cités, de deux carpelles ; mais
« ces deux carpelles forment deux loges multiovulées dans la pre-
« mière ; dans la seconde (convolvulacées), les deux loges ne con-
« tiennent que deux graines chacune, et quelquefois une seule ; dans
« la troisième (borraginées), les ovaires sont quadrilobés et consti-
« tuent presque quatre akènes. La communication est donc mieux
« établie entre ces trois cités par l'androcée, qui dans toutes consiste
« en une corolle régulière à cinq divisions, portant cinq étamines
« alternes.

« Vous êtes arrivé aux borraginées, et vous voulez passer dans les
« labiées, cité très-voisine ; vous ne prendrez pas pour cela la porte
« de l'androcée, qui est sans communication avec celle des labiées,
« mais vous sortirez par le gynécée, lequel est semblable au gynécée
« des labiées : c'est en effet un ovaire quadrilobé. Des labiées, en
« sortant par l'androcée, vous pourrez passer successivement dans
« les verbénacées, les acanthacées, les orobanchées, les scrofulariées,
« qui ont un androcée tout à fait semblable, c'est-à-dire une corolle
« irrégulière et quatre étamines inégales.

« Quant aux différences qui séparent les familles voisines les unes
« des autres, elles sont, pour la plupart, consignées dans l'enceinte
« de chaque cité ; vous les reconnaîtrez par la position de la graine,
« la direction de la radicule, la présence ou l'absence de l'albumen,
« et la préfloraison de la corolle.

« En disposant ainsi les familles d'après leurs affinités sur une
« surface plane, je ne me suis pas dissimulé qu'elles se coordonne-
« raient d'une manière beaucoup plus naturelle si elles étaient dis-
« tribuées sur une sphère ; on aurait alors, au lieu des trois conti-
« nents, trois sphères principales concentriques, dont la plus
« intérieure, comme étant la plus ancienne, représenterait les acoty-
« lédones, et la plus superficielle, celle des dicotylédones. Ces sphè-
« res ne seraient pas pleines ; elles représenteraient des groupes de
« familles plus ou moins excentriques, de même que la sphère
« céleste nous offre des constellations plus éloignées de nous les
« unes que les autres. Mais, une telle configuration de l'ordre natu-
« rel étant inexécutable sur une surface plane, j'ai dû me contenter
« des deux dimensions que m'offrait le papier.

« Vous concevez qu'après avoir disposé en réseau les familles d'une
« région, on peut disposer de la même manière les genres de chaque
« famille, les espèces de chaque genre ; et composer ainsi un ensem-
« ble de tableaux qui constituerait un véritable atlas du monde végé-
« tal, atlas qu'on pourrait résumer dans une mappemonde offrant
« synoptiquement les continents et les régions. Or, il doit être évi-
« dent, pour vous, qu'une telle mappemonde représente le plan d'un
« jardin botanique, et que ce plan, quelque imparfait qu'il pût être,
« serait encore plus rationnel, plus instructif et plus perfectible que
« des plates-bandes longitudinales et parallèles. »

# BOTANIQUE GÉNÉRALE

## LIVRE VII

### CARACTÈRES ET HISTOIRE DES FAMILLES

Iᵉʳ EMBRANCHEMENT. — PLANTES ACOTYLÉDONÉES.
IIᵉ        —        PLANTES MONOCOTYLÉDONÉES.
IIIᵉ        —        PLANTES DICOTYLÉDONÉES.

# CARACTÈRES ET HISTOIRE DES FAMILLES

Après l'examen que nous venons de faire des classifications, il nous reste à retracer les caractères des principales familles, et à signaler, pour chacune d'elles, les espèces les plus remarquables par le rôle qu'elles jouent dans la végétation, ou par les produits qu'elles procurent. Nous suivons, pour cette partie de notre ouvrage, la méthode primitive, celle d'Antoine-Laurent de Jussieu, la plus naturelle suivant nous, en la modifiant toutefois, au point de vue de l'enchaînement des familles, et en la corrigeant en ce qu'elle peut avoir de défectueux. C'est ainsi, par exemple, que nous établissons, pour les monocotylédones, les trois groupes créés par de Jussieu pour les dicotylédones, d'après l'absence, la présence et la structure de l'enveloppe florale, et que nous les divisons en *apérianthées*, ou à fleurs sans enveloppe florale proprement dite; en *monopérianthées*, ou à fleurs pourvues d'un périanthe simple; et en *dipérianthées*, ou à fleurs pourvues manifestement d'un calice et d'une corolle. Pour les dicotylédones, nous plaçons en tête des apétales les *diclines* ou plantes à fleurs unisexuées; la séparation des sexes n'étant, selon nous, que le résultat de l'avortement d'un des organes sexuels.

# PREMIER EMBRANCHEMENT



C'est dans cet embranchement qu'on trouve les végétaux les plus simples en organisation ; quelques-uns sont microscopiques. Ils sont généralement composés de tissus cellulaires, et on ne découvre de fibres et de vaisseaux que dans les fougères. Les organes reproducteurs diffèrent essentiellement de ceux des végétaux monocotylédonés et dicotylédonés. Point de fleurs proprement dites ; la reproduction s'opère par spores, ou cellules génératrices, dispersées dans le tissu même de la plante, ou renfermées dans des cellules mères qui portent des noms différents, suivant les familles. Linné, croyant que les organes sexuels existaient, mais qu'ils échappaient à l'observation à cause de leur petitesse, avait nommé ces plantes *Cryptogames*. Lamarck, pensant que ces organes n'existaient pas, donna à ces végétaux le nom d'*Agames*. Enfin de Jussieu, considérant que les graines ou *spores* ne renferment pas d'embryon, et, conséquemment, pas de cotylédons, a proposé le nom d'*Acotylédones*. Les découvertes récentes de la science ont fait connaître les organes mâles et femelles qui concourent à la reproduction de ces végétaux inférieurs, et la façon dont ces éléments sexuels se comportent l'un par rapport à l'autre. L'élément ou l'organe femelle est la *spore*, qui, dans certains cas, est douée de mouvement jusqu'au moment où elle germe pour donner naissance à une nouvelle plante ; c'est à cause de ce mouvement qu'on lui a donné le nom de *zoospore*. L'élément ou organe mâle est composé de petits corps mobiles munis de cils vibratiles, et nommés *anthérozoïdes* ; ils sont renfermés dans des conceptables ou cellules mères, appelés *anthéridies*, et, lorsqu'ils s'en échappent, ils s'appliquent sur l'organe femelle qu'ils vivifient et rendent fécond.

I<sup>re</sup> SECTION. — *Acotylédones dépourvues de feuilles ou d'appendices ressemblant aux feuilles.*

### Famille des ALGUES. — **ALGÆ.**
(Atlas I, pl. 14, et atl. II, pl. 47 et 48.)

Les algues sont des plantes qui vivent dans l'eau, ou quelquefois sur le sol et les corps qui ont été submergés. Elles ne présentent pas toutes le même degré d'organisation : les unes sont réduites à une seule cellule (*protococcus*); d'autres sont composées de cellules placées bout à bout, formant des sortes de filaments simples ou ramifiés (conferves); d'autres fois ce sont des lames plus ou moins épaisses, de consistance molle (ulves), ou épaisses, planes et colorées (floridées), ou coriaces nervées (fucacées), toutes généralement gélatineuses. On a divisé cette famille en plusieurs sous-familles ou ordres, d'après la forme extérieure et le mode de reproduction.

1° Les DIATOMACÉES, corpuscules microscopiques, les plus simples en organisation; elles sont composées d'une ou de deux cellules accouplées, et leur forme est, le plus souvent, linéaire, aciforme, cunéiforme, quadrangulaire, en croissant, ou globuleuse. Elles vivent libres, isolées dans les eaux comme les infusoires.

2° Les NOSTOCHINÉES (Atlas I, pl. 14, fig. 1 à 4) sont également des corpuscules microscopiques, globuleux ou allongés, mais qui, au lieu de vivre isolément, se réunissent en grand nombre, en chapelets ou en filaments articulés, qui sont agglutinés ensemble, formant alors des lames ou des plaques gélatineuses, sur le sol ou les pierres très-humides. La teinte verte que prend la terre qui a été quelque temps recouverte par l'eau, est due à la présence de nostochinées, tels que *protococcus* ou *rivularia*, et les plaques sanguinolentes qu'on rencontre souvent au pied des murs très-humides appartiennent au genre *palmella*. Pendant les fortes chaleurs d'été, on voit apparaître dans les prés, à la suite des orages, des sortes de morceaux de peau gélatineux et verdâtres, et plus ou moins plissés, qui semblent se détacher du sol ; ces membranes sont des *nostoch*, plantes qui jouissent, à un haut degré, de la faculté de reverdir, ou plutôt de revivre après une dessiccation complète, dès qu'elles se trouvent replacées dans un milieu humide. Comme les *nostoch* n'apparaissent que pendant les pluies, époques des douleurs goutteuses, les grands guérisseurs d'autrefois voyaient, dans cette coïncidence, une indication de propriété anti-goutteuse. Les nostochinées se reproduisent par la rupture de cellules mères, qui contiennent plusieurs cellules constituant autant de plantes.

3° Sous le nom de CONFERVACÉES on désigne toutes les algues filamenteuses, c'est-à-dire celles composées de cellules unisériées (Atlas I, pl. 8, fig. 4, et pl. 14, fig. 5-6) formant des fils très-déliés, simples ou ramifiés, continus ou articulés, verts ou plus ou moins colorés en rouge, et dont le liquide, renfermé dans les cellules, se transforme en organes générateurs. Ce liquide s'épaissit d'abord, se concrète et se divise alors en de nombreux corpuscules doués de mouvement à la sortie de la cellule mère ; les uns constituent les *anthérozoïdes* ou organes mâles ; les autres les *zoospores*, ou spores animées, comme les infusoires, et destinées à reproduire la plante. Cette mobilité de l'organe reproducteur fit croire, à quelques anciens auteurs, que les *conferves* étaient des êtres qui passaient de l'animalité à la vie végétale, et ils les regardaient comme des animaux-plantes.

Les confervacées croissent dans les mares, les rivières, les sources d'eau douce et dans les mers ; ce sont elles qui s'attachent aux parois des bassins, des tonneaux d'arrosement, et qu'on désigne vulgairement sous le nom de *mousse d'eau*. Les qualités et propriétés de ces plantes sont à peu près nulles ; c'est au *rytiphlœa tinctoria* qu'on attribue la belle couleur rouge que prennent, à certaine époque, les eaux de la Méditerranée et de l'Atlantique ; le *conferva rivularis* est employé dans les campagnes pour calmer les douleurs des brûlures ; il produit l'effet d'un linge mouillé.

4° Les CHARACÉES (Atl. I, pl. 14, fig. 8) sont des algues qui présentent une sorte de tige cylindrique, creuse, souvent incrustée de matière calcaire, articulée, simple ou rameuse, et garnie à chaque articulation de nombreux petits rameaux verticillés. Les *anthéridies* sont globuleuses, rouges et contiennent des anthérozoïdes allongés, mais enroulés d'abord en spirales ; les spores sont renfermées dans des conceptacles ou *sporanges*, qui occupent les parties latérales des tiges et placées au-dessus des anthéridies. Les *chara* vivent dans les eaux stagnantes et infestent souvent les pièces d'eau. La transparence des tiges permet de voir la circulation des sucs intérieurs ;

toutes ces plantes exhalent une odeur de marais très-désagréable.

5° Les ULVACÉES forment des lames membraneuses, continues, planes, sans côtes, ou tubuleuses, de couleur verte, rarement pourpre. Les corpuscules reproducteurs sont renfermés dans des sporidies dispersées dans la masse du tissu de la plante, et qui, extérieurement, se présentent sous forme de granulations. Ces plantes sont marines et fluviatiles. Sur les côtes d'Écosse on en mange une espèce en salade, l'*uva lactuca*.

6° Les FLORIDÉES (Atl. II. pl. 47 et 48) ont des couleurs pourpres ou roses des plus vives, d'où leur nom qui rappelle les fleurs. Ce sont des lames ou *frondes* plus ou moins épaisses, parcourues souvent par des côtes très-fines comme des nervures de feuilles (*delesseria,* Pl. 48, fig. 2), ou tout à fait planes, simples (*halymenia,* Pl. 47, fig. 1), ou divisées dichotomiquement (*sphærococcus*) en lanières plus ou moins étroites. Les spores sont renfermées dans des conceptacles saillants, tuberculeux, dispersés à la surface de la fronde.

Les plantes de cette sous-famille sont exclusivement marines ; elles ont des couleurs très-vives, qui les font rechercher des personnes étrangères à la botanique, pour en former des sortes d'albums de dessins bizarres et même gracieux. Toutes donnent, par la décoction, un mucilage nutritif ; les *halymenia edulis* et *palmata* entrent dans l'alimentation des habitants des îles de l'Océan et des côtes de l'Asie ; quelques-unes, comme le *sphærococcus crispus*, ont des propriétés pectorales et toniques ; d'autres sont vermifuges, telle est la *mousse de Corse*, qui est un mélange de plusieurs petites espèces, désigné en pharmacie sous le nom de *helminthocorton*. Enfin les fameux nids d'hirondelles salanganes, si estimés des Chinois et des Asiatiques, sont en partie composés de *gelidium*, *sphærococcus* et *ceramium*; dans leur état de vieillesse, ces plantes se décolorent et se résolvent en une sorte de gelée qui flotte à la surface des eaux ; c'est là que les hirondelles s'en emparent, pour confectionner leurs nids, dans les cavernes profondes de l'île Java et des côtes de l'Asie.

7° Les FUCACÉES (Atl. I, pl. 8, fig. 5; pl. 14, fig. 7 et 9) comprennent toutes ces grandes algues de couleur vert-olive, dont la lame ou fronde est épaisse, continue, coriace, rarement membraneuse, plane ou filiforme, le plus généralement parcourue par une côte médiane très-épaisse, qui souvent, dans la portion inférieure, est complétement dénudée et ressemble alors à une sorte de tige ou de pétiole.

Les organes reproducteurs, spores et anthérozoïdes, sont ou réunis sur le même pied et dans le même conceptacle (plantes hermaphrodites), ou séparés sur des individus différents (plantes dioïques). Ces conceptacles, épars sur la fronde, ou rassemblés aux extrémités des lanières renflées, sont en partie immergés dans la masse du tissu ; le col ou l'ouverture fait seul une saillie tuberculeuse. Toutes les fucacées sont des plantes marines, qui adhèrent aux roches à l'aide de crampons radiciformes. Elles croissent sous toutes les latitudes ; leurs dimensions sont très-variables ; quelques-unes, entre autres les *macrocystis*, acquièrent des longueurs considérables et forment, sur les mers, des bancs immenses qui souvent arrêtent la marche des vaisseaux. On s'en sert, sur les côtes, comme d'engrais ; l'incinération donne des cendres qui, par lixiviation, donnent du carbonate de soude, ou *soude de varech*, et des eaux-mères dont on extrait l'iode ; mais c'est surtout du *fucus vesiculosus* et des *laminaria* que l'industrie retire ces deux substances. En Europe, les habitants pauvres des côtes font entrer dans leurs aliments les *laminaria saccharina* et *digitata* ; en Asie, ce sont des *sargassum ;* le *S. lancifolium* est un mets délicieux pour les Sandwichiens ; sur les côtes de l'Amérique, c'est le *Durvillea utilis* qui fait la base de l'alimentation des malheureux ; et le célèbre gluten *Hai-tsai* des Chinois est préparé avec le *fucus tenax*.


FAMILLE DES CHAMPIGNONS. — **FUNGI**.

(Atl. I, pl. 14, fig. 13 à 21, et atl. II, pl. 46, fig. 23, et pl. 48, fig. 3.)

Les champignons sont des plantes dont l'organisation est aussi variable que celle des algues. Tantôt ce sont de simples filaments articulés, simples ou ramifiés (Atlas I, pl. 14, fig. 16 à 20), tantôt des petits mamelons celluleux ou des pustules ; d'autres fois, des masses charnues, subéreuses ou mucilagineuses, dont la forme est diversifiée à l'infini. Les organes reproducteurs sont de plusieurs sortes ; les *spores*, nommées aussi *sporules* ou *sporidies*, véritables corps reproducteurs comme les spores des algues ; puis les *conidies*, les *stylospores* et les *spermaties* renfermées dans les *spermogonies*, et qui, malgré leur nom, ne doivent pas être considérées comme les organes mâles, complétement inconnus dans cette famille, malgré les recherches des plus éminents cryptogamistes.

Les champignons ont été divisés, comme les algues, en plusieurs sous-familles :

1° Les GYMNOMYCÈTES de Friès ou *Urédinées* de De Candolle, sont des champignons constitués par des sporidies nues, de formes diverses (Atlas I, pl. 14, fig. 43, 44) naissant sous l'épiderme des plantes vivantes, et qui, en se développant, produisent des sortes de pustules à la face inférieure ou supérieure des feuilles; ces pustules se rompent à la maturité, et offrent alors une ouverture par où s'échappe une poussière, qui est composée de sporidies (Atlas I, pl. 14, fig. 15), appelée vulgairement la rouille. L'*ergot de seigle*, et l'*ergot de blé*, etc., sont des parasites qui appartiennent à cette sous-famille. L'*ergot*, administré à l'intérieur, est employé dans la chirurgie comme hémostatique et en obstétrique pour favoriser l'accouchement; à haute dose il détermine des accidents graves, qui peuvent être suivis de mort.

2° Les HYPHOMICÈTES ou *Mucédinées* sont des petites masses aréneuses ou floconneuses, molles, composées de filaments celluleux, simples ou rameux (Atl. I, pl. 14, fig. 16, 18, 19, 20), qui se développent sur les matières organiques en état de décomposition; telles sont les mucosités qui apparaissent sur la tannée des serres; les réseaux aréneux, blancs, des *oïdium* qui enlacent les grains de raisins, et constituent la maladie de la vigne; le duvet floconneux qui apparaît sur les fruits gâtés, et qui constitue la moisissure du pain, de la viande cuite, du lait caillé, etc. Dans toutes ces plantes, les spores naissent de la division des filaments, ou du renflement des cellules terminales.

3° GASTÉROMYCÈTES. Les champignons de ce groupe sont des amas celluleux, de forme régulière plus ou moins sphérique, qui naissent sur des corps putrides et sortent de terre, comme, par exemple, les *vesses de loup* (Atl. I, pl. 14, fig. 24), ou de forme irrégulière et croissant sous terre comme la *truffe*. Les spores sont contenues dans l'intérieur même de la masse cellulaire qui est recouverte d'une sorte d'écorce nommée *péridium*, quelquefois double, ce que présentent les *geaster*. Dans la truffe, la chair noire est constituée par les cellules qui renferment les spores auxquelles elle doit sa teinte; les veines blanches sont formées par les cellules stériles, c'est-à-dire dépourvues d'organes reproducteurs. Tout le monde connaît les propriétés et qualités de la truffe.

4° Les PYRÉNOMYCÈTES de Friès ou *Hypoxylées* de De Candolle sont des petites masses cellulaires, dures, généralement noires, sphériques ou semi-sphériques, quelquefois plus ou moins en forme de massue ; les spores sont renfermées dans des petites cavités spéciales, d'abord closes, puis qui s'ouvrent par un petit pertuis. Ces champignons, par leur petitesse, ressemblent *à priori* à certaines espèces de la famille des lichens ; ils croissent généralement sur le bois mort.

5° Les HYMÉNOMYCÈTES de Friès sont les véritables *Fungi* ou champignons de Brongniart. Ils présentent des formes très-variées ; tantôt ce sont des lames plus ou moins épaisses et diversement contournées (tremelles) ou formant la coupe (Atl. I, pl. 14, fig. 24, Pezize) ; d'autres fois ils ont la forme d'un *auvent* plein (bolet amadouvier), ou enfin celle d'un parapluie (agaric et amanite, Atl. I, pl. 14, fig. 25). Leur consistance est aussi variable : charnue dans les agarics ; ligneuse et tubéreuse dans certains bolets ; laiteuse dans les agarics âcres, etc. Quelques-uns de ces champignons, les *amanites* (fig. 25), sont d'abord renfermés dans une sorte de bourse nommée *volva* ; la plupart ont une espèce de tige appelée *stipe*, qui supporte une masse charnue désignée sous le nom de *chapeau*, dont le dessous est tantôt garni de feuillets (agaric, Atl. II, pl. 46, fig. 23), tantôt de tubes (bolet), et d'autres fois de pointes (hydnum). Dans les agarics et les amanites, les feuillets sont protégés par une membrane qui se trouve déchirée par le développement du chapeau, et dont souvent une partie reste fixée au sommet du stipe ; c'est elle qui constitue le *velum* ou la *collerette* (Atl. II, pl. 43, fig. 2). Tous présentent une membrane fructifère nommée *hymenium*, qui tapisse les feuillets ou l'intérieur des tubes, et sur laquelle sont fixées les spores qui, en germant et en se développant, produisent de longs filaments blancs, enchevêtrés, qu'on appelle *mycelium* ou blanc de champignon. Ces champignons croissent sur la terre ou sur les arbres morts ; leur présence sur les arbres vivants dénote un état maladif du sujet, et souvent présage sa mort prochaine.

Certains champignons de ce groupe sont comestibles : l'agaric de couche, l'oronge vraie, le bolet comestible, la morille, la chanterelle et beaucoup d'autres espèces du genre agaric, des clavaires, des helvelles, des hydnes. Mais à côté se dressent des espèces très-vénéneuses qui ont malheureusement la plus grande ressemblance avec les comestibles, et qui, par méprise, occasionnent de graves accidents, trop souvent la mort : tels sont surtout l'oronge fausse (Atl. II, pl. 43, fig. 25), le bolet tubéreux et une infinité d'agarics. Aucun caractère ne peut faire reconnaître le bon du mauvais champignon ; le principe actif paraît se développer sous l'influence de la température ; telle espèce, en effet, inoffensive dans les pays froids, devient vénéneuse dans les pays plus tempérés. Bory de Saint-Vincent nous a assuré avoir mangé, en Russie, des champignons qui sont vénéneux en France, sans jamais avoir éprouvé d'indisposition. Faute de connaissances suffisantes pour distinguer les espèces alimentaires, il est donc prudent de s'abstenir d'en faire usage.

L'industrie tire un produit du bolet amadouvier, connu sous le nom d'amadou ; c'est la partie sous-ligneuse de ce champignon qui est réduite en lames par des battages. La chirurgie l'emploie naturelle pour étancher le sang des plaies ; celle employée pour l'usage du briquet est préparée avec du salpêtre qui entretient et propage la combustion.

Les anciens, ne voyant aux champignons ni racines ni graines, leur attribuèrent une origine divine, et les nommaient fils des dieux et de la terre. Quelques auteurs du siècle dernier, parmi lesquels il faut même citer Linné, regardaient les champignons comme l'œuvre et l'habitation de certains polypes. Munckausen alla même jusqu'à dire que les champignons produisaient des œufs véritables, desquels sortaient des vers qui se métamorphosaient ensuite en d'autres champignons ; il fondait ce système sur la présence de vers dans le tissu de ces plantes. Il est vrai, en effet, qu'on trouve des petites larves dans les champignons ; mais elles proviennent d'œufs déposés par les insectes de diverses familles, et ne sont nullement le produit de la plante. Dans l'état actuel de la science, il n'est plus permis de douter de la nature et de l'origine des champignons, et le quatrième règne de la nature proposé en 1820 par Nées d'Esenbeck, pour ces prétendus animaux-plantes, est tombé dans le néant.

### Famille des LICHENS. — **LICHENES**.

(Atl. I, pl. 14, fig. 10, 11, 12, et atl. II, pl. 43, fig. 3 ; pl. 48, fig. 4.)

Les Lichens sont des plantes qui forment, sur les pierres et sur les troncs d'arbres, des sortes de plaques nommées *thalles* (Atl. I, pl. 14, fig. 10), sur lesquelles l'œil aperçoit de petites verrues qui contiennent les spores. Ces thalles sont irréguliers, intimement adhérents au corps sur lequel ils naissent, ou fixés seulement par un point; ils sont crustacés dans les *opegrapha*, pulvérulents dans les *lepraria*, foliacés dans les *sticta*, cartilagineux dans les *ramalina* (Atl. 1, pl. 14, fig. 11), cylindriques dans les *usnea*, arbusculeux dans les *cladonia*. Les verrues qui naissent sur ces thalles ont généralement la forme de petites coupes, d'où le nom de *scutelle*, qui leur a été donné; on les appelle encore *apothecion*. La face supérieure de ces scutelles est constituée par une infinité de petits tubes clos nommés *thèques*, qui contiennent les spores.

Les lichens se rencontrent dans toutes les parties du globe; ce sont eux qui terminent la végétation dans les hautes montagnes et dans les régions polaires. Le *cænomyce rangiferina* y devient le principal et peut-être l'unique aliment des rennes.

L'homme du Nord y trouve une alimentation salutaire, et les Norwégiens prétendent que ceux qui mangent le lichen, de préférence aux poissons, ont une meilleure santé et ne sont pas sujets à l'éléphantiasis. C'est avec le lichen d'Islande qu'on prépare la pâte de ce nom; des *roccella* on extrait un principe colorant, rouge, violet-foncé, connu sous le nom d'*orseille*, et qui, suivant Tournefort, serait la pourpre d'Amorgos, que les Grecs tiraient jadis d'une des îles Cyclades.

II<sup>e</sup> SECTION. — *Acotylédones munies de feuilles ou offrant des organes foliacés verts.*

FAMILLE DES HÉPATIQUES. — **HEPATICÆ.**

(Atl. 1, pl. 15, fig. 1 à 5.)

Petites plantes de contexture celluleuse, composées d'un organe ressemblant à une feuille étalée sur la terre, et nommée *fronde*, ou d'une petite tige garnie d'écailles foliacées, vertes, disposées parallèlement sur deux rangs (fig. 5-6). La fructification est une sorte de capsule qui s'ouvre de bas en haut en plusieurs lobes sous lesquels sont situés les sporanges contenant les spores (fig. 3).

Cette famille, créée par De Jussieu, ne possède aucune plante intéressante au point de vue de l'utilité. Les botanistes modernes l'ont divisée en *ricciacées, anthocérotées, targioniacées, marchantiacées* et *jongermanniacées*. Les plantes de cette dernière sous-famille ressemblent beaucoup, par le facies, à des mousses.

## FAMILLE DES MOUSSES. — **MUSCI.**

(Atl. I, pl. 15, fig. 6 à 10, et atl. II, pl. 48, fig. 5-6.)

Les Mousses sont des petites plantes miniatures du règne végétal, formant ces épais et moelleux tapis de verdure qui recouvrent les sols humides, et qu'on rencontre souvent aussi en petites touffes sur les troncs d'arbres et sur les murs. Elles ont une tige de contexture celluleuse; des feuilles écailleuses éparses, appliquées sur l'axe ou distiques et étalées. Les anthéridies ou tubes renfermant l'organe mâle sont réunies en grand nombre au centre d'une petite rosette de feuilles qu'on appelle *feuilles périgoniales*, et situées au sommet des tiges ou de courts rameaux latéraux (Atl. I, pl. 1, fig. 9).

L'organe femelle est une capsule portée par un pédicule, enveloppée d'abord par une membrane close qui se sépare de la tige par sa base, et qui, emportée par la capsule, constitue la *coiffe* (Atl. I, pl. 15, fig. 6, et atl. 48, fig. 5a). Cette capsule, à sa maturité, s'ouvre circulairement; on appelle *opercule* le couvercle qui s'en détache; *urne* la portion inférieure contenant les spores. L'orifice de cette urne est le *péristome* (Atl. II, pl. 48, fig. 5), garni, le plus souvent, de nombreuses dents disposées sur un ou deux rangs, et qui, au moment de la chute de l'opercule, sont placées horizontalement, formant ainsi une sorte de membrane nommée *épiphragme*. Les spores sont insérées tout autour d'un axe central, qui a reçu le nom de *colonne*, ou *columelle*. — Les mousses se distinguent essentiellement des hépatiques et des lycopodiacées par leur capsule operculée munie d'une coiffe Elles ne jouissent d'aucune propriété réelle; on les emploie pour l'emballage des plantes et des objets fragiles. Depuis quelques années, les *sphagnum*, plus ou moins hachés, entrent dans la composition des terres destinées aux végétaux délicats, surtout aux plantes épiphytes.

Les mousses qui, autrefois, étaient réunies aux lichens, aux hépatiques et aux algues, forment aujourd'hui les familles des *andréacées*, *sphagnacées* et *bryacées*.

## Famille des PRÊLES. — **EQUISETACEÆ**.

(Atl. I, pl. 15, fig. 15, et atl. II, pl. 30, fig. 15.)

Les plantes de cette famille, créée par De Candolle, sont des herbes à rhizomes souterrains, d'où partent des tiges cylindriques, articulées, munies à chaque articulation de très-petites feuilles soudées entre elles, et formant ainsi une gaîne plus ou moins profondément dentée. Les spores, munies de longs fils terminés en massue nommés *élatères*, d'abord enroulés en spirales autour d'elles (Atl. II, pl. 30, fig. 15), sont renfermées dans des sporanges placées à la face inférieure d'écailles peltées, rassemblées au sommet des tiges en une sorte d'épi. Dans certaines espèces, il y a deux sortes de tiges : la tige fertile, ou portant la fructification, simple et apparaissant la première; la tige stérile naissant ensuite, garnie des nombreuses et fines ramifications qui lui donnent l'aspect d'une queue d'animal, d'où le nom vulgaire de *queue de cheval* appliqué à ces plantes. Les prêles ont été longtemps confondues avec les fougères, et Adanson les classait parmi les conifères, à cause de leur fructification en épi, ressemblant au chaton mâle de certains pins, et de leur tige qui rappelle celle des *ephedra* et des *casuarina*; mais ces ressemblances ne sont qu'apparentes, et les prêles appartiennent réellement bien à la cryptogamie. Les tiges de la prêle des bourbiers (*equisetum limosum*), étant hérissées de nombreuses aspérités, sont employées dans l'industrie pour polir les bois et métaux précieux. Les propriétés médicales qu'on leur attribue sont contestées par plusieurs auteurs.

## Famille des LYCOPODES. — **LYCOPODIACEÆ**.

(Atl. I, pl. 15, fig. 13, 14; atl. II, pl. 46, fig. 20.)

Les Lycopodiacées, créées par Swartz, sont des herbes vivaces, gazonnantes, ou des sous-arbrisseaux grimpants, à feuilles écailleuses comme celles des mousses. Les spores sont contenues dans des petites capsules nommées *sporocarpes*, qui naissent à l'aisselle des feuilles (Atl. I, pl. 15, fig. 14), ou qui forment des petits épis au sommet des tiges (Atl. II, pl. 46, fig. 20). La poudre de lycopode est constituée par les spores; c'est le *soufre végétal* employé sur les théâtres pour simuler les éclairs.

### Famille des FOUGÈRES. — **FILICES**.

(Atl. I, pl. 15, fig. 11 et 12 ; atl. II, pl. 30, fig. 1 à 13, pl. 43 et 46.)

Cette famille est aux acotylédones ce que les renonculacées et les rosacées sont aux dicotylédones ; c'est-à-dire qu'elle renferme des plantes très-dissemblables, et qu'elle est difficile à caractériser. A première vue, on ne comprend pas la présence des *ophioglossum* dans cette famille ; mais elle s'y rattache par des intermédiaires : *botrychium* (Atl. II, pl. 43, fig. 5), *anémia, osmunda* (Atl. II, pl. 15, fig. 12), *gleichenia*, etc. On peut dire, néanmoins, que les fougères sont des plantes munies d'un rhizome généralement ligneux, quelquefois de tiges qui atteignent 20 mètres et plus de hauteur, portant, à leur sommet, des feuilles de formes diverses, nommées *frondes*, à nervures généralement bifurquées (Atl. II, pl. 46, fig. 21), et à la face inférieure desquelles sont les fructifications (Atl. II, pl. 48, fig. 8) : quelquefois ces frondes se transforment plus ou moins complétement en organe fructifère ayant alors l'aspect d'un épi (genre ophioglossum), ou celui d'une grappe (genre osmunda, fig. 12). Ces feuilles sont toutes enroulées en crosse avant leur développement (Atl. II, fig. 47).

Les *spores* sont contenues dans des sortes de petites bouteilles nommées *sporanges* (Atl. II, pl. 30, fig. 4 à 6), réunies en nombre indéfini, en petits groupes appelés *sores* (même pl., fig. 1), qui sont tantôt arrondis comme dans les *polypodium*, tantôt allongés comme dans les *asplenium*, et très-souvent recouverts d'une membrane nommée *indusie*. La forme, la position des sores, la présence ou l'absence de l'indusie, et la structure des sporanges, sont les caractères sur lesquels ont été établis les différents genres de cette famille, créée par Linné, et que les auteurs modernes ont démembrée en *polypodiacées, hyménophyllées, gleichéniacées, schizéacées, osmundacées, marattiacées* et *ophioglossées*.

Les fougères sont répandues sur tout le globe. Dans le Nord, ce sont de très-petites plantes ; dans les régions équatoriales, leur tige atteint à des hauteurs considérables et leurs feuilles ont plusieurs mètres de longueur. On trouve cependant des *fougères en arbre* dans les régions tempérées, l'Australie en possède plusieurs espèces.

La matière médicale est riche en fougères. Ces plantes ne possèdent pas toutes la même propriété : les unes sont des vermifuges, les autres des toniques, des astringents, etc.

Quelques espèces sont comestibles : les rhizomes cuits du *pteris aquilina* sont très-estimés des Russes ; à la Nouvelle-Hollande on mange ceux du *pteris esculenta*, connus des indigènes sous le nom de *narre* ; le *mama-yu* des Néo-Zélandais est le *cyathea medullaris*, fougère arborescente dont la moelle contient un suc gélatineux rougeâtre que les insulaires trouvent délicieux. L'*agneau des Scythes* est le rhizome poilu de l'*aspidium baromez*, dont le suc gélatineux, sanguin, possède des propriétés astringentes ; les Chinois lui attribuent des vertus fabuleuses.

### Famille des SALVINIÉES. — **SALVINIACEÆ.**

(Atl. I, pl. 15, fig. 16 ; atl. II, pl. 30, fig. 20 et 21.)

Petites plantes aquatiques nageantes, à rameaux radiculaires rayonnants, portant des petites feuilles entières, à l'aisselle desquelles naissent les sporocarpes (Atl. II, pl. 30, fig. 20 et 21) uniloculaires ou biloculaires, renfermant de nombreuses spores. Ces plantes, qui ne possèdent aucune propriété, croissent sous les climats tempérés et chauds du globe. Cette famille a été créée par Bartling en deux genres : azolla et salvinia.

### Famille des MARSILÉACÉES. — **MARSILEACEÆ.**

(Atl. I, pl. 15, fig. 17 ; atl. II, pl. 30, fig. 16 à 18.)

Ces plantes croissent dans les marais ; elles ont un rhizome rampant, qui porte des feuilles simples ou à quatre folioles, et des *sporocarpes* divisés intérieurement en quatre ou en un plus grand nombre de logettes dans lesquelles sont les spores (Atl. II, pl. 30, fig. 16, 19).

### Famille des ISOÉTES. — **ISOETEÆ.**

(Atl. II, pl. 48, fig. 7.)

Petites plantes aquatiques submergées, à feuilles linéaires rubanées, naissant en touffe sur une tige raccourcie, et portant à leur base dilatée les sporocarpes divisés en un grand nombre de logettes.

# DEUXIÈME EMBRANCHEMENT



Ce qui caractérise les plantes monocotylédonées, c'est l'embryon pourvu d'un seul cotylédon (Atl. II, pl. 25). Avec la graine, ou au moment de la germination, on peut très-facilement reconnaître les végétaux qui appartiennent à cet embranchement ; mais ils sont plus difficiles à distinguer lorsqu'ils ne présentent que des feuilles et des fleurs. Cependant il existe un ensemble de caractères qui permet d'établir une distinction certaine.

La tige diffère essentiellement de la tige des dicotylédonées ; elle ne présente pas, par la coupe transversale, des couches ligneuses concentriques ; ses faisceaux ligneux sont dispersés sans ordre dans une masse de tissus cellulaire (Atl. I, pl. 29). Tous les ouvrages de botanique s'accordent à dire que cette tige est cylindrique, et ne s'accroît pas en diamètre. C'est une grave erreur ; sa forme est parfaitement conique, et son accroissement en diamètre a lieu exactement comme dans les tiges dicotylédonées, mais plus lentement.

Les feuilles ont une forme généralement allongée, et les nervures sont simples, parallèles entre elles, soit longitudinalement (Atl. I, pl. 34, fig. 1), soit transversalement ; il n'y a d'exception que dans les feuilles des aroïdées, smilacées et dioscorées, qui ont des feuilles dont la nervation est rameuse et anastomosée.

La fleur enfin offre le nombre trois ou son multiple, pour chacun des organes ou dans un des organes qui la constituent ; quelques exceptions se présentent cependant encore ici. Dans certaines graminées, par exemple l'*anthoxanthum*, on trouve le nombre deux pour chaque verticille floral ; on le rencontre également dans quelques restiacées, smilacées, etc. Mais alors on retrouve un caractère distinctif soit dans la feuille, soit dans la tige.

*Classe des plantes monocotylédonées apérianthées.*

Fleurs dépourvues d'enveloppe proprement dite; étamines et pistils nus ou accompagnés
d'une ou de deux écailles.

## FAMILLE DES NAÏADES. — **NAJADEÆ.**

(Atl. II, pl. 48; fig. 9.)

Les *Naïades* de De Jussieu, ou *Potamées* de Claude Richard, ou
*Fluviales* de Ventenat, sont toutes des plantes aquatiques, dioïques ou
monoïques, à feuilles munies de stipules interpétiolaires et à fleurs
souvent dépourvues de périanthe et disposées en épis. Les fleurs
mâles sont composées d'anthères uniloculaires, biloculaires ou qua-
driloculaires, mélangées quelquefois à des écailles et à des ovaires
qui, ainsi combinés, constituent de véritables fleurs hermaphrodites à
périanthe quadrifoliolé; les fleurs femelles sont constituées par un
ou plusieurs ovaires uniovulés, terminé par 1, 2 ou 3 styles. Le fruit
est une sorte d'akène ou capsule indéhiscente, monosperme, à graines
dépourvues d'albumen. — Les naïades croissent dans les rivières et
les eaux stagnantes, sous tous les climats. Le *zostera* est une plante
marine; c'est lui qui est employé sous le nom de *paille-marine*,
comme succédané du crin, par les tapissiers, et pour confectionner
des paillasses de lits.

Les *Lemnacées*, petites plantes nommées lentilles d'eau, qui envahissent les étangs et les pièces d'eau artificielles, diffèrent peu des
*Naïadées*; elles s'en distinguent par l'absence de tige et par leurs
graines pourvues d'un albumen charnu.

## FAMILLE DES TYPHACÉES. — **TYPHACEÆ.**

Créée par De Jussieu, cette famille comprend des herbes aquatiques à feuilles rubanées, et à fleurs unisexuées, réunies en épis mâles
et femelles superposés sur le même axe. Les fleurs mâles n'ont pas
de périanthe; elles forment des épis ou chatons composés d'étamines,
entremêlés à des écailles membraneuses ou à des filaments laineux
simples; les fleurs femelles, disposées en épi au-dessous de l'épi mâle,
présentent une sorte de périanthe constitué par des poils nombreux,

claviformes, ou par des écailles entourant les ovaires uniloculaires prolongés en style simple. Le fruit est un akène presque drupacé, anguleux, monosperme ; les graines sont pourvues d'un albumen charnu. — Les plantes, peu nombreuses, de cette famille sont dispersées à peu près sur tout le globe, et croissent dans les eaux stagnantes et sur le bord des fossés ; elles sont plus répandues dans les contrées tempérées et froides des deux hémisphères.— Les rhizomes de typha sont amylacés, un peu astringents et diurétiques ; dans l'Asie orientale, on les emploie pour combattre la dyssenterie ; on prétend que leur pollen sert à falsifier la poudre de lycopode.

## Famille des PANDANÉES. — **PANDANEÆ**.

Les *Pandanées*, de Robert Brown, qui comprennent les *Cyclanthées*, de Poiteau, sont des *Typhacées* arborescentes ; mêmes caractères de fleurs ; les fruits sont beaucoup plus gros, mais ils présentent la même structure. — Ces arbres croissent dans les régions chaudes des deux mondes. Les pandanées vraies appartiennent à la flore asiatique ; les cyclanthées sont américaines. — C'est avec les feuilles des *carludovica* qu'on fabrique les fameux *chapeaux panama* ; les feuilles de pandanus servent à confectionner les imitations, et à fabriquer les sacs dans lesquels sont expédiées les différentes denrées coloniales sèches, comme le café. — L'*ivoire végétal* est l'albumen corné très-dur des graines de phytelephas. Le suc, un peu astringent, extrait des feuilles de pandanus, est administré, en Asie, dans la dyssenterie et la diarrhée.

## Famille des AROIDÉES. — **AROIDEÆ**.
### (Atl. I, pl. 16, 48, et atl. II, pl. 43 et 47.)

Cette famille, créée par de Jussieu, et à laquelle Bartling donne le nom de *Callacées*, est composée de plantes herbacées très-remarquables par leurs belles et grandes feuilles, dont les nervures sont anastomosées, et par les panachures de couleurs diverses qui ornent celles de plusieurs espèces ornementales. Les fleurs, souvent unisexuées, rarement hermaphrodites, sont disposées sur le même axe, mais séparément, en une sorte d'épi, nommé spadice, et accompagné d'une grande bractée, qui porte le nom de spathe. Ces fleurs sont généralement dépourvues de périanthe ; les ovaires occupent la base de l'axe, et les anthères sont groupées au-dessus. Dans quelques-espèces, comme dans la tribu des pothos, les fleurs sont composées d'un périanthe à quatre folioles écailleuses, de quatre étamines et d'un ovaire. Le fruit est une baie à une ou plusieurs loges ; les graines sont généralement pourvues d'un albumen charnu ou farineux. Les aroïdées abondent dans les régions tropicales, et particulièrement dans l'Amérique équatoriale, où croissent les belles espèces à feuilles panachées de rouge, de blanc ou de jaune ; l'Europe n'en possède que quelques espèces. Toutes ces plantes contiennent un principe âcre, quelquefois corrosif. Plusieurs espèces entrent dans la médecine populaire de l'Asie ; les rhizomes de quelques-unes entrent dans l'alimentation des peuples de l'Afrique, de l'Asie et de l'Amérique ; on désigne sous la même dénomination de *chou caraïbe* les *colocasia esculenta*, *sagittifolia*, et autres espèces alimentaires. L'*acorus calamus* entre dans la composition du vinaigre des quatre voleurs, et dans des élixirs divers.

FAMILLE DES CENTROLÉPIDÉES. — **CENTROLEPIDEÆ.**

Famille créée par Desvaux, pour des herbes de l'Australie, très-petites, et ressemblant aux petites espèces de scirpus de la famille des cypéracées ; leur tige est simple, nue ; les feuilles, toutes radicales, sont filiformes, et les fleurs, composées d'une écaille, d'une étamine, d'un ovaire uniloculaire, surmonté d'un style filiforme, sont disposées en épillets distiques. Sans propriété ni usage.

FAMILLE DES CYPÉRACÉES. — **CYPERACEÆ.**

(Atl. I, pl. 26, fig. 3-5 ; atl. II, pl. 1.)

De Jussieu, dans son *Genera plantarum*, a créé cette famille sous le nom de *cyperoideæ*, pour des herbes à rhizomes traçants émettant des tiges triangulaires, rarement cylindriques, sans nœuds saillants, et dont les feuilles rubanées ont une gaîne non fendue. Les fleurs, disposées en épillets groupés en panicules ou en glomérules capités, sont composées d'une seule écaille accompagnant trois étamines à anthère fixée au filet par leur base ; d'un ovaire surmonté de deux ou trois styles et entouré d'une sorte de disque membraneux entier ou découpé souvent en lanières très-fines. Le fruit est un cariopse renfermé dans une capsule membraneuse comme dans les *carex*, ou muni à sa base de poils cotonneux, formant une très-élégante aigrette, comme dans les *eriophorum*; l'unique graine qu'il contient a un albumen farineux, à l'intérieur duquel est un embryon très-petit à cotylédon lenticulaire.

C'est à cette famille qu'appartient le *papyrus des Égyptiens*; c'est avec la tige du *cyperus papyrus*, coupée en lanières très-minces, qu'ils fabriquaient le papier; l'on dit qu'on se sert des rhizomes de la laiche des sables (*carex arenaria*) pour falsifier la salsepareille. Le rhizome du *cyperus esculentus*, connu sous le nom de *souchet*, est une sorte de tubercule de la grosseur d'une petite aveline, dont il a un peu le goût, et qui est très-estimé des habitants de l'Europe australe, où la plante croît spontanément; on en extrait une huile grasse. Les belles couvertures des chaumières sont faites avec les tiges du *scirpus lacustris*.

### Famille des GRAMINÉES. — **GRAMINEÆ.**

(Atl. I, pl. 9, 12, 16, 25, 49; atl. II, pl. 43 et 48.)

Les Graminées de notre climat sont toutes des herbes; dans le midi de la France on rencontre l'*arundo donax*, ou grand roseau, qui a l'aspect arborescent; dans l'Inde et la Chine, le bambou est tout à fait un arbre; sa tige acquiert jusqu'à 35 à 40 centimètres de diamètre. Chez toutes ces plantes, la tige nommée *chaume* est cylindrique, noueuse, creuse intérieurement, excepté celle de la canne à sucre, du maïs, du sorgho, et divisée transversalement par des cloisons qui correspondent aux nœuds, d'où naissent les feuilles rubanées, engaînantes par leur base et à gaîne fendue, munie le plus souvent, à son sommet, d'une petite membrane nommée *ligule*. Les fleurs (Atl. I, pl. 12, fig. 6), disposées en *épillets* (Atl. II, pl. 43, fig. 7, et pl. 48, fig. 11) présentent chacune deux écailles qui portent des noms différents selon les auteurs : tantôt ce sont des *glumes*, d'autres fois elles sont dites *glumelles*; on les désigne aussi sous le nom de *squames*; ces deux écailles constituent l'enveloppe florale, nommée *corolle* par Linné, *calice* par de Jussieu, *stragule* par Palissot de Beauvoir, et *valvules* par Linck. En dedans de ces deux écailles, il s'en trouve deux autres souvent très-petites, qu'on appelle *glumellule*, *nectaire*, *corolle*, *lodicule*, *parapétale* ; les étamines sont généralement au nombre de trois ; la flouve odorante n'en a que deux, et le riz en a six ; ces étamines ont des filets filiformes, et des anthères vacillantes bifides aux deux extrémités. L'ovaire, qui occupe le centre de la fleur, est surmonté d'un style bifide ou de deux styles distincts, dont les stigmates sont plumeux. Cet ovaire devient un cariopse dont la graine contient un albumen farineux et un embryon situé en dehors et à la base de l'albumen. Les épillets sont uniflores ou composés d'un plus ou moins grand nombre de fleurs, et accompagnés à leur base, généralement de deux écailles, qui constituent le *calice* de Linné, les *glumes* de Jussieu, la *lépicène* de Richard, le *tegmen* de Palissot, et les *valves* de Linck.

Les graminées sont répandues sur tout le globe ; elles forment le fond de nos prairies, et fournissent ces excellents fourrages et les grains qui servent à la nourriture des animaux. C'est aussi à cette immense famille que l'homme emprunte les graines qui font la base de son alimentation ; l'habitant du Nord cultive, comme céréales, l'*orge* et l'*avoine* ; dans les régions tempérées de l'Europe, de l'Afrique et de l'Amérique, les céréales cultivées pour la nourriture sont le *blé* et le *seigle* ; en Asie, c'est le *riz* (*oriza sativa*) et le *nutchanée* (*eleusine coracana*) ; l'Africain du Sud se nourrit de la farine du *Dourra* (*andropogon sorgho*), de *tef* (*poa abyssinica*) et de *tocusso* (*eleusine tocusso*) ; enfin, dans les régions chaudes de l'Amérique, c'est le *maïs* qui remplace le blé des pays tempérés.

Par la mouture, on obtient des fruits de ces différentes céréales la son qui est le péricarpe, ou vulgairement la peau du fruit, et la farine qui provient de la pulvérisation de l'albumen.

C'est de la séve de la canne à sucre (*saccharum officinale*) qu'on extrait le sucre, et qu'on obtient différentes liqueurs alcooliques, telles que le rhum, le tafia, etc. La bière est fabriquée avec les grains d'orge germés.

Mais si cette famille renferme des plantes utiles à l'homme, elle en recèle quelques-unes qui lui sont assez nuisibles ; le grain de l'ivraie (*lolium temulentum*) est un narcotique dont les effets sont connus de tous ; le *festuca quadridentata*, très-commun au Pérou, où il porte le nom de *piyonil*, est considéré comme plante vénéneuse pouvant occasionner facilement la mort. L'art de guérir emprunte aux graminées le chiendent, l'orge perlé et mondé, la racine de canne de Provence (*arundo donax*), etc., et en Italie on emploie les rhizomes du sorgho d'Alep, sous le nom de *gramignone* et de *smilace dolce*, comme succédané de la salsepareille. Enfin la parfumerie lui doit le *vétiver*, rhizome odorant de l'*andropogon muricatus* de Retz, très-commun sur les côtes de Coromandel et au Bengale.

---

*Classe des plantes monocotylédonées monopérianthées.*

Fleurs généralement pourvues d'un périanthe simple à plusieurs folioles libres ou soudées, souvent colorées.

### SECTION I. **Ovaire libre ou supère.**

#### Famille des RESTIACÉES. — **RESTIACEÆ.**

Ces plantes, pour lesquelles Robert Brown a créé une famille distincte, ont beaucoup d'affinité avec les cypéracées, desquelles elles diffèrent par les feuilles à gaine fendue et par les fleurs qui ont un périanthe à 4 folioles glumacées, 2, rarement 3 étamines, et un fruit capsulaire à une seule graine ; elles se distinguent des joncées par le nombre des folioles du périanthe, et par le fruit uniloculaire monosperme. Par la ténacité de leurs tiges, la plupart des restiacées servent à couvrir les cases des indigènes de la Nouvelle-Hollande, de Madagascar et du cap de Bonne-Espérance, contrées où elles croissent spontanément.

#### Famille des JONCS. — **JUNCEÆ.**
(Atl. I, pl. 16 ; atl. II, pl. 1.)

De Jussieu créa cette famille, sous le nom de *junci*, pour des plantes herbacées, dont les feuilles alternes sont souvent réduites au pétiole engaînant. Les fleurs hermaphrodites, disposées en épis ou en capitules terminaux, ont un périanthe simple régulier à 6 divisions glumacées ; 6 étamines ; 1 ovaire triloculaire, surmonté d'un style simple et de 3 stigmates filiformes. Le fruit est une capsule à 3 loges ou à une seule loge, et qui contient trois graines, rarement plus, pourvues d'un albumen charnu. Les joncées sont cosmopolites ; on les trouve sous toutes les latitudes, tantôt dans les marais, tantôt dans les sables les plus arides. Tout le monde connaît l'emploi du jonc (*juncus glaucus*) dans la pratique horticole, pour attacher et palisser les plantes ; son rhizome, ainsi que celui des *juncus conglomeratus* et *effusus*, paraissent diurétiques ; on attribue, en Cochinchine, la même propriété aux racines du *juncus Loureirii* ; et le *narthecium ossifragum* est considéré comme vulnéraire.


## Famille des PHILIDRÉES. — **PHILIDREÆ**.

Cette famille a été créée par Robert Brown pour des plantes marécageuses de la Nouvelle-Hollande et de la Chine australe. Les fleurs, disposées en épis terminaux, ont un périanthe à 3 folioles pétaloïdes : 3 étamines à filets soudés à la base, mais une seulement pourvue d'une anthère biloculaire ; un ovaire triloculaire pluriovulé ; un style simple couronné par un stigmate capité. Le fruit capsulaire à 3 loges contient plusieurs graines très-fines, pourvues d'un albumen charnu entourant un embryon cylindrique droit. Propriétés et usages nuls.


## Famille des SMILACÉES. — **SMILACEÆ**.

(Atl. 1, pl. 25, fig. 11.)

Cette famille a été créée par Robert Brown, avec une partie des plantes que De Jussieu avait réunies dans les asparaginées ; elle comprend actuellement des herbes ou des sous-arbrisseaux à feuilles alternes ou verticillées, dont les nervures sont souvent anastomosées. Les fleurs ont un périanthe régulier à 6, rarement à 4, 8 ou 12 folioles bisériées, distinctes ou soudées en tube ; des étamines en nombre égal à celui des folioles du périanthe ; un ovaire libre à 3, rarement à 2 ou 4 loges, surmonté de plusieurs styles, en nombre égal à celui des loges, distincts ou souvent soudés entre eux. Le fruit est une baie à loges contenant peu de graines, qui sont pourvues d'un albumen charnu ou cartilagineux. Cette famille est peu distincte des liliacées et des asparaginées ; elle diffère de la première par son fruit baccilaire, qui les rapproche de la famille des asparaginées, de laquelle elle ne peut être, selon nous, séparée. On trouve des représentants de cette famille dans toutes les parties de notre globe. Il y a peu de plantes ornementales ; le muguet, les trillium, les smilacina sont de ce nombre. Le *paris quadrifolia* ou parisette est consi-

déré comme un narcotique dangereux ; les racines du muguet pul-
vérisées sont sternutatoires ; on attribue aux trillium des propriétés
émétiques ; les racines du petit houx sont diurétiques, et leurs
graines, à albumen corné, peuvent être employées comme succédanés du café. Les salsepareilles sont des dépuratifs.

### FAMILLE DES ASPARAGINÉES. — **ASPARAGINEÆ.**

Cette famille est tellement voisine des liliacées, que beaucoup
d'auteurs ne la regardent que comme une tribu de cette dernière.
En effet, la différence réside dans le fruit qui est une baie, et non
une capsule comme dans les vraies liliacées ; et encore ne peut-on
point admettre ce caractère comme distinctif, puisque les *yucca* ont
un fruit charnu. C'est naturellement à cette famille qu'appartient
l'asperge, dont les griffes sont diurétiques ; chacun connaît l'odeur
désagréable des sécrétions urinaires des personnes qui ont mangé des
asperges. Les racines des espèces de cordyline de l'Asie tropicale
sont administrées dans la dysenterie, et les fleurs du *cordyline re-*
*flexa* sont réputées emménagogues ; les racines du *medeola virgi-*
*nica* sont diurétiques et émétiques. La résine rouge, connue dans le
commerce sous le nom de *sang-dragon*, est une production d'un
arbre de cette famille, le dragonnier (*dracena draco*). Enfin, l'industrie emprunte à cette famille un ingrédient odoriférant ; le *dia-*
*nella odorata*, originaire de l'Inde, lui procure une racine qui, broyée
et mélangée à d'autres aromates, entre dans la composition des
*pastilles du sérail*, qui, en brûlant, exhalent une odeur véritablement orientale.

### FAMILLE DES LILIACÉES. — **LILIACEÆ.**
(Atl. I, pl. 12, 16, 25, 48, et atl. II, pl. 13 et 16.)

La famille des Liliacées, telle qu'elle est constituée actuellement,
comprend les *Liliacées* et une partie des *Asparagées* et des *Narcissées*
de De Jussieu ; les *Héméracallidées* et *Liliacées* de Robert Brown ; les
*Liliacées, Tulipacées* et *Asphodélées* de De Candolle ; on la désigne
souvent par le nom de *asphodélées*. Toutes les *liliacées* ne sont pas
des plantes herbacées bulbeuses ; plusieurs ont des racines fibreuses

et des tiges ligneuses; tels sont les *yucca*, les *aloès*, etc. Leurs feuilles sont simples, entières. Leurs fleurs ont un périanthe coloré, à 6 folioles distinctes comme dans les lys, ou plus ou moins longuement soudées entre elles inférieurement, comme dans la jacinthe; 6 étamines; un ovaire à 3 loges, surmonté d'un style simple ou de 3 stigmates sessiles. Le fruit est une capsule à plusieurs graines; l'embryon est situé au milieu d'un albumen charnu. Les plantes de cette famille sont répandues sur tout le globe; mais certains genres sont limités à certaines régions. C'est ainsi que les yucca appartiennent à la flore américaine; les aloès au cap de Bonne-Espérance; quelques espèces seulement se trouvent dans l'Asie et l'Amérique tropicale; les *funkia* sont du Japon et de la Chine.

La famille des liliacées fournit de charmantes plantes d'ornement : les tulipes, lys, fritillaires, agapanthes, jacinthes, scilles, asphodèles, hémérocalles, etc., etc., sont des liliacées. L'art culinaire lui emprunte l'ail, le poireau, l'oignon, la ciboule, etc. La médecine a trouvé dans le suc d'aloès un purgatif; la pharmacie prépare avec les bulbes de la scille maritime des vins, vinaigres, miel, teinture de scille. Les Indiens emploient les racines de *sanseviera* contre la goutte. On attribue aux racines tubéreuses d'*anthericum* la propriété d'arrêter les effets des piqûres de scorpion et les morsures de serpent. Dans le nord de l'Amérique, les habitants récoltent, pendant l'été, les bulbes de *camassia* et *scilla esculenta* qui entrent dans leur nourriture d'hiver.


Famille des COLCHIQUES. — COLCHICACEÆ.

Cette famille, créée par De Candolle, correspond aux *Mélanthacées* de Robert Brown, et aux *Vératrées* de Salisbury; elle comprend des herbes vivaces, bulbeuses, ou à racines fibreuses. Les fleurs régulières hermaphrodites sont composées d'un périanthe coloré à 6 divisions, distinctes ou soudées inférieurement en un long tube; de 6 étamines, à anthères versatiles; de 3 ovaires généralement distincts, surmontés chacun d'un style. Chaque ovaire devient à la maturité un follicule à plusieurs graines pourvues d'un albumen charnu ou cartilagineux. Cette famille a beaucoup d'affinité avec les joncées et les liliacées; mais elle en diffère par ses trois ovaires et ses styles distincts. On rencontre des représentants de cette famille dans toutes les parties

du monde; les *tofieldia* s'avancent jusque dans les régions froides de
l'Europe; ils sont très-communs dans l'Amérique boréale, et ils ont
été observés jusqu'au sommet des andes du Pérou. Les colchiques,
qui émaillent nos prés à l'automne, sont de charmantes plantes
d'ornement; les *uvularia*, *veratrum*, entrent également dans l'ornementation des jardins. Les colchiques et le veratrum, connu sous le
nom d'*ellébore blanc*, entrent dans la préparation de certains médicaments; ils doivent leur propriété antigoutteuse à un principe
particulier, nommé vératrine, qui est un poison très-violent; on
attribue au *colchicum variegatum*, l'*hermodacte* des anciens; les racines de l'*helonias dioica* ou *divils-bit* des Américains du Nord
passent, en Amérique, pour anthelmintiques, et les feuilles pilées de
l'*uvularia grandiflora* jouissent d'une grande célébrité comme remède
de la morsure du serpent à sonnettes.


### Famille des PONTÉDÉRIÉES. — **PONTEDERIACEÆ**.

Cette famille, créée par Kunth, ne comprend que quelques plantes
aquatiques, originaires des deux Amériques, de l'Asie et de l'Afrique
tropicales. Leurs feuilles sont toutes radicales, à limbe très-élargi.
Les fleurs, disposées en épis accompagnés d'une spathe tubuleuse,
ont un périanthe coloré, monophylle, à 6 divisions bisériées, contournées dans la préfloraison; 6 étamines; un ovaire le plus souvent
libre, à trois loges parfois incomplètes et pluriovulées; un style
simple et un stigmate épaissi, obscurément trilobé. Le fruit est une
capsule enveloppée dans le tube persistant du périanthe, et contient
plusieurs graines cylindriques, pourvues d'un albumen farineux, au
centre duquel est niché l'embryon orthotrope. Les plantes de cette
famille ont beaucoup d'analogie avec celles des liliacées; mais elles
s'en distinguent surtout par la préfloraison contournée du périanthe.
Le *pontederia cordata* est une jolie plante d'ornement pour les bassins et pièces d'eau des jardins; le *P. crassifolia*, par le renflement
de son pétiole et ses belles fleurs, est recherché pour orner les aqua-
rium des serres chaudes. Les racines du *pontederia vaginalis*, ou
*carim-gola* des Indiens, sont usitées dans la pharmacie indienne pour
la préparation de médicaments stomachiques, anti-asthmatiques;
mâchées, elles calment les douleurs de dents; la plante pilée et
mêlée avec du lait est recommandée dans les affections cholériques.

### SECTION II. Ovaire infère.

### FAMILLE DES DIOSCORÉES. — **DIOSCOREÆ.**

(Atl, I, pl, 16, fig, 6.)

Les *Dioscorées* de Robert Brown sont des herbes vivaces, dioïques, à racines tubéreuses, charnues, à tiges volubiles, portant des feuilles à nervures anastomosées. Les fleurs, disposées en grappes ou en épis axillaires, ont un périanthe régulier monophylle, à 6 divisions; 6 étamines pour les fleurs mâles; un ovaire infère, triloculaire pour les fleurs femelles, surmonté de 3 styles courts, très-souvent soudés par la base. Le fruit est une capsule triangulaire ou une baie, à une ou trois loges contenant chacune une ou deux graines pourvues d'un albumen charnu ou cartilagineux. Le *tamus* représente cette famille en Europe; les autres genres appartiennent à l'Amérique, à l'Asie, à l'Afrique et à la Nouvelle-Hollande. C'est le genre *dioscorea* qui fournit les ignames, racines charnues, si recherchées des habitants des pays tropicaux; les feuilles de quelques espèces sont employées dans l'Asie tropicale pour arrêter les effets des morsures de serpent; d'autres, préparées en décoction avec de la coriandre, sont administrées dans les fièvres intermittentes; enfin les rhizomes âcres de notre tamus ont des propriétés diurétiques, et pris à forte dose ils deviennent émétiques.

La famille des *taccacées* diffère peu des dioscorées; elle comprend des herbes de l'Asie et de l'Afrique tropicale, à fleurs hermaphrodites disposées en ombelles accompagnées d'un involucre foliacé.

### FAMILLE DES AMARYLLIDÉES. — **AMARYLLIDEÆ.**

(Atl, I, pl, 16, et atl, II, pl, 46 et 47.)

De Jussieu a créé cette famille sous le nom de *Narcissées*; elle comprend des plantes herbacées bulbeuses, à fleurs hermaphrodites, souvent très-grandes et très-belles, composées d'un périanthe quelquefois irrégulier, toujours à 6 folioles distinctes ou soudées entre elles; de 6 étamines; d'un ovaire infère; d'un style simple et d'un stigmate souvent indivis. Le fruit est une capsule à 3 loges contenant plusieurs graines pourvues d'un albumen charnu. Les Amaryllidées diffèrent des liliacées par l'ovaire infère. Elles sont abondantes dans les régions tropicales, peu nombreuses dans l'Europe tempérée. Toutes ou presque toutes sont des plantes d'ornement.

Les bulbes du *leucoïum vernum* et du *galanthus nivalis* ou perce-neige, du *narcissus pseudo-narcissus*, sont émétiques; ceux du *sternbergia lutea* sont usités en Orient pour faire dissoudre les tumeurs. En Amérique, en Asie, on emploie au même usage les bulbes d'*amaryllis*, de *crinum* et de *pancratium*. L'*hœmanthus toxicarius* est regardé comme très-dangereux par les indigènes de l'Afrique australe. Aux Antilles, on attribue à l'*amaryllis belladona* des propriétés analogues; et dans l'Inde, les bulbes du *crinum zeylanicum* passent pour être très-vénéneuses. Les agaves, improprement nommés aloès, sont réunis à cette famille par quelques auteurs. Ces plantes fournissent une boisson nommée *pulque* en Amérique, et on extrait de la filasse de leurs feuilles.

La famille des *hypoxidées* ne diffère des amaryllidées que par le tégument crustacé des graines, qui est membranacé dans cette dernière famille.

## FAMILLE DES IRIDÉES. — IRIDEÆ.

(Atl. I, pl. 16 ; atl. II, pl. 39 et 40.)

Cette famille est une des familles créées par De Jussieu ; elle peut être caractérisée ainsi : périanthe coloré à 6 divisions bisériées ; 3 étamines ; 1 ovaire infère à 3 loges pluriovulées ; 1 style ; 3 stigmates ; fruit capsulaire ; graines pourvues d'un albumen charnu ou cartilagineux, ou corné. Les plantes de cette famille ont généralement de jolies fleurs qui les font rechercher pour l'ornement des jardins ; tels sont : les iris, glayeuls, ixia, tigridia, crocus, etc. Elles sont abondantes dans les pays chauds, et s'avancent jusque dans les régions tempérées des deux hémisphères. Plusieurs sont employées dans la médecine et dans les arts. Le safran est composé des stigmates de plusieurs espèces du genre *crocus*.

Les famille des *hémodoracées* diffère des iridées par le stigmate toujours simple ; par l'ovaire souvent supère, et par les étamines, au nombre de 6, mais dont 3 sont souvent dépourvues d'anthère. Les hémodoracées ne jouissent d'aucune propriété ; elles sont indigènes à l'Amérique boréale, au cap de Bonne-Espérance et à la Nouvelle-Hollande.

## Famille des BANANIERS. — **MUSACEÆ.**

(Atl. I, pl. 16, fig. 10.)

Les *Musacées* ou *Musées*, comme les appelle De Jussieu, sont des herbes gigantesques, dont quelques-unes (*musa ensete*) atteignent à la hauteur de nos grands arbres. Leurs feuilles, dont le limbe a plusieurs mètres de longueur, ont un pétiole engaînant à gaine très-épaisse, et c'est l'ensemble de ces pétioles emboîtés les uns dans les autres qui constitue le plus grand diamètre de la tige. Les fleurs sont hermaphrodites, irrégulières, réunies plusieurs sous des écailles spathiformes, disposées autour de l'axe floral pour former ce qu'on appelle un régime. Chacune de ces fleurs est composée d'un périanthe simple à 6 folioles pétaloïdes bisériées, dont une, celle de devant, plus grande, et une autre, celle de derrière, plus petite et labelliforme ; de 6 étamines ; d'un style simple, terminé par un stigmate obscurément lobé. Le fruit est charnu, indéhiscent, à plusieurs graines pourvues d'un albumen farineux, et nichées dans une pulpe abondante un peu acidule. Les musacées sont des plantes tropicales, dont le fruit, nommé *banane*, est la principale nourriture des indigènes. On connaît plusieurs variétés de bananes comestibles ; toutes sont privées de graines. Les pétioles renferment des fibres très-solides, connues sous le nom de *soie végétale, abacca*, avec lesquelles on fabrique des cordages et des étoffes. L'*arbre du voyageur* est le *ravenala*, dont les épais pétioles contiennent une sève abondante, très-limpide, providence des voyageurs altérés ; il est vrai que cette plante croît sur le bord des rivières, et que sa sève est alors d'un secours très-secondaire.

## Famille des ORCHIDÉES. — **ORCHIDEÆ.**

(Atl. II, pl. 8 et pl. 42 ; pl. 46, 47 et 48.)

Cette famille, créée par De Jussieu, comprend des plantes terrestres et épiphytes, à racines souvent tuberculiformes ; la tige, pour la plupart des espèces épiphytes, est une sorte de tronc raccourci et épaissi, nommé *pseudo-bulbe*, qui porte les feuilles généralement très-allongées, épaisses, charnues. Les fleurs, hermaphrodites, sont très-irrégulières, et affectent des formes qui rappellent certains animaux (papillons, abeilles, mouches, etc.)(All. II, pl. 42, fig. 1 à 4) : le périanthe est composé de 6 folioles très-inégales, colorées : 3 extérieures à peu près régulières, et 3 intérieures, dont une, l'inférieure, de forme très-diversifiée, nommée *labelle* (*labellum*) ; les étamines et le style sont soudés ensemble en une colonne centrale appelée *gynostème* ; des trois étamines, deux avortent constamment ; il n'en reste qu'une qui occupe le sommet du gynostème, nommé *clinandre* (dans les *cypripedium* il y en a deux de fertiles) ; l'anthère est à deux loges, dans lesquelles le pollen est agglutiné en deux petites massues, nommées *masses polliniques*, fixées par une partie amincie ou *caudicule*, à un petit corps nommé *rétinacle*, qui est renfermé dans une petite poche appelée *bursicule* ; le stigmate est situé dans une cavité antérieure du gynostème. Le fruit est une capsule à 3 loges qui renferment une grande quantité de graines très-fines dépourvues d'albumen.

On ne rencontre en Europe et dans les régions tempérées des autres parties du monde, que des orchidées terrestres ; les espèces épiphytes ne croissent que dans les forêts humides des pays tropicaux, où elles étalent leurs fleurs aux mille formes qui exhalent les plus suaves odeurs. La vanille, que l'industrie emploie pour donner du parfum à ses produits, est le fruit d'une orchidée, *vanilla aromatica* ; le *salep* est préparé avec les bulbes de quelques espèces terrestres, telles que *orchis morio, mascula, militaris,* etc. On attribue aux racines de l'orchis bouc (*himanthoglossum hircina*) et du *spiranthes autumnalis* des propriétés aphrodisiaques, et les fleurs du *gymnadesia conopsea* passent pour antidysentériques. Les Américains du Nord guérissent les tumeurs de la langue avec l'*arethusa bulbosa*, qui est en outre pour eux un excellent odontalgique ; les rhizomes du *cypripedium pubescens*, vulgairement appelé par eux *noaks-ark* ou *mocasin flower*, remplacent, en médecine, la racine de notre valériane. Au Chili, les habitants se servent des racines du *spiranthes diuretica*, pour faciliter les sécrétions urinaires. En Sibérie, on croit que la décoction du *cypripedium guttatum* est un puissant remède contre l'épilepsie. L'*angraecum fragrans* est très-vanté, aux îles Mascareignes, comme remède pour guérir la phthisie ; les indigènes de ces îles le nomment *poam*, et c'est lui qu'on trouve quelquefois dans le commerce sous le nom de thé de Bourbon.

*Classe des plantes monocotylédonées, dipérianthées.*

Fleurs ayant une double enveloppe : un calice à 3 sépales, et une corolle à 3 ou 6 pétales.

SECTION I. **Ovaire infère.**

FAMILLE DES BROMÉLIACÉES. — **BROMELIACEÆ.**

(Atl. I, pl. 12 ; atl. II, pl. 43 et 47.)

Les plantes de cette famille, créée par De Jussieu, sont généralement épiphytes, c'est-à-dire qui croissent sur les troncs d'arbres, mais sans leur emprunter leur nourriture ; elles ont des feuilles roides canaliculées, souvent dentées-épineuses. Les fleurs hermaphrodites, disposées en épis, naissent à l'aisselle de grandes bractées colorées, qui constituent le mérite ornemental de ces plantes ; elles ont un calice à 3 divisions, dont 2 plus grandes, souvent soudées entre elles ; une corolle à préfloraison contournée, et à 3 pétales plus ou moins adhérents entre eux ; 6 étamines ; 1 ovaire tantôt supère, tantôt infère ou semi-infère, à trois loges pluriovulées ; un style simple triangulaire ; 3 stigmates, contournés en spirale. Le fruit est une baie ou une capsule ; les graines sont pourvues d'un albumen farineux. Toutes les Broméliacées sont de l'Amérique tropicale ; les espèces baccifères ont des fruits qui contiennent de l'acide citrique et malique en grande quantité ; l'ananas, si estimé des gourmets, est une réunion de ces fruits charnus soudés entre eux. Aux Antilles, on les regarde comme d'excellents diurétiques et anthelminthiques, propriétés que possèdent tous les fruits des espèces charnues. Le *tillandsia usnœoides*, qu'on appelle dans le commerce *crin végétal*, sert à préparer, au Pérou, un onguent pour les hémorrhoïdes : on obtient un extrait du *puya Chilensis*, qui est employé, au Chili, dans les fractures des os. Les *œchmea*, *billbergia*, *tillandsia*, et beaucoup d'autres, sont très-recherchés pour l'ornement des appartements comme plantes à feuillage.

### Famille des ZINGIBÉRACÉES. — **ZINGIBERACEÆ**.

(Atl. II. pl. 46. fig. 15.)

C'est Claude Richard qui a donné le nom de *Zingibéracées* à cette famille, que De Jussieu appelle *Amomées*, Robert Brown *Scitaminées*, et Link *Alpiniacées*. Elle comprend des herbes à rhizome rampant ou tubéreux. Les fleurs sont hermaphrodites irrégulières, et souvent très-belles ; le calice est tubuleux, très-court, souvent coloré, entier ou denté ; la corolle est monophylle à 6 divisions inégales, dont une, l'inférieure, plus grande, forme le label ; une seule étamine, à filet filiforme, est située en face de la division inférieure ; le pollen est granuleux ; l'ovaire est infère, surmonté d'un style filiforme terminé par un stigmate qui a souvent la forme d'un entonnoir. Le fruit est une capsule indéhiscente triloculaire, couronnée par le calice persistant, et renferme plusieurs graines munies quelquefois d'un arille, et pourvues intérieurement d'un albumen farineux. Presque toutes les plantes de cette famille sont indigènes aux régions tropicales ; quelques-unes seulement appartiennent à la flore du Japon. Cette famille fournit à la matière médicale les racines de gingembre, de galanga, de zédoaire, de costus, les fruits de cardamome ou amomum, etc. L'industrie teinturière retire, des rhizhomes de *curcuma longa*, une belle couleur jaune, nommée safran des Indes.

### Famille des BALISIERS. — **CANNACEÆ**.

Les *Cannacées* de Robert Brown ou *Marantacées* de Lindley sont des herbes à belles et larges feuilles et à jolies fleurs hermaphrodites irrégulières, très-ornementales ; elles ne diffèrent guère des zingibéracées que par la position de l'étamine unique, qui est latérale au lieu d'être placée en face la division antérieure ou inférieure de la corolle, et par l'ovaire qui est uniloculaire. Comme les zingibéracées, ces plantes appartiennent à la flore tropicale ; elles sont, avant tout, ornementales. Le *maranta arundinacea* a des rhizomes qui contiennent beaucoup de fécule connue sous le nom d'*arrow-root*. On regarde les rhizomes de *canna* ou balisiers comme diurétiques et diaphorétiques ; on conseille les graines comme succédanés du café.

## FAMILLE DES HYDROCHARIDÉES. — **HYDROCHARIDEÆ.**

(Atl. II, pl. 43, fig. 11.)

Cette famille, créée par De Jussieu, comprend des herbes aquatiques dioïques, à feuilles radicales, souvent flottantes. Les fleurs régulières sont accompagnées d'une spathe monophylle ou diphylle, et sont composées d'un calice à 3 sépales verts; d'une corolle à trois pétales; les étamines des fleurs mâles sont en nombre égal, ou double ou triple de celui des pétales; les fleurs femelles ont un ovaire infère à une ou plusieurs loges, surmonté d'un style à 3 ou 6 stigmates plus ou moins profondément bifides. Le fruit est variable, à une ou plusieurs loges, dans lesquelles sont renfermées des graines insérées à des placentas pariétaux, et dépourvues d'albumen. Les Hydrocharidées croissent dans les rivières des pays tempérés; quelques-unes appartiennent aux pays chauds. La fameuse *valisneria*, si remarquable par son mode de fécondation, est une plante de cette famille, qui n'en possède aucune jouissant de propriétés particulières.

### SECTION II. **Ovaire supère.**

## FAMILLE DES XYRIDÉES. — **XYRIDEÆ.**

Petite famille créée par Kunth, pour des plantes vivaces à feuilles radicales filiformes, et dont les fleurs hermaphrodites sont disposées en capitules au sommet des hampes nues; le calice est à 3 folioles glumacées; la corolle a 3 pétales distincts ou soudés à leur base. Les étamines, au nombre de 3, à anthères extrorses, sont insérées sur le tube de la corolle et opposées aux 3 pétales. L'ovaire est à trois loges quelquefois incomplètes et pluriovulées; il est surmonté d'un style trifide. Le fruit est une capsule divisée en trois loges à sa base, et s'ouvre au sommet par un opercule; les graines renferment un très-petit embryon lenticulaire, et un albumen charnu. Les Xyridées croissent dans les endroits marécageux de l'Amérique et de l'Asie tropicales; quelques-unes seulement appartiennent à la Nouvelle-Hollande. On prépare dans l'Inde, avec le *xyris Indica*, une mixture qui aurait la propriété d'arrêter les démangeaisons et de guérir la lèpre; le *xyris Americana*, de la Guyane, et le *xyris vaginata*, du Brésil, jouiraient des mêmes propriétés.

### Famille des ÉRIOCAULONÉES. — **ERIOCAULONEÆ**.

Claude Richard a réuni, sous ce nom, trois genres de plantes à fleurs très-petites, unisexuées, rassemblées en capitules très-denses, qui sont disposés souvent en ombelles très-élégantes. Chaque fleur est munie d'un double périanthe ; le périanthe extérieur ou calice des fleurs mâles est à deux ou trois sépales; l'intérieur ou corolle est un tube campanulé, divisé au sommet en 2 ou 3 dents, et sur la paroi interne duquel sont insérées des étamines en nombre double de celui des dents. Les fleurs femelles ont un double périanthe, composé chacun de trois folioles; un ovaire à 2 ou 3 loges surmonté d'un style court. Le fruit est une capsule dont chaque loge ne contient qu'une seule graine à albumen charnu. Les deux tiers des Ériocaulonées appartiennent à l'Amérique tropicale, où quelques espèces acquièrent des dimensions sous-frutescentes ; la Nouvelle-Hollande en possède plusieurs; elles sont très-rares dans l'Asie tropicale et l'Afrique australe. Toutes croissent dans les sables humides, sur les bords des rivières. Une seule espèce, l'*eriocaulon setaceum*, paraît jouir de quelque propriété dans les Indes orientales; la décoction est employée en friction, par les Indiens, pour combattre les démangeaisons et guérir la gale.

### Famille des COMMÉLINES. — **COMMELINEÆ**.

La famille des Commélinées a été créée par Robert Brown ; elle comprend des herbes à racines parfois tubéreuses, à tiges articulées, pleines, portant des feuilles alternes, engaînantes, à gaîne non fendue. Les fleurs sont hermaphrodites, rarement unisexuées; le calice est à 3 sépales verts; 3 pétales constituent la corolle; les étamines, au nombre de 6, ont les filets généralement poilus, et les anthères introrses. L'ovaire est triloculaire, surmonté d'un style simple, terminé par un stigmate indivis ou obscurément trilobé. Le fruit capsulaire est à 3 loges qui contiennent, chacune, un petit nombre de graines généralement anguleuses, peltées, à testa membranacé réticulé, adhèrent à l'albumen dans lequel est niché un embryon antitrope. Les plantes de cette famille sont très-abondantes dans l'Amérique et l'Asie tropicales, plus rares dans l'Afrique extratropicale et la Nouvelle-Hollande. Quelques-unes, par leurs jolies fleurs bleues, roses, blanches, etc., sont cultivées pour l'ornement des jardins; d'autres jouissent, dans leur pays originaire, de propriétés diverses. Les rhizomes tubéreux des *commelina cœlestis, tuberosa, stricta,* etc., contenant un abondant mucilage amylacé, sont considérés comme pectoraux; le *commelina rhumphii* est préconisé dans l'Inde comme emménagogue; en Chine, le *commelina medica* de Loureiro est employé contre l'asthme. Le *tradescantia malabarica,* bouilli dans l'huile, guérit la gale et la lèpre; la décoction du *cyanotidis axillaris* est en usage dans le traitement de l'hydropisie; enfin le *tradescantia diuretica* est célèbre comme diurétique.

FAMILLE DES ALISMACÉES. — **ALISMACEÆ.**

(Atl. II, pl. 46, fig. 13.)

La famille des *Alismacées,* de Robert Brown, comprend aussi les *Joncaginées* de Claude Richard. Les plantes réunies sous ces dénominations sont toutes aquatiques; elles ont des rhizomes rampants et des feuilles radicales à limbe élargi plan. Les fleurs hermaphrodites, très-rarement unisexuées, ont un calice à 3 sépales verts; une corolle à 3 pétales; des étamines au nombre de 6 ou multiples; 3, 6 ou un plus grand nombre d'ovaires uniloculaires, portant chacun un style et un stigmate. Le fruit est composé d'un nombre variable de carpelles secs, contenant chacun une graine dépourvue d'albumen. Les alismacées sont indigènes aux régions tempérées de l'Europe et de l'Amérique; on en trouve quelques espèces dans les régions tropicales. La sagittaire et le plantain d'eau (*alisma plantago*) ont joui d'une certaine célébrité dans la médecine populaire; on leur attribuait la vertu de guérir la rage, mais on reconnut bientôt leur inefficacité; les rhizomes de la sagittaire de la Chine (*S. Sinensis*), celle de l'Amérique (*S. obtusifolia*), et l'espèce qui croit dans nos rivières (*S. sagittæfolia*), ont des rhizomes alimentaires; dans l'Europe australe on tire de la soude, des cendres de plusieurs espèces de *triglochin.*

Les *butomées* (atl. 1, pl. 46, fig. 3) diffèrent des *Alismacées* par le nombre considérable des graines qui tapissent la paroi interne du fruit.

## FAMILLE DES PALMIERS. — **PALMEÆ.**

(Atl. I, pl. 9, 16, 23 et 79.)

La famille des *Palmiers* est une des familles reconnues par Linné ; elle comprend des arbres à tige généralement simple, couronnée par un faisceau de grandes feuilles pennées ou ayant la forme en éventail. Les fleurs sont rarement hermaphrodites, le plus généralement unisexuées, monoïques ou dioïques, disposées en grappes ou épis, enveloppés d'abord dans une grande spathe ligneuse ; le calice est à 3 folioles distinctes ou soudées ; la corolle a 3 pétales, tantôt distincts, tantôt réunis en corolle monopétale ; les étamines sont au nombre de six, rarement trois ou multiples ; l'ovaire est unique à une ou trois loges, surmonté de trois styles soudés, rarement distincts ; le stigmate est indivis. Le fruit est une noix très-variable quant au volume ; tantôt charnu, tantôt ligneux, ou à mésocarpe fibreux ; les graines sont pourvues d'un albumen très-épais, qui est ou charnu, ou huileux, ou corné. Les régions chaudes des deux hémisphères constituent la patrie des palmiers ; ils s'avancent en Amérique jusqu'au 36° degré de latitude et en Asie jusqu'au 34° de latitude boréale ; ils sont rares dans l'Océanie ; c'est le *chamærops humilis*, des régions méditerranéennes, qui s'avancent le plus vers nous. Tous les palmiers sont des arbres élégants et d'un port majestueux ; le *corypha umbraculifera* a des feuilles qui ont un diamètre de plus de cinq mètres. Cette famille fournit le *vin de palme*, qui est la séve fermentée de l'*arenga saccharifera*, des *sagus rumphii*, *borassus flabelliformis*, *cocos nucifera*, *raphia mauritia* et *vinifera* ; le lait et l'amande de cocos ; la datte ; l'huile de palme, qui est extraite des graines de l'*eloïs guineensis* ; le beurre de Galam, de Corozo ; la *cire de palme*, qui est exsudée par les tiges des *ceroxylon andicola*, et *corypha cerifera*. Le *calamus rotang* donne une résine rouge, sorte de sang-dragon ; le chou palmiste est l'extrémité des tiges de l'*areca oleracea*, etc. L'art médical trouve un astringent dans la noix d'arec (*areca catechu*) ; enfin l'industrie tire parti des fibres ligneuses de la base des feuilles pour fabriquer des balais.

# TROISIÈME EMBRANCHEMENT

PLANTES DICOTYLÉDONÉES

Les plantes dicotylédonées ont un embryon pourvu de deux cotylédons (Atl. II, pl. 26); caractère très-apparent pendant la germination. La tige est composée de faisceaux fibreux vasculaires, disposés régulièrement autour d'une moelle centrale, et formant, chaque année, une couche concentrique distincte des couches précédentes (Atl. I, pl. 30, fig. 1 à 4). Les feuilles présentent des nervures ramifiées et anastomosées (Atl. I, pl. 36, fig. 1 et 17). Les fleurs offrent presque toujours le nombre cinq dans chaque, ou dans l'un des verticilles qui la composent; le nombre trois, qui appartient aux monocotylédonés, est très-rare, et, quand il se rencontre, il est pour ainsi dire neutralisé par la nervation des feuilles ou la structure de la tige.

*Classe des plantes dicotylédonées, apétales, diclines.*

Fleurs unisexuées, dépourvues de corolle, n'ayant qu'un calice souvent représenté par une simple écaille.

### SECTION I. **Gymnospermes.**

Graines nues, non contenues dans un péricarpe.

### FAMILLE DES CYCADÉES. — **CYCADEÆ.**

Famille créée par Claude Richard; elle comprend des arbres ou arbustes qui ont le *facies* de palmiers; leur tronc est droit, presque cylindrique, composé d'une moelle abondante et de faisceaux ligneux disposés en couches concentriques. Les feuilles sont très-longues, pennées, en palme de martyrs, réunies au sommet de la tige. Les fleurs mâles sont composées d'anthères sessiles, insérées en grand nombre sur la face inférieure d'écailles disposées en chatons allongés; les fleurs femelles consistent en ovules nus, non renfermés dans un ovaire, situés à l'aisselle de bractées disposées, comme celles des fleurs mâles, en chatons raccourcis ou presque globuleux. Le fruit est une sorte de cône ; les graines ont un testa osseux qui protége un gros albumen charnu, au centre duquel est situé l'embryon. Les Cycadées croissent sous les climats tropicaux ou presque tropicaux, en Amérique, dans l'Inde, dans l'Afrique ; quelques espèces appartiennent à la flore de la Nouvelle-Hollande.

Le tissu de la moelle contient une abondante fécule, qui, extraite, devient la *farine de sagou*, très-estimée au Japon ; les Hottentots tirent de la moelle d'un *encephalartos* une nourriture saine et nutritive ; dans le Malabar, on emploie les graines broyées en cataplasmes contre les douleurs néphrétiques.

### Famille des CONIFÈRES. — **CONIFERÆ**.

(Atl. I, pl. 17, fig. 1, et atl. II, pl. 49, fig. 1.)

Sous le nom de *Conifères*, De Jussieu a réuni tous les arbres résineux, dont la tige est dépourvue de vaisseaux ; le corps ligneux est constitué exclusivement de fibres ligneuses. Les feuilles sont généralement très-longues, étroites et roides, éparses, ou réunies plusieurs dans une petite gaine. Les fleurs mâles, disposées en chatons caducs, se composent d'anthères à 2, 4 ou 8 loges, et dont le connectif est très-élargi au sommet en forme d'écailles peltées. Les fleurs femelles sont constituées par des ovules nus, non renfermés dans un ovaire, et réunis par deux, ou en plus grand nombre, à la base d'écailles planes ou peltées et rassemblées autour d'un axe commun, en petit cône nommé strobile. Le fruit est un cône, quelquefois une baie, par suite de l'épaississement et de la soudure des écailles ; la graine à testa membraneux ou osseux est pourvue d'un albumen charnu, un peu huileux, qui protége un embryon dont les deux cotylédons sont profondément découpés en lanières étroites qui simulent autant de feuilles cotylédonaires, d'où le nom de *polycotylédonés*, appliqué, par quelques auteurs, aux végétaux de cette famille.

La famille des conifères, de De Jussieu, a été divisée par Claude Richard en *cupressinées, abiétinées* et *taxinées*.

Les *Cupressinées* sont les arbres et arbustes à feuilles courtes, linéaires, éparses, à anthères pluriloculaires, dont le connectif est pelté ; à cône presque globuleux, composé d'écailles peltées ou rétrécies à la base. Exemple : genévrier, cyprès, thuya, etc.

Les *Abiétinées* sont les arbres à feuilles longues, roides, souvent piquantes; à anthères biloculaires, dont le connectif est squamiforme, non pelté, et à cône allongé, composé d'écailles planes ou un peu épaissies au sommet. Exemple : pins, sapins, cèdres, araucaria, etc.

Les *Taxinées* sont les arbres comme l'if, les podocarpes, etc., qui ont des graines solitaires, non disposées en cône, et enveloppées plus ou moins complétement dans un disque charnu, qui leur donne une apparence de fruit drupiforme.

On rencontre des Conifères sous tous les climats. L'absence de vaisseaux dans la tige de ces arbres donne une grande flexibilité au bois qui, pour cette raison, est préférablement employé pour la mâture des navires. On recherche, pour cet usage, les sapins du Nord, dont la végétation très-lente ne produit chaque année que des couches ligneuses très-minces. Le *thuya articulata*, ou thuya d'Algérie, offre, à la base de ses tiges, des sortes de loupes qui procurent à l'ébénisterie un très-joli bois pour la fabrication de petits meubles; les crayons sont faits avec le bois du *juniperus Virginiana* ou cèdre de Virginie. De la tige des conifères, et particulièrement des pins et sapins, découle une matière résineuse plus ou moins concrète; les térébenthines de Venise et de Bordeaux, d'où on extrait l'essence de térébenthine, le goudron, le brai, le galipot, la poix de Bourgogne, la poix noire des cordonniers, la colophane qui sert à frotter les archets. La sandaraque est la résine pulvérisée du *thuya articulata* et du *callitris quadrivalvis*. L'huile de cade est une huile empyreumatique qu'on obtient de la distillation du bois de juniperus oxydedrus.

Depuis quelques années, l'industrie tire parti des feuilles de pins; on les débarrasse par la macération de la portion épidermique, et alors on obtient des fibres une sorte de filasse ou crin végétal employée à des usages divers.

Les fruits des cupressinées contiennent du sucre et du mucilage qui leur donnent certaines propriétés. Avec ceux du genévrier commun, on prépare un alcool ou eau-de-vie de genièvre, très-estimée des Anglais sous le nom de gin.

Dans le midi de l'Europe, on mange les graines du pin pignon et autres; celles du gincko biloba sont très-estimées des Japonais qui en retirent une huile bonne à manger.

Enfin la thérapeutique emprunte, à cette famille, différentes substances pour la préparation de certains médicaments ; le *juniperus sabina* contient un principe délétère qui en rend l'usage très-dangereux.

SECTION II. **Angiospermes.**

Graines contenues dans un péricarpe.

FAMILLE DES GNÉTACÉES. — **GNETACEÆ.**

Blume a distrait des conifères de De Jussieu le genre *ephedra*, pour le réunir au genre *gnetum*, et en former cette famille, qui diffère des conifères vrais, par le fruit composé d'un péricarpe uniloculaire contenant une graine pourvue d'un albumen charnu.

FAMILLE DES POIVRIERS. — **PIPERACEÆ.**

De Jussieu rapprochait les *piper* des urticées, mais sans les unir à cette famille ; c'est Cl. Richard qui créa les pipéracées. La tige de ces plantes est articulée-noueuse, à couches ligneuses à peine distinctes, mais traversées par des rayons médullaires très-épais ; les feuilles sont opposées ou verticillées, sans stipules. Les fleurs, disposées en épis cylindriques, sont tantôt unisexuées, tantôt hermaphrodites, et constituées par une écaille généralement peltée ; des étamines en nombre variable ; un ovaire uniloculaire uniovulé, surmonté d'un stigmate sessile. Le fruit est une petite drupe peu charnue, qui contient une graine dressée, pourvue d'un épais albumen charnu. Les pipéracées n'ont aucun représentant en Europe ; elles appartiennent toutes aux régions chaudes et tempérées des autres parties du monde, situées entre le 35° degré de latitude boréale et le 42° de latitude australe. Toutes les graines de poivriers ont une saveur brûlante, due à une huile volatile et à une résine âcre que contient particulièrement l'albumen. Le poivre du commerce est fourni principalement par le *piper nigrum*, arbrisseau sarmenteux de l'Asie tropicale ; c'est la graine pulvérisée ou concassée.

Les *Chloranthacées* et les *Saururées* sont deux petites familles sans importance, très-voisines des pipéracées ; la première s'en distingue par la graine, qui est suspendue au lieu d'être dressée, et la seconde par son ovaire à trois ou cinq loges, contenant plusieurs graines.

C'est à la suite des pipéracées qu'on place trois autres petites familles de plantes aquatiques de peu d'intérêt : les *Cératophyllées Callitrichinées* indigènes à la France, et les *Podostémées*, qui appartiennent à la flore tropicale de l'Amérique et de l'Asie.

Les *Cératophyllées* ont l'ovaire uniloculaire, uniovulé; la graine est dépourvue d'albumen;

Dans les *Callitrichinées*, l'ovaire est à quatre loges uniovulées; la graine est pourvue d'un albumen charnu;

Enfin les *Podostémées* ont l'ovaire à deux ou trois loges pluriovulées, et la graine est dépourvue d'albumen.

### FAMILLE DES CASUARINÉES. — **CASUARINEÆ.**

Le genre *Casuarina* avait été classé par De Jussieu dans les conifères; de Mirbel l'en a distrait, pour former la famille des casuarinées, se basant sur la présence d'un périanthe composé de deux folioles bractéales, accompagnant une étamine pour les fleurs mâles, et un ovaire aplati uniloculaire, surmonté d'un style court et de deux stigmates pour les fleurs femelles. Le fruit est un cariopse renfermé dans les deux écailles périgonales lignifiées, simulant une capsule bivalve, et rassemblés plusieurs en une sorte de petit cône. Les plantes de cette famille sont des arbres à bois très-dur, dépourvus de feuilles, presque tous originaires de la Nouvelle-Hollande ou des îles océaniennes. Le bois est employé dans les constructions, et l'écorce du *casuarina equisetifolia* est légèrement astringente.

La famille des *Myricées*, de Claude Richard, est très-voisine de cette famille; mais ce sont des arbrisseaux à feuilles alternes, et les fleurs mâles ont 2, 6 ou 8 étamines. Une seule espèce est indigène à la France, le *myrica gale*. Les fruits de plusieurs espèces américaines sont comme incrustés d'une substance cireuse, qui donne une des cires dites végétales.

### FAMILLE DES PLATANÉES. — **PLATANEÆ.**

C'est Lestiboudois qui a créé cette famille pour l'unique genre platane, composé de grands et beaux arbres, à feuilles alternes, dont le pétiole, creusé en éteignoir à sa base, recouvre complétement le bourgeon qui, dans les autres végétaux, est toujours situé à l'aisselle de la feuille.

Les fleurs mâles sont disposées en chaton composé d'étamines entremêlées à de nombreux poils claviformes ; les fleurs femelles sont constituées par des ovaires uniloculaires biovulés, accompagnés de poils qui forment ensemble un chaton globuleux très-dense. Le fruit est un akène coriace, entouré à sa base de poils articulés, et dont la graine est pourvue d'un albumen charnu. Les platanes sont de l'Amérique boréale et de l'Asie tempérée.

La famille des *Balsamifluées*, de Blume, ne diffère des platanées que par l'ovaire biloculaire pluriovulé et par le fruit qui est une capsule. Elle comprend de grands et beaux arbres de l'Amérique septentrionale, de l'Asie Mineure et de quelques îles de la Sonde. Par l'incision du tronc et des branches on obtient, du *liquidambar styraflua*, un suc balsamique, connu sous les noms de *baume* ou *d'ambre liquide* employé dans la parfumerie, et de *styrax liquide* dans les pharmacies.

FAMILLE DES SALICINÉES. — SALICINEÆ.

(Atl. II, pl. 40, fig. 22.)

Cette famille a été créée par Cl. Richard pour les saules et les peupliers, qui appartenaient à la grande famille des amentacées de De Jussieu. Elle a pour caractères : chaton mâle composé d'écailles à l'aisselle desquelles est une seule étamine, qui est remplacée, dans le chaton femelle, par un seul ovaire pluriovulé surmonté de un ou deux styles. Le fruit est une capsule bivalve, à plusieurs graines dépourvues d'albumen.

FAMILLE DES BÉTULACÉES. — BETULACEÆ.

Démembrement des amentacées de De Jussieu, opéré par Cl. Richard, et qui ne comprend que les aulnes et les bouleaux, grands arbres des régions tempérées et froides de l'hémisphère boréal, à feuilles alternes munies de stipules caduques. Les fleurs sont disposées en chaton : les mâles, composées d'un périanthe monophylle ou de quatre écailles et de quatre étamines ; les femelles, d'un ovaire biloculaire nu ou protégé par un périanthe à quatre écailles. Le fruit est un assemblage d'écailles ligneuses, comme dans le cône, et à l'aisselle desquelles est situé un akène à graine dépourvue d'albumen. Avec l'écorce de bouleau, les indigènes de l'Amérique du nord fabriquent leur vaisselle et des pirogues ; les feuillets, très-minces, servent de papier. Cette écorce est astringente ; en perforant le tronc, il découle des plaies une séve sucrée, de laquelle on obtient le sucre de bouleau.

Famille des CUPULIFÉRES. — CUPULIFEREÆ.

Comme la précédente, cette famille est un démembrement des amentacées de De Jussieu. Elle comprend des arbres à feuilles alternes stipulées. Les fleurs mâles, disposées en chaton, ont un périanthe ou calice monophylle ou squamiforme, et des étamines en nombre égal ou double ou triple de celui des écailles composant le calice ; les fleurs femelles sont en chaton ou quelquefois solitaires, accompagnées d'un involucre qui les enveloppe plus ou moins complétement ; le calice est soudé intimement avec l'ovaire, qui est à deux ou trois loges. Le fruit est un nucule uniloculaire monosperme, accompagné d'une cupule comme dans le chêne, ou d'un involucre capsuliforme épineux comme dans le châtaignier, ou enfin d'un involucre foliacé comme dans le noisetier, le charme, etc. ; la graine est dépourvue d'albumen et ne contient qu'un embryon à cotylédons très-épais, charnus. Plus des deux tiers des espèces de cette famille sont indigènes au nouveau continent ; les plus beaux chênes appartiennent à l'Amérique du Nord et au Mexique. Le hêtre croît dans les régions tempérées et froides de l'Europe. Tous ces arbres fournissent d'excellents bois de construction et de chauffage ; l'écorce du chêne est astringente et contient beaucoup de tannin ; concassée, elle forme le tan qui sert à préparer les cuirs et qui, ensuite, séché, procure aux classes pauvres ces matières combustibles nommées vulgairement *mottes* et *poussier de mottes*. Le liége, employé à des usages très-divers, est la portion subéreuse du chêne-liége (*quercus suber*) ; on obtient par macération de l'écorce du *Q. tinctoria*, ou chêne quercitron une matière colorante qui sert à teindre la laine en jaune. Les noix de Galles, qui contiennent une grande quantité d'acide tannique, sont le résultat de piqûres d'insectes sur les feuilles et les rameaux du chêne des teinturiers (*quercus infectoria*) ; elles entrent dans la composition de l'encre. De la graine de hêtre on extrait une huile douce bonne à manger, dite huile de faine ; on en extrait également des noisettes. La châtaigne sert de nourriture aux habitants des pays où croît le châtaignier. Le fruit du chêne à gland doux (*O. ballota*) est comestible, et on l'emploie comme succédané du café.

### Famille des MÛRIERS. — **MOREÆ**.

(Atl. I, pl. 17, fig. 2.)

Endlicher a réuni , sous ce nom, plusieurs genres de plantes que De Jussieu considérait, avec quelque raison, comme des urticées ; car, en effet, ces plantes, qui sont toutes des arbres ou arbrisseaux, ne diffèrent des urticées vraies que par l'ovule qui est amphitrophe au lieu d'être orthotrope. Les mûriers, les figuiers sont les types de cette famille, dont on ne trouve aucun représentant spontané en Europe ; les morées appartiennent aux régions chaudes et tempérées des deux hémisphères. Le suc laiteux du *ficus elastica* produit le caoutchouc par évaporation au contact de l'air ; le bois du *F. sycomorus* était employé par les anciens Égyptiens pour confectionner les cercueils de leurs momies ; les habitants des îles de l'Océanie, du Japon et de la Chine, préparent des étoffes et du papier avec les couches de liber du *broussonetia papyrifera*. On connaît les qualités et propriétés de la figue et de la mûre.

Les *Artocarpées* sont aussi d'anciennes urticées arborescentes à ovule anatrope. Les *Artocarpus incisa* et *integrifolia*, nommés *arbre à pain*, ont des fruits charnus, plus gros que la tête, qui servent d'aliments aux habitants de l'Inde et des îles de l'Océanie. L'*antiaris toxicaria* contient un suc laiteux très-délétère.

Le *Galactodendron*, originaire de l'Amérique tropicale, fournit, au contraire, un lait qui a toutes les qualités du lait de vache, ce qui lui a valu le nom vulgaire d'arbre à la vache (*Palo de vacca*, ou *arbol de leche*).

### Famille des ORTIES. — **URTICEÆ**.

(Atl. I, pl. 17, fig. 3.)

Cette famille, ainsi démembrée, ne comprend plus que des herbes ou des petits arbrisseaux à feuilles opposées ou alternes munies de sti-

pules. Les fleurs mâles ont un calice à quatre ou cinq sépales et autant
d'étamines ; les fleurs femelles ont un calice à deux, quatre ou cinq
sépales très-souvent inégaux, et un ovaire uniloculaire, contenant un
seul ovule dressé orthotrope ; le fruit est une sorte d'akène à graine
pourvue d'un albumen charnu. On trouve des urticées dans toutes
les parties du monde. Les *urtica utilis* et *nivea* du Japon et de la
Chine ont des fibres du liber d'une extrême finesse avec lesquelles on
fabrique les fines batistes de Chine. Les jeunes feuilles d'orties sont
recommandées comme succédané de l'épinard.

Les *Cannabinées* se distinguent des urticées par l'ovule qui est campulitrope. Le chanvre et le houblon sont les seuls genres de cette famille.

La famille des *Népenthées*, qui comprend des plantes si curieuses,
par leurs feuilles terminées par une ascidie operculée (Atl. I, pl. 46,
fig. 4), forme de pipe allemande munie de son couvercle, peut être
rapprochée de la famille des urticées, dont elle diffère essentiellement par ses étamines monadelphes, et son ovaire quadriloculaire,
qui devient une capsule à la maturité. Les népenthes sont originaires
de l'Asie tropicale et de Madagascar.


### FAMILLE DES EUPHORBIACÉES. — **EUPHORBIACEÆ.**

La famille des Euphorbiacées est une famille polytype très-difficile à caractériser : elle comprend des herbes et des arbres à suc laiteux ou aqueux, à feuilles alternes quelquefois opposées, généticale-
ment munies de stipules très-souvent caduques. Les fleurs sont
hermaphrodites ou unisexuées (monoïques ou dioïques) très-souvent
incomplètes, c'est-à-dire qu'elles sont pourvues ou dépourvues de
calice ; qu'elles ont quelquefois une corolle qui est tantôt polypétale,
tantôt monopétale. Les étamines sont en nombre défini ou indéfini,
distinctes ou monadelphes. L'ovaire est presque toujours à trois loges,
rarement plus. Les styles sont en nombre égal à celui des loges de
l'ovaire, tantôt distincts, tantôt soudés entre eux. Le fruit est généralement à trois coques, contenant chacune une graine munie d'une
caroncule ou d'un arille, et pourvue d'un albumen charnu très-épais.
Les euphorbiacées sont répandues sur tout le globe et présentent des
*facies* très-divers ; les unes fournissent des substances alimentaires,
comme la fécule de manihot ou *tapioca*, qu'on extrait de la racine du
*jatropha manihot* ; le plus grand nombre contient des principes très-

actifs et joue un grand rôle dans la médecine ; ce sont des purgatifs, des émétiques, des astringents, des irritants, des vésicants et des poisons très-violents ; c'est le *crozophora tinctoria* Neck. ou *croton tinctorium* L. ou *maurelle* qui donne le *tournesol en drapeau*. L'*hevea guyanensis* fournit du caoutchouc. Le fameux mancenilier, le buis et le ricin appartiennent à cette famille.

*Classe des plantes dicotylédonées apétales hypogynes.*

Fleurs hermaphrodites, pourvues d'un calice seulement ; étamines insérées sur le réceptacle.

### Famille des ULMACÉES. — **ULMACEÆ.**

Les plantes de cette famille, créée par Mirbel, appartenaient aux amentacées de De Jussieu ; ce sont des arbres à feuilles alternes stipulées ; à fleurs généralement hermaphrodites, composées d'un calice monosépale à quatre ou cinq divisions ; d'un nombre égal d'étamines insérées au fond du calice ; d'un ovaire à deux loges, surmonté de deux styles. Le fruit est une samare à graine dépourvue d'albumen.

La famille des *Celtidées* d'Indlicher, qui est réunie aux ulmacées par quelques auteurs, en diffère par l'ovaire uniloculaire , le fruit drupacé et les graines pourvues d'un albumen charnu. Les ormes et le micocoulier fournissent d'excellents bois de charronnage.

### Famille des POLYGONÉES. — **POLYGONEÆ.**

Cette famille, créée par De Jussieu, comprend des herbes ou des arbrisseaux à tiges articulées noueuses et à feuilles alternes munies de stipules angaînantes. Les fleurs ont un calice généralement coloré, à trois, quatre, cinq et six sépales ; des étamines en même nombre ; un ovaire uniloculaire uniovulé à trois angles ; trois styles, rarement quatre, distincts ou soudés. Le fruit est un akène ou cariopse, à graine pourvue d'un albumen farineux. L'oseille, la rhubarbe, le blé sarrazin, appartiennent à cette famille, qui compte de nombreux représentants sous notre climat. On retire du *poligonum tinctorium* un principe colorant bleu, semblable au bleu indigo.

## FAMILLE DES CHÉNOPODÉES. — **CHENOPODEÆ.**

(Atl. I, pl. 17, fig. 4.)

Cette famille, que De Jussieu désigne sous le nom de *Atriplicées*, diffère de la précédente : par les feuilles non munies de stipules, et par l'embryon qui est annulaire ou enroulé en spirale en dehors de l'albumen farineux. Les plantes de cette famille sont des herbes très-communes sous tous les climats ; l'épinard, la betterave, la baselle, le quinoa, l'arroche, etc., en font partie. L'industrie retire de la soude du *salsola soda*, et la médecine tire quelques médicaments de certains *chenopodium*.

Les familles des *Phytolaccacées* et des *Amarantacées* sont à peine distinctes des chénopodées. Les plantes ont des *facies* très-différents ; mais les fleurs ont une organisation à peu près identique. Cependant l'ovaire des phytolacca est pluriculaire. De Jussieu, qui a établi la famille des amarantacées, n'indique de différence que l'insertion des étamines, qui est hypogyne dans les amarantacées et périgyne, suivant lui, dans les chénopodées ; mais ce caractère est insaisissable, tant les étamines de ces dernières sont peu adhérentes au calice.

## FAMILLE DES NYCTAGINÉES. — **NYCTAGINEÆ.**

Les plantes de cette famille, créée par De Jussieu, sont des herbes et des arbrisseaux à feuilles opposées sans stipules, à fleurs munies souvent d'un involucre caliciforme ou coloré. Le calice est monosépale tubuleux à quatre, cinq ou dix lobes ; les étamines sont en nombre moindre ou supérieur, rarement égal à celui des lobes du calice ; l'ovaire est uniloculaire uniovulé, surmonté d'un style simple ou d'un stigmate sessile multifide. Le fruit est un akène renfermé dans la base persistante et durcie du calice ; la graine est pourvue d'un albumen amylacé central entouré par l'embryon. Toutes les nyctaginees sont exotiques à l'Europe ; elles appartiennent aux régions équinoxiales des deux continents ; quelques espèces, cependant, croissent dans l'Amérique boréale, à la Nouvelle-Hollande. Le *buginvillea*, les *mirabilis* sont de ravissantes plantes d'ornement ; les racines de toutes les nyctaginées possèdent plus ou moins des propriétés purgatives ou émétiques ; l'*erva toustáo* des Brésiliens est le *Boerha-via hirsuta*, et l'*yerba de la purgacion* des Péruviens est le *Boerhavia tuberosa*.

---

## Classe des plantes dicotylédonées apétales périgynes.

Fleurs hermaphrodites, pourvues également d'un calice sur lequel sont insérées les étamines.

### Famille des ARISTOLOCHES. — **ARISTOLOCHIEÆ**.

(Atl. I, pl. 17, et atl. II, pl. 48 et 49.)

Les *Aristolochiées*, de De Jussieu, ou *Asarinées* de Bartling, sont des herbes ou rarement des arbrisseaux grimpants, à feuilles alternes, quelquefois stipulées. Les fleurs, solitaires ou fasciculées à l'aiselle des feuilles, ont un calice monosépale à limbe irrégulier, souvent coloré et très-ample, ou à 3 lobes égaux ; 6 ou 12 étamines soudées avec le style ; un ovaire infère à 6 loges, rarement à 3 ou 4, et 6 stigmates rayonnants. Le fruit est une capsule à 3, 4 ou 6 loges, contenant plusieurs graines à albumen corné ou charnu. La plus grande partie des aristolochiées appartient à l'Amérique tropicale ; elles sont peu nombreuses en Asie tropicale et dans les régions tempérées de l'hémisphère boréal ; quelques espèces sont indigènes à la France. Les racines d'aristoloches contiennent des principes extractifs âcres qui jouissent de propriétés médicales diverses ; la racine de l'*aristolochia serpentaria*, entre autres, a la réputation, dans l'Amérique du Nord, de combattre la morsure du serpent à sonnettes.

Les *Raflésiacées* et *Cytinées*, qui comprennent des plantes parasites sans feuilles, et à fleurs naissant quelquefois sur le sol, se rapprochent des aristolochiées par les étamines soudées et l'ovaire infère.

### Famille des SANTALACÉES. — **SANTALACEÆ**.

Robert Brown a créé cette famille pour des plantes que De Jussieu avait classées dans diverses familles, et particulièrement dans les éléagnées. Ce sont des herbes, rarement des arbustes à feuilles généralement alternes, quelquefois squamiformes ou nulles. Les fleurs

ont un calice tubuleux coloré à 4 ou 5 lobes, accompagné parfois à
sa base d'un petit calicule ; un disque charnu ; 4 ou 5 étamines ; un
ovaire infère uniloculaire, pluriovulé. Le fruit est une drupe toujours monosperme par suite de l'avortement de plusieurs ovules, et
la graine est pourvue d'un albumen. Le thesium indigène à la France
appartient à cette famille. Le bois aromatique de *santal citrin*, célèbre
dans la pharmacie orientale, est fourni par les *santalum album* et
*citrinum*.

Famille des PROTÉACÉES. — PROTEACEÆ.

Cette famille, créée par De Jussieu, comprend des arbres et des
arbrisseaux du cap de Bonne-Espérance et de la Nouvelle-Hollande,
à feuilles généralement alternes, un peu roides, non stipulées. Les
fleurs, disposées en épis ou grappes, ont un calice monosépale ou
à 4 sépales colorés ; 4 étamines ; 1 ovaire uniloculaire uniovulé ou
pluriovulé, surmonté d'un style simple à stigmate indivis ou bifide.
Le fruit est très-variable : noix, samare, drupe ou follicule ; la graine
est dépourvue d'albumen. Beaucoup de protéacées sont cultivées, dans
les jardins d'hiver, pour la beauté de leur feuillage ; quelques-unes
sont employées, dans leur pays originaire, dans l'art de guérir ; l'écorce
du *protea grandiflora* est en usage au Cap, dans la diarrhée ; les
graines du *brabejum stellatum* sont un succédané du café.

Les *Pénéacées*, arbrisseaux du Cap de Bonne-Espérance, diffèrent
des protéacées par l'ovaire à 4 loges.

Les *Éléagnées*, de Robert Brown, s'en distinguent par le calice
à 2 ou 4 sépales ; par les étamines en nombre double de celui des
sépales, et par la graine qui est pourvue d'un albumen charnu.

Famille des DAPHNÉES. — DAPHNOIDEÆ.

Les *Daphnoïdées*, de Ventenat, ou *Thymélées*, de De Jussieu, sont
des arbrisseaux, rarement des arbres ou des herbes, à feuilles généralement alternes non stipulées. Les fleurs ont un calice monosépale
tubuleux coloré, à 4, rarement 5 lobes ; un disque adhérent à la base
du calice ; des étamines très-souvent en nombre double de celui des
lobes du calice, bisériées, quelquefois en nombre égal, insérées au
sommet du tube calicinal, à anthères s'ouvrant longitudinalement ;
l'ovaire est supère, uniloculaire, uniovulé, surmonté d'un style

simple latéral ou presque terminal. Le fruit est une drupe à graine renversée, sans albumen ou pourvue d'un albumen charnu. Les daphnoïdées sont presque toutes des plantes du cap de Bonne-Espérance et de la Nouvelle-Hollande; on en rencontre cependant dans l'Asie tropicale, dans l'Amérique, et quelques espèces sont indigènes à la France. Les *daphne* et *pimelea* sont de très-jolis arbustes d'ornement de serre froide. L'écorce du garou (*daphne gnidium*) est vésicante. Avec le liber de plusieurs *passerina*, on prépare, au Japon, du papier et des étoffes; celui du *daphne lagetto* est d'une telle finesse de mailles qu'on en fait, dans l'Amérique australe, des étoffes ou dentelles naturelles, ce qui a valu à cette espèce le nom vulgaire de *bois à dentelle*; on en fait également des cordages qui offrent une très-grande résistance.

Les *Aquilarinées*, de Robert Brown, arbustes de l'Inde, diffèrent des daphnoïdées par l'ovaire et le fruit capsulaire à deux loges incomplètes, et à deux graines dépourvues d'albumen.

FAMILLE DES LAURIERS. — **LAURINEÆ**.

Cette famille a été créée par de Jussieu sous le nom de *Lauri*; elle comprend des arbres à feuilles alternes sans stipules, et qui se distinguent de tous les végétaux apétales, par les étamines à anthères à 2 ou 4 loges s'ouvrant non pas longitudinalement, mais par des valves qui se soulèvent de la base au sommet (Atl. II, pl. 9, fig. 20). L'ovaire est supère, uniloculaire. Le fruit est une drupe dont la graine, dépourvue d'albumen, est remplie par un embryon à cotylédons très-gros. Les laurinées appartiennent aux régions chaudes et tempérées des deux continents; l'Europe n'en possède qu'une espèce, le *laurus nobilis*, ou laurier à sauce, qui croît spontanément dans l'Europe australe. Dans le moyen âge, on couronnait les jeunes docteurs de branches de lauriers, garnies de leurs baies; c'est de là qu'est venu le mot de baccalauréat. C'est toujours le symbole de la gloire et de l'immortalité. La famille des laurinées fournit de nombreux produits qui sont l'objet d'un commerce très-important; les uns sont comestibles comme le fruit de l'*avocatier*; les autres sont aromatiques et pharmaceutiques, comme le camphre, les écorces de cannelle, cinnamomum, cassia, sassafras, etc.

*Classe des plantes dicotylédonées monopétales hypogynes.*

Fleurs pourvues d'un calice et d'une corolle monopétale insérée sur le réceptacle.

### FAMILLE DES PLANTAINS. — **PLANTAGINEÆ**.

(Atl. 1, pl. 17, fig. 6, et atl. II, pl. 43, fig. 16.)

Les plantes de cette famille, créée par De Jussieu, sont des herbes à fleurs généralement hermaphrodites, composées d'un calice persistant monosépale à 4 lanières presque égales, scarieuses sur les bords ; d'une corolle scarieuse à 4 lobes ; de 4 étamines alternant aux lobes de la corolle, rarement une seule (*bougueria*) ; d'un ovaire à deux loges, rarement uniloculaire ; d'un style simple et d'un stigmate indivis, ou obscurément bifide. Le fruit est un akène ou une capsule à deux loges, contenant chacune une, deux ou plusieurs graines pourvues d'un albumen charnu. Les plantaginées sont cosmopolites ; les *plantago major* et *lanceolata* sont usités dans la médecine populaire ; en Égypte, on extrait de la soude des cendres du *P. squarrosa*.

### FAMILLE DES PLOMBAGINÉES. — **PLUMBAGINEÆ**.

(Atl. II, pl. 43, fig. 17.)

Cette famille, établie par De Jussieu, comprend des herbes, rarement des sous-arbrisseaux, dont les fleurs présentent un calice monosépale à 5 dents ; une corolle à 5 lobes ; 5 étamines opposées aux lobes de la corolle ; un ovaire uniloculaire, surmonté de 5 styles généralement distincts. Le fruit ne contient qu'une seule graine renversée, pourvue d'un albumen farineux. Les staticées appartiennent presque toutes à la région méditerranéenne ; les plumbago sont de jolis arbrisseaux d'ornement des régions chaudes et tempérées des deux hémisphères.

### FAMILLE DES UTRICULAIRES. — **UTRICULARIEÆ**.

De Jussieu plaçait les *utriculaires* et *pinguicula* à la suite de ses lysimachiées, mais sans les y incorporer ; il les rapprochait seulement. C'est Cl. Richard qui fit pour eux la famille des *Lentibulariées*, que Link nomma ensuite *Utriculariées*. Ce sont des petites herbes

aquatiques ou des marais, à fleurs solitaires ou réunies plusieurs sur
une hampe nue, et composées d'un calice à 2 sépales, ou monosépale
quinquepartit; d'une corolle irrégulière bilobée et éperonnée ; de
2 étamines insérées sous la lèvre supérieure et à anthères uniloculaires; d'un ovaire uniloculaire à placenta central sur lequel sont
attachés plusieurs ovules. Le fruit est une capsule, et les graines sont
dépourvues d'albumen.

FAMILLE DES PRIMULACÉES. — **PRIMULACEÆ.**

(Atl. II, pl. 5, fig. 1, 3.)

De Jussieu créa cette famille sous le nom de *Lysimachiées*; c'est à
Ventenat qu'on doit le nom de *Primulacées*. Elle a beaucoup d'analogie avec les plumbaginées, par les étamines opposées aux lobes de la
corolle, et par l'ovaire uniloculaire ; mais elle en diffère par le style,
qui est unique, terminé par un stigmate indivis, et par le fruit uniloculaire contenant plusieurs graines fixées sur un placenta central
libre, et pourvues d'un albumen charnu. Les plantes de cette famille,
toutes herbacées, sont répandues dans toutes les parties du monde.
Quelques-unes sont usitées en médecine. Les primevères, les cyclamen sont de très-belles plantes d'ornement.

La famille des *Myrsinées*, de Robert Brown, ou *Ardisiacées*, de De
Jussieu, diffère peu de la famille des primulacées ; elle s'en distingue
par le fruit, qui est drupacé monosperme. Les myrsinées ne sont, en
réalité, que des primulacées en arbre. Presque toutes appartiennent à
la flore tropicale ; elles sont rares au Cap, à la Nouvelle-Hollande,
au Japon et aux îles Canaries. Plusieurs ont des fleurs très-odorantes;
les fruits de l'*embelia ribis* servent à falsifier le poivre noir; les
graines du *Theophrasta Jussiæi* sont alimentaires, et les habitants de
Saint-Domingue en font du pain; les feuilles du *myrsine melano-
phleos* sont employées au Cap comme astringent ; les racines du *cla-
vija* sont émétiques; enfin, aux Antilles, on fait des bracelets avec
les graines du *Jacquinia armillaris*, d'où son nom vulgaire de *bois à
bracelets*.

Les *Sapotées*, de De Jussieu (Atl. II, pl. 45, fig. 7), ont, comme
les *myrsinées* et *primulacées*, des étamines opposées aux lobes de
la corolle ; mais elles ont un ovaire pluriloculaire, qui les en distingue très-facilement. Ce sont des arbres des régions tropicales ; on

en rencontre peu dans les régions tempérées. Quelques-uns ont des fruits comestibles ; tels sont le caïnito, chaimitier, et autres *chrysophyllum*, les *lucuma*, et particulièrement le *mammosa* ; d'autres ont des fruits ou des écorces amères-astringentes et fébrifuges, comme ceux des bumelia, sapota, etc. Le *sideroxylon argan*, du Maroc, a des graines qui contiennent beaucoup d'huile douce ; mais l'extraction en est difficile à cause de la dureté des coques. Le bois est très-dur ; celui de plusieurs espèces de *chrysophyllum* et de *bumelia* est connu dans le commerce sous le nom vulgaire de *bois de fer*.

FAMILLE DES ÉBÉNACÉES. — EBENACEÆ.

La famille des ébénacées a été créée par Ventenat avec quelques genres de la famille des *Guaiacanées*, de De Jussieu, qui comprennent des arbres à feuilles alternes, à fleurs souvent unisexuées, composées d'un calice à 3 ou 6 sépales persistants ; d'une corolle urcéolée à 3 ou 6 lobes ; d'étamines en nombre double ou quadruple de celui des lobes de la corolle ; d'un ovaire à 3 loges ou plus ; d'un style partagé en autant de lanières qu'il y a de loges à l'ovaire. Le fruit est une baie à plusieurs graines pourvues d'un albumen cartilagineux. Les ébénacées sont des végétaux des pays chauds, de l'Asie et de l'Amérique, rares dans l'Océanie ; le genre *diospyros* (Plaqueminier) a des représentants dans la région méditerranéenne, le *D. lotus*, qui croît sur les côtes d'Afrique. Les fruits des plaqueminiers sont alimentaires et très-estimés en Amérique ; le bois est dur et est employé dans l'ébénisterie.

On attribue aux *D. ebenum, ebenaster, melanoxilon*, le bois noir nommé *bois d'ébène*. La médecine trouve dans l'écorce de quelques espèces de cette famille des médicaments divers, astringents, antidysentériques, fébrifuges, etc.

Les *Styracées*, d'Endlicher, appartenaient aux *Guaiacanées* de De Jussieu, et ne diffèrent des ébénacées que par la corolle profondément découpée, et insérée sur le calice ; par le style simple, et l'ovaire qui est parfois infère. Cette famille comprend les *styrax*, dont le *benjoin* produit une résine très-aromatique et médicinale ; les *symplocos* et les *halesia*, tous végétaux à fleurs ornementales. Le *styrax tinctoria*, de la Caroline, donne une matière colorante jaune ; et de l'écorce

du *racemosa* on extrait, au Bengale, une teinture rouge. On prétend
que les feuilles du *symplocos alstonia*, originaire de l'Amérique
centrale, sont employées comme succédanées du thé.


### FAMILLE DES JASMINS. — **JASMINEÆ.**

De Jussieu réunissait sous le nom de Jasminées des arbres et arbustes à feuilles opposées, à fleurs composées d'un calice tubuleux à
4, 5 ou 8 lobes; d'une corolle régulière monopétale à 4, 5 ou 8 lobes ;
de 2 étamines et d'un ovaire à deux loges surmonté d'un style simple. De cette famille, Robert Brown en a fait deux : les *Jasminées*
vraies (*jasminum* et *nyctanthes*), à fruit bacciforme ou capsulaire, à
deux loges, à graines dressées pourvues d'un albumen très-mince; et
les *Oléacées* (olivier, lilas, frêne, etc.), à fruit bacciforme ou capsulaire, souvent uniloculaire par avortement et à graines pendantes pourvues d'un albumen charnu. Les jasmins sont des arbrisseaux d'ornement, et dont les fleurs, très-odorantes, contiennent des essences qui
servent dans la parfumerie. L'olivier donne un fruit alimentaire,
dont on extrait l'huile d'olive. Avec les baies de *ligustrum* on colore
les vins artificiels : le lilas est un de nos plus beaux arbustes d'ornement.


### FAMILLE DES LOGANIACÉES. — **LOGANIACEÆ.**

C'est Robert Brown qui a créé cette famille ; Martius lui a donné
le nom de *Potaliées*, et De Candolle celui de *Strychnées*. Elle comprend une partie des anciennes *Apocynées* de De Jussieu. Ce sont
des arbres ou arbrisseaux à feuilles opposées munies de stipules soudées au pétiole. Les fleurs ont un calice monosépale ou à 4,5 sépales ;
une corolle monopétale à 4,5 ou 10 lobes ; des étamines en nombre
égal à celui des lobes de la corolle; un ovaire biloculaire ou quadriloculaire, surmonté d'un style. Le fruit est ou une capsule ou une
baie à deux loges monospernes, et dont les graines sont pourvues
d'un albumen de consistance variable. Les loganiacées sont des
arbres des régions intertropicales, dont quelques-uns fournissent des
poisons très-dangereux. *L'upas Tjetteck*, ce fameux suc vénéneux
avec lequel les indigènes des îles de la Sonde empoisonnent leurs flè-
ches, est produit par le *Strychnos tieute* ; la *noix vomique* est la graine

du *strychnos nux vomica* ; la *fève de Saint-Ignace* est la graine de *l'ignatia amara*, etc.

Les *Apocynées* (Atl. II. pl. 44, fig. 18) diffèrent des *loganiacées*, par les feuilles dépourvues de stipules, par deux ovaires surmontés d'un seul style ; par les fruits ou follicules qui contiennent plusieurs graines aigrettées ou munies d'une aile.

Les *Asclépiadées* (Atl. II, pl. 8, fig. 1), très-voisines des apocynées, en diffèrent par les étamines soudées autour du style et dont les anthères contiennent, chacune, deux masses polliniques et non du pollen pulvérulent. Les plantes de ces deux dernières familles se rencontrent à peu près sous tous les climats ; celles des pays chauds sont souvent arborescentes ; celles de l'Europe tempérée sont des herbes. Elles contiennent un suc laiteux âcre qui leur donne des propriétés émétiques et purgatives. La pervenche est employée comme astringent. Le nérium ou laurier rose est un arbuste d'ornement ; plusieurs autres plantes de cette famille sont aussi ornementales. On extrait de la filasse de plusieurs *asclépias* ; et le *marsdenia tinctoria* fournit une belle couleur bleue.


### FAMILLE DES GENTIANES. — **GENTIANEÆ**.

Cette famille de De Jussieu comprend des herbes, rarement des sous-arbrisseaux, à feuilles opposées sans stipules ; à fleurs régulières composées d'un calice persistant à 4,5, rarement 6 ou 8 sépales distincts ; d'une corolle marcescente monopétale, dans le tube de laquelle sont insérées des étamines en nombre égal à celui des lobes, et dont les anthères se contournent souvent en spirale après la déhiscence ; l'ovaire est uniloculaire, surmonté d'un style simple, et d'un stigmate bifide ou à deux lamelles. Le fruit est une capsule uniloculaire, à deux placentas pariétaux sur lesquels sont attachées de nombreuses graines souvent ailées et pourvues d'un albumen charnu. Les gentianées sont cosmopolites ; plusieurs espèces sont employées en médecine : la *gentiana lutea*, *l'erythræa centaurium* ou *petite centaurée*, le menyanthe ou trèfle d'eau, etc., qui sont indigènes à la France.

### Famille des LISERONS. — **CONVOLVULACEÆ**.
(Atl. II, pl. 1, 44 et 45.)

Les plantes de cette famille créée par De Jussieu sont, le plus généralement, des herbes volubiles, toutes à feuilles alternes; à fleurs régulières, composées d'un calice à 5 sépales persistants; d'une corolle en forme d'entonnoir, entière, mais à 5 plis longitudinaux; de 5 étamines insérées au fond de la corolle; d'un ovaire à 2, 3 ou 4 loges, quelquefois incomplètes; d'un style bifide ou de 2 styles distincts. Le fruit est une capsule à 4 ou 4 loges, à graines souvent poilues, pourvues d'un albumen mucilagineux et d'un embryon un peu arqué. Ce sont des plantes d'ornement; une, le *convolvulus batatas*, fournit une racine alimentaire qui est la *patate*; une autre, l'*ipomea purga*, de Wender, *Exogonium purga* Benth., fournit la *racine de Jalap*, etc.

Les Cuscutes, plantes parasites, ont été distraites des convolvulacées pour former la famille des *Cuscutées*, dont le caractère différentiel est l'embryon filiforme contourné en spirale autour d'un albumen charnu. Ces plantes sont funestes à la luzerne, qu'elles envahissent et tuent par épuisement.

Les *Polémoniacées*, plantes herbacées non volubiles, ou quelquefois sous-arbrisseaux, se distinguent des convolvulacées : par la corolle régulièrement lobée, par le style simple et par l'embryon droit. Les *phlox*, le *cobea*, les *cantua* sont des plantes d'ornement. Le *polemonium cæruleum*, vulgairement *valériane grecque*, est employé, dans la médecine du Nord antisyphilitique.

Les *Hydrophyllées* et les *Hydroléacées* diffèrent peu des polémoniacées. Les premières s'en distinguent par l'ovaire uniloculaire, et les secondes par les deux styles distincts qui surmontent l'ovaire biloculaire. Ce sont des plantes exotiques employées pour l'ornement des jardins.

### Famille des SOLANEES. — **SOLANEÆ**.

Cette famille est une de celles que Linné a créées; il la nomma *Luridées*; plus tard De Jussieu en fit les *Solanées* et Lindley les *Cestracées*. Elle comprend des herbes et des sous-arbrisseaux à feuilles alternes sans stipules, et qui ont l'inflorescence extra-axillaire. Les fleurs ont un calice régulier monosépale à 4 ou 5 lobes; une corolle régulière monopétale à 4 et 5 lobes ; des étamines en nombre égal à celui des lobes de la corolle ; un ovaire biloculaire ou incomplétement quadriloculaire, surmonté d'un style simple. Le fruit est une baie ou une capsule polysperme, à graines pourvues d'un albumen charnu et d'un embryon arqué ou annulaire. Les solanées sont cosmopolites ; il y en a d'alimentaires, de médicinales et de vénéneuses. La pomme de terre, les tomates, les piments, les aubergines, le tabac, la jusquiame, la belladone et le stramonium appartiennent à cette famille.

Famille des BORRAGINÉES. — BORRAGINEÆ.

C'est Linné qui a créé cette famille sous le nom de *Aspérifoliées* ; De Jussieu en fit les *Borraginées*, et Martius la subdivisa en *Borraginées*, *Ehrétiacées* et *Héliotropicées*. Toutes les plantes ont des feuilles alternes, et les fleurs régulières présentent : un calice monosépale à 5 divisions ; une corolle à 5 lobes, munie souvent, à la gorge, d'appendices de forme variable qui caractérisent certains genres ; 5 étamines ; 4 ovaires avec un style basilaire central. Les quatre ovaires se transforment en akènes, dont la graine pendante est dépourvue d'albumen, ou pourvue d'un albumen lamelliforme. Les borraginées sont répandues sur tout le globe ; ce sont des plantes généralement émollientes. L'*anchusa tinctoria* est l'*orcanette*, dont la racine contient une substance colorante rouge.

Les genres *cordia*, *varronia* et quelques autres, que De Jussieu comprenait dans ses borraginées, en ont été distraits par Robert Brown, pour former la famille *Cordiacées*, qui se distingue des borraginées par l'ovaire unique à 4 ou 8 loges surmonté d'un style dichotome et 4 ou 8 stigmates. Ce sont des plantes ligneuses intertropicales.

Famille des LABIÉES. — LABIATÆ.

Les *Labiées* de De Jussieu sont les *Verticillatées* de Linné, et *Salviées* de différents auteurs. Elles ont 4 ovaires avec un style basilaire central comme les borraginées ; mais les feuilles sont opposées ; la corolle est irrégulière, à une ou deux lèvres ; les étamines sont didynames ou au nombre de deux, et les akènes renferment une graine dressée pourvue d'un albumen charnu. Les plantes de cette famille sont très-nombreuses et répandues sur tout le globe. La médecine lui emprunte la sauge, la mélisse, la cataire, la menthe, le thym, le basilic, le romarin et beaucoup d'autres plantes, toutes plus ou moins aromatiques. Les jardins lui doivent beaucoup d'espèces ornementales.

### Famille des VERVEINES. — **VERBENACEÆ.**

De Jussieu nomma d'abord cette famille *Vitices*; ce n'est que plus tard qu'il adopta le nom de *Verbénacées*. Les plantes de cette famille diffèrent des labiées par l'absence de glande oléifère; par l'ovaire à 4 loges; par le fruit capsulaire ou bacciforme, à graine solitaire dressée dépourvue d'albumen. La verveine est le type de cette famille, qui comprend les genres clerodendron, vitex, lantana, plantes ornementales; le *bois de teck* provient du *tectona grandis*.

Autour de cette famille se groupent les *Myoporinées*, à ovaire souvent biloculaire et à graine renversée pourvue d'un albumen charnu; les *Sélaginées*, à anthères uniloculaires, dont l'ovaire est biloculaire, et les *Globularinées*, à ovaire uniloculaire.

### Famille des SCROPHULAIRES. — **SCROPHULARINEÆ.**

(Atl. II, pl. 1, fig. 8, et pl. 45, fig. 9.)

Les *Scrophularinées*, de Robert Brown, comprennent les *Pédiculariées* et *Scrophulariées*, de De Jussieu, ou les *Personées* et *Rhinanthacées* de Ventenat. Ce sont des plantes herbacées et ligneuses, à feuilles alternes ou opposées. Les fleurs sont irrégulières : le calice est à 4 ou 5 sépales distincts ou soudés entre eux ; la corolle est à 4 ou 5 lobes ou à 2 lèvres ; les étamines sont au nombre de deux ou de quatre, et alors didynames ; l'ovaire est à 2 loges pluriovulées, surmonté d'un style et d'un stigmate simple ou bilobé. Le fruit est une capsule qui contient plusieurs graines pourvues d'un albumen charnu et cartilagineux. Ces plantes se trouvent sur tout le globe. Les unes, à fleurs très-jolies, sont employées dans l'ornementation des jardins (digitale, muflier, véronique, pentstemon, etc.) ; d'autres ont des propriétés médicinales diverses (gratiole, digitale pourprée, véronique officinale, euphraise, etc.).

Le genre *Verbascum*, qui offre une corolle irrégulière à 5 lobes et

5 étamines, est placé tantôt dans les scrophularinées, tantôt dans les solanées; M. Bentham en a fait la famille des *Verbascées*. Les fleurs du *V. thapsus* sont employées en médecine sous le nom de *fleurs de bouillon-blanc*.

### FAMILLE DES ACANTHACÉES. — **ACANTHACEÆ**.

(Atl. H. pl. 44, fig. 19.)

Les plantes de cette famille, créée par De Jussieu, diffèrent peu des scrophularinées; mais les fleurs sont accompagnées de 2 bractées; les anthères sont à 2 loges souvent inégales, parfois même uniloculaires; et le fruit capsulaire s'ouvre avec élasticité en valves qui portent chacune deux graines dépouvues d'albumen. Ces plantes, qui ont généralement la tige noueuse, ont pour patrie les régions intertropicales; l'*acanthe*, dont les feuilles ont été imitées dans la sculpture, pour l'ornement des chapiteaux de l'ordre corinthien, croît dans les régions méditerranéennes, particulièrement en Asie Mineure. Plusieurs espèces d'acanthacées sont employées dans la médecine étrangère; en Europe, un grand nombre de *ruellia*, *justicia*, sert à la décoration des serres.

### FAMILLE DES BIGNONIACÉES. — **BIGNONIACEÆ**.

Cette famille, créée par De Jussieu, est très-voisine de la famille des acanthacées; elle ne s'en distingue guère que par la nature du fruit capsulaire siliquiforme, s'ouvrant en deux valves qui se séparent d'une cloison sur laquelle sont attachées de nombreuses graines ailées. Les bignoniacées sont des arbres ou des arbrisseaux, rarement des herbes des régions chaudes du globe; elles sont peu nombreuses au cap de Bonne-Espérance et à la Nouvelle-Hollande. On les cultive en Europe comme plantes d'ornement; quelques-unes résistent en plein air dans les jardins. L'*huile de sésame* est extraite des graines du *sesamum orientale*.

Les *Pédalinées*, de Robert Brown appartenaient aux bignoniacées de De Jussieu : elles n'en diffèrent que par la structure du fruit, qui est une sorte de drupe ou capsule indéhiscente, ne contenant que peu de graines. Quelques-unes, comme les *martynia*, sont cultivées pour la beauté de leurs fleurs, et la singularité des fruits qui, desséchés, présentent à leur sommet deux longues cornes crochues.

## Famille des OROBANCHÉES. — **OROBANCHEÆ.**

Cette famille, créée par Claude Richard, comprend des plantes parasites, d'une teinte jaunâtre, dépourvues de feuilles, et dont les tiges sont simplement garnies d'écailles appliquées. Le calice est monosépale; la corolle monopétale à 2 lèvres; les étamines au nombre de 4, didynames, à anthères quelquefois uniloculaires. L'ovaire est à 1 ou 2 loges pluriovulées, comme le fruit, qui est capsulaire, et renferme de très-petites graines pourvues d'un albumen blanc transparent. Les orobanchées sont très-communes dans les régions tempérées de l'hémisphère boréal; elles vivent sur les racines d'autres plantes.

## Famille des GESNÉRIÉES. — **GESNERACEÆ.**
(Atl, II, pl. 40, fig. 14.)

Cette famille, créée par Richard, et qui porte aussi le nom de *Cyrtandracées*, est le trait d'union entre les *monopétales hypogynes* et *périgynes*. Elle comprend des herbes à feuilles généralement opposées ou verticillées. Les fleurs ont un calice libre ou plus ou moins adhérent à l'ovaire; une corolle monopétale irrégulière, insérée tantôt sur le réceptacle, tantôt sur un disque qui unit le calice à l'ovaire; 4 étamines didynames à anthères très-souvent adhérentes entre elles; un ovaire supère ou plus ou moins infère, uniloculaire, avec deux placentas pariétaux. Le fruit est une baie ou une capsule contenant plusieurs graines dépourvues d'albumen, ce qui caractérise les *cyrtandracées*, ou pourvues d'un albumen, caractère des *gesnériées* vraies. Les plantes de cette famille croissent presque toutes dans les régions tropicales; les *Gesnériées* sont américaines et les *Cyrtandracées* asiatiques. Les *achimènes*, *gloxynia*, *gesneria*, etc., sont cultivées dans les serres pour l'ornement.

## Famille des BRUYÈRES. — **ÉRICACEÆ.**
(Atl. II, pl. 1, fig. 49.)

De Jussieu avait créé les *Rhododendrées* et les *Éricées*; Robert Brown n'en fit qu'une famille, les *Éricacées*, que De Candolle redivise

en *Rhodoracées, Éricacées* et *Vacciniées.* Elle est, comme les gesnéra-
cées, un autre trait d'union entre les monopétales hypogynes par les
*erica*, et les périgynes par les *vaccinium*. Les éricacées sont des petits
sous-arbrisseaux ou arbustes à fleurs régulières ou irrégulières; le calice
est à 4 ou 5 sépales distincts ou plus ou moins longuement soudés entre eux ; la corolle monopétale offrant un même nombre de lobes ;
autant d'étamines ou en nombre double, avec des anthères s'ouvrant
par des pores au sommet, et munies généralement d'appendices séti-
formes. L'ovaire est libre (supère) ou adhérent au calice (infère), à
plusieurs loges, surmonté d'un style. Le fruit est ou une baie ou
une capsule à déhiscence septicide, et à graines pourvues d'un albumen charnu. On a divisé cette famille en trois tribus : les *éricées* à
anthères aristées et à ovaire supère ; les *vacciniées* à anthères aristées
et ovaire infère, les *rhododendrées*, à anthères non aristées et à ovaire
supère. Les éricacées sont dispersées sur tout le globe ; ce sont des
arbustes d'ornement ; les fruits de l'arbousier (*arbutus*) sont comestibles, et on en obtient, par la fermentation et la distillation, de l'alcool qui a très-bon goût; les baies de plusieurs vaccinium sont dans
le même cas. On dit les feuilles de rhododendron narcotiques ; leurs
fleurs sont charmantes et très-ornementales.

---

*Classe des plantes dicotylédonées, monopétales périgynes.*

Fleurs pourvues d'un calice, d'une corolle monopétale insérée sur le calice, et d'un ovaire infère.

### Famille des CAMPANULES. — **CAMPANULACEÆ.**

(Atl. II, pl. 45 et 49.)

On distingue facilement les plantes de cette famille, créée par
Adanson. Les feuilles sont alternes ; les fleurs régulières offrent ce
singulier caractère exceptionnel dans les monopétales, que les étamines, à filet élargi, n'ont aucune adhérence à la corolle, et sont insérées sur le calice ; l'ovaire est infère et le style est hérissé de poils
collecteurs qui retiennent le pollen. Les *Campanulacées* sont cosmopolites ; ce sont de jolies plantes d'ornement ; le *campanula rapun-
culus* est la *raiponce*, dont on mange la racine et les jeunes feuilles en
salade.

Les *Goodéniacées*, *Stylidées* et *Lobéliacées*, qui appartenaient autrefois aux campanulacées, s'en distinguent par leur corolle irrégulière, à tube fendu en dessus. Les premières ont 5 étamines à
anthères et filets distincts; les secondes (stylidées) n'ont que deux
étamines soudées *entre elles par les filets et avec le style*; les *Lobéliacées* (Atl. II, pl. 44, fig. 22) ont 5 étamines à filets et anthères
soudés en une gaîne qui enveloppe le style. Ce sont des plantes exotiques à fleurs ornementales; une seule, le *Lob. urens*, est indigène
à la France; quelques espèces sont médicinales. Le style des *stylidium* est très-irritable; lorsqu'on le touche il se rejette aussitôt sur
les anthères.

Famille des COMPOSÉES. — COMPOSITÆ.

(Atl. II. pl. 5, 44 et 45.)

La famille des *Composées* ou *Synanthérées* a été créée par Vaillant.
Elle comprend des plantes qu'on reconnaît à leurs capitules ou
réunion de nombreuses petites fleurs sur un réceptacle commun, et
enveloppées par un involucre commun, simulant ainsi une fleur.
Chaque petite fleur présente : pour calice, une sorte de bourrelet circulaire ou des poils situés au sommet de l'ovaire; une corolle monopétale tubuleuse ou fendue d'un côté et étalée en une languette nommée ligule. Les étamines, au nombre de cinq, ont des anthères
soudées entre elles en un tube qui forme gaîne au style bifide qui
surmonte l'ovaire infère uniloculaire uniovulé; le fruit est un akène
souvent couronné d'une aigrette de poils; la graine qu'il contient est
dressée et dépourvue d'albumen. Les plantes de cette famille forment
le dixième de la végétation de tous les pays; aussi a-t-on essayé de les
subdiviser en plusieurs tribus. Tournefort, prenant en considération la composition des capitules, créa les *Semi-flosculeuses* (Pl. 5,
fig. 15, et pl. 44, fig. 23), pour les espèces à capitule composé de
fleurs toutes ligulées; les *Flosculeuses* (Pl. 5, fig. 16, et pl. 44, fig. 24),
pour celles dont le capitule est composé exclusivement de fleurs tubuleuses; et les *Radiées* (Pl. 5, fig. 17, pl. 44, fig. 25, et pl. 45, fig. 17),
pour les plantes à capitule réunissant les deux sortes de fleurs : les
tubuleuses au centre formant le disque, et les ligulées à la circonférence simulant les rayons. De Jussieu admit ces trois tribus et en fit
trois familles : *Chicoracées*, ou semi-flosculeuses; les *Cinarocéphales*,

ou flosculeuses, et *Corymbifères*, ou radiées. Depuis, Lessing, Cassini et De Candolle, ont travaillé cette famille, et il a été créé de nouvelles tribus, des ordres, des sous-ordres, des divisions et subdivisions sans nombre. Les composées ont des propriétés et qualités très-diverses. Les laitues, romaines, chicorées, cardons, artichauts, salsifis, topinambours, etc., sont alimentaires ; la chicorée sauvage, l'armoise, l'absinthe, l'arnica, la camomille, la matricaire, etc., sont des plantes médicinales. On extrait de l'huile des graines du grand soleil (*helianthus annuus*), et du *guizotia oleifera* ; les fleurs du *carthamus tinctorius* ou *safran bâtard*, fournissent une teinture rouge safran, dit *rouge végétal* ; enfin la racine de la chicorée sauvage torréfiée et pulvérisée est ce succédané du café nommé *café-chicorée*, etc.

Famille des DIPSACÉES. — DIPSACEÆ.

Les *Dipsacées*, de De Jussieu, ressemblent beaucoup, par leurs fleurs en capitules, aux Composées ; mais elles en diffèrent par l'involucelle libre qui accompagne chaque fleur ; par les étamines à anthères distinctes ; par l'akène dont la graine est renversée et pourvue d'un albumen charnu. Les scabieuses sont de jolies plantes d'ornement ; avec les capitules des *dipsacus fullonum* on confectionne des brosses pour peigner les laines.

Famille des VALÉRIANÉES. — VALERIANEÆ.

Les plantes de cette famille, créée par De Candolle, étaient placées par De Jussieu dans les *Dipsacées ;* mais elles diffèrent par les fleurs non réunies en capitules ; par l'ovaire triloculaire, et par les graines dépourvues d'albumen. Les *Valérianées* sont très-communes en Europe. La mâche ou doucette (*valerianella olitaria*) sert en salade ; les racines de la valériane sont médicinales. Le *nard indien*, plante très-aromatique, serait, d'après De Candolle, le *nardostachys jatamansi*.

Famille des RUBIACÉES. — RUBIACEÆ.

Cette famille, créée par De Jussieu, comprend des arbres ou arbustes à feuilles opposées stipulées, ou verticillées par suite du déve-

loppement foliacé des stipules. Les fleurs non réunies en capitules
sont généralement régulières ; le calice est de 2 à 6 divisions ou
dents ; la corolle insérée au sommet de l'ovaire est à 4 ou 6 lobes ;
les étamines en nombre égal à celui des lobes de la corolle ; l'ovaire
infère à 2 ou plusieurs loges. Le fruit est charnu ou capsulaire, à
loge monosperme, et à graine pourvue d'un albumen charnu ou
corné. Les rubiacées sont de tous les pays ; celles d'Europe sont des
herbes (*rubia, gallium*, etc.) ; les espèces ligneuses appartiennent
aux pays chauds. La médecine tire de cette famille deux de ses plus
précieux médicaments : le quinquina et l'ipécacuanha. Le café fait
partie de cette famille, ainsi que la garance, dont la racine produit
une belle couleur rouge employée dans la teinture. L'horticulture lui
doit de jolis arbustes d'ornement.

### FAMILLE DES CHEVREFEUILLES. — **LONICEREÆ.**

C'est à cette famille que De Jussieu a donné le nom de *Caprifolia-*
*cées*. Elle comprend des arbrisseaux à feuilles opposées, quelquefois
stipulées, et à fleurs régulières ou irrégulières, composées d'un calicé
à 5 divisions ; d'une corolle à 5 lobes ; de 5 étamines et d'un ovaire
infère à 2 ou 5 lobes. Le fruit est une baie à graines renversées pourvues d'un albumen charnu. Les lonicérées sont des plantes des régions
tempérées et froides. Les chèvrefeuilles, les viburnum, les weigelia
sont de charmants arbustes d'ornement. Les fleurs et l'écorce du
sureau sont employées dans la médecine.

Quelques auteurs ont divisé cette famille en *Caprifoliacées* et en
*Sambucinées* ou *Viburnées* ; mais les caractères sur lesquels repose
cette division ne sont pas suffisants pour maintenir cette séparation.

*Classe des plantes dicotylédonées, polypétales périgynes.*

Fleurs composées de deux enveloppes, un calice et une corolle à pétales distincts ; étamines insérées sur le calice ou sur un disque qui couronne ou entoure l'ovaire.

## FAMILLE DES OMBELLIFÈRES. — **UMBELLIFERÆ.**

(At. II, pl. 3, fig. 16, et pl. 44, fig. 27.)

C'est Tournefort qui a créé cette famille pour des plantes herbacées, rarement des arbustes, à feuilles alternes, sans stipules, généralement très-découpées, et à fleurs hermaphrodites disposées en ombelles. Le calice est adhérent à l'ovaire, et son limbe est souvent réduit à un simple bourrelet ; la corolle est à 5 pétales insérés sur un disque, et souvent échancrés au milieu ; les étamines sont au nombre de 5, insérées avec les pétales ; l'ovaire est infère à 2 loges uniovulées, surmonté de 2 styles renflés à leur base. Le fruit est un biakène, qui se sépare à la maturité, de bas en haut, en deux parties restant fixées à une colonne centrale nommée *carpophore* ; chaque akène présente cinq côtes plus ou moins saillantes ou ailes, dites *côtes primaires*, ou seulement quatre qui sont alors dites côtes *secondaires* ; les intervalles de ces côtes sont appelés *vallécules* ; dans ces vallécules et sur la face commissurale ou face interne de l'akène, se trouve, généralement, un plus ou moins grand nombre de canaux résinifères longitudinaux (en latin *vittæ*) ; la graine est pourvue d'un albumen charnu ou corné.

Les *Ombellifères* sont cosmopolites ; on en trouve jusque dans les climats les plus froids. Elles contiennent presque toutes une matière résineuse et une huile volatile, surtout dans les fruits ; c'est à la présence de ces substances qu'elles doivent leurs propriétés aromatiques et stimulantes. Quelques-unes sont employées en médecine : le fenouil, le carvi, l'anis, le cumin, la coriandre, etc. ; d'autres sont des poisons, comme la ciguë vireuse et la petite ciguë. La carotte, le panais, le céleri, le cerfeuil, le persil, etc., sont en usage dans l'art culinaire ; en Amérique, les racines de l'arracacha sont alimentaires ; on prépare les pétioles de l'angélique pour la confiserie. L'assa-fœtida est une résine médicinale produite par un *ferula* ; le galbanum, la gomme ammoniaque, sont des gommes-résines fournies, la première par le *bubon galbanum*, et la seconde par le *dorema ammoniacum*.

La famille des *Araliacées* (Atl. II, pl. 8, fig. 6) est très-voisine des ombellifères; elle en diffère par l'inflorescence ou ombelles simples disposées généralement en grappes ou en panicules; par l'ovaire souvent à cinq ou dix loges; par les styles en nombre égal à celui des loges, mais surtout par le fruit qui est une baie. Elle comprend des arbrisseaux des régions tropicales ou subtropicales; le lierre et l'adoxa sont les deux seules espèces indigènes à l'Europe. Le *jin-seng*, cette fameuse panacée des Chinois, est la racine du *panax jin-seng* de Nées, ou *panax quinquefolium* de Linné; au Japon, on mange les racines de l'*aralia edulis* comme ici la scorsonère et les salsifis. Les *aralia* arborescents sont très-recherchés, pour l'ornement des appartements, comme plantes à beau feuillage.

Les *Cornées* sont des arbres et des arbrisseaux des régions tempérées et froides de l'hémisphère boréal; cette famille se distingue des précédentes par ses fleurs composées de 4 parties, et par le fruit charnu drupacé qui contient un noyau à 2 ou 3 loges, ou uniloculaire par avortement. On attribue à l'écorce du cornouiller des propriétés astringentes; les fruits du *cornus mas*, nommés *cornes* ou *cornouilles*, sont comestibles; ceux du *benthamia*, arbre du Népaul et du Japon, ressemblent à des fraises et sont très-estimés des Japonais. Le *cornus florida*, originaire de l'Amérique septentrionale, est un très-bel arbre d'agrément; son écorce est, dit-on, fébrifuge.

Les *Loranthacées*, plantes ligneuses parasites, dont le gui est le seul représentant de cette famille en Europe, sont caractérisées, surtout par leur parasitisme, leur feuillage épais, leurs fleurs dont les pétales sont souvent soudés entre eux, et les étamines opposées aux pétales; le fruit est charnu monosperme. Le gui était l'arbre sacré des druides; on fait de la glu avec ses fruits; dans l'Inde, le *loranthus bicolor* est regardé comme antisyphilitique.

### Famille des SAXIFRAGES. — **SAXIFRAGEÆ.**

La famille des *Saxifragées*, de De Jussieu, comprend les *Cunoniacées* et les *Escalloniées* de Robert Brown. Elle est caractérisée par un calice adhérent plus ou moins longuement à l'ovaire; par 5 pétales; 5, rarement 10 étamines; un ovaire infère ou semi-infère biloculaire ou uniloculaire, terminé par 2 styles distincts persistants. Le fruit est une capsule qui renferme plusieurs graines pourvues d'un albumen charnu. Les saxifragées indigènes sont des herbes un peu charnues; les espèces exotiques sont arborescentes et appartiennent aux régions tempérées de l'Amérique, mais surtout à l'Australie, au Cap et au Japon. Les hydrangea, cunonia, escallonia sont de très-beaux arbustes d'ornement; les saxifrages sont également des plantes ornementales.

Les *Francoacées* et *Philadelphées* ne présentent pas assez de différences pour être séparées des saxifrages.

Les *Ribésiacées* ou *Grossulariées* de De Candolle sont des arbrisseaux qui se distinguent des saxifragées par l'ovaire exactement infère, uniloculaire à 2 placentas pariétaux, et par le fruit bacciforme. Certaines espèces de groseilliers donnent des fruits comestibles, avec lesquels on prépare des sirops rafraîchissants. Les plantes de cette famille croissent spontanément dans les régions tempérées et froides de l'hémisphère boréal.

FAMILLE DES CUCURBITACÉES. — **CUCURBITACEÆ.**

Cette famille, créée par De Jussieu, comprend des herbes grimpantes, munies de vrilles stipulaires et de feuilles alternes. Les fleurs sont généralement unisexuées, monoïques ou dioïques, rarement hermaphrodites, et présentent : un calice monopétale à 5 dents ou lanières; une corolle à 5 pétales distincts ou soudés entre eux et insérés au sommet du tube du calice; 5 étamines distinctes ou monadelphes ou soudées par deux; un ovaire infère à une ou plusieurs loges pluri-ovulées et surmonté d'un style couronné par 3 stigmates épais frangés ou lobés. Le fruit est une baie qui atteint parfois jusqu'à 1 mètre de diamètre, comme dans les potirons, et dont les graines aplaties sont dépourvues d'albumen. Le plus grand nombre des espèces de cucurbitacées croît dans l'Asie et dans l'Amérique méridionale; la France ne possède que la bryone. Les fruits de plusieurs espèces sont alimentaires, comme le melon, le potiron, le cornichon; d'autres sont usités en médecine comme purgatifs, émétiques, etc; tels sont, la coloquinte, le *momordica purgans*, etc..

Les *Bégoniacées* (Atl. II, pl. 45, fig. 12), charmantes plantes d'ornement par leurs fleurs et par leurs feuillages panachés, sont voisines

des cucurbitacées, dont elles diffèrent par leurs feuilles *inéquilaté-*
*rales*, c'est-à-dire que la nervure médiane ne partage pas en deux
moitiés égales le limbe, et qu'un des lobes est toujours plus grand;
par les stipules membranacées; par l'ovaire à 3 angles ou à 3 ailes,
et par la fleur à 4 folioles pétaloïdes, dont 2 plus extérieures simulant le calice. Les bégoniacées sont toutes des plantes des régions
tropicales.

### Famille des CACTÉES. — **CACTEÆ.**

Cette famille, créée par Linné, et à laquelle on a donné aussi les
noms de *Nopalées*, *Opontiacées*, comprend des plantes grasses, dépourvues généralement de feuilles, à fleurs hermaphrodites, chez lesquelles le calice est composé de nombreuses lanières pétaloïdes qui
se confondent avec les pétales vrais, également en nombre souvent
indéfini; les étamines sont très-nombreuses, multisériées. L'ovaire
infère uniloculaire, à plusieurs placentas pariétaux, est surmonté
d'un style couronné par des stigmates linéaires en nombre égal à
celui des placentas. Le fruit est une baie hérissée de poils épineux,
contenant plusieurs graines dépourvues d'albumen, ou offrant un
albumen très-mince. Les cactées sont des plantes des pays tropicaux.

Les *Ficoïdes* ou *Mésembryanthémées* se distinguent des cactées par
la présence de feuilles très-épaisses, charnues, et principalement
par l'ovaire pluriloculaire, à loges souvent très-nombreuses, couronné par autant de stigmates qu'il y a de loges. Ces plantes, presque
toutes ornementales, sont originaires du cap de Bonne-Espérance et
de la Nouvelle-Hollande.

Les *Portulacées* diffèrent des mésembryanthémées par le nombre
défini des pétales, 4 ou 6, et parfois par l'absence de la corolle;
par les étamines en nombre égal ou double de celui des pétales. La
*tétragone* et le *pourpier* sont des plantes alimentaires; quelques
espèces sont ornementales.

### Famille des PASSIFLORÉES. — **PASSIFLOREÆ.**

La famille des *Passiflorées*, créée par De Jussieu, comprend des
arbrisseaux grimpants, à feuilles alternes munies de stipules, et
pourvues de vrilles axillaires. Les fleurs sont hermaphrodites régulières et présentent : un calice monosépale à 5 divisions; 5 pétales;

une couronne de staminodes ; 5 étamines, insérées tantôt au fond du calice, tantôt sous l'ovaire, qui est alors porté par un gynophore ; l'ovaire est uniloculaire à 3 placentas pariétaux, surmontés de 3 styles terminés chacun par un stigmate capité. Le fruit est une baie qui renferme des graines munies d'un albumen charnu. Les passiflorées appartiennent presque toutes à la flore tropicale, particulièrement à l'Amérique. Ce sont des plantes ornementales ; le fruit de quelques-unes est alimentaire ; il contient une pulpe vineuse acidulée très-agréable. La *passiflora rubra* fournit un sirop ou une teinture qui aurait, dit-on, les propriétés de l'opium ; d'autres sont diurétiques, anthelmintiques, fébrifuges, etc.

Les *Malesherbiacées* sont des herbes dressées, voisines des passiflores, desquelles elles diffèrent : par l'absence de stipules ; par la couronne membraneuse qui garnit la gorge du calice, et par le fruit qui est une capsule.

Les *Loasées* se distinguent des passiflorées par l'absence de stipule et de la couronne ; par l'ovaire infère surmonté d'un style simple, etc.

Les *Turnéracées* ont, comme les trois familles précédentes, l'ovaire uniloculaire à placentas pariétaux ; mais elles diffèrent des deux premières par l'absence de gynophore et de couronne, et de la dernière par les 3 styles surmontant l'ovaire qui est supère.

Famille des ONAGRES. — OENOTHEREÆ.

(Atl. II, pl. 39, fig. 8.)

Les *Onagres* sont des herbes ou des arbrisseaux à feuilles dépourvues de stipules. Les fleurs, toujours régulières, ont un calice adhérent à l'ovaire, se prolongeant généralement au-dessus, en un tube plus ou moins long, découpé à son sommet en 4, rarement 2 divisions ; une corolle à 4, rarement 2 pétales insérés au sommet du tube calicinal ; 4 ou 8 étamines ; un ovaire infère à 4, rarement 2 loges, surmonté d'un long style couronné par autant de stigmates qu'il y a de loges à l'ovaire. Le fruit est variable ; mais les graines qu'il renferme sont toutes dépourvues d'albumen. Les plantes de cette famille, créée par De Jussieu, sous le nom de *Onagrariées*, sont répandues à peu près sur tout le globe ; mais elles sont plus nombreuses dans les régions tempérées de l'Amérique et de l'Asie. Les fuchsia, les gaura, œnothera, clarkia, sont de très-jolies plantes d'ornement ; quelques espèces sont employées en médecine.

Les *Haloragées*, plantes aquatiques, diffèrent peu des énothérées ; on les distingue très-facilement au port et par la graine, qui est pourvue d'un albumen charnu.

Les *Lythrariées* sont également très-voisines des énothérées, mais elles en diffèrent par l'ovaire qui est supère.

### Famille des MÉLASTOMACÉES. — **MELASTHOMACEÆ.**

(Atl. II, pl. 44, fig. 31.)

Les plantes de cette famille, créée par De Jussieu, ont un port tout particulier qui les fait reconnaître à la simple vue ; ce sont des arbres ou des arbrisseaux à feuilles opposées sans stipules, à plusieurs nervures longitudinales saillantes. Les fleurs sont régulières et offrent : un calice à tube campanulé persistant et à 5, rarement 4 lobes ; une corolle à 5 ou 4 pétales ; des étamines en nombre égal à celui des pétales ou en nombre double, et alors 5 sont plus petites et souvent stériles ; les anthères, qui s'ouvrent par deux pores à leur sommet, sont souvent munies d'une sorte d'éperon ; l'ovaire est tantôt supère, tantôt infère, pluriloculaire, à style simple. Le fruit est polysperme, à graines dépourvues d'albumen.

Les *Mélastomacées* appartiennent généralement à la flore tropicale de l'Amérique ; elles sont peu nombreuses en Afrique et en Asie ; il n'y en a aucune en Europe.

Les *Mémécylées* ne diffèrent pas assez des mélastomacées pour constituer réellement une famille distincte.

Les *Combrétacées* ont également quelque analogie avec les mélastomacées, mais on les distingue : par les anthères qui s'ouvrent longitudinalement ; par l'ovaire uniloculaire, et le fruit qui est monosperme par avortement ; dans cette famille la corolle manque souvent.

### Famille des RHAMNÉES. — **RHAMNEACEÆ.**

De Jussieu avait réuni, sous le nom de *Rhamnées*, des plantes qui appartiennent actuellement aux familles suivantes :

La famille des *Rhamnées*, de Robert Brown, comprend des arbres à feuilles simples, munies de stipules ; à fleur présentant un calice monosépale, ordinairement quinquéfide, et dont la gorge est garnie d'un disque sur lequel sont insérés les pétales et les étamines au nombre de 5, rarement 4 ; l'ovaire, tantôt libre, tantôt enchâssé dans le disque, est ordinairement à 3 loges, rarement à 2 ou 4, et surmonté d'autant de styles qu'il y a de loges. Le fruit est une drupe à noyau bi-triloculaire, ou une capsule à 3 coques, dont les graines sont pourvues d'un albumen charnu. Les rhamnées sont très-abondantes sous les tropiques, très-rares en Europe ; certaines contiennent un principe amer, purgatif, astringent, comme le *rhamnus catharticus* L. ; d'autres fournissent des matières colorantes, jaunes et vertes, entre autres le beau vert de la Chine. La jujube est le fruit pectoral du *zizyphus vulgaris* ; l'*hovenia dulcis* produit un fruit dont le pédoncule est charnu, pyriforme, et comestible chez les peuples du Japon et de la Chine.

Les *Ilicinées* ou famille des houx comprennent des arbres à feuilles persistantes dépourvues de stipules, et diffèrent des rhamnées par la corolle souvent monopétale à 4 ou 6 divisions, insérée, comme les étamines, sur le réceptacle ; 4 ou 6 étamines, etc.

Les *Célastrinées* diffèrent principalement des rhamnées, par l'arille coloré qui enveloppe les graines, et les *Staphyléacées*, par le fruit capsulaire vésiculeux.

Les *Hippocratéacées* sont admirablement caractérisées par la fleur composée d'un calice et d'une corolle à 5 parties, et qui n'a que 3 étamines.

Les *Pittosporées* se rapprochent beaucoup des ilicinées par l'insertion hypogynique des pétales et des étamines ; mais elles en diffèrent par le nombre 5 des pétales et des étamines.

### FAMILLE DES MYRTACÉES. — **MYRTACEÆ.**

Cette famille, qui doit son nom au myrte, a été créée par De Jussieu, pour des arbres à feuilles généralement opposées, offrant des ponctuations transparentes. Les fleurs sont régulières ; le calice est adhérent, à plusieurs lobes ; les pétales sont en nombre égal à celui des divisions calicinales ; les étamines nombreuses, souvent en nombre indéfini, sont insérées avec les pétales, sur un disque qui tapisse la gorge du calice ; l'ovaire est infère, tantôt uniloculaire, ou tantôt

à deux ou plusieurs loges pluriovulées, surmonté d'un style simple.
Le fruit est une baie sèche ou une capsule ; les graines sont dépourvues d'albumen. Les *Myrtacées* appartiennent presque toutes à la
flore exotique ; elles sont nombreuses dans les régions intertropicales,
en Amérique et à la Nouvelle-Hollande ; le myrte commun appartient à
l'Europe méridionale. Cette famille fournit des substances médicinales stimulantes, astringentes et aromatiques ; des bois très-durs,
comme les *Eucalyptus* ; les boutons du giroflier sont les clous de
girofle de l'art culinaire ; la goïave est un excellent fruit produit par
un arbre de l'Amérique, du genre *Eugenia* ; le grenadier, dont on a
fait la famille des *Granatées*, donne un fruit qui contient des graines
enveloppées d'une pulpe sucrée très-agréable ; l'écorce de la racine
est employée pour la destruction du tœnia.

### Famille des ROSACÉES. — **ROSACEÆ.**

(Atl. II, pl. 1, fig. 15, pl. 3, fig. 30, et pl. 5, fig. 11.)

Grande famille de De Jussieu, et qui comprend des types très-
divers. Elle a été subdivisée en plusieurs sous-familles qu'on peut
facilement caractériser :

1° *Pomacées*, arbres ou arbrisseaux à feuilles alternes munies de
stipules caduques ; fleur régulière ayant un calice adhérent à 5 lobes ;
5 pétales ; étamines indéfinies ; un ovaire infère à plusieurs loges,
généralement 5 ; style en nombre égal à celui des loges ; fruit bacciforme à graines ascendantes dépourvues d'albumen. Le pommier, le
poirier sont les types de cette sous-famille.

2° *Rosacées*, herbes ou arbrisseaux à feuilles alternes, munies de
stipules adhérentes au pétiole ; fleur régulière ayant un calice monosépale, libre, généralement à 5 divisions ; 5 pétales et des étamines
indéfinies insérées sur le calice ; ovaires ordinairement nombreux,
implantés sur un réceptacle saillant, ou dans l'intérieur du tube
calicinal, et ayant chacun un style qui est souvent latéral. Le fruit
est composé, plus ou moins charnu, et à graines dépourvues d'albumen. Tels sont les rosiers, les fraisiers, les ronces, les potentilles, etc.

3° Les *Amygdalées*, arbrisseaux ou arbres à feuilles alternes munies
de stipules libres caduques ; fleur régulière ayant un calice monosépale libre, à 5 divisions ; 5 pétales et étamines indéfinies insérées

sur le calice; un ovaire supère uniloculaire, surmonté d'un style; fruit drupacé à graine dépourvue d'albumen : les cerisiers, amandiers, pruniers, pêchers, etc., appartiennent à cette division.

Les *Rosacées* sont cosmopolites; on en rencontre depuis l'équateur jusqu'aux régions les plus froides. On connaît les produits alimentaires qu'elles fournissent par les arbres fruitiers, et les charmantes fleurs que procurent les rosiers, spirea, kerria, potentilles, etc. Le fameux *cusso* ou *cousso*, qui tue presque instantanément le ver solitaire ou *tænia*, est une poudre obtenue par la pulvérisation des fleurs du *brayera anthelminthica*, arbuste de l'Abyssinie. La médecine emploie beaucoup d'autres plantes de cette famille comme astringents toniques, stimulants, etc., et même des poisons; l'amande amère, par exemple, qui produit au contact de l'eau de l'acide prussique, le *prunus lauro cerassus*, etc., etc.

C'est à la suite de cette famille qu'il faut placer les *Chrysobolanées* et *Calicanthées* qui appartenaient autrefois aux rosacées, desquelles elles diffèrent très-peu.

<br>

### FAMILLE DES LÉGUMINEUSES. — LEGUMINOSÆ.

(Atl. II, pl. 3, fig. 31; pl. 5, fig. 13; pl. 44, fig. 32.)

C'est du fruit nommé gousse, en latin *legumen*, que vient le nom de cette famille entrevue par Linné et qui cependant offre, comme les rosacées, plusieurs types pour lesquels les botanistes modernes ont créé les sous-familles ou groupes suivants :

1° Les *Papilionacées* ou plantes à fleurs irrégulières, composées d'un calice monosépale à cinq dents souvent inégales, d'une corolle offrant cinq sépales, dont un supérieur redressé nommé pour cette raison *étendard*, deux inférieurs rapprochés et appliqués l'un contre l'autre simulant la carène d'un vaisseau, d'où le nom de *carène* qui leur a été donné, et enfin deux latéraux appliqués sur la carène et appelés *ailes*. Les étamines sont au nombre de dix, monadelphes ou diadelphes; l'ovaire est uniloculaire terminé par un style plus ou moins arqué. Le fruit est uniloculaire ordinairement polysperme et s'ouvrant en deux valves. Parmi les plantes papilionacées, nous citerons le pois, le haricot, la gesse, la luzerne, le trèfle, le genêt, le cytise, la réglisse, etc.

2° Les *Swartziées*, arbres exotiques dont les fleurs sont irrégulières, mais n'offrent pas la symétrie de la fleur des papilionacées; elles en diffèrent encore par les étamines distinctes.

3° Les *Mimosées*, arbres, rarement herbes, à fleur régulière composée d'un calice monosépale à 4 ou 5 dents, de pétales en nombre égal à celui des dents calicinales, d'étamines en nombre double de celui des pétales et quelquefois en nombre indéfini.

La famille des Légumineuses est très-riche en produits de toutes sortes; elle comprend des plantes dont les graines sont alimentaires : haricot, pois, fève etc.; des fourrages pour les animaux, luzerne, sainfoin, gesse, vesse, trèfle etc.; des plantes et des substances médicinales, mélilot, casse, séné; des écorces, des résines, des gommes et entre autres la gomme arabique que produisent plusieurs acacias de l'Afrique et de l'Asie, les baumes du Pérou, de tolu, de copahu, l'oléo-résine, etc.; des matières tinctoriales, telles que le bleu indigo extrait de l'*indigofera tinctoria* et quelques autres; des bois de teintures, de Campêche, du Brésil, de sappan, etc., etc.; enfin des matières odorantes comme la *fève tonka*, qui est la graine du *dipteris odorata*.

### Famille des TÉRÉBINTACÉES. — **TEREBINTHACEÆ.**

Cette famille, telle qu'elle a été créée dans le *genera plantarum* par De Jussieu, comprenait des végétaux très-différents, qui ne permettaient pas d'établir une diagnose sérieuse; les botanistes modernes en ont fait plusieurs familles.

Les *Juglandées* de De Candolle sont des arbres à feuilles alternes, composées imparipennées, sans stipules : les fleurs sont unisexuées, monoïques; les mâles, disposées en chatons allongés, ont un calice monophylle à plusieurs lobes, et des étamines en nombre variable, point de corolle. Les fleurs femelles, agrégées plusieurs au sommet d'un pédoncule commun, sont composées d'un calice adhérent à l'ovaire, à 3 ou 5 dents très-petites; corolle nulle ou à pétales très-petits insérés au sommet du calice; l'ovaire est infère à 2 ou 4 loges inférieurement, uniloculaire supérieurement et ne contenant qu'un seul ovule. Le fruit est une drupe dont le noyau s'ouvre en deux valves, et contient une seule graine cérébriforme dépourvue d'albumen. Les juglandées appartiennent presque toutes à l'Amérique boréale;

c'est plutôt une famille *apétale*, voisine des cupuliférées, qu'une famille *polypétale*; les fruits du noyer commun sont comestibles, on en extrait une huile bonne à manger; le bois de noyer a un joli grain et est employé pour la fabrication des meubles.

La famille des Anacardiées d'Endlicher, comprend les *Anacardiées* et *Cassuviées* de R. Brown, qui sont des arbres à feuilles simples ou composées non stipulées; les fleurs sont souvent unisexuées par avortement, le calice est libre ou adhérent à 3 ou 5 lobes; les pétales sont en nombre égal à celui des lobes calicinaux, les étamines sont en même nombre ou double; l'ovaire est supère ou infère uniloculaire uniovulé, surmonté d'un ou de plusieurs styles. Le fruit est une drupe dont la graine est dépourvue d'albumen. Les anacardiées sont fréquentes dans les régions intertropicales, elles sont rares dans l'Europe méridionale; le mangifera donne un gros fruit comestible nommé mangle, très-estimé en Asie et Amérique; le pistacia fournit la pistache; d'autres produisent des résines employées à différents usages; la médecine trouve dans cette famille des médicaments; certains sumacs ont un suc laiteux très-vésicant.

Les *Burséracées* diffèrent des deux précédentes par l'ovaire à 2 ou 5 loges complètes contenant chacune deux ovules; ce sont des arbres qui habitent les mêmes régions que les anacardiacées; plusieurs fournissent des résines, des baumes, encens, etc.; quelques-uns de ces baumes ont des propriétés médicinales.

Les *Connaracées* se distinguent par la pluralité des ovaires; ce sont des arbrisseaux sans importance.

### FAMILLE DES CRASSULACÉES. — **CRASSULACEÆ.**

(Atl. II, pl. 3, fig. 17 et pl. 8, fig. 3.)

C'est De Jussieu qui a établi cette famille sous le nom de *Sempervivées*, Ventenat l'appelait *Succulentées* et c'est De Candolle qui l'a nommée *Crassulacées*. Elle comprend des herbes ou rarement des sous-arbrisseaux plus ou moins charnus qu'on nomme vulgairement *plantes grasses*. Les fleurs ont un calice monosépale quinquéfide multifide; des pétales insérés au fond du calice, en nombre égal à celui des divisions calicinales, quelquefois soudés entre eux en corolle monopétale; les étamines en nombre égal ou double de celui des pétales; les ovaires sont au nombre de 5, 10 ou 20, distincts et supères, et deviennent à la maturité des follicules contenant plusieurs graines très-petites, pourvues d'un albumen charnu. Cette famille est une famille cosmopolite ; elle fournit des médicaments et de jolies plantes d'ornement.

---

*Classe des plantes dycotylédonées, polypétales hypogynes.*

Fleurs composées de deux enveloppes, un calice et une corolle à pétales distincts et d'étamines insérées sur le réceptacle au-dessous de l'ovaire.

### Famille des RUTACÉES. — **RUTACEÆ.**

La famille des *Rutacées* de De Jussieu a été démembrée et constitue maintenant trois familles :

Les *Rutacées* vraies, herbes ou sous-arbrisseaux à feuilles alternes très-souvent glanduleuses, à fleurs régulières offrant un calice persistant à 4 ou 5 lobes, 4 ou 5 pétales, un nombre double ou triple d'étamines ; un ovaire implanté dans un disque glanduleux et profondément divisé en 2, 3 ou 5 lobes qui correspondent à autant de loges et entre lesquels lobes est situé un style ordinairement simple ; le fruit est une capsule qui renferme quelques graines pourvues d'un albumen charnu. Les plantes de cette famille appartiennent à la région méditerranéenne ; la *ruta graveolens* est une plante dont l'emploi est très-dangereux.

Les *Zygophyllées* diffèrent des rutacées par les feuilles opposées stipulées, l'ovaire non lobé, et les étamines insérées sur le dos d'écailles hypogynes. Ce sont des herbes et des arbres des régions extratropicales et dont quelques espèces s'avancent jusque dans la région méditerranéenne. Le *Gayac*, arbre des Antilles et qui joue un certain rôle dans la pharmacie, appartient à cette famille.

Les *Diosmées*, petits arbrisseaux d'ornement très-répandus au cap de Bonne-Espérance et à la Nouvelle-Hollande, se distinguent par plusieurs ovaires libres, en nombre égal à celui des pétales ; l'angusture vraie est l'écorce d'un arbre de cette famille.

Autour des rutacées se groupent les *Ochnacées* de De Candolle, arbres des régions tropicales, à plusieurs ovaires uniloculaires

(4 ou 5), implantés dans un gynophore qui porte le style au centre; les *Simarubées,* de Richard, arbres des mêmes régions, et qui s'en distinguent par les étamines insérées sur le dos d'écailles hypogynes; et les *Zanthoxylées* d'Adrien de Jussieu, arbres à fleurs le plus ordinairement unisexuées.

### Famille des GÉRANIACÉES. — GERANIACEÆ.

Les *Géraniacées* de De Jussieu sont des herbes à tiges articulées, ou des sous-arbrisseaux à feuilles munies de stipules foliacées ou scarieuses; leurs fleurs sont régulières ou un peu irrégulières et offrent un calice à cinq sépales distincts, cinq pétales, dix étamines, dont cinq ou trois sont quelquefois privées d'anthères; le centre est occupé par cinq ovaires uniloculaires soudés, ainsi que les styles, autour d'une colonne centrale, de laquelle ils se détachent à leur maturité, constituant alors autant de capsules qui renferment chacune une graine dépourvue d'albumen. Cette famille comprenait : 1° le genre tropœolum ou capucine, devenu le type de la famille des *Tropœolées,* qui est différent des géraniacées par le calice éperonné et huit étamines ; 2° le genre *Balsamina* qui constitue actuellement la famille des *Balsaminées* d'Achille Richard, ayant pour caractère l'irrégularité du calice, cinq étamines, et la capsule uniloculaire s'ouvrant avec élasticité à la maturité ; 3° enfin le genre *Oxalis,* types des *Oxalidées* de De Candolle, qui diffèrent des *Géraniacées* par les feuilles composées dépourvues de stipules, par l'ovaire à cinq loges surmonté de cinq styles distincts, et par les graines pourvues d'un albumen charnu. Les plantes de ces différentes familles sont, pour la plupart, des plantes d'ornement. L'*oxalis crenata* produit des tubercules alimentaires.

La famille des *Linées* ou des lins, que De Candolle a extraite des caryophyllées de De Jussieu, paraît assez voisine de la famille des géraniacées, dont elle diffère par les feuilles non stipulées, par les étamines en nombre égal à celui des pétales (5, rarement 4) et par l'ovaire à cinq loges subdivisées chacune incomplétement en deux logettes, ce qui la distingue des oxalidées, et enfin par 3 ou 5 styles filiformes distincts. On trouve des linées dans tous les climats tempérés; plusieurs espèces sont indigènes de France. On cultive le *Linum usitatissimum* pour sa graine employée en médecine et qui fournit de l'huile: pour sa tige de laquelle on obtient de la filasse.

Famille des ORANGERS. — **AURANTIACEÆ**.

De Jussieu avait réuni dans ses *Aurantiacées*, des plantes très-dis-semblables qui actuellement sont les types de plusieurs familles, telles que Olacinées, Ternstrœmiacées, etc. La famille des *Auran-tiacées* des botanistes modernes comprend des arbres ou arbustes dont presque tous les organes offrent des glandes oléifères plus ou moins saillantes; les feuilles sont composées; quelquefois unifoliolées; les fleurs, régulières, ont un calice urcéolé entier ou à 4 ou 5 dents; 4 ou 5 pétales; des étamines en nombre double ou multiple de celui des pétales, distinctes ou monadelphes; un ovaire à 4 ou 5 loges, souvent multiloculaire; un style simple terminé par un stigmate capité. Le fruit est une baie sèche ou charnue à plusieurs loges ou uniloculaire par avortement, et à loges ne contenant ordinairement qu'une seule graine dépourvue d'albumen. Les Aurantiacées appar-tiennent en grande partie à l'Asie tropicale; les propriétés et qualités des oranges, citrons, limons et fleurs d'oranger sont connues.

Les *Ternstrœmiacées* s'en distinguent par les feuilles simples non composées, quelquefois non ponctuées, par les étamines en nombre indéfini, et par les graines en nombre aussi indéfini dans chaque loge et pourvues d'un albumen charnu. Ce sont des arbres et ar-bustes exotiques. Le camellia est japonais; le thé croît spontané-ment en Chine; le *Cochlospermum tinctorium*, originaire du Sénégal, a des racines qui fournissent une matière tinctoriale jaune, et le *C. Gossypium* du même pays exsude de son tronc une gomme ana-logue à la gomme adragante.

La petite famille des *Chlénacées* diffère des ternstrœmiacées par l'involucre qui accompagne l'inflorescence et l'involucelle dont est munie chaque fleur, et qui, tous deux, persistent jusqu'à la ma-turité du fruit capsulaire à trois loges monospermes.

Les *Humiriacées* et les *Olacinées* sont deux autres petites familles de ce groupe à étamines monadelphes et voisines des précédentes; toutes deux ont le fruit drupacé.

Dans les *Humiriacées* le noyau est à 4 ou 5 loges; dans les *Ola-cinées* le noyau est uniloculaire.

### FAMILLE DES MÉLIACÉES. — **MELIACEÆ**.

Les *Méliacées* de De Jussieu sont des arbres à feuilles alternes simples ou souvent profondément découpées, quelquefois composées-pennées, sans stipules. Les fleurs ont un calice à 4 ou 5 sépales parfois soudés inférieurement, des pétales au nombre de 4 ou 5 insérés sur un disque hypogyne, des étamines en nombre double à filets soudés dans toute leur longueur en un tube plus ou moins long dans lequel sont les anthères; l'ovaire est à plusieurs loges surmonté d'un style simple. Le fruit est bacciforme ou capsulaire, à graines solitaires dans chaque loge et souvent munies d'un arille et avec ou sans albumen. Les arbres de cette famille croissent presque tous aux environs des tropiques. Le *melia azedarach*, très-bel arbre d'ornement originaire de l'Afrique et de l'Asie tropicales, est propagé dans les régions méditerranéennes; presque toutes les méliacées contiennent un principe amer qui détermine des accidents souvent très-graves.

Les *Cédrélacées* de Robert Brown sont des arbres que De Jussieu avait réunis aux méliacées, mais qui en diffèrent par le fruit capsulaire à déhiscence septifrage, et dont les loges renferment de nombreuses graines ailées. C'est à cette famille qu'appartiennent l'acajou à meuble (*Swietenia mahogani*), le *cedrela odorata*, et d'autres espèces de ce genre dont l'écorce est employée en médecine.

### FAMILLE DES CLUSIACÉES. — **CLUSIACEÆ**.

C'est cette famille que De Jussieu appelait *Guttifères* à cause du suc résineux jaune dont est imprégné le tissu ligneux et cortical des arbres qu'elle comprend. Le plus généralement les rameaux de ces arbres sont quadrangulaires articulés; les feuilles sont toujours opposées simples, épaisses, à nervures secondaires très-souvent transverses, peu saillantes; les fleurs sont grandes, le calice est nu ou accompagné de bractées, à 2, 4 ou 8 sépales imbriqués, les extérieurs plus petits; les pétales en nombre égal ou double de celui des sépales sont insérés sur un réceptacle charnu; les étamines sont nombreuses, distinctes ou monadelphes inférieurement; l'ovaire est à plusieurs loges, surmonté d'un style simple ou d'un stigmate sessile pelté et lobé. Le fruit est une capsule à plusieurs loges polyspermes, ou une baie multiloculaire à loges monospermes et à graines sans albumen, munie d'un arille qui les enveloppe complétement ou qui ne forme qu'une cupule à la base. Ces arbres sont presque tous des régions tropicales ; c'est le *gamboja guttæ* qui produit la gomme-gutte, belle couleur jaune employée dans les arts ; plusieurs *clusia* sont considérés en Amérique comme vulnéraires ; l'écorce du *clusia pseudochina* est, dit-on, employée au Pérou pour falsifier l'écorce du quinquina ; les résines des *tovomita*, *havetia*, etc., sont balsamiques ; le fruit du *mammea* est alimentaire ; avec les fleurs du mammey, on prépare en Amérique une liqueur digestive nommée *eau-de-créole*.

Les *Marcgraviacées* diffèrent des clusiacées par les feuilles, qui sont alternes ; aux Antilles, on attribue aux tiges et aux feuilles de ces arbres des propriétés antisyphilitiques et diurétiques.


Famille des MILLEPERTUIS. — **HYPERICINEÆ.**

Cette famille, créée par De Jussieu, comprend des arbres et des herbes à feuilles opposées ponctuées glanduleuses et à fleurs régulières généralement de couleur jaune. Le calice est persistant à 4 ou 5 sépales distincts ou plus ou moins soudés inférieurement ; les pétales sont en nombre égal à celui des sépales, et les étamines très-nombreuses distinctes ou monadelphes inférieurement ou réunies en autant de faisceaux qu'il y a de pétales avec lesquels elles alternent ; l'ovaire est à 3 ou 5 loges incomplètes par l'introflexion des bords carpellaires qui portent plusieurs ovules ; les styles sont distincts et en nombre égal à celui des loges. Le fruit est une capsule à une ou plusieurs loges et qui renferme plusieurs graines dépourvues d'albumen. Les hypéricinées appartiennent aux climats chauds et tempérés ; plusieurs sont indigènes de France, et dans certains pays on leur attribue des propriétés médicinales.

On rapproche de cette famille les *Réaumuriacées* et les *Tamariscinées*, arbustes d'un port très-différent. Les réaumuriacées ont les feuilles alternes non ponctuées, plus ou moins charnues, et les graines sont pourvues d'albumen ; ce sont des arbrisseaux de l'Asie Mineure. Les *tamariscinées* dont nous avons en France un représentant, le *tamaris gallica*, sont de charmants arbrisseaux, à feuilles très-petites écailleuses, alternes et à fleurs petites disposées en trèsélégants panicules ; les étamines sont en nombre égal ou double de celui des pétales ; le fruit uniloculaire à graines dépourvues d'albumen.

### Famille des VIGNES. — **VINIFEREÆ.**

Cette famille, créée par De Jussieu, est encore désignée sous le nom de *Ampélidées* par Kunth, et *Sarmentacées* par Ventenat. Elle comprend des arbrisseaux grimpants à feuilles alternes, quelquefois opposées dans la partie inférieure des rameaux ; ils sont munis de vrilles opposées aux feuilles. Les fleurs très-petites ont un calice monosépale souvent entier, 4 ou 5 pétales très caducs, 4 ou 5 étamines opposées aux pétales, caractère très-distinctif. Le fruit est une baie à graines osseuses, pourvues d'un albumen cartilagineux. La vigne appartient à cette famille.

### Famille des SAPINDACÉES. — **SAPINDACEÆ.**

Les *Sapindacées* de De Jussieu sont des arbres, rarement des herbes, à feuilles alternes, simples, mais le plus souvent composées avec ou sans stipules. Les fleurs petites ont un calice à cinq sépales souvent inégaux ; un disque annulaire ou unilatéral parfois adhérent à la base du calice ; la corolle manque quelquefois, mais le plus souvent elle a cinq pétales insérés en dehors du disque ; les étamines, en nombre généralement double de celui des sépales, sont insérées en dedans du disque ; l'ovaire est ordinairement à 3 loges souvent uniovulées, surmonté d'un style portant des stigmates en nombre égal à celui des loges. Le fruit est une capsule ou une samare dont les graines dépourvues d'albumen contiennent un embryon le plus souvent arqué ou disposé en spirale. Plantes tropicales.

La famille des marronniers ou *Hippocastanées* de De Jussieu diffère des sapindacées par les feuilles opposées, par la fleur à 5 ou 4 pétales et par les étamines au nombre de 7, quelquefois 6 ou 8.

La famille des *Érables* ou *Acérinées* de De Jussieu se distingue des sapindacées par ses feuilles opposées, le calice glanduleux, l'ovaire à deux loges surmonté de deux styles, et par le fruit qui est composé de deux samares. Les érables appartiennent aux régions tempérées de l'hémisphère boréal et particulièrement à l'Amérique.

Les *Malpighiacées* de De Jussieu, arbres des régions tropicales, dif-

fèrent des sapindacées par la présence de stipules géminées, par les
pétales onguiculés et les étamines monadelphes.

Les *Erythroxylées*, qui ont beaucoup d'affinités avec les sapindacées et malpighiacées, se distinguent de ces deux familles par les
feuilles généralement alternes, par deux appendices écailleux situés
à la base des pétales, et par le fruit drupacé qui renferme une seule
graine pourvue d'albumen. C'est à cette famille qu'appartient la
*Coca*, petit arbuste du Pérou dont les feuilles mâchées auraient des
propriétés toniques et fortifiantes sans pareilles ; prises à forte dose,
elles provoquent l'ivresse et des hallucinations.

### Famille des TILLEULS. — **TILIACEÆ.**

La famille des *Tiliacées* de De Jussieu comprend des arbres, rarement des herbes, à feuilles alternes munies de stipules géminées distinctes. Les fleurs ont un calice à 4 ou 5 sépales, 4 ou 5 pétales, des
étamines en nombre généralement indéfini distinctes, un ovaire
à 2 ou 10 loges souvent subdivisées en deux logettes, un style terminé par des stigmates en nombre égal à celui des loges de
l'ovaire. Le fruit est ligneux ou drupacé à plusieurs loges et souvent hérissé de petites pointes ; les graines sont généralement dépourvues d'albumen. Les végétaux de cette famille croissent dans
des climats très-différents : les uns appartiennent aux régions tropicales, comme les *apeïba*, d'autres aux régions tempérées comme le
*sparmannia* originaire du Cap, ou les tilleuls originaires de l'Amérique du Nord, ou de l'Europe tempérée. C'est avec le liber du
tilleul qu'on fabrique des cordes à puits ; celui des *corchorus* fournit
de la filasse. Les fleurs de tilleul sont employées en médecine.

Les *Eléocarpées*, réunies aux tiliacées par quelques auteurs, n'en
diffèrent en effet que par les pétales frangés et les étamines dont les
anthères s'ouvrent par des valvules au sommet, au lieu de s'ouvrir
longitudinalement.

### Famille des MALVACÉES. — **MALVACEÆ.**
(Atl. II, pl. 40, fig. 16.)

Sous le nom de *Malvacées*, De Jussieu avait réuni un grand
nombre de plantes différant entre elles par des caractères assez

importants, qui ont permis de les diviser en plusieurs familles.

Les *Malvacées* vraies ont les feuilles alternes stipulées ; le calice est souvent double ; la corolle est à 5 pétales soudés par leur base avec le tube des étamines monadelphes à anthères uniloculaires ; l'ovaire est à cinq loges ou composé d'un grand nombre de carpelles disposés autour d'une colonne centrale et surmontés d'un nombre de styles égal à celui des loges ou carpelles de l'ovaire. Le fruit est une capsule ou une réunion de carpelles qui se séparent à la maturité et contiennent des graines pourvues d'albumen. Le cotonnier, la mauve, la guimauve, la rose trémière, les hibiscus et sida appartiennent à cette famille qui est cosmopolite ; ce sont les poils soyeux des graines du cotonnier qui constituent le coton.

Les *Sterculiacées* de Ventenat ou *Bombacées* de Kunth sont des arbres intertropicaux à feuilles stipulées ; le calice est monosépale ; la corolle est composée de cinq pétales, quelquefois nulle ; les étamines sont en nombre indéfini, monadelphes à anthères biloculaires, et l'ovaire est composé ordinairement de cinq carpelles distincts ou soudés en ovaire pluriloculaire ; comme dans les malvacées, les graines sont pourvues d'albumen. Le baobab, les bombax sont des sterculiacées.

Enfin les *Byttnériacées* de Robert Brown, ou *Dombéyacées* de Bartling sont des arbres ou des arbrisseaux des régions tropicales du Cap et de la Nouvelle-Hollande, à feuilles alternes stipulées, à étamines monadelphes, tantôt en nombre égal à celui des pétales et opposées à eux, ou en nombre double ou indéfini, et alors alternativement fertiles et stériles ; l'ovaire est à plusieurs loges surmonté d'un style terminé par autant de stigmates qu'il y a de loges à l'ovaire ; le fruit est le plus souvent une capsule à graines pourvues ou dépourvues d'albumen. C'est à cette famille qu'appartient le *Cacao* dont les graines broyées et mélangées à du sucre constituent la pâte de chocolat.

### FAMILLE DES CARYOPHYLLÉES. — **CARYOPHYLLEÆ.**

Cette famille, créée par De Jussieu et qui reçut de quelques auteurs les noms de Silénées et Alsinées, se compose d'herbes, rarement d'arbrisseaux, à tiges ordinairement articulées, portant des feuilles allongées opposées sans stipules. Les fleurs ont un calice monosépale ou à 4 ou 5 lobes ou à 4 ou 5 sépales ; autant de pétales ; des étamines

en même nombre ou en nombre double; un ovaire uniloculaire ou à
3 à 5 loges incomplètes, surmonté de plusieurs styles distincts (2 à 5).
Le fruit est une capsule à une ou plusieurs loges polyspermes et qui
s'ouvre au sommet par plusieurs dents; les graines pourvues d'albumen contiennent un embryon arqué périphérique.

Les *Paronychiées* ou *Illécébrées* sont réunies par plusieurs auteurs
à la famille des caryophyllées dont elles ne diffèrent que par le fruit
uniloculaire monosperme. Les caryophyllées sont répandues sur
tout le globe. Les œillets sont de jolies plantes d'agrément, la sapo-
naire est employée en médecine, etc.

FAMILLE DES VIOLETTES. — VIOLARIEÆ.

(Atl. II, pl. 49, fig. 6.)

De Jussieu confondait, sous le nom de *cistées*, les violettes et les
cistes; De Candolle créa la famille des *violariées* qui a pour caractère :
feuilles alternes munies de stipules foliacées, calice à cinq sépales
distincts, cinq pétales souvent inégaux entre eux, cinq étamines soudées entre elles par les anthères et les filets en un tube qui enveloppe
l'ovaire ; un ovaire à une seule loge dans laquelle les ovules sont
insérés à 3 placentas pariétaux, un style. Le fruit est une capsule
qui s'ouvre en trois valves portant sur leur milieu de nombreuses
graines pourvues d'un albumen charnu. Les violettes sont abondantes en Europe; on trouve d'autres genres de cette famille dans
les régions intertropicales. La fleur de violette est employée en médecine ; les racines des *ionidium* constituent les faux *ipécacuanha*.

Autour de cette famille des violariées se groupent plusieurs
familles qui, comme elle, ont l'ovaire uniloculaire à placentas pariétaux ; elles s'en distinguent comme il suit :

1. Les *Cistinées* (Atl. II, pl. 49, fig. 7), éparses sur tout le globe,
par les étamines distinctes en nombre indéfini ;

2. Les *Droséracées*, par leurs feuilles bordées de cils glanduleux
non stipulés, par les fleurs régulières à étamines distinctes et en
nombre égal ou double de celui des pétales; quelques espèces sont
indigènes de France ; la *dionée* ou *attrape-mouches* appartient à
cette famille ;

3. Les *Bixacées* ou *Flacourtianées*, par les étamines indéfinies, et
le fruit bacciforme à graines ayant un tégument charnu arilliforme

et donnant une belle couleur rouge, comme dans le roucou ou *bixa-orellana*; les plantes de cette famille sont des arbres tropicaux;

4. Les *Frankéniacées* et les *Sauvagesiées*, petites familles de plantes herbacées sans intérêt.

## Famille des POLYGALÉES. — **POLYGALEÆ**.

Les *Polygalées* de De Jussieu sont des herbes ou des arbustes à feuilles le plus ordinairement alternes et à fleurs irrégulières offrant un calice à cinq sépales dont deux plus intérieurs souvent pétalí-formes; 3 ou 4 pétales adhérents à la partie inférieure du tube des étamines; huit étamines monadelphes à anthères uniloculaires s'ouvrant par un pore au sommet; un ovaire biloculaire, qui devient à la maturité une capsule aplatie à une ou deux loges contenant une graine ordinairement pourvue d'albumen. Plusieurs polygala sont indigènes de France; les racines du *polygala senega*, originaire de l'Amérique boréale, sont employées en médecine; celles des *krameria*, plantes du Pérou, sont connues dans les pharmacies sous le nom de *ratanhia*.

La famille des *Trémandrées*, voisine des *Polygalées*, comprend des petits arbrisseaux de l'Australie qui ont le port des Bruyères; elle s'en distingue par les fleurs régulières et par les étamines distinctes au nombre de 8 ou 10, disposées par paires devant chaque pétale.

## Famille des CRUCIFÈRES. — **CRUCIFERÆ**.
(Atl. II, pl. 40, fig. 15.)

La famille des *Crucifères* est une des familles devinées par les anciens botanistes. Ray l'appelait *Tétrapétales*, Linné *Siliqueuses*, Tournefort, *Cruciformes*, et c'est à Adanson qu'elle doit son nom de *Crucifères*. Elle comprend des plantes herbacées dont beaucoup indigènes à la France, et qui ont des fleurs composées d'un calice à quatre sépales, d'une corolle à quatre pétales disposés en croix, de six étamines tétradynames et d'un ovaire biloculaire surmonté de deux stigmates sessiles. Le fruit est une silique ou une silicule à graines dépourvues d'albumen contenant un embryon replié sur lui-même ou enroulé en spirale. Quelques espèces de cette famille sont ornementales : giroflée, lunaire, alyssum, aubriétia, etc.; d'autres sont médicinales : cochléaria, passerage, cresson de fontaine, raifort.

L'*isatis tinctoria* fournit une couleur bleue nommée pastel ou indigo indigène. Le chou, le navet, le radis, etc., sont des crucifères.

Les *Résédacées* et les *Capparidées* ont beaucoup d'affinités avec les *Crucifères*; les premières, parmi lesquelles se trouve la gaude (*reseda luteola*), plante tinctoriale indigène de France, s'en distinguent par les pétales frangés, les étamines au nombre de 3 à 40 insérées sur un disque, et l'ovaire uniloculaire ouvert à son sommet, à placentas pariétaux.

Les *Capparidées* en diffèrent par les étamines souvent en nombre indéfini, par l'ovaire souvent stipité uniloculaire non ouvert au sommet, à placentas pariétaux. Les capparidées sont des régions tropicales ou subtropicales, très-nombreuses en Amérique et en Afrique; une seule est de l'Europe australe, le *capparis spinosa*, dont les boutons à fleurs, confits dans le vinaigre, constituent les câpres.

### FAMILLE DES PAVOTS. — PAPAVERACEÆ.

Les *Papavéracées* sont des plantes lactescentes, à feuilles alternes et à fleurs composées de 2 ou 3 sépales, d'un nombre double de pétales, d'étamines en nombre indéfini et d'un ovaire uniloculaire à placentas pariétaux, surmonté de stigmates en nombre égal à celui des placentas. Le fruit est une capsule globuleuse ou siliquiforme qui renferme généralement de nombreuses graines pouvues d'un albumen charnu. Les papavéracées appartiennent aux régions tempérées; elles sont communes en France. L'opium est le suc épaissi qu'on obtient par incision des capsules du *papaver somniferum*; les pétales du coquelicot sont employés en médecine.

Les *Fumariacées* ne diffèrent des papavéracées que par la fleur irrégulière et les étamines au nombre de six, souvent diadelphes. La fumeterre est une plante médicinale; le *dielytra spectabilis* est une très-belle plante d'ornement.

### FAMILLE DES NÉNUPHARS. — NYMPHEACEÆ.

De Jussieu plaçait les *Nymphea* dans les *Hydrocharidées* et les considérait comme des plantes monocotylédonées; Salisbury en fit une famille distincte qui a beaucoup d'affinités avec les papavéracées. Ce sont des herbes aquatiques à feuilles nageantes. Les fleurs ont un calice à 4 ou 5 sépales distincts ou soudés inférieurement en tube qui est alors adhérent à l'ovaire ; les pétales sont nombreux ; il en est de même des étamines dont les filets sont pétaloïdes ; l'ovaire est à plusieurs loges, couronné par autant de stigmates. Le fruit est une baie à graines pourvues d'un double albumen. Les nymphea et nénuphar, plantes indigènes de France, sont considérées comme plantes froides ; la *victoria regia*, originaire du fleuve Colombia, est une plante très-belle et très-remarquable par ses feuilles qui n'ont pas moins d'un mètre de diamètre et ses fleurs blanc-rosé qui mesurent souvent plus de 30 centimètres de largeur.

Les *Nélombées* ne diffèrent des nymphéacées que par les ovaires nombreux dans la même fleur et nichés dans les alvéoles d'un réceptacle très-épais. Les *Nelombo* sont des plantes de l'Asie tropicale.

### Famille des BERBÉRIDÉES. — **BERBERIDEÆ.**

(Atl. II, pl. 45, fig. 2.)

Cette famille, créée par De Jussieu, comprend des arbustes et des plantes herbacées à feuilles le plus souvent alternes. Les fleurs sont régulières ou irrégulières et offrent un calice à 3, 6 ou 9 sépales disposés par verticilles de trois sépales, souvent colorés et se confondant avec les pétales, qui sont en même nombre que les sépales, présentant souvent deux glandes à leur base, ou se prolongeant en éperon ; des étamines en nombre égal à celui des pétales, opposées à ceux-ci, et dont les anthères s'ouvrent par des valves et non par deux fentes longitudinales ; un ovaire uniloculaire surmonté d'un style ou d'un stigmate sessile. Le fruit est une baie à une ou plusieurs graines pourvues d'albumen. Les berbéridées sont originaires des pays tempérés ; l'épine-vinette croit en Europe ; ses fruits un peu acides servent à faire des confitures ; les *berberis lutea*, *glauca*, *tinctoria*, etc., ont un bois jaune qui est employé dans la teinture.

### Famille des MÉNISPERMÉES. — **MENISPERMEÆ.**

(Atl. II, pl. 38, fig. 2 à 5.)

Les *Ménispermées* de De Jussieu sont des plantes sarmenteuses à feuilles alternes et à fleurs souvent unisexuées ; le calice est à 3, 6 ou 12 sépales ; les pétales, souvent de moitié plus petits, manquent quelquefois ; les étamines sont en nombre égal à celui des sépales, tantôt distinctes, tantôt réunies en une colonne centrale dans les fleurs unisexuées ; les fleurs femelles offrent plusieurs ovaires uniloculaires distincts ou soudés en un seul qui alors est à plusieurs loges. Le fruit est une baie ou une drupe à graines dépourvues ou pourvues d'un albumen très-mince. Les plantes de cette famille appartiennent en grande partie aux régions intertropicales de l'Asie et de l'Amérique ; elles contiennent un principe amer qui agit quelquefois comme un poison, telle est la *coque du levant*, baie du *menispermum cocculus* de Linné. Le *colombo* est la racine du *menispermum colombo* et le *pareira brava* est celle du *cissampelos pareira*.

Les *Lardizabalées* et *Schizandrées* sont des démembrements de cette famille, difficile à caractériser.

### Famille des MAGNOLIERS. — **MAGNOLIACEÆ.**

(Atl. II, pl. 37 , fig. 5 et 6.)

De Jussieu a créé cette famille pour des arbres à feuilles alternes, le plus ordinairement munis d'une stipule caduque qui enveloppe le bourgeon, ou de deux stipules latérales ; les fleurs sont très-grandes, très-belles, composées de 3 ou 6 sépales souvent colorés, très-caduces, de 6 pétales ou plus, disposés en verticilles de trois ; de nombreuses étamines insérées sur un réceptacle allongé ; de plusieurs ovaires uniloculaires disposés sur un réceptacle saillant conique et contenant plusieurs ovules insérés sur la suture ventrale ; le style est le prolongement de l'ovaire. Le fruit est très-variable ; il est composé ou de capsules ou de follicules ou de samares ; la graine, souvent attachée à un long funicule, a son tégument extérieur très-épais, coloré, arilliforme, et est pourvue d'un albumen charnu. Les magnoliacées appartiennent aux régions tempérées de l'Amérique et de l'Asie, au Japon, à la Chine. Les magnolia et le tulipier (*liriodendrum*) sont de très beaux arbres d'agrément. L'écorce de *winter* est fournie par le *drimys winteri* du détroit de Magellan ; l'*anis étoilé* est le fruit de l'*illicium anisatum*.

Les *Anonacées* de De Jussieu (Atl. II, pl. 37, fig. 7 à 9) ne diffèrent guère des magnoliacées que par les ovaires qui se soudent à la maturité pour former un fruit multiloculaire, et par les graines dont l'albumen est ruminé. Les fruits de plusieurs *anona* sont comestibles.

Les *Dilléniacées* de De Candolle (Atl. II, pl. 37, fig. 3), que De Jussieu considérait comme des magnoliacées, n'en diffèrent que par le calice persistant et par les graines munies d'un arille.

Les *Myristicées* ou muscadiers, que De Jussieu plaçait dans les apétales et que les botanistes modernes rangent auprès des magnoliacées, en diffèrent par l'unisexualité des fleurs, l'absence de corolle, les étamines monadelphes, l'ovaire unique uniloculaire monosperme, à graines pourvues d'un albumen ruminé ; la place de cette famille est bien plutôt après les laurinées, comme De Jussieu l'y avait mise.

### FAMILLE DES RENONCULACÉES. — **RENUNCULACEÆ**.

(Atl. II, pl. 35 et 36.)

La famille des *Renonculacées* comprend des plantes très-diverses, comme port et comme structure florale : les unes sont des plantes ligneuses grimpantes à feuilles opposées comme les clématites ; les autres sont des herbes ou des arbustes à feuilles alternes, mais presque toujours ces feuilles sont plus ou moins profondément découpées.

Les fleurs offrent encore plus d'anomalies : dans les clématites, anémones et *thalictrum*, il n'y a point de corolle ; le calice est à 3 ou 6 sépales plats colorés, pétaloïdes ; dans les aconites et les delphinium, le calice est composé de sépales inégaux, dont un, le supérieur, est en capuchon ou en éperon. La corolle des renoncules, des pivoines, a ses pétales plats, réguliers ; celle des ancolies, des nigelles les a tubuleux ou éperonnés. Mais toutes les renonculacées ont des étamines nombreuses. Rien de constant dans le nombre et la structure des ovaires : indéfinis, distincts, uniloculaires, monospermes dans les renoncules, anémones et clématites, ils sont en nombre défini dans les pivoines, les ancolies et delphinium, et chacun d'eux contient plusieurs ovules ; dans les nigelles les ovaires se soudent plus ou moins entre eux, de manière à ne plus former qu'un seul ovaire à plusieurs loges, comme dans la nigelle de Damas ; dans le genre actea, l'ovaire est unique, uniloculaire, uniovulé. Le fruit ne présente pas plus d'uniformité : dans les renoncules et clématites c'est un akène ; dans les hellébores et pivoines ce sont des follicules ; le fruit de la nigelle de Damas est une capsule à plusieurs loges ; enfin celui de l'*actea spicata* est une petite drupe monosperme. Malgré ces différences et le peu d'analogie de ces plantes, il est impossible de les séparer en plusieurs familles. On a établi seulement 5 tribus :

1. Les *Clématidées*, arbrisseaux à feuilles opposées, calice coloré, corolle nulle, fruits akènes.

2. Les *Anémonées*, herbes à feuilles alternes, calice coloré, corolle nulle, fruits akènes.

3. Les *Renonculées*, herbes à feuilles alternes, fleurs régulières, ayant calice et corolle, fruits akènes.

4. Les *Helléborées*, herbes à feuilles alternes, fleurs irrégulières, ayant calice et corolle, ou régulières sans corolle ; les fruits sont des follicules ou une capsule.

5. Les *Péoniées*, herbes ou arbrisseaux à feuilles alternes, fleurs régulières, à sépales et pétales plats, quelquefois corolle nulle ; les fruits sont des follicules ou des baies monospermes.

La famille des renonculacées, une des plus grandes du règne végétal, a des représentants dispersés sur toute la surface du globe ; toutes ces plantes contiennent un principe âcre très-dangereux, qui peut donner la mort ; on emploie cependant les graines de ni-gelle comme condiment ; mais les aconits et certaines renoncules sont des poisons très-violents ; on en fait néanmoins usage, à dose faible, comme médicament. Les clématites, la renoncule asiatique et les anémones avec leurs nombreuses variétés, les nigelles et surtout les pivoines sont de belles plantes très-recherchées pour l'ornement des jardins.

FIN DU SECOND VOLUME DE LA BOTANIQUE GÉNÉRALE

# TABLE DES MATIÈRES

CONTENUES

DANS LE DEUXIÈME VOLUME DU TRAITÉ DE BOTANIQUE GÉNÉRALE

TABLE DES MATIÈRES.

FIN DE LA TABLE DU DEUXIÈME VOLUME
DE LA BOTANIQUE GÉNÉRALE.

Paris. —Imp. P.-A. BOURDIER et C<sup>ie</sup>, rue des Poitevins, 6.

DICTIONNAIRE ÉTYMOLOGIQUE

DES

# TERMES DE BOTANIQUE

# AVIS.

Il ne nous a pas paru sans intérêt d'annexer à notre publication un *Dictionnaire des termes de botanique* contenant, avec des définitions succinctes, l'étymologie de ces termes, qui souvent à elle seule est une explication tout entière. Mais nous n'avons pu avoir la prétention de donner un dictionnaire complet de botanique, renfermant tous les mots purement spécifiques, tous les noms et toutes les définitions des espèces, ni même des genres ; nous nous en sommes tenus, et encore pour mémoire, aux noms principaux des familles. Néanmoins, dans les bornes où nous avons cru devoir nous renfermer, et bien que nous puissions considérer notre tâche comme remplie, si ce Dictionnaire suffit aux lecteurs de l'ouvrage pour lequel il est le plus particulièrement composé, nous avons l'espérance qu'aussi utilement qu'aucun autre, il pourra être consulté par les lecteurs d'autres livres de botanique.

# DICTIONNAIRE

DES

# TERMES DE BOTANIQUE

## A

**A**, privatif de la langue grecque, lettre qui, placée en tête d'un terme de botanique, indique la privation, l'absence de l'organe que désigne ce terme, comme dans *acotylédon*, privé de cotylédons, *apétales*, privé de pétales, etc., etc.

**ABRUPTI-PENNÉ** (*abrupti pinnatus*), employé pour désigner les feuilles *pennées* terminées par une paire de folioles opposées, et non par une foliole unique.

**ABSORPTION**, fonction des tissus végétaux qui ont, comme l'extrémité des racines, par exemple, la propriété d'absorber les liquides.

**ACALICAL** (*acalicalis*, du grec ἀ, privatif, κάλυξ, calice). On dit que l'insertion des étamines est *acalicale* quand ces organes partent du réceptacle sans adhérer au calice.

**ACALICINE** (*acalicinus*, même étymologie), plante qui n'a pas de calicule.

**ACALICULÉ** (*acaliculatus*, même étymologie), terme employé par opposition à celui de *calicule*, pour parler d'une fleur ou d'un genre dépourvu de calice.

**ACANTHACÉES** (*acanthaceæ*, du grec ἄκανθος, acanthe), famille de plantes dicotylédones, dont l'acanthe est le type.

**ACAULES** (*acaules plantæ*, du grec ἀ, privatif, καυλός, tige, privé de tige), plantes qui paraissent dépourvues de tige et dont les fleurs et les feuilles semblent sortir du collet de la racine; mais les plantes dites acaules, comme la primevère des jardins, etc., ont néanmoins une tige, très-petite, il est vrai, et enfouie sous terre, qui constitue une souche.

**ACCESSOIRES**. Les parties et les organes qui ne semblent pas indispensables à l'existence de la plante, comme les poils et les aiguillons, se nomment accessoires.

**ACCRESCENCE**. Ce terme, synonyme d'*accroissement*, s'applique exceptionnellement à certains organes, par exemple, au développement que prennent les enveloppes florales après la fécondation.

**ACCRESCENT**, se dit des organes qui s'accroissent après que les parties environnantes sont flétries et particulièrement des organes floraux qui, dans un grand nombre de plantes, s'accroissent après la fécondation. Tels sont le calice dans le pommier, le stigmate dans le pavot, etc.

**ACCRESCIBLE**, se dit d'un organe *susceptible de s'accroître*.

**ACCROISSEMENT** des plantes, terme qui exprime l'augmentation successive qu'on remarque dans les dimensions des parties d'une plante, soit en longueur, soit en largeur, jusqu'au point de son plus grand développement. L'accroissement est un des sujets les plus amplement développés dans les ouvrages de botanique. Il s'étend à toutes les parties du végétal, tige, feuille, bourgeon, fruit, etc., etc.

**ACÉPHALE** (du grec ἀ, privatif, κεφαλή, tête, sans tête), épithète appliquée à l'ovaire, quand il ne porte pas immédiatement le style, comme cela se voit dans les labiées, les ochnacées, etc. Se dit aussi par opposition à *capitata*, avec tête, comme dans le chou-vert ou non pommé, par opposition au chou pommé.

**ACÉRÉ, ACÉREUSES** (du grec ἀκίς et du latin *acies*, pointe, dard, tranchant). On appelle *folia acerosa*, feuilles acérées, linéaires-acuminées, celles qui sont étroites, aiguës, rigides et persistantes; comme dans le pin et plusieurs autres conifères.

**ACHÈNE**. Voyez Akène.

**ACICULAIRE** (même étymologie), épithète qui s'applique aux feuilles du même genre que les précédentes.

**ACICULÉ** (même étymologie), terme qui sert à indiquer que la surface du tégument propre de la graine est marquée de raies très-fines, comme si elles avaient été faites avec une pointe d'aiguille.

**ACIDE**, terme de chimie qui tout d'abord présente à l'esprit tout ce qui est aigre. Il y a des acides végétaux comme il y a des acides métalliques, non métalliques et animaux. L'acide acétique est de tous les acides végétaux celui que l'on rencontre en plus d'abondance dans la nature et qu'on prépare le plus facilement pour les arts. L'acide citrique s'extrait du suc des citrons. L'acide malique existe dans presque tous les végétaux, mais particulièrement dans le fruit du pommier. Les végétaux produisent d'autres genres d'acides qui trouvent naturellement leur place dans la partie *Chimie végétale du Traité de botanique générale*.

**ACINACIFORME** (du grec ἀκινάκης, cimeterre, sabre). Quelques botanistes appellent *folia acinaciformia*, feuilles acinaciformes, celles qui sont allongées et plus ou moins charnues, et qui ont un de leurs bords épais, obtus, tandis que l'autre est délié et tranchant.

**ACINE** (du latin *acinus, acinum*, pepin de raisin), nom donné par Gaertner aux baies molles et transparentes, renfermant des graines recouvertes d'un tégument coriace, comme le raisin.

**ACONITINE**, terme de chimie végétale, poison extrait de l'aconit.

**ACOTYLÉ, ACOTYLÉDON, ACOTYLÉDONE, ACOTYLÉDONÉ** (d'ἀ privatif, κοτυληδών, creux, cavité, ou de κότυλος, κοτύλη, cotyle, écuelle, par extension botanique, articulation creuse, petite feuille), termes qui s'appliquent aux plantes dont l'embryon est dépourvu de lobes (voir ce mot), de cotylédons.

**ACOTYLÉDONIE** (même étymologie), nom de l'une des trois grandes divisions du règne végétal, établies par de Jussieu. On comprend dans celle-ci toutes les plantes dont l'embryon est dépourvu de lobes; elle renferme tous les cryptogames de Linné.

**ACROGÈNES** (*acrogenæ*, du grec ἄκρος, sommet, γεννάω, engendrer, ou γένος, progéniture, par extension botanique, *croissance*), plantes qui croissent par le sommet uniquement. Lindley a introduit ce terme en botanique pour désigner la division des acotylédones de Jussieu, par opposition aux termes d'endogènes et d'exogènes (voir ces mots) donnés par de Candolle aux monocotylédones et dicotylédones.

**ACULÉIFORME** (du latin *aculus*, aiguillon, *forma*, forme, en forme d'aiguillon), se dit, en botanique, des rameaux roides et aigus, des stipules persistantes, roides et pointues, comme les rameaux du prunellier, les stipules de l'épine-vinette.

**ACUMINÉ** (du grec ἀκή, pointe, et du latin *acumen*, qui signifie aussi pointe), épithète que l'on applique à une feuille, à un pétale ou à tout autre organe végétal foliacé, qui se termine *brusquement* au sommet en pointe. Il ne faut pas confondre la feuille acuminée (*folium acuminatum*) avec la feuille simplement aiguë (*folium acutum*). Le peuplier d'Italie a la feuille acuminée, de même celle du noisetier, tandis que la feuille du laurier-rose est aiguë.

**ACUTANGULÉ** (du latin *acutus*, aigu, *angulus*, angle), terme qui s'applique à tout organe qui présente des angles aigus, et qui présente l'idée inverse du mot *obtusangulé* (voir ce mot).

**ADHÉRENT, ADHÉRENCE** (*adhærens, adhærentia*), union ou soudure de parties ordinairement distinctes. La soudure des étamines avec la corolle est une adhérence. Le calice est adhérent à l'ovaire quand son tube est soudé avec la substance de l'ovaire. (Voir les mots *Calice, Ovaire*.)

**ADMINICULE** (*adminiculum*), terme peu usité et qui désigne les caractères spécifiques d'une importance secondaire.

**ADNÉ** (*adnatus* ou *adnexus*, annexé), qui adhère immédiatement, qui fait corps avec autre chose. On dit d'un organe qu'il est adné quand il est soudé dans sa longueur à un autre, de manière à sembler en être l'appendice. On appelle aussi anthères adnées celles qui sont attachées sur le côté ou sur la partie moyenne des filets, et qui y adhèrent dans toute leur longueur, comme dans la plupart des plantes de la famille des renonculacées. Les stipules sont adnées ou soudées au pétiole dans plusieurs genres de la famille des rosacées.

**ADONISTES**. On a longtemps donné ce nom à ceux qui faisaient le catalogue des plantes exotiques cultivées dans tels ou tels jardins botaniques, comme on donnait celui d'*adonide* au jardin lui-même dans lequel on cultivait ces plantes, et près duquel se trouvaient des serres propres à les recevoir et à les hiverner.

**ADVENTIF** (*adventitius*, qui survient inopinément). Se dit en général de tout organe superflu et naissant hors de sa place normale. Dupetit-Thouars a nommé bourgeons adventifs ceux qui se développent accidentellement sur les tiges des végétaux, comme les bourgeons qui produisent des fleurs sur les troncs des arbres-de-Judée déjà vieux. On appelle racines adventives, les racines surnuméraires qui se produisent sur les tiges.

**AÉRIENS, AÉRIENNES**, épithète qui s'applique aux vaisseaux dans lesquels circule l'air, aux parties des plantes qui sont au-dessus du sol, aux tiges qui croissent hors de terre, par opposition aux tiges souterraines ou rhizomes, à certaines racines surnuméraires ou adventives, aux feuilles des plantes aquatiques qui ne sont pas submergées, etc.

**AGAMES** (du grec ἀ privatif, γάμος, noces, par extension, sans organes de reproduction), terme dont se sont servis certains botanistes pour désigner les cryptogames de Linné et les acotylédones de Jussieu; mais le mot de *cryptogames*, qui indique seulement que l'acte de la fécondation n'est pas manifeste, a continué de prévaloir, comme celui d'*acotylédonés*, qui signale la structure de la graine.

**AGAMIE**, nom donné par Cl. Richard à la vingt-cinquième et dernière classe du système de Linné réformé, classe qui correspond purement et simplement à la cryptogamie du célèbre botaniste suédois.

**AGARIC**. Dioscoride est le premier qui paraisse avoir employé ce terme, et l'on suppose qu'il le faisait dériver du nom d'une contrée de la Sarmatie appelée Agaria. Depuis longtemps on donne, en médecine et en pharmacie, le nom d'agaric des pharmaciens à une espèce de champignons qui croît sur le tronc du *larix europœa*. On désigne, sous le nom d'agaric des chirurgiens, l'amadou préparé avec la chair des *boletus fomentarius*, *igniarius*, etc.

**AGGLOMÉRÉS.** Organes agglomérés, rapprochés en une masse compacte, qu'ils soient ou non adhérents les uns aux autres.

**AGGLUTINÉ** (*agglutinatus*, mot formé de l'augmentatif *ad* et de *glutinare*, coller, dérivé de *gluten*, collé comme avec de la glu), terme qui signifie réuni en masse pâteuse, de manière à ne pouvoir être séparé sans déchirure. Le pollen visqueux des orchidées et des apocynées, etc., est dit aggluliné.

**AGRAFES**, voyez CROCHETS.

**AGRÉGÉS**, se dit des fleurs et des fruits qui, naissant d'un même point, sont disposés par paquets ou capitules (voir ce mot). Le fruit du mûrier est formé de carpelles (voir ce mot) agrégés.

**AIGRETTE** (en latin *pappus*), espèce de plumet ou de panache, assemblage de soies, de poils ou de filets qui surmonte certaines graines ou certains fruits. La plupart des semences des fleurs composées sont surmontées d'une aigrette. L'*aigrette pédiculée* est celle qui est portée par un pédicule ; l'*aigrette sessile* est celle qui n'a point de pédicule ; l'*aigrette simple* est formée d'un seul faisceau de poils ; l'*aigrette plumeuse* est celle dont chaque poil en porte plusieurs autres disposés en barbe de plume. L'aigrette, dit Ventenat, ne doit pas être confondue avec la chevelure (*coma*), qui a quelque ressemblance avec elle, ni avec la queue (*cauda*), nom que donnait Gœrtner au filament qui s'élève du sommet de quelques semences et qui est velu dans toute son étendue.

**AIGU**, feuille aiguë, *folium acutum*, celle qui se termine insensiblement par un angle aigu ou par une pointe ; la pointe est quelquefois en bec ou courbée, comme dans les phytolaccées.

**AIGUILLON** (en latin *aculeus*). Il diffère de l'épine et est formé d'une excroissance piquante n'adhérant qu'à l'écorce, avec laquelle il se détache, comme dans le rosier.

**AIGUILLONNÉ**, armé d'aiguillons. On appelle feuille aiguillonnée, *folium aculeatum*, celle dont le disque est parsemé de petites pointes roides, piquantes.

**AILE, AILÉ** (*ala*, *alatus*). On nomme ailes, en botanique, les membranes saillantes ou les appendices foliacés sur le pétiole ou sur la tige, sur les graines et sur certains fruits, comme sur ceux de l'érable et de l'orme ; on donne aussi le nom d'ailes aux deux pétales latéraux de la fleur dans la famille des papilionacées. On appelle tige ailée celle qui est munie longitudinalement de membranes qui débordent sa

superficie et qui sont ordinairement un prolongement de la base des feuilles, comme dans le glaïeul ailé (*gladiolus alatus*) ; on appelle fruits ailés ceux qui portent à leur sommet ou sur leurs côtés des saillies en forme d'ailes, comme ceux de l'érable et de l'orme, déjà cités ; on dit de certaines semences qui sont entourées d'un rebord mince et membraneux plus ou moins ferme, comme celles des pins, qu'elles sont ailées ; enfin on nomme, dans beaucoup d'ouvrages, feuilles ailées celles que l'on nomme plus communément à présent feuilles pinnées (voir ce mot).

**AIR.** L'air est un fluide aussi nécessaire à la vie des végétaux qu'à celle des animaux. L'air circule dans les vaisseaux tournés en spirales, connus sous le nom de trachées.

**AISSELLE** (*axilla*), angle formé par la base d'une feuille ou d'un rameau, à l'endroit de son insertion sur la tige.

**AKÈNE** (du grec α privatif, et χαίνω, je m'ouvre), genre de fruit à péricarpe sec, à une seule loge, indéhiscent, contenant une seule graine non adhérente aux parois du péricarpe. C'est par ce dernier caractère que l'akène se distingue du cariopse (voir ce mot).

**ALBINISME**, état maladif de la plante, dont les parties ordinairement vertes deviennent pâles et blanches.

**ALBUMEN** (*albumen*, blanc d'œuf), nom donné par plusieurs botanistes à l'enveloppe de l'embryon, plus communément appelée *endosperme* et surtout *périsperme* (voir ces mots).

**ALCALI, ALCALOÏDE.** Les alcaloïdes ou alcalis végétaux sont des substances végétales qui ont la propriété de neutraliser les acides pour former des sels bien définis. L'étude des alcaloïdes appartient à la chimie végétale.

**ALGUES**, ou hydrophytes, plantes agames, vivant dans les eaux douces ou salées, ou dans les lieux humides, et caractérisées par une texture cellulaire ou filamenteuse dans laquelle il n'y a jamais de vaisseaux ; on les divise en deux grandes tribus : les conferves et les thalassiophytes (voyez ces mots). La famille des algues ou des hydrophytes (du grec ὕδωρ, eau, φύτον, plante) semble former le lien et le passage entre les règnes animal et végétal par le plus humble degré de chacun de ceux-ci.

**ALIBILE** (du latin *alere*, nourrir), terme de médecine et de science naturelle, signifiant qui est propre à la nutrition, qui nourrit, s'incorpore, *substance alibile*.

**ALIFORME**, ayant la forme d'aile.

**ALISMACÉES** (*alismaceœ*), famille naturelle de plantes monocotylédones, ayant pour type le genre *alisma*.

**ALLIACÉ**, qui tient de l'ail par l'odeur ou par la saveur.

**ALPESTRE** (*alpestris*). On appelle ainsi les plantes qui habitent les parties basses des montagnes, par opposition à *alpines*, qui désigne celles qui croissent dans les parties hautes.

**ALPIN** (*alpinus*), végétal alpin, plante alpine, qui croît dans les parties hautes des Alpes, par opposition à *alpestre*.

**ALTERNE** (du latin *alterno*, j'alterne, je dispose l'un après l'autre), se dit de rameaux, de feuilles, placés autour de la tige, tantôt d'un côté, tantôt de l'autre, et qui s'élèvent graduellement, ce qui fait que quelques botanistes (voir le *Dictionnaire des Sciences naturelles*, édité par Levrault) ont proposé de substituer le mot *graduel* au mot *alterne*; on dit aussi *étamines alternes*, quand elles paraissent insérées entre les pétales, et *pétales alternes*, quand ils semblent placés entre les divisions du calice. On appelle feuilles *alternati-pennées* les feuilles pennées dont les folioles sont disposées en alternant sur le pétiole commun.

**ALVÉOLÉ** (du latin *alveolus*, cavité). On dit du réceptacle ou partie sur laquelle repose immédiatement la fleur ou le fruit, qu'il est alvéolé, quand il est creusé de cellules ou alvéoles plus ou moins profondes, comme dans beaucoup de composés.

**AMANDE** (du grec ἀμυγδάλη). En botanique, on appelle amande toute la partie de la graine placée sous l'épisperme ou peau.

**AMARANTACÉES** (*amarantaceæ*), famille de plantes dicotylédones, qui a pour type principal le genre *amarante* (mot qui vient du grec ἀμάραντος, qui ne se flétrit pas).

**AMARYLLIDÉES** (*amaryllideæ*), du nom mythologique de la nymphe Amaryllis), famille naturelle de végétaux monocotylédones qui a pour type le genre *amaryllis*.

**AMBIGÈNE** (du latin *ambigenus*, de deux natures), expression employée par Mirbel pour qualifier le calice lorsqu'il tient, à l'intérieur, de sa propre nature, quant à la coloration, et de celle de la corolle à l'extérieur, comme dans le genre *passiflora*.

**AMENTACÉES**, ancienne famille de plantes dicotylédones, à fleurs unisexuelles disposées en chatons, ainsi nommée par de Jussieu, et qui a servi à former celles des cupulifères, des salicinées, etc.

**AMIDON** (*amylum*, par corruption d'ἄμυλον, amidon, farine naturelle), substance grenue, blanche et brillante, que l'on rencontre dans un grand nombre de végétaux, comme les tubercules des pommes de terre, les graines des céréales, la moelle du sagoutier, etc.

**AMNIOS** (du grec ἄμνιος, membrane qui enveloppe le fœtus). Par analogie avec l'anatomie animale, on a donné ce nom, d'après Malpighi, à la liqueur gélatineuse ou émulsive qui, dans les jeunes graines, immerge et paraît nourrir l'embryon. Cette liqueur, par sa concrétion, forme ensuite le périsperme. On a donné le nom de *sac d'amnios* ou *sac embryonnaire* à la membrane qui renferme l'amnios.

**AMOMÉES** (*amomeæ*), famille de plantes monocotylédones qui a porté successivement beaucoup d'autres noms, tels que ceux de cannées, scitaminées, alpiniacées, drimyrrhizées, etc.

**AMORPHE** (du grec ἀ privatif, μορφή, forme, privé de forme), mot par lequel, en botanique, on désigne les végétaux qui ne présentent pas de formes déterminées.

**AMPÉLIDÉES** (*ampelideæ*, du grec ἄμπελος, vigne), famille de plantes dicotylédones qui a pour type la vigne.

**AMPÉLOGRAPHIE** (d'ἄμπελος, vigne, et λόγος, discours), traité de la vigne.

**AMPHIBIE** (du mot grec ἀμφίβιος, qui vit dans deux éléments). Il y a des végétaux, comme des animaux, qui vivent dans deux éléments; il en est qui sont susceptibles de vivre plongés dans l'air ou plongés dans l'eau, la tige recouverte d'eau ou à l'air libre. La renouée amphibie (*polygonum amphibium*) est de ce nombre.

**AMPHIGAMES** (du grec ἀμφί, préposition de doute, et γάμος, mariage). Quelques botanistes donnent ce nom, synonyme d'agame et de cellulaire, à la quatrième classe du règne végétal, comprenant les lichens, les algues et les champignons.

**AMPHIGASTRES** (*amphigastria*, du grec ἀμφί, autour de, et γαστήρ, ventre), nom donné, de même que celui de *stipules*, au troisième rang de feuilles qui, dans un grand nombre de *jungermaniacées*, croissent sur la partie inférieure ou le ventre de la tige.

**AMPHITROPE** (du grec ἀμφί, doublement, et τρέπειν, rétrograder, retourner), terme créé par Cl. Richard pour désigner l'embryon courbé ou qui se rapproche par les deux bouts, et aussi l'ovule courbé en même temps que semi-réfléchi, comme dans le pois.

**AMPLEXICAULE** (du latin *amplector*, j'embrasse, et *caulis*, tige). *Feuille amplexicaule*, celle qui, par sa base, embrasse en grande partie la circonférence de la tige ou les rameaux; *pétiole amplexicaule*, celui dont la base enveloppe une grande partie de la tige; il y a aussi des *pédoncules*, des *bractées amplexicaules*. Quand ces organes entourent *complètement* la tige, comme d'une sorte de gaine, on leur applique l'épithète d'*engaînants*.

**AMPLEXIFLORE** (d'*amplector*, j'embrasse, et *flos*, fleur), épithète donnée par Cassini aux squamelles du clinanthe des composées ou synanthérées.

**AMPLIATIFLORE** (d'*ampliatus*, amplifié, agrandi, et *flos*, fleur), épithète appliquée par Cassini à la couronne des composées, quand elle est formée de fleurs plus développées que celles du disque.

**AMPLIATIFORME** (d'*ampliatus*, agrandi, et *forma*, forme), épithète donnée par le même Cassini aux corolles des composées, lorsqu'elles ressemblaient à celles qu'il avait surnommées *ampliatiflores* ou *amplifiées*.

**AMPOULE**. Quelques botanistes ont donné ce nom à des corps vésiculeux à parois minces et membraneuses qui appartiennent à certains végétaux.

**ANALOGIE** (du grec ἀναλογία, formé d'ἀνά, entre, et λόγος, raison, par extension, qui a du rapport, de la ressemblance). On ne doutera pas de l'analogie que les plantes ont entre elles, si l'on compare celles de même famille, par exemple, des labiées. Les végétaux ont de grands rapports avec les animaux; mais l'analogie entre ces deux productions organiques se trouve quelquefois en défaut et ne se soutient pas toujours.

**ANALYSE.** L'analyse d'une plante est la recherche qu'on fait pour découvrir le nombre, la texture, la proportion, la forme et la situation de ses organes. On a aussi donné ce nom à la méthode de dissection au moyen de laquelle on descend de l'ensemble de toutes les plantes connues à chacune d'elles en particulier, n'ayant partout à choisir qu'entre deux caractères qui s'excluent réciproquement. La *Flore française* de De Candolle est un des plus beaux modèles de ce genre d'analyse.

**ANASTOMOSE, ANASTOMOSÉE** (du grec ἀναστόμωσις, formé de ἀνά, par, à travers, et στόμα, bouche, union de deux bouches), se dit en botanique de la réunion de diverses parties ramenées les unes avec les autres, de l'abouchement entre deux vaisseaux ou deux nervures pour ne plus faire qu'un seul vaisseau ou qu'une seule nervure. Les nervures des feuilles, dans la plupart des dicotylédones, sont *anastomosées* en réseau.

**ANATOMIE** (du grec ἀνά, par, à travers, sur, et τέμνω, je coupe). ANATOMIE VÉGÉTALE, science qui a pour objet la connaissance de la structure intime des végétaux; longtemps on l'appela du nom moins ambitieux d'analyse végétale. Achille Richard, qui a fait un remarquable article sur l'*anatomie végétale*, dans le *Dictionnaire universel des Sciences naturelles*, dirigé par Ch. d'Orbigny, ne classe pas cette étude d'une manière spéciale dans ses *Éléments de Botanique et de physiologie végétale*, où il divise la physique végétale en organographie, physiologie végétale et pathologie végétale. Il confond l'*anatomie végétale* ou *parties élémentaires des végétaux* dans l'*organographie*. Payer, au contraire, a fait de l'anatomie végétale la seconde de ses dix branches de la botanique, et ne la confond ni avec la *physiologie végétale*, ni avec la *tératologie* et la *pathologie végétales*.

**ANATROPE** (du grec ἀνά, sur, par, à travers, de bas en haut, et τρέπω, tourner), dénomination appliquée par de Mirbel aux ovules chez lesquels l'ouverture ou bord libre de la membrane externe, appelé exostome, et le point, appelé chalaze ou hile interne, au niveau duquel commence le funicule ou expansion du placenta qui tient à la graine, sont diamétralement opposés.

**ANDRE** (du grec ἀνήρ, gén. ἀνδρός, homme, mâle), mot appliqué, mais jamais isolément, par Linné, pour signifier *étamine*, dans son système sexuel; ainsi, dans ce système, on dit *monandre*, d'une seule étamine, *polyandre*, de plusieurs étamines, et *androgyn*, de mâle et femelle.

**ANDROCÉE** (du grec ἀνήρ, ἀνδρός, mâle), mot proposé par Rœper et Dunal, par opposition au γυναικεῖον, *gynécée*, réunion de femmes, pour signifier réunion de mâles, d'étamines.

**ANDROGYNE** (du grec ἀνήρ, ἀνδρός, mâle, et de γυνή, femme), qui est des deux sexes, synonyme d'hermaphrodite, se dit, en botanique, d'une plante qui réunit à la fois des fleurs mâles et des fleurs femelles sur les mêmes pédoncules, ou d'une fleur qui contient en même temps des étamines et des pistils.

**ANDROPÉTALAIRE** (d'ἀνήρ, ἀνδρός, mâle, étamine, πέταλον, pétale), dénomination donnée par De Candolle aux plantes à fleurs doubles ou pleines, monstruosité due à la métamorphose des étamines en pétales.

**ANDROPHORE** (d'ἀνήρ, ἀνδρός, mâle, homme, φορός, qui porte), nom que divers botanistes, et plus particulièrement de Mirbel, ont appliqué à la réunion des filets soudés des étamines en un ou plusieurs corps.

**ANGIOCARPE** (du grec ἀγγεῖον, petit vase, καρπός, fruit), nom appliqué par de Mirbel au fruit couvert par les parties environnantes qui se développent avec lui et auxquelles il adhère, comme le fruit du mûrier. De Mirbel a donné à ces sortes de fruits le nom d'*angiocarpiens*. Schrader et Fries ont, de leur côté, consacré le nom d'*angiocarpes* à un ordre entier de la famille des lichens. Enfin Persoon donne le nom d'*angiocarpes*, *angio carpi*, à tous les champignons dont les organes de la fructification sont renfermés dans une enveloppe générale.

**ANGIOSPERME** (du grec ἀγγεῖον, petit vase, et σπέρμα, graine), nom donné aux végétaux dont la graine est renfermée dans un péricarpe. Ce mot s'emploie par opposition à *gymnosperme*, végétal dont la graine est nue.

**ANGIOSPERMIE**, second ordre de la quatorzième classe du système sexuel de Linné.

**ANGLE, ANGULE** (*angulus*), partie saillante dans quelques-uns des organes du végétal. *Angle interne des loges de l'ovaire*, *des loges du fruit. Angle de divergence*, celui qui résulte de l'écartement existant entre deux feuilles qui se suivent dans une *spire* ou un *verticille* de feuilles (voir ces mots).

**ANGULEUX** (*angulosus*), qui porte des angles. *Tige anguleuse; fruit anguleux; feuilles anguleuses*, celles dont le nombre des angles qui sont à la circonférence n'est point déterminé, celles qui ont des parties saillantes.

**ANNEAU** (*annulus*), mot qui, dans les cryptogames, sert à désigner trois organes qui diffèrent selon les familles auxquelles on l'applique. Ainsi, dans les champignons, il est synonyme de *collet*, *collier* ou *collerette*, pour désigner la partie membraneuse qui entoure le pédicule de certains agarics et de certains bolets; dans les fougères, il désigne un certain bourrelet qui entoure le plus souvent les capsules de ces végétaux, et qui, en vertu de son élasticité naturelle, sert à l'évasion et à la dispersion des graines, d'où il prend son nom d'anneau élastique (*annulus elasticus*); dans les mousses, il désigne un rebord saillant qui garnit l'orifice de l'urne.

**ANNUEL.** *Plante annuelle*, qui ne vit qu'une année ou moins d'une année.

**ANOMAL** (du grec ἀνώμαλος, irrégulier). Tournefort a donné le nom de *fleurs anomales* aux corolles polypétales irrégulières, différentes des papilionacées, et ordinairement munies de plusieurs éperons, qui forment la onzième classe de sa Méthode. On nomme en général fleurs anomales celles qui ont des formes irrégulières, diverses, que l'on ne peut décrire ni comparer, comme la violette ou le pied-d'alouette. Les *variétés*, les *déformations*, les *monstruosités* sont des anomalies qui appartiennent à la tératologie végétale.

**ANONACÉES** ou **ANONÉES** (*anones*, *anonacea*, *anoneæ*), famille de plantes dicotylédones, à corolle polypétale, qui a pour type le genre anone ou corosol.

**ANTHÈRE** (du grec ἀνθηρός, fleuri), partie supérieure et constituante de l'étamine ou organe mâle des fleurs. Dans la plupart des végétaux, l'anthère se compose de deux loges ou de deux petits sachets adossés l'un à l'autre, qui contiennent le *pollen* ou la poussière fécondante. Le mot anthère a été appliqué en botanique par Linné, pour remplacer celui d'*apex*, sommet, qu'employait Tournefort pour le même objet.

**ANTHÉRIDIE** (du grec ἀνθηρός, fleuri, et εἶδος, forme), mot employé par des cryptogamistes contemporains pour désigner l'organe qui, dans les cryptogames, est supposé jouer un rôle semblable à celui de l'anthère dans les phanérogames. Agardh désigne sous ce nom des organes propres aux thalassiophytes articulées; Bischoff s'en sert pour indiquer l'organe mâle des mousses et des hépatiques; Cordier pour désigner des organes propres aux champignons, mais qu'on ne trouve que dans la famille des hyménomycètes et surtout dans les agaricinées; Levellié donne à ces mêmes organes, dans les champignons, le nom de cystides (voir ce mot).

**ANTHÈSE** (du grec ἄνθησις, floraison), mot qui, en botanique, signifie épanouissement de la fleur, et aussi l'ensemble des phénomènes qui accompagnent cet épanouissement.

**ANTHODE** (d'ἄνθος, fleur), synonyme de capitule et de calathide (voir ces mots), nom donné par certains botanistes pour désigner la réunion hémisphérique ou en globe des fleurs dans la famille des composées.

**ANTHOPHORE** (du grec ἀνθοφόρος, qui porte des fleurs), mot employé par quelques botanistes pour désigner la colonne qui porte les anthères et le stigmate dans certains végétaux, par exemple dans les orchidées.

**ANTITROPE** (du grec ἀντι, contre, et τρέπειν, retourner), mot créé par Cl. Richard pour désigner un embryon dont la radicule est diamétralement opposée à l'ombilic ou hile de la graine; à proprement parler, en botanique, ce mot signifie qui prend une direction contraire à celle de la graine.

**APÉTALE** (du grec ά privatif, πέταλον, petite lame, petite feuille, privé de petite feuille), épithète appliquée à la fleur dépourvue de pétales, de corolle.

**APÉTALIE.** Ach. Richard a ainsi nommé les cinquième, sixième et septième classes de la méthode de de Jussieu, lesquelles classes comprennent les fleurs à plantes sans pétales, à insertion différente.

**APEX** (du latin *apex*, pointe, sommet), mot par lequel Tournefort désignait l'étamine; on ne l'emploie plus.

**APHYLLE** (du grec ά privatif, φύλλον, feuilles, sans feuilles). On dit d'une tige qu'elle est aphylle quand elle est dépourvue, au moins en apparence, de feuilles. Quelquefois des écailles décolorées ou colorées, mais non vertes, tiennent lieu de feuilles.

**APICIFIXE** (du latin *apex*, pointe, sommet, *fixare*, fixer). *Anthère apicifixe*, anthère qui a le point d'attache du filet fixé à son sommet. Néologisme peu usité.

**APICIFLORE** (d'*apis*, sommet, *flos*, fleur), qui se termine par des fleurs.

**APICILAIRE** (d'*apex*, sommet), qui est placé au sommet, terme opposé à *basilaire*, qui est placé en bas.

**APICULÉ** (d'*apex*, pointe), terme exclusivement de botanique, comme les précédents de même étymologie, qui signifie terminé en pointe courte, aiguë, molle; *pétale apiculé*.

**APOCYNÉES** (*apocyneæ*); famille de plantes dicotylédones qui a pour type le genre *vinca* ou pervenche.

**APOPHYSE** (du grec ἀπο, de, φύομαι, naître, sortir), terme qui, en botanique, signifie excroissance, bosse très-saillante, saillie en forme de crête. Dans certains genres de la famille des mousses, l'apophyse est le renflement qui se trouve à la base de l'urne.

**APOTHÈCE, APOTHÉCIE, APOTHÉCION, APOTHÈQUE** (*apothecium*, du grec ἀποθήκη, action de mettre en réserve), termes de botanique cryptogamique, qui ont été imaginés pour désigner, dans les lichens, le conceptacle qui renferme les organes de la reproduction. Acharius, le premier, créa le mot *apothecium*, dont les lichénographes, ses successeurs, ont formé toutes les variantes ci-dessus.

**APPENDICE** (du latin *appendix*, *ad*, *pendere*, pendant à, ajouté à), prolongement, corne, saillie, partie accessoire de la plante. L'appendice est appelé latéral, dorsal, terminal, basilaire, suivant sa position.

**APPENDICULAIRE** (même étymologie), qui est de la nature des appendices. Les feuilles, en thèse générale, sont désignées comme *organes appendiculaires*, par opposition aux organes *axiles* (voyez ce mot).

**APPENDICULÉ**, qui est muni d'appendices; anthère appendiculée, corolle appendiculée, etc. Quand on compare les deux règnes, on met en présence les animaux vertébrés et appendiculés, et les végétaux dicotylédonés et appendiculés.

**APPLIQUÉ** (*adpressus*). Plusieurs botanistes nomment feuilles appliquées (*folia adpressa*) celles qui sont dans une direction parallèle à la tige, et qui la touchent dans toute leur longueur. Les botanistes contemporains ont créé le mot *apprimé*, qui a le même sens à peu près.

**APPRIMÉ** (*adpressus*). Quelques botanistes disent que les feuilles sont *apprimées* quand leur limbe est appliqué, serré contre la tige; que les poils sont *apprimés* quand ils sont couchés sur l'organe qui les porte. Ce néologisme peut paraître faire double emploi avec le mot *appliqué*, qui a la même étymologie. Apprimer est d'ailleurs un mot de vieux langage vulgaire, qui était simplement synonyme d'approcher.

**AQUATIQUE** (du latin *aqua*, eau), se dit de toute plante qui naît et vit dans l'eau douce, dans les lieux ou sur le bord des lieux humides ou inondés, qu'elle y soit complètement ou partiellement immergée; les plantes qui naissent et vivent dans l'eau salée sont appelées plantes marines.

**AQUEUX** (*aquosus*), se dit d'un tissu qui renferme en abondance un suc aqueux, d'un liquide, quelle que soit sa nature, qui a l'aspect et la consistance de l'eau. En opposition, on emploie les mots huileux, laiteux, résineux, etc.

**AQUIFOLIACÉES** (*aquifoliaceæ* ou *ilicineæ*), famille de plantes dicotylédones, qui porte aussi le nom d'ilicinées, et qui a pour type le genre *ilex* (houx).

**ARANÉEUX** (*araneosus*). On dit des poils des plantes qu'ils sont aranéeux pour les comparer à la finesse des fils d'araignée.

**ARBORESCENCE** (d'*arbor*, arbre), état, qualité d'un végétal qui devient arbre.

**ARBORESCENT**, qui a le caractère, l'apparence ou le port d'un arbre.

**ARBRE**, plante qui non-seulement est ligneuse, mais acquiert de grandes proportions, ne prend de rameaux qu'à une certaine hauteur au-dessus du sol, et présente un tronc à sa base. Ainsi sont les chênes, les charmes, les châtaigniers, les hêtres, les marronniers, etc.

**ARBRISSEAU** (*arbuscula*), plante ligneuse comme l'arbre, mais peu élevée, qui n'a pas de tronc, qui se ramifie dès sa base, et dont les jeunes branches portent des bourgeons. Les lilas, les noisetiers, les aubépines, etc., sont des arbustes.

**ARBUSTE** (*frutex*), en bonne langue française, n'est pas absolument synonyme d'arbrisseau; c'est un végétal ligneux, plus petit que celui-ci, ramifié dès sa base; il dépasse rarement un mètre de hauteur; ainsi sont les bruyères, les kalmia, etc. Au-dessous encore de l'arbrisseau et de l'arbuste est le sous-ARBRISSEAU (*suffrutex*), qui tient en quelque sorte le milieu entre celui-ci et la plante herbacée; sa tige est ramifiée dès la base, ligneuse à l'intérieur, mais ses jeunes rameaux sont herbacés et meurent chaque année, quoique sa partie ligneuse soit persistante et vive plusieurs années; telle est la rue officinale, etc.

**ARCHÉGONE** (du grec ἀρχή, principe, γόνος, rejeton), néologisme créé par Bischoff pour désigner l'organe qui, dans les mousses et les hépatiques, correspond au pistil des phanérogames.

**ARÉOLAIRE** (du latin *area*, aire, surface), mot qui s'emploie, en botanique, comme synonyme de *cellulaire*.

**ARÉOLATION**, terme de botanique cryptogamique, se dit de la forme que revêtent les mailles d'un réseau cellulaire.

**ARÉOLE** (du latin *areola*, petite aire), en botanique cryptogamique, se dit des mailles dont est composé le réseau des feuilles dans les mousses et les hépatiques; des petits espaces circonscrits par des lignes saillantes ou colorées, des crevasses, des fentes qu'on voit à la surface des algues membraneuses, à la croûte de certains lichens. En botanique générale, se dit de la tache circulaire, du cercle coloré qui occupe le fond d'une corolle.

**ARÉOLÉ**, qui porte des rides ou de faibles rugosités, des aréoles.

**ARÊTE** (du latin *arista*, barbe ou pointe de l'épi de blé, de seigle, d'orge, d'avoine), pointe allongée, espèce de filet grêle, roide, quelquefois barbu, qui surmonte souvent les valves de la glume ou du calice des graminées.

**ARILLE** (*arillus*). On donne ce nom à un organe ordinairement charnu ou membraneux, dont la forme est loin d'être toujours la même, qui recouvre partiellement ou en totalité certaines graines et fait partie du péricarpe, non de la semence; bien que l'arille soit une expansion, un épanouissement en quelque sorte du trophosperme (placenta) ou du podosperme (funicule ou cordon ombilical) à la surface externe de la graine, c'est le tissu utriculaire du trophosperme qui le constitue. M. Germain de Saint-Pierre dit que le plus grand nombre des arilles dont il a suivi le développement sont des dépendances, soit du podosperme, soit du raphé (voir ce mot), ou des diverses parties du testa (voir aussi ce mot). Cl. Richard a établi comme une loi, que l'arille ne se rencontre que dans les polypétales, jamais dans les vrais monopétales, et que les monocotylédonées en sont également dépourvues. Les lanières charnues, irrégulières, semblables à un réseau, qui recouvrent la graine de muscadier, ne sont autres qu'un arille employé, dans la matière médicale, sous le nom de *macis*. L'arille qui enveloppe la graine du fusain commun en son entier est d'un rouge éclatant. En général, l'arille contraste par sa couleur avec celle de la graine elle-même, souvent brune et opaque.

**ARILLÉE.** On appelle graine arillée celle qui est pourvue d'un arille, par opposition à la graine qui en manque.

**ARILLODE.** Terme proposé par M. Planchon pour désigner les arilles qui naissent des bords du micropyle; tels sont ceux du fusain, du muscadier, etc. On dit aussi *faux arille*.

**ARISTA.** (Voyez ARÊTE).

**ARISTÉ**, qui se termine en arête, en pointe.

**ARISTOLOCHIÉES.** Famille de plantes dicotylédonées, comprenant les aristoloches. Lindley a donné à cette famille le nom d'aristolochiacées, et Agardh celui d'asarinées.

**ARMATURE, ARMURE**, épines, pointes qui servent d'armes à une plante.

**AROIDÉES.** Famille de plantes vivaces monocotylédonées, établie par de Jussieu et qui a pour type le genre *arum*.

**ARQUÉ** qui a la forme d'un arc.

**ARRONDI**, de la forme d'une sphère, d'un globe; on dit plus exactement, dans certains cas, orbiculaire ou circulaire: feuille orbiculaire, mais capsule arrondie.

**ARTICLE** (*articulus*). On donne le nom d'articles à une série de pièces, de segments, de filaments superposés, comme cela se présente dans certaines algues.

**ARTICULATION** (*articulatio*, jonction ou jointure). Jonction des parties du végétal bout à bout.

**ARTICULÉ**, qui a des articulations superposées; on a appliqué l'expression d'articulé à tous les organes de la plante formés d'articles placés bout à bout, et susceptibles d'être facilement désunis. On dit que les feuilles sont articulées quand elles s'insèrent à l'axe végétal par un rétrécissement brusque qu'on appelle articulation. Le fruit de beaucoup de légumineuses est articulé. Il y a beaucoup de tiges articulées.

**ASCENDANT** (*ascendens, assurgens*). Une tige ou tout autre organe est ascendant, quand, couché ou incliné à la base, il se redresse verticalement dans sa partie supérieure.

**ASCIDIÉE** (du grec ἀσκίδιον, petite outre). Quelques botanistes, de Mirbel entre autres, appellent feuilles ascidiées celles qui sont terminées par un appendice en forme de gobelet, recouvert d'une sorte de couvercle mobile, comme le népenthès de l'Inde.

**ASCIDIOCARPES** (d'ἀσκίδιον, petite outre, utricule, καρπός, fruit), nom donné aux hépatiques dont le fruit s'ouvre au sommet.

**ASCLÉPIADÉES.** Famille de plantes dicotylédones, ayant pour type le genre *asclepias*.

**ASPARAGINÉES.** Famille de plantes monocotylédones, qui a pour type le genre asperge (*asparagus*). Elle est réunie aujourd'hui, comme simple tribu, à la famille des liliacées.

**ASPERGILLIFORME** (d'*aspersorius* ou *aspergillum*, aspersoir, goupillon), se dit des poils divergents, disposés en goupillon ou aspersoir.

**ASPHODÉLÉES.** Famille ainsi nommée par de Jussieu, et dont le genre asphodèle était le type, mais réunie depuis à celle des liliacées.

**ASSIMILATION.** La nutrition et l'accroissement sont le résultat de l'action de l'assimilation, dans les végétaux comme dans les animaux.

**ASSURGENT.** Voyez ASCENDANT.

**ASTOME** (d'ἀ privatif, στόμα, bouche, privé de bouche, d'ostiole), terme de botanique cryptogamique. Les mousses, dont l'urne ne s'ouvre qu'en se déchirant irrégulièrement, sont dites astomes, par opposition à celles dont l'urne ou capsule s'ouvre régulièrement.

**ASTYLE** (d'ἀ privatif, στῦλος, style), nom donné par quelques botanistes aux plantes dont les fleurs n'ont pas de style.

**ATTÉNUÉ**, qui se rétrécit, s'amincit insensiblement; ainsi les feuilles de la pâquerette sont *atténuées* à la base.

**AUBIER** (*alburnum*), couche ligneuse, ordinairement blanche, qui se forme immédiatement entre l'écorce et le bois parfait des végétaux, avant de devenir elle-même dure et semblable à ce bois.

**AURANTIACÉES.** Famille de plantes dicotylédones, qui a été aussi nommée hespéridées, et qui renferme les orangers, les citronniers, etc.

**AURICULE** (d'*auricula*, petite oreille), expansion foliacée à la base d'un pétiole, lobe en forme d'oreillette.

**AURICULÉ**, qui est muni d'oreillettes.

**AUTOMNAL.** Plante automnale, plante d'automne.

**AXE** (du grec ἄξων, essieu, axe), dénomination appliquée à plusieurs organes différents du végétal, à la partie qui sert de support à tous les organes appendiculaires, ligne idéale qui traverse l'ovaire. Suivant sa position, l'axe change de nom et s'appelle souche, tige, rameau, pédoncule, columelle, etc., etc.

**AXILE.** On appelle organes axiles tous ceux qui forment l'axe de la plante ou qui en dépendent. Embryon axile, qui est dirigé suivant l'axe de la graine.

**AXILLA**, en français aisselle (voir ce mot).

**AXILLAIRE.** Organe axillaire, qui est placé à l'aisselle d'un autre organe.

# B

**BACCIFÈRE** (du latin *bacca*, baie, *fero*, je porte), se dit d'un végétal dont le fruit est de la nature de la baie.

**BACCIFORME**, de la forme, de la nature de la baie.

**BAIE** (*bacca*), fruit charnu, mou, succulent, contenant plusieurs graines ; dénomination qui s'applique à tous les fruits charnus n'ayant pas de noyau.

**BALANOPHORÉES** (du grec βάλανος, gland, et φόρος, porteur, porteur de gland). Famille de plantes monocotylédones, établie par Cl. Richard, et dont le type est le genre *balanophore*.

**BALAUSTE** (*balausta*). Fleur et aussi fruit du grenadier, vulgairement appelé grenade.

**BÂLE** ou **BALLE** (*tegmen, gluma*), nom donné par quelques botanistes à l'ensemble des deux glumelles, dans la description de la fleur des graminées. C'est l'organe que d'autres botanistes nomment lépicène.

**BALSAMINÉES**. Famille de plantes dicotylédones qui a pour type le genre *balsamine*.

**BANDELETTE**, terme qui désigne les canaux résinifères, souvent colorés, qui divisent le péricarpe du fruit des ombellifères.

**BARBE** (*barba, arista*, arête). Filets grêles, plus ordinairement roides, qui surmontent l'enveloppe extérieure de la fleur dans certaines graminées ; les barbes de l'orge, du blé, etc.

**BASE**, partie inférieure de la plante tout entière, ou de ses différents organes.

**BASILAIRE**, qui appartient à la base d'un organe.

**BEC** (*rostrum*), prolongement, en forme de bec, d'un organe terminal.

**BERBÉRIDÉES**. Famille de plantes dicotylédones, qui a pour type le genre *berberis* (épine-vinette).

**BÉTULACÉES** ou **BÉTULINÉES**. Famille de plantes dicotylédones diclines, qui renferme les genres *betula* (bouleau) et *alnus* (aune).

**BI** (de *bis*). On dit : *bicorne*, à deux cornes ; *bicaréné*, à deux carènes ; *bicolore*, de deux couleurs ; *bisérié*, qui est disposé en deux séries ; *biforme*, à double forme ; *bicuspidé*, à deux pointes ; *bivalve*, à deux valves ; feuille *bifide*, qui est divisée en deux lobes ; corolle *bilabiée*, qui a deux lèvres ; fleur *bisexuelle*, qui participe des deux sexes, est hermaphrodite ; *bilamellé*, qui présente deux lamelles ; *biloculaire*, qui a deux loges ; feuille *bipennée*, feuille deux fois pennée, ailée, à pétioles secondaires latéraux ; système *binaire*, où les parties sont disposées deux par deux ; *biflore*, qui porte deux fleurs ; *bifurqué*, qui est en forme de fourche à deux dents, tige *bifurquée* ; feuille *bigéminée*, dont le pétiole commun se divise en deux pétioles secondaires, portant chacun une paire de folioles ; feuilles *bijuguées*, les feuilles composées-pennées, dont les folioles sont opposées et par conséquent disposées par paires, etc.

**BIGNONIACÉES**. Famille de plantes dicotylédones, qui a pour type le genre *bignonia*, lequel tire son nom de l'abbé Bignon, bibliothécaire de Louis XIV.

**BISANNUELLE** (de *bis* deux fois, *annus*, année). Une plante est bisannuelle qui, la première année, germe, pousse et ne porte que des feuilles, et qui, la seconde année, fleurit, fructifie et meurt.

**BLASTE** (du grec βλάστη, bourgeon), nom donné par Cl. Richard à la partie de l'embryon des graminées qui se compose supérieurement du corps cotylédonaire, inférieurement du corps radiculaire. On lui a aussi donné d'autres applications. Il est peu usité, ainsi que celui de *blastème*, sous lequel de Mirbel comprend la graine tout entière, dépouillée de ses enveloppes.

**BOIS** (*lignum*), nom qui s'applique, en général, à la partie dure, compacte, fibreuse, à la partie ligneuse qui forme la tige des arbres et des arbrisseaux, et qu'on trouve sous l'écorce.

**BOMBACÉES**. Famille de plantes dicotylédones, détachée par Kunth de celle des malvacées, et qui se compose de végétaux exotiques, tels que le *bombax* (Fromager).

**BOMBYCINE** (*bombycinus*, de *bombyx*, ver à soie), qui est soyeux, qui a l'aspect de la soie ; peu employé.

**BORRAGINÉES**. Famille de plantes dicotylédones, qui a pour type le genre bourrache (*borrago*).

**BOTANIQUE** (du grec βοτάνη, herbe, dérivé de βόσις, qui signifie proprement foin), science qui traite des végétaux, de leur formation, de leur contexture, de leurs propriétés, qui les étudie, les classe, etc. La botanique se divise en plusieurs branches, qui se subdivisent à leur tour.

**BOUCLIER** (en latin *buccularium, clipeus, pelta*). On dit d'une feuille arrondie dont le pétiole est attaché par le milieu de sa face inférieure, comme la feuille de capucine, qu'elle est en forme de bouclier, ou qu'elle est peltée (voir ce mot).

**BOUQUET** (de l'italien *boschetto*, en latin *sertulum*). Ce nom et celui de sertule sont donnés à un assemblage de pédoncules très-courts, uniflores, partant d'un même point, et portant des fleurs très-rapprochées et à peu près de même hauteur, comme dans les primevères.

**BOURGEONS** (du latin barbare *burrio*, fait de *burra*, qui, dans la basse latinité, signifiait bourre, parce que les bourgeons des plantes, dit Ménage, à qui nous empruntons cette étymologie hasardée, sont en général un peu velus; correspondant au mot latin *gemma*). On donne ce nom à des corps ordinairement ovoïdes-allongés, qui se développent sur différentes parties des végétaux, et particulièrement sur la tige, soit aérienne, soit souterraine, et qui, par leur évolution, donnent naissance aux branches et aux rameaux. Les cultivateurs appellent *œil* le bourgeon, quand il commence à paraître; *bouton*, l'œil plus formé; *bourgeon*, le bouton développé. Bourgeon et bouton ont été pris souvent comme synonymes en botanique, mais il est préférable de ne se servir du mot *bouton* que pour indiquer l'état de la fleur avant qu'elle soit ouverte.

**BOURGEONNEMENT** (*gemmatio*). Ensemble des phénomènes que présentent le développement des bourgeons et leur passage à l'état de branches.

**BOURRELET**, saillie, renflement qui se manifeste à la surface d'un tronc ou d'un rameau d'arbre dicotylédoné, par suite de l'apposition d'une ligature circulaire faite avec un lien solide, ou d'une incision ou excision qui comprend toute l'épaisseur de l'écorce. L'effet de la ligature avec un lien solide est d'arrêter les sucs nutritifs et de suspendre l'accroissement de l'arbre. Ces sucs accumulés au-dessus de l'obstacle forment un bourrelet.

**BOURSE**, Synonyme de *calice*. Voir ce mot.

**BOUTON** (du latin barbare *botonini*, suivant Du Cange; mot correspondant au bon latin *globosorum*), s'applique aujourd'hui généralement à l'état de la fleur avant son épanouissement.

**BOUTURE** (du vieux mot français *bouter*, mettre; en latin *talea*), terme de jardinage, branche séparée de l'arbre et qui, plantée en terre, y produit des racines et devient arbre à son tour. Il y a des végétaux herbacés qui se reproduisent de bouture. On fait même des boutures de feuilles et de fragments de feuilles.

**BRACTÉAL**. Feuilles bractéales, celles qui avoisinent les bractées elles-mêmes quand elles sont foliacées.

**BRACTÉE** (du latin *bractea*, lame ou feuille de métal). Les bractées sont les petites feuilles colorées, le plus souvent en forme d'écailles, qui avoisinent les fleurs. Elles n'affectent pas toujours les mêmes formes et les mêmes caractères.

**BRACTÉIFÈRE** (*bracteiferus*), qui porte une ou plusieurs bractées. Bractéolé (*bracteolatus*) signifie aussi muni de bractées.

**BRACTÉOLE** (*bracteola*), petite bractée.

**BRANCHE** (du latin barbare *branca*, formé de *brachium*, bras). Les branches forment les principales divisions de la tige; elles se subdivisent en rameaux (*rami*) et en ramilles (*ramuli*). Les jardiniers appellent *mère branche*

celle qui, ayant été raccourcie lors de sa dernière taille, a produit de nouvelles branches; *maîtresses branches*, les branches les plus fortes de l'arbre; *branches à bois*, celles qui, étant plus grosses et pleines de boutons plats, donnent la forme à l'arbre et ne produisent ni fleurs ni fruits; *branches à fruits*, celles qui naissent plus faibles que les branches à bois, ont des boutons ronds, et donnent des fleurs et des fruits; *branches gourmandes*, celles qui sortent du tronc ou des mères branches, sont droites, grosses et longues, ne donnent que des feuilles et absorbent la nourriture des autres; *branches chiffonnes*, celles qui sont courtes, déliées, et ne produisent aucun fruit; *branches de faux bois*, celles qui croissent hors des branches taillées de l'année précédente, ou qui sont grosses aux endroits où elles devraient être déliées, sans donner aucun signe de fécondité; *branches ventres*, celles qui, après leur accroissement, sont longues et déliées, sans aucun indice de fécondité; *branches aoûtées*, celles qui, ayant pris leur accroissement, s'endurcissent après le mois d'août et prennent une couleur brunâtre; *branches de réserve*, celles qui sont entre deux *branches à fruit*, et que l'on conserve pour l'année suivante, afin qu'elles produisent à la place de celles qui ont porté des fruits.

**BROMÉLIACÉES**, Famille de plantes monocotylédones vivaces et parasites, qui a pour type le genre *bromelia*, lequel tire son nom de Bromel, botaniste suédois du dix-septième siècle.

**BRUNIACÉES**, Famille de plantes dicotylédones, qui a pour type le genre *brunia*.

**BRYOLOGIE** (de βρύον, mousse, λόγος, discours). Histoire, étude des mousses.

**BRYOLOGISTE**, **BRYOLOGUE**, qui écrit sur les mousses.

**BUISSON** (du latin *buxus*, formé du grec πύξος, parce que le buisson n'était originairement qu'une clôture de jardin en buis). On appelle buisson un arbrisseau très-rameux dès sa base; c'est aussi une touffe d'arbrisseaux, d'arbustes sauvages, épineux, etc.

**BULBE** (du grec βολβός, racine ronde), nom donné, concurremment avec celui d'oignon, à un genre de bourgeon souterrain à écailles charnues, donnant naissance à la hampe. Le bulbe est particulier aux plantes monocotylédones. L'Académie donne le mot bulbe comme féminin, mais pouvant s'employer au masculin. C'est ce dernier genre qui est adopté en botanique.

**BULBEUX**, qui vient ou qui est formé d'un bulbe. Plante bulbeuse, racine bulbeuse.

**BULBIFÈRE**, qui porte des bulbes.

**BULBILLE**, petit bulbe, bourgeon d'une nature particulière, analogue aux bulbes, qui se développe sur certaines parties des plantes bulbeuses, près du bulbe, dans l'aisselle des feuilles, mêlé aux fleurs ou les remplaçant complètement, comme dans un grand nombre d'espèces du genre *allium* (ail).

**BUTOMACÉES** ou **BUTOMÉES**. Famille de plantes monocotylédones, établie par Cl. Richard et qui a pour type le genre *butoma* (butomus), vulgairement jonc fleuri.

**BYSSOIDÉES** (du grec βύσσος, lin très-fin, *byssus*, *bysse*), nom sous lequel Agardh comprend plusieurs productions cryptogamiques filamenteuses qui se rattachent au règne végétal, mais que l'absence ou le défaut d'apparence de fructification ne permettent pas de rapporter à un genre de byssus déjà connu. On range assez volontiers dans les byssoïdées tout ce qui, dans les plus bas degrés de la cryptogamie, ne peut trouver place ailleurs.

**BYTTNÉRIACÉES** ou **BUTTNÉRIACÉES**, famille de plantes dicotylédones, créée aux dépens du groupe des malvacées auquel elle se rattache, et qui a pour type le genre *buttneria* ou *byttneria*, lequel doit son nom à David-Siegmund-Auguste Büttner, professeur de botanique allemand. Le cacao appartient à cette famille.

# C

**CABOMBACÉES** ou **CABOMBÉES**. Petite famille de plantes monocotylédones, propre aux eaux douces, qui a pour type le genre *cabomba*. Plusieurs botanistes la considèrent comme une simple tribu des nymphéacées.

**CACTACÉES**, **CACTÉES**, **CACTOIDÉES**, famille de plantes dicotylédones, appelée aussi *nopalées*, qui renferme tous les genres de cactus; on la comprend souvent dans celle des opuntiacées, qui a pour type le genre opuntia.

**CADUC** (du latin *cadere*, tomber). *Organe caduc*, qui se détache spontanément et avant le temps de la tige. *Feuilles caduques*, celles qui tombent peu après leur naissance. *Calice caduc*, qui se détache aussitôt que la corolle s'est épanouie. Presque tous les organes appendiculaires, ceux qui dérivent de la feuille, sont caducs. Dans la plupart des arbres dicotylédonés, les feuilles sont caduques.

**CAIEU**, et non *cayeu*, petit bulbe, bulbille, né à l'aisselle des écailles d'un bulbe.

**CALATHIDE** (du grec κάλαθος, corbeille), nom générique sous lequel on désigne les plantes à fleurs composées. Ce mot est synonyme d'anthode et de capitule, de glomérule, de céphalanthe.

**CALCAR**, mot latin qui signifie éperon. (Voir Éperon.)

**CALCÉIFORME** (du latin *calceolus*, chaussure, sabot), qui a la forme d'un sabot.

**CALICAL**, expression employée par quelques botanistes comme synonyme de *périgyne* (voir ce mot).

**CALICE** (du grec κάλυξ, et du latin *calix*, gobelet, tasse), enveloppe ordinairement herbacée de la fleur, qui présente à l'œil comme le prolongement ou l'épanouissement de l'écorce du pédoncule. Linné a donné le nom de périanthe aux enveloppes florales; le calice, dans ce cas, est le périanthe externe, et la corolle est le périanthe interne. Le calice est l'enveloppe la plus extérieure de la fleur dans celle où le périanthe est double; il est l'enveloppe unique dans la fleur dont le périanthe est simple. Enfin le calice est le verticille extérieur de la fleur et est formé de folioles en nombre variable nommées *sépales*.

**CALICÉ**, environné d'un calice.

**CALICIFLORE** (de *calix* et de *flos*, fleur). Sous le nom de végétaux caliciflores, De Candolle, dans sa division primaire du règne végétal, avait groupé toutes les familles à plusieurs pétales libres ou soudés et attachés au calice.

**CALICIFORME**, en forme de calice.

**CALICINAL**, qui appartient au calice, qui tient lieu de calice. Au pluriel, calicinaux.

**CALICINIEN**, qui a le caractère d'un calice.

**CALICULE** (*caliculus*, petit calice). On donne ce nom à un ensemble de petites bractées placé immédiatement au-dessous du calice, de manière à sembler en former un second extérieur.

**CALICULÉ**, calice accompagné d'un calicule, comme dans la mauve, etc.

**CALLEUX**, **CALLIFÈRE** (*callosus*, *calliferus*), qui présente, qui porte des aspérités dures, des callosités.

**CAMARE** (du grec καμάρα, chambre voûtée), expression appliquée par de Mirbel à une grande division des fruits provenant de plusieurs petits pistils contenus dans une même fleur; la camare est une boîte péricarpienne; sa signification correspond au carpelle de De Candolle.

**CAMBIUM**, expression de laquelle est sortie toute une école de botanistes, l'école du cambium, dont M. de Mirbel fut le fondateur. Le cambium est un fluide visqueux, une sève mucilagineuse, élaborée, épaisse, propre à former une couche d'aubier. Selon la même école, c'est l'origine du bois et de l'écorce. Mais l'école du cambium est rudement battue en brèche par celle dont M. Gaudichaud, après Aubert Dupetit-Thouars, s'est fait le chef.

**CAMPANIFORME, CAMPANULACÉ, CAMPANULÉ, CAMPANULAIRE** (du latin *campana*, cloche, *forma*, forme), se dit de certains champignons qui ont la forme d'une cloche, des fleurs dont le calice et la corolle affectent cette forme, les campanules, par exemple. Tour.

nefort en avait fait la première classe de sa méthode. *Calice campanulaire*, calice polysé-pale qui présente une forme campanulée; *calice campanulé, corolle campanulée*, qui sont évasés en forme de cloche.

**CAMPANULACÉES** ou **CAMPANULÉES**. Fa-mille de plantes dicotylédones, qui a pour type le genre campanule.

**CAMPTOUM** (de καμπτός, courbé), terme de botanique appliqué selon la forme des spores, qui sont courbées.

**CAMPULITROPE**, **CAMPYLOTROPE** (du grec καμπύλος, courbé, τρέπω, je tourne), qua-lification donnée, par de Mirbel, à la graine dans laquelle l'ovule, en se développant, s'est recourbé sur lui-même, de manière à amener son sommet près de sa base. On donne aussi la qualification de *camptotrope* (de καμπτός, courbé, τρόπις, forme, ou de τρέπω, je tourne) à l'ovule plié.

**CAMPYLOSPERME** (de καμπύλος, recourbé, σπέρμα, graine), se dit du fruit des ombelli-fères, quand la face interne, la face dite com-missurale de la loge, est concave.

**CAMPYLOSPERMÉES** (même étymologie), division établie dans les ombellifères, et carac-térisée par la forme de la graine, dont le bord s'enroule du côté interne.

**CANAL**. Le *canal médullaire* (de *medulla*, moelle) forme la partie la plus interne du corps ligneux, dans la tige et les branches des plantes dicotylédones; c'est une sorte de tube ou d'é-tui qui contient la moelle. On appelle *canaux résinifères* (du latin *resina*, résine, et *ferre*, porter) ou *bandelettes*, ceux qui, remplis d'une substance résineuse, séparent longitudinale-ment le péricarpe du fruit des ombellifères.

**CANALICULÉ** (de *canaliculus*, petit canal), épithète qui désigne les diverses parties du végétal qui sont creusées en forme de canal.

**CANCELLÉ** (de *cancelli*, treillis), expression appliquée à tous les organes des végétaux dont la forme réticulée présente une sorte de treillis, comme les feuilles de l'ouvirandra, de Mada-gascar, ou *hydrogeton fenestralis*, le calice de l'*atractylis cancellata* (sorte de chardon), le chapeau du *lycoperdon cancellatum* (genre de champignon).

**CANNELÉ**, qui a des cannelures, qui est creusé en sillons réguliers, longitudinaux, rap-prochés. *Tige cannelée*.

**CAPILLAIRE** (du latin *capillus*, cheveu), fin, délié comme un cheveu. *Organes capillaires, racines capillaires*, etc. *Capillaire* indique plus de ténuité que *filiforme*. On applique substan-tivement et vulgairement, d'après les bota-nistes qui ont précédé Linné, le nom de *capil-laires* à un grand nombre de fougères toutes remarquables par la finesse du pétiole lui-même et de ses divisions, ainsi que par sa couleur et son brillant; ces sortes de fougères appartien-nent en général aux genres *adiantum*, *asple-nium*, *polypodium*; tels sont le capillaire de

Montpellier (*adiantum capillus veneris*), le ca-pillaire du Canada (*adiantum pedatum*), le cé-térach (*asplenium ceterach*), la sauve-vie (*asple-nium ruta muraria*), le polytric (*asplenium trichomanes*), le capillaire noir (*asplenium adiantum nigrum*), le capillaire blanc (*polypo-dium rhæticum*). Persoon a donné le nom de *capillaria* à un petit genre de champignons byssoïdes, caractérisé par des filaments grêles.

**CAPILLAMENT** (*capillamentum*), nom donné par Tournefort aux filets des étamines. Peu usité.

**CAPITÉ** (du latin *caput*, tête), en forme de tête; s'emploie pour désigner tous les organes terminés en tête arrondie; se dit aussi d'as-semblages de fleurs, de feuilles, etc., formant bouquets compactes et arrondis.

**CAPITULE** (de *capitulum*, petite tête), nom générique sous lequel on désigne les plantes à fleurs composées, réunion de fleurs nombreuses très-rapprochées les unes des autres, à peine pédiculées sur un réceptacle, sommet dilaté du pédoncule commun. Le capitule est le mode d'inflorescence des synanthérées; on le trouve aussi dans les dipsacées, les scabieuses, les globulariées, etc. Synonyme de calathide, d'an-thode, de céphalanthe, de gloméruie.

**CAPSULAIRE** (du latin *capsula*, diminutif de *capsa*, boîte). Fruit *capsulaire*, fruit sec, s'ouvrant par déhiscence ou par disjonction des valves qui composent les cloisons, etc. Les caryophyllées, les campanulacées, les papavéra-cées, les crucifères, les balsamines, etc., ont des fruits capsulaires.

**CAPSULE** (même étymologie), sorte de fruit sec, monosperme ou polysperme, à formes très-variées et ordinairement déhiscentes; petites loges qui renferment les semences et les grai-nes, et qui s'ouvrent spontanément en une ou plusieurs valves lorsque le fruit est parvenu à sa parfaite maturité. *Capsule cylindrique, glo-buleuse, sphérique, ovoïde, courbée, comprimée, angulaire, torse, toruleuse, tronquée, univalve, bivalve, trivalve, quadrivalve, trigone, tétra-gone, pentagone*, etc., etc.

**CARACTÈRES** (du grec χαρακτήρ, empreinte, marque, figure tracée sur une matière quel-conque, dérivé de χαράσσω, j'imprime, je grave). En botanique, on appelle *caractère d'une plante*, ce qui distingue si bien une sorte de végétal de tous ceux qui ont plus ou moins de rapport avec lui, qu'on ne saurait faire con-fusion. On appelle *caractère factice* ou *artificiel* celui qui se tire d'un signe de convention; *caractère essentiel*, un signe remarquable et si approprié à un genre de végétal qui le porte, qu'il ne peut convenir à aucun autre, et qu'au premier coup d'œil on le distingue facilement; *caractère naturel*, celui qui se tire de toutes les parties de la plante, celui qui comprend le fac-tice et l'essentiel, et sert à distinguer les classes, les genres et les espèces; *caractère habituel*, celui qui résulte de l'ensemble, de la conformation générale d'une plante, de la disposition de toutes les parties considérées suivant leur position, leur accroissement, leur grandeur respective, en un mot, suivant tous les rapports qui s'aperçoivent au premier coup d'œil ; *caractère classique*, celui qui sert à distinguer les classes ; *caractère générique*, celui qui sert à former les genres ; *positif*, quand il est fondé sur la présence des organes ; *négatif*, quand il est fondé sur leur absence.

**CARCÉRULE** (de *carcer*, prison, *carcerula*, petite prison), nom donné par Desvaux et de Mirbel, par correspondance de signification d'*utricule*, de *samare*, de *scléranthe*, de *cystidium*, à des fruits secs indéhiscents, comme ceux des amarantes, des urticées, de la belle-de-nuit, du tilleul, du frêne, de l'orme, etc. Peu usité.

**CARÈNE** (du latin *carena*, dérivé du grec κάρηνον, tête, quille et flanc d'un navire). En botanique, on nomme ainsi les deux pétales inférieurs des fleurs papilionacées, qui, par leur disposition, présentent quelque ressemblance avec la carène d'une nacelle ; *feuille en carène* ou *carenée*, celle qui est relevée dans le milieu par une saillie anguleuse et tranchante.

**CARÉNÉ**, qui a la forme d'une carène ; épithète qui s'applique à certaines bractées, à certaines feuilles, aux spathelles et aux valves de certains fruits, qui, par leur forme, se rapprochent de celle de la carène d'un navire.

**CARIOPSE** ou **CARYOPSE** (du grec κάρα, tête, ὄψις, figure), nom scientifique du *grain* quand il s'agit du fruit des céréales, fruit des plantes de la famille des graminées.

**CARIOPSIDE** (même étymologie). Agardh applique cette qualification à une réunion circulaire de cariopses, comme dans les malvacées.

**CARONCULE** (de *caruncula*, diminutif de *caro*, chair). La caroncule est un appendice charnu et de forme variable qui environne le hile ou ombilic de certaines graines, le renflement de la surface de ces graines, qui entoure l'ombilic comme dans le haricot.

**CARPELLAIRE** (de *carpellum*, tiré du grec καρπός, fruit), mot qui désigne la nature et les caractères de certains fruits. Voir CARPELLE.

**CARPELLE** (même étymologie). Cette dénomination, qui correspond à celle de *camare* de M. de Mirbel, est appliquée par de Candolle aux fruits partiels des renonculacées, des alismacées, etc. Le carpelle, pris dans cette acception, est déhiscent ou indéhiscent, polysperme ou monosperme, sec ou charnu, libre ou soudé. Mais, d'après les plus récentes observations, les organes désignés sous le nom de carpelles, et qui constituent le verticille ou la spirale d'organes occupant la partie centrale de la fleur, sont en réalité des feuilles modifiées. Quelques auteurs, généralisant l'expression, l'ont appliquée indifféremment au fruit des crucifères, des légumineuses, des rosacées, etc.

**CARPOPHORE** (du grec καρπός, fruit, φέρω, je porte), prolongement de l'axe de la fleur qui élève la base de l'ovaire ou du fruit au-dessus de l'insertion des autres verticilles de la fleur ; dénomination que Link donne à un support né du réceptacle et qui soutient le pistil seulement. De Mirbel y a substitué le mot gynophore, qui signifie porteur de pistil.

**CARRÉ**. *Tige carrée*, qui a quatre faces et quatre angles égaux.

**CARTACÉ** (du latin *charta*, papier, carton), se dit des plantes ou des parties des plantes qui ont la texture et l'aspect du parchemin, comme le péricarpe du mouron des champs (*anagallis arvensis*), le legumen du poirier commun, etc.

**CARTAGER**, terme d'agriculture qui signifie donner la quatrième façon à la vigne.

**CARTILAGINEUX** (en latin *cartilaginosus*, dérivé de *caro*, chair), qui est de la nature, qui a la consistance du tissu tenace, solide, quoique souple et élastique appelé en anatomie zoologique *cartilage*. *Feuilles cartilagineuses*.

**CARYOPHYLLÉES**, famille de plantes dicotylédones à laquelle appartient l'*œillet*, autrefois appelé *caryophyllus*, nom qui désigne à présent le giroflier.

**CASQUE** (en latin *galea*, *cassis*). On donne ce nom, en botanique, à la lèvre supérieure des corolles bilabiées, quand elle affecte la forme d'un casque ; c'est ce qui a lieu dans un grand nombre d'orchidées pour l'ensemble des trois pièces externes du périanthe.

**CAUDEX**, mot latin qui signifie *tige*. Le caudex ascendant est la partie supérieure de la tige, le caudex descendant est l'extrémité qui s'enfonce dans la terre.

**CAULE** (en latin *caulis*). Mot francisé pour dire *tige*.

**CAULESCENT**, qui porte une *tige*.

**CAULINAIRE**, qui appartient à la tige. On appelle *feuilles caulinaires* celles qui sont insérées le long de la tige.

**CAULOCARPIEN** mot créé par de Candolle pour désigner les végétaux vivaces ligneux dont les tiges donnent annuellement des fleurs et des fruits nouveaux.

**CAVITÉ**. On appelle *cavité ovarienne* la partie creuse de l'ovaire.

**CELLULAIRE** (du latin *cellula*), qui a des cellules ; Humboldt et de Candolle ont appliqué l'épithète de *cellulaires* aux végétaux dépourvus de vaisseaux et qui ne sont composés que de tissu à cellules, accolées les unes aux autres, comme les acotylédonées.

**CELLULES** (de *cellula*, petite loge). Petites cavités susceptibles d'être isolées, vésicules ou utricules (voyez ces mots) ayant la forme ovale, oblongue ou hexagonale, et dont l'agrégation forme le tissu cellulaire de certains végétaux, comme les champignons les lichens, les algues, etc.

**CÉPHALANTHE** (du grec κεφαλή, tête ; ἄνθος, fleur ; tête de fleur), dénomination correspondant à celle de *calathide* (voir ce mot) et qui s'applique aux fleurs groupées en tête, de la famille des composées.

**CÉPHALODE** (du grec κεφαλώδης, en forme de tête). Nom donné par Spreingel aux *apothèces* ou *apothécies* (voir ces mots) des lichens, arrondies, ne présentant ni bordure ni bourrelet, et se produisant sur un pédicule, comme cela se voit dans les *cénomyces*.

**CÉRACÉ** (du latin *cera*, cire), qui a la consistance et l'aspect de la cire.

**CESPITEUX** (de *cespes*, gazon). Qui croit en touffe serrée.

**CHAGRINÉ** (du mot latin *granulatus*, qui a des graines), se dit des surfaces granuleuses ou rugueuses dans les plantes; s'applique à la peau de la graine dans certains cas.

**CHAIR** (du latin *caro*). En botanique, la chair est la partie pulpeuse du fruit formée surtout du tissu cellulaire rempli de liquide.

**CHALAZE** (du grec χαλάω, je relâche), prononcez *kalaze*. Mot emprunté à la zoologie par Gœrtner, pour désigner le point qui correspond sur la tunique externe d'une graine, à l'insertion du cordon ombilical; le point de l'*ovule* où aboutit le *raphe* (Voir ces mots); l'*ombilic* ou *hile* interne. (Voir ces mots.)

**CHAPEAU** ou **CHAPITEAU**. Nom du renflement de la partie supérieure charnue, souvent convexe, du champignon.

**CHAPELET**. Se dit, en botanique, des renflements poreux ou ponctués qui se présentent aux divers points de jonction des végétaux, d'un organe qui offre une série de ces renflements séparés par des étranglements profonds.

**CHARACÉES**, famille de plantes acotylédones, aquatiques et submergées, ayant pour type le genre *chara*.

**CHARNU**, se dit de tout organe épais, succulent et d'une texture lâche, feuilles, fruit, albumen, etc.

**CHATON**, inflorescence composée de fleurs sessiles et unisexuées sur un axe commun; on l'observe surtout dans le groupe des amentacées (chêne, saule, bouleau, etc.).

**CHAUME** (du latin *culmus*). Tige simple, fistuleuse, noueuse, ordinairement cylindrique, comme celle des graminées.

**CHÉNOPODÉES**, famille de plantes dicotylédones ayant pour type le genre *chenopodium* (ansérine). Synon. : *atriplicées, arroches, salsolacées*.

**CHEVELU**, nom donné à l'ensemble des fibrilles ou dernières divisions très-fines de la racine.

**CHICORACÉES**, tribu de la famille des composées ou synanthérées, dans laquelle les corolles sont déjetées en forme de languette (*demi-fleurons* de Tournefort). Synon : *liguli-flores, semi-flosculeuses*.

**CHIFFONNÉ**, plissé irrégulièrement.

**CHLÉNACÉES**, famille de plantes dicotylédones composée d'un petit nombre de genres, qui croissent à Madagascar.

**CHLARANTHIE** (χλωρός, verdâtre, ἄνθος, fleur). État tératologique dans lequel les organes floraux présentent la couleur verte, la structure et même la forme des feuilles ordinaires. La rose verte en est un exemple.

**CHLOROPHYLLE** (χλωρός, verdâtre, φύλλον, feuille). Matière verte qui colore le tissu cellulaire de divers organes, et particulièrement des feuilles, des végétaux.

**CHROMULE** (χρῶμα, couleur). Employé souvent comme synonyme de chlorophylle, ce mot désigne d'une manière générale les matières colorantes contenues dans le tissu cellulaire des divers organes des plantes.

**CHRYSOBALANÉES**, famille de plantes ayant pour type le genre *chrysobalanus*, dont une espèce est l'icaco.

**CICATRICE**, empreinte laissée par la chute d'un organe sur la surface qui le supportait.

**CIL**, poil court et roide placé au bord d'une surface.

**CILIÉ**, bordé de cils.

**CIRCINÉ**, se dit des feuilles roulées en crosse.

**CIRRHIFORME**, en forme de vrille.

**CISTINÉES**, famille de plantes dicotylédones, ayant pour type le genre ciste.

**CITRIN**, jaune-pâle, de la couleur du citron.

**CLADODE** (κλάδος, rameau). Rameau aplati en forme de feuille.

**CLASSE**, deuxième degré de classification. Subdivision d'un embranchement, composée d'un certain nombre de familles, groupées d'après des caractères très-importants

**CLATHROIDE**, en forme de réseau à jour.

**CLAVIFORME**, en forme de massue.

**CLINANTHE**. Voyez RÉCEPTACLE.

**CLOISON**, lame qui sépare les loges de l'ovaire ou du fruit. Elle est complète ou incomplète. Les fausses cloisons sont de simples expansions cellulaires et membraneuses.

**CLOSTRE** (κλωστήρ, fuseau). Cellule allongée en forme de fuseau et à parois épaisses. Synon. : *fibres*.

**COHÉRENCE**, soudure des organes entre eux. S'applique aussi aux organes qui sont simplement agglutinés et peuvent se séparer sans déchirure, comme les anthères des balsamines.

**COIFFE**, membrane qui recouvre le sommet de l'urne dans les mousses et les hépatiques.

**COLCHICACÉES**, famille de plantes monocotylédones ayant pour type le genre colchique. Synon : *mélanthacées*.

**COLÉOPTILE**, cotylédon qui enveloppe complétement la plantule dans certaines familles de dicotylédones.

**COLÉORHIZE** (κολεός, fourreau, ῥίζα, racine). Enveloppe de la radicule des embryons monocotylédonés, qui se perce ou se déchire, dans la germination, pour livrer passage aux radicelles.

**COLLATÉRAUX**, se dit des ovules placés côte à côte au même niveau.

**COLLECTEURS** (*collector*, qui recueille). Poils courts, roides et papilleux, qui recouvrent le stigmate comme une espèce de brosse et servent à retenir les grains de pollen.

**COLLERETTE**, involucre formé de bractées disposées sur un seul rang, comme dans les ombellifères.

**COLLET**, point de séparation entre la tige ou système ascendant et la racine ou système descendant. Synon.: *mésophyte, nœud vital*.

**COLORÉ**, se dit de tout organe qui n'est pas vert.

**COLUMELLE**, axe qui fait suite au pédoncule et traverse l'ovaire ou le fruit.

**COLURE**. Voyez LIGULE.

**COMBRÉTACÉES**, famille de plantes dicotylédones ayant pour type le genre *combretum*.

**COMMÉLYNÉES**, famille de plantes monocotylédones ayant pour type le genre *commelyna*.

**COMMISSURE**, point de jonction de deux organes qui se touchent par leurs bords.

**COMMUN**, se dit du pétiole des feuilles composées, qui porte plusieurs folioles ; des pédoncules qui portent, ou des involucres qui entourent plusieurs fleurs.

**COMPLET**, se dit d'un organe pourvu de toutes les parties qu'il est susceptible d'avoir dans le type le plus régulier et le plus parfait. Ainsi, une fleur est complète lorsqu'elle présente un calice, une corolle, un androcée et un pistil.

**COMPOSÉ**, se dit, d'une manière générale, d'un organe formé de plusieurs autres analogues. Les feuilles du robinier, le fruit du pommier, l'ombelle de la carotte, etc., sont des organes composés.

**COMPOSÉES**, famille de plantes dicotylédones, dont les fleurs sont réunies en capitule sur un réceptacle commun entouré d'un involucre. Cette famille est la plus nombreuse du règne végétal. Nous citerons comme exemples les genres chardon, chicorée, séneçon, aster, etc. Synon. : *synanthérées*.

**COMPRIMÉ**, synonyme d'aplati. Le mot *comprimé* désigne plus particulièrement un organe aplati par une pression latérale, par opposition à *déprimé*, qui veut dire aplati de haut en bas.

**CONCAVE**. Se dit des organes dont le centre est enfoncé et les bords relevés.

**CONCENTRIQUE**. Se dit des cercles ou des figures dérivées du cercle, qui ont un même centre et sont en quelque sorte emboîtés les uns dans les autres.

**CONCEPTACLE**. Réceptacle qui renferme des spores ou des gemmes, dans les cryptogames.

**CONCOLORE**. Se dit de deux ou plusieurs organes ou parties d'organes présentant la même couleur.

**CONDUCTEUR** (tissu). Tissu du style présentant des passages au boyau pollinique pour pénétrer dans la cavité de l'ovaire.

**CONDUPLIQUÉ**, plié en deux dans le sens de la longueur, comme les jeunes feuilles des cerisiers, des hêtres, ou les feuilles adultes des iris et des glaïeuls. Quelques végétaux ont aussi les pétales ou les cotylédons condupliqués.

**CÔNE**, fruit agrégé, ovoïde ou arrondi, composé d'écailles ligneuses, coriaces, imbriquées sur un axe commun. Tel est le fruit du pin. Synon.: *strobile*.

**CONFERVACÉES**, famille ou tribu de plantes cryptogames, ayant pour type le genre conferva.

**CONFLUENT**, se dit des organes ou des parties d'organes qui, se dirigeant vers un même point, arrivent à se confondre.

**CONFORME**, organe de forme semblable à celle des organes analogues.

**CONGLOBÉ**, se dit d'organes groupés en masse arrondie.

**CONIFÈRES**, famille de plantes dicotylédones, renfermant des arbres et des arbrisseaux qui ont généralement pour fruit un cône écailleux. Tels sont les pins, les sapins, les cyprès, les genévriers, etc.

**CONIQUE**, qui a la forme d'un cône, comme les réceptacles dans les capitules de plusieurs composées.

**CONJUGUÉ**, se dit des feuilles ailées, dont les folioles sont disposées par paires, comme celles du sainfoin. Synon. : *oppositifoliés*.

**CONÉ**, se dit de deux feuilles opposées, soudées entre elles par leur base dans une assez grande étendue, comme dans la cardère, le chèvrefeuille, etc.

**CONNECTIF**, prolongement du filet qui sépare les diverses loges d'une anthère.

**CONNIVENTS**. Se dit des organes qui, écartés à la base, se rapprochent au sommet et finissent par se toucher, mais sans se souder.

**CONOÏDE**, dont la forme approche de celle d'un cône.

**CONSISTANCE**, degré de mollesse ou de dureté des tissus. Elle s'exprime par des termes de comparaison empruntés au langage vulgaire; ainsi on dit : consistance charnue, cornée, pâteuse, pulpeuse, osseuse, etc.

**CONSTANT** (organe), qui ne manque jamais.

**CONTIGU**, se dit d'un organe qui est simplement en contact avec un autre, sans adhérence.

**CONTINU**, se dit d'un organe soudé à un autre, ou ne présentant pas d'interruption.

**CONTOURNÉ**, tordu régulièrement, dans un même sens ; telle est la préfloration de la corolle dans les malvacées. Synon.: *tordu*.

**CONTRACTÉ**. Se dit d'organes resserrés, pelotonnés.

**CONTRACTILITÉ**, propriété que possèdent certains organes végétaux de se contracter lorsqu'on les touche ; telles sont les feuilles de la sensitive, les étamines de l'épine-vinette.

**CONTRAIRE**, direction opposée à celle d'un organe pris pour terme de comparaison.

**CONVERGENT**, se dit d'organes qui se dirigent les uns vers les autres, et tendent à se réunir à un même point.

**CONVEXE**, se dit, par opposition à *concave*, d'une surface dont le centre est élevé et les bords rabaissés. Synon. : *bombé*.

**CONVOLUTÉ**, roulé en cornet ou en spirale.

**CONVOLUTIF**, même signification ; s'applique spécialement à la préfoliaison et à la préfloraison.

**CONVOLVULACÉES**, Famille de plantes dicotylédones, ayant pour type le genre *convolvulus* (liseron).

**COQUE**, Sorte de capsule.

**CORDÉ**, en forme de cœur ; se dit surtout des feuilles, des pétales et autres organes minces.

**CORDIFORME**, même signification ; s'applique aux organes qui ont une certaine épaisseur, comme la capsule du polygala ; se dit aussi des feuilles.

**CORDON PISTILLAIRE**, tissu conducteur au-dessous de la base du style.

**CORDON SUSPENSEUR**, organe qui supporte l'embryon.

**CORIACE**, se dit d'une membrane sèche et dont la consistance à quelque analogie avec celle du cuir.

**CORIARIÉES**, famille de plantes dicotylédones ayant pour type le genre *coriaria*.

**CORNÉ**, se dit d'un albumen qui a la consistance et l'aspect de la corne.

**CORNICULÉ**, en forme de cornet, comme les pétales des ancolies.

**COROLLE**, verticille floral placé entre le calice et les étamines, chez la plupart des dicotylédones, et n'offrant qu'accidentellement la couleur verte. Elle se compose de feuilles modifiées, appelées *pétales*, libres ou soudées, de forme et de couleur variables. La corolle peut être monopétale ou polypétale, régulière ou irrégulière, etc. (Voyez ces mots.)

**COROLLIFLORES**, plantes dicotylédones à corolle monopétale insérée sur le réceptacle, et portant les étamines ; ex. : la primevère, la pomme de terre.

**CORONULE**, petite couronne (voyez *couronne*.)

**CORPS LIGNEUX**, partie de la tige des arbres dicotylédonés, comprise entre la moelle et l'écorce. Il est composé de couches concentriques et emboîtées, plus ou moins régulières, dont le nombre est généralement égal à celui des années qui forment l'âge de l'arbre.

**CORPS REPRODUCTEURS.** Voyez Graines et Spores.

**CORTICAL**, qui appartient à l'écorce.

**CORTINA**, débris du voile qui restent adhérents au pédicule ou aux bords du chapeau, dans les agarics.

**CORYMBE**, inflorescence définie dans laquelle les axes secondaires, partant de points différents, arrivent au même niveau. Ex. : le cerisier mahaleb ou de Sainte-Lucie.

**CORYMBIFÈRE**, qui porte un corymbe.

**CORYMBIFÈRES**, l'une des trois grandes divisions ou tribu de la famille des composées, dans laquelle les capitules sont disposés en corymbe, ou mieux en cime corymboïde, comme, par exemple, dans les séneçons ou les cinéraires. Synon. : *radices*.

**CORYMBIFORME**, qui a la forme d'un corymbe.

**CORYMBOÏDE**, qui ressemble à un corymbe.

**CÔTE**, nervure médiane de la feuille, qui continue le pétiole.

**CÔTES**, arêtes, mousses qui parcourent longitudinalement le fruit des ombellifères. On distingue les côtes primaires et secondaires ; dorsales, marginales ou commissurales, latérales (voyez ces mots).

**COTONNEUX**, couvert de poils abondants, mous, courts, entre-croisés et comme feutrés.

**COTYLÉDON** (κοτύλη, écuelle), appendice latéral de l'embryon. Les cotylédons, qui varient en nombre, en volume et qui manquent souvent, constituent les premières feuilles de la plante. On divise le règne végétal en trois grands embranchements : les *dicotylédonés*, qui ont deux cotylédons ; les *monocotylédonés*, qui n'en ont qu'un ; les *acotylédonés*, qui en sont dépourvus. Voyez Embryon.

**COTYLÉDONAIRE**, qui appartient aux cotylédons.

**COTYLÉDONÉ**, pourvu de cotylédons.

**COUCHE**, lame cylindrique de bois ou d'écorce formée dans une année.

**COUCHÉ**, se dit d'une tige qui s'étend horizontalement sur le sol, mais sans prendre racine, comme celle de la mauve.

**COULANT**, tige filiforme couchée et rampante émettant à chaque nœud des racines adventives, comme dans le fraisier, la renoncule rampante, etc. Synon. : *stolon*.

**COULEUR**. On trouve dans les végétaux toutes les couleurs, toutes les nuances, formant des associations très-diverses. Le vert est la teinte dominante ; tout organe qui en présente une autre est dit *organe coloré*.

**COURBE**, se dit d'un embryon fléchi en arc.

**COURBÉ**, se dit de tout organe fléchi en arc.

**COURONNE**, réunion circulaire des écailles ou lamelles pétaloïdes, qui naissent à la gorge de plusieurs corolles et périanthes, comme dans les lychnis, les lauriers-roses, les narcisses, etc. Calice persistant qui surmonte le fruit dans la plupart des végétaux à ovaire infère, comme le grenadier, le pommier, le pissenlit, etc.

**COURT**, se dit d'un objet moins long qu'un autre pris pour terme de comparaison, par exemple le calice par rapport à la corolle, le style par rapport aux étamines. Ce terme est essentiellement relatif.

**CRAMPONS**, racines adventives qui naissent le long de la tige de certaines plantes grimpantes, et servent à la fixer aux corps voisins, comme dans le lierre, les bignones.

**CRASSULACÉES**, famille de plantes dicotylédones, ayant pour type le genre *crassula*.

**CRÉMOCARPE** (κρεμαω, suspendre, καρπός, fruit). Nom donné par Mirbel au fruit des ombellifères, dans lequel chacun des deux akènes, à la maturité, est suspendu à l'extrémité d'une division de la columelle.

**CRÉNELÉ**, dont le pourtour est bordé de dents arrondies et obtuses, séparées par des sinus aigus, comme dans le lierre terrestre.

**CRÉPU**, fortement ondulé, comme les feuilles de certaines variétés de choux, de chicorées, de mauves, etc. Synon. : *crispé, frisé*.

**CRÊTE**, nom donné à des appendices charnus de nature et d'origine diverses.

**CREUX**, se dit de tout organe qui n'est pas plein, comme les tiges de graminées, de plusieurs ombellifères, etc. Synon. : *fistuleux*.

**CREVASSÉ**, fendillé, comme l'écorce des vieux arbres.

**CRISPÉ**, synon. de *crépu*.

**CROCHU**, recourbé en crochet, comme les poils des bardanes.

**CROISÉ**, se dit des feuilles opposées, dont les paires se croisent alternativement à angle droit, de telle sorte que la tige présente quatre rangées longitudinales de feuilles, comme dans l'épurge, le phlox, les pimélées, etc. Synon. : *décussé*.

**CROSSE**, mode d'enroulement particulier des feuilles des fougères et des cycadées, de l'inflorescence des borraginées, etc. Synon. : *volute*.

**CRUCIFÈRES**, famille de plantes dicotylédones, dont la corolle est composée de quatre pétales disposés en croix. Elle renferme les choux, la giroflée, le cresson, etc.

**CRUCIFORME**, qui a la forme d'une croix, comme la corolle dans la giroflée et les autres crucifères.

**CRUSTACÉS**, se dit d'une enveloppe épaisse, dure et fragile, comme le tégument des graines du ricin.

**CRYPTOGAMES**, végétaux à organes sexuels non apparents, ou du moins non constitués par des étamines et des ovules. Synon. : *acotylédones, inembryonés*.

**CRYPTOGAMIE**, vingt-quatrième classe du système de Linné, renfermant tous les végétaux à fleurs invisibles, tels que les fougères, les mousses, les champignons, les algues. On donne aussi ce nom, dans la méthode naturelle, à l'ensemble des familles cryptogames, et à la partie de la botanique qui traite de ces végétaux.

**CRYPTOGAMISTE**, botaniste qui s'occupe spécialement des plantes cryptogames.

**CUCULLIFORME**, en forme de capuchon.

**CUCURBITACÉES**, famille de plantes dicotylédones, ayant pour type le genre *cucurbita* (courge).

**CUNÉIFORME**, se dit des feuilles triangulaires étroites, dont la forme rappelle celle d'un coin à fendre le bois.

**CUPULE**, involucre en forme de coupe, composé de bractées persistantes et étroitement soudées, comme dans le chêne, le châtaignier, etc.

**CUPULIFÈRES**, famille de plantes dicotylédones, formée aux dépens des amentacées et renfermant des arbres dont le fruit est environné entièrement, ou seulement à sa base, d'une cupule, comme le chêne, le châtaignier, le hêtre, le noisetier, etc.

**CUPULIFORME**, en forme de cupule.

**CURVINERVE**, se dit des feuilles dont les nervures, d'abord parallèles ou convergentes, se rapprochent vers le sommet ; telles sont celles de la plupart des monocotylédones.

**CUSPIDÉ**, terminé en pointe longue et aiguë.

**CUTICULE**, lame extérieure de l'épiderme.

**CYCADÉES**, famille de plantes dicotylédones, ayant pour type le genre *cycas*.

**CYCLANTÉES**, famille de plantes monocotylédones, ayant pour type le genre *cyclanthus*.

**CYCLE**, ensemble des feuilles comprises entre deux de ces organes superposés sur l'axe, et qui font un ou plusieurs tours de spire.

**CYCLOSPERME**, se dit d'une plante dont l'embryon est courbé en anneau autour d'un albumen central.

**CYLINDRIQUE**, qui a la forme d'un cylindre.

**CYME**, nom collectif des inflorescences définies. On distingue des cymes dichotomiques, scorpioïdes, ombelliformes, corymbiformes, etc. (Voyez ces mots.)

**CYPÉRACÉES**, famille de plantes monocotylédones, ayant pour type le genre *cyperus*.

**CYSTIDES**, cellules saillantes qui se trouvent sur le réceptacle des champignons.

**CYTINÉES**, famille de plantes dicotylédones, ayant pour type le genre *cytinus*.

# D

DÉBILE, grêle, faible. Se dit d'une tige menue et qui n'est pas assez forte pour se soutenir.

DÉCAGINE, qui a dix styles.

DÉCANDRE, qui a dix étamines.

DÉCANDRIE, dixième classe du système sexuel de Linné, renfermant les plantes à dix étamines.

DÉCIDU, très-caduc, qui tombe de bonne heure ou se détache au plus léger contact. Tels sont le calice des pavots, les pétales des hélianthèmes.

DÉCLINÉ, qui retombe en se recourbant en arc, comme les rameaux du saule pleureur.

DÉCOMBANT, même signification.

DÉCOMPOSÉ, se dit des feuilles profondément découpées en divisions qui sont elles-mêmes subdivisées, comme celles de la carotte; ou des feuilles composées, dont les divisions primaires sont elles-mêmes subdivisées en folioles, comme dans les féviers, les acacias, etc.

DÉCORTIQUÉ, privé d'écorce.

DÉCOUPÉ, se dit d'un organe plus ou moins profondément divisé par des sinus aigus.

DÉCURRENT, se dit des feuilles qui se prolongent sur la tige ou le rameau au-dessous de leur point d'insertion, comme dans les onopordons, les cirses, le bouillon-blanc; ainsi que des lames ou feuillets des amanites et des agarics lorsqu'ils se prolongent sur le pédicule.

DÉCURSIF, même signification; se dit surtout des nervures.

DÉCUSSÉES, se dit des feuilles opposées dont les paires sont superposées en croix, comme dans le phlon décussé. Synon. : croisé, opposé en croix.

DÉDOUBLEMENT, phénomène qui consiste dans la production d'appendices par les feuilles ou par les pétales. Il peut être normal ou accidentel.

DÉFINI, se dit des axes qui se terminent par une fleur, comme la hampe de la tulipe; se dit encore du nombre des étamines, quand celui-ci ne dépasse pas dix ou douze. L'inflorescence définie est celle dans laquelle l'axe primaire se termine par une fleur; on lui donne aussi le nom de cyme (voyez ce mot).

DÉFLÉCHI, se dit d'un organe qui s'incline et retombe en formant l'arc.

DÉFLORAISON, chute des fleurs.

DÉFOLIATION, chute des feuilles.

DÉFORMATION, accident tératologique qui modifie et altère la forme des organes. Synon. : monstruosité.

DÉHISCENCE. Ouverture des anthères pour laisser échapper le pollen. Elle peut être terminale, longitudinale ou transversale. — Ouverture du fruit mûr qui laisse sortir les graines. Elle est septifrage, septicide, loculicide, terminale, etc. (Voyez ces mots).

DÉHISCENT (fruit), qui s'ouvre à la maturité pour laisser échapper les graines, comme la gousse du pois ou du haricot.

DÉLIQUESCENT, qui se résout en un liquide aqueux, comme les champignons appelés coprins.

DELTOÏDE, qui a la forme d'un triangle, comme le Δ grec.

DEMI-FLEURON. Fleur dont la corolle est ligulée ou déjetée en languette, comme dans les chicoracées et la plupart des corymbifères.

DENDROÏDE (δένδρον, arbre), qui a la forme ou l'aspect d'un petit arbre.

DENSE, serré, compacte; se dit des inflorescences dont les fleurs sont très-rapprochées.

DENT, on donne ce nom aux divisions courtes et triangulaires des bords des organes.

DENTÉ, se dit par opposition à entier, des organes dont les bords présentent des dents. On dit denté en scie, quand les dents sont aiguës et dirigées vers le sommet de la feuille.

DENTELÉ, qui présente des dents très-fines.

DENTELURES, dents très-fines et serrées.

DENTICULÉ, diminutif de dentelé.

DÉNUDÉ, dépouillé d'épiderme ou d'écorce.

DÉPRIMÉ, qui paraît aplati par une pression de haut en bas. Se dit aussi quelquefois d'un organe dont le centre est plus bas que les bords; mais il est mieux, dans ce cas, de dire concave.

DESCENDANT, qui se dirige de haut en bas dans une ligne verticale.

DÉSINENCE, mode de terminaison d'un organe.

DIADELPHES (étamines), qui sont soudées par leurs filets en deux faisceaux, comme dans la fumeterre.

DIADELPHIE (δίς, deux fois, ἀδελφός, frère), dix-septième classe du système sexuel de Linné, renfermant les plantes dont les étamines sont soudées par leurs filets en deux faisceaux.

DIAGNOSE (διάγνωσις, connaissance), description sommaire et caractéristique d'un genre ou d'une espèce.

DIAKÈNE (δίς, deux fois, α priv., χαίνω, s'ouvrir), fruit formé de deux akènes rapprochés et soudés, comme dans les ombellifères, les caille-lait, etc.

DIALYCARPELLÉ (ovaire, fruit) (διαλύω, délier, καρπός, fruit), dont les carpelles sont libres et non soudés entre eux.

DIALYPÉTALE (corolle), dont les pétales

sont libres, non soudés entre eux. Synon. : *polypétale*.

**DIALYSÉPALE** (calice), dont les sépales sont libres, non soudés entre eux. Synon. : *polysépale, polyphylle*.

**DIALYSTAMINÉ** (androcée), à étamines libres, non soudées entre elles.

**DIANDRE** (δίς, deux fois, ἀνήρ, ἀνδρός, homme), fleur à deux étamines, comme la véronique.

**DIANDRIE**, deuxième classe du système sexuel de Linné, renfermant les plantes à deux étamines.

**DIAPHANE** (διαφαίνω, faire voir au travers), demi-transparent, comme un grand nombre de corolles.

**DIAPHRAGME** (διά, à travers, φράγμα, clôture), cloison transversale qui partage certaines cavités, comme la tige des graminées, les gousses de plusieurs légumineuses, etc.

**DICHOTOME** (διχοτομέω, couper en deux parties), divisé en deux, bifurqué, comme les tiges des valérianes.

**DICHOTOMIE**, bifurcation.

**DICHOTOMIQUE** (méthode), qui permet de déterminer les végétaux par une série de questions, dont chacune donne à choisir entre deux termes opposés.

**DICLINE** (δίς, deux fois, κλίνη, lit). Se dit des végétaux qui portent les organes mâles et les femelles dans des fleurs différentes, soit sur le même pied (maïs), soit sur deux pieds distincts (chanvre).

**DICLINIE**, nom donné par Richard à la quinzième classe de la méthode de Jussieu, qui renferme des végétaux à fleurs diclines.

**DICOTYLÉDON, DICOTYLÉDONE, DI-COTYLÉDONÉ** (δίς, deux fois, κοτυληδών, écuelle), muni de deux cotylédons entiers ou lobés.

**DIDYME**, formé par la réunion, la soudure de deux organes globuleux, comme les anthères des euphorbes, les fruits des caille-lait, etc.

**DIDYNAME**, (δίς, deux fois, δύναμις, puissance). Se dit des fleurs, qui ont quatre étamines, dont deux plus longues, comme le muflier.

**DIDYNAMIE**, quatorzième classe du système de Linné, renfermant les plantes dont les fleurs ont quatre étamines, dont deux plus longues.

**DIFFLUENT**, qui se résout en un liquide aqueux. Synon. : *Déliquescent*.

**DIFFUS**, se dit des tiges ou des rameaux étalés et entre-croisés sans ordre apparent.

**DIGITALIFORME**, en forme de dé à coudre.

**DIGITÉ**, dont la disposition rappelle celle des doigts écartés. Se dit des feuilles composées palmées, ou à folioles disposées en éventail, comme dans les lupins, le marronnier d'Inde, etc.

**DIGITINERVE**, feuille dont les nervures primaires partent de la base en divergeant ou en rayonnant. Synon. : *palminerve*.

**DIGITIPENNÉ**, se dit d'une feuille décomposée, dont les divisions primaires se subdivisent elles-mêmes en folioles disposées de chaque côté du pétiole.

**DIGYNE** (δίς, deux fois, γυνή, femme), se dit d'un ovaire composé de deux carpelles libres ou d'une fleur qui porte deux styles.

**DIGYNIE**, ordre qui se retrouve dans plusieurs classes du système de Linné et qui renferme les fleurs à deux styles.

**DILATÉ**, élargi, comme la gorge de la corolle dans la consoude, ou les filets des étamines dans le nymphéa.

**DILLÉNIACÉES**, famille de plantes dicotylédones ayant pour type le genre *Dillenia*.

**DIMIDIÉ**, réduit à moitié ou partagé en deux moitiés.

**DIMÈRE**, composé de deux pièces.

**DIOECIE**, vingt-deuxième classe du système sexuel de Linné, renfermant les végétaux dioïques.

**DIOÏQUE** (δίς, deux fois, οἶκος, maison), se dit des végétaux qui ont les organes mâles et les femelles portés sur deux pieds distincts, comme le chanvre, le saule, etc.

**DIOSCORÉES**, famille de plantes monocotylédones ayant pour type le genre *Dioscorea* (igname).

**DIPÉRIANTHÉ** (δίς, deux fois, περί, autour, ἄνθος, fleur), muni d'un périanthe double, l'un extérieur (calice), l'autre intérieur (corolle).

**DIPÉTALE**, à deux pétales.

**DIPHYLLE**, à deux feuilles.

**DIPLOPÉRISTOMÉ**, à double péristome : se dit des mousses dont l'urne a son ouverture munie de deux rangées de dents.

**DIPLOSTÉMONE**, fleur qui a les étamines en nombre double de celui des pétales.

**DIPSACÉES**, famille de plantes dicotylédones, ayant pour type le genre *Dipsacus*.

**DIPTÈRE** (δίς, deux fois, πτερόν, aile), muni de deux membranes en forme d'ailes, comme le fruit des érables.

**DIPTÉROCARPÉES**, famille de plantes dicotylédones ayant pour type le genre *Dipterocarpus*.

**DIRECTION**, se dit du sens dans lequel s'étendent et se développent les divers organes.

**DISCIFORME**, qui a la forme d'un disque, comme le stigmate des pavots.

**DISCOÏDE**, même signification.

**DISCOLORE**, qui est de deux couleurs différentes, comme les feuilles du peuplier blanc, de l'alisier, de l'ortie blanche, etc., dont les deux faces présentent des nuances très-distinctes.

**DISÉPALE** (calice), formé de deux sépales, comme dans le pavot, la chélidoine, etc.

**DISJONCTION**, anomalie ou accident tératologique résultant de la séparation de deux organes qui sont soudés à l'état normal.

**DISPERME** (δίς, deux fois, σπέρμα, graine), qui renferme deux graines.

**DISPOSITION**, arrangement des divers organes entre eux.

**DISQUE**, corps glanduleux qui se trouve dans la fleur et présente des différences très-grandes dans sa forme, son volume, sa position, etc. — On donne aussi ce nom à l'ensemble des fleurs centrales (fleurons), dans les corymbifères.

**DISSÉMINATION**, phénomène physiologique qui a lieu quand les graines se détachent de la plante et se répandent à des distances plus ou moins grandes.

**DISSÉQUÉ**, très-découpé, divisé en lanières étroites, comme les feuilles du fenouil.

**DISTANT**, éloigné, écarté, comme les feuilles sur la tige ou les rameaux, les fleurs dans les inflorescences lâches, etc.

**DISTINCT**, signifie tantôt visible, apparent, tantôt libre, séparé, non soudé.

**DISTIQUE** (δίς, deux fois, στίχος, rang), disposé sur deux rangs opposés, comme les feuilles de l'orme, du tilleul, du cyprès distique, etc.

**DITROPE**, (δίς, deux fois, τρέπω, tourner), qui fait deux tours sur lui-même.

**DIURNE** (fleur), qui s'épanouit dans le jour.

**DIVARIQUÉ**, se dit des rameaux qui forment avec la tige un angle droit. Synon. *squarreux*.

**DIVERGENT**, se dit des organes (styles, nervures), qui, juxtaposés à la base, s'éloignent l'un de l'autre vers le sommet.

**DIVISION**, partie d'un organe.

**DODÉCANDRE** (δώδεκα, douze, ἀνήρ, ἀνδρός, homme), qui a onze à vingt étamines.

**DODÉCANDRIE**, onzième classe du système de Linné, renfermant les plantes dont les fleurs ont douze étamines.

**DORSAL**, qui est du côté du dos ou qui appartient au dos.

**DOS**, face inférieure des feuilles, face inférieure des carpelles.

**DOUBLE** (fleur), dans laquelle le nombre normal des pièces de la corolle ou même des corolles entières est augmenté par diverses causes.

**DRAGEON**, jeune tige émise par les parties souterraines de plusieurs végétaux vivaces ou arborescents. Syn.: *surgeon*.

**DRESSÉ**, se dit de tout organe dont la direction est à peu près verticale.

**DROIT**, se dit de tout organe qui ne présente dans toute sa longueur ni angle ni courbure.

**DROSÉRACÉES**, famille de plantes dicotylédones, ayant pour type le genre *Drosera*.

**DRUPACÉ**, qui est de la nature de la drupe.

**DRUPE**, dans le sens le plus général, désigne un fruit charnu qui renferme un noyau, une ou plusieurs graines. Ex.: l'abricot, la cerise, la prune, la pêche, le cornouiller.

**DRYMYRRHIZÉES.** Synon. d'*Amomées*.

# E

**ÉBÉNACÉES**, famille de plantes dicotylédones, ayant pour type le genre *Diospyros*, dont une espèce fournit l'ébène. Synon.: *diospyrées*.

**ÉCAILLE**, organe appendiculaire, de forme, de couleur et de consistance variables, et qui résulte de l'avortement de divers organes appendiculaires, feuilles bractées, sépales, etc.

**ÉCAILLEUX**, qui a la forme et la consistance d'une écaille, ou qui est muni d'écailles.

**ÉCARTÉ**, se dit des organes séparés par un intervalle plus grand que dans les cas ordinaires analogues.

**ÉCHANCRÉ**, se dit d'un organe dont le sommet est marqué, creusé d'un sinus peu profond en forme de croissant. Synon.: *émarginé*.

**ÉCORCE**, partie extérieure de la tige dans les végétaux ligneux; elle est surtout très-développée dans les arbres dicotylédonés. Elle se compose de couches annuelles, bien plus minces et moins apparentes que celles du bois. Elle se distingue encore en ce qu'elle ne renferme ni trachées, ni vaisseaux ponctués; mais elle possède seule, à l'intérieur, des vaisseaux laticifères.

**ÉCUSSON**, nom donné à divers organes des graminées et des lichens. En horticulture, l'écusson est une plaque d'écorce munie d'un bourgeon au centre, et qui sert pour la greffe. Les poils des éléagnées ont reçu aussi le nom de *poils en écusson*.

**EFFILÉ**, étroit, longuement atténué.

**EFFLORESCENCE**, sorte de poussière glauque répandue sur les prunes, sur les feuilles de choux, etc. On l'appelle vulgairement *fleur*.

**ÉGAL**, se dit des organes qui ne présentent entre eux aucune différence de grandeur, par exemple les pétales d'une corolle régulière.

**ÉLANCÉ**, se dit d'une tige droite, mince et élevée, comme celle des palmiers.

**ÉLARGI**, se dit d'organes qui présentent sur un point une augmentation considérable en largeur.

**ÉLASTICITÉ**, propriété que possèdent certains organes végétaux de se détendre ou de se contracter brusquement comme un ressort. On l'observe dans les étamines des kalmias et des orties, la capsule des balsamines et des sabliers, etc.

**ÉLATÈRES**, nom donné à divers organes

des prêles et des hépatiques, qui s'ouvrent avec élasticité.

**ÉLATÉRIE**, fruit des euphorbiacées, qui s'ouvre dans plusieurs cas avec élasticité.

**ÉLATINÉES**, famille de plantes dicotylédones, ayant pour type le genre *Élatine*.

**ÉLÉAGNÉES**, famille de plantes dicotylédones, ayant pour type le genre *Éléagnus*.

**ELLIPSOÏDE**, dont la coupe longitudinale a la forme d'une ellipse. Synon.: *ovoïde*.

**ELLIPTIQUE**, surface qui a la forme d'une ellipse. Synon.: *ovale*.

**ÉLONGATION**, allongement normal ou tératologique.

**ÉMARGINÉ.** Synon. d'*échancré*.

**EMBRASSANT**, se dit des pétioles ou des feuilles dont la base entoure la tige ou le rameau, comme dans les ombellifères. Synon.: *amplexicaule*.

**EMBRYOGÉNIE**, étude du développement de l'embryon.

**EMBRYOLOGIE**, étude ou examen de l'embryon.

**EMBRYON**, corps organisé renfermé dans la graine et qui contient lui-même le germe ou le rudiment de la plante. Synon.: *plantule*, *germe*.

**EMBRYON FIXE**, nom donné aux bourgeons.

**EMBRYONÉ**, se dit des végétaux qui possèdent un embryon. Synon.: *cotylédonés*, *phanérogames*.

**EMBRYONAIRE**, qui appartient à l'embryon ou qui en fait partie.

**EMBRYOTÉGE**, sorte d'opercule qui recontre l'embryon de certaines graines, et qui s'écarte ou se détache dans la germination pour livrer passage à la radicule.

**ÉMERGÉ**, se dit des plantes aquatiques, dont le sommet seulement se développe à l'air libre.

**ÉMOUSSÉ**, se dit d'une pointe obtuse.

**EMPHYSÈME** (ἐμφυσάω, enfler). État d'un tissu dont les mailles sont distendues par l'air ou par d'autres gaz.

**EMPHYSÉMATEUX**, tissu atteint d'emphysème.

**EMPREINTE**, marque laissée en creux à la surface des roches par les tiges, les feuilles ou les autres organes des végétaux fossiles.

**ENDOCARPE** (d'ἔνδον, en dedans, καρπός, fruit), couche interne du péricarpe dont la consistance peut être membraneuse (comme dans l'orange), cornée (dans la pomme), ligneuse (dans l'abricot).

**ENDOGÈNES** (d'ἔνδον, en dedans, et γεννάω, j'engendre), nom donné par De Candolle aux végétaux monocotylédones, qu'on a regardés à tort comme s'accroissant de dehors en dedans. Synon.: *monocotylédones*.

**ENDOPLÈVRE** (d'ἔνδον, en dedans, πλευρά, côté), membrane interne du tégument de la graine, celle qui recouvre immédiatement l'amande.

**ENDORHIZE** (d'ἔνδον, en dedans, ῥίζα, racine), embryon dont la radicule est renfermée dans une coléorhize qu'elle perce dans l'acte de la germination.

**ENDORHIZES**, grande division du règne végétal, renfermant toutes les plantes à embryon endorhize. Synon. : *endogènes*, *monocotylédones*.

**ENDOSMOSE, EXOMOSE** (d'ἔνδον, dedans, et ἔξω, dehors, ὠσμός, courant), phénomène physique consistant dans la tendance qui existe entre deux liquides d'inégale densité à se mélanger et à se mettre en équilibre de densité. L'endosmose joue un grand rôle dans l'absorption des liquides par les organes des plantes.

**ENDOSPERME** (d'ἔνδον, en dedans, σπέρμα, graine). Synonyme d'*albumen* et de *périsperme* (voir ces mots).

**ENDOSPERMIQUE**, pourvu d'un endosperme, qui appartient à l'endosperme.

**ENDOSTOME** (d'ἔνδον, en dedans, στόμα, ouverture, bouche), ouverture de la membrane interne de l'ovule.

**ÉNERVE.** Feuille *énerve*, feuille dépourvue de nervures apparentes.

**ENFLÉ**, se dit d'un calice mince et vésiculeux, comme celui du *silene inflata*, de l'alkékange, etc.

**ENGAÎNANT**, se dit d'un pétiole ou d'une feuille qui entoure complètement, jusqu'à une certaine hauteur au-dessus du nœud, la tige ou le rameau, comme dans les graminées.

**ENGAÎNÉ**, se dit d'une tige ou d'un rameau entouré d'une feuille engaînante.

**ENNÉANDRE** (ἐννέα, neuf, ἀνήρ, ἀνδρός, homme), fleur qui a neuf étamines.

**ENNÉANDRIE**, neuvième classe du système de Linné, comprenant les plantes dont la fleur a neuf étamines.

**ENROULÉ**, roulé en dedans.

**ENSIFORME** (du latin *ensis*, épée, *forma*, forme), en forme de lame d'épée, comme les feuilles des iris et des glaïeuls.

**ENTIER**, se dit d'un organe, d'une feuille, par exemple, dont les bords ne présentent ni division ni découpure.

**ENTONNOIR** (calice ou corolle en), dont le tube s'évase de la base au sommet, de manière à figurer un entonnoir.

**ENTRE-NŒUDS**, intervalle qui sépare sur la tige ou sur le rameau deux nœuds voisins. On dit aussi *mérithalle*.

**ENVELOPPE HERBACÉE**, deuxième couche de l'écorce située au-dessus du liber.

**ENVELOPPES FLORALES**, verticilles (périanthe, calice, corolle), qui entourent les organes sexuels.

**ÉPAIS**, se dit d'un organe dont l'épaisseur est plus grande que celle de la plupart des organes analogues ; telles sont les feuilles des aloès et des joubarbes.

ÉPAISSI, renflé à son sommet, comme le pédoncule des *tagetes* et d'autres composées.

ÉPARS, se dit d'organes dispersés sans ordre apparent. Les feuilles dites *éparses* ont en réalité une disposition régulière, mais souvent peu visible. Voyez PHYLLOTAXIE.

ÉPERON, appendice plus ou moins aigu qui existe dans certaines fleurs, telles que le pied-d'alouette, la capucine, la linaire, etc. L'éperon est souvent rempli d'un liquide sucré.

ÉPERONNÉ, muni d'un éperon.

ÉPHÉMÈRE (ἐπί, pendant, ἡμέρα, jour). Se dit des fleurs qui s'épanouissent et se flétrissent dans la même journée, et, en général, de celles qui ne durent que peu de temps.

ÉPI, inflorescence indéfinie, composée de fleurs hermaphrodites, sessiles sur un axe commun, Ex. : le plantain. L'inflorescence du blé, de l'orge, etc., n'est pas un véritable épi, mais une panicule spiciforme, composée de petits épis ou épillets.

ÉPIBLASTE (ἐπί, sur, βλάστημα, germe). Petite feuille membraneuse qu'on observe, dans l'embryon des graminées, sur le côté opposé au cotylédon, et que quelques botanistes regardent comme la deuxième feuille de l'embryon.

ÉPICARPE (ἐπί, sur, καρπός, fruit), couche extérieure du péricarpe, vulgairement appelée *peau* du fruit, quelle que soit l'origine de cet organe, qu'il appartienne au carpelle (comme dans la pêche), au calice (comme dans la pomme), au réceptacle extérieur (comme dans la figue).

ÉPICOROLLIE, nom donné par Richard à la dixième et à la onzième classe de la méthode de Jussieu, renfermant les plantes dont la corolle monopétale est épigyne ou insérée sur l'ovaire.

ÉPIDERME (ἐπί, sur, δέρμα, peau). Couche qui enveloppe presque toutes les parties du végétal.

ÉPIDERMOÏDE, qui est de la nature de l'épiderme ou qui appartient à l'épiderme.

ÉPIGÉ (ἐπί, sur, γῆ, terre). Situé au-dessus du sol. Se dit des cotylédons qui sortent de terre dans la germination, par opposition aux cotylédons *hypogés* ou souterrains.

ÉPIGENÈSE (ἐπί, sur, γίνεσις, génération). Théorie d'après laquelle, selon Endlicher et Schleiden, le germe de l'embryon serait déposé dans l'ovule pendant l'instant où la fécondation s'opère, d'où il s'ensuivrait que l'ovule ne fournirait pas l'embryon, mais en serait seulement le berceau et en même temps la nourrice.

ÉPIGYNE (ἐπί, sur, γυνή, femme, femelle). Se dit de tout organe (corolle, disque, étamines, etc.) inséré sur le pistil.

ÉPIGYNIQUE, s'applique à l'insertion des étamines, etc., quand elle se fait sur le pistil.

ÉPILLET, petit groupe de fleurs qui forme le véritable épi dans les graminées, et dont la réunion constitue une panicule spiciforme, vulgairement appelée *épi*.

ÉPINE, appendice terminé en pointe aiguë, et qui provient de la dégénérescence et de l'avortement d'organes divers, des rameaux dans le prunellier, des stipules dans le robinier, des nervures des feuilles dans le houx, des bractées dans l'artichaut, etc. Il ne faut pas confondre les épines avec les aiguillons (V. ce mot).

ÉPINEUX, armé d'épines.

ÉPIPÉTALE, se dit des étamines lorsqu'elles sont soudées avec les pétales.

ÉPIPÉTALIE, nom donné par Richard à la douzième classe de la méthode de Jussieu, renfermant les plantes dicotylédones à corolle monopétale et à étamines épygynes.

ÉPIPHRAGME (ἐπί, sur, φράγμα, cloison). Membrane qui ferme l'urne, dans les mousses, après la chute de l'opercule.

ÉPIPHYLLE (ἐπί, sur, φύλλον, feuille). Se dit des fleurs qui paraissent insérées sur des feuilles. Mais ces prétendues feuilles sont des organes différents qui n'ont que la forme foliacée ; tels sont les rameaux dans le fragon, les bractées dans le tilleul, etc.

ÉPIPHYTE (ἐπί, sur, φυτόν, plante). Se dit des végétaux qui croissent sur d'autres espèces, mais en faux parasites et sans se nourrir aux dépens de celles-ci. Tels sont le lierre, les orchidées épiphytes, etc., tandis que le gui et la cuscute, par exemple, sont de vrais parasites.

ÉPIRHIZE (ἐπί, sur, ῥίζα, racine). Se dit des plantes qui vivent en parasites sur les racines des autres, comme les orobanches, l'hypociste.

ÉPISPERME (ἐπί, sur, σπέρμα, graine). Enveloppe ou tégument de la graine, appelé aussi *spermoderme* et vulgairement *peau*.

ÉPISPERMIQUE, qui appartient à l'épisperme. Se dit aussi, mais rarement, de l'embryon, quand, par suite de l'absence de l'albumen, il est immédiatement recouvert par l'épisperme.

ÉPISPORE (ἐπί, sur, σπορά, semence). Enveloppe des spores dans les urédinées.

ÉPISTAMINIE, nom donné par Richard à la cinquième classe de la méthode de Jussieu, comprenant les plantes dicotylédones apétales, à étamines épigynes.

ÉQUINOXIAL, se dit des fleurs qui s'ouvrent et se ferment plusieurs jours de suite à des heures déterminées.

ÉQUISÉTACÉES, famille de plantes cryptogames ayant pour type le genre *Equisetum* (prêle).

ÉQUITANT (*equitare*, aller à cheval). Se dit des organes pliés longitudinalement et comme à cheval l'un sur l'autre. Tels sont les feuilles des iris et les cotylédons des crucifères.

ÉRICINÉES, famille de plantes dicotylédones ayant pour type le genre *Erica* (bruyère).

**ÉRODÉ** (*erodere*, ronger), se dit des feuilles ou des autres organes irrégulièrement dentés et comme mordus ou rongés.

**ÉRYTHROXYLÉES**, famille de plantes dicotylédones ayant pour type le genre *Erythroxylon*.

**ESPÈCE**, l'un des termes scientifiques les plus aisés à comprendre et les plus difficiles à définir exactement. On s'accorde à regarder l'espèce comme la réunion de tous les individus dont la ressemblance est telle qu'on peut les supposer tous issus du même individu. Voir, du reste, la *Botanique générale*, où cette importante question est traitée avec tous les détails nécessaires.

**ESSENTIEL**, se dit des organes indispensables à la reproduction de l'espèce, comme les anthères et les ovules.

**ESTIVAL**, se dit des fleurs qui s'épanouissent dans le courant de l'été.

**ESTIVATION**, synon. de *préfloraison* (V. ce mot).

**ÉTAGÉ**, se dit d'organes ou de parties d'organes placés par couches superposées.

**ÉTALÉ**, se dit des organes (rameaux, pétioles, feuilles), qui forment un angle très-ouvert ou presque droit avec l'axe qui les supporte.

**ÉTAMINE** (*stamen*). Organe mâle de la fleur. L'ensemble des étamines se nomme *Andrécée*.

**ÉTENDARD**, pétale supérieur de la corolle des légumineuses ou papilionacées.

**ÉTOILÉ**, se dit de tout organe dont les parties sont disposées horizontalement comme les rayons d'une étoile.

**ÉTROIT**, dont la longueur dépasse de beaucoup la largeur.

**ÉTUI MÉDULLAIRE**, cylindre de tissu fibro-vasculaire qui renferme la moelle dans les dicotylédones.

**EUPHORBIACÉES**, famille de plantes dicotylédones ayant pour type le genre *Euphorbe*.

**ÉVOLUTION** (*evolvere*, dérouler). Développements successifs d'un être ou d'un organe depuis son origine jusqu'à l'état parfait.

**EXALBUMINÉ** (*ex* priv., *albumen*). Se dit d'une graine dépourvue d'albumen ou périsperme.

**EXCENTRIQUE**, se dit d'un embryon situé en dehors de l'axe de l'albumen.

**EXCITABILITÉ**, propriété que possèdent certains organes végétaux de manifester, au contact d'un corps étranger, des mouvements qui paraissent spontanés.

**EXCRÉTION**, fonction par laquelle le végétal rejette au dehors des matières susceptibles de se concréter.

**EXOGÈNES** (ἔξω, en dehors, γεννάω, engendrer). Nom donné par De Candolle aux végétaux dicotylédones dont la tige s'accroît de dedans en dehors.

**EXORHIZE**, embryon dont la radicule est nue et non recouverte par une coléorhize.

**EXOSTOME** (ἔξω, en dehors, στόμα, bouche). Ouverture de la membrane interne de l'ovule, qui devient le micropyle dans la graine.

**EXTRORSE**, se dit des étamines dont les anthères s'ouvrent par une fente tournée en dehors de la fleur, comme dans les clématites.

F

**FACE**, se dit des diverses surfaces que présentent les objets plans ou prismatiques. Ex.: les deux faces d'une feuille.

**FACIES**, mot latin qui signifie *aspect*, et qui est passé dans le langage vulgaire pour désigner le port, le coup d'œil général ou d'ensemble d'une plante. Synon.: *habitus*.

**FADE**, presque entièrement privé de saveur.

**FAISCEAUX**, agrégats résultant de la juxta-position de fibres et de vaisseaux. Ex.: les faisceaux fibro-vasculaires du bois, des pétioles, des nervures, etc.

**FALCIFORME**, en forme de faux.

**FALQUÉ**, même signification.

**FALSINERVES**, se dit des frondes des fucus, dont les nervures sont composées de tissu cellulaire allongé et ne contiennent pas de vaisseaux.

**FAMILLE**, groupe naturel de plantes, formé de plusieurs genres qui se ressemblent par des caractères très-importants, comme ceux de la fructification. Un genre peut former à lui seul une famille, s'il ne présente pas une analogie suffisante avec les familles voisines.

**FARINEUX**, se dit de tous les organes qui ont l'aspect ou la consistance de la farine, comme l'albumen du froment, les efflorescences qui couvrent les feuilles de certaines plantes, etc.

**FASCIATION** (*fascia*, bandelette), déformation ou accident tératologique, par suite duquel les tiges ou les rameaux, au lieu de rester cylindriques, prennent une forme aplatie ou foliacée. Cet accident peut devenir constant dans certains genres, espèces ou variétés, comme dans les opuntias, les phyllocactes, le fragon, l'amarante à crête, etc. La fasciation résulte quelquefois de la soudure de deux ou plusieurs organes cylindriques voisins.

**FASCICULE**, mode d'inflorescence définie dans lequel plusieurs fleurs sont très-rapprochées et comme réunies en un faisceau compacte.

**FASCICULÉ**, se dit des divers organes, mais plus particulièrement des feuilles assez rapprochées pour figurer un faisceau, comme dans les pins, les cèdres, etc.

**FASCIÉ**, tige ou rameau qui ont pris une forme aplatie ou rubanée.

**FASCIÉ**, se dit d'un organe déformé par une fasciation.

**FASTIGIÉ**, se dit d'un végétal dont les rameaux sont dressés contre la tige, comme le peuplier d'Italie.

**FAUVE**, couleur jaune, tirant un peu sur le rougeâtre, comme celle du cuir tanné.

**FAUX**, se dit d'un végétal ou d'un organe qui ressemble à un autre par l'aspect extérieur, mais non par la structure ou par les caractères essentiels.

**FÉCONDATION**, fonction physiologique par laquelle un ovule éprouve le contact et l'influence du pollen, et devient dès lors apte à se transformer en graine.

**FÉCULE**. Voyez Amidon.

**FEMELLE**, se dit d'une fleur privée d'étamines, et ne renfermant que le pistil.

**FENDU**, se dit d'un organe simple dans une partie de sa longueur et divisé dans l'autre partie.

**FERRUGINEUX**, couleur d'un roux noirâtre, qui rappelle celle du fer oxydé ou rouillé.

**FERTILE**, se dit des étamines et des pistils, qui renferment un pollen ou des ovules assez bien constitués pour que la fécondation ait lieu.

**FÉTIDE**, infect, d'une odeur repoussante.

**FEUILLE** (du latin *folium*), expansion aplatie et membraneuse, ordinairement verte, portée sur la tige ou sur les rameaux. Dans l'acception la plus large, ce terme a pour synonyme *organe appendiculaire*. Les feuilles présentent, dans leur forme, leur structure, leur étendue, leur couleur, leur disposition, leur nervation et en général dans tous leurs caractères, des variations nombreuses qui ont été exposées en détail dans la *Botanique générale*.

**FEUILLÉ**, qui est pourvu de feuilles.

**FEUILLET**, s'emploie quelquefois comme synonyme de *couche* du liber. On donne aussi ce nom aux lames rayonnantes qui garnissent la face inférieure du chapeau des agaries.

**FEUILLU**, se dit d'un végétal couvert de feuilles grandes, nombreuses et rapprochées.

**FIBRE**, organe élémentaire intermédiaire entre la cellule et le vaisseau, ou sorte de cellule allongée et à parois très-épaisses. Ce sont les fibres qui forment le bois, les matières textiles de la tige des végétaux, etc. Ce mot s'emploie aussi quelquefois comme synonyme de *tissu fibreux* ou de *prosenchyme*.

**FIBRES RADICALES**, radicelles ou dernières divisions des racines, grêles et très-déliées.

**FIBREUX**, qui est de la nature des fibres ou qui se compose de fibres.

**FIBRILLE**, petit faisceau fibreux isolé.

**FIBRO-VASCULAIRE** (faisceau), composé de fibres et de vaisseaux entremêlés.

**FICOÏDÉES**, famille de plantes dicotylédones, ayant pour type le genre ficoïde (*mesembryanthemum*). On dit aussi mésembryanthémées.

**FILAMENT**, expression vague et mal définie servant à désigner divers organes qui ont l'apparence d'un fil. S'emploie quelquefois comme synonyme de *filet*.

**FILET**, partie inférieure et accessoire de l'étamine ; organe généralement filiforme et blanchâtre, qui supporte l'anthère, et qui manque quelquefois. Les filets peuvent être égaux ou inégaux, libres ou soudés en un ou plusieurs faisceaux.

**FILIFORME**, qui ressemble à un fil.

**FILICINÉES**, classe renfermant les fougères et quelques familles voisines.

**FIMBRIÉ**, voyez Frangé.

**FISTULEUX** (*fistula*, chalumeau). Se dit d'une tige cylindrique et creuse à l'intérieur, comme celles des graminées et de plusieurs ombellifères.

**FLACOURTIANÉES**, famille de plantes dicotylédones qui renferme le genre *flacourtia*. Synon.: *bixacées*.

**FLÉCHI**, courbé accidentellement, comme les rameaux chargés de fruits.

**FLEUR**, appareil composé d'organes essentiels (*étamines* et *pistils*) et d'organes accessoires (périanthe, calice, corolle), et auquel succède ordinairement le fruit.

**FLEURAISON**, voyez Floraison.

**FLEURONS**, fleurs à corolle monopétale et tubuleuse qui occupent la totalité du capitule dans les carduacées et la partie centrale dans la plupart des corymbifères. Les fleurs en languette qui occupent la circonférence dans celles-ci et toute la surface du capitule dans les chicoracées sont appelées *demi-fleurons*.

**FLEXIBLE**, se dit des tiges et des rameaux qui se plient aisément et sans se rompre.

**FLEXUEUX**, se dit des organes qui présentent des courbures alternatives dans des sens opposés.

**FLOCONNEUX**, recouvert d'un duvet qui s'enlève facilement par paquets ou par pelotons, comme les tiges et les feuilles de quelques espèces de bouillon-blanc.

**FLORAISON**, période pendant laquelle les fleurs d'un végétal s'épanouissent ensemble ou successivement. On prend aussi quelquefois ce terme comme synonyme d'épanouissement ou d'anthèse.

**FLORAL**, qui est relatif à la fleur ou qui avoisine la fleur.

**FLORE**. On désigne sous ce nom l'ensemble des espèces végétales d'une région plus ou moins étendue, et le livre dans lequel ces

espèces sont décrites et classées. La *flore fran-*
*çaise* de Lamarck et de De Candolle est un exemple célèbre. Le mot flore s'applique aussi à
certains groupes de végétaux et aux ouvrages
qui les décrivent. C'est dans ce sens qu'on dit
*flore médicale*, *flore agricole*, *flore fores-*
*tière*, etc. Ces expressions n'ont pas besoin
d'être définies.

**FLORIFÈRE** (*flos*, fleur, *fero*, porter), se dit,
en botanique, de tout organe qui porte des
fleurs. Ex. : *tige* ou *rameau florifère*; en horticulture, d'un végétal qui produit un grand
nombre de fleurs.

**FLORULE**, diminutif de flore. S'applique
à une catégorie de plantes peu nombreuse ou
à une région de faible étendue.

**FLOSCULEUX** (*flosculus*, fleuron), se dit
d'un capitule dont toutes les fleurs sont tubuleuses (*fleurons*), et, par extension, du végétal
qui le porte. Ex. : l'artichaut, la centaurée et
toute la tribu des carduacées.

**FLOTTANT** (*fluitans*, en latin), se dit des
végétaux aquatiques qui ne sont pas complètement submergés, mais dont les fleurs apparaissent à la surface de l'eau ; et aussi des plantes
dont les racines ne sont pas fixées au sol, mais
nagent librement sur l'eau, comme les *lemna*.

**FLUVIAL**, qui croît dans les fleuves, les rivières, et en général dans les eaux courantes.

**FLUVIATILE**, même signification.

**FOLIACÉ**, se dit d'un organe d'une nature
analogue à celle de la feuille (stipules, bractées
foliacées).

**FOLIAIRE**, qui appartient à la feuille, comme
les vrilles des gesses.

**FOLIIFÈRE**, qui porte des feuilles.

**FOLIIFORME**, qui a la forme d'une feuille.

**FOLIOLE** (*foliolum*, petite feuille). Diminutif de feuille ; on donne ce nom aux divisions
des feuilles composées, dont chacune figure une
petite feuille, et aux bractées qui forment l'involucre dans les composées, comme, par exemple, dans le capitule de l'artichaut.

**FOLIOLÉ**, muni ou composé de folioles.

**FOLLICULE**, fruit capsulaire, membraneux,
polysperme, formé d'un seul carpelle, qui
s'ouvre seulement par la suture ventrale, comme
dans l'hellébore, le laurier-rose, les asclépias.

**FONGUEUX** (*fungus*, champignon), qui a la
forme, la texture ou la consistance d'un champignon.

**FORMES**, sous-variétés produites surtout par
l'influence des milieux ambiants.

**FOUGÈRES**, famille de plantes cryptogames
qui portent en général les organes de la fructification à la face inférieure des frondes ou
feuilles.

**FOURCHU**, qui se termine en fourche, c'est-
à-dire par deux branches ou bifurcations en
angle aigu.

**FOURNI**, épais, touffu.

**FOVILLA**, substance contenue dans le grain
de pollen et qui arrive jusque dans l'ovaire par
le tissu conducteur.

**FRANGÉ**, se dit d'un organe découpé sur
les bords.

**FRANKÉNIACÉES**, famille de plantes dicotylédones ayant pour type le genre *frankenia*.

**FRIABLE**, très-fragile, qui se résout comme
en poussière quand on l'écrase.

**FRONDE**, organes foliacés des fougères, des
hépatiques et des lichens. Les frondes des fougères, vulgairement appelées feuilles, sont roulées en crosse dans leur premier âge, et portent
plus tard à leur face inférieure les organes de
la reproduction.

**FRUCTIFÈRE** (*fructus*, fruit, *fero*, porter).
Qui porte un ou plusieurs fruits.

**FRUCTIFICATION**. Ensemble des phénomènes qui se succèdent depuis la fécondation
de l'ovaire jusqu'à la maturité du fruit.

**FRUCTIFICATIONS**. On désigne sous ce
nom les organes reproducteurs des végétaux
cryptogames.

**FRUIT**. Ovaire parvenu à sa maturité ou à
son dernier degré de développement. Quelquefois le fruit n'est pas constitué seulement par
l'ovaire, mais aussi par des parties accessoires,
telles que le calice, le réceptacle, les bractées
ou même le pédoncule. Le fruit se compose
d'un ou plusieurs carpelles, libres ou soudés
entre eux, souvent renfermés dans une cavité.
On distingue les fruits simples et composés,
secs ou charnus, déhiscents ou indéhiscents, etc.
(Voyez la *Botanique générale*.)

**FRUTESCENT** (du latin *frutex*, arbrisseau).
Se dit d'une tige ligneuse, très-rameuse dès la
base ; quand la partie inférieure seule est ligneuse, la tige est dite *sous-frutescente*.

**FRUTIQUEUX**, se dit d'une plante herbacée
qui tend à devenir frutescente.

**FUGACE**, qui tombe de très-bonne heure
ou se flétrit très-rapidement, comme le calice
du pavot, les pétales du pourpier, etc.

**FULCRACE**, se dit d'un bourgeon dont les
écailles sont formées par des stipules pétiolaires.

**FULIGINEUX** (*fuligo*, suie), de la couleur de
la suie.

**FUMARIACÉES**, famille de plantes dicotylédones ayant pour type le genre fumaria (*fume-*
*terre*).

**FUNICULAIRE**, qui appartient au funicule.

**FUNICULE**, nom donné au support de l'o-
vule. Synon. : *podosperme*, *cordon ombilical*.

**FUNICULÉ**, se dit des graines qui sont munies d'un long funicule.

**FUNIFORME**, en forme de corde.

**FUSIFORME**, se dit d'un organe renflé au
milieu et atténué aux deux bouts, comme un
fuseau.

# G

**GAÎNE**, tube formé par le pétiole élargi ou par les stipules des feuilles et qui entoure complétement la tige ou le rameau comme dans les graminées, les cypéracées, etc.

**GALBULE**, variété de cône à écailles peu nombreuses et charnues, comme dans le cyprès, le genévrier, le thuya, etc.

**GALÉIFORME** (*galea*, casque). En forme de casque, comme le pétale supérieur des aconits.

**GAMOPÉTALE** (γάμος, union, πέταλον, pétale). Se dit des corolles dont les pétales sont plus ou moins soudés entre eux, comme dans la campanule. Synon. : *monopétale*.

**GAMOSÉPALE**. Se dit d'un calice dont les sépales sont plus ou moins soudés entre eux. Synon. : *monosépale*.

**GAZ**, substances aériformes contenues dans les lacunes et dans les divers organes des végétaux.

**GAZONNANT**, se dit d'une tige très-rameuse et formant dès la base des touffes serrées. Synon. : *cespiteux*.

**GÉLATINEUX**, qui a la consistance d'une gelée, comme les trémelles, les nostocs, etc.

**GÉMINÉ**, se dit des organes (feuilles, bourgeons, etc.) qui naissent deux à deux d'un même point.

**GEMMATION**, développement des bourgeons.

**GEMME**, synonyme de bourgeon pris dans le sens le plus large. (Bourgeon proprement dit, tubercule, bulbille, etc.)

**GEMMIFÈRE** (*gemma*, bourgeon, *fero*, porter). Qui porte un ou plusieurs bourgeons.

**GEMMIPARE** (*gemma*, bourgeon, *parere*, engendrer). Se dit du mode de reproduction par des bourgeons qui se sont préalablement détachés de la plante mère.

**GEMMULE** (diminutif de *gemme*). Bourgeon qui termine la tigelle dans la germination.

**GENERA** (*genus*, genre). Nom donné aux ouvrages dans lesquels sont décrits les caractères des genres. Tels sont ceux de Linné, de Jussieu, d'Endlicher, etc.

**GÉNÉRIQUE**, qui appartient ou qui est relatif au genre.

**GÉNICULÉ** (*genu*, genou). Genouillé, coudé. Se dit des organes pliés, formant un angle, et non courbés.

**GENOU**, pli anguleux, souvent articulé.

**GENOUILLÉ**, même signification que *géniculé*. S'applique surtout aux tiges couchées dans leur partie inférieure et qui se redressent au niveau d'un nœud.

**GENRE**, association d'un certain nombre d'espèces qui se ressemblent par des caractères naturels et importants.

**GENTIANÉES**, famille de plantes dicotylédones, ayant pour type le genre *gentiana*.

**GÉRANIACÉES**, famille de plantes dicotylédones, ayant pour type le genre *geranium*.

**GERME**. On appelle souvent ainsi l'état rudimentaire d'un végétal ou d'un organe quelconque. Dans un sens plus précis, il sert à désigner l'embryon en général, ou mieux la partie qui s'allonge dans la germination pour constituer la tigelle et la gemmule.

**GERMINATION**, phénomène physiologique par lequel une graine, mise dans des circonstances convenables, se développe et devient une jeune plante.

**GESNÉRIACÉES**, famille de plantes dicotylédones, ayant pour type le genre *gesneria*.

**GIBBEUX**, synon. de *bossu*.

**GIBBOSITÉ**, synon. de *bosse*.

**GIGANTESQUE**, se dit des végétaux ou des organes dont la dimension est très-considérable comparée à la taille ordinaire des objets analogues.

**GLABRE**, complétement dépourvu de poils.

**GLABRESCENT**, qui tend à devenir glabre.

**GLABRESCENCE**, état d'un organe dépourvu de poils.

**GLABRISME**, état d'une plante pubescente à l'état normal, et glabre accidentellement.

**GLACIAL**, qui croît au voisinage des glaciers.

**GLADIÉ**, en forme de glaive ou de sabre à deux tranchants, comme les feuilles des glaïeuls, des iris, etc.

**GLAND**, fruit capsulaire indéhiscent, uniloculaire et monosperme, à péricarpe coriace et assez mince, surmonté des restes du calice et du style, et entouré à sa base par une cupule ligneuse formée de bractées soudées ; tel est le fruit du chêne.

**GLANDE**, organe de nature celluleuse et vésiculeuse, qui sécrète un liquide particulier.

**GLANDULAIRE** (corps), employé comme synon. de *disque*.

**GLANDULE**, petite glande.

**GLANDULEUX**, qui est de la nature des glandes.

**GLANDULIFÈRE**, qui porte une ou plusieurs glandes.

**GLAUCESCENT**, qui tire sur le glauque.

**GLAUQUE** (γλαυκός, bleu, bleuâtre). Se dit des organes qui prennent une teinte bleuâtre par suite d'une efflorescence sécrétée par l'épiderme, comme les prunes, les feuilles du chou, de l'œillet, etc. Synon. : *vert de mer*.

**GLOBULAIRE**, se dit d'une glande de forme sphérique tenant incomplétement à l'épiderme.

**GLOBULARIÉES**, famille de plantes dicotylédones, ayant pour type le *genre globulaire*.

**GLOBULE**, petit corps arrondi, de nature variable.

**GLOBULEUX**, de forme sphérique ou arrondie.

**GLOBULINE**, nom donné par Turpin aux corpuscules qui colorent le tissu des végétaux.

**GLOCHIDE**, se dit, d'après des botanistes modernes, des poils qui, à leur sommet, se divisent en branches courtes et recourbées en hameçon.

**GLOMÉRULE**, sorte de cime ou inflorescence définie composée de fleurs très-rapprochées.

**GLOSSOLOGIE** (γλῶσσα, langue, λόγος, discours, traité). Partie de la botanique qui traite de la connaissance des termes propres à cette science. Synon.: *terminologie*.

**GLUMACÉ**, qui est de la nature des glumes, ou qui est muni ou composé de glumes.

**GLUMACÉES**, groupe de plantes monocotylédones, qui comprend les graminées et les cypéracées.

**GLUME**, bractées scarieuses et stériles qui entourent l'épillet dans les graminées.

**GLUMELLE**, bractées qui entourent immédiatement chaque fleur dans les graminées. Synon.: *bâle*.

**GLUMELLULE**, écailles membraneuses de la fleur des graminées, et que l'on regarde généralement comme un périanthe rudimentaire. Synon.: *paléoles, squamules, lodicules*, etc.

**GLUTEN**, matière azotée, molle, très-élastique qui empâte les grains de fécule dans le fruit du froment et d'autres céréales alimentaires.

**GLUTINEUX**, qui a la consistance de la glu ou de la poix. Synon.: *gluant, visqueux, poisseux*, etc.

**GONGYLE** (γογγύλλω, arrondir). Corps reproducteurs des cryptogames, autres que les spores, et qui ont quelque analogie avec les bulbilles des phanérogames.

**GONIDIE** (γονή, progéniture). Corpuscules reproducteurs qui se développent dans l'épaisseur de la fronde ou du thallus des hépatiques et des lichens. Synon.: *conidie* (de κόνις, poussière), *sorédie*.

**GONIMIQUE** (γόνιμος, fécond). Qui est relatif aux gonidies, ou qui se compose de gonidies.

**GONOPHORE** (γόνος, génération, φορέω, porter). M. Germain de Saint-Pierre appelle ainsi un entre-nœud qui, dans certaines fleurs, élève les étamines au-dessus du niveau du réceptacle.

**GORGE**, zone qui sépare le tube du limbe dans les calices monosépales et dans les corolles monopétales.

**GOUSSE**, fruit sec, coriace ou membraneux, formé d'un seul carpelle ordinairement polysperme, et qui s'ouvre à la maturité par les deux sutures dorsale et ventrale. Ex.: le pois, le haricot et en général les légumineuses. Syn.: *légume*.

**GRAINE**, organe provenant de l'ovule développé et fécondé, renfermant un embryon, et susceptible de reproduire, par la germination, une plante semblable à celle qui lui a donné naissance. La graine appartient essentiellement aux végétaux phanérogames.

**GRAMINÉES**, famille de plantes monocotylédones, qui renferme le froment, l'orge, le seigle, l'avoine, le riz, etc.

**GRANIFÈRE**, qui porte des grains ou des granules, comme le calice de quelques *rumex*.

**GRANULE**, petit corps contenu dans les grains de pollen.

**GRANULEUX**, qui est couvert de petits grains, comme les masses polliniques de plusieurs orchidées. Se dit aussi d'un organe dont la surface est couverte de saillies ou de rugosités en forme de granules. On dit aussi, dans ce dernier sens, *chagriné*.

**GRAPPE**, inflorescence indéfinie, composée de fleurs hermaphrodites et terminant des pédoncules d'égale longueur portés sur un axe commun. Ex.: le groseillier. L'inflorescence de la vigne n'est pas une véritable grappe.

**GREFFE**, opération qui consiste à détacher un bourgeon ou un rameau d'un arbre, ou plus rarement d'une plante herbacée, et à le transporter, avec les précautions nécessaires, sur un végétal de nature analogue où il continue à se développer. Les détails de cette opération très-importante sont du domaine de l'horticulture. On donne aussi le nom de *greffe* au bourgeon ou au rameau que l'on insère sur le végétal qui doit le nourrir et qui prend le nom de *sujet*.

**GRÊLE** (*gracilis*), se dit d'un organe (tige, rameau, etc.) dont le diamètre est très-petit relativement à sa longueur.

**GRELOT**, forme qu'affectent la corolle de plusieurs éricinées, le périanthe des muguets, etc.

**GRENU**, se dit des racines qui présentent un grand nombre de petits tubercules susceptibles de servir à la reproduction ou à la propagation de la plante.

**GRIFFES**, racines aériennes à l'aide desquelles certaines plantes grimpantes, comme le lierre, les bignones, etc., se soutiennent contre les corps voisins. Syn.: *crampons*. — En horticulture, on appelle griffes les souches ou rhizomes courts, émettant un faisceau de fibres radicales courtes, épaisses et charnues, comme les anémones, les asperges, etc. Syn.: *pattes*.

**GRIMPANT**, se dit des végétaux dont les tiges grêles s'appuient, pour s'élever, sur les corps voisins. On distingue : 1° les plantes *grimpantes* proprement dites, qui s'attachent par des suçoirs, comme la cuscute, ou par des griffes ou crampons, comme le lierre et les bignones; 2° les plantes *volubiles*, qui s'enroulent en spirale autour de leurs supports, comme le houblon, les haricots, les liserons ou volubilis; 3° les plantes *préhensiles*, qui enroulent leurs pétioles, comme la clématite, ou leurs vrilles, comme la vigne et le pois d'odeur.

**GROSSULARIÉES**, famille de plantes dicotylédones, qui a pour type le groseillier. Syn.: *ribésiées*.

**GRUMELÉ**, divisé en petites masses inégales et irrégulièrement arrondies.

**GRUMELEUX**, couvert de petites inégalités dures.

**GRUMEUX**, se dit des racines ou plutôt des souches dont les fibres radicales ont une forme ovoïde, comme celle de la renoncule des jardins.

**GUEULE** (fleur en). V. PERSONÉE.

**GUTTIFÈRES** (*gutta*, gutte, *fero*, porter), Famille de plantes dicotylédones renfermant les végétaux qui produisent la gomme-gutte, Synon.: *Clusinées*.

**GYMNOCARPE** (γυμνός, nu, καρπός, fruit), Nom donné par Mirbel aux fruits provenant d'un ovaire libre ou adhérent, et n'étant ni soudés avec des organes accessoires ou avec d'autres fruits, ni renfermés dans une enveloppe commune. Tels sont les fruits de l'amandier, du pommier, du pavot, de la tulipe, etc.

**GYMNOCARPES**, l'une des *grandes* divisions de la famille des lichens, renfermant les genres qui ont leurs apothécies ou fructifications ouvertes et étalées en forme de disque.

**GYMNOSPERMES** (γυμνός, nu, σπέρμα, semence). Nom donné à un embranchement de végétaux dicotylédonés, dont la graine, au lieu d'être renfermée dans un péricarpe, est simplement placée à la base d'une feuille carpellaire étalée. Il comprend les conifères et les cycadées.

**GYMNOSPERMIE**, nom appliqué à tort par Linné au premier ordre de la quatorzième classe (didynamie), renfermant les genres dont les fruits sont des akènes qu'il prenait pour des graines nues. Telles sont les labiées (sauge, menthe, etc.).

**GYMNOSTONE** (γυμνός, nu, στόμα, bouche, ouverture). Se dit des capsules des mousses, quand elles sont dépourvues de dents, comme dans le genre *sphagnum*.

**GYNANDRE** (γυνή, femme, ἀνήρ, ἀνδρός, homme). Se dit des fleurs dont les étamines sont soudées avec le pistil, comme les aristoloches, les orchidées, etc.

**GYNANDRIE**, vingtième classe du système sexuel de Linné, renfermant les genres dont les fleurs ont les étamines soudées avec le pistil.

**GYNÉCÉE** (γυνή, femme, οἶκος, habitation). Nom donné par Dunal à l'ensemble des pistils, et qui s'applique aussi au pistil quand il est unique.

**GYNOBASE** (γυνή, femme, βάσις, base, pied), Organe charnu qui se trouve au fond de la fleur des borraginées et des labiées, et sur lequel l'ovaire paraît inséré, Synon.: *disque*.

**GYNOBASIQUE**, se dit de l'ovaire qui est inséré sur un gynobase, et du style des labiées qui paraît naître de ce même gynobase.

**GYNOPHORE** (γυνή, femme, φορέω, porter). Organe plus ou moins allongé, qui élève l'ovaire, et quelquefois aussi les étamines ou la corolle, au-dessus de l'insertion du calice, comme dans le câprier, les lychnis, etc., etc. On appelle *gynophore* le prolongement du réceptacle sur lequel s'insèrent les pistils dans le fraisier, le framboisier, les renoncules, etc.

**GYNOPODE** (γυνή, femme, πούς, ποδός, pied). Diffère du gynophore, en ce qu'il résulte d'un amincissement de la base de l'ovaire. Synon.: *podogyne*.

**GYNOSTÈME** (γυνή, femme, στῆμα, couronne). Sorte de colonne qui résulte de la soudure des étamines avec le style, dans les orchidées.

**GYROME** (γυρός, courbé, rond). Anneau élastique qui entoure les sporanges des fougères.

# H

**HABITAT**. Station ou habitation d'une plante.

**HABITUS**. Port ou aspect général d'une plante. S'emploie dans le même sens que *facies*.

**HALORAGÉES**, famille de plantes dicotylédones, ayant pour type le genre *haloragis*.

**HAMAMÉLIDÉES**, famille de plantes dicotylédones, ayant pour type le genre *hamamelis*.

**HAMEÇON**, forme de certains organes recourbés, comme les gousses de plusieurs astragales.

**HAMPE**, sorte de pédoncule radical formé ordinairement par un seul entre-nœud très-allongé, et portant une ou plusieurs fleurs. Ex.: la tulipe, la primevère.

**HASTÉ** (*hasta*, hallebarde). Se dit d'une feuille dont le limbe est muni à sa base de deux lobes aigus et divergents, de manière à imiter le fer d'une hallebarde, comme dans quelques *rumex*.

**HÉMISPHÉRIQUE**, en forme de demi-sphère.

**HÉPATIQUE** (ἧπαρ, ἥπατος, foie). Couleur

d'un brun rougeâtre, analogue à celle du foie.

**HÉPATIQUES.** Famille de plantes cryptogames, qui renferme le genre *marchantia*, vulgairement nommé hépatique. Synon. : *jungermannes*.

**HEPTANDRE** (d'ἑπτά, sept, ἀνήρ, ἀνδρός, homme). Se dit d'une fleur qui a sept étamines, comme celle du marronnier d'Inde.

**HEPTANDRIE.** Septième classe du système sexuel de Linné, renfermant les genres dont la fleur a sept étamines.

**HERBACÉ, E.** Se dit d'un végétal ou d'un organe qui a la consistance et la couleur de l'herbe.

**HERBE.** Tout végétal dont les tiges aériennes n'ont jamais la consistance du bois est une herbe.

**HERBEUX, SE.** Se dit des terrains (prairies, marais, etc.) abondants en herbes.

**HERBIER.** Collection de plantes sèches étiquetées et classées pour l'étude. Se dit aussi quelquefois des ouvrages dans lesquels sont décrites des collections de ce genre.

**HERBORISATION.** Excursion faite dans le but de récolter des plantes à dessécher pour les herbiers.

**HÉRISSÉ, E.** Se dit d'un organe couvert de poils droits, roides, presque piquants.

**HERMAPHRODITE.** Se dit d'une fleur qui possède à la fois des organes mâles (étamines) et femelles (pistils). Se dit aussi, par extension, d'un végétal qui ne présente que des fleurs hermaphrodites.

**HESPÉRIDÉES.** Famille de plantes dicotylédones qui renferme l'oranger. Synon. *aurantiacées*.

**HÉTÉRACANTHE** (du grec ἕτερος, différent, ἄκανθα, épine). Qui est armé d'épines de formes différentes.

**HÉTÉRANDRE** (d'ἕτερος, différent, ἀνήρ, homme). Dont les anthères ou les étamines sont de formes différentes.

**HÉTÉRANTHE** (d'ἕτερος, différent, ἄνθος, fleur). Se dit d'une plante qui porte des fleurs de formes dissemblables.

**HÉTÉROCARPE** (d'ἕτερος, différent, καρπός, fruit). Qui porte des fruits différents.

**HÉTÉROCARPIEN, NE** (d'ἕτερος, différent, καρπός, fruit). Se dit d'un fruit dont la forme est plus ou moins dissimulée par des organes qui se sont accrus en même temps.

**HÉTÉROGAME** (d'ἕτερος, différent, γάμος, mariage). Se dit d'une plante graminée qui renferme dans un involucre des fleurs mâles et des fleurs femelles, et dans un autre involucre des fleurs hermaphrodites. Peu usité.

**HÉTÉROGAMIE.** État d'une plante hétérogame.

**HÉTÉROLOBE** (d'ἕτερος, différent, λοβός, lobe). Qui se divise en lobes inégaux.

**HÉTÉROMALLE** (d'ἕτερος, différent, μαλλός, flocon de laine). Se dit de la partie des plantes dont les côtés diffèrent par la manière dont les poils y sont implantés. Peu usité.

**HÉTÉROMORPHE** (d'ἕτερος, différent, μορφή, forme). Se dit d'un organe qui se présente sous des formes diverses. S'applique aussi, par extension, aux végétaux.

**HÉTÉROPÉTALE** (d'ἕτερος, différent, πέταλον, pétale). Qui a des pétales inégaux, de forme différente. Peu usité.

**HÉTÉROPHYLLE** (d'ἕτερος, différent, φύλλον, feuille). Se dit d'un végétal qui présente des feuilles de formes très-diverses, comme la renoncule aquatique.

**HÉTÉROPHYLLIE.** État des plantes hétérophylles.

**HÉTÉROSTÉMONE** (d'ἕτερος, différent, στήμων, étamine). Dont les étamines offrent entre elles des différences.

**HÉTÉROTOME** (d'ἕτερος, différent, τομός, section, partie). Se dit d'une plante dont les divisions alternes ne se ressemblent pas. Peu usité.

**HÉTÉROTRIQUE** (d'ἕτερος, différent, θρίξ, poil, soie). Plante qui a des poils peu semblables entre eux. Peu usité.

**HÉTÉROTROPE** (d'ἕτερος, différent, τροπή, tour). Se dit d'un embryon dans lequel la radicule est éloignée du hile sans lui être diamétralement opposée; des plantes dont les jets prennent une direction extraordinaire.

**HÉTÉROVULE** (du grec ἕτερος, différent, et du latin *ovulum*, ovule). Partie saillante qui se montre accessoirement à la surface de certaines graines, et que des botanistes ont considérée comme un ovule avorté. Peu usité.

**HEXAGONE** (d'ἕξ, six, γωνία, angle). Qui a six faces, comme certaines tiges.

**HEXAGYNÉE** (d'ἕξ, six, γυνή, femme). Ordre qu'on retrouve dans plusieurs classes du système de Linné, et qui renferme les genres dont les fleurs ont six styles.

**HEXANDRE** (d'ἕξ, six, ἀνήρ, ἀνδρός homme). Se dit d'une fleur qui a six étamines, comme le lis.

**HEXANDRIE.** Sixième classe du système sexuel de Linné, renfermant les genres dont la fleur a six étamines.

**HEXANTHÉRÉ, E** (d'ἕξ, six, ἀνθηρός fleuri). Qui a six anthères ou étamines. Peu usité.

**HEXAPÉTALE** (d'ἕξ, six, πέταλον, feuille). Se dit d'une corolle à six pétales.

**HEXAPHYLLE** (d'ἕξ, six, φύλλον, feuille). V. Hexasépale.

**HEXARRHÈNE** ou **HEXARINE** (d'ἕξ, six, ἄῤῥην, mâle). Qui a six étamines. Peu usité.

**HEXASÉPALE.** Se dit d'un calice à six sépales.

**HEXASTÉMONE** (d'ἕξ, six, στήμων, étamine). Qui a six étamines.

**HIBERNACLE.** Nom donné aux écailles qui protégent les bourgeons contre le froid et en général contre l'action des agents extérieurs, comme dans le marronnier d'Inde.

**HIBERNAL, E.** Se dit des phénomènes qui ont lieu pendant l'hiver, ou des plantes qui fleurissent dans cette saison, comme l'ellébore noir ou rose de Noël.

**HILAIRE.** Qui appartient ou qui est relatif au hile.

**HILE** (du latin *hilum*, petite marque noire qui paraît au haut d'une fève de marais). Cicatrice qui reste sur la graine au point où elle s'est détachée du funicule. Se dit aussi du point où l'ovule est fixé au funicule. Synon.: *cicatricule*, *ombilic*. On a donné le nom de *hile interne* à la *chalaze*. Enfin, on désigne aussi sous le nom de *hile*, dans les grains de fécule, le point par lequel ont commencé les dépôts successifs de matière amylacée.

**HILIFÈRE.** Qui porte un hile.

**HILOFÈRE** (d'*hilum* et *fero*, je porte). Pellicule qui recouvre la surface interne du spermoderme. Peu usité.

**HILOSPERME** (du latin *hilum*, et du grec σπέρμα, semence). Se dit en botanique d'une semence, grande, osseuse, marquée d'un ombilic latéral très-long. Se dit aussi d'une famille de plantes caractérisées par des semences hilospermes. Peu usité.

**HIPPOCASTANÉES.** Famille de plantes dicotylédones, ayant pour type le marronnier d'Inde (en latin *hippocastanum*.) Synon.: *esculinées*.

**HIPPOCRATÉACÉES.** Famille de plantes dicotylédones ayant pour type le genre *hippocratea*.

**HIPPURIDÉES.** Famille de plantes dicotylédones ayant pour type le genre *hippuris*.

**HIRTIFLORE** (du latin *hirtus*, velu, *flos*, *floris*, fleur). Se dit des plantes dont les fleurs sont velues. Peu usité.

**HIRSUTEUX, SE** (du latin *hirsutus*, hérissé). Qui est garni de poils roides et piquants.

**HISPIDE** (du latin *hispidus*, hérissé). Couvert de poils longs, droits, roides et piquants, ou d'aiguillons très-fins.

**HOLOCARPE** (du grec ὅλος, entier, καρπός, fruit). Dont le fruit ne s'ouvre pas naturellement. Peu usité. Synon.: *indéhiscent*.

**HOLOGONIMIE** (du grec ὅλος, tout, γόνιμος, génital). Organe reproducteur des lichens, qui est au moment de se développer.

**HOLOGONIMIQUE.** Qui a rapport aux hologonimies.

**HOLOLEUQUE** (d'ὅλος, tout, λευκός, blanc). Se dit des parties de plantes qui sont entièrement blanches. Peu usité.

**HOLOPÉTALE** (d'ὅλος, entier, πέταλον, pétale). Se dit des plantes qui ont les pétales entiers. Peu usité.

**HOMOLOGONE, E** (du grec ὁμαλός, plat, γονή, semence). Se dit des plantes qui ont des graines aplaties. Peu usité. Les *homologonées* sont aussi une famille d'algues.

**HOMALOPHYLLE** (du grec ὁμαλός, lisse, φύλλον, feuille). Qui a des feuilles plates et unies. Les homalophylles sont aussi une famille de plantes cryptogames.

**HOMALINÉES.** Famille de plantes dicotylédones ayant pour type le genre *homalium*.

**HOMOGAME** (d'ὁμός, pareil, γάμος, noces, organes sexuels). Se dit d'un capitule (et par extension de la plante qui le porte) dont toutes les fleurs sont semblables, quant à leur état sexuel.

**HOMOMALLE** (du grec ὁμός, pareil, μαλλός, laine ou long poil). Se dit d'un épi dont toutes les fleurs sont tournées du même côté. Peu usité. Synon.: *unilatéral*.

**HOMONYMIE** (du grec ὁμώνυμος, fait de ὁμός, semblable, ὄνομα, nom, même nom). Se dit, en botanique, de l'emploi d'un seul et même nom pour désigner des plantes différentes.

**HOMOTROPE** (d'ὁμός, pareil, τροπή, tour). Se dit de l'ovule droit, dont le micropyle est diamétralement opposé au hile, et de l'embryon dont la radicule est dirigée vers le hile. Synon.: *orthotrope*.

**HORIZONTAL, E.** Se dit des organes (rameaux, feuilles, racines, etc.) qui ont une direction parallèle à celle de l'horizon. On l'applique aussi à la déhiscence transversale de certains fruits (*pyxides*), comme celui du mouron rouge.

**HORLOGE DE FLORE.** Nom donné à des listes de plantes dont les fleurs s'épanouissent à des heures en général déterminées, mais qui peuvent varier avec les circonstances atmosphériques.

**HORTUS.** Nom latin donné à quelques ouvrages qui renferment la description méthodique des plantes d'un jardin ou même d'une région déterminée. Dans ce dernier cas il a pour synonyme le mot *flore*.

**HOUPPE.** Touffe isolée de poils; assemblage de poils qui, paraissant n'avoir qu'un point d'intersection, s'épanouissent ensuite.

**HUMIFUSE** (d'*humus*, sol, *fusus*, répandu). Se dit d'une tige couchée en tous sens ou étalée sur le sol, sans y prendre racine.

**HUMEUR.** Nom donné autrefois aux liquides végétaux.

**HUMUS.** Nom emprunté du latin pour désigner la couche universelle de terre végétale qui sert d'enveloppe à notre globe.

**HYALIN** (du grec ὕαλινος, qui a une apparence vitreuse, fait de ὕαλος, verre). Se dit d'un organe membraneux, transparent comme le cristal.

**HYALINORPHYSE** (du grec ὕαλινος, vitreux, ῥίζα, racine). Qui a des racines transparentes. Peu usité.

**HYALOSPERME.** Dont la graine est transparente. Peu usité.

**HYBRIDATION.** Fécondation naturelle ou artificielle d'une plante par une autre plante d'espèce différente. Ce terme s'applique aussi, par extension, à la fécondation opérée entre des variétés diverses d'une même espèce. Syn.: *croisement, fécondation croisée*.

**HYBRIDE** (du grec ὕβρις, métis). Plante provenant d'une graine qui résulte de la fécondation d'une espèce par une autre. Les jardiniers étendent à tort le mot hybride au résultat du croisement entre de simples variétés.

**HYBRIDITÉ**. État d'une plante qui résulte d'une fécondation hybride ou d'un croisement.

**HYDROCAULE** (du grec ὕδωρ, eau, καυλός, tige). Se dit des plantes dont la tige nage dans l'eau.

**HYDROCHARIDÉES**. Famille de plantes monocotylédones aquatiques ayant pour type le genre *hydrocharis*.

**HYDROLÉACÉES**. Famille de plantes dicotylédones, ayant pour type le genre *hydrolea*.

**HYDROPHYLLÉES**. Famille de plantes dicotylédones, ayant pour type le genre *hydrophyllum*.

**HYDROPHYTES**. Famille de plantes cryptogames, renfermant les végétaux aquatiques les plus simples en organisation. Synon.: *algues*.

**HYDROTRÉMELLINÉ, E** (du grec ὕδωρ, eau, et de *tremella*, trémelle, espèce de champignons). Nom proposé par M. Meyen pour désigner les cryptogames aquatiques qui naissent sur les substances animales en décomposition.

**HYGROBIÉES**. Synon. de *haloragées*. V. ce mot.

**HYGROMÉTRIQUE** (du grec ὑγρόν, eau, μετρέω, je mesure). Qui a la propriété d'absorber facilement l'humidité de l'air.

**HYGROPHILE** (de ὑγρόν, humidité, φίλος, ami). Plante hygrophile, celle qui aime l'humidité.

**HYGROSCOPIQUE** (du grec ὑγρόν, eau, σκοπέω, je considère, par extension, j'absorbe). Synon. d'*hygrométrique*.

**HYMÉNIUM** (d'ὑμήν, membrane). Membrane fructifère, qui porte les spores, dans certains champignons, tels que les agarics, les bolets, les hydnes, etc.

**HYMÉNORRHYZE** (du grec ὑμήν, membrane, ῥίζα, racine). Nom donné à la membrane engaînante qui protège la radicule des embryons monocotylédonés.

**HYMÉNOTHALAME** (d'ὑμήν, membrane, θάλαμος, lit). Qui s'étend en membrane.

**HYMÉNOTHÉCIEN, NE** (d'ὑμήν, membrane, θήκη, boîte). Se dit des champignons pourvus d'une membrane qui contient les corpuscules reproducteurs.

**HYPANTHODE** (d'ὑπό, sous, ἄνθος, fleur). Nom, peu usité, de l'inflorescence du figuier. V. Sycône.

**HYPÉRICINÉES**. Famille de plantes dicotylédones ayant pour type le genre *hypericum* (mille-pertuis).

**HYPERTROPHIE** (d'ὑπέρ, sur, τροφή, nourriture). En botanique, état d'un végétal ou d'un organe qui a acquis un développement exagéré, ordinairement dans son tissu cellulaire, par suite d'une nourriture abondante, comme cela a lieu fréquemment dans les végétaux cultivés, surtout dans les plantes alimentaires. Ex.: le choufleur.

**HYPOBLASTE** (d'ὑπό, sous, βλάστημα, germe). Richard père a donné ce nom à un corps charnu qui fait partie de l'embryon des graminées, et dans lequel le blaste (tigelle et cotylédon) est placé longitudinalement : c'est le *vitellus* de Gærtner.

**HYPOCARPE** (d'ὑπό, dessous, καρπός, fruit). Partie de la plante sur laquelle le fruit se trouve implanté.

**HYPOCARPOGÉ, E** (d'ὑπό, en bas, καρπός, fruit, γῆ, terre). Se dit des plantes dont les fruits ou les graines mûrissent sous le sol. Peu usité.

**HYPOCHILE** (d'ὑπό, dessous, χεῖλος, lèvre). Partie inférieure du tablier ou labelle des plantes orchidées.

**HYPOCOROLLIE**. Nom donné par Richard à la huitième classe de la méthode naturelle de Jussieu, renfermant les plantes à corolle monopétale insérée, avec les étamines, sous l'ovaire.

**HYPOCRATÉRIFORME** (d'ὑπό, sous, κρατήρ, coupe, *forma*, forme). Se dit d'une corolle monopétale, à tube étroit et long, brusquement dilatée en un limbe large et peu profond, comme une coupe antique.

**HYPOCRATÉRIMORPHE** (d'ὑπό, sous, κρατήρ, coupe, μορφή, forme, aspect). Même signification. Ce terme est plus usité que le précédent.

**HYPODERME** (d'ὑπό, dessous, δέρμα, germe). Qui croît sous l'épiderme des plantes.

**HYPODERMIEN, NE**. Même signification que hypoderme.

**HYPODICARPÉ, E** (d'ὑπό, dessous, δίς, deux fois, καρπός, semence). Qui a deux ovaires placés l'un au-dessous de l'autre.

**HYPOGÉ, E** (d'ὑπό, sous, γῆ, terre). Se dit des végétaux ou des organes qui restent sous le sol.

**HYPOGONE** (d'ὑπό, dessous, γονή, organes sexuels). Espèce de membrane située au-dessous des organes reproducteurs des plantes.

**HYPOGYNE** (d'ὑπό, sous, γυνή, femme). Se dit des divers organes (corolle, disque, étamines, etc.) qui sont situés ou insérés sous l'ovaire ou sur le réceptacle.

**HYPOGYNIQUE**. Se dit de l'insertion des étamines lorsqu'elle a lieu sous le pistil.

**HYPOLAMPRE** (d'ὑπό, dessous, λαμπρός, brillant). Se dit des plantes qui sont brillantes par dessous. Peu usité.

**HYPOPÉTALE, E** (d'ὑπό, dessous, πέταλον,

pétale). Dont les pétales s'insèrent sous l'ovaire. Peu usité.

**HYPOPÉTALIE.** Nom donné par Richard à la treizième classe de la méthode naturelle de Jussieu, comprenant les plantes dicotylédones polypétales à étamines hypogynes. Elle correspond aux *thalamiflores* de De Candolle.

**HYPOPHLLÉODE** (d'ὑπό, dessous, φλοιός, écorce). Qui croît sous l'épiderme des végétaux. Peu usité.

**HYPOPHYLLE** (d'ὑπό, sous, φύλλον, feuille). Se dit des organes situés ou insérés sous la feuille.

**HYPOPHYLLOCARPE** (d'ὑπό, sous, φύλλον, feuille, καρπός, fruit). Se dit des plantes dont le fruit croît sous la feuille. Peu usité.

**HYPOPTÈRE** (d'ὑπό, sous, πτερόν, aile). Espèce de foliole qui a quelque ressemblance de forme avec une aile. — *Hypothéré*, qui est muni d'un hypothère. L'un et l'autre peu usités.

**HYPOSPERMATOCYSDIDE** (d'ὑπό, sous, σπέρμα, graine, κύστις, petit sac). Dans certaines fougères, partie membraneuse sur laquelle repose la masse pollénidiforme.

**HYPOSPORANGE** (d'ὑπό, dessous, σπορά, semence, ἀγγεῖον, vaisseau). Base sur laquelle sont insérés les sporanges des fougères.

**HYPOSTAMINÉ, E** (d'ὑπό, dessous, στήμων, étamine). Plantes hypostaminées, celles qui ont les étamines insérées sous l'ovaire.

**HYPOSTAMINIE.** Nom donné par Richard à la septième classe de la méthode naturelle de Jussieu, comprenant les plantes dicotylédones apétales à étamines hypogynes.

**HYPOSTATE** (du grec ὑπόστατες, support). Nom donné par Dutrochet aux vésicules accessoires qui se superposent au sac embryonnaire.

**HYPOSTROME** (d'ὑπό, dessous, στρῶμα, corniche). Base sur laquelle reposent les pédoncules auxquels sont attachés les corps reproducteurs dans certaines plantes cryptogames.

**HYPOTHALLE** (d'ὑπό, sous, θάλλω, je fais pousser). Couche intérieure ou inférieure des lichens.

**HYPOXYLÉES**, Famille de plantes cryptogames, ayant pour type le genre *hypoxylon*.

**HYSTÉRANDRIE** (de ὕστερος, inférieur, ἀνήρ, ἀνδρός, mâle). Classe formée de toutes les plantes qui ont plus de dix étamines insérées sur un ovaire infère.

**HYSTÉRANTHE** (du grec ὕστερος, qui vient tard, ἄνθος, fleur). Se dit des plantes dont les fleurs paraissent avant les feuilles. Peu usité.

**HYSTÉRANTHE, E.** Plantes hystéranthées, celles dont les fleurs naissent avant les feuilles, comme l'amandier, le pêcher. Peu usité.

# I

**ICONOGRAPHIE** (du grec εἰκών, image, γράφω, je décris). Reproduction par le dessin des végétaux et de leurs organes.

**ICOSANDRE** (d'εἴκοσι, vingt, ἀνήρ, ἀνδρός, homme). Se dit d'une plante qui a vingt (ou environ vingt) étamines insérées sur le calice.

**ICOSANDRIE.** Douzième classe du système sexuel de Linné, renfermant les plantes dont les fleurs ont vingt (ou environ vingt) étamines insérées sur le calice.

**IDIOGYNE** (du grec ἴδιος, propre, particulier, séparé, et γυνή, femme). Qui n'a point d'organe femelle, qui a des étamines séparées du pistil ou organe femelle de la fleur.

**IDIOGYNIE.** État d'une plante dont les étamines sont idiogynes.

**IDIOTHALAME** (d'ἴδιος, propre, θάλαμος, lit nuptial). Se dit des lichens qui ont le conceptacle d'une nature et d'une couleur particulières, différentes de celles du thalle.

**ILICINÉES.** Famille de plantes dicotylédones qui a pour type le genre *ilex* (houx).

**IMBRIQUÉ, E** (du latin *imbriatus*, fait de *imbrex*, tuile creuse). Se dit des organes semblables qui se recouvrent partiellement par leurs bords comme les tuiles d'un toit.

**IMMÉDIAT, E.** Se dit de l'insertion des divers organes quand elle a lieu sur l'axe directement et sans intermédiaire.

**IMMOBILE.** Se dit de l'anthère qui est fixée au filet par sa base sans pouvoir faire un mouvement.

**IMPARFAIT, E.** Se dit des organes qui ont subi un arrêt dans leur développement.

**IMPARINERVÉ, E.** Qui a des nervures en nombre impair.

**IMPARIPENNÉ, E.** Se dit d'une feuille composée et pennée, qui se termine par une foliole impaire.

**IMPARIPINNÉ, E.** Même signification.

**IMPRÉGNATION.** Synon. de *fécondation*.

**IMPRESSION.** Synon. d'*empreinte*.

**INCISÉ, E.** Découpé assez profondément.

**INCLINÉ, E.** Penché ou courbé par son propre poids.

**INCLUS.** Synon. de *renfermé*.

**INCOLORE** (du latin *in*, négatif, et *color*, couleur). Qui n'a pas de couleur.

**INCOMBANT, E.** Couché sur un organe sans y adhérer ; attaché au filet.

**INCOMPLET, E.** Privé d'une ou de plusieurs de ses parties. Se dit également des cloisons qui n'arrivent pas jusqu'au centre du fruit, comme celles du pavot.

**INCRUSTATION.** Couche terreuse déposée sur certains végétaux aquatiques tels que les *chara*.

**INCURVÉ, E** (du latin *incurvus*, recourbé). Courbé en dedans.

**INCURVIFOLIÉ, E.** Se dit d'une feuille recourbée en dedans. Saxifrage incurvifolié.

**INDÉFINI, E.** Se dit de l'inflorescence dont l'axe primaire ne se termine pas par une fleur ; se dit aussi du nombre des étamines, lorsque, dépassant douze, il ne peut plus guère être déterminé exactement.

**INDÉHISCENT, E** (du latin *in*, négatif, *dehiscere*, s'ouvrir, s'entr'ouvrir, qui ne s'ouvre pas). Se dit d'un fruit dont le péricarpe ne s'ouvre pas spontanément.

**INDÉPENDANT, E.** Se dit d'un organe qui n'est soudé à aucun autre. Synon. : *libre*.

**INDÉTERMINÉ, E.** Synon. d'*indéfini*.

**INDIGÈNE.** Se dit des végétaux qui croissent spontanément dans un pays.

**INDISTINCT, E.** Qui n'est pas visible.

**INDIVIDU.** Un des êtres qui composent une espèce, ayant une existence distincte, prise en particulier.

**INDIVIS.** Se dit d'un organe composé d'organes simples soudés entre eux dans toute leur étendue. On emploie quelquefois comme synonymes les mots *simple* ou *entier*.

**INDUPLICATIF, IVE.** Qui se replie en dedans. Préfloraison induplicative, celle dans laquelle les bords des sépales ou des pétales rentrent en dedans en s'appliquant l'un contre l'autre, au lieu d'être simplement contigus.

**INDURATION** (du latin *indurare*, s'endurcir). Phénomène qui se passe dans un tissu lorsqu'il devient plus dur, plus ferme, par suite d'une augmentation de matière solide.

**INDURÉ, E.** Qui a acquis une consistance plus dure.

**INDUSIE** (du latin *induere*, vêtir). Tégument formé par un lambeau d'épiderme, qui recouvre les groupes de sporanges dans les fougères.

**INDUVIE** (du latin *induviæ*, vêtements). On appelle ainsi les parties de la fleur qui persistent et entourent le fruit jusqu'à sa maturité.

**INDUVIÉ, E.** Se dit d'un fruit entouré du calice ou d'autres organes persistants, comme dans les amarantes, les ansérines, les *polygonam*, etc.

**INÉGAL, E.** Se dit des organes de même nature qui sont différents de longueur.

**INEMBRYONÉ, E.** Se dit d'un végétal dépourvu d'embryon (ou du moins paraissant tel dans l'état actuel de nos connaissances) et se reproduisant par des organes particuliers appelés *spores*. Tels sont les cryptogames.

**INEMBRYONÉS.** L'une des deux grandes divisions du règne végétal, renfermant toutes les plantes qui sont dépourvues d'embryon. Synon. : *acotylédones*, *cryptogames*, etc.

**INÉPINEUX, SE.** Qui n'a point d'épines. Peu usité. Synon. : *inerme*.

**INÉQUALIFOLIÉ, E.** Se dit d'une plante qui a les feuilles inégales ou dissemblables. Peu usité.

**INÉQUILATÉRAL, E.** Se dit d'un organe (et plus particulièrement d'une feuille) dont les deux moitiés longitudinales diffèrent de forme ou de grandeur, comme les feuilles de l'orme, des *begonia*, etc.

**INERME.** Se dit d'un végétal ou d'un organe dépourvu d'armes quelconques, telles qu'épines, aiguillons, etc. Les végétaux épineux donnent quelquefois, par la culture, des variétés inermes.

**INFÉRAXILLAIRE.** V. INFRA-AXILLAIRE.

**INFÈRE.** Se dit d'un organe situé au-dessous d'un autre, et s'applique particulièrement à l'ovaire situé au-dessous d'une enveloppe florale, comme dans le melon. On dit mieux *ovaire adhérent*.

**INFÉRIEUR, E.** Même signification.

**INFÉROVARIÉ, E** (du latin *inferus*, inférieur, *ovum*, œuf). Se dit d'une fleur dont l'ovaire est infère. Peu usité.

**INFLÉCHI, E.** Courbé ou incliné en dedans.

**INFLORESCENCE** (du latin *inflorescere*, fleurir). Ce mot signifie : 1° un ensemble de fleurs qui ne sont pas séparées entre elles par des feuilles ordinaires ; ce qu'on appelle dans le langage vulgaire la *fleur* du dahlia est en réalité une inflorescence. — 2° La disposition des fleurs sur les axes qui les portent ; on distingue les inflorescences axillaires et terminales, définies ou indéfinies, simples et composées, mixtes, etc. Voyez ces mots.

**INFONDIBULIFORME** (du latin *infundibulum*, entonnoir, *forma*, forme). Se dit d'une corolle monopétale dont le tube long et étroit s'évase insensiblement au sommet et en un limbe qui a la forme d'un cône renversé, de manière à figurer un entonnoir. Telle est la corolle de la belle-de-nuit.

**INFRA-AXILLAIRES.** Se dit des organes (particulièrement des épines) qui naissent ou sont insérés au-dessous de l'aisselle des feuilles.

**INHALATION.** Phénomène par lequel les plantes absorbent les gaz qui les entourent. Synon. : *absorption*.

**INNOVATION.** Bourgeon ou rameau axillaire et rosette de feuilles qui se produit chez plusieurs mousses, et est analogue aux stolons.

**INOCULATION.** Synon. de *greffe*. V. ce mot.

**INODORE.** Qui n'exhale aucune odeur.

**INONDÉ, E.** Se dit des plantes qui, croissant sur le bord des eaux, sont alternativement immergées et découvertes, suivant les variations du niveau du liquide.

**INOPHYLLE** (du grec ἴς, ἰνός, fibre, φύλλον, feuille). Qui a des feuilles garnies de nervures très apparentes.

**INSÉRÉ, E.** Fixé, placé, attaché sur un organe.

**INSERTION.** Manière dont un organe est fixé sur un autre, par exemple les feuilles sur la tige, les étamines dans la fleur, les ovules dans l'ovaire, etc.

**INSIPIDE.** Entièrement dépourvu de saveur.

**INTERFOLIACÉ, E.** Qui naît entre les feuilles. *Fleurs interfoliacées.*

**INTÉRIEUR, E.** Qui est situé en dedans, relativement à une autre partie placée plus près du bord ou de la circonférence. Synon.: *Interne.*

**INTERMÉDIAIRE.** Placé entre deux objets distincts.

**INTERNE.** Synon.: *intérieur.*

**INTERPÉTIOLAIRE.** Situé entre deux pétioles.

**INTERROMPU, E.** Se dit d'un organe qui présente des solutions de continuité.

**INTERRUPTIPENNÉ, E.** Se dit d'une feuille pennée dont les folioles sont alternativement grandes et petites.

**INTERSTICE.** Fente ou ligne rentrante qui sépare deux bords rapprochés.

**INTRAIRE** (du vieux mot latin *intrarius*, employé pour *intimus*, intérieur). Se dit de l'embryon lorsqu'il est entouré par l'albumen.

**INTRORSES** (du latin *introrsum*, vers le dedans). Se dit des anthères qui s'ouvrent vers le dedans de la fleur.

**INVERSE.** Se dit d'un organe dont les deux faces ou les deux côtés ont complètement changé de position entre eux, par suite d'une torsion normale ou accidentelle.

**INVOLUCELLE.** Diminutif d'involucre. Verticille de bractées qui entoure la base d'une ombellule ou d'une division de l'ombelle.

**INVOLUCELLÉ, E.** Qui est garni d'un involucelle.

**INVOLUCRAL, E.** Qui appartient à l'involucre.

**INVOLUCRE** (du latin *involucrum*, enveloppe). Verticille de bractées qui entoure la base d'une ombelle ou d'un capitule. Dans ce dernier cas, très-commun dans les composées, l'involucre est souvent formé de plusieurs rangées ou séries de bractées imbriquées. Synon.: *Collerette.*

**INVOLUCRÉ, E.** Muni d'un involucre.

**INVOLUCRIFORME.** Qui a la forme d'un involucre.

**INVOLUTÉ, E.** Roulé en dedans.

**INVOLUTIF, IVE.** Ce terme, dont la signification est à peu près la même que celle du précédent, s'emploie surtout pour les feuilles dont les deux moitiés longitudinales sont roulées en dedans.

**INVOLUTIFOLIÉ, E.** Qui a des feuilles roulées du sommet à la base.

**INVOLVANT, E.** Qui enveloppe.

**IODE.** Corps simple non métallique fréquemment employé comme réactif pour reconnaître les substances végétales azotées qu'il teint en bleu, ou non azotées.

**IRIDÉES.** Famille de plantes monocotylédones ayant pour type le genre *iris.*

**IRRÉGULIER, ÈRE.** Se dit surtout des fleurs, des calices, des corolles ou des périanthes qu'on ne peut partager en deux parties égales que dans un certain sens. Un organe peut être irrégulier sans cesser d'être symétrique. Telles sont les fleurs de la violette, du pois, du muflier, de la sauge, etc.

**IRRITABILITÉ.** Propriété que possèdent certains organes de végétaux d'exécuter des mouvements au contact d'un corps étranger; telles sont les feuilles de la sensitive, les étamines de l'épine-vinette, etc. Voyez *Contractilité, Excitabilité.*

**ISANTHE** (du grec ἴσος, égal, ἄνθος, fleur). Se dit des plantes dont toutes les fleurs se ressemblent. Peu usité.

**ISANTHÈRE** (d'ἴσος, égal, ἀνθηρά, anthère). Qui a toutes les anthères semblables.

**ISOCHYMÈNE** (du grec ἴσος, égal, χεῖμα, hiver, froid). Nom d'une ligne tracée par Alexandre de Humboldt, et appliquée à la géographie botanique, pour indiquer, par régions, sur une carte, la température moyenne de l'hiver. Si l'on conçoit une ligne passant par tous les points de la terre qui ont une même température moyenne hibernale, on aura donc une ligne isochimène. Dans l'occident de l'Europe, les lignes isochimènes s'approchent de l'équateur, et, dans l'est, elles s'abaissent vers le pôle. Ces lignes exercent la plus grande influence sur la nature des végétaux. V. ISOTHÈRE et ISOTHERME.

**ISOGYNE** (d'ἴσος, égal, γυνή, femme). Se dit des fleurs dont le pistil est composé d'un nombre de carpelles égal à celui des pétales, comme dans le pommier, les crassules, etc.

**ISOPÉTALE.** Se dit des plantes dont les fleurs ont les pétales égaux.

**ISOPHYLLE** (d'ἴσος, égal, φύλλον, feuille). Dont les feuilles se ressemblent.

**ISOSTÉMONE** (d'ἴσος, égal, στήμων, étamine). Se dit des fleurs dans lesquelles les étamines sont en nombre égal à celui des pétales, comme dans le cornouiller, la primevère, etc.

**ISOTHÈRE** (d'ἴσος, égal, θέρος, chaleur). Ligne tracée par Alexandre de Humboldt sur une carte de géographie physique, et passant par tous les points ayant une même température moyenne en été. V. Isochimène et Isotherme.

**ISOTHERME** (d'ἴσος, égal, θέρμη, chaleur, qui offre une chaleur égale). En géographie botanique, ligne imaginée par Alexandre de Humboldt, et qui passe par tous les points où la température moyenne de l'année est la même.

L'espace compris entre deux lignes *isothermes* est ce que l'on appelle une *bande* ou *zone isotherme*. V. Isocrymène et Isothère.

**ITHYPHYLLE** (du grec ὀρθός, droit, φύλλον, feuille). Se dit des plantes qui ont les feuilles longues, roides et droites. Peu usité.

**IULIFLORE** (du latin *iulus*, chaton, *flos*, fleur). Se dit des plantes dont les fleurs sont disposées en forme de chaton. Peu usité

**IULIFORME**. Qui a la forme d'un chaton.

# J

**JASMINÉES**. Famille de plantes dicotylédones, ayant pour type le genre *jasmin*.

**JONCÉES**. Famille de plantes monocotylédones, ayant pour type le genre *jonc*.

**JONCIFORME** (*juncus*, jonc, *forma*, forme). Se dit des tiges ou des rameaux longs et grêles, dont les feuilles sont presque imperceptibles, et qui ont ainsi l'apparence d'un jonc. Tels sont les rameaux du genêt d'Espagne.

**JUGA** (pluriel de *jugum*, paire). Côtes longitudinales plus ou moins saillantes qu'on voit sur le fruit des ombellifères. Signifie également une paire de folioles chez les feuilles composées pennées.

**JUGLANDÉES**. Famille de plantes dicotylédones, ayant pour type le genre *juglans* (noyer).

**JUGUÉES**. Se dit quelquefois des feuilles composées dont les folioles sont disposées par paires.

**JUNCAGINÉES**. Famille de plantes monocotylédones, ayant pour type le genre *juncago* (Triglochin).

**JUXTAPOSÉ, E**. Se dit d'un organe appliqué contre un autre, mais non adhérent.

# L

**LABELLE**. Division intérieure et inférieure (ou plutôt devenant telle par la torsion du pédoncule) du périanthe des orchidées, qui diffère notablement de toutes les autres divisions internes ou externes et affecte même quelquefois les formes les plus bizarres. Synon. ancien : *tablier*.

**LABIAL, E** (de *labia*, lèvre). Se dit de la fleur divisée en forme de lèvres.

**LABIATIFLORE**. Se dit d'un capitule dont toutes les fleurs (fleurons) ont des corolles labiées.

**LABIÉ, E**. Se dit des calices monosépales, mais surtout des corolles monopétales, dont le limbe est divisé en deux lèvres, la supérieure échancrée ou bilobée, l'inférieure trilobée. Ex. *la sauge*.

**LABIÉES**. Famille de plantes dicotylédones, qui comprend les genres dont la corolle est labiée, comme la sauge, le romarin, etc.

**LABYRINTHIFORME**. Marqué de sillons étroits, sinueux et anastomosés.

**LACÉRÉ, E**. Se dit d'un organe irrégulièrement découpé et comme déchiré.

**LÂCHE**. Qui n'est pas serré; se dit surtout des inflorescences dont les fleurs sont peu nombreuses et assez distantes entre elles.

**LACINIÉ, E** (du latin *laciniare*, déchirer, mettre en lambeaux). Se dit des feuilles et des autres organes analogues découpés en lanières étroites et profondes.

**LACINIFLORE**. *Plante laciniflore*, celle dont les pétales sont frangés ou laciniés.

**LACINIFOLIÉ, E**. Se dit des plantes qui ont des feuilles laciniées.

**LACTESCENT, E**. Qui a l'apparence et la couleur du lait. Se dit aussi des végétaux ou des organes qui contiennent un suc laiteux ou coloré, comme les laitues, les euphorbes, le pavot, la chélidoine, etc.

**LACUNE**. Vide qui existe dans les tissus des végétaux, notamment dans le tissu cellulaire, et qui contient ordinairement de l'air. Les lacunes se rencontrent surtout dans les plantes aquatiques.

**LACUNEUX, SE**. Qui présente des lacunes.

**LACUSTRE** (du latin *lacustris*, formé de *lacus*, lac). Se dit des plantes qui croissent dans les lacs ou sur leurs bords.

**LAGÉNIFORME** (du grec λάγηνος, bouteille). En forme de gourde.

**LAINE**. Amas de poils longs, blanchâtres, assez mous, flexueux, entre-croisés et comme feutrés.

**LAINEUX**. Se dit des poils, des surfaces ou des organes dont l'aspect rappelle la laine.

**LAIT**. Suc propre de certains végétaux, ayant l'apparence du lait; il est blanc dans les euphorbes, jaune orangé dans la chélidoine, etc.

**LAITEUX, SE**. Se dit d'un suc propre qui a l'apparence du lait. Voyez *Lactescent*.

**LAME**. Ce mot, employé quelquefois comme synonyme de limbe dans les feuilles, les pétales, etc., s'applique surtout aux feuillets rayonnants qui occupent la face inférieure du chapeau des agarics, des amanites, etc. Synon. *lamelles, feuillets*.

LAMELLE. Diminutif de *lame*. Appendice pétaloïde qui existe à la gorge des corolles de certaines plantes, telles que les lychnis, le laurier-rose, etc. On a employé aussi ce mot comme synonyme de *lame* dans les agarics et les genres voisins.

LAMELLÉ, E. Qui présente des lames.

LAMELLEUX, SE. De la nature des lames.

LAMELLIFORME. En forme de lame.

LANCÉOLÉ, E. Qui a la forme d'un fer de lance, comme la feuille du saule blanc.

LANGUETTE. Corolle ligulée des chicoracées et de la plupart des corymbifères.

LANIÈRE. Division étroite et profonde des feuilles et des organes analogues.

LANUGINEUX, SE (du latin *lanuginosus*, fait de *lanugo*, laine). Synon. de *laineux*.

LAPPACÉ, E. Couvert de poils en hameçon ou de petits aiguillons crochus.

LARGE. Qui a une grande dimension dans le sens transversal. Synon. : *ample*.

LARGEUR. Dimension transversale.

LATÉRAL, E (de *latus, lateris*, côté). Qui est placé sur le côté; se dit des nervures situées à gauche et à droite de la nervure médiane; du style lorsqu'il se trouve, non au sommet, mais sur l'un des côtés de l'ovaire, etc.

LATERINERVE (de *latus*, côté, *nervus*, nerf). Synon. de *penninerve*. V. ce mot.

LATEX. Suc propre des végétaux, présentant quelquefois une consistance et des couleurs caractéristiques, comme dans le figuier, les euphorbes, la chélidoine, etc.

LATICIFÈRE. Se dit des vaisseaux, canaux ou réservoirs qui contiennent le *latex*.

LAURINÉES. Famille de plantes dicotylédones ayant pour type le genre *laurier*.

LÉGION. Expression employée dans plusieurs classifications pour exprimer une division intermédiaire entre la classe et la famille.

LÉGUME. Synon. de *gousse*. V. ce mot.

LÉGUMINEUSES. Famille de plantes dicotylédones, qui renferme le pois, le haricot, la luzerne, le robinier, etc. Synon. : *papilionacées*.

LENTIBULARIÉES. Famille de plantes dicotylédones. Synon. : *utriculariées*.

LENTICELLE (de *lenticella*, petite lentille). Rugosité brunâtre, de forme ordinairement ovale, qui se montre à la surface de l'épiderme des rameaux d'un grand nombre de végétaux, et sur la nature de laquelle les botanistes ne sont pas d'accord.

LENTICULAIRE. Qui a la forme d'une lentille; se dit d'un organe à centre bombé et à bords tranchants.

LÉPALE (du grec λεπίς, écaille). Nom donné par Auguste de Saint-Hilaire aux pièces qui constituent le disque considéré comme un verticille, et qui sont plus connues sous les noms de glandes, écailles, expansions ou appendices pétaloïdes, etc.

LÉPICÈNE (du grec λεπίς, tunique, κενός,

vide), nom donné par Richard à la glume dans les graminées.

LÉPIDES (du grec λεπίς, écaille). Poils en écusson.

LÉPIDOPHYLLE (de λεπίς, écaille, φύλλον, feuille). Qui a des feuilles écailleuses.

LEPTOCARPE (de λεπτός, mince, grêle, καρπός, fruit). Qui a des fruits grêles et longs.

LEPTOCAULE (de λεπτός, mince, καυλός, tige). Qui a la tige mince et grêle.

LEPTOPÉTALE (de λεπτός, mince, πέταλον, pétale). Qui a des pétales étroits.

LEPTOPHYLLE (de λεπτός mince, φύλλον, feuille). Qui a des feuilles minces et étroites, de petites folioles.

LEPTOSPERME (de λεπτός mince, σπέρμα, graine). Qui a de très-petites graines.

LEPTOSTYLE (de λεπτός, mince, στύλος, style). Qui a le style filiforme.

LEUCOSPERME (du grec λευκός, blanc, σπέρμα, graine). Qui a les fruits blancs.

LEUCOSTÈGUE (du grec λευκός, blanc, στέγη, couverture). Qui a ses urnes olivâtres couvertes d'un opercule blanc.

LÉVIFOLIÉ, E (du latin *levis* lisse, *folium* feuille). Qui est muni de feuilles lisses.

LÈVRES. En botanique, divisions supérieures et inférieures de la corolle dans les fleurs dites labiées ou bilabiées, comme la sauge, la scutellaire, etc.

LIANE (du verbe *lier*, à cause de la flexibilité des rameaux qui les rendent propres à s'unir à d'autres plantes ou à faire des liens). Nom sous lequel on désigne, dans les colonies, tous les végétaux sarmenteux dont les rameaux choisissent d'autres végétaux pour supports, grimpent le long des arbres, s'enlacent dans leurs branches et finissent souvent par les étouffer. Beaucoup de plantes de familles et de genres divers sont ainsi nommés des lianes; on en trouve parmi les herbes, les arbustes et même les fougères.

LIBER (mot latin fait du grec λεπίς, écorce). Partie intérieure de l'écorce, composée de couches fibreuses, très-minces et superposées comme les feuillets d'un livre.

LIBRE. Se dit de tout organe qui n'est pas soudé avec un autre organe différent. *Amande libre*, celle dont la surface n'adhère point à l'enveloppe qui la recouvre. *Calice libre*, celui qui n'a pas d'adhérence avec l'ovaire.

LICHÉNÉES (du grec λειχήν, dartre). Famille de plantes cryptogames, comprenant les lichens, végétaux dont quelques-uns ont l'apparence de croûtes dartreuses et qui sont très-communs sur les murs, le tronc des vieux arbres, etc.

LICHÉNEUX, EUSE. Qui ressemble à un lichen. Algues lichéneuses.

LICHÉNICOLE (de *lichen* et *colo*, j'habite). Qui vit sur les lichens.

LICHÉNIFORME. Qui a la forme d'un lichen. Mousse lichéniforme.

**LICHÉNOGRAPHIE.** Étude et description des plantes de la famille des lichénées.

**LICHÉNOÏDE** (de *lichen* et εἶδος, ressemblance). Qui a l'apparence d'un lichen.

**LICHÉNOLOGIE** (de λειχήν, lichen, λόγος, discours). Traité sur les lichens. On appelle, en conséquence, *lichénologue*, et aussi *lichénographe*, celui qui s'occupe des lichens, qui les décrit.

**LIÉGE** (de *levis*, léger). Partie extérieure de l'écorce, qui prend un grand développement sur certains arbres, tels que l'orme, l'érable champêtre et surtout le chêne-liége.

**LIERRÉ, E.** Dont les feuilles ressemblent à celles du lierre, comme les feuilles de l'anémone.

**LIGAMENTEUX, SE.** Plante ligamenteuse, celle dont les racines et les tiges sont grasses et tortillées en forme de cordage.

**LIGNATILE** (de *lignum*, bois). Qui vit sur le bois.

**LIGNE.** Trait long et mince qui tranche sur le fond, soit par sa couleur, soit par sa saillie ou par tout autre caractère.

**LIGNÉ, E.** Qui est marqué de lignes fines, simples et parallèles, d'une couleur différente de celle qui fait le fond. *Feuilles lignées*, celles dont les nervures latérales sont fréquentes, parallèles, déliées, comme les feuilles du palmier.

**LIGNEUX, SE.** Se dit d'un tissu qui a la nature et la consistance du bois et des plantes (arbres, arbustes, etc.) dont la tige présente cette consistance. Tiges, plantes, couches, fibres ligneuses.

**LIGNIFÈRE** (du latin *lignum* bois, *fero* je porte). Se dit des branches qui ne donnent que du bois, sans fleurs ni fruits.

**LIGNIFICATION.** Conversion en bois des bourgeons d'un arbre.

**LIGNIFIER.** Se convertir en bois.

**LIGNOSITÉ.** État, qualité de ce qui est ligneux.

**LIGULE** (du latin *ligula* courroie, lanière, bandelette). Appendice membraneux ou scarieux qui se trouve sur les feuilles des graminées, au point de jonction de la gaîne et du limbe.

**LIGULÉ, E.** Qui a la forme d'une bande étroite. Se dit des corolles dont le limbe est déjeté et étendu en forme de languette, comme dans les chicoracées et la plupart des corymbifères.

**LIGULIFOLIÉ, E.** Qui a des feuilles linéaires.

**LIGULIFLORE.** Se dit des végétaux dont la fleur est déjetée en languette, comme dans les chicoracées.

**LIGULIFORME.** Synon. de *Ligulé*.

**LILACÉ, E.** Couleur tirant sur le lilas.

**LILAS** (de l'Arabe *lilac*). Couleur d'un violet pâle et rougeâtre.

**LILIACÉES.** Famille de plantes monocotylédones, ayant pour type le genre *lilium* (lis).

**LILIFLORE.** Dont la fleur ressemble à celle du lis.

**LILIFORME.** Qui a la forme du lis.

**LIMBAIRE.** Se dit de la partie de la feuille ou du mérithalle qui forme le limbe.

**LIMBE** (du latin *limbus*). Partie plane et foliacée des feuilles et des pétales. Désigne aussi la partie supérieure des corolles monopétales, quand elle est large et évasée.

**LIMBIFÈRE.** Qui porte un limbe.

**LINACÉ, E.** Qui ressemble au lin.

**LINÉAIRE.** En forme de ligne. *Feuille linéaire*, feuille très-étroite, aplatie, à peu près égale dans toute sa longueur et à bords parallèles. Les feuilles de la plupart des graminées sont linéaires.

**LINÉARIFOLIÉ, E.** Qui a des feuilles linéaires.

**LINÉARILOBÉ, E.** Qui a des feuilles partagées en lobes linéaires.

**LINEATIFOLIÉ, E.** Qui a des feuilles dont les nervures marchent parallèlement de la base au sommet comme des lignes.

**LINÉES.** Famille de plantes dicotylédones, ayant pour type le genre lin.

**LINGUIFOLIÉ, E.** Qui a des feuilles en forme de langue.

**LINGUIFORME.** Qui a la forme d'une langue, comme les feuilles de quelques aloès.

**LIRELLE** (du latin *lirella*, fait de *liro*, je sillonne). Fructification sessile, linéaire, flexueuse et s'ouvrant par une fente longitudinale, qu'on observe dans les lichens.

**LIRELLEUX, EUSE.** Qui offre de petits sillons linéaires.

**LIRELLIFORME.** Qui a la forme d'une lirelle, comme le disque des graphidées.

**LISSE.** Se dit des surfaces glabres et unies.

**LITHOBIBLION** (de λίθος, pierre, βιβλίον, feuille). On désigne par ce nom les empreintes des feuilles et les feuilles elles-mêmes que l'on trouve à l'état fossile. On dit aussi *bibliolithe* et *lytophyllum*.

**LITHOCALAME** (du grec λίθος, pierre, et du latin *calamus*, tige). Tige de roseaux fossiles.

**LITHOCARPE** (de λίθος, pierre, καρπός, fruit). Nom que l'on donne en général aux fruits fossiles.

**LITHOGONIMIQUE** (de λίθος, pierre, γονή, procréation). Se dit des lichens qui croissent sur les pierres.

**LITHOPHILE** (de λίθος, pierre, φιλέω, j'aime). Se dit d'une plante qui se plaît, qui croît sur les rochers.

**LITHOPHYLLE** (de λίθος, pierre, φύλλον, feuille). Feuille de végétaux fossiles.

**LITHOSPERME** (de λίθος, pierre, σπέρμα, semence). Qui a des fruits durs et comme pierreux. Le grémil ou herbe aux perles, dont les semences sont renfermées dans une écorce très-dure.

**LITHOÉCIEN, NE** (de λίθος, pierre, ἔοικος,

demeures). Se dit des lichens qui croissent sur les pierres.

**LITTORAL, E.** Se dit, en botanique, des plantes qui croissent au bord des eaux. Plante littorale.

**LIVIDE.** Signifie littéralement couleur lie de vin; se dit, par extension, d'une teinte violette pâle.

**LOASÉES.** Famille de plantes dicotylédones ayant pour type le genre *loasa*.

**LOBAIRE.** Qui appartient aux lobes, qui est divisé en lobes.

**LOBE** (du latin *lobus*, fait du grec λοβός, dérivé de λαμβάνω, prendre). Division arrondie d'une feuille ou d'autres organes. Se prend aussi quelquefois comme synonyme de *cotylédon*.

**LOBÉ, E.** Se dit d'un organe divisé en lobes.

**LOBÉLIACÉES.** Famille de plantes dicotylédones ayant pour type le genre *lobelia*.

**LOBIFÈRE.** Qui porte un ou plusieurs lobes.

**LOBIOLES.** Petites pièces ou lanières qu'on voit au bord du thalle des lichens, quand leur forme approche de celle des feuilles.

**LOBULAIRE.** Qui est partagé en lobes.

**LOBULE.** Diminutif de lobe. Se dit d'un petit lobe ou d'une subdivision de lobe.

**LOBULÉ, E.** Partagé en lobules, muni de lobes membraneux.

**LOCELLE.** Cavité partielle de chacune des loges de l'anthère dans les Orchidées. Petite loge.

**LOCULAIRE** (du latin *loculus* bourse à compartiments). Qui appartient aux loges ou qui est de la nature des loges.

**LOCULÉ, E.** Divisé en loges.

**LOCULEUX, EUSE.** Se dit de tout organe végétal qui est creux et partagé en plusieurs cavités par des diaphragmes.

**LOCULICIDE** (du latin *loculicidus*, fait de *loculus*, loge, et *cœdo*, je divise). Mode de déhiscence du fruit qui a lieu par la rupture longitudinale de chaque carpelle; d'où il résulte que chaque loge est divisée en deux, et que chaque *valve*, ou pièce devenue libre, se compose de deux moitiés appartenant à deux carpelles différents, et présente à l'intérieur, à sa partie moyenne, une cloison ou un placenta, suivant que la placentation est axile ou pariétale. Ex.: l'iris.

**LODICULE** (du latin *lodicula*, diminutif de *lodix*, couverture). Synon. de *glumellule*.

**LOGE.** Cavité formée de toutes parts. Les loges de l'anthère renferment des grains de pollen; celles de l'ovaire, des ovules; celles du fruit, des graines. Les véritables loges, dans ces deux organes, résultent chacune d'un carpelle hermétiquement plié et fermé. Les fausses loges proviennent de fausses cloisons, et appartiennent à un même carpelle subdivisé transversalement.

**LOMENTACÉ, E.** Se dit de la gousse articulée et divisée transversalement qu'on trouve chez plusieurs légumineux, comme les *hippocrepis*.

**LONGICAULE** (du latin *longus* long, *caulis* tige). Qui a la tige longue.

**LONGIFLORE.** Qui a des fleurs longues.

**LONGIFOLIÉ, E.** Qui a des feuilles longues.

**LONGILOBÉ, E.** Qui a des lobes allongés, comme les feuilles de la clématite longilobée.

**LONGIPÉDONCULÉ, E.** Qui a de longs pédoncules.

**LONGIPÉTALE.** Qui a des pétales très-longs. Corolle longipétale.

**LONGIPÉTIOLÉ, E.** Qui a ses feuilles portées par de longs pétioles.

**LONGIROSTRE** (de *longus* long et *rostrum* bec). Dont l'opercule est subulé, long et droit, en forme de bec. Se dit en parlant des mousses. Grimmia longirostre.

**LONGISCAPE** (de *longus* long et *scapus* hampe). Qui a des hampes très-longues. Primule longiscape.

**LONGISÈTE** (de *longus* long et *seta* soie). Se dit d'une graminée dont les épillets sont entourés d'un involucre composé de très-longs filets; d'une mousse dont les urnes sont portées par de longs pédoncules.

**LONGISPINULEUX, SE.** Qui est armé de longues épines.

**LONGISTYLE.** Se dit d'une plante qui a des styles très-longs.

**LONGITUDINAL, E.** Qui a lieu dans le sens de la longueur d'un organe.

**LORANTHACÉES.** Famille de plantes dicotylédones ayant pour type le genre *loranthus*.

**LORIFOLIÉ, E** (de *lorum*, courroie, et *folium*, feuille). Qui a des feuilles très-longues et semblables à des courroies.

**LORULE.** Le thalle (voir ce mot) des lichens filamenteux ou rameux.

**LUNULÉ, E.** En forme de croissant.

**LUSTRÉ, E.** Se dit d'une surface luisante et comme vernie.

**LUXURIANT, E.** Se dit d'une végétation ou d'une floraison vigoureuse et abondante.

**LYCOPODIACÉES.** Famille de plantes cryptogames, ayant pour type le genre *lycopode*.

**LYMPHATIQUES.** S'applique aux vaisseaux séveux ou lymphatiques.

**LYMPHE** (de *lympha* eau). Terme employé par les auteurs anciens pour désigner la sève.

**LYRÉ.** Se dit d'une feuille pennatifide, terminée par un lobe arrondi et plus grand, de manière à figurer grossièrement une lyre. Telle est la feuille du navet.

**LYSIMACHIÉES.** Famille de plantes dicotylédones. Synon. de *primulacées*.

**LYTHRARIÉES.** Famille de plantes dicotylédones, ayant pour type le genre *lythrum*. Synon. de *salicariées*.

# M

**MACROCÉPHALE** (de μακρός, grand, κεφαλή, tête, sommet). Désignation appliquée aux embryons dicotylédonés dont les cotylédons sont soudés en une masse volumineuse. S'applique surtout aux plantes qui ont des inflorescences (capitules, ombelles, etc.) très-développées.

**MACROPODE** (de μακρός, grand, πούς ποδός, pied). Se dit des embryons, presque tous monocotylédonés, dont la radicule (ou du moins l'organe pris pour la radicule) a un très-grand volume relativement à la partie que l'on a considérée comme le cotylédon.

**MACROPTÈRE** (de μακρός, grand, πτερόν, aile). Se dit d'une graine garnie d'ailes droites ou quatre fois plus larges qu'elle, ou d'une fleur papilionacée dont les ailes, bien supérieures à la carène, sont presqu'aussi grandes que celle-ci.

**MACROSPERME** (de μακρός, grand σπέρμα, fruit). Qui a de gros fruits ou de grosses graines.

**MACROSPORE** (de μακρός, grand, σπόρα, semence). Se dit d'un champignon qui a des sporidies très-grosses.

**MACROSTACHIE**, E (de μακρός, grand, στάχυς, épi), qui a des fleurs disposées en un long et gros épi.

**MACROSTÈME** ou **MACROSTÉMONE** (de μακρός grand, στήμων étamine). Qui a des étamines longues et saillantes hors de la fleur.

**MACROSTYLE** (de μακρός grand στῦλος style). Qui a le style très-long.

**MACULÉ**, E. Marqué de taches.

**MAGNOLIACÉES**. Famille de plantes dicotylédones, ayant pour type le genre *magnolia*.

**MAIN**. Ancien synonyme de *vrille*.

**MALE**. Se dit d'une fleur qui ne renferme que des étamines et point de pistil, et d'un végétal (dioïque) qui ne possède que des fleurs mâles.

**MALPIGHIACÉES**. Famille de plantes dicotylédones ayant pour type le genre *malpighia*.

**MALVACÉES**. Famille de plantes dicotylédones ayant pour type le genre *malva* (mauve).

**MAMELON**. Protubérance arrondie.

**MAMILLAIRE**. En forme de mamelon.

**MAMMAIRE**, *Vaisseaux mammaires*, linéaments vasculaires qui passent dans les cotylédons, ainsi nommés parce qu'ils fournissent à la jeune plante une sorte de lait végétal.

**MANIFESTE**. Se dit d'un organe parfaitement visible, bien apparent.

**MARCESCENT**, E (du latin *marcescere* se dérober). Se dit d'un organe qui, bien que flétri et desséché, reste plus ou moins longtemps attaché à la plante. Telles sont les feuilles du chêne, le calice du poirier, la corolle des bruyères, etc.

**MARCGRAVIACÉES**. Famille de plantes dicotylédones ayant pour type le genre *marcgravia*.

**MARCOTTE** (du latin *mergus*). Rameau qu'on enfonce dans le sol ou qu'on entoure de terre pour ne le détacher que lorsqu'il a émis des racines.

**MARGE**. Synon. de bord ou rebord.

**MARGINAL**, E. Qui appartient au bord ou qui forme un rebord.

**MARGINÉ**, E. Qui est entouré d'un rebord. Un pétiole est marginé quand il est garni latéralement d'expansions foliacées. Une graine est marginée quand elle est pourvue d'un rebord saillant, produit par l'extension des tuniques séminales.

**MARIN**. Se dit des végétaux qui croissent plongés dans les eaux de la mer, comme les varechs. Plantes marines, *herbæ marinæ*.

**MARITIME**. Qui croît sur les bords de la mer. *Herbæ maritimæ*.

**MARSILÉACÉES**. Famille de plantes cryptogames ayant pour type le genre *marsilea*.

**MASSE POLLINIQUE**. Pollen aggloméré en un seul corps qui occupe toute la cavité de la loge de l'anthère, dans les Asclépiadées et les Orchidées.

**MASSUE**. Forme d'un organe renflé au sommet. Synon.: *claviforme*.

**MATINAL**. S'applique à un phénomène qui se passe au commencement de la journée, comme la floraison.

**MATURATION**. Époque de la vie de la plante qui suit immédiatement la fécondation, et par suite de laquelle l'ovaire passe à l'état de fruit parfait et l'ovule à l'état de graine. Synon. : *gestation*.

**MATURITÉ**. État d'un fruit arrivé à tout son développement; se dit aussi des graines.

**MÉAT** (du latin *meatus*, fait de *meare* couler). Espace laissé entre des cellules de forme globuleuse, et qui ne peuvent pas, par conséquent, se toucher sur tous les points. Les *méats* intercellulaires sont presque toujours remplis d'air.

**MÉDIAN**, qui occupe le milieu ou la partie moyenne; se dit surtout de la nervure longitudinale qui divise la feuille en deux moitiés ordinairement égales, du lobe du milieu dans les organes trilobés, etc. Cloisons médianes, anthère médiane.

**MÉDIAT**, se dit de l'insertion des organes, quand elle a lieu par un organe intermédiaire.

**MÉDIFIXE**. Anthère médifixe, qui est fixée au filet par sa partie moyenne.

**MÉDIVALVE**. Qui est relatif au milieu d'une valve. Se dit quelquefois de la déhiscence.

**MÉDULLAIRE** (du latin *medulla* moelle). Qui est de la nature de la moelle, ou qui appartient à la moelle.

**MÉDULLE.** Dutrochet a donné à la moelle le nom de *médulle interne* et à la couche herbacée de l'écorce celui de *médulle externe*.

**MÉDULLEUX, SE.** Employé quelquefois comme synon. de médullaire; se dit plus souvent des végétaux à moelle abondante, comme le sureau.

**MÉIOSTÉMONE** (du grec μείων moindre, στήμων étamine). Se dit des fleurs dans lesquelles les étamines sont moins nombreuses que les pétales ou que les divisions de la corolle ou du périanthe.

**MÉLANOPHTHALME** (du grec μέλας, noir, ὀφθαλμός, œil). Qui a des taches entourées d'un cercle noir figurant un œil. Dolichos mélanophthalme.

**MÉLANOPHYLLE** (du grec μέλας noir, φύλλον feuille). Qui a des feuilles noires ou noirâtres.

**MÉLANOSPERME** (de μέλας noir, σπέρμα graine). Fruit qui a des graines noires.

**MÉLASTOMACÉES.** Famille de plantes dicotylédones ayant pour type le genre *melastoma*.

**MÉLIACÉES.** Famille de plantes dicotylédones ayant pour type le genre *melia*.

**MELLIFÈRE.** Qui sécrète une liqueur mielleuse.

**MÉLONIDE** (de μῆλον, pomme). Fruit charnu, formé par le tube calicinal épaissi, adhérant à un ovaire infère. Tels sont les fruits du pommier, du poirier, etc.

**MEMBRANE.** Lame de tissu mince et transparent.

**MEMBRANEUX, SE.** Se dit d'un organe qui a l'aspect, la consistance et la structure d'une membrane.

**MEMBRANIFOLIÉ, E.** Qui a des feuilles ou des expansions foliacées membraneuses.

**MEMBRANULE.** Petite membrane. Employé quelquefois comme synonyme d'*indusium* dans les fougères.

**MÉNISPERMÉES** (de μήνη lune, σπέρμα, semence, graine en croissant). Famille de plantes dicotylédones, ayant pour type le genre *menisperme*.

**MÉRENCHYME.** Tissu cellulaire lâche et aqueux.

**MÉRICARPE** (de μέρις, partie, καρπός, fruit). On a donné ce nom à chacune des deux moitiés du fruit des ombellifères, qui se séparent à la maturité.

**MÉRIDIEN.** Se dit d'un phénomène physiologique qui a lieu au milieu du jour, comme l'épanouissement de certaines fleurs.

**MÉRITHALLE** (de μέρις, partie, θαλλός, rameau). Synon. d'*entre-nœud*. Gaudichaud a considéré la feuille comme un *phyton* ou individu végétal, formé de trois mérithalles, qu'il appelle ligulaire pétiolaire et limbaire.

**MÉSOCARPE** (de μέσος, mitoyen, καρπός, fruit). Couche moyenne du péricarpe, ordinairement plus épaisse que les deux autres, et souvent charnue. Synon. : *sarcocarpe*.

**MÉSOPHYLLE** (de μέσος mitoyen, φύλλον feuille). Nom donné par de Candolle à la couche moyenne de la feuille, comprenant le parenchyme et les nervures, et comprise entre les deux épidermes.

**MÉSOPHITE** (de μέσος, mitoyen, φυτόν, plante). Synon. de *collet*. V. ce mot.

**MÉSOSPERME** (de μέσος, mitoyen, σπέρμα, graine). Nom donné à la couche moyenne (théorique) du tégument de la graine, par analogie avec le mésocarpe.

**MÉTAMORPHOSE** (de μεταμορφόω, je me transforme). Transformation normale ou accidentelle d'un organe en un autre.

**MÉTÉORIQUE.** Se dit des fleurs ou des capitules dont l'épanouissement ou la contraction sont subordonnés aux phénomènes atmosphériques, comme la sécheresse ou l'humidité, la pluie ou le soleil, etc.

**MÉTHODE** (du grec μέθοδος, formé de μετά, par, ὁδός, voie, moyen d'arriver à un but par la voie la plus convenable). Ensemble des règles qui déterminent la marche à suivre dans l'étude de la botanique, et surtout dans la classification des plantes. Ce mot est pris parfois comme synonyme de *classification* ou de *taxonomie*. Ex. : la méthode naturelle.

**MÈTRE**, (μέτρον, mesure). Unité de longueur des nouvelles mesures en France, égale à la dix-millionième partie de l'arc du méridien terrestre, compris entre le pôle boréal et l'équateur, et à peu près équivalente à trois pieds onze lignes et demie des anciennes mesures; toutes les mesures nouvelles dérivent du mètre. Les mesures linéaires ou de longueur sont des multiples ou des sous-multiples décimaux du mètre.

**MÉTROPHORE.** Synon. de *gynophore*. V. ce mot.

**MICRACANTHE** (du grec μικρός petit, ἄκανθα épine). Qui a de petites épines. Caprier micracanthe.

**MICRANTHE** (de μικρός, petit, ἄνθος, fleur). Qui a de petites fleurs.

**MICROBASE** (de μικρός, petit, βάσις, base). Fruit composé de quatre coques implantées sur une base étroite, comme dans les labiées. Synon. de *gynobase*.

**MICROCARPE** (de μικρός, petit, καρπός, fruit). Qui porte de petits fruits. Asphodèle microcarpe. Se dit aussi d'une mousse qui a de petites urnes. Racomitrion microcarpe.

**MICROCÉPHALE** (de μικρός petit, κεφαλή tête). Dont les fleurs sont réunies en petites capitules. Séridie microcéphale.

**MICRODONTE** (de μικρός petit, ὀδούς; dent). Se dit d'une plante qui a un calice à dents très courtes, comme la Rondélétie microdonte.

**MICROGRAPHE** (de μικρός, petit, γράφω, j'écris). Celui qui s'occupe de micrographie.

MICROGRAPHIE. Description des objets qui sont si petits qu'on ne peut les reconnaître et les étudier sans le secours du microscope. Micrographie végétale.

MICROPÉTALE (de μικρός, petit, πέταλον, pétale). Qui a des pétales très-courts ou très-petits.

MICROPHYLLE (de μικρός, petit, φύλλον, feuille). Qui a de petites feuilles. Lotus microphylle.

MICROPYLE (de μικρός, petit, πύλη, porte). Ouverture très-petite du tégument de la graine, correspondant à l'exostome dans l'ovule, et à laquelle aboutit toujours l'extrémité de la radicule. Le micropyle représente le sommet organique de la graine.

MICRORHIZE (de μικρός, petit, ῥίζα, racine). Qui a de petites racines.

MICROSPERME (de μικρός, petit, σπέρμα, graine). Qui a de très-petites graines.

MICROSPORE (de μικρός, petit, σπορά, graine). Même signification.

MICROSTACHYÉ (de μικρός, petit, στάχυς, épi). Qui a des fleurs disposées en petits épis, comme le cocolobe microstachié.

MICROSTÉMONE (de μικρός, petit, στήμων, étamine). Qui a de petites étamines, comme l'eupatoire microstémone.

MICROSTOME (de μικρός, petit, στόμα, bouche). Se dit d'une mousse dont l'ouverture est petite et resserrée, comme le gymnostome microstome.

MIELLÉ, E. Qui a l'aspect et la saveur du miel.

MIELLEUX, SE. Même signification.

MILIAIRE (du latin milium milet). Glandes miliaires, ancien nom des stomates.

MINCE. Se dit d'un organe qui a peu d'épaisseur relativement à d'autres organes analogues pris pour terme de comparaison.

MIXTE (mixtus, mélangé). Se dit des bourgeons qui renferment à la fois des fleurs et des feuilles, ainsi que des inflorescences qui participent des inflorescences définies et indéfinies, comme celle de la Mauve.

MIXTINERVE (de mixtus mixte, nervus nerf). Se dit des feuilles dont les nervures secondaires partent de la base de la nervure médiane et de ses parties latérales.

MOBILE. Qui se meut très-facilement, comme les anthères portées sur des filets atténués en pointe. Synon.: oscillant, versatile, etc.

MOELLE (du latin medulla). Tissu cellulaire qui, dans les dicotylédones, forme un cylindre parfaitement circonscrit au centre de la tige ou des rameaux, et qui, chez les monocotylédones, est en quelque sorte disséminé dans l'épaisseur de la tige.

MOELLEUX, SE. Se dit des surfaces douces au toucher.

MOLÉCULE (du latin moleculus). Petite partie ou parcelle d'un corps.

MOLENDINACÉ, E (de mola, meule). Se dit des graines des ombellifères, lorsqu'elles sont garnies d'ailes nombreuses, ce qui fait qu'on les a comparées quelquefois à un moulin à vent.

MONADELPHE (de μόνος un seul, ἀδελφός frère). Se dit des étamines dont les filets sont soudés en un seul faisceau ou androphore, comme dans la Mauve.

MONADELPHIE. Seizième classe du système sexuel de Linné, renfermant les plantes qui ont les étamines soudées par leurs filets en un seul faisceau.

MONANDRE (de μόνος un seul, ἀνήρ, ἀνδρός homme). Se dit des fleurs qui n'ont qu'une seule étamine, comme le Balisier.

MONANDRIE (de μόνος, seul, ἀνήρ, homme). Première classe du système sexuel de Linné, renfermant les plantes à fleurs hermaphrodites qui n'ont qu'une seule étamine.

MONILIFORME (du latin monile, collier, forma, forme, qui ressemble à un collier, à un chapelet). Composé d'articles globuleux, juxtaposés, comme les grains d'un collier ou d'un chapelet.

MONIMIACÉES. Famille de plantes dicotylédones ayant pour type le genre monimia.

MONOBASE (de μόνος, seul, βάσις, base). Se dit des plantes phanérogames dont l'adhérence à la racine qui les porte se fait par une base unique, paraissant être l'extrémité inférieure de la tige.

MONOCARPIEN, NE (de μόνος, un seul, καρπόω, je fructifie). Se dit des tiges et, par extension, des plantes qui fleurissent et fructifient une seule fois, et meurent ensuite. Telles sont les plantes annuelles et bisannuelles.

MONOCÉPHALE (de μόνος, un seul, κεφαλή, tête). Se dit des tiges qui ne portent qu'un seul capitule.

MONOCHLAMYDÉ, E (de μόνος, un seul, χλαμύς, vêtement). Se dit des plantes dicotylédones dont les fleurs n'ont qu'une seule enveloppe florale, comme celles du sarrazin. Synon.: apétale.

MONOCHLAMYDÉES. Quatrième classe de la méthode de De Candolle, renfermant les plantes dicotylédones dont les fleurs n'ont qu'une seule enveloppe. Synon.: apétales.

MONOCLINE (de μόνος un seul, κλίνη lit). Se dit des fleurs qui ont à la fois des étamines et des pistils, et, par extension, des plantes qui n'ont que des fleurs monoclines. Synon.: hermaphrodite, bisexué.

MONOCOTYLÉ, MONOCOTYLÉDON, MONOCOTYLÉDONE, MONOCOTYLÉDONÉ, (de μόνος un seul, κοτύλη écuelle, cotylédon). Se disent de l'embryon qui n'a qu'un cotylédon.

MONOCOTYLÉDONES, l'une des trois grandes divisions du règne végétal, renfermant les plantes qui n'ont qu'un cotylédon. Synon.: endogènes.

MONOECIE (de μόνος unique, οἰκία maison). Vingt-et-unième classe du système sexuel de Linné, comprenant les plantes à fleurs unisexuées monoïques, les mâles et les femelles étant réunis sur le même pied.

**MONOÉPIGYNIE** (de μόνος, un seul, ἐπί, sur, γυνή femme). Nom donné par Richard à la quatrième classe de la méthode naturelle de Jussieu, renfermant les plantes monocotylédones à étamines épigynes.

**MONOGAME** (de μόνος, unique, γάμος, noce). Se dit des plantes de la *Syngenesie* de Linné qui ont les fleurs non réunies en capitule, comme la violette. Synon.: *diclines*, *unisexuées*.

**MONOGYNE** (de μόνος, unique, γυνή, femme). Se dit d'une fleur qui n'a qu'un seul style, comme le Lis.

**MONOGYNIE.** Premier ordre qui se retrouve dans plusieurs classes du système sexuel de Linné, et qui renferme les genres dont les fleurs n'ont qu'un style.

**MONOHYPOGYNIE** (de μόνος, seul, ὑπό, sous, γυνή, femme). Nom donné par Richard à la deuxième classe de la méthode naturelle de Jussieu, renfermant les plantes monocotylédones à étamines hypogynes.

**MONOÏQUE** (de μόνος, seul, οἶκος, maison, habitation). Se dit des plantes qui ont des fleurs mâles et des fleurs femelles réunies sur le même individu.

**MONOPÉTALE** (de μόνος, unique, πέταλον, feuille, pétale). Se dit des corolles d'une seule pièce, ou dont tous les pétales sont plus ou moins soudés ensemble, comme dans la campanule. Synon.: *gamopétale*.

**MONOPÉRIANTHÉ** (de μόνος, un seul, περί, autour, ἄνθος fleur). Se dit des fleurs qui ont un périanthe simple, ou une seule *enveloppe florale*. Synon.: *monochlamydé*.

**MONOPÉRIGYNIE** (de μόνος, un seul, περί, autour, γυνή femme). Nom donné par Richard à la troisième classe de la méthode naturelle de Jussieu, comprenant les plantes monocotylédones à étamines périgynes.

**MONOPHYLLE** (de μόνος, unique, φύλλον, feuille). Se dit des organes qui entourent la fleur (bractées, involucre, périanthe, calice) et qui se composent d'une seule pièce ou de plusieurs pièces soudées ensemble.

**MONOSÉPALE** (du grec μόνος, et du latin *sepalum*). Se dit d'un calice d'une pièce ou dont tous les sépales sont soudés ensemble comme dans les *Silene*. Synon.: *gamosépale*.

**MONOSPERME** (de μόνος, unique, σπέρμα, graine). Se dit d'une loge ou d'un fruit qui renferme une seule graine.

**MONSTRUEUX, SE.** Déformé, anomal.

**MONSTRUOSITÉ.** Anomalie, déformation.

**MORPHOLOGIE** (de μορφή, forme, λόγος, discours). Partie de l'organographie qui étudie les formes variables que chaque organe peut présenter dans les différents groupes de végétaux.

**MORPHOSE** (de μορφή, forme). Forme, configuration, état spécial de la plante dans toutes ses phases.

**MOUSSES.** Plantes cryptogames, autrefois réunies aux lichens, aux hépatiques, aux algues, mais qui, en ayant été séparées, forment aujourd'hui les familles des *andréacées*, des *sphagnacées* et des *bryacées*.

**MUCILAGINEUX, SE** (du latin *mucilaginosus*). Se dit d'un liquide visqueux et filant, comme dans la guimauve. Racine, plante mucilagineuse.

**MUCRON** (du latin *mucro*, pointe). Pointe roide qui termine brusquement l'extrémité d'un organe. Quelques lexicographes écrivent *mucrone*, une mucrone.

**MUCRONÉ, E.** Terminé par une pointe roide, comme les feuilles de l'agasthome mucrone, du statice mucroné, les poils du dictame blanc, les spatelles du phléon des prés, les spatelles de l'uniole. On appelle *mucronée* la petite pointe qui termine quelquefois les écailles, les paillettes, les glumes et l'ovaire des graminées.

**MUCRONIFÈRE.** Qui porte des pointes droites étroites, comme les feuilles du mésembryanthème mucronifère.

**MUCRONIFOLIÉ, E.** Qui a des feuilles mucronées, comme le briothrique mucronifolié, l'orthothrique mucronifolié.

**MULTICAULE** (du latin *multum*, beaucoup, *caulis*, tige). Se dit d'un végétal dont la souche émet des tiges nombreuses.

**MULTICÉPHALE** (du latin *multum*, beaucoup et du grec κεφαλή, tête). Se dit d'une plante dont l'inflorescence est constituée par un grand nombre de capitules.

**MULTIFIDE** (du latin *multum* beaucoup et *findere* fendre). Se dit d'un organe et en particulier d'une feuille dont les divisions sont nombreuses.

**MULTIFLORE.** Dont les fleurs sont nombreuses.

**MULTIFOLIOLÉ, E.** Se dit des feuilles composées qui portent un grand nombre de folioles.

**MULTIJUGUÉE** (de *multum*, beaucoup et *jugum*, paire). Se dit des feuilles composées, pennées, qui ont de nombreuses paires de folioles opposées.

**MULTILOBÉ, E.** Divisé en lobes nombreux.

**MULTILOCULAIRE.** Se dit d'un fruit qui présente un grand nombre de loges.

**MULTIOVULÉ, E.** Se dit d'un ovaire ou d'une loge qui renferme de nombreux ovules.

**MULTIPALÉACÉ, E.** Se dit du réceptacle commun des capitules des Composées, quand il est garni de paillettes entremêlées aux fleurs.

**MULTIPARTIT, E** (du latin *multum* beaucoup, *partiri* diviser). Se dit d'une feuille à divisions profondes et nombreuses.

**MULTIPLE.** Se dit d'un organe formé de la réunion de plusieurs organes libres.

**MULTIPLIÉ, E.** Se dit des fleurs vulgairement appelées *doubles* ou *pleines*.

**MULTIRADIÉ, E.** Se dit des capitules qui

présentent à la circonférence plusieurs rangées de fleurs ligulées ou tout au moins étalées et rayonnantes, et des ombelles qui se divisent en rayons nombreux.

**MULTISÉRIÉ, E.** Qui est disposé sur plusieurs rangs.

**MULTIVALVE.** Qui s'ouvre en plusieurs valves.

**MULTIVITÉ.** Pour indiquer qu'il y a plusieurs canaux résinifères (*vittæ*) dans chaque vallécule d'un fruit des ombellifères.

**MURIQUÉ, E** (du latin *murex*). Couvert de pointes robustes et courtes rappelant celles d'une chausse-trape, comme les fruits mûrs de la renoncule muriquée.

**MUSACÉES.** Famille de plantes monocotylédones ayant pour type le genre *musa* (bananier.)

**MUSQUÉ, E.** Qui a l'odeur du musc.

**MUTIQUE** (du latin *muticus*). Se dit d'un organe qui ne porte à son sommet ni arête, ni pointe, ni épines.

**MYCÉLIUM** et **MYCÉLIOM.** Souche filamenteuse, souvent souterraine, des champignons.

**MYCOLOGIE** (du grec μύκης, champignon, λέγω, discours). Étude ou traité des champignons ; vulgairement *blanc* de champignons.

**MYOPORINÉES.** Famille de plantes dicotylédones ayant pour type le genre *myoporum*.

**MYRICÉES.** Famille de plantes dicotylédones ayant pour type le genre *myrica*.

**MYRIOPHYLLÉES.** Famille de plantes dicotylédones ayant pour type le genre *myriophyllum*.

**MYRISTICÉES.** Famille de plantes dicotylédones ayant pour type le genre *myristica* (muscadier).

**MYRTACÉES.** Famille de plantes dicotylédones ayant pour type le genre *myrte*.

# N

**NACELLE.** Forme que présentent quelquefois les organes carénés. Voyez NAVICULAIRE.

**NAGEANT.** Se dit des plantes qui vivent dans les eaux, et dont les feuilles viennent s'étaler à la surface du liquide, comme le Nymphéa.

**NAÏADÉES, NAYADÉES.** Famille de plantes monocotylédones ayant pour type le genre *naïas*. Synon. : *fluviales*.

**NAIN.** Se dit d'un végétal ou d'un organe qui présente, normalement ou par accident, des dimensions beaucoup plus petites que les dimensions ordinaires des objets de même nature.

**NANISME.** Genre d'anomalie qui caractérise les nains ; état d'un végétal ou d'un organe d'une petitesse exceptionnelle.

**NAPIFORME** (de *napus*, navet, *forma*, forme). Se dit d'une racine qui a la forme d'une toupie, comme celle de la rave, du navet.

**NARCISSÉES.** Famille de plantes monocotylédones ayant pour type le genre *narcisse*. Syn. : *amaryllidées*.

**NAVICULAIRE.** Creusé en forme de nacelle en dedans et caréné en dehors.

**NECTAIRE** (du latin *nectare*, lier, attacher). Corps glanduleux qui se trouve au fond de la fleur et qui sécrète une liqueur sucrée. Linné avait donné le nom de nectaire à des corps de différente nature, tels que les glandes, disques, appendices, mais il ne doit s'appliquer qu'à des organes sécréteurs.

**NECTAR.** Liquide ordinairement sucré, sécrété par les nectaires ou glandes nectarifères.

**NECTARIFÈRE** (de *nectar*, et *fero*, je porte). Se dit de tout organe ou de toute surface qui sécrète une liqueur sucrée. Glandes, lamelles nectarifères.

**NECTARILYME** (de *nectar*, et εἴλυμα, l'enveloppe). Se dit d'un organe servant à couvrir et à protéger le nectaire, comme des faisceaux de poils dans les géranium, des écailles dans les phyliques. Peu usité.

**NÉMATOPHYTE** (de νῆμα, filet, φυτόν, plante). Plante filamenteuse.

**NÉMOBLASTE** (de νῆμα, fil, βλαστός, germe). Qui a des germinations filiformes, comme celles des mousses et des fougères.

**NÉPHROSTE** (de νέφος, nuage, ῥέω, je secoue). Espèce de coque qui renferme la poussière séminale des lycopodes, laquelle s'en échappe sous forme d'un nuage.

**NERVAL, E** (de *nervus*, nerf). Se dit des vrilles qui terminent la nervure médiane d'une feuille bien développée, comme dans le népenthès.

**NERVATION.** Mode de disposition des nervures dans une feuille.

**NERVÉ, E.** Qui est muni de nervures.

**NERVEUX, SE.** Se dit quelquefois des feuilles à nervures fortes et saillantes.

**NERVILLES.** Nom donné aux dernières divisions des nervures. Synon. : *venules*.

**NERVURES.** Ramifications fibro-vasculaires du pétiole, qui forment en quelque sorte le squelette ou la charpente du limbe de la feuille, et dont les intervalles sont remplis par un tissu cellulaire ou parenchyme plus ou moins développé.

**NEUTRE,** se dit d'une fleur dont les organes

sexuels sont stériles ou nuls, comme dans la variété de viorne appelée boule-de-neige.

**NIGRISPERME** (du latin *niger*, noir, et du grec σπέρμα, graine). Qui a des graines ou les corpuscules reproducteurs noirs. Peu usité.

**NOCTURNE.** Se dit des fleurs qui s'épanouissent le soir et se referment le matin. La belle-de-nuit en est un exemple bien connu.

**NODOSITÉ.** Renflement normal ou accidentel que présentent certains organes en dehors des renflements ordinaires qui correspondent aux nœuds.

**NOEUD.** Articulation renflée qui se trouve au point d'insertion d'une feuille. Se prend aussi pour ce point d'insertion lui-même, qu'il y ait ou non un renflement.

**NOIR.** Couleur très-rare dans les végétaux. On désigne souvent sous cette épithète des teintes bleues, vertes ou pourpre très-foncées.

**NOISETTE.** Fruit qui diffère du gland par sa cupule foliacée. Tel est le fruit du noisetier.

**NOIX.** Fruit qui diffère de la drupe par son péricarpe coriace et son endocarpe bivalve. Tel est le fruit du noyer.

**NOUEUX, SE.** Se dit d'un organe qui présente des nœuds ou des nodosités. Synon.: *toruleux*.

**NOYAU.** Endocarpe ligneux de la drupe.

**NU.** Se dit d'un organe dépourvu des enveloppes ou des appendices qui l'accompagnent d'habitude, ou qui accompagnent des organes analogues pris pour terme de comparaison.

**NUCAMENTACÉ, E** (du latin *nucamentum* chaton), qui a des fleurs disposées en chaton; s'applique également aux siliques indéhiscentes.

**NUCELLE.** La troisième des membranes qui constituent l'ovule, tapissée à l'intérieur par le sac embryonnaire.

**NUCLEUS.** Noyau de la cellule. On donne aussi ce nom aux masses fructifères des lichens.

**NUCULAINE.** Fruit charnu qui diffère de la drupe en ce qu'il provient d'un ovaire infère et qu'il renferme plusieurs noyaux. Ex.: la nèfle.

**NUCULE.** Nom donné à chacun des noyaux d'une nuculaine.

**NUDICAULE** (du latin *nudus*, nu, et *caulis*, tige). Qui a la tige nue et sans feuilles.

**NUDIFLORE** (du latin *nudus*, nu, et *flos*, fleur). Qui a des corolles sans aucun appendice.

**NUTRITION.** Ensemble des fonctions qui entretiennent la vie dans le végétal.

**NYCTAGINÉES.** Famille de plantes dicotylédones ayant pour type le genre *nyctago* (belle-de-nuit).

**NYMPHÉACÉES.** Famille de plantes dicotylédones ayant pour type le genre *nymphea*.

# O

**OB.** Particule qui, placée devant un nom désignant une forme, indique que cette forme est renversée. Voyez les exemples suivants.

**OBCONIQUE.** Qui a la forme d'un cône renversé, c'est-à-dire dont la base est en haut et le sommet en bas.

**OBCORDÉ, E.** Se dit d'une feuille ou d'une foliole en forme de cœur renversé.

**OBLIQUE**, dont la direction est intermédiaire entre la parallèle et la perpendiculaire.

**OBLITÉRÉ, E.** Se dit d'un organe avorté ou presque entièrement détruit, et dont il ne reste plus que des traces.

**OBLONG, UE.** Dont la largeur dépasse beaucoup la longueur.

**OBOVALE.** En forme d'ovale renversé, ou plus large à sa partie supérieure.

**OBTUS, E.** Se dit d'un organe à base ou sommet arrondis et non aigus.

**OBTUSANGULÉ, E.** A angles obtus.

**OBVOLUTE.** Se dit des feuilles et des pétales enroulés les uns sur les autres.

**OCELLÉ, E** (du latin *ocellus*, petit œil). Se dit d'un organe marqué d'une petite tache en forme d'œil. Quand il y a plusieurs taches, on emploie le mot maculé.

**OCHNACÉES.** Famille de plantes dicotylédones ayant pour type le genre *ochna*.

**OCHREA.** Nom, qui signifie *guêtre*, employé par Willdenow pour désigner une gaine membraneuse qui accompagne quelquefois le pétiole et qui est formée par la soudure de deux stipules, comme dans la persicaire.

**OCTANDRE** (ὀκτώ, huit, ἀνήρ, ἀνδρός, homme). Se dit d'une fleur qui a huit étamines.

**OCTANDRIE.** Huitième classe du système sexuel de Linné, comprenant les genres qui ont des fleurs hermaphrodites à huit étamines.

**OCTOFIDE.** Se dit d'un organe à huit divisions. Peu usité. On dit aussi quelquefois *octolobe*, à huit lobes; *octopétale*, à huit pétales; *octophylle*, à huit feuilles; *octovalve*, à huit valves; *octoloculaire*, à huit loges; *octonées*, à feuilles verticillées par huit; *octosperme*, loge ou fruit à huit graines.

**OEIL.** Premier état du bourgeon. On donne aussi ce nom à l'ouverture du réceptacle, dans la figue, et, par extension, au sommet de certains fruits, tels que le melon, la pastèque, etc.

**OFFICINAL, E.** Se dit des végétaux employés en médecine. Plante officinale.

**OLACINÉES.** Famille de plantes dicotylédones ayant pour type le genre *olax*.

**OLÉAGINEUX, SE.** Organe végétal, oléagineux, celui qui renferme une matière huileuse, tel que l'albumen des crucifères.

**OLÉIFÈRE.** Plante oléifère, qui produit de l'huile.

**OLÉINÉES.** Famille de plantes dicotylédones ayant pour type le genre *olea* (olivier).

**OLIGOCÉPALE** (d'ὀλίγος, peu nombreux, κεφαλή, tête). Se dit d'une inflorescence formée d'un petit nombre de capitules.

**OLIGOPHYLLE** (d'ὀλίγος, peu nombreux, φύλλον, feuille). Qui n'a qu'un petit nombre de feuilles.

**OLIGOSPERME** (d'ὀλίγος, peu nombreux, σπέρμα, graine). Qui ne renferme qu'un petit nombre de graines.

**OLIVACÉ, E.** De couleur vert olive.

**OLOPÉTALAIRE** (d'ὅλος, tout, πέταλον, feuille, pétale). Se dit des fleurs dans lesquelles tous les organes présentent la forme pétaloïde. Peu usité.

**OMBELLE** (du latin *umbella*, parasol). Inflorescence constituée par des axes secondaires, partant tous du sommet de l'axe primaire et aboutissant à peu près au même niveau. Ces axes secondaires peuvent se diviser, se ramifier de la même manière, et donner ainsi naissance à une ombelle composée, comme dans la carotte.

**OMBELLIFÈRES.** Famille de plantes dicotylédones dont les fleurs sont disposées en ombelles, et qui renferme l'angélique, la carotte, le panais, le persil, etc.

**OMBELLIFORME.** Se dit des inflorescences définies ou cimes qui ont la forme d'une ombelle.

**OMBELLULE.** Petite ombelle, nom donné aux ombelles partielles dont l'ensemble constitue l'ombelle composée.

**OMBILIC** (du grec ὀμφαλός, même signification). Point par lequel la graine est attachée au funicule ou cordon ombilical. Synon. : *hile*, *nombril*.

**OMBILICAL, E.** Se dit du cordon et des autres organes qui se rapportent à l'ombilic.

**OMBILIQUÉ, E.** Se dit d'un organe qui présente une dépression ressemblant à un ombilic, comme la pomme, la poire, etc.

**OMPHALODE** (d'ὀμφαλός, nombril, centre). Petite ouverture qui se trouve au centre du hile et par laquelle passent les vaisseaux nourriciers de la graine.

**ONAGRARIÉES.** Famille de plantes dicotylédones, ayant pour type le genre *onagraire* (*œnothera*).

**ONCINÉ.** V. UNCINÉ.

**ONDULÉ, E.** Se dit d'un organe et particulièrement d'une feuille dont le bord ou la surface s'élève et s'abaisse alternativement.

**ONDULEUX, SE.** Même signification.

**ONGLET.** Partie inférieure, amincie et plus ou moins longue d'un pétale.

**ONGUICULÉ, E.** Se dit d'un pétale muni d'un onglet.

**ONGUIFORME.** Qui a la forme de l'ongle.

**ONOMATOLOGIE** (d'ὄνομα, nom, λόγος, discours, traité). Partie de la botanique qui traite de la dénomination des genres et des espèces. Synon. : *nomenclature*.

**OOPHORIDIE** (du grec ᾠόν, œuf, φέρω, je porte). Sorte de capsule qui, dans les lycopodiacées, renferme des corps arrondis beaucoup plus gros que les spores.

**OPERCULE** (du latin *operculum*, couvercle). Sorte de couvercle qui se trouve au sommet de certains fruits, et qui se détache circulairement par la déhiscence. Ex. : la jusquiame, les mousses, etc.

**OPERCULÉ, E.** Muni d'un opercule.

**OPPOSÉ, E.** Se dit des feuilles qui sont insérées au même niveau sur l'axe et en face l'une de l'autre ; des étamines dont chacune est placée exactement vis-à-vis d'un pétale ou d'une division du périanthe.

**OPPOSITIF, IVE.** Se dit des pétales qui sont opposés aux divisions du calice.

**OPPOSITIFOLIÉ, E.** Qui est opposé aux feuilles, comme les vrilles de la vigne.

**OPPOSITIPENNÉ, E.** Se dit des feuilles composées dont les folioles sont opposées par paires.

**ORBICULAIRE.** Se dit d'un organe plat et de forme arrondie.

**ORBICULE** (d'*orbiculus*, petit cercle). Corps lenticulaire qui se trouve dans l'intérieur de certains champignons, tels que les nidulaires.

**ORBICULÉ, E.** Synon. d'*orbiculaire*.

**ORCHIDÉES.** Famille de plantes monocotylédones ayant pour type le genre *orchis*.

**ORDRE.** Terme qu'on prend tantôt comme synonyme de famille, tantôt comme subdivision de la classe.

**OREILLETTE.** Diminutif d'oreille, appendice de la base d'une feuille.

**ORGANE.** Instrument ou appareil à l'aide duquel s'exécute une des fonctions de la vie du végétal, comme de l'animal.

**ORGANOGÉNIE** (du grec ὄργανον, organe, γεννάω, je produis). Étude de la naissance et du développement des organes.

**ORGANOGRAPHIE** (d'ὄργανον, organe, γράφω, décrire). Science qui s'occupe de la description des organes à l'état parfait.

**OROBANCHÉES.** Famille de plantes dicotylédones ayant pour type le genre *orobanche*.

**ORTHOSPERME** (d'ὀρθός, droit, σπέρμα, graine). Se dit de l'akène des ombellifères, quand la face commissurale est plane.

**ORTHOTROPE** (d'ὀρθός, droit, τρόπος, manière d'être). Se dit d'un embryon ou d'un ovule droit.

**OSCILLANT, E.** Se dit des anthères qui basculent sur leur filet, comme celles du lis.

**OSSEUX, SE.** Se dit d'un organe ou d'un tissu très dur, comme le noyau de la pêche.

**OVAIRE** (fait d'*ovum*, œuf). Partie inférieure du pistil, qui renferme les ovules. Se prend quelquefois par extension pour le pistil lui-même. Synon. : *gynécée*.

**OVALE, OVALOVÉ, E.** Qui a la forme d'un œuf ou d'une ellipse. S'applique surtout aux surfaces planes.

**OVARIEN, NE** (du latin *ovarium*, ovaire). Se dit des feuilles carpellaires qui constituent l'ovaire.

**OVOÏDAL, E, OVOÏDE.** Se disent d'un corps solide qui a la forme d'un œuf.

**OVULAIRE.** Qui se rapporte à l'ovule.

**OVULE** (du latin *ovulum*, petit œuf). Organe rudimentaire qui représente le premier état du végétal, et qui, après la fécondation, se transforme en graine.

**OXALIDÉES.** Famille de plantes dicotylédones ayant pour type le genre *oxalis*.

**OXYADÈNE** (d'ὀξύς, aigu, ἀδήν, glande). Qui a des glandes pointues. Cassis oxyadène.

**OXYBRACTÉTÉ, E** (du grec ὀξύς, aigu, et du latin *bractea*, bractée). Qui a des bractées aiguës. Desmodium oxybractété. Peu usité.

**OXYCARPE** (d'ὀξύς, aigu, καρπός, fruit). Qui a des fruits acuminés. Peu usité.

**OXYCLADE** (d'ὀξύς, aigu, κλάδος, branche). Dont les rameaux sont aigus. Peu usité.

**OXYGLOTTE** (d'ὀξύς, aigu, γλῶττα, langue). Qui a l'une des divisions de son périgone ou des fruits aigus. Astragale oxyglotte. Peu usité.

**OXYOTE** (d'ὀξύς, aigu, οὖς, ὠτός, oreille). Qui a des oreilles ou des oreillettes aiguës. Passerage oxyote. Peu usité.

**OXYPÉTALE** (d'ὀξύς, aigu, πέταλον, pétale). Qui a des pétales linéaires et acuminés. Orpin oxypétale.

**OXYPHYLLE** (d'ὀξύς, aigu, φύλλον, feuille). Qui a des feuilles ou des folioles acuminés. Loranthe oxyphylle.

**OXYSPERME** (d'ὀξύς, aigu, σπέρμα, graine). Dont les fruits sont acuminés. Renoncule oxysperme. Peu usité.

# P

**PACHYCARPE** (de παχύς, épais, καρπός, fruit). Qui porte des fruits épais. Peu usité.

**PACHYDERME** (de παχύς, épais, δέρμα, peau). Qui a la peau épaisse ou qui forme une croûte épaisse, comme le champignon appelé auriculaire pachyderme.

**PACHYPHYLLE** (de παχύς, épais, φύλλον, feuille). Qui a des feuilles épaisses. Peu usité.

**PACHYPODE** (de παχύς, épais, πούς, pied). Qui a les pieds épais, comme le stipe de polypore pachypode. Peu usité.

**PACHYPOME** (de παχύς, épais, πῶμα, ouverture). Qui a un opercule épais, comme l'hypne pachypome. Peu usité.

**PACHYRHIZE** (de παχύς, épais, ῥίζα, racine). Qui a des racines épaisses. Peu usité.

**PAILLETTE.** Nom donné aux petites lames scarieuses qui se trouvent sur le réceptacle et entre les fleurs de plusieurs genres de la famille des composées.

**PAIRE.** Se dit de l'ensemble de deux feuilles ou de deux folioles opposées.

**PALAIS.** Renflement de la lèvre inférieure dans les corolles dites *personées* ou *en gueule*, qui ferme l'entrée du tube, comme dans le muflier.

**PALÉACÉ** (de *palea*, paillette). Se dit du réceptacle des composées, quand il est muni de paillettes.

**PALÉIFORME.** Qui a la forme d'une paillette.

**PALÉOLE** (de *palea*, paillette). Nom donné à chacune des écailles qui constituent la glumelle et la glumellule dans les graminées.

**PALMATIFIDE** (de *palmatus*, palmé, *findere*, fendre). Se dit d'une feuille palmée ou palminerve, à lobes aigus et à sinus atteignant le milieu de l'étendue du limbe.

**PALMATIFLORE.** Se dit des calathides qui sont composées de fleurs à corolle palmée.

**PALMATIFOLIÉ, E.** Qui a des feuilles palmées.

**PALMATILOBÉ, E.** Diffère de *palmatifide* en ce que les lobes sont plus larges, arrondis, moins profonds.

**PALMATIPARTIT, E** (de *palmatus*, palmé, *partitus*, divisé). Se dit d'une feuille palminerve, à lobes plus ou moins aigus, et à sinus dépassant le milieu de l'étendue du limbe.

**PALMATISÉQUÉ, E** (de *palmatus*, palmé, *secare*, diviser). Diffère de *palmatipartit* en ce que les lobes ou divisions atteignent jusqu'à la nervure médiane, qui devient alors un pétiole commun, comme dans les feuilles composées. Seulement ici les lobes ne sont pas articulés comme les folioles de ces dernières.

**PALMÉ, E.** Se dit d'une feuille dont les nervures sont disposées comme les doigts (écartés) de la main ou comme les branches d'un éventail.

**PALMIERS.** Famille de plantes monocotylédées, qui comprend le cocotier, le dattier, le latanier, etc.

**PALMIFÈRE.** Qui porte des palmes, comme l'euryale palmifère, dont le disque émet six rayons, comme palmés à leur sommet.

**PALMIFOLIÉ, E.** Qui produit des feuilles palmées.

**PALMIFORME.** Qui a la forme d'une feuille palmée.

**PALMINERVÉ, E.** Synon. de palmé. On dit aussi *palminervié*.

**PANACHÉ, E.** Se dit des organes (feuilles, fleurs, etc.) offrant deux ou plusieurs couleurs variées et qui tranchent les unes sur les autres.

**PANDANÉES.** Famille de plantes monocotylédones ayant pour type le genre *pandanus*.

**PANDURÉ, E,** et

**PANDURIFORME** (de *pandura*, pandore, instrument de musique semblable à un luth, et *forma*, forme). Qui a la forme d'une pandore. Vieux mot proposé pour désigner une feuille étranglée dans son milieu, en forme de violon, et qui est aujourd'hui justement abandonné.

**PANICULE** (du latin *paniculus*, diminutif de *panus*, peloton de laine). Inflorescence indéfinie qui diffère de la grappe en ce que les axes secondaires vont en diminuant de longueur à mesure qu'ils s'élèvent sur l'axe principal, ce qui donne à l'ensemble de l'inflorescence une forme pyramidale. La panicule peut être simple ou rameuse, lâche ou serrée, axillaire ou terminale, etc.

**PANICULÉ, E.** Se dit des fleurs disposées en panicule, ou des tiges florifères dont les rameaux constituent une panicule.

**PANICULIFORME.** Qui a la forme d'une panicule.

**PANNEAU.** Petit pan. S'est dit quelquefois pour calice.

**PANNIFORME** (de *pannus*, étoffe, *forma*, forme). Qui ressemble à un morceau de drap ou de feutre, comme la substance spongieuse et épaisse de certains lichens. L'oscillaire panniforme résulte d'un assemblage de fibres entremêlées et comme feutrées.

**PAPAVÉRACÉES.** Famille de plantes dicotylédones ayant pour type le genre *papaver* (pavot).

**PAPILIONACÉE.** Se dit d'une corolle qui rappelle plus ou moins la forme d'un papillon aux ailes étalées. Elle se compose de cinq pétales, un supérieur (*étendard*), deux latéraux (*ailes*), et deux inférieurs plus ou moins soudés entre eux (*carène*). Ex. : le pois de senteur.

**PAPILIONACÉES.** Famille de plantes dicotylédones comprenant un grand nombre de genres dont la corolle est papilionacée, comme le haricot, le pois, le robinier, etc. Synon. : *légumineuses*.

**PAPILLAIRE** (du latin *papilla*, mamelon). Se dit d'une sorte de glandes imitant les papilles.

**PAPILLE** (du latin *papilla*, mamelon). Nom donné à de petites rugosités coniques qui couvrent certaines surfaces, comme les branches du style dans les composées.

**PAPILLEUX, SE.** Qui est hérissé de papilles.

**PAPILLIFÈRE.** Qui porte des papilles.

**PAPILLIFORME.** Qui a la forme d'une papille.

**PAPYRACÉ** (du latin *papyrus*, papier). Se dit d'un organe qui a l'aspect et la consistance du papier.

**PAQUET.** Terme vague employé par les anciens auteurs pour désigner les amas de fleurs.

**PARABOLIQUE.** Ce mot, qui n'a pas en botanique une signification aussi rigoureuse qu'en organographie, se dit d'un organe ayant une forme ovale très-allongée.

**PARACARPE** (de παρά, presque, καρπός, fruit). Ovaire avorté.

**PARACOROLLE** (du grec παρά, presque, et du latin *corolla*, corolle). Nom donné à la couronne pétaloïde qui se trouve au dedans du périanthe, comme dans les narcisses.

**PARALLÈLE.** Se dit de deux lignes ou de deux surfaces qui sont partout à la même distance.

**PARAPÉTALE** (de παρά, auprès, πέταλον, pétale, feuille). Nom donné aux appendices pétaloïdes que peut présenter la corolle. Synon. : *couronne*.

**PARAPÉTALIFÈRE.** Qui a, qui porte des parapétales. Peu usité.

**PARAPÉTALOÏDE.** Qui a la forme d'un parapétale. Peu usité.

**PARAPÉTALOSTÉMONE** (du grec παρά, presque, πέταλον, pétale, στήμων, étamine). Se dit d'une plante dont les étamines sont portées sur des parapétales.

**PARAPHYLLE** (de παρά, presque, φύλλον, feuille). Expansion qui ressemble à une feuille, quoiqu'elle en diffère sous certains rapports; on en voit sur le calice ou sur le périgone de certaines plantes.

**PARAPHYSE** (de παρά, à l'entour, φύω, je nais). Se dit des tubes membraneux, des filaments articulés qui, dans les mousses et les lichens, sont entremêlés avec les anthéridies et les fleurs femelles, et que l'on considère généralement comme un avortement de ces deux sortes d'organes.

**PARAPHYSIPHORE.** Qui porte des paraphyses. Peu usité.

**PARASITE.** Se dit des plantes végétant sur une autre, dont elles absorbent la sève. Tels sont le gui, la cuscute, les orobranches, etc. Il ne faut pas les confondre avec les *épiphytes* (voyez ce mot).

**PARCHEMIN.** Nom donné, en botanique, à l'enveloppe membraneuse de la graine du caféier, etc.

**PARCHEMINÉ, E.** Se dit d'un organe ou d'un tissu qui a la consistance coriace et membraneuse du parchemin.

**PARENCHYMATEUX, SE.** Qui est de la

nature du parenchyme ou qui appartient au parenchyme.

**PARENCHYME** (du grec παρέγχυμα, dérivé de παραχέω, j'épanche). Tissu spongieux et cellulaire des feuilles, des fruits, etc. Ensemble du tissu cellulaire.

**PARIÉTAL, E** (de *paries*, paroi). Qui est inséré sur les parois ou qui appartient aux parois.

**PARINERVÉ, E** (du latin *par*, égal, *nervus*, nerf). Qui porte deux nervures égales, placées plus près du bord que du centre, comme la paillette supérieure des graminées. On dit aussi *parinervié*.

**PARIPENNÉ, E** (de *par*, égal, *penna*, plume, par extension, feuille). Se dit des feuilles composées, pennées, dont les folioles sont disposées par paires et dont le rachis ou pétiole commun se termine, non par une foliole impaire, mais par une pointe ou une vrille, comme dans les astragales, les gesses, etc. Synon. *abruptipenné*.

**PARONYCHIÉES.** Famille de plantes dycotylédones ayant pour type le genre *paronychia*.

**PARTIBLE** (de *pars*, partie). Synon. *déhiscent*. Fruit partible, fruit déhiscent.

**PARTIEL, E.** Se dit d'un organe complet si on le considère isolément, mais qui concourt avec d'autres organes analogues à former un organe composé.

**PARTIT** ou **PARTITE** (de *partitus*, divisé). Se dit, en botanique, des organes (feuille, calice, corolle) divisés en lobes de profondeur moyenne.

**PARTITION** (même étymologie). Se dit, en botanique, des divisions des organes (feuilles, calice, corolle), qui atteignent environ la moitié de l'étendue du limbe.

**PARVIFLORE** (de *parvus*, petit, *flos*, fleur). Qui a de petites fleurs. Thym parviflore.

**PARVIFOLIÉ, E.** Qui a de petites feuilles. Adénocarpe parvifolié.

**PASSIFLORÉES.** Famille de plantes dicotylédones ayant pour type le genre passiflore.

**PATELLIFORME** (de *patella*, plat, *forma*, forme). Qui est large, mince, orbiculaire, convexe d'un côté et concave de l'autre, comme les apothécies des lécidées, l'embryon du flagellaire indien. Opercules patelliformes ou squameux, ceux qui se forment par des pièces d'accroissement concentriques.

**PATÈRE** (du latin *patera*, fait de *patere*, être ouvert). Forme des calices et des corolles appelés aussi *hypocratérimorphes* ou *hypocratériformes*.

**PATHOLOGIE VÉGÉTALE** (de πάθος, maladie, λόγος, discours). Partie de la botanique qui traite des maladies des végétaux. Synon.: *nosologie*.

**PATRIE.** Se dit, en botanique, de la région dans laquelle une plante croît spontanément.

**PAUCIDENTÉ, E** (de *pauci*, peu, *dens*, dent). Se dit des feuilles qui n'ont qu'un petit nombre de dents, comme celles de la serjanie paucidentée.

**PAUCIFLORE.** Se dit d'une tige qui porte, ou d'une inflorescence qui présente un petit nombre de fleurs.

**PAUCIFOLIÉ, E.** Qui n'a qu'un petit nombre de feuilles ou de folioles. Indigotier paucifolié.

**PAUCIJUGUÉ** (de *pauci*, peu, *jugum*, paire). Se dit du fruit des ombellifères quand il ne présente qu'un petit nombre de côtes.

**PAUCINERVÉ, E.** Qui n'a qu'un petit nombre de nervures.

**PAUCIOVULÉ, E.** Se dit d'un ovaire ou d'une loge qui ne renferme qu'un petit nombre d'ovules.

**PAUCIRADIÉ, E.** Se dit d'une ombelle qui ne présente qu'un petit nombre de rayons.

**PAUCISÉMINÉ, E.** Se dit d'un fruit ou d'une loge qui ne renferme qu'un petit nombre de semences, de graines. Synonyme : *oligosperme*.

**PAUCISÉRIÉ, E** (de *pauci*, peu, *series*, série). Qui est partagé en un petit nombre de séries. Se dit des squames du péricline des synanthérées, quand elles sont disposées autour de la calathide sur plusieurs rangs concentriques.

**PAUCIVITTÉ, E** (de *pauci*, peu, *vitta*, bandelette). Se dit du fruit des ombellifères quand les bandelettes y sont peu nombreuses.

**PEAU.** Terme employé dans le langage vulgaire pour désigner l'enveloppe extérieure des divers organes (feuilles, fruits, graines, etc.). Synon. *épiderme*.

**PECTINÉ, E** (de *pecten*, peigne). Se dit d'une feuille ou d'une bractée pennatifide à segments étroits, égaux et disposés sur un seul rang, comme les dents d'un peigne.

**PÉDALÉ, E.** On se sert de cette expression pour désigner une feuille composée dont les segments naissent sur le bord interne de deux maîtres segments qui s'écartent l'un de l'autre en sortant du pétiole commun, ce qui rappelle la forme des pédales d'un piano.

**PÉDALIFORME.** Se dit des frondes vasculaires de certaines algues marines dont la disposition rappelle celle des feuilles pédalées.

**PÉDALINERVE.** Se dit d'une feuille dont les nervures sont pédalées.

**PÉDATIFORME.** Synon. de *pédaliforme*.

**PÉDICELLE.** Ramification du pédoncule, ou support particulier de chaque fleur. On a étendu ce nom à des organes grêles de diverse nature, terminés par une partie plus large.

**PÉDICELLÉ, E.** Se dit des fleurs et des autres organes qui sont portés sur un pédicelle.

**PÉDICULE** (du latin *pediculus*, petit pied). Organe qui supporte le chapeau de certains champignons (agarics, amanites, bolets, etc.).

**PÉDICULÉ, E.** Muni d'un pédicule.

**PÉDONCULE.** Support des organes floraux.

**PÉDONCULÉ, E.** Se dit d'une inflorescence ou d'une fleur portée sur un pédoncule.

**PELLICULE.** Membrane mince et transparente.

**PELLICULEUX, SE.** Qui est de la nature de pellicules ou qui est couvert de pellicules.

**PELLUCIDE** (de *pellucidus*, luisant, transparent). Transparent, diaphane.

**PÉLORIE** (du grec πέλως, monstre). Phénomène tératologique par lequel une fleur irrégulière à l'état normal passe à une forme régulière.

**PELTÉ, E** (de *pelta*, bouclier). Se dit des organes, et particulièrement de la feuille qui a une forme arrondie, des nervures rayonnantes à partir du centre où la feuille est insérée sur le pétiole. Ex. la feuille de la capucine, le stigmate du pavot, etc.

**PELTIFIDE.** Se dit d'une feuille peltée, à découpures aiguës, atteignant le milieu du rayon du limbe.

**PELTIFORME.** Se dit des frondes de certaines algues dont la disposition rappelle celle d'une feuille peltée.

**PELTILOBÉ, E** (de *pelta*, bouclier, *lobus*, lobe). Diffère de *peltifide* en ce que les découpures sont arrondies et moins profondes.

**PELTINERVÉ, E** (de *pelta*, bouclier, *nervus*, nerf). Synon. de *pelté*.

**PELTIPARTIT, E.** Se dit d'une feuille peltée, à découpures aiguës, et à sinus dépassant le milieu du rayon du limbe.

**PELTISÉQUÉ, E** (de *pelta*, bouclier, *seco*, je coupe). Se dit d'une feuille peltée, à lobes aigus et à sinus atteignant le point d'insertion du pétiole.

**PENCHÉ, E.** Se dit d'un organe dressé à son origine, puis courbé et incliné vers le sol.

**PENDANT, E.** Se dit d'un organe dont la base est fixée en haut, et le sommet libre en bas. Tels sont les rameaux du saule pleureur, les fleurs de la fritillaire impériale, le fruit de la vigne à sa maturité, etc.

**PENDULIFLORE** (de *pendulus*, pendant, *flos*, fleur). Qui a des fleurs pendantes par l'effet de l'incurvation des pédoncules. Peu usité.

**PENDULIFOLIÉ, E.** Qui a des feuilles pendantes. Peu usité.

**PÉNÉTRANT, E.** Se dit d'une odeur très-forte.

**PÉNICILLIFORME** (du latin *penicillum*, pinceau, *forma*, forme). En forme de pinceau. En botanique, cette épithète s'applique surtout au stigmate, quand les poils qui le forment sont ramassés en une sorte de houppe.

**PENNATIFIDE** (du latin *pennatus*, ailé, *findo*, je coupe). Se dit d'une feuille découpée dont les divisions sont aiguës et dont les sinus pénètrent jusqu'au milieu du demi-limbe.

**PENNATIFOLIÉ, E** (de *pennatus*, ailé, *folium*, feuille). Qui a les feuilles pennatifides. On dit aussi *pinnatifolié*.

**PENNATILOBÉ, E.** Diffère de pennatifide en ce que les découpures sont plus larges et arrondies.

**PENNATIPARTIT, E.** Se dit d'une feuille découpée dont les sinus arrivent près de la nervure médiane.

**PENNATISÉQUÉ, E** (de *pennatus*, ailé, *seco*, je coupe). Se dit d'une feuille découpée dont les sinus arrivent jusqu'à la nervure médiane.

**PENNATISTIPULÉ, E** (de *pennatus*, ailé, *stipula*, stipule). Qui a des stipules pennatifides.

**PENNÉ, E** (de *penna*, plume). Se dit d'une feuille composée dont les folioles sont disposées de chaque côté du pétiole commun.

**PENNIFIDE.** Synon. de *pennatifide*.

**PENNIFOLIÉ, E.** Qui a des feuilles pennées.

**PENNIFORME.** Se dit des frondes de quelques algues qui ressemblent à des feuilles pennées.

**PENNIGLUME** (de *penna*, plume, *gluma*, glume). Qui a les glumes plumeuses.

**PENNILOBÉ, E.** Synon. de *pennatilobé*.

**PENNINERVÉ, E** (de *penna*, plume, *nervus*, nerf). Qui a des nervures pennées. On dit aussi *penninerve*; feuilles penninerves. Synon. *penniveiné*. V. ce mot.

**PENNIPARTIT, E.** Synon. de *pennatipartit*.

**PENNISÉQUÉ, E.** Synon. de *pennatiséqué*.

**PENNIVEINÉ, E** (de *penna*, plume, *vena*, veine). Feuille penniveinée, celle dont la nervure médiane est saillante, et donne naissance à des nervures latérales disposées comme les barbes ou pennes de plumes.

**PENNOGÉMINÉ, E** (de *penna*, plume, *geminus*, double). Se dit d'une feuille décomposée, dont chacun des deux pétioles secondaires porte plusieurs parties de folioles.

**PENNULE** (de *pennula*, diminutif de *penna*, plume). Nom donné aux divisions des frondes pennatiséquées dans les fougères.

**PENTAGONAL, E, PENTAGONE** (de πέντε, cinq, γωνία, angle). Qui présente cinq angles.

**PENTAGYNE** (de πέντε, cinq; γυνή, femme). Se dit d'une fleur qui a cinq styles.

**PENTAGYNIE.** Ordre qui se retrouve dans plusieurs classes du système sexuel de Linné, et qui renferme les genres dont la fleur a cinq styles.

**PENTAGYNIQUE.** Qui appartient à la pentagynie.

**PENTANDRE** (de πέντε, cinq, ἀνήρ, ἀνδρός, homme). Se dit d'une fleur qui a cinq étamines.

**PENTANDRIE.** Cinquième classe du système sexuel de Linné, comprenant les genres dont les fleurs sont hermaphrodites et ont cinq étamines.

**PENTANTHÈRE** (de πέντε, cinq, ἀνθηρός, anthère). Qui porte cinq anthères.

**PENTAPÉTALE.** Se dit d'une corolle à cinq sépales.

**PENTAPHYLLE.** Voyez PENTASÉPALE.

**PENTAPHYLLOÏDE** (de πέντε, cinq, φύλλον,

feuille, εἶδος, ressemblance). Qui a des feuilles ou des folioles disposées cinq à cinq, qui a cinq divisions foliacées. Synon. de *pentaphylle*, qui lui-même est synon. de *pentasépale*, quand il s'applique à un calice ayant cinq divisions.

**PENTAPLOSTÉMONE** (de πενταπλόος, quintuple, στήμων, étamine). Dont les étamines sont en nombre quintuple des divisions de la corolle.

**PENTASÉPALE.** Calice à cinq sépales.

**PENTASPERME** (de πέντε, cinq, σπέρμα, semence). Qui contient cinq graines ou semences. Hibiscus pentasperme.

**PENTASTYLE.** Qui porte cinq styles. Ovaire pentastyle.

**PÉPIN.** Nom donné, en horticulture, plus souvent qu'en botanique, aux graines de certains fruits, tels que la pomme, la poire, le coing, le raisin, etc.

**PÉPONIDE** (de *pepo*, courge, potiron). Fruit charnu résultant d'un ovaire adhérent, à cloisons incomplètes, renfermant de nombreuses graines. Ex. : le melon.

**PER.** Préposition latine qui, placée devant un adjectif, lui donne la valeur d'un superlatif.

**PÉREMBRYON.** Partie de l'embryon des monocotylédones qui renferme dans son intérieur la plumule et les radicules non apparentes au dehors.

**PÉRENNANT, E.** Se dit des feuilles qui restent vivantes plus d'une année sur le végétal. Synon. : *persistant*.

**PÉRENNE.** Se dit d'une plante qui vit plusieurs années. Synon. : *vivace*, *polycarpienne*.

**PERFOLIÉ, E** (de *per*, à travers, *folium*, feuille). Se dit d'une feuille alterne, dont la base embrasse et entoure complétement l'axe qui la porte, de telle sorte que cet axe semble la traverser, comme dans le buplèvre à feuilles rondes. On étend quelquefois, mais à tort, ce terme aux feuilles *connées*, qui sont toujours opposées, comme dans les chèvrefeuilles.

**PERFORATION.** Trou, ouverture d'un organe.

**PERFORÉ, E.** Se dit d'un organe percé, comme le tégument de la graine par le micropyle.

**PÉRI** (περί, sur, autour). Préposition grecque qui, dans les mots dérivés de cette langue, signifie *autour*.

**PÉRIANTHE** (de περί, autour, ἄνθος, fleur). Ensemble des enveloppes florales. Dans les monocotylédones, le périanthe est presque toujours simple et conserve ce nom. Dans les dicotylédones, il se dédouble en calice et en corolle (cette dernière manquant assez souvent).

**PÉRIANTHÉ, E.** Qui est muni d'un périanthe simple ou double. Fleur périanthée.

**PÉRIBLASTÉTIQUE** (de περί, autour, βλαστήσις, pousse). Qui entoure, qui borde les expansions ou le blastème des lichens. Couche périblastétique.

**PÉRICARPE** (de περί, autour, καρπός, fruit). Partie du fruit qui renferme les graines. Le péricarpe est sec ou charnu, déhiscent ou indéhiscent, et se divise en trois parties ou couches superposées, épicarpe, mésocarpe et endocarpe. V. ces mots.

**PÉRICARPIAL, E.** Qui se développe dans ou sur le péricarpe. Épines péricarpiales.

**PÉRICARPIQUE.** Qui appartient au péricarpe ou qui regarde le péricarpe.

**PÉRICARPOÏDE.** Qui ressemble à un péricarpe ; se dit de la cupule du hêtre, du châtaignier, etc., qui recouvre entièrement le fruit.

**PÉRICHÈSE** (de περί, autour, χαίτη, crinière). Involucre qui entoure les fleurs ou les organes femelles dans les mousses.

**PÉRICHÉTIAL, E.** Se dit des feuilles qui forment le périchèse ou involucre des mousses.

**PÉRICLINE** (de περί, autour, κλίνω, lit). Nom donné aux involucres des composées, quand les bractées tendent à la direction verticale.

**PÉRICLINIFORME.** Qui a la forme d'un péricline, comme l'involucre de la plupart des synanthérées.

**PÉRICLINOÏDE.** Qui a l'apparence d'un péricline.

**PÉRICOROLLE, E.** Épithète appliquée aux plantes dicotylédones dont la corolle est périgyne.

**PÉRICOROLLIE.** Nom donné par Richard à la neuvième classe de la méthode naturelle de de Jussieu, comprenant les plantes dicotylédones à corolle monopétale périgyne.

**PÉRIDERME** (de περί, autour, δέρμα, peau). Nom proposé pour désigner la couche extérieure de l'écorce dans les végétaux ligneux, remplaçant l'épiderme qui est détruit ordinairement après quelques années.

**PÉRIDIOLE.** Nom donné au péridion intérieur, lorsqu'on observe deux péridions l'un sur l'autre, comme dans plusieurs lycoperdacées.

**PÉRIDION** ou **PÉRIDIUM.** Sorte d'organe membraneux qui enveloppe complétement certains champignons (amanites, clatires, etc.) dans leur jeune âge, et qui est ensuite déchiré par les progrès de la végétation. Synon.: *bourse*, *volva*, etc.

**PÉRIDROME.** Nom donné au pétiole dans la famille des fougères.

**PÉRIGONE** (περί, autour, γεννάω, j'engendre). Synon. de *périanthe*.

**PÉRIGONIAIRE.** Se dit des fleurs doubles dont les organes sexuels n'ont subi aucune modification.

**PÉRIGYNANDRE.** Synonyme inusité de *périanthe*.

**PÉRIGYNE** (de περί, autour, γυνή, femme). Se dit de la corolle et des étamines, lorsque ces organes sont insérés sur le calice et autour de l'ovaire.

**PÉRIGYNION.** Petite vessie membraneuse ou cartilagineuse qui entoure l'ovaire de certaines plantes et offre un trou à son sommet pour le passage du style.

**PÉRIGYNIQUE.** Mode d'insertion de la corolle et des étamines autour de l'ovaire.

**PÉRIPÉTALE.** Qui entoure les pétales ou la corolle. Nectaires péripétales. On dit aussi *péripétale*.

**PÉRIPÉTALIE.** Nom donné par Richard à la quatorzième classe de la méthode naturelle de Jussieu, comprenant les plantes dicotylédones polypétales à insertion périgynique.

**PÉRIPHÉRIQUE** (de περί, autour, φέρω, je porte). Se dit de l'embryon qui entoure le périsperme.

**PÉRIPHORANTE** (de περί, autour, φέρω, je porte, ἄνθος, fleur). Nom donné par L. C. Richard à l'involucre des composées. Ensemble des bractées qui entourent la réunion des fleurs dans les synanthérées.

**PÉRIPHORE** (de περί, autour, φέρω, je porte). Corps charnu, de nature bien distincte, qui élève l'ovaire au-dessus du calice, et qui porte les pétales et les étamines adnés longitudinalement par leur base à sa surface intérieure.

**PÉRIPHORIQUE.** Qui tient au périphore. *Étamines périphoriques*, celles dont l'insertion a lieu à la surface du périphore. Peu usité.

**PÉRIPHYLLE** (de περί, autour, φύλλον, feuille). Dont l'ombelle est découpée en folioles. Écaille qui entoure l'ovaire des graminées.

**PÉRIPHYLLIE.** Nom donné par Link aux glumellules.

**PÉRIPTÈRE** (de περί, autour, πτερόν, aile). Se dit des fruits ou des graines dont le pourtour présente un rebord membraneux en forme d'aile, comme dans l'orme, la drosère à feuilles rondes, etc. On dit aussi *périptéré*.

**PÉRISPERME** (de περί, autour, σπέρμα, graine). Partie de la graine qui entoure ou accompagne l'embryon. Voyez ALBUMEN et ENDOSPERME.

**PÉRISPERMIQUE.** Qui est de la nature du périsperme.

**PÉRISPORANGE** (de περί, autour, σπορά, spore, ἀγγεῖον, lange, vase). Nom donné à la coiffe des mousses.

**PÉRISPORE.** Synon. inusité de *sporange*.

**PÉRISTAMINIE** (de περί, autour, στήμων, étamine). Nom donné par Richard à la sixième classe de la méthode naturelle de Jussieu, comprenant les plantes dicotylédones apétales à étamines périgynes.

**PÉRISTOME** (de περί, autour, στόμα, bouche). Bord de l'ouverture de l'urne des mousses, après la chute de l'opercule.

**PÉRITHÈCE ou PÉRITHÉCION** (de περί, autour, θήκη, boîte). Réceptacle coriace de certains champignons qui renferme des spores nues ou contenues dans des thèques.

**PÉRITROPE** (de περί, autour, τρέπω, je tourne). Se dit d'un ovule courbé ou plié.

**PERLÉ, E.** Qui est relevé de petites éminences arrondies et fermes. Feuilles perlées. *Plantes perlées*, celles dont les fleurs blanches sont disposées en petites grappes oblongues. *Expansions de lichens perlées*, celles dont les bords sont garnis de tubercules arrondis et farineux, que l'on a comparés à une broderie de petites perles.

**PERMUTÉ, E** (de permutare, permuter, échanger). Se dit, d'après De Candolle, des fleurs dans lesquelles l'avortement de l'un des sexes ou des deux détermine un changement notable dans la forme ou la dimension des organes floraux.

**PERPENDICULAIRE.** Se dit de tout organe dont la direction fait un angle droit avec celle de la surface sur laquelle il s'insère.

**PERSISTANT, E.** Se dit de tout organe restant sur le végétal après l'époque qui semble naturellement fixée pour sa chute, comme les feuilles des arbres verts.

**PERSONNÉ, E** (de persona, masque). Se dit d'une corolle monopétale, dont le limbe est divisé en deux lèvres, et dont la gorge est fermée par une saillie de la lèvre inférieure appelée *palais*. Ex.: le muflier.

**PERSONNÉES.** Famille de plantes dicotylédones, comprenant des genres qui, pour la plupart, ont une corolle personnée, comme le muflier, la linaire, etc. Synon.: *antikirrinées*, *scrophularinées*.

**PERTUS, E** (de pertusus, foré). Se dit des feuilles qui, lorsqu'on les regarde par transparence, paraissent comme criblées de petits trous. Telles sont celles du myrte, du mille-pertuis.

**PÉRULE** (du latin pirula, petite poire). Nom donné à l'enveloppe formée par les écailles du bourgeon.

**PÉRULÉ, E.** Qui est muni d'un pérule.

**PÉTALE** (de πέταλον, feuille, fait de πετάω, j'ouvre). Petite feuille colorée qui entre dans la composition de la corolle ou second verticille de la fleur.

**PÉTALÉ, E.** Qui a un ou plusieurs pétales, c'est-à-dire une corolle. Fleur pétalée.

**PÉTALIFORME.** Qui a la forme d'un pétale, c'est-à-dire qui est large, mince, souple et coloré. Sépale pétaliforme, nectaire pétaliforme, stigmate pétaliforme.

**PÉTALIN, E.** Qui appartient aux pétales, qui provient des pétales. Nectaire pétalin. Peu usité.

**PÉTALODÉ, E.** Terme proposé par De Candolle pour les fleurs qui doublent, par la transformation en pétales des autres organes de la fleur.

**PÉTALOÏDE** (de πέταλον, pétale, εἶδος, ressemblance). Se dit d'un organe (bractée, sépale, étamines, etc.) qui présente l'aspect d'une corolle ou d'un pétale. Ex.: le calice des clématites, les folioles du périanthe de la tulipe, les étamines extérieures des nymphéas, etc.

**PÉTALOSTÉMONE** (de πέταλον, pétale,

στήμων, étamine). Qui a les étamines insérées sur la corolle. Peu usité.

**PÉTIOLACÉ, E** (de *petiolus*, pétiole). Se dit des bourgeons dont les écailles sont des pétioles modifiés et dépourvus de limbe.

**PÉTIOLAIRE.** Qui appartient au pétiole ou qui est relatif au pétiole.

**PÉTIOLE** (de *petiolus*, petit pied). Support (vulgairement nommé *queue*) de la feuille; il manque dans les feuilles dites *sessiles*.

**PÉTIOLÉ, E.** Se dit d'une feuille portée sur un pétiole.

**PÉTIOLÉENNES.** Se dit des vrilles qui tiennent la place de pétioles.

**PÉTIOLULE.** Diminutif de pétiole; support des folioles, articulé sur le pétiole commun ou *rachis*, dans les feuilles composées.

**PÉTIOLULÉ, E.** Se dit d'une foliole portée sur un pétiolule.

**PHALANGE.** Nom donné aux faisceaux que forment les étamines soudées.

**PHANÉRANTHE** (de φανερός, évident, ἄνθος, fleur). Qui a des fleurs apparentes.

**PHANÉRANTHÈRE** (de φανερός, évident, ἀνθηρός, anthère). Dont les anthères font saillie hors de la fleur. Peu usité.

**PHANÉROCARPE** (de φανερός, évident, καρπός, fruit). Qui a des fruits ou des corpuscules reproducteurs apparents. Peu usité.

**PHANÉROCOTYLÉDONÉ, E.** Qui a des cotylédons apparents. Peu usité.

**PHANÉROGAME** (de φανερός, apparent, γάμος, noces). Se dit d'une plante à fleurs visibles ou à organes sexuels apparents, constitués par des étamines renfermant du pollen et un pistil contenant des ovules.

**PHANÉROGAMES.** Un des deux grands embranchements du règne végétal comprenant toutes les plantes à organes sexuels apparents. Synon.: *embryonés, cotylédonés*.

**PHANÉROGAMIE.** Ensemble des végétaux phanérogames. Partie de la botanique descriptive qui trait de ces végétaux.

**PHORANTHE** (de φορός, qui porte, ἄνθος, fleur). Synonyme de réceptacle commun, dans les composées.

**PHYCÉES** (de φῦκος, fucus). Division des végétaux cryptogames ou acotylédonés qui renferme les algues.

**PHYCOÏDE, E.** Qui ressemble à un fucus.

**PHYCOLOGIE.** Partie de la botanique qui traite de la structure et de la classification des algues.

**PHYCOSTÈME** (de φῦκος, fond, στήμων, étamine). Synon. de *disque* et de *nectaire*.

**PHYLITE** (de φυλή, tribu). Se dit de chaque être en particulier dont la réunion produit un végétal composé. Peu usité.

**PHYLLAMPHORE** (de φύλλον, feuille, ἀμφορεύς, amphore). Se dit des plantes dont les feuilles portent une espèce de godet. Peu usité.

**PHYLLANTHE** (de φύλλον, feuille, ἄνθος, fleur). Dont les fleurs poussent sous les feuilles.

**PHYLLASTROPHYTE** (de φύλλον, feuille, ἄστρον, astre, φυτόν, plante). Qui a ses feuilles disposées en manière d'étoile sur la tige. Peu usité.

**PHYLLE** (de φύλλον, feuille). Synon.: *sépale*.

**PHYLLOCÉPHALE** (de φύλλον, feuille, κεφαλή, tête). Qui a les fleurs en capitules garnis de feuilles. Spermacoce phyllocéphale. Peu usité.

**PHYLLOCLADE** (de φύλλον, feuille, κλάδος, rameau). Qui a les rameaux aplatis et élargis en forme de feuille.

**PHYLLODE** (de φύλλον, feuille, εἶδος, forme, ressemblance). Pétiole élargi en manière, en forme de feuille. Synon.: *phylloïde*.

**PHYLLODÉ, E.** Qui est muni de feuilles. Synon.: *foliacé*.

**PHYLLODERME** (de φύλλον, feuille, δέρμα, peau). Dont la membrane fructifère est plissée en manière de feuillets.

**PHYLLODERMÉ, E** (de φύλλον, feuille, δέρμα, germe). Se dit d'un champignon dont la membrane fructifère est plissée en feuillets.

**PHYLLODINÉ, E.** Qui a des phyllodes au lieu de feuilles.

**PHYLLOGÈNE** (de φύλλον, feuille, γένεσις, naissance). Qui naît sur les feuilles. Agaric phyllogène.

**PHYLLOGONIE** (de φύλλον, feuille, γονή, génération). Théorie de la production des feuilles.

**PHYLLOÏDE** (de φύλλον, feuille, εἶδος, ressemblance). Qui a la forme d'une feuille.

**PHYLLOÏDÉ, E.** Qui affecte la forme d'expansions foliacées.

**PHYLLOLOBÉ, E** (de φύλλον, feuille, λοβός, lobe). Qui a les cotylédons foliacés.

**PHYLLOMANIE** (de φύλλον, feuille, μανία, folie). Exagération de développement des parties foliacées de plantes.

**PHYLLOPHILE** (de φύλλον, feuille, φίλος, ami). Qui se plaît à croître parmi les feuilles. *Agaric phyllophile.*

**PHYLLOTAXIE** (de φύλλον, feuille, τάξις, arrangement). Étude des lois qui régissent la disposition des feuilles sur la tige.

**PHYLLOTAXIS** (de φύλλον, feuille, τάξις, arrangement). Disposition des feuilles autour de la tige.

**PHYLLULE.** Cicatrice que laisse chaque feuille après sa chute.

**PHYSIOLOGIE VÉGÉTALE** (de φύσις, nature, λόγος, discours, science). Partie de la botanique qui a pour objet l'étude des fonctions vitales que remplissent les divers organes des plantes.

**PHYSIQUE VÉGÉTALE.** Partie de la botanique qui comprend l'organographie et la physiologie.

**PHYSOCARPE** (de φῦσα, vessie, καρπός, fruit). Qui a des fruits vésiculeux. Peu usité.

**PHYTOBIOLOGIE** (de φυτόν, plante, βίος,

vie, λόγος, discours). Terme de médecine. Connaissance, science de la vie végétale, de la vie des plantes. On dit adjectivement *phytobiologique*. L'un et l'autre peu usités.

**PHYTOCHIMIE.** Chimie végétale. Peu usité, de même que l'adjectif *phytochimique*.

**PHYTOGAMIE** (de φυτόν, plante, γάμος, noce). Développement ou épanouissement des fleurs. Peu usité.

**PHYTOGÈNE** (de φυτόν, plante, γένος, naissance). Qui est produit ou engendré par des végétaux.

**PHYTOGÉNÉSIE** (de φυτόν, plante, γένος, naissance). Germination, commencement de la végétation d'une plante. V. ORGANOGÉNIE.

**PHYTOGÉOGRAPHIE** (de φυτόν, plante). Indication, connaissance de la manière dont les plantes sont répandues à la surface de la terre. On dit plus ordinairement *Géographie botanique*.

**PHYTOGNOMIE** (de φυτόν, plante, γνώμων, indicateur). Étude de l'extérieur des plantes, des parties qui les constituent. Peu usité.

**PHYTOGRAPHE.** Celui qui décrit les plantes.

**PHYTOGRAPHIE** (de φυτόν, plante, γράφω, je décris). Partie de la botanique qui a pour objet la description des plantes. Synon. *botanique descriptive*. S'applique aussi à l'art de reproduire les plantes par une espèce de calque.

**PHYTOLACCÉES.** Famille de plantes dicotylédones ayant pour type le genre *phytolacca*.

**PHYTOLITHE** (de φυτόν, plante, λίθος, pierre). Plante pétrifiée. Pierre qui porte l'empreinte ou la figure d'une plante.

**PHYTOLOGIE** (de φυτόν, plante, λόγος, discours, traité). L'art de décrire les plantes.

**PHYTOLOGIQUE.** Qui appartient à la phytologie.

**PHYTON** (de φυτόν, plante). Nom sous lequel Gaudichaud a désigné l'individu végétal théorique.

**PHYTONOMATOTECHNIE** (de φυτόν, plante, ὄνομα, nom, τέχνη, j'arrange avec art). Art d'imposer des noms aux plantes, en raison de leurs caractères. Synon. bizarre du mot *onomatologie*; il n'a pas été adopté.

**PHYTONOMIE** (de φυτόν, plante, νόμος, loi). Étude des lois de la végétation.

**PHYTONYMIE** (de φυτόν, plante, ὄνομα, nom). Nomenclature végétale.

**PHYTONYMPHIE** (de φυτόν, plante, νύμφη, fiançailles). Première apparition des fleurs d'une plante. Peu usité.

**PHYTOTECHNIE** (de φυτόν, plante, τέχνη, art). Partie de la botanique qui apprend à distinguer et classer les plantes. Peu usité.

**PHYTOTÉROSIE** (de φυτόν, plante, τέρας, monstre). Synon. de *Tératologie végétale*.

**PHYTOTOCIE** (de φυτόν, plante, τόκος, accouchement). Modification que le pistil d'une plante éprouve en devenant un fruit qui contient des graines. Peu usité.

**PHYTOTOMIE** (de φυτόν, plante, τομή, section). Synon. d'*Anatomie végétale*.

**PHYTOTOMISTE.** Celui qui s'occupe de phytotomie, d'anatomie végétale.

**PHYTOTRAUMATIE** (de φυτόν, plante, τραῦμα, blessure). Étude des phénomènes qu'offrent les blessures faites aux plantes.

**PHYTOTROPHIE** (de φυτόν, plante, τροφή, nourriture). Nutrition des plantes. Peu usité.

**PHYTOTROPIE** (de φυτόν, plante, τρόπος, changement). Art de changer, d'altérer les formes naturelles des plantes.

**PIED** (du latin *pes*, dérivé du grec πούς, ποδός). En botanique, on désigne sous ce nom le pédicule des champignons, le support de l'ovaire dans les silénées, le prolongement filiforme de l'akène qui porte l'aigrette dans plusieurs composées, etc.

**PILÉOLE.** Nom donné par Mirbel à la feuille primordiale de plusieurs monocotylédones.

**PILIFÈRE.** Qui porte des poils.

**PILIFORME.** Qui a la forme d'un poil.

**PILOSISME** (de *pilus*, poil). Phénomène tératologique qui consiste dans le développement exagéré de poils sur des surfaces habituellement glabres ou presque glabres.

**PILULIFÈRE** (de *pilula*, pilule, *ferre*, porter). Qui porte des fruits imitant une pilule. Ortie pilulifère (*urtica pilulifera*).

**PILULIFLORE.** Dont la fleur ressemble à une pilule. Peu usité.

**PINGUIFOLIÉ, E** (de *pinguis*, gras, *folium*, feuille). Qui a les feuilles épaisses et charnues. Peu usité.

**PINIFOLIÉ, E.** Dont les feuilles ressemblent à celles du pin.

**PINNA.** Synonyme de *penna* (plume). V. tous les mots commençant par *penna* : pennatifide, pennatilobé, pennatipartite, etc., etc.

**PINNÉ, E** (de *pinna*, aigrette). Se dit d'une feuille pennée composée. On dit aussi *ailé*.

**PINNULE** (de *pinnula*, petite plume). Mot usité autrefois comme synonyme de *foliole* pour les feuilles pinnées, et qui ne sert plus aujourd'hui qu'à désigner les divisions des frondes pennatiséquées dans les fougères.

**PIQUANT, E.** Qui présente une pointe aiguë. On dit aussi une odeur ou une saveur piquante.

**PIQUANTS.** Terme collectif sous lequel on a confondu les épines et les aiguillons.

**PISTIACÉES.** Famille de plantes monocotylédones ayant pour type le genre *pistia*.

**PISTIL** (du latin *pistillum*, pilon, qui a la forme d'un pilon). Organe sexuel femelle, situé au centre de la fleur. Synon. *gynécée*, *ovaire*, *carpelles*, etc.

**PISTILLAIRE.** Qui appartient, qui a rapport au pistil. *Cordon pistillaire*, celui qui transmet aux ovules l'influence du pollen.

**PISTILLIFÈRE.** Qui porte ou renferme un pistil. *Fleur pistillifère, organe pistillifère.*

**PISTILLIFORME.** Qui a la forme d'un pistil, d'un pilon.

**PISTILLIPARE** (de *pistillum*, pistil, *parere*, produire). Se dit d'une fleur dont les organes se sont transformés en pistil. Peu usité.

**PITTOSPORÉES** (du grec πίττα, poix, σπόρος, semence). Famille de plantes dicotylédones ayant pour type le genre *pittospore*.

**PIVOT.** Axe principal de la racine, qui tantôt prend un grand développement (racine pivotante), tantôt reste rudimentaire ou très-court, et donne naissance à des ramifications latérales étendues (racines traçantes).

**PIVOTANT, E.** Se dit de la racine simple ou peu rameuse qui pénètre verticalement à une grande profondeur, comme dans le chêne, la betterave, etc.

**PLACENTA.** Partie de l'ovaire sur laquelle les ovules sont insérés.

**PLACENTAIRE.** Synon. de *placenta*, selon certains auteurs. Selon d'autres, partie du fruit formée par la réunion de plusieurs lobes dont chacun forme un placenta.

**PLACENTATION.** Disposition que présentent les placentas dans l'ovaire et dans le fruit.

**PLACENTIFÈRE.** Qui porte des placentas.

**PLACENTIFORME** (de *placenta*, gâteau, *forma*, forme). Qui ressemble à un gâteau, qui a une forme arrondie et déprimée. *Réceptacle placentiforme.*

**PLAGIOPODE** (de πλάγιος, oblique, πούς, ποδός, pied). Qui a le pied ou le pédicule oblique. Peu usité.

**PLAN, E.** Se dit d'une surface sur laquelle on peut appliquer une ligne droite dans tous les sens.

**PLANTAGINÉES.** Famille de plantes dicotylédones ayant pour type le genre *plantago* (plantain).

**PLANTE.** Individu végétal, être organisé et vivant, privé de sensibilité et de mouvement volontaire. Se dit, dans un sens plus restreint, des végétaux herbacés.

**PLANTULATION.** Développement de l'embryon végétal pendant la végétation. Peu usité.

**PLANTULE.** Diminutif de plante. Synon. d'*embryon*. Se dit plus particulièrement de l'embryon déjà développé par la germination.

**PLATANÉES.** Famille de plantes dicotylédones ayant pour type le genre *platane*.

**PLATEAU.** Partie inférieure d'un bulbe, qui porte en dessus des écailles ou des tuniques, et en dessous des racines fibreuses.

**PLATY** (de πλατύς, large). Ces deux syllabes ont été appliquées au commencement de plusieurs termes de botanique pour exprimer la largeur. *Platycarpe*, qui a des fruits larges; *platylobe*, qui a des lobes ou segments très-larges; *platyloma* (de πλατύς, large, et λῶμα, bordure), qui a une large bordure, qui a des feuilles largement bordées; *platynerve*, qui a

de larges nervures; *platypétale* et *platypétalé*, qui a de larges pétales; *platyphylle*, qui a de larges feuilles; *platypode*, qui a le stipe élargi ou de larges pédoncules; *platysperme*, qui a des graines aplaties, etc., etc.

**PLEIN, E.** Se dit des organes qui ne présentent pas de cavité, et en particulier des tiges non fistuleuses; s'emploie, pour les fleurs, comme synonyme de *double*.

**PLÉIOCARPE** (de πλεῖος, plein, καρπός, fruit). Se dit des oignons ou bulbes qui produisent successivement plusieurs tiges. Peu usité.

**PLÉIOPHYLLE** (de πλεῖος, plein, φύλλον, feuille). Qui porte beaucoup de feuilles. Peu usité.

**PLEUROTONPHYTE.** V. PLYRONTOPHYTE.

**PLICATIF, IVE.** Marqué de plis; se dit surtout de la préfoliation des feuilles palminerves, qui sont pliées dans le bourgeon, comme un éventail fermé.

**PLIÉ, E.** Se dit de l'ovule ou de l'embryon courbé dont les deux moitiés sont appliquées l'une sur l'autre.

**PLISSÉ, E.** Feuille plissée, celle qui présente une série de plis longitudinaux en éventail, comme celle du groseillier. On appelle *petits plissés* de petits agarics caractérisés par les stries dont leur chapeau est marqué.

**PLOMBAGINÉES** ou **PLUMBAGINÉES.** Famille de plantes dicotylédones ayant pour type le genre *plumbago* (dentelaire).

**PLOMBÉ, E.** Couleur d'un gris cendré un peu bleuâtre, rappelant celle du plomb. Agaric plombé.

**PLOPOCARPE** ou mieux peut-être **PLOCOCARPE** (de πλοκή, nœud, tissu, καρπός, fruit). Nom donné par Desvaux aux fruits composés d'un verticille de carpelles libres, secs et déhiscents, comme dans les aconits, les spirées, etc. Ce mot n'est guère plus usité que celui d'*étairion* (du grec ἑταῖρος, camarade), donné aux mêmes fruits par de Mirbel.

**PLUMEUX, SE.** Se dit d'un organe qui présente deux rangées longitudinales de poils courts, disposés comme les barbes d'une plume. Ex.: le stigmate des graminées.

**PLUMULE** (de *plumula*, diminutif de *pluma*, plume). Partie supérieure de l'embryon de la plante.

**PLURI.** Deux syllabes qui, mises au commencement des mots, signifient *plusieurs*, comme dans les exemples suivants.

**PLURIFLORE.** Qui porte plusieurs fleurs.

**PLURILOBÉ, E.** Qui est partagé en plusieurs lobes.

**PLURILOCULAIRE.** Se dit d'un ovaire ou d'un fruit à plusieurs loges.

**PLURIOVULE, E.** Se dit d'un ovaire ou d'une loge qui renferme plusieurs ovules.

**PLURISÉMINÉ, E.** Se dit d'un fruit ou d'une loge qui renferme plusieurs graines. Synon.: *Polysperme.*

**PLURISÉRIÉ, E.** Se dit des organes qui sont

disposés en plusieurs séries ou sur plusieurs rangs.

**PLURIVALVE.** Qui a plusieurs valves.

**PLUVIALES.** On appelle quelquefois plantes pluviales celles qui ferment leurs fleurs quand l'atmosphère est humide. *Souci pluvial.*

**PLYRONTOPHYTE,** ou mieux **PLEURO-TONPHYTE** (du grec πλευρά, côté, φυτόν, plante). Végétal dont les étamines sont insérées à la paroi interne du calice. Très-peu usité.

**POCULIFORME** (de *pocula*, coupe, *forma*, forme). Qui a la forme d'une coupe.

**PODÉTION** ou **PODETIUM** (du grec πούς, ποδός, pied). Support des conceptacles dans certains lichens, des organes de la fructification dans plusieurs genres de la famille des hépatiques.

**PODICILLE.** Très-petit *podétion*.

**PODOCARPE** (du grec πούς, ποδός, pied, καρπός, fruit). Se dit des plantes dont l'ovaire est porté sur un pédicelle.

**PODOCEPHALE** (du grec πούς, ποδός, pied, κεφαλή, tête). Qui a des fleurs en tête, portées sur de longs pédoncules.

**PODOGYNE** (de πούς, ποδός, pied, γυνή, femme). Pédicule qui supporte l'ovaire de certaines plantes. Amincissement de la base de l'ovaire formant un petit pivot qui élève le pistil. Nom donné aux gynophores qui précèdent immédiatement l'ovaire, surtout lorsqu'ils sont grêles. On a souvent décrit sous ce nom une simple atténuation de la base de l'ovaire. V. *Carpophore* et *Gynophore*.

**PODOGYNIQUE.** Qui a rapport au *podogyne*.

**PODOSPERME** (du grec πούς, ποδός, pied, σπέρμα, graine, semence). Filet qui part du placenta et soutient la graine. Expansion filiforme du placenta unie à l'ovule. Syn. de *Funicule*.

**POILS.** Nom donné à des filaments plus ou moins déliés qui naissent sur les différentes parties de la plante. Organes d'absorption et d'exhalation. Les poils des plantes sont composés d'une seule cellule très-allongée, ou de plusieurs cellules superposées. Les poils sont dits *lymphatiques* ou non glanduleux; *glanduleux*, c'est-à-dire sécrétant un liquide; *urticants* quand ils sont roides et piquants et surmontent un liquide caustique qui remplit leur cavité; *spinescents* et *aculescents* quand, dans leur roideur, ils forment presque des aiguillons; *cloisonnés* quand ils sont disposés en plusieurs cellules; ils peuvent être dits *dressés* ou *couchés* suivant leur position; *pénicellés (penicellati)* quand ils sont disposés en pinceau; *stellés (stellati)* quand ils le sont en étoiles; *peltés* ou en *écusson (scutati)*, lorsqu'ils sont réunis par la cuticule épidermique; *scarieux (scariosi)* quand ils sont élargis en écailles, etc., etc.

**POILU, E** (*pilosus*). Se dit d'une surface garnie de poils simples, mous, peu nombreux, inégaux, plutôt gros que fins.

**POINT** (*punctum*). Tache très-petite, en forme de point. Les organes des végétaux sont dits *poncinés* quand ils offrent des points nombreux.

**POINTU, E.** Syn. d'*Aigu.*

**POLACHAINE, POLAKÈNE** (du grec πολύς, beaucoup, ά privatif, χαίνω, j'ouvre). Fruit composé de plusieurs achaines réunies; fruit qui se sépare à sa maturité en plusieurs achaines ou akènes.

**POLÉMONIACÉES.** Famille de plantes dicotylédones ayant pour type le genre *polemonium*, qui comprend les phlox.

**POLEXASTYLE** (du grec πολύς, beaucoup, ἔξω, dehors, στύλος, style). Nom donné au fruit de la plupart des borraginées et des labiées. Syn. de *microbase*, fruit composé de quatre coques implantées sur une base fort étroite. Peu usité.

**POLLARIGÈNE** (de πολλάκις, plusieurs fois, γεννάω, je produis). Se dit d'une plante qui porte plusieurs fois des fruits dans le cours de son existence. Peu usité.

**POLLEN** (du latin *pollen*, qui signifie fleur de farine). Poussière fine, colorée, de nature résineuse, contenue dans les loges de l'anthère, et qui sert à la fécondation des plantes; on l'appelle aussi *poussière séminale*. Grains ou utricules renfermant les granules fécondants.

**POLLINIQUE.** Qui appartient au pollen. Tube pollinique; masse pollinique.

**POLY.** S'emploie dans les composés grecs, et signifie plusieurs, beaucoup, comme dans les exemples suivants.

**POLYADELPHE** (du grec πολύς, plusieurs, ἀδελφός, frère). Se dit d'une fleur dont les étamines sont soudées en plusieurs faisceaux ou androphores.

**POLYADELPHIE.** Nom de la dix-huitième classe du système sexuel de Linné.

**POLYADELPHIQUE.** Qui appartient à la polyadelphie.

**POLYADENE** (de πολύς, beaucoup, ἀδήν, glande). Qui porte de nombreuses glandes.

**POLYANDRE** (de πολύς, beaucoup, ἀνήρ, ἀνδρός, homme). Se dit d'une fleur dont les étamines sont en nombre indéfini.

**POLYANTHIME** (de πολύς, beaucoup, ἄνθημα, floraison). Qui porte un grand nombre de fleurs. Peu usité.

**POLYANTHÉRÉ, E** (de πολύς, beaucoup, ἀνθηρά, anthère). Qui porte beaucoup d'étamines. Peu usité.

**POLYCALATHIDÉ, E** (de πολύς, beaucoup, κάλαθος, calathide). Qui porte plusieurs calathides. Peu usité.

**POLYCARPE** (de πολύς, beaucoup, καρπός, fruit). Qui porte beaucoup de fruits. Peu usité.

**POLYCARPIEN, NE** (de πολύς, beaucoup, καρπός, fruit). Qui porte plusieurs fois des fruits dans le cours de son existence. De Candolle a désigné sous le nom de *polycarpiennes* les tiges qui fleurissent pendant un nombre d'années indéterminé, et par celui de *monocarpiennes* les tiges qui ne fleurissent qu'une fois avant leur mort. Sous notre climat, toutes les tiges ligneuses sont *polycarpiennes* et dites ordinairement *vivaces à tiges ligneuses*, ou *monocarpiennes* et dites, dans ce cas, *plantes vivaces à tiges herbacées*.

**POLYCÉPHALE** (de πολύς, beaucoup, κεφαλή, tête). Qui porte un grand nombre de capitules ou de *calathides*, dites aussi *anthodes* et *capitules*.

**POLYCHORION** (de πολύς, beaucoup, χωρίον, chorion, fait de χωρεῖν, contenir, renfermer). Fruit formé de plusieurs carpelles soudées ensemble. Peu usité.

**POLYCHORIONIDE** (même étymologie). Fruit composé, comme celui des renoncules, d'un grand nombre d'akènes libres disposés en tête ou en spirale indéfinie. Peu usité.

**POLYCLADE** (de πολύς, beaucoup, κλάδος, rameau). Se dit d'une plante qui donne beaucoup de branches. Peu usité.

**POLYCLADIE** (même étymologie). État d'un arbre qui jette des rameaux grêles et nombreux naissant des exostoses qu'on observe sur son tronc.

**POLYCLONE** (de πολύς, beaucoup, κλών, rameau, rejeton, scion). Qui se partage en branches nombreuses. Peu usité.

**POLYÉDRIQUE** (de πολύς, plusieurs, ἕδρα, siége, base). Qui a plusieurs faces. Ce mot s'applique à l'une des formes qu'affectent les cellules.

**POLYGALÉES**. Famille de plantes dicotylédones ayant pour type le genre *polygala*.

**POLYGAME**. En botanique, ce mot s'applique aux végétaux qui portent à la fois des fleurs hermaphrodites, des fleurs mâles et des fleurs femelles. Exemple : l'*atriplex hortensis*.

**POLYGAMIE**. Vingt-troisième classe du système sexuel de Linné.

**POLYGONATE** (de πολύς, beaucoup, γόνυ, nœud). Qui est garni d'un grand nombre de nœuds. Peu usité.

**POLYGONÉES**. Famille de plantes dicotylédones qui a pour type le genre *polygonum*, au nombre des espèces duquel on trouve le *sarrazin ou blé noir* (*polygonum fagopyrum*).

**POLYGYNIE** (de πολύς, plusieurs, γυνή, femme). Neuvième ordre du système sexuel de Linné, qui comprend les plantes dont chaque fleur a plusieurs stigmates ou stigmates sessiles.

**POLYMORPHE** (de πολύς, beaucoup, μορφή, forme, figure). Qui est sujet à beaucoup varier de forme.

**POLYPÉTALE** (de πολύς, plusieurs, πέταλον, feuille, pétale). S'applique à une corolle formée de plusieurs pétales libres, non soudés les unes aux autres. Synon. : *dialypétale*.

**POLYPHORE** (de πολύς, beaucoup, φέρω, je porte). Support, tige de plusieurs fruits réunis. Nom donné aux gynophores qui portent un gynécée composé de plusieurs carpelles libres. Peu usité.

**POLYPHYLLE** (de πολύς, beaucoup, φύλλον, feuille). Qui a des feuilles nombreuses.

**POLYPHYTE** (de πολύς, beaucoup, φυτόν, plante). Se dit d'un genre de plantes qui renferme plusieurs espèces. Peu usité.

**POLYSÉPALE** (de πολύς, beaucoup, sépale). Qui est formé de plusieurs sépales. Calice polysépale. Synon. : *dialysépale*, qui est plus usité.

**POLYSÈQUE** (de πολύς, beaucoup, σήκος, loge). Fruit polysèque, c'est-à-dire qui est composé de plusieurs loges distinctes. Peu usité.

**POLYSPERME** (de πολύς, plusieurs, σπέρμα, graine). Qui a des graines nombreuses. Se dit d'un fruit, d'une loge de fruit.

**POLYSPORE** (de πολύς, beaucoup, σπόρα, graine). Qui renferme beaucoup de spores. Peu usité, ainsi que l'adjectif *polyspore*.

**POLYSTACHYÉ**, E (de πολύς, beaucoup, στάχυς, épi). Qui a de nombreux épis. Peu usité.

**POLYSTÉMONE** (de πολύς, beaucoup, στήμων, étamines). Qui a beaucoup d'étamines. Peu usité.

**POLYSTIGMÉ**, E (de πολύς, beaucoup, στίγμα, stigmate). Qui a plusieurs stigmates. Peu usité.

**POLYSTIQUE** (de πολύς, beaucoup, στίχος, rangée). Qui présente des organes disposés en plusieurs rangs.

**POLYTHÉLÉ**, E (de πολύς, plusieurs, θηλή, mamelon). Qui a plusieurs ovaires dans chaque fleur. Peu usité.

**POMIFÈRE**. Qui porte des excroissances ayant la forme de la pomme.

**POMIFORME**. Qui a la forme arrondie d'une pomme.

**POMME**. En botanique, ce mot se prend quelquefois, dans une acception générale, pour désigner tout péricarpe charnu au centre duquel sont des pepins : tels sont les fruits du poirier, du cognassier, etc.

**POMOLOGIE** (du latin *pomum*, fruit, et du grec λόγος, discours). Traité des fruits en général.

**PONCTUÉ**, E. Se dit, en botanique, des feuilles dont la surface est parsemée de petits points nombreux et transparents, ou de vésicules, comme dans les myrtes, les mille-pertuis, etc. *Vaisseaux ponctués ou poreux*, vaisseaux marqués de points transparents.

**PONTÉDÉRIACÉES** ou **PONTÉDÉRÉES**. Famille de plantes monocotylédones créée par Kunth et qui a pour type le genre *pontederia*.

**PORES** (du latin *porus*, pris du grec πόρος, qui vient de πείρω, je passe). En botanique, on appelle pores les petits trous, les pertuis formant la déhiscence de certains fruits, les petits tubes qui garnissent la face inférieure du chapeau des bolets. On désigne quelquefois les stomates sous le nom de *pores corticaux*. V. STOMATES.

**POREUX, SE.** Qui a des pores.

**POROSITÉ.** Qualité d'un corps poreux.

**PORT.** On appelle ainsi, en botanique, la physionomie propre d'une plante, l'ensemble des caractères qui constituent sa forme habituelle, son *facies*.

**PORTULACÉES.** Famille de plantes dicotylédones qui a pour type le genre *portulaca* (pourpier).

**POUSSE.** On appelle *pousses* les bourgeons qui commencent à passer à l'état de rameaux, le jeune bourgeon de l'année qui n'a pas encore atteint toute sa longueur.

**POUSSIÈRE.** La *poussière fécondante* n'est autre, en botanique, que le pollen (voir ce mot). La *poussière glauque* est une matière pulvérulente, d'un vert eau de mer, qui s'étend à la surface de certains fruits, de certaines tiges; on la nomme aussi *efflorescence glauque*.

**PRÉCOCE.** Qui se produit, qui mûrit de bonne heure. Fruit précoce.

**PRÉFLORAISON.** État des parties de la fleur encore en bouton.

**PRÉFOLIAISON** ou **PRÉFOLIATION.** État des jeunes feuilles encore dans le bourgeon.

**PRIMINE.** Nom donné à l'enveloppe ou tunique externe de l'ovule.

**PRIMORDIALE.** On applique l'épithète de *primordiales* aux petites feuilles de la gemmule visibles avant la germination.

**PRIMULACÉES.** Famille de plantes dicotylédones qui a pour type le genre *primula* (primevère).

**PRISMATIQUE.** En forme de prisme, avec des angles et des faces. Calice prismatique.

**PROCOMBANT, E.** Qui tombe à terre, soit par faiblesse, soit par le fait d'une direction naturelle. On appelle *tige procombante* celle qui est couchée sur la terre sans y adhérer par les racines.

**PRO-EMBRYON** (de πρός, auprès, ἔμβρυον, embryon). Premier état de germination des spores de fougères et autres plantes cryptogames. Synon.: *prothallium*, *protophylle*, *pseudocotylédon*.

**PROJECTURE.** Se dit, en botanique, de petites côtes saillantes qui, partant de l'origine d'une feuille, se prolongent de haut en bas sur la tige.

**PROLIFÈRE** (du latin *proles*, race, lignée, *fero*, je porte). Qui présente le phénomène de la prolification.

**PROLIFICATION.** Phénomène tératologique constitué par le développement anormal de bourgeons à l'aisselle de feuilles n'en produisant pas à l'état ordinaire; celui qui consiste dans la prolongation de l'axe d'une fleur qui se termine en un nouveau bourgeon; la transformation de fleurs en bourgeons foliacés. *Tige prolifère*, celle qui ne pousse de rameaux que du sommet, comme le pin.

**PROLONGEMENTS MÉDULLAIRES.** V. RAYONS MÉDULLAIRES.

**PROPAGATION.** Synon.: *multiplication*. V. ce mot.

**PROPAGINE, PROPAGULE** (de *propagare*, propager). Corpuscule séminal des mousses; au pluriel, corpuscules par lesquels les cryptogames se reproduisent. S'emploie comme synonyme de *gonidies* (de γονή, fruit, εἶδος, ressemblance), corpuscules reproducteurs des algues, des lichens.

**PROPRE.** Qui est particulier à un organe. Sucs propres, calice propre, vaisseaux propres, etc.

**PROSPHYSES** (du grec πρός, auprès, φύσις, nature; naître avec, être adhérent). Nom donné à des filaments très-déliés qui se trouvent mêlés avec les séminules dans les cornes des mousses et les capsules des hépatiques.

**PROSTYPE** (du grec πρός, dans, τύπος, type). Cordon vasculaire qui pénètre entre les lames du ligament propre d'une graine. Mirbel a nommé *prostype funiculaire* la saillie formée par le raphé et la chalaze chez les graines provenant d'ovules réfléchis. Peu usité.

**PROSENCHYME** (de πρός, auprès, ἐν, dans, χυμός, suc). Nom donné au tissu fibreux. Tissu formé par la réunion des fibres.

**PROTÉACÉES.** Famille de plantes dicotylédones ligneuses, originaires du cap de Bonne-Espérance et de l'Australie.

**PROTÉRANTHE** (de πρῶτος, premier, ἄνθος, fleur). Dont les fleurs se développent avant les feuilles, comme dans le pêcher. Peu usité, ainsi que l'adjectif *protéranthé*.

**PROTOPLASMA** (de πρωτο, auparavant, πλάσμα, formation). Premier rudiment de la matière organique. Matière granuleuse qui sert à former le tissu cellulaire pendant l'acte de la germination. Cette matière a de l'analogie avec celle que l'on a nommée cambium.

**PROTHALLIUM.** V. PRO-EMBRYON.

**PROTOPHYLLE.** V. PRO-EMBRYON.

**PSEUDO** (de ψευδής, faux). Mot qui entre, en botanique, dans la composition de beaucoup de termes: *pseudocarpe*, *pseudocarpien*, *pseudo-dicotylédone*, *pseudo-stipulaire*, *pseudo-acacia*, *pseudo-aconit*, *pseudo-cytise*, *pseudo-ébène*, *pseudo-mélisse*, *pseudo-myrte*, *pseudo-platane*, etc., etc.

**PSEUDOCARPE** (de ψευδής, faux, καρπός, fruit). Nom proposé par Mirbel pour désigner le fruit globuleux et bacciforme de certains conifères, comme le genévrier. Desvaux remplace ce nom par celui d'*arcesthide*. Peu usité, ainsi que le mot *pseudocarpien*, employé par Desvaux pour désigner des fruits cachés par les parties environnantes qui semblent ainsi constituer le fruit lui-même.

**PSEUDO-PARASITES.** Synon.: FAUSSES PARASITES. Synon.: *épiphyte*. V. ce mot.

**PSEUDOSPERME** (de ψευδής, faux, σπέρμα, graine). Se dit du fruit qui a l'aspect d'une graine, et que l'on a longtemps considéré comme une graine nue; tel est le fruit des borraginées, des labiées. Synon.: *carpelle, caryopse, akène*. Peu usité.

**PTÉRICOQUE** (de πτερόν, aile, κόκκος, coque). Qui a des coques ou des capsules ailées. Peu usité.

**PTÉRIDIE** (de πτερόν, aile). Nom donné à la samare, par Mirbel. Synon. de *pterodie*, de Desvaux.

**PTÉRIGÈNE** (de πτερίς, fougère, γεννάω, je produis). Qui naît sur les fougères. *Agaric ptéridéne*.

**PTÉRIGYNE** (de πτερόν, aile, γυνή, femme). Appendice membraneux d'une graine. Peu usité.

**PTÉROCARPE** (de πτερόν, aile, καρπός, fruit). Qui a des fruits ailés. Peu usité.

**PTÉROCAULE** (de πτερόν, aile, καυλός, tige). Qui a la tige ailée. Peu usité.

**PTÉROCÉPHALE** (de πτερόν, aile, κεφαλή, tête). Qui a des fleurs en têtes garnies d'aigrettes. Peu usité.

**PTÉRODIE.** V. Ptéridie.

**PTÉROGONE** (de πτερόν, aile, γωνία, angle). Dont les angles sont garnis d'ailes ou de membranes. *Fruit ptérogone*. Peu usité.

**PTÉROSPERME** (de πτερόν, aile, σπέρμα, graine). Qui a des graines ailées. Peu usité.

**PTÉROSTYLE** (de πτερόν, aile, στύλος, style). Dont le style est élargi en forme d'aile. Peu usité.

**PTÉRIGOSPERME.** Synon. de *ptérosperme*.

**PUBESCENCE** (du latin *pubis*, duvet). Duvet qui couvre les végétaux.

**PUBESCENT, E.** Qui est couvert d'un duvet fin, court et peu serré.

**PUBIFLORE** (du latin *pubes*, duvet, *flos*, fleur). Qui a des fleurs couvertes d'un léger duvet. Peu usité.

**PULPE** (du latin *pulpa*). On donne ce nom à la chair succulente du fruit parvenu à maturité, aux substances charnues gorgées de sucs, particulièrement à la substance molle et aqueuse qui entoure les graines et remplit la cavité des loges de certains fruits, comme le raisin, la groseille, etc. Le nom de *chair* est plus spécialement acquis à la substance qui occupe la majeure partie des péricarpes charnus, comme dans la pomme, la pêche, etc.

**PULPEUX, SE.** Qui est pourvu de pulpe.

**PULVÉRULENT, E.** Qui est couvert d'une sorte de poussière fine.

**PULVINULE** (du latin *pulvinulus*, diminutif de *pulvinus*, coussin). Masse de filaments, imitant souvent de petits coussins, qui couvre certains lichens.

**PULVISCULE** (de *pulvisculus*, diminutif de *pulvis*, poussière). Poussière renfermée dans les capsules des lycopodes, dans les entre-nœuds des algues marines articulées. On dit aussi *endochrome*.

**PYCNOCÉPHALE** (de πυκνός, épais, κεφαλή, tête). Qui a les fleurs réunies en grosses têtes. Peu usité.

**PICNOSTACHÉ, E** (de πυκνός, épais, στάχυς, épi). Qui a les fleurs disposées en gros épis. Peu usité.

**PYRAMIDAL, E.** En forme de pyramide, large de la base et diminuant graduellement jusqu'au sommet. S'emploie souvent comme synonyme de *conique*.

**PYRIFORME** (de *pyrum*, poire). En forme de poire. Ovaire, fruit pyriforme.

**PYXIDE, PIXIDIE** (du grec πυξίδιον, petite boîte). Fruit sec, capsulaire ou membraneux, s'ouvrant par une fente circulaire qui détermine la chute d'un opercule. Ex.: *anagallis* ou mouron rouge. Urne des mousses. L'adjectif *pyxidé*, signifiant qui a la forme d'une pixide ou d'une petite boîte, et le mot *pyxidifère*, qui signifie porter des fruits, des capsules ou des urnes en forme de boîte, sont peu usités.

# Q

**QUADRANGULAIRE, QUADRANGULÉ, E.** Qui a quatre angles. Se dit d'un corps prismatique qui présente quatre arêtes longitudinales ou angles. S'applique à la feuille dont le limbe figure quatre angles. Les tiges des labiées sont quadrangulaires. Synon.: *tétragone*.

**QUADRI.** S'emploie dans les composés latins, et signifie quatre, comme on le voit dans les exemples suivants.

**QUADRICARÉNÉ, E.** Qui est muni de quatre carènes.

**QUADRIDENTÉ, E.** Se dit du calice dont le limbe est divisé en quatre dents.

**QUADRIGITÉ, E.** Se dit d'une feuille dont le limbe est à quatre folioles. Peu usité.

**QUADRIFIDE.** *Calice quadrifide*, qui est divisé en quatre.

**QUADRIJUGUÉ, E.** Se dit des feuilles composées qui portent, sur un pétiole commun, quatre paires de folioles opposées.

**QUADRILOBÉ, E.** Qui renferme quatre lobes.

**QUADRILOCULAIRE.** Se dit d'un ovaire, d'un fruit, d'une anthère qui a quatre loges.

**QUADRIPARTIT, E.** *Calice quadripartit*, qui est profondément divisé en quatre parties.

**QUADRIPHYLLE** (du latin *quadrinus*, quatre, et du grec φύλλον, feuille). *Calice quadriphylle*, celui qui est formé de quatre folioles ou sépales distinctes.

**QUADRISÉRIÉ, E.** On donne l'épithète de *quadrisériées* aux feuilles imbriquées qui sont disposées en quatre séries longitudinales.

**QUADRIVALVE.** Se dit d'une capsule et d'un fruit qui s'ouvrent en quatre valves. On dit aussi *quadrivalvule* quand il s'agit de *valvules* ou *petites valves*.

**QUATERNAIRE, QUATERNÉ, E.** Se dit des parties, surtout des feuilles, disposées par quatre.

**QUEUE.** Nom vulgaire appliqué aux supports des fleurs, fruits et feuilles. Synon.: *pédicelle*, *pédoncule*, *pétiole*.

**QUERCINIÉES.** Famille de plantes dicotylédones qui a pour type le genre *quercus* (chêne).

**QUINAIRE.** Se dit du nombre cinq et de ses multiples.

**QUINCONCIAL, E.** Disposition des feuilles dans laquelle la cinquième feuille, sur la tige, recouvre la première.

**QUINÉ, E.** Se dit d'organes rapprochés par cinq. *Feuilles quinées*, celles qui sont verticillées par cinq.

**QUINQUE.** S'emploie dans les composés latins et signifie cinq, de même que QUINTI.

**QUINQUÉDENTÉ, E.** S'applique surtout au calice monosépale découpé à son sommet en cinq dents.

**QUINQUÉFIDE** (du latin *quinque*, cinq, *findere*, fendre). Qui est fendu en cinq parties. *Feuilles quinquéfides*, celles dont les divisions étroites et peu profondes sont au nombre de cinq. S'applique aussi au calice monosépale.

**QUINQUÉFOLIE, E, QUINQUÉFOLIOLÉ, E.** Dont les feuilles se composent de cinq folioles

**QUINQUÉJUGÉ, E.** Qui porte des feuilles composées de cinq paires de folioles.

**QUINQUÉLOBÉ, E.** Qui est divisé en cinq lobes.

**QUINQUÉLOCULAIRE.** Qui renferme cinq loges.

**QUINQUÉNERVÉ, E.** Qui porte cinq nervures.

**QUINQUÉPARTIT, E.** Qui est divisé en cinq parties. *Calice quinquépartit*.

**QUINQUÉSÉRIÉ, E.** Qui est disposé sur cinq rangs.

**QUINQUÉVALVE.** Qui s'ouvre en cinq valves. *Fruit quinquévalve*, fruit à cinq valves.

**QUINTINAIRE.** Qui appartient à la quintine.

**QUINTINE.** Nom donné par Mirbel au sac embryonnaire.

# R

**RABATTRE** *un arbre*. Le diminuer de tout ce qu'il a d'exubérant. On dit dans le même sens *rabattre une branche* (*Horticulture*).

**RABOUGRI, E.** *Arbre rabougri*, mal venu, qui n'est pas arrivé à sa perfection, à sa juste grandeur.

**RACCOURCI, E.** Qui semble avoir été arrêté dans sa croissance.

**RACE.** On distingue sous ce nom certaines variétés qui se reproduisent indéfiniment par la culture et quelquefois d'elles-mêmes.

**RACÈME** (de *racemus*, grappe). Synon. de grappe.

**RACÉMIFLORE** (du latin *racemus*, grappe, *flos*, fleur). Qui porte des fleurs en grappes.

**RACÉMIFORME.** Qui a la forme d'une grappe.

**RACÉMULEUX, SE** (de *racemulus*, diminutif de *racemus*). Disposé en petites grappes.

**RACHIS** (du grec ῥάχις, épine dorsale). En botanique, on donne ce nom au pétiole continué par la nervure moyenne chez les feuilles composées-pinnées; au pétiole continué par la nervure, chez les fougères à feuilles pinnatiséquées; à l'axe de l'épi chez les graminées; à l'axe d'une grappe ou d'une panicule, etc.

**RACINE.** Partie souterraine du végétal qui affecte des formes diverses, par suite desquelles elle prend les noms de *racine tubéreuse*, *racine bulbeuse*, *racine pivotante*, *racine fibreuse*, *racine grumeuse*, *racine fasciculée*, etc. V. RADICULE, RADICELLES, TIGE SOUTERRAINE, TUBERCULES, SOUCHE, GRIFFES. V. aussi les mots ADVENTIVE (racine *adventive*), CRAMPONS, SUÇOIRS, CHEVELU.

**RADICAL, E** (de *radix*, racine). Qui tient, qui adhère, qui appartient à la racine. *Feuilles radicales*, celles qui naissent du collet de la racine. *Pédoncule radical*, celui qui part de l'aisselle d'une feuille radicale dans les plantes dépourvues de tige.

**RADICANT, E.** On nomme *tiges radicantes* celles qui, couchées ou grimpantes, émettent des racines adventives, celles qui s'enracinent dans la terre.

**RADICELLAIRE.** Qui a la forme d'une radicelle ou petite racine.

**RADICELLES.** Fibres déliées, racines secondaires qui garnissent la racine principale.

**RADICIFLORE.** Dont les fleurs naissent d'une tige souterraine.

**RADICIFORME.** Qui a la forme d'une racine. Se dit de certaines tiges souterraines qui ressemblent à une racine.

**RADICULAIRE.** Qui appartient à la racine.

**RADICULE** (de *radicula*, petite racine). Extrémité inférieure de l'embryon. Partie rudimentaire de la racine.

**RADICULODE.** Partie de l'embryon d'où sortent les radicelles.

**RADIÉ, E.** Dont les parties sont disposées comme les rayons d'une roue autour de l'axe. Tournefort a appelé *fleurs radiées* les fleurs composées dont le centre est occupé par des fleurons et la circonférence par des demi-fleurons, comme dans le *tournesol* ou *soleil* (*helianthus*), et la *pâquerette* (*bellis perennis*).

**RAFLE.** Synon. de *rachis*. V. ce mot.

**RAMÉAL, E.** Qui appartient aux rameaux. *Feuilles raméales*.

**RAMEAU.** Division de la tige ou des branches d'un arbre.

**RAMEUX.** Qui porte des rameaux. *Tige rameuse. Pédoncule rameux*, celui qui se divise en pédicelles. *Épine rameuse*.

**RAMIFÈRE.** Qui porte des rameaux.

**RAMIFIÉ, E.** S'applique à une tige, à une branche, à un pétiole, à un pédoncule, divisés en rameaux. On dit aussi *poils ramifiés, épines ramifiées*.

**RAMIFLORE.** Dont les fleurs naissent sur des rameaux, comme dans le *cercis* (arbre de Judée).

**RAMIFORME.** Qui ressemble à un rameau.

**RAMILLE.** Petit rameau, division d'un rameau. Synon.: *ramule*.

**RAMPANT, E.** On donne l'épithète de rampante à une plante dont la tige se traîne à terre et produit des racines au niveau de l'insertion des feuilles. Se dit aussi d'un rhizome ou d'une souche dont la direction est horizontale.

**RAMULE.** Petit rameau. Synon.: *ramille*.

**RAMULAIRE.** Qui appartient au rameau, qui est de la nature du rameau. Les épines sont dites *ramulaires* quand elles sont la terminaison de certains rameaux avortés, comme dans l'aubépine, le poirier sauvage, etc.

**RAMULIFLORE.** Qui porte ses fleurs sur des ramules. Peu usité.

**RAMUSCULE.** Synon.: *ramille, ramule*.

**RAPHÉ** (du grec ῥαφή, suture, couture). Prolongement des vaisseaux du funicule dans l'intérieur des tuniques d'une graine. Ligne saillante qui commence au *hile* et aboutit à la *chalaze*. Voir OVULE, GRAINE, HILE et CHALAZE.

**RAPHIDE.** On a appelé ainsi une substance cristallisée, ayant l'apparence d'aiguilles très-fines, que l'on aperçoit souvent, à l'aide du microscope, dans le tissu lâche de beaucoup de végétaux; ces petits cristaux aiguillés sont le produit de l'oxalate de chaux qui existe dans ces plantes.

**RAPIFORME.** *Racine rapiforme*, celle qui présente la figure d'une toupie, comme le navet.

**RAYON.** Nom que l'on applique à chaque ramification de l'ombelle. *Rayons médullaires*, lames qui, partant de la moelle, atteignent la circonférence. *Rayons du capitule*, fleurons de la circonférence chez les capitules radiés. *Rayons de l'ombelle*, pédoncules secondaires qui forment la charpente de l'ombelle.

**RAYONNANT, E.** Disposé en rayons.

**RÉCEPTACLE** (du latin *receptaculum*, lieu où se rassemblent plusieurs objets). En botanique, sommet évasé du pédoncule qui supporte immédiatement la fleur. *Réceptacle commun*, celui sur lequel sont insérés un certain nombre de fleurs, comme dans les composées, les dipsacées, etc.

**RÉCLINÉ, E** (de *reclinatus*, recourbé). Renversé, recourbé. On appelle *tige réclinée* celle qui, droite à sa base, est brusquement recourbée dans sa partie supérieure.

**RECOURBÉ, E.** Synon.: *récliné*.

**RÉDUPLICATIF, IVE** (de *reduplicare*, redoubler). Estivation dans laquelle les parties d'une fleur ou d'une feuille étant disposées en cercle, ont leurs bords repliés et roulés du côté extérieur.

**RÉFLÉCHI, E** (du latin *reflectere*, formé de la particule *re*, pour *retro*, en arrière, et *flectere*, fléchir, courber). Se dit, en botanique, d'un organe qui retombe le long de son support ou le long de l'axe auquel il est attaché, des divisions du calice dont le sommet se renverse en dehors. S'applique aussi à la direction renversée de la feuille. *Ovule réfléchi*, celui qui, étant soudé avec son funicule, retombe sur celui-ci comme la lame d'un couteau sur son manche.

**RÉFRACTÉ, E** (du latin *refringere*, briser, rompre). Qui est réfléchi brusquement dès la base. *Pédicelles réfractés*, comme ceux de la fausse ombelle de l'*holosteum umbellatum*.

**RÉGULIER, ÈRE.** *Verticille régulier*, celui dont toutes les pièces sont semblables par la forme et par les dimensions. Une fleur est dite *régulière* quand elle se compose de verticilles tous réguliers. *Corolle régulière, calice régulier*, etc. Synon.: *symétrique*.

**REJET, REJETON.** Cette dénomination s'applique aux tiges secondaires qui naissent sur la souche des plantes vivaces. V. STOLON, TURIONS.

**RÉNIFORME** (du latin *ren*, rein, *forma*, forme). En forme de rein. *Graine réniforme*, comme celle du haricot; le limbe de la feuille de l'*asarum europæum* est réniforme.

**RENVERSÉ, E.** *Graine renversée*, celle dont le sommet regarde en bas.

**RENONCULACÉES.** Famille de plantes dicotylédones ayant pour type le genre *renoncule*.

**REPLICATIF, IVE** (du latin *replicare*, replier). *Feuilles replicatives*, celles qui, pendant la préfoliation, est recourbée et appliquée sur l'inférieure. Ex.: *aconit*.

**REPRODUCTEUR, RICE.** *Organes reproducteurs*, les étamines ou le pollen, les carpelles ou les ovules, dans les végétaux phanérogames; les anthérozoïdes et les spores dans les cryptogames.

**RÉSÉDACÉES.** Famille de plantes dicotylédones ayant pour type le genre *réséda*.

**RESPIRATION.** En botanique, phénomène physiologique qui consiste en la décomposition de l'air absorbé par les tissus végétaux. Les organes de la respiration des plantes sont les feuilles et les autres parties herbacées munies de petites ouvertures nommées *stomates*. V. ce mot.

**RÉSERVOIRS.** Nom donné, en botanique, aux cavités qui contiennent les sucs propres des végétaux, et qui se trouvent dans l'écorce et la tige.

**RESTIACÉES.** Famille de plantes monocotylédones, créée par Robert Brown, et qui a pour type le genre *restio*.

**RÉTICULAIRE** (du latin *rete*, filet, réseau). Qui ressemble à un réseau. *Tissu réticulaire*.

**RÉTICULÉ, E.** Marqué de nervures en forme de réseau. *Graine réticulée. Feuille réticulée*.

**RÉTINACLE.** Corps qui soutient les masses de pollen dans les orchidées.

**RÉTINACULE.** Glande qui se trouve à la base du pédicule de certaines plantes. Peu usité.

**RÉTRACTÉ, E.** Employé pour rétréci, se dit d'un organe qui diminue de volume en raison de son élasticité.

**RÉTRACTILE.** Qui se dilate et se retire.

**RÉTROFLÉCHI, E** (du latin *retro*, en arrière, *flexus*, courbé). Se dit d'un corps qui s'infléchit sur lui-même. Synon.: *rétroflexe*.

**RÉTUS, E** (de *retusus*, tronqué). Qui est très-obtus, avec sinus ou dépression plus ou moins sensible; dont l'extrémité est comme brusquement coupée.

**RÉVOLUTÉ, E** (du latin *revolutus*, roulé). Roulé, replié en dehors. *Feuille révolutée*, celle dont les bords sont enroulés en dessous.

**RÉVOLUTIF, IVE.** Se dit des feuilles dans le bourgeon, lorsque les deux bords se roulent sur eux-mêmes en dehors.

**RHAMNÉES.** Famille de plantes dicotylédones ayant pour type le genre *rhamnus* (nerprun).

**RHINANTHACÉES.** Famille de plantes dicotylédones ayant pour type le genre *rhinanthus*, aujourd'hui confondue dans celle des *scrophularinées*.

**RHIZOCARPE** (du grec ῥίζα, racine, καρπός, fruit). Dont le fruit croît sur les racines.

**RHIZOCARPIEN, NE.** Dont la racine produit de nouvelles tiges fructifères. *Végétaux rhizocarpiens*, plantes à souche vivace, émettant des tiges herbacées annuelles. On dit aussi *rhizocarpique*.

**RHIZODE** (du grec ῥίζα, racine, εἶδος, ressemblance). Qui ressemble à une racine. Peu usité.

**RHIZOGONÉEN, NE** (de ῥίζα, racine, γονή, semence). Qui croît sur les racines. *Champignons rhizogonéens*.

**RHIZOGRAPHIE** (de ῥίζα, racine, γράφω, je décris). Traité ou description des racines.

**RHIZOMATOSE.** Conversion d'une racine en rhizome. Peu usité.

**RHIZOME** (du grec ῥίζωμα, formé de ῥίζα, racine). Tige souterraine rampant en général horizontalement ou obliquement, et se terminant en une tige aérienne, émettant, de l'aisselle de ses feuilles, des rameaux aériens florifères ou des rameaux feuillés et florifères. V. Souches, Tubercules, Bulbes.

**RHIZOMORPHE** (de ῥίζα, racine, μορφή, forme). Qui a la forme d'une racine ou d'une tige souterraine.

**RHIZOPHYLLE** (de ῥίζα, racine, φύλλον, feuille). Dont les feuilles portent des racines. Peu usité.

**RHIZOPODE** (de ῥίζα, racine, πούς, ποδός, pied). Qui a le pied garni de racines. Peu usité.

**RHIZOSPERME** (de ῥίζα, racine, σπέρμα, semence, graine). Qui porte des graines, des fruits près de la racine. Peu usité.

**RHIZOTOMIE** (de ῥίζα, racine, τέμνω, je coupe). Vieille expression qui était synonyme d'herborisation. Le *rhizotome* était celui qui ramassait et préparait des racines médicinales.

**RHODO** (du grec ῥόδον, rose, en latin *rosens*). De couleur rose. *Rhododaphné*, laurier-rose. *Rhododendrum. Rhodosperme*, qui a des graines roses.

**RHOMBE** (du grec ῥόμβος). Losange, figure à quatre côtés égaux, ayant deux angles aigus et deux angles obtus. Le mot losange lui-même est dérivé, suivant Scaliger, du latin barbare *laurengia*, fait de *laurus*, laurier, parce que cette figure a quelques rapports avec la feuille du laurier. Avec *rhombe*, on a formé *rhomboïdal*, *rhomboïde*, qui s'appliquent, en botanique, à la feuille quand elle présente quatre angles, dont deux opposés plus aigus.

**RIBÉSIÉES.** Famille de plantes dicotylédones qui a pour type le genre *ribes* (groseillier). Synon.: *grossulariées*.

**RIGIDE.** Roide. *Feuille rigide*, qui ne peut être pliée sans se rompre.

**RONCINÉ, E.** Qui a des feuilles pinnatifides oblongues, dont les lobes aigus se dirigent vers la base. Ex.: le pissenlit (*taraxacum dens-leonis*).

**ROSACÉ, E.** Se dit des parties d'une plante qui sont disposées à peu près comme les pétales d'une rose. *Corolle rosacée. Écailles rosacées*.

**ROSACÉES.** Famille de plantes monocotylédones ayant pour type le genre *rose*.

**ROSELÉES.** Se dit quelquefois des feuilles disposées en rosace, en rosette.

**ROSETTE.** Disposition symétrique de feuilles nombreuses et étalées, formant des cercles rapprochés.

**ROSIFORME.** Qui a la forme d'une rose.

**ROTACÉ, E** (de *rota*, roue). En forme de roue, étalé en rond. *Corolle rotacée*, à tube court et dont le limbe est étalé.

**ROSTRÉ, E** (du latin *rostrum*, bec). Qui se prolonge, qui se termine en forme de bec. Synon.: *rostriforme*.

**RUBANÉ, E.** En forme de ruban. *Feuilles rubanées*, comme les feuilles nageantes du *sagittaria sagittæfolia*, du *scirpus lacustris*, et celles de beaucoup de graminées.

**ROULÉES,** Synon.: *convolutées*. Feuilles roulées en spirale ou volute.

**RUBESCENT, E.** Un peu rouge, qui commence à rougir.

**RUBIACÉES.** Famille de plantes dicotylédones qui renferme le *rubia tinctorum* (la garance).

**RUDÉRAL, E** (du latin *rudera*, décombres, démolitions). *Plantes rudérales*, celles qui croissent dans les masures, sur les ruines.

**RUDIMENTAIRE** (du latin *rudimenta*, fait de *radis*, brut, neuf, élémentaire). *Organe rudimentaire*, celui dont les parties constituantes commencent à poindre, mais sont encore difficiles à distinguer.

**RUGIFOLIÉ, E.** Qui a des feuilles rugueuses. Peu usité.

**RUGUEUX, SE.** Qui présente une surface inégale, glanduleuse, rude au toucher.

**RUNCINÉ, E.** V. RONCINÉ.

**RUPESTRAL, E** (du latin *rupis*, rocher). Qui croît sur les rochers. Peu usité.

**RUPTILE** (de *rumpere*, rompre). Qui s'ouvre par une rupture spontanée. *Fruit ruptile*, celui qui se rompt ou s'ouvre de lui-même à sa maturité.

**RUTACÉES.** Famille de plantes dicotylédones qui a pour type le genre *ruta* (la rue).

# S

**SAC** (amniotique, embryonnaire). Sac de l'amnios, de l'embryon végétal, où celui-ci commence à se montrer, et qui est en général rempli d'un fluide mucilagineux.

**SACCHARIFÈRE** (du latin *saccharum*, sucre, *fero*, je porte). *Plante saccharifère*, celle qui contient, qui donne du sucre.

**SAGITTÉ, E** (du latin *sagitta*, flèche). *Feuille sagittée*, celle qui est triangulaire et qui a sa base échancrée. *Anthère sagittée*, en forme de fer de flèche.

**SAILLANT, E.** Qui fait saillie, qui s'élève au-dessus d'une surface. *Étamines saillantes*, celles qui s'élèvent au-dessus de la fleur.

**SALICINÉES.** Famille de plantes dicotylédones, apétales, qui a pour type le genre *salix* (saule).

**SAMARE.** Nom appliqué par Gærtner à certains fruits secs membraneux, indéhiscents, à loges monospermes, prolongés en ailes membraneuses, comme le fruit de l'orme.

**SANTALACÉES.** Famille de plantes dicotylédones qui a pour type le genre *santalum*.

**SAPIDE.** Qui a du goût, de la saveur bonne ou mauvaise. Opposé d'insipide ou sans saveur. Terme fréquemment employé en chimie végétale.

**SAPINDACÉES.** Famille de plantes dicotylédones qui a pour type le genre *sapindus*.

**SAPOTACÉES.** Famille de plantes dicotylédones qui a pour type le sapotillier.

**SARCOBASE** (du grec σάρξ, σαρκός, chair, βάσις, base). Large disque charnu qui supporte l'ovaire de quelques plantes.

**SARCOCARPE** (de σάρξ, chair, καρπός, fruit). Partie charnue ou succulente de certains péricarpes. V. MÉSOCARPE.

**SARCODERME.** Nom quelquefois donné à la tunique externe ou *testa* de la graine; le sarcoderme est, dans d'autres cas, un arille charnu.

**SARCODIPHYTE** (du grec σάρξ, chair, φυτόν, plante). De rares auteurs ont donné ce nom aux végétaux à fruits charnus.

**SARCOGASTRE** (de σάρξ, chair, γαστήρ, ventre). Se dit d'un champignon charnu.

**SARCOME** (du grec σάρκωμα, fait de σάρξ, chair). Nom donné par quelques botanistes à certains disques glanduleux. Inusité.

**SARCOMYCÈTE** (de σάρξ, chair, μύκης, champignon). Se dit des champignons dont le tissu est charnu. Peu usité.

**SARCOSPERME.** Qui a des graines ou des fruits charnus.

**SARMENTEUX, SE.** Épithète appliquée aux végétaux dont les tiges et les rameaux ligneux rampent, grimpent, soit en s'enroulant autour d'autres tiges, d'autres branches, soit au moyen de crampons de diverses natures. Ex.: la vigne, le chèvrefeuille, la clématite. V. LIANE.

**SAURURÉES.** Famille de plantes monocotylédones, qui a pour type le genre *saururus*, créé par Linné.

**SAVEUR** (du latin *sapor*). Qualité qui affecte, en général agréablement, le goût. V. SAPIDE.

**SAXATILE** (du latin *saxatilis*, fait de *saxum*, pierre, rocher). Qui habite les lieux pierreux; qui croît, qui se trouve parmi les pierres, parmi les rochers. Plante saxatile.

**SAXIFRAGÉES.** Famille de plantes dicotylédones ayant pour type le genre *saxifraga* (saxifrage).

**SCABRE** (du latin *scaber*, âpre, rude au toucher). Se dit d'un organe dont la surface est couverte d'aspérités, de poils courts et roides.

**SCABRIDE** (même étymologie). Qui est rude au toucher.

**SCABRIFLORE** (de *scaber*, rude, *flos*, fleur). Qui a les calices de ses fleurs rudes au toucher.

**SCABRIFOLIÉ, E** (de *scaber*, rude, *folium*, feuille). Qui a des feuilles rudes au toucher.

**SCALARIFORME** (de *scala*, escalier, *forma*, forme). Qui a la forme d'un escalier, d'une échelle. Épithète qui s'applique aux vaisseaux rayés des fougères, dont les raies transversales ressemblent aux barreaux d'une échelle.

**SCAPE** (du grec σκᾶπος, et du latin *scapus*, tige). Hampe. Nom donné aux pédoncules radicaux.

**SCAPIFLORE** (de *scapus*, tige, *flos*, fleur). Dont les fleurs sont portées sur une hampe. Peu usité.

**SCAPIFORME** (de *scapus*, tige, *forma*, forme). Se dit d'une tige en forme de hampe, qui n'a point de feuilles et qui porte une fleur. Peu usité.

**SCARIEUX, SE.** Membraneux, aride, sec, ordinairement transparent ; qui a la consistance d'une écaille sèche. Se dit des bractées de certains involucres. Calice à bords scarieux.

**SCIE** (de *sicare*, couper). Denté en scie. Qui a des dentelures fines et aiguës.

**SCHISTACÉ, E.** Plante schistacée, celle qui croît dans les terrains schisteux. Peu usité.

**SCOBICULÉ, E** (de *scobes*, limaille, sciure, râpure). Qui est fin comme la sciure du bois, comme une limaille. Se dit de certaines graines anguleuses et très-fines.

**SCOBIFORME** (de *scobes*, limaille, sciure, *forma*, forme). Qui a la forme, l'aspect de la limaille, en parlant des graines.

**SCORPIOÏDE.** En forme de queue de scorpion. Telle est la forme de l'inflorescence du *myosotis*, de l'*heliotropium europæum*, etc.

**SCROBICULE** (du latin *scrobiculus*, petite fosse, fossette). Petite fossette que l'on trouve souvent sur la graine.

**SCROBICULÉ, E.** Dont la surface est creusée de petites fossettes irrégulières. Se dit du spermoderme (peau de la graine) quand il est parsemé de petits creux ou scrobicules.

**SCROPHULARIÉES** ou **SCROPHULARINÉES.** Famille de plantes dicotylédones ayant pour type le genre *scrophularia*. On écrit aussi *scrofulariées*.

**SCROTIFORME** (du latin *scrotum*, sac, *forma*, forme). En forme de sac. Se dit de deux parties solides, ovoïdes, soudées ensemble supérieurement.

**SCUTELLE** (du latin *scutella*, écuelle). Cupule ou conceptacle dans les lichens. V. APOTHÉCION.

**SCUTELLÉ, E.** Couvert de scutelles.

**SCUTELLIFORME.** En forme de scutelle, d'écuelle.

**SCUTELLOÏDE** (du latin *scutum*, bouclier, et du grec εἶδος, forme, ressemblance). Qui a la forme d'un bouclier.

**SCUTIFOLIÉ, E** (de *scutum*, bouclier, *folium*, feuille). Qui a des feuilles en forme de bouclier. Peu usité.

**SCYPHIFORME** (de *scyphus*, coupe, *forma*, forme). Qui a la forme d'une petite coupe. On dit aussi *scyphonoïde*.

**SCYPHULE** (de *scyphulus*, entonnoir). Petit entonnoir que portent certains lichens.

**SCYPHULIFORME.** Qui a la forme d'un scyphule.

**SECONDINE** (de *secundus*, second). Nom donné à la tunique de l'ovule, située immédiatement sous le testa ou primine. V. OVULE.

**SÉCRÉTEUR.** Organes sécréteurs. V. SÉCRÉTOIRES.

**SÉCRÉTION** (du latin *secretio*, fait de *secernere*, séparer). En botanique, fonction physiologique par laquelle la plante sécrète certains liquides qui prennent le nom d'*excrétions*, quand ils se concrètent en substance solide, comme la gomme.

**SÉCRÉTOIRES.** Glandes sécrétoires, celles qui sécrètent à l'extérieur les liquides qu'elles ont élaborés. Organes sécrétoires.

**SECTILE.** Qui est susceptible de se partager. On applique cette épithète à la masse pollinique réunie par un réseau élastique, comme dans les orchis et les ophrys.

**SECTION.** Division ou sous-division dans une classification.

**SECUNDIFLORE.** S'applique à une plante dont toutes les fleurs sont tournées du *même* côté. *Secundi* placé au commencement des mots, a pour objet, en général, d'exprimer des organes insérés dans tous les sens, mais déjetés d'un seul côté.

**SÉGÉTAL, E** (du latin *seges*, moisson). Qui croît dans les moissons. *Herbes ségétales.*

**SEGMENT** (du latin *segmentum*, section, division). Se dit, en botanique, d'une division marquée, d'une partie comprise entre deux articulations, des divisions d'une feuille pennatiséquée, de lobes profondément divisés, etc.

**SEMENCE** (du latin *semen*). Sous cette dénomination, l'on comprenait autrefois la graine et même les fruits secs et monospermes (cariopse, akène), que l'on regardait, à tort, comme des graines nues. Cette expression est à présent abandonnée dans la science botanique, bien que conservée dans la langue agricole.

**SEMI.** Synonyme de demi. *Semi-adhérent*, qui adhère à moitié, en partie ; ovaire semi-adhérent. *Semi-amplexicaule*, qui enserre à moitié ; feuille semi-amplexicaule. *Semi-anatrope*, semi-réfléchi ; ovule semi-anatrope, celui qui est parcouru par un raphé dans la moitié seulement de sa longueur. *Semi-annulaire*, qui forme un demi-anneau ; embryon semi-annulaire. *Semi-double*, se dit d'une fleur double dont toutes les étamines et tous les carpelles ne sont point transformés en pétales. *Semi-floscu-*

leux, se, qui forme un demi-fleuron; Tournefort a appelé semi-flosculeuses les fleurs composées dont la corolle, déjetée en languette, porte le nom de demi-fleurons, et dont il a fait la treizième classe de sa méthode. *Semi-globuleux, se,* qui est hémisphérique. *Semi-infère,* se dit d'un ovaire adhérent dans sa moitié inférieure seulement, qui n'est libre qu'à sa partie supérieure. *Semi-loculaire,* se dit d'un fruit pluriloculaire dont les cloisons sont incomplètes et dont les loges communiquent entre elles. *Semi-lunaire, semi-lové, e,* dont la forme ressemble à une demi-lune, à un croissant. *Semi-ovale,* à demi ovale. *Semi-réfléchi, e,* même signification que semi-anatrope. *Semi-sagitté,* en fer de flèche, coupé verticalement en demi-fer de flèche. *Semi-supère,* s'est appliqué quelquefois au calice chez les fleurs à ovaire semi-adhérent, mais ne s'emploie plus. *Semi-vasculaire,* se dit d'un tissu qui présente des faisceaux vasculaires entourés de tissu cellulaire. *Semi-pinne* ou *penné, e,* se dit d'une feuille à limbe penné dans la moitié de son étendue. *Semi-radié, e,* qui ne présente de rayons que d'un seul côté. *Semi-valve, e,* dont la valve ne se détache qu'au sommet. *Semi-verticillé, e,* qui est disposé en demi-verticilles, c'est-à-dire en verticilles n'entourant que la moitié de la circonférence de la tige. *Semi-staminaire,* se dit d'une fleur double dont une partie seulement des étamines est transformée en pétales.

**SÉMINALES.** S'applique aux feuilles cotylédonaires.

**SÉMINIFÈRE** (de *semen,* semence, *fero,* je porte). Qui porte des graines.

**SÉMINIFORME** (de *semen,* semence, *forma,* forme). En forme de graine.

**SEMPERVIRENS.** Expression latine francisée, qui signifie : toujours vert. Se dit des végétaux dont les feuilles persistent pendant l'hiver ou de plantes pourvues de feuilles persistantes.

**SENSIBILITÉ.** Quelques botanistes ont voulu doter les plantes de sensibilité, mais aucun n'a pu fournir de preuves même à demi satisfaisantes à l'appui de cette opinion. Les plantes éprouvent des impressions dont elles sont inconscientes ; ces impressions s'appellent *irritabilité.* V. ce mot.

**SÉPALE** (du latin *sepalum*). On désigne sous le nom de sépales les feuilles modifiées dont la réunion en verticilles constitue le calice ou l'enveloppe florale externe. L'une des parties du calice polysépale. Lorsque ces parties se montrent parfaitement distinctes, on dit que le calice est *polysépale.* Lorsque, au contraire, elles sont adhérentes par leurs bords, le calice est dit *monosépale.* V. ces mots.

**SÉPICOLE** (de *sepes,* haie, *colo,* je cultive). Qui vit dans les haies.

**SEPTEMANGULÉ, E** (de *septem,* sept, *angulus,* angle). Qui offre sept angles.

**SEPTEMFOLIOLÉ, E.** Dont les feuilles sont composées de sept folioles.

**SEPTEMLOBÉ, E.** Qui est partagé en sept lobes. On a écrit aussi quelquefois *septené* et *septémologité.*

**SEPTEMNERVÉ, E.** Dont les feuilles portent sept nervures.

**SEPTICIDE** (de *septum,* cloison, *cædere,* couper). Se dit de la déhiscence de la capsule lorsqu'elle se fait vis-à-vis des cloisons, qu'elle divise en deux lames. Qui s'ouvre par le dédoublement des cloisons.

**SEPTIFRAGE** (de *septum,* cloison, *frangere,* briser). Qui s'ouvre par la rupture des cloisons. S'applique à la déhiscence de la capsule, lorsque la cloison reste entière et libre.

**SEPTILE** (de *septum,* cloison). Qui tient aux cloisons du fruit.

**SEPTULE** (de *septulus,* diminutif de *septum,* cloison). Petite cloison qui partage l'anthère des orchidées en deux loges.

**SEPTULÉ, E.** Qui est garni de petites cloisons transversales. Peu usité.

**SEPTULIFÈRE.** Qui porte à l'intérieur une petite cloison.

**SEPTUM.** Mot latin qui signifie cloison et dont on se sert en français, comme on le voit dans les exemples ci-dessus.

**SÉRICIFOLIÉ, E** (du latin *sericum,* soie, *folium,* feuille). Qui a des feuilles soyeuses.

**SÉRIE** (de *series,* suite, série). Suite d'organes disposés sur une même ligne. Quand la série est droite, elle est dite *rectiligne* ; quand elle est courbe, *curviligne.*

**SÉRIÉ, E.** Organes disposés en *séries,* particulièrement les ovules, lorsqu'ils sont placés symétriquement sur le placenta, formant une ou plusieurs rangées sériées. *Bisérié,* disposé en deux séries.

**SERRATIFOLIÉ, E** (de *serratus,* dentelé, fait de *serra,* scie, *folium,* feuille). Qui a des feuilles dentelées, comme une scie de menuisier.

**SERRATISTIPULÉ, E** (de *serratus,* dentelé, *stipula,* stipule). Qui a des stipules dentelées en scie.

**SERRETÉ, E** (de *serra,* scie). Découpé en scie, dont les dents vont dans la direction du sommet de la feuille. Feuilles serretées.

**SERRULÉ, E.** Même étymologie et même signification que *serreté.*

**SERTULE** (du latin *sertum,* bouquet). Assemblage de fleurs dont les pédoncules partent tous du même point, comme la primevère.

**SERTULÉ, E.** Qui est disposé en sertule.

**SESSILE** (en latin *sessilis*). Se dit d'une fleur qui n'a point de pédoncule, d'une fleur qui n'a point de pétiole, d'une étamine dépourvue de filet, en un mot de tout organe qui n'a point de support. L'ovaire sessile est celui qui n'a pas de stipe. Le stigmate sessile est celui qui n'a pas de style.

**SESSIFLORE.** A fleurs sessiles.

**SETA** (mot latin qui signifie soie). On désigne sous ce nom le pédicelle de la capsule ou urne des mousses.

**SÉTACÉ, E** (de *setaceus*, fait de *seta*, soie). Se dit des parties des plantes qui sont déliées et roides, comme des poils de sanglier.

**SÉTIFÈRE** (de *seta*, soie, *ferre*, porter). Qui porte un prolongement en forme de soie.

**SÉTIFLORE** (de *seta*, soie, *flos*, fleur). Qui a des pétales déliés comme des soies.

**SÉTIFOLIÉ, E** (de *seta*, soie, *folium*, feuille). Qui a des feuilles déliées et roides comme des poils de sanglier.

**SÈVE** (du latin *sapa*). Humeur nutritive, liqueur limpide, incolore, sans goût et sans odeur, qui se répand par toute la plante, où elle joue les fonctions du sang dans les animaux, et qui lui fait porter du nouveau bois, des fleurs et des fruits. On nomme *sève ascendante* (*lympha*) les liquides absorbés et encore peu élaborés, et *sève descendante* (*cambium*) les liquides élaborés.

**SÉVEUX, SE.** Épithète s'appliquant aux vaisseaux qui servent de conduits à la sève. Canal séveux.

**SEXANGULÉ, E.** Qui a six angles.

**SEXFIDE** (de *sex*, six, *findere*, fendre, diviser). Qui est divisé en six portions. *Feuille sexfide*, feuille simple à six divisions étroites et peu profondes.

**SEXIFÈRE** (de *sexus*, sexe, *ferre*, porter). Qui est muni d'organes sexuels.

**SEXIJUGUÉ, E** (de *sex*, six, *jugum*, paire). Qui a des feuilles composées de six paires de folioles.

**SEXLOCULAIRE** (de *sex*, six, *loculus*, petite loge). Qui est partagé en six loges. Fruit sexloculaire.

**SEXUEL, E.** On applique cette épithète aux organes reproducteurs, étamines (sexe mâle), ovaire ou carpelles (sexe féminin).

**SEXVALVE.** Qui a six valves. S'applique au fruit sec et déhiscent à la maturité, ou capsule dont la déhiscence se fait en six valves.

**SIGILLÉ, E** (de *sigillatus*, fait de *sigillum*, sceau). Qui porte comme une espèce de sceau. Racine sigillée, rhizome.

**SILICULE.** Diminutif de *silique* (V. ce mot). Silique courte, d'une largeur presque égale à sa longueur.

**SILICULÉ, E.** Plante siliculée, celle dont le fruit est une silicule. Fruit siliculé, celui qui est de la nature de la silicule. On dit aussi *siliculeux, se*.

**SILIQUE** (en latin *siliqua*). Péricarpe composé de deux valves réunies par une suture longitudinale, entre lesquelles valves se trouve ordinairement une cloison membraneuse; capsule allongée, étroite, comprimée, ordinairement déhiscente en deux valves, propre à la famille des crucifères.

**SILIQUEUX, SE.** Se dit des plantes dont le fruit est une silique allongée.

**SILIQUIFORME.** En forme de silique.

**SILLON** (du latin *sulcus*, trace que fait le soc de la charrue). En botanique, ligne verticale ou rainure qui marque sur les loges de l'anthère le point ou sillon de déhiscence. On donne aussi ce nom à une sorte de petite gouttière que l'on remarque quelquefois sur le pétiole.

**SILLONNÉ, E.** Épithète qui s'applique, en botanique, à des feuilles et à des tiges marquées de cannelures ou de petites excavations longitudinales.

**SIMILAIRE** (du latin *similaris*, fait de *similis*, semblable). Qui est homogène, de même nature.

**SIMPLE** (en latin *simplex*). Qui ne se ramifie point, qui n'est pas formé de diverses pièces distinctes. *Calice simple*, celui qui n'a point extérieurement un second calice. *Tige simple*, celle qui n'a point de ramifications. *Fleur simple*, celle dont la corolle ne présente que les pétales qu'elle doit naturellement avoir. *Feuille simple*, celle qui, entière ou divisée, ne se compose pas de folioles articulées. *Fruit simple*, celui qui est le résultat de l'ovaire d'une seule fleur, et non de l'agrégation des ovaires de plusieurs fleurs. *Tube simple*, vaisseau non poreux qui aide à la circulation de la sève. *Embryon simple*, l'embryon indivis des monocotylédones. *Simple* s'emploie par opposition à *composé*.

**SINISTRORSE, E** (du latin *sinistrorsus*, dirigé vers la gauche). S'applique à une tige qui s'enroule de bas en haut, et de droite à gauche. On dit aussi *sinistrorse*.

**SINUÉ, E** (de *sinuatus*, passif de *sinuare*, courber en arc). Qui décrit des flexuosités. Se dit, en botanique, des feuilles dont les bords sont marqués par des échancrures arrondies et très-ouvertes.

**SINUS** (mot latin franché). En botanique, partie rentrante des bords d'une feuille.

**SINUOLÉ, E.** Dont les bords sont légèrement sinueux. Feuille sinuolée.

**SITUATION** (du latin *situs*). On dit d'un organe que sa situation est absolue, quand on le considère au point de vue de l'axe sur lequel il est inséré; qu'elle est relative, quand on la considère relativement aux autres organes insérés dans le voisinage. La situation d'un organe peut être aussi considérée au point de vue du milieu dans lequel il se développe; par exemple, la tige peut être souterraine ou hypogée, aérienne ou épigée, enfin submergée.

**SOCIALES.** Épithète appliquée aux plantes dont les groupes d'espèces se développent dans les mêmes conditions, habitent les mêmes stations, de sorte que la présence de l'une indique la présence de l'autre. Alexandre de Humboldt et Kunth emploient fréquemment l'expression de *plantes sociales*.

**SOIE** (en latin *seta*). En botanique, poil long, doux, roide et brillant.

**SOLANÉES.** Famille de plantes dicotylédones comprenant la pomme de terre, la douce-amère, le tabac, la jusquiame, la belladone, le datura, l'aubergine, etc., et qui a pour type le genre *solanum* (morelle).

**SOLIDE.** Épithète s'appliquant à la tige qui n'est pas creuse, qui est pleine.

**SOLITAIRE.** Qui est seul. S'applique, en botanique, à un organe qui n'est point accompagné d'organes de même nature, à la fleur qui naît seule à l'aisselle des feuilles ou qui termine la tige ; à l'épine, lorsqu'elle est seule au point de l'insertion.

**SOMMEIL.** En botanique, état d'une plante dont quelque partie, comme la corolle, la feuille, se ferme et se plie, ou bien subit un changement notable et itératif de direction pendant certaines heures. Chez un grand nombre de fleurs, la corolle se ferme le soir pour se rouvrir le lendemain.

**SOMMET.** En botanique, partie opposée à la base ou point d'insertion d'un organe ; partie la plus saillante d'une plante ou de l'un de ses organes. *Sommet de l'ovaire*, la partie qui est rétrécie en style. *Sommet de la graine*, extrémité opposée au hile.

**SORES** (du grec σωρός, tas, monceau). On donne ce nom, chez les fougères, aux petites masses agrégées de capsules contenant les spores. Les sores peuvent être orbiculaires, oblongs, linéaires, etc.

**SOROSE** (du grec σωρός, amas). Nom donné par Mirbel aux fruits agrégés, composés de plusieurs drupes, charnus, succulents, mamelonnés, de la nature de la baie, comme la mûre, l'ananas, etc. Synon. *Syncarpe*.

**SOUCHE.** La partie de l'arbre qui tient au tronc et aux racines, la partie souterraine d'une plante vivace, quel que soit son mode de végétation. V. Tige souterraine et Rhizome.

**SOUDURE.** V. Adhérence.

**SOUS-ARBRISSEAU.** Végétal demi-ligneux, suffrutescent.

**SOUTERRAIN, E.** Qui se développe au-dessous de la surface du sol. Synon.: *hypogé*.

**SOYEUX, SE** (en latin *sericeus*). Qui est couvert de poils fins, longs, doux, brillants, ayant l'aspect de la soie.

**SPADICE** (en latin *spadix*). Pédoncule commun portant des fleurs unisexuées, apétales. Inflorescence de certaines plantes monocotylédones, laquelle consiste en un pédoncule radical terminé par un épi à fleurs sessiles, muni à sa base d'une bractée membraneuse enveloppante ou spathe. Réceptacle de la fructification, entouré d'une spathe qui lui sert de voile. Axe rameux qui porte les fleurs du palmier. On se sert aussi du mot latin *spadix*.

**SPATHACÉ, E.** Qui a l'aspect et la consistance membraneuse d'une spathe. Enveloppé d'une spathe. V. ce mot.

**SPATHE** (du grec σπάθη, lame ou pique). Espèce de gaine membraneuse qui se termine en forme de pique. Involucre composé d'une ou plusieurs bractées membraneuses très-amples, et qui enveloppe l'inflorescence avant l'épanouissement des fleurs. Les inflorescences des palmiers, des *arum* et des *allium* sont munies d'une spathe. Spathe herbacée de l'*arum vulgare* ; spathe ligneuse du dattier ; spathe membraneuse de l'*hydrocharis morsus-ranæ* ; spathe colorée ou pétaloïde du *butomus umbellatus*.

**SPATHELLES.** Nom donné aux deux écailles ou paillettes de la glume des graminées. Synon.: *glumelles*.

**SPATHELLULE.** Diminutif de spathelle. Nom donné à chaque écaille de la glumelle des graminées.

**SPATHIFLORE.** Qui a les fleurs entourées d'une spathe.

**SPATULÉ, E** (du grec σπάθη, spatule ou spathule, instrument de pharmacie, rond par un bout et plat par l'autre). S'applique aux feuilles dont la partie supérieure est arrondie en forme de spatule et dont la base est rétrécie.

**SPECIES** (mot latin francisé, qui signifie espèce). Énumération descriptive d'espèces qui appartiennent à une des divisions de l'histoire naturelle. *Nova genera et species plantarum*, titre d'un grand ouvrage de botanique d'Alexandre de Humboldt, Amédée Bonpland et Kunth.

**SPÉCIFIQUE** (du latin *specificus*, propre à...). Qui appartient à une espèce, qui la caractérise.

**SPÉCIMEN.** En botanique, échantillon composé d'une plante entière ou d'un fragment de plante destiné à représenter une espèce dans une collection et à servir à son étude.

**SPÉIRÈME** (du grec σπείρω, je sème). Corpuscule reproducteur des lichens.

**SPERMAPODE** (du grec σπέρμα, graine, πούς, ποδός, pied). Filet qui soutient les deux parties du fruit des plantes ombellifères.

**SPERMATIES.** Nom donné par M. Tulasne aux corpuscules renfermés dans les organes qu'il appelle *spermogonies*, chez les lichens et certains champignons.

**SPERMATOSCYSTIDION** (du grec σπέρμα, semence, κύστις, vessie). Anthère des plantes. Nom donné à des utricules transparentes incrustées dans l'épiderme de certains champignons. Peu usité.

**SPERMATOGRAPHIE** (de σπέρμα, semence, γράφω, je décris). Description des graines des végétaux.

**SPERMATOZOÏDES** (de σπέρμα, semence, ξῶον, animal). Nom donné, en botanique, à des animalcules végétaux renfermés dans les organes mâles désignés sous le nom d'anthéridies, et qui existent chez les plantes de plusieurs familles cryptogames.

**SPERMODERME** (de σπέρμα, semence, δέρμα, peau). Peau de la graine. Nom donné par De Candolle à l'ensemble des téguments propres de la graine.

**SPERMOPHORE** (de σπέρμα, graine, φέρω, je porte). Qui porte des graines ou des corpuscules reproducteurs. V. PLACENTA et PÉRICARPE.

**SPERMOGONIES**. Nom appliqué par M. Tulasne aux conceptacles punctiformes observés chez les lichens et chez certains genres de champignons. V. SPERMATIES.

**SPHÉRIQUE**. En forme de globe ou de sphère. Stigmate, ovaire sphériques, etc.

**SPHÉROÏDAL, E**. Qui se rapproche de la figure de la sphère, mais qui n'est pas exactement rond et dont un diamètre est plus grand que l'autre.

**SPICIFORME** (de *spica*, épi, *forma*, forme). Qui a la forme d'un épi.

**SPICULÉ, E** (de *spicula*, diminutif de *spica*, épi). Se dit d'un épi ramifié composé d'épillets.

**SPINELLE**. Gros poil qui simule une petite épine. V. SPICULE.

**SPINELLÉ E**. Qui est garni de spinelles.

**SPINELLEUX, SE**. Qui porte de petites épines, des spinelles.

**SPINESCENT, E**. En forme d'épine, terminé en épine. Se dit d'un rameau qui porte des épines et des stipules épineuses, d'un organe transformé en épine.

**SPINOCARPE** (du latin *spinum*, épine, et du grec καρπός, fruit). Qui porte des fruits épineux.

**SPINULE** (de *spinula*, diminutif de *spina*, épine). Petite épine.

**SPINULEUX, SE**. Qui est garni de petites épines.

**SPINULIFORME**. Qui a la forme d'une petite épine.

**SPIRAL, E**. Roulé en spirale, en forme d'hélice. *Fil spiral* de la trachée dans les plantes. *Vaisseaux spiraux* (ou trachées), ceux qui sont formés d'une lame argentine roulée en hélice sur elle-même, et qui se trouvent autour de la moelle des végétaux dicotylédons.

**SPIRALE** (du latin *spira*, fait du grec σπεῖρα, tour, vis). En botanique, disposition en hélice des feuilles autour de la tige. *Spirale soudée*, s'applique aux vaisseaux dont la spirale ne se déroule pas.

**SPIRALÉ, E**. Qui est roulé en spirale. Se dit des vaisseaux roulés en spirale, d'appendices tels que vrilles, etc.

**SPIRE** (de *spira*, tour). Organe roulé en spirale. Au pluriel, série d'organes disposés selon une ligne spirale.

**SPIROLOBÉ, E** (de σπεῖρα, spire, πορός, pore, ouverture) Qui a des cotylédons allongés et roulés en spirales, comme les *spirolobées*, plantes de la famille des crucifères.

**SPIROSTYLE** (de σπεῖρα, tour, στύλος, style). Qui a le style contourné en spirale.

**SPONGIEUX, SE**. Dont le tissu ressemble à une éponge. *Tige spongieuse*, celle dont l'axe central est rempli de moelle.

**SPONGIOLE**. Bouche aspirante des radicules capillaires de la racine; extrémité cellulaire de chacune des divisions de la racine, des fibres radicales ou radicelles. Ce sont surtout les spongioles qui absorbent les liquides puisés par la plante dans la terre.

**SPORANGES** (fait de *spora*, spore). Les sporanges, que l'on a nommées aussi quelquefois *sporangidies*, sont des capsules ou conceptacles qui, dans un grand nombre de cryptogames, renferment les corpuscules reproducteurs ou spores.

**SPORANGIOLE**. Petite capsule, contenant plusieurs spores et enveloppée d'une sporange, que l'on observe dans certaines plantes cryptogames.

**SPORES**. Corpuscules reproducteurs qui, chez les plantes cryptogames, jouent le même rôle que les graines dans les plantes phanérogames.

**SPORIDIES**. Corpuscules reproducteurs des champignons. De là viennent les mots peu usités de *sporidifère*, qui porte ou renferme des sporidies; *sporidiforme*, qui a la forme de sporidies.

**SPORIDOQUE** (du grec σπορά, graine, δοκός, qui reçoit). Organe qui, dans les lichens, est placé entre les sporanges.

**SPOROZOÏDES**. Nom donné aux spores de certaines algues, qui sont douées de mouvements spontanés, après s'être détachées de la plante mère, et qui s'agitent dans le liquide pendant un certain temps avant de se fixer sur un corps solide pour germer. Ils diffèrent des *spermatozoïdes* en ce qu'ils reproduisent la plante, tandis que les spermatozoïdes meurent après avoir rempli leur rôle, qui est de féconder les spores. V. SPERMATOZOÏDES, SPORULES et ZOOSPORES.

**SPORULÉS** (du grec σπορά, répandu). Corpuscules reproducteurs analogues aux bulbilles contenus ordinairement dans les utricules ou capsules des plantes cryptogames ou agames; semences des cryptogames; graines cinériformes des lycoperdons. Synon. de *spores*.

**SPORULIFÈRE**. Qui porte ou qui enveloppe les sporules. On a écrit aussi quelquefois *sporuligère*.

**SPORULEUX, SE**. Qui renferme beaucoup de sporules.

**SQUAME** ou **SQUAMME** (du latin *squama*, écaille). Petite écaille ou bractée qui entoure le calice de certaines fleurs. On emploie quelquefois, comme diminutif, les mots *squamelle*, *squamellule*.

**SQUAMEUX, SE**. Qui est muni d'écailles, qui est écailleux. Bulbes squameux, à écailles étroites, nombreuses et imbriquées.

**SQUAMIFÈRE**. Qui porte des écailles.

**SQUAMIFORME**. De la forme, de la nature de la squame. Bractées, stipules squamiformes.

**SQUAMULES.** V. GLUMELLULES.

**SQUARREUX, SE** (du grec εσχαρα, eschare, croûte noire qui se forme sur la peau ou la chair). Qui est hérissé d'écailles rapprochées, rudes et recourbées, imitant l'écaille de poisson. Se dit, entre autres, de certains involucres de plantes de la famille des composées. On dit, par diminutif, *squarreuleux*, qui est un peu roide et dur au toucher.

**STACHYOPTÉRIDE** (de σταχυς, épi, πτερις, fougère). Qui a la fructification disposée en épi. Peu usité.

**STAGNICOLE** (de *stagnum*, étang, *colo*, j'habite). Qui croît, qui vit dans les étangs.

**STAMINAL, E.** Qui appartient à l'étamine. *Filet staminal*, filet de l'étamine.

**STAMINIFÈRE** (de *stamen*, étamine, *ferre*, porter). Se dit de la corolle, des nectaires, sur lesquels sont insérées les étamines.

**STAMINIFORME.** En forme d'étamine.

**STAMINIPARE** (de *stamen*, étamine, et *parere*, produire. Se dit d'une fleur dont les organes ont pris la forme d'étamines. Peu usité.

**STAMINODES.** Étamines latérales stériles, rudimentaires, que l'on voit, au nombre de deux, chez les orchidées ; ce nom s'applique, en général, à tout organe accessoire de la fleur, qui peut être considéré comme étamine avortée.

**STATION.** En botanique, on entend par ce mot la latitude, la longitude, la nature du terrain et l'exposition où croît naturellement une espèce végétale. *Patrie* et *habitat* sont synonymes de station au point de vue géographique et géologique.

**STELLAIRE.** Qui offre des parties en forme d'étoiles ou disposées en étoiles.

**STELLIFORME.** Qui a la forme d'une étoile.

**STELLULÉ, E.** Qui a des feuilles disposées en étoiles, des poils ramifiés en manière d'étoiles, des pores en forme d'étoiles.

**STÉNOCARPE** (de στενος, étroit, καρπος, fruit). Qui a des fruits étroits. Peu usité.

**STÉNOLOBE** (de στενος, étroit, λοβος, lobe). Qui a les lobes étroits. Peu usité.

**STÉNOPÉTALE** (de στενος, étroit, πεταλον, pétale). Qui a des pétales étroits. Peu usité.

**STÉNOPHYLLE** (de στενος, étroit, φυλλον, feuille). Qui a des feuilles étroites. Peu usité.

**STÉNOPODE** (de στενος, étroit, πους, ποδος, pied). Qui a le pied ou le stipe très-mince. Peu usité.

**STÉNOSTACHE, E** (de στενος, étroit, σταχυς, épi). Dont les fleurs sont disposées en épis grêles. Peu usité.

**STÉRÉOPHYLLE** (de στερεος, solide, φυλλον, feuille). Qui a des feuilles fermes et rigides.

**STÉRÉOTHALAME** (de στερεος, solide, θαλαμος, lit). Se dit des lichens dont les expansions droites sont pleines et solides. Peu usité.

**STÉRILE** (du latin *sterilis*, fait du grec στερεω, je prive). Qui ne porte point de fruits. Se dit d'une plante chez laquelle la fécondation ne peut s'opérer, par suite de l'absence des étamines ou de l'absence des pistils ; d'une fleur dépourvue et même pourvue de pistils, mais qui reste en dehors de l'action des étamines de plantes appartenant à la même espèce ; de fleurs réduites aux enveloppes florales et privées d'étamines et de pistils. Une étamine est dite stérile, quand son anthère ne contient pas de pollen ; un ovaire, une loge d'ovaire ou un carpelle sont dits stériles quand ils ne contiennent pas d'ovules.

**STIGMATE** (du grec στιγμα, στιγματος, dérivé de στιζω, piquer). Marque, empreinte. En botanique, partie du pistil destinée à recevoir le principe fécondant et à le transmettre à l'ovaire, soit immédiatement, soit par l'intermédiaire d'un support plus ou moins long appelé style.

**STIGMATIQUES.** On donne le nom de *lignes stigmatiques* à des stigmates linéaires qui s'étendent le long de certains styles. Dans la famille des composées, les deux branches du style sont pourvues chacune de deux lignes stigmatiques.

**STIMULES** (du latin *stimulus*, aiguillon). En botanique, on donne ce nom aux poils piquants et aux poils urticants, dont la piqûre cause des cuissons et des démangeaisons.

**STIMULOSE, E** (de *stimulus*, aiguillon). Muni de poils piquants. Peu usité.

**STIPACÉ, E.** Qui ressemble à un stipe. V. ce mot. On dit aussi *stipe*.

**STIPE.** Nom proposé pour désigner les tiges ligneuses des monocotylédones, comme celles du palmier, et pour les fougères arborescentes. M. P. De Candolle a repoussé cette dénomination comme inutile et obligeant à désigner la tige des monocotylédones, dans une même famille, par des expressions différentes. Ce mot, employé dans un sens plus général, signifie support ou tige. Le stipe du champignon est la partie, le pédicule qui supporte le chapeau.

**STIPELLES.** Petites stipules accessoires qui accompagnent les folioles ou les segments de certaines feuilles composées ou pennatiséquées.

**STIPELLÉ, E.** Dont les feuilles sont garnies de stipelles. Peu usité.

**STIPIFORME.** Qui ressemble à un stipe.

**STIPITÉ, E.** Élevé sur un pied ou un support. Se dit de tout organe supporté par un pivot. Ovaire stipité, celui qui est élevé sur un podogyne ou gynophore.

**STIPULACÉ.** Pourvu de stipules. Se dit du bourgeon, quand il est enveloppé par des écailles qui sont des stipules avortées.

**STIPULAIRE.** Qui appartient aux stipules. *Aiguillons stipulaires*, c'est-à-dire stipules consistantes, solides et piquantes, comme les aiguillons du *robinia*

**STIPULE** (du latin *stipula*, chaume, paille). Écailles foliacées ou scarieuses de diverses formes, qui accompagnent souvent le point d'insertion des feuilles. Les feuilles que les stipules accompagnent sont ordinairement pétiolées. Les stipules sont libres ou elles sont soudées, dans une étendue variable, avec le pétiole.

**STIPULÉ, E.** S'applique aux feuilles pourvues de stipules.

**STIRPS.** Mot latin qui signifie *race, espèce*. C'est dans ce sens que plusieurs botanistes ont intitulé leurs ouvrages : *Historia stirpium*, histoire des espèces.

**STOLON** (du latin *stolo, stolonis*, drageon, rejeton). Petite tige grêle, latérale, rampante et susceptible de s'enraciner, qui naît de la base de la tige principale. Chez les fraisiers, ces petites tiges sont plus ordinairement appelées *coulants*.

**STOLONIFÈRE.** *Tige stolonifère*, tige qui émet des stolons.

**STOMATES** (de στόμα, bouche). Pores microscopiques de l'épiderme des plantes; organes qui sont une dépendance de l'épiderme et du tissu cellulaire cortical sous-jacent. Ils se rencontrent généralement sur toutes les parties herbacées qui sont exposées au contact de l'air, sur les feuilles et sur l'épiderme de l'écorce pendant sa première année.

**STRIE** (en latin *stria*, fait du grec στρίξ). Ligne très-fine tracée soit en creux, soit en un trait coloré, à la surface des feuilles, des graines, etc.

**STRIÉ, E.** Qui présente des stries. Se dit d'une surface marquée de lignes fines ou de petites cannelures. *Feuilles striées, graines striées.*

**STRIGUEUX, SE** (de στρίξ, strie). Dont la surface est rude, raboteuse, presque piquante en raison de poils roides, comme la tige et les feuilles de la bourrache.

**STROBILACÉ, E** (du grec στρόβιλος; pomme de pin, d'où vient *strobile*). Qui a la forme d'un cône, d'un strobile.

**STROBILE.** Fruit agrégé d'un grand nombre de conifères et de cycadées, du pin, du sapin, du mélèze, du cèdre, etc. Synon.: *cône.*

**STROBILIFÈRE.** V. CONIFÈRE, qui est plus usité.

**STROBILIFORME.** En forme de strobile ou de cône. Se dit de certains fruits qui n'appartiennent pas à des végétaux du groupe des gymnospermes, tels que les fruits des aunes et du houblon. Synon.: *conique.*

**STROME** (de στρῶμα, tapis). Réceptacle fructifère de certaines espèces de la famille des champignons. V. APOTHÉCION.

**STROPHIOLE** (de στροφίς, entorse). Bosse calleuse, sorte d'arille charnue qui forme appendice à la surface de certaines graines. V. ARILLE.

**STYLE** (du grec στύλος, et du latin *stylus*, sorte de poinçon dont les anciens se servaient pour écrire sur des tablettes de cire). En botanique, partie supérieure, atténuée, allongée, prolongement filiforme, cylindrique, semi-cylindrique ou prismatique de l'ovaire, et qui se termine par le stigmate.

**STYLIFORME.** Qui a la forme d'un style.

**STYLISQUE.** V. COLUMELLE.

**STYLOÏDÉ, E.** Synon.: *styliforme.*

**STYLOPODE** (de στύλος, style, πούς, πόδος, pied). Épaississement de la base du style dans les ombellifères. Disque qui couronne l'ovaire des ombellifères.

**STYLOSTÉGE** (de στύλος, style, στέγη, toit). Nom donné par Link à la base élargie des styles qui, par leur réunion, recouvrent l'ovaire comme un capuchon, dans les asclépiadées.

**STYPTIQUE** (de στυπτικός, fait de στύφω, resserrer). Qui a une saveur acerbe et astringente.

**STYRACÉES.** Famille de plantes dicotylédones qui a pour type le genre *styrax.*

**SUB.** Mot latin qui, mis au commencement des termes de botanique, signifie *à peine, sous, dessous, presque, à peu près.*

**SUBAPICILAIRE** (de *sub*, dessous, presque, *apex*, sommet). Qui est presque au sommet. Se dit du placenta lorsqu'il est fixé presque au sommet de la voûte ovarienne. Se dit aussi de l'anthère lorsqu'elle donne attache au filet presque à sa partie supérieure.

**SUBER.** Mot latin qui désigne la couche cellulaire morte de l'écorce, nommée vulgairement liége.

**SUBÉREUX, SE.** Qui est de la substance, de la nature du liége.

**SUBLOBÉ, E.** Qui est *à peine (sub)* partagé en lobes.

**SUBMERGÉ, E.** Se dit d'une plante qui végète entièrement recouverte par l'eau, des feuilles, des plantes aquatiques, lorsqu'elles sont complétement sous l'eau.

**SUBPÉDICULÉ, E.** Qui est presque pédiculé, c'est-à-dire porté sur un pédicule *à peine (sub)* visible. Peu usité.

**SUBPINNATIFIDE.** Se dit de la feuille *presque pinnatifide.*

**SUBRÉVERSIBLES.** Se dit des feuilles susceptibles de s'appliquer face à face par leur partie inférieure, quand la direction a lieu par la base de la tige.

**SUBTERRANÉ, E.** Qui se trouve au-dessous de la surface du sol. Qui se développe dans la terre.

**SUBTILE.** Qui est d'une grande ténuité, d'une extrême finesse.

**SUBULÉ, E** (de *subula*, alène, fait de *suere*, coudre). Qui est en forme d'alène. Se dit quelquefois de la forme du style et de certains poils des plantes; de corps prismatiques terminés insensiblement en pointes aiguës, comme les feuilles des sapins, des mélèzes.

**SUBULIFOLIÉ, E.** Qui a des feuilles subulées, comme les sapins, les mélèzes.

**SUC** (en latin *succus*). Liquide contenu dans les organes végétaux. Principe de végétation puisé dans la terre et dans l'air. Séve plus ou moins élaborée. Les sucs peuvent être aqueux, mucilagineux, laiteux, résineux, limpides, opaques, visqueux, colorés, incolores, insipides, fades, sucrés, acides, vireux, nauséeux, âcres, caustiques, etc. *Sucs propres* (*latex*), sucs élaborés, ordinairement de consistance laiteuse ou résineuse, souvent colorés, qui sont renfermés dans les vaisseaux lactifères.

**SUCCÉDANÉ, E** (du latin *succedaneus*). Se dit d'un produit végétal qu'on peut substituer à un autre comme ayant à peu près les mêmes vertus pour la médecine ou pour les usages économiques.

**SUCCION** (de *suctus*, fait de *sugere*, sucer). Phénomène en vertu duquel une racine absorbe l'eau où elle plonge. Les spongioles ou extrémités des racines sont les points où la succion des liquides a lieu avec le plus de force.

**SUCCISE.** On applique quelquefois cette épithète à la racine. La racine succise est un rhizome souterrain dont une extrémité est comme mordue.

**SUCCULENT, E.** Qui est rempli de suc. Fruit succulent, celui dont la chair est fondante ou la pulpe agréable au goût.

**SUÇOIRS.** En botanique, nom donné à de courtes racines adventives qui s'implantent en parasites sur des tiges vivantes et absorbent leur séve ; aux filaments qui se trouvent sur les vrilles des plantes sarmenteuses et grimpantes.

**SUFFRUTESCENT, E.** Se dit du sous-arbrisseau à base ligneuse, et dont la partie supérieure des tiges et des rameaux est herbacée. Qui a le port d'un sous-arbrisseau.

**SUJET.** L'arbre sur lequel on implante une greffe.

**SUPÈRE.** Placé en dessus. *Ovaire supère*, celui dont l'organe est complétement libre du calice. *Calice supère*, celui dont les divisions dominent le tube soudé à l'ovaire. Opposé à *infère*, qui signifie placé au-dessous.

**SUPÉROVARIÉ.** Dont l'ovaire est supère.

**SUPRA.** Mot latin qui signifie *sur*, *au-dessus*, et qui s'emploie dans les mots composés dérivés du latin, comme ἐπί s'emploie dans les mots composés dérivés du grec. *Supra-axillaire*, situé au-dessus de l'aisselle. Synon.: *super*.

**SUR-DÉCOMPOSÉ, E** (en latin *supra-decompositus*). Se dit des feuilles composées dont les folioles sont portées sur des rachis de troisième ordre. Dernier degré des feuilles décomposées.

**SUSPENDU, E.** *Ovule suspendu*, celui qui est fixé à l'angle interne de la partie supérieure d'une loge de l'ovaire.

**SUTURAL, E.** Qui naît, qui dépend d'une suture. *Placenta sutural*, celui qui est sur la suture.

**SUTURE** (de *sutura*, couture, fait de *suere*, coudre). En botanique, point de réunion de deux parties soudées, formé par une ligne verticale. Le trajet sur lequel se fait la déhiscence d'une capsule s'appelle suture. Les corolles gamopétales, les ovaires gamocarpellés présentent des sutures entre des bords appartenant à des feuilles différentes rapprochées en cercle. Les feuilles carpellaires isolées offrent une suture dite *ventrale*, résultant de la réunion de leurs deux bords.

**SUTURÉ, E.** Qui présente une suture.

**SYCONE** (du grec σῦκον, figue). Fruit composé d'un involucre charnu intérieurement, contenant une quantité de petites drupes, comme le fruit du figuier. Nom donné par Mirbel à l'inflorescence du figuier, qu'elle soit à l'état florifère ou à l'état fructifère.

**SYLVATIQUE.** Synon.: *sylvestre*.

**SYLVESTRE.** Plante sylvestre, celle qui croît spontanément dans les forêts.

**SYMÉTRIQUE** (du grec συμμετρία, formé de σύν, avec, μέτρον, mesure). En botanique, on appelle organe symétrique celui qui est susceptible d'être partagé en deux moitiés semblables. Les organes simples, feuilles, sépales, pétales, carpelles, etc., peuvent être ou ne pas être symétriques. Les organes composés, calice, corolle, androcée, gynécée, les appareils d'organes tels que les fleurs, sont toujours symétriques, et cependant peuvent être ou ne pas être de forme régulière.

**SYMPHYTANTHÉRÉ, E** (de σύν, union, φύω, je nais, ἄνθηρος, anthère). Dont les étamines sont soudées par les anthères. Peu usité.

**SYMPLOCION** (de σύν, avec, πλέκω, je noue). Anneau élastique des fougères.

**SYNANTHÉ, E** (de σύν, avec, ἄνθος, fleur). Viviani donne ce nom aux plantes dont les fleurs et les feuilles paraissent en même temps. Peu usité.

**SYNANTHÉRÉES.** Synon.: *composées*.

**SYNCARPE** (de σύν, réunion ou collection, καρπός, fruit). Fruit composé de plusieurs drupes nés d'une même fleur, comme le fruit de la mûre, de l'ananas, du magnolia. Synon.: *sorose*. V. ce mot.

**SYNCARPIE** (même étymologie). Phénomène qui consiste dans la soudure anormale de plusieurs fruits.

**SYNGÉNÈSE** (de σύν, union, γείνομαι, naître). Se dit des fleurs propres à la famille des composées dont les étamines sont soudées en tube par les anthères.

**SYNGÉNÉSIE** (même étymologie). Dix-neuvième classe du système sexuel de Linné.

**SYNONYMIE.** En botanique, application de plusieurs noms à une même plante. Partie de la science ayant pour objet la connaissance des noms donnés aux diverses espèces par les auteurs qui les ont on décrites ou mentionnées sous diverses dénominations, et la détermination qui doit être définitivement adoptée pour chacune d'elles.

**SYNOPSIS** (de σύν, ensemble, ὄψις, vue). Coup d'œil, aperçu jeté sur l'ensemble d'une science. Résumé. *Synopsis de la Flore des environs de Paris. Synopsis plantarum*, etc.

**SYNORHIZE** (de σύν, union, ῥίζιον, petite racine). Nom donné à la plante chez laquelle la radicule de l'embryon est soudée avec le périsperme.

**SYNZYGIE** (de σύν, ensemble, ζυγία, je joins). Nom donné par C. Richard au point de jonction de la base des cotylédons opposés. Peu usité.

**SYSTÈME.** Classification des plantes d'après certains principes qui ne sont pas la méthode naturelle. Le mot système s'applique aussi, d'une manière restreinte, à des définitions botaniques, par exemple à l'accroissement des végétaux dycotylédones. Ensemble d'organes simples, qui, par leur réunion, constituent un organe composé ou un appareil. *Système central*, celui qui se compose de l'étui médullaire et des couches ligneuses. *Système cortical*, celui qui est formé par l'écorce.

# T

**TABLIER.** Nom donné concurremment avec celui de *labelle*, à une division inférieure du périanthe des orchidées. Labelle est plus usité.

**TACHÉ, E, TACHETÉ, E.** Épithète qui s'applique à des parties quelconques de la plante, mais en général aux feuilles, sur le fond uniforme desquelles tranchent des taches, nettement circonscrites, d'une autre couleur. Synon.: *maculé*.

**TAILLE.** Terme d'horticulture. Opération par laquelle on coupe une partie des branches ou jets d'un arbre, pour lui donner une direction, une disposition, un aspect de convention, plus ou moins symétrique, ou pour lui faire rapporter de plus beaux fruits.

**TALLE** (du grec θαλλός ou θαλλίς, rameau vert, branchage; en latin *talea*). V. BOUTURE.

**TAMARISCINÉES.** Famille de plantes dicotylédones qui a pour type le genre *tamarix*.

**TARDIF, VE.** Plante tardive, celle qui fleurit ou fructifie vers la fin de l'automne.

**TAXONOMIE** (du grec τάξις, ordre, arrangement, νόμος, loi). Théorie des classifications des plantes, lois qui président à la classification des plantes. Exposition dogmatique, examen et discussion de ces lois. Exposition des divers systèmes et méthodes de classification.

**TEGMEN.** Mot latin qui signifie enveloppe. Nom donné à la membrane ou lame interne du spermoderme, au tégument de l'ovule situé sous la *testa*.

**TEGMENTS** (*des bourgeons*). Écailles, feuilles scarieuses qui, pendant l'hiver, enveloppent les jeunes feuilles de certains arbres, qui ne doivent prendre leur développement qu'au printemps. Synon.: *hibernacle*.

**TÉGUMENT** (du latin *tegumentum*, fait de *tegere*, couvrir). Enveloppe ou peau de la graine; spermoderme (V. ce mot). Les *téguments* sont des organes destinés à en protéger d'autres qu'ils recouvrent. Les bractées sont des téguments floraux. Le péricarpe peut être considéré comme le tégument de la graine, l'épisperme comme celui de l'amande ou de l'embryon, bien que, par abus de termes, on nomme téguments de la graine les tuniques ou l'épisperme qui font partie de la graine même et renferment l'amande.

**TENDU, E.** Qui se porte en avant.

**TÉPALE.** Mot proposé, mais non accepté, pour désigner chacune des pièces d'un périgone, les pièces du périanthe, ensemble de la corolle et du calice dans les monocotylédones.

**TÉRATOLOGIE** (de τέρας, monstruosité, prodige, λόγος, discours, traité). Terme proposé, en 1832, par Isidore-Geoffroy Saint-Hilaire, et aujourd'hui consacré par l'usage, pour désigner l'ensemble des connaissances sur les anomalies de l'organisation, tant animale que végétale. La *Tératologie végétale* est la science qui a pour objet l'étude des anomalies ou déviations accidentelles du type normal dans les plantes.

**TERCINE** (du latin *tertius*, troisième). Une des enveloppes de l'ovule; partie de l'ovule dans laquelle se développe le sac embryonnaire. V. NUCELLE et OVULE.

**TÉRÉBINTHACÉES.** Famille de plantes dicotylédones laiteuses ou résineuses qui a pour type le genre *térébinthe*, appelé aussi vulgairement *pistachier sauvage*.

**TERMINAL, E** (en latin *terminalis*). Qui occupe ou forme le sommet d'une partie, qui termine cette partie. Se dit d'une fleur qui termine une tige, d'une épine qui termine un rameau.

**TERMINOLOGIE** (du grec τέρμα, terme, λόγος, discours). Qui traite des termes d'une science. Ensemble des termes employés pour désigner les organes des végétaux d'une manière technique. Synon. : *glossologie*, qui est aujourd'hui préféré. Le mot *terminologie* était autrefois, quoique improprement, appliqué à l'organographie.

**TERNAIRE** (du latin *ternarius*, fait de *terni*, au nombre de trois). Expression employée pour désigner ce nombre et ses multiples. Dans les monocotylédones, les parties constituantes de la fleur sont, en général, en nombre ternaire.

**TERNÉ**, E. Disposé par trois. Se dit des épines réunies par trois, des fleurs qui naissent par trois au même point. Pour les feuilles composées à trois folioles, on dit mieux *trifoliolées*.

**TERNSTROEMIACÉES**. Famille de plantes dicotylédones qui a pour type le genre *ternstrœmia*.

**TESTA**. Tunique extérieure de l'ovule ou de la graine, suivant Gærtner, qui l'appelle aussi *enveloppe testacée* ; lame externe du spermoderme.

**TÊTE**. Se dit de la disposition sphérique des fleurs au sommet de la tige, d'organes rapprochés en une masse globuleuse.

**TETRA**. Mot grec qui signifie *quatre*, et qui, dans les mots composés dérivés de cette langue, a pour objet d'indiquer ce nombre. Synon. : *quadri*.

**TÉTRADYNAME** (de τέτρα, quatre, δύναμις, puissance). Se dit d'une fleur caractérisée par six étamines, dont quatre sont plus longues que les deux autres, ce qui appartient à la famille des crucifères et en est un des caractères essentiels.

**TÉTRADYNAMIE** (même étymologie). Quinzième classe du système sexuel de Linné, divisé en *tétradynamie siliqueuse* et en *tétradynamie siliculeuse*.

**TÉTRAÈDRE** (de τέτρα, quatre, ἕδρα, siège). Se dit d'un corps prismatique à quatre arêtes, d'un corps régulier formé de quatre triangles égaux et équilatéraux. Synon. : *quadrilatéral*. Une tige à quatre faces ou quatre arêtes est dite tétraèdre ou quadrilatérale.

**TÉTRAGONE** (de τέτρα, quatre, γωνία, angle). Qui a quatre angles et quatre côtés. Se dit, comme *tétraèdre*, de la tige qui porte quatre angles et quatre faces. V. Tétraèdre.

**TÉTRAGONÉ**, E (même étymologie). S'applique à une feuille allongée et à quatre faces.

**TÉTRAGYNE** (de τέτρα, quatre, γύνη, femme). Se dit d'un gynécée composé de quatre carpelles, surtout s'ils sont libres ou si les styles sont libres ; d'une fleur qui a quatre pistils.

**TÉTRAGYNIE** (même étymologie). Quatrième ordre du système sexuel de Linné, comprenant les fleurs à quatre pistils.

**TÉTRANDRE** (de τέτρα, quatre, ἀνήρ, ἀνδρός, mari, mâle). Se dit d'une androcée ou d'une fleur qui porte quatre étamines.

**TÉTANDRIE** (même étymologie). Quatrième classe du système sexuel de Linné, dans laquelle entrent les plantes à fleurs hermaphrodites pourvues de quatre étamines égales.

**TÉTRAPÉTALE** (de τέτρα, quatre, πέταλον, pétale). Se dit de la corolle formée de quatre pétales.

**TÉTRAPÉTALÉ**, E (même étymologie). Qui a quatre pétales, comme dans les crucifères.

**TÉTRAPHYLLE** (de τέτρα, quatre, φύλλον, feuille). Qui est composé de quatre folioles.

**TÉTRASÉPALE**. Qui a quatre sépales, quatre divisions au calice.

**TÉTRASPERME** (de τέτρα, quatre, σπέρμα, semence). *Fruit tétrasperme*, celui qui renferme quatre graines.

**THALAME** (du grec θάλαμος, lit nuptial). Réceptacle de la fleur ; extrémité du pédicelle où s'insèrent les organes de la fleur. Réceptacle de l'inflorescence des composées, selon Tournefort. Réceptacle fructifère dans les lichens, selon Willdenow ; Acharius désignait pareillement sous le nom de *thalamium* les apothécies formées par le thalle (V. ce mot), dans lesquelles un organe intermédiaire, périthèce ou *excipulum*, renferme immédiatement le nucléus, comme le *trypetelium* en offre un exemple.

**THALLE**, **THALLUS** (de θαλλός, rameau, fronde). Nom donné, dans les lichens, à l'organe qui porte la fructification, ou, en d'autres termes, au système végétatif de ces plantes, à l'expansion foliacée ou fruticuleuse qui constitue la tige des mêmes plantes. Le mot *thalle* correspond à celui de *fronde* dans les algues d'hyménophore, et à celui de *stroma* dans les champignons. On le voit aussi employé pour désigner la fronde ou la feuille des fougères.

**THÉCAPHORE** (de θήκη, boîte, φορός, qui porte). Se dit d'une surface qui porte des *thèques*, d'un réceptacle qui renferme des *thèques*. V. ce mot.

**THÈQUE** (de θήκη, boîte, gaine). Nom donné à une sorte de sachet sphérique ou ovale, à une sorte de sporange constitué par un utricule allongé ou globuleux qui renferme les spores, comme cela a lieu chez les lichens et chez un grand nombre de champignons.

**THYMÉLÉACÉES**. Famille de plantes dicotylédones, qui a aussi reçu les noms de *daphnoïdées*, ou de *daphnacées* et de *thymélées*.

**THYRSE** (du grec θύρσος). Mode d'inflorescence ; disposition des fleurs sur un pédoncule commun ramifié et affectant la forme pyramidale.

**TIGE** (en latin *caulis*). Partie de la plante qui s'élève de la racine, se divise en rameaux, et à laquelle se rattachent tous les organes qu'on a nommés appendiculaires. Comme elle forme la ligne centrale autour de laquelle sont disposées toutes les autres parties des plantes, on lui donne souvent le nom d'*axe végétal*. La tige des arbres ou végétaux ligneux dicotylédonés s'appelle ordinairement *tronc*.

**TIGELLE**. Jeune tige de l'embryon, qui ne

devient ordinairement apparente que par la germination.

**TILIACÉES.** Famille de plantes dicotylédones ayant pour type le genre *tilia* (tilleul).

**TISSU.** Nom sous lequel on désigne les parties solides élémentaires qui forment, par leur agencement, la substance des végétaux. On distingue un tissu élémentaire, qui est la base de toute l'organisation végétale, et que l'on nomme *tissu cellulaire ou utriculaire*, puis deux autres tissus secondaires, formés par une simple modification du premier, et que l'on nomme *tissu vasculaire, tissu fibreux*. V. les mots PARENCHYME, CELLULAIRE, UTRICULAIRE, VASCULAIRE, FIBREUX, FIBRO-VASCULAIRE.

**TOMBANT, E.** Se dit des tiges ou des rameaux qui retombent par leur propre poids. Synon.: *pendant*.

**TOMENTEUX, SE** (du latin *tomentum*, bourre, laine). S'applique aux organes que revêt une pubescence cotonneuse, un composé de poils mous, longs, flexueux, crépus ou feutrés.

**TORDU, E.** Qui est contourné, tordu sur soi-même. *Préfloraison tordue* (*præfoliatio contorta*) s'entend d'une corolle dialypétale à pétales latéralement imbriqués et enroulés dans le bouton.

**TORSION.** État de ce qui est tordu. *Torsion anormale*, celle qui, accidentelle dans un organe, est déterminée par une inégalité de développement dans les deux faces ou les deux côtés opposés de cet organe; elle peut avoir lieu verticalement ou amener un enroulement de haut en bas.

**TORTILE.** Qui se tord ou s'enroule spontanément, comme les organes appelés *vrilles*, comme les tiges dites *volubiles*. Peu usité.

**TORTUEUX, SE.** Synon.: *tordu*; mais s'applique plus particulièrement à la racine, à la tige, aux branches courbées inégalement en différents sens.

**TORULEUX, SE** (du latin *torus*, bosse, protubérance). S'applique particulièrement à l'ovaire, au fruit renflé sans articulation, à la silique de certains crucifères qui présentent des bosses ou renflements successifs déterminés par la présence des graines superposées.

**TORUS.** Réceptacle propre de la fleur, base de tous les organes qui la constituent.

**TOUFFU, E.** Qui émet un grand nombre de tiges rapprochées et amplement feuillées.

**TRAÇANT, E.** S'applique à la plante qui émet de longs rhizomes, à la tige qui rampe longuement, à la racine qui s'étend horizontalement et à peu de profondeur.

**TRACHÉE** (du grec τραχεῖα). On désigne par le nom de *trachées*, en botanique, les vaisseaux formés d'un tube extrêmement délicat, dans lesquels se trouvent un ou plusieurs fils enroulés en spirale serrée, et susceptibles d'être déroulés par la traction. M. de Mirbel considérait ces vaisseaux comme conducteurs de la sève. On nomme *fausses trachées* les vaisseaux rayés en spirale de De Candolle, conducteurs de la sève, comme les trachées proprement dites, mais qui ne se déroulent pas.

**TRANSPARENT, E.** Qui est assez mince et diaphane pour laisser passage à la lumière.

**TRANSPIRATION** (du latin *trans*, au delà, *spirare*, souffler, exhaler). Exhalation des liquides à travers les tissus végétaux. Fonction au moyen de laquelle la sève évacue, par les pores des différents organes, les fluides aqueux qui lui sont inutiles. Dans la feuille, la transpiration s'opère par la face supérieure, et l'absorption par la face inférieure.

**TRANSVERSAL, E.** Qui est disposé en travers. On désigne par le nom de *diaphragmes* les cloisons transversales qui divisent une cavité en plusieurs étages.

**TRAPÉZIFORME.** En forme de trapèze ou de quadrilatère; ce qui a quatre côtés inégaux et non parallèles.

**TRAPÉZOÏDE** (du grec τραπέζιον, trapèze, εἶδος, ressemblance). Qui se rapproche de la forme du trapèze. S'applique à la feuille qui présente la configuration d'un carré à côtés inégaux.

**TRÉMANDRACÉES ou TRÉMANDRÉES.** Petite famille de plantes dicotylédones, originaire de l'Australie, et dont le port a de l'analogie avec celui des bruyères. Elle a pour type le genre *tremandra*.

**TRI** (de τρεῖς, τρία, et du latin *tres*, trois). Placé à la tête des mots dérivés du latin ou du grec, signifie *trois*.

**TRIAKÈNE.** Qui est composé de trois akènes. *Fruit triakène*.

**TRIANDRE** (de τρεῖς, trois, ἀνήρ, ἀνδρός, mari, mâle). Qui porte trois étamines, comme les fleurs des graminées, des iris.

**TRIANDRIE** (même étymologie). Troisième classe du système sexuel de Linné, dans laquelle sont comprises les fleurs hermaphrodites pourvues de trois étamines libres.

**TRIANGULAIRE.** Qui a trois angles. *Tige triangulaire. Fruit triangulaire*.

**TRIANGULÉ, E.** Adjectif qui s'applique à la feuille présentant trois angles.

**TRIBU.** On donne, en botanique, le nom de tribus à des groupes ou sous-familles de plantes.

**TRICHOS.** Mot grec qui signifie cheveu et qui entre dans la composition de certains noms d'organes et de genres de plantes. Exemples : *trichocarpe*, qui a le fruit velu; *trichocalice*, qui a le calice velu, etc.

**TRICHOTOME** (du grec τριχά, triplement, τομή, incision). Qui est divisé par trois, qui forme trois parties. S'applique à la tige trifurquée, c'est-à-dire divisée en trois branches. Cette tige résulte d'une série d'axes définis à feuilles verticillées par trois, dont chacune émet elle-même, de son aisselle, un rameau trichotome.

**TRICOQUE** (du grec τρεῖς, trois, κόκκος, coque). Se dit d'un fruit composé de trois coques.

**TRICUSPIDE**, **TRICUSPIDÉ**, **E** (du latin *tres*, trois, *cuspis*, pointe). Qui présente trois longues pointes aplaties. Peu usité.

**TRIDENTÉ**, **E**. Qui a trois dents.

**TRIFIDE** (de *ter*, *tres*, trois, *findere*, fendre). Qui est d'une seule pièce divisée, à peu près jusqu'à la moitié, en trois. *Feuille*, *calice*, *involucre trifide*.

**TRIFLORE**. Qui a trois fleurs.

**TRIFOLIOLÉ**, **E**. S'applique aux feuilles composées, quand elles portent trois folioles au sommet du pétiole commun.

**TRIFURQUÉ**, **E** (de *tres*, trois, *furca*, fourche). Qui est divisé en trois parties très-déliées au sommet.

**TRIGONE** (du grec τρεῖς, trois, γωνία, angle). A trois faces et à trois angles.

**TRIGYNE** (de τρεῖς, trois, γυνή, femme). Se dit de la fleur à trois styles.

**TRIGYNIE** (même étymologie). Troisième ordre du système sexuel de Linné, comprenant les plantes dont les fleurs ont trois styles.

**TRIJUGUÉ**, **E** (de *tres*, trois, *jugum*, joug). *Feuille trijuguée*, celle qui a trois paires de folioles.

**TRILOBÉ**, **E**. Qui a trois lobes.

**TRILOCULAIRE** (de *tres*, trois, *loculus*, petite loge). Qui a trois loges. S'applique à l'ovaire et au fruit.

**TRINERVIÉ**, **E**. Qui a trois nervures.

**TRIPARTIT**, **E** (de *tres*, trois, *partitus*, partagé, divisé). Qui a trois divisions profondes.

**TRIPENNÉ**, **E** (de *tres*, trois, *penna*, aile). S'applique aux feuilles triplement pennées.

**TRIPÉTALE**. A trois pétales.

**TRIPHYLLE** (de τρεῖς, trois, φύλλον, feuille). Se dit d'un périanthe à trois sépales ou folioles.

**TRIPINNATISÉQUÉ**, **E**. Trois fois pennatiséqué.

**TRIPLINERVE**. Se dit de la feuille qui a trois nervures principales.

**TRIPTÈRE** (de τρεῖς, trois, πτερόν, aile). Qui a trois ailes. Se dit d'un calice, d'un fruit qui présente trois appendices membraneux ayant de l'analogie avec les ailes.

**TRIQUÈTRE** (du latin *triquetrus*, triangle). Se dit des tiges et des feuilles qui ont, dans leur longueur, trois faces planes, en manière de prisme. On dit aussi *triquèdre*.

**TRISÉPALE**. A trois sépales. *Calice trisépale*.

**TRISÉQUÉ**, **E** (de *tres*, trois, *secare*, couper, diviser). S'applique à une feuille ayant trois divisions, dont les deux latérales atteignant la nervure moyenne.

**TRISPERME** (de τρεῖς, trois, σπέρμα, graine). Qui a trois graines. *Capsule*, *baie trisperme*.

**TRITERNÉ**, **E**. Qui est trois fois *terné*, ou disposé par trois. *Feuilles*, *épines triternées*, c'est à dire trois fois divisées par trois.

**TRIVALVE**. A trois valves. S'applique à la capsule qui s'ouvre naturellement en trois valves.

**TROCHLÉAIRE** (du grec τροχιλία, poulie). Qui ressemble à une poulie, à une bobine discoïde et présentant une rainure sur le bord. Peu usité.

**TRONC**. Tige des végétaux ligneux dicotylédonés de grande dimension, des arbres.

**TRONQUÉ**, **E**. Qui est terminé brusquement par une surface plane ou par une ligne horizontale.

**TROPHOSPERME** (du grec τροφή, aliment, σπέρμα, graine). Mot créé par C. Richard comme synonyme de *placenta*. V. ce mot.

**TUBE**. Organe cylindrique creux, ouvert à son extrémité supérieure. Mot employé en botanique pour désigner, dans les enveloppes florales gamophylles, la portion inférieure, tubulée, qui résulte de la soudure des onglets. C'est ainsi que l'on dit : tube d'un calice gamosépale ou monosépale, tube d'une corolle gamosépale ou monosépale. Employé aussi pour indiquer une forme particulière d'enveloppe florale, comme *corolle en tube* ou *corolle tubuleuse*. *Tubes poreux*, ceux qui garnissent la face inférieure du chapeau des bolets. Vaillant, Haller et d'autres botanistes se sont servi du mot *tube* pour désigner le style des fleurs. De Mirbel, dans ses premières Études d'anatomie végétale, donnait le nom de *tubes* aux vaisseaux des plantes.

**TUBERCULE**. Renflement plus ou moins volumineux que présente la partie souterraine de certaines plantes, et dans lequel un développement extraordinaire de tissu cellulaire et de fécule a profondément modifié la nature normale du tissu végétal. Bourgeon souterrain, solide, de plantes vivaces, donnant naissance à une ou plusieurs tiges, selon qu'il est simple, multiple ou composé. Les tubercules tiennent une grande place dans l'alimentation de l'homme et des animaux ; ainsi sont la pomme de terre, la patate, l'igname.

**TUBERCULÉ**, **E**. Se dit d'une tige qui naît d'un tubercule, qui est tuberculée à sa base.

**TUBERCULEUX**, **SE**. Qui est de la nature du tubercule ; qui présente des tubercules.

**TUBÉREUX**, **SE** (du latin *tuberosus*, plein de bosses, de tumeurs). S'applique à une racine ou à une souche qui présente la forme d'un tubercule.

**TUBÉROSITÉ**. Épaississement ou nodosité en forme de tubercule.

**TUBULÉ**, **E**. Se dit du calice ou de la corolle dont le tube est allongé.

**TUBULEUX**, **SE**. En forme de tube. *Épaisseaux *tubuleux*, *Calice tubuleux*. Dans les plantes de la famille des composées, les fleurons (petites fleurs) sont dits *tubuleux*, quand ils ne sont point *ligulés*. V. ce dernier mot.

**TUMESCENT, E.** Qui grossit, qui enfle. S'emploie en tératologie végétale.

**TUMEUR** (de *tumor*, fait de *tumere*, s'enfler, se gonfler). On donne quelquefois ce nom aux loupes des végétaux.

**TUNIQUE** (en latin *tunica*). Se dit de l'enveloppe de l'ovule, ordinairement ouverte au sommet, au moins dans l'origine ; le *testa* prend quelquefois le nom de *tunique externe*, et le *tegment* celui de *tunique interne*. Se dit aussi des écailles, des feuilles charnues qui s'emboîtant les unes dans les autres, constituent l'ensemble d'un bulbe, comme dans l'oignon. *Tuniques séminales*, enveloppes qui accompagnent et protègent la graine après sa parfaite maturité.

**TURBINÉ, E** (du latin *turbineus*, fait de *turbo*, toupie). Qui a la forme d'une toupie, comme la rave. S'applique aussi au calice qui a la forme d'un cône renversé.

**TURION** (en latin *turio*). Mot employé par les botanistes d'une manière un peu vague, mais plus particulièrement dans le sens admis par Linné, qui donnait ce nom au bourgeon émis annuellement par la souche des herbes vivaces et dont le développement donne naissance à leur tige aérienne. L'asperge est un *turion*. Quelquefois on dit *turionifère* d'une plante qui porte des turions.

**TYPE** (du grec τύπος, modèle). Se dit d'un individu végétal qui réunit au plus haut degré tous les caractères de l'espèce.

**TYPIQUE.** Qui peut servir de type.

**TYPHACÉES.** Famille de plantes monocotylédones formée par A.-L. de Jussieu, et qui a pour type le genre *typha* (massette ou roseau).

# U

**ULIGINAIRE, ULIGINEUX, SE.** (du latin *uligo*, humidité terrestre). Qui croît dans les lieux humides, qui habite les prairies humides ou un peu tourbeuses.

**UMBELLE.** V. Ombelle.

**UMBILIC.** V. Ombilic. V. aussi Ombilical.

**UMBRACULE** (d'*umbraculum*, ombrelle, parasol). Sorte de disque qui couronne le pédoncule de certaines plantes cryptogames. Chapeau des agarics et des bolets à pédicule central.

**UMBRACULIFORME.** En forme d'ombrelle.

**UNCIFORME** (du latin *uncus*, crochu, *forma*, forme). En forme de crochet.

**UNCINÉ, E** (de *uncus*, crochet). Qui se termine en crochet. *Feuille uncinée*, celle dont le sommet est terminé par une pointe en forme de crochet.

**UNGUICULÉ, E** (d'*unguis*, ongle). Se dit d'un organe qui est muni d'un ongle ou onglet étroit et allongé.

**UNI.** Mis devant les mots dérivés du latin, signifie un seul, une seule. Ex. : *unicolore*, d'une seule couleur ; *uniflore*, à une seule fleur ; *unifoliolé*, à une seule foliole ; *unijugué*, à une seule paire de folioles ; *unilabié*, à une seule lèvre ; *unilatéral*, disposé sur un seul côté ; *unilobé*, à un seul lobe ; *uniloculaire*, à une seule loge ; *uni-paléacé*, qui est formé d'une seule écaille ou paillette ; *unisérié*, en une seule série, sur un seul rang ; s'applique souvent aux ovules lorsqu'ils sont disposés sur le placenta en une seule série ; *unisexué*, *unisexuel*, qui n'a qu'un sexe, mâle ou femelle, par opposition aux fleurs hermaphrodites ; les fleurs unisexuelles forment les classes vingt-et-une, vingt-deux et vingt-trois du système de Linné ; *univalve*, qui n'a qu'une valve. La correspondance d'*uni* est, dans les mots dérivés du grec, *mono* (de μόνος, un seul).

**URCÉOLÉ, E** (du latin *urceus*, cruche, godet, outre). En forme d'outre, de godet, de cruche. S'applique à une corolle gamopétale globuleuse, à ouverture étroite, comme celle du muguet.

**URNE** (du latin *urna*, fait de *urinari*, puiser). Nom donné à la capsule fructifère des mousses ; cette capsule est pédicellée, s'ouvre horizontalement par un opercule et renferme les sporules.

**URTICÉES, URTICINÉES.** Famille de plantes dicotylédones, ayant pour type le genre *urtica* (ortie).

**UTRICULAIRE** (du latin *uter*, outre). Se dit de la membrane qui recouvre les utricules ou grains polliniques. Se dit aussi d'une sorte de glande ou ampoule ; *glande utriculaire* ; il est aussi synonyme de cellulaire : *tissu utriculaire*.

**UTRICULE** (d'*utriculus*, petite outre). Organe ayant l'aspect d'une petite outre membraneuse. *Utricule de pollen*, grain de pollen. Le mot *utricule* est employé par les botanistes dans des sens bien différents. En *phytotomie*, il est synonyme de *cellule*, et la plupart des auteurs, dont il faut excepter toutefois MM. A. de Jussieu et Ad. Brongniart, l'ont fait du féminin. En *carpologie*, c'est, d'après Gærtner, une sorte de fruit sec, monosperme, dont le péricarpe est peu développé, bien que distinct, et ne fait corps intimement, ni avec le tégument séminal, ni avec le tube du calice. On l'emploie aussi pour désigner la petite capsule qui renferme les sporules des plantes cryptogames.

# V

**VAGINELLE** (de *vaginella*, petite gaîne, fait de *vagina*, gaîne). De Candolle a désigné sous ce nom la petite gaîne membraneuse qui, dans les diverses espèces de pins, entoure la base de chaque faisceau de feuilles.

**VAGINULE** (même étymologie). Petite gaîne qui embrasse la base du pédicelle de l'urne des mousses. Necker désignait sous ce nom les corolles tubuleuses ou les fleurons des composées flosculeuses, mais les botanistes n'ont pas accepté cette application.

**VAISSEAUX** (du latin *vas, vasis*, vase). En botanique, tuyaux, tubes grêles et allongés qui sont destinés à charrier dans les végétaux les sucs nécessaires à leur existence et à leur accroissement ; ils forment l'un des trois éléments constitutifs de l'organisation végétale. Ils sont formés par des cellules placées bout à bout, et dont la membrane transversale est oblitérée. On distingue plusieurs sortes de vaisseaux, *vaisseaux simples* ou *tubes*, *vaisseaux poreux*, *vaisseaux mixtes*, *vaisseaux trachées* ou simplement *trachées*, *vaisseaux réticulés* ou *fausses trachées*, que l'on désigne aussi quelquefois sous le nom de *vaisseaux annulaires*, *vaisseaux rayés* et *vaisseaux ponctués*, *vaisseaux lactifères*, que Schultz avait été jusqu'à nommer *vaisseaux vitaux*, mais qui ne sont plus considérés que comme des *pseudovaisseaux* ou faux vaisseaux.

**VALÉRIANÉES.** Famille de plantes dicotylédones ayant pour type le genre *valériane*.

**VALLÉCULE** (de *vallicula*, petite vallée). Intervalle déprimé qui sépare deux côtes dans le fruit des ombellifères, et dans lequel sont situés ordinairement les canaux résinifères colorés nommés bandelettes (*vittæ*).

**VALLÉCULÉ, E.** Qui présente des vallécules.

**VALVAIRE.** Qui appartient aux valves. Le calice et la corolle sont dits à *préfloraison valvaire*, quand les sépales ou les pétales s'appliquent dans le bouton l'un contre l'autre, en se touchant seulement par leurs bords, sans empiéter l'un sur l'autre, et sans se replier ni en dedans, ni en dehors, comme dans le calice des malvacées, de la clématite. *Cloisons valvaires*, d'après de Candolle, celles qui sont formées par le bord rentrant des valves, comme dans le rhododendrum. *Placentation valvaire*, celle qui s'attache aux valves d'un péricarpe déhiscent. *Valvaire* se dit quelquefois aussi de la graine fixée aux valves.

**VALVES** (en latin *valvæ*). Mot employé en botanique pour désigner diverses pièces qui entrent dans la formation des péricarpes, et qui, le plus souvent, s'ouvrent et s'isolent lors de la maturité des fruits. Quand le péricarpe est formé d'une seule pièce, partout continue et sans sutures, pièce qui ne s'ouvre pas régulièrement à sa maturité, on le dit *évalve* ou sans valves ; quand il s'ouvre par une seule suture ou en une seule pièce, comme dans les follicules des apocynées et des asclépiadées, on le dit *univalve*. Les épithètes de *bivalves*, *trivalves*, *quadrivalves*, *quinquevalves*, etc., *multivalves*, s'appliquent aux péricarpes qui s'ouvrent en trois, quatre, cinq, etc., ou plusieurs valves. Le mot *valves* a donné lieu à d'autres emplois impropres ; c'est ainsi que, dans la botanique descriptive, on s'en sert souvent pour désigner les diverses bractées ou folioles qui entrent dans la composition des spathes ; c'est ainsi encore que l'on en use pour désigner les folioles des glumes des graminées, et que l'on dit une *spathe univalve, bivalve*, etc., pour une *spathe à une, à deux folioles*, etc.

**VALVULE.** Petite valve. Les lobes de certaines anthères s'ouvrent par des valvules ; ainsi la déhiscence de l'anthère du *berberis* se fait, de bas en haut, en deux petits panneaux ou *valvules*.

**VARIÉTÉ.** Manière d'être, avec de légères modifications, des nuances, quelquefois difficiles à saisir, d'une même espèce. Cette espèce se reproduit par graine avec les mêmes caractères essentiels, qui sont néanmoins susceptibles de varier dans certaines limites, par la dimension, la couleur, l'aspect et le port, chez les individus provenant d'une même espèce. C'est surtout par les semis faits artificiellement, selon certaines conditions de culture, que l'on obtient des variétés, ce qui est le propre d'un horticulteur habile. Abandonnées au semis naturel, les variétés reviennent au type normal de l'espèce. On les fixe par les boutures et marcottes ; par ce moyen, on conserve facilement et l'on multiplie les variétés à fleurs doubles, à fleurs panachées, pour lesquelles les graines sont un moyen de multiplication très-incertain. Il y a des *sous-variétés* ou variétés du second degré.

**VASCULAIRE** (de *vasculum*, petit vaisseau). Qui est composé de vaisseaux, qui contient des vaisseaux. *Tissu vasculaire* ou *tubulaire*, *végétaux vasculaires*, ceux dont le tissu est constitué par des vaisseaux unis à des fibres et à du tissu cellulaire ; se dit par opposition à *végétaux cellulaires*, c'est-à-dire végétaux dont le tissu est constitué seulement par du tissu cellulaire.

**VASIDUCTE.** Inusité. V. RAPHÉ.

**VÉGÉTAL, PLANTE** (en latin *vegetabile, planta*). Être organisé, sans viscères, fixé et immobile, insensible, dont les éléments chimiques essentiels sont l'oxygène, l'hydrogène, surtout le carbone ; dont l'élément anatomique fondamental est la cellule ; et qui se nourrit au moyen de fluides absorbés par des points divers de sa surface, et élaborés dans toutes les parties de son tissu intérieur. Le règne végétal est l'un des deux embranchements des êtres organisés ; le règne animal est l'autre. Le nombre des espèces végétales est extrêmement considérable, même en faisant abstraction de celles qui ont disparu par l'effet des grandes révolutions géologiques, et dont les restes, plus ou moins altérés, existent encore dans l'épaisseur des couches terrestres. D'après Kunth (*Enumeratio plantarum*) et Humboldt (*Tableaux de la nature*), le nombre des végétaux phanérogames s'élève, d'après les calculs actuels, de 160,000 à 213,000, nombre que Humboldt ne considère comme donnant pas la moitié des phanérogames existants. De Candolle évalue à 56,000 le nombre des phanérogames décrites par les botanistes, ou conservées dans les herbiers, ou cultivées, estimation qu'Alexandre de Humboldt considère comme fort inférieure à la réalité. Quant aux végétaux cryptogames, le même auteur ne donne pas de chiffre général. Disons seulement que, vers l'année 1848, un relevé approximatif, donné par M. Ad. Brongniart, faisait évaluer de 115 à 120,000 les espèces de plantes, tant phanérogames que cryptogames, réunies dans l'herbier du Muséum d'histoire naturelle de Paris, et que ce chiffre a été encore augmenté depuis. M. Ad. Brongniart en tirait alors cette conséquence, que le chiffre de 200,000, pour l'ensemble des espèces qui peuplent probablement la surface entière de notre globe, ne saurait être regardée comme exagérée. On vient de voir que Humboldt, en ne comprenant pas dans son chiffre de 213,000 les espèces cryptogames, allait beaucoup plus loin.

**VÉGÉTATION.** Action de végéter ; développement successif de toutes les parties qui concourent à l'accroissement et à la perfection des végétaux. *Organes de la végétation*, la racine, la tige, les feuilles. Les *organes de la reproduction* sont les fleurs, les fruits et les graines.

**VÉHICULE** (du latin *vehiculum*, fait de *vehere*, charrier, porter). Se dit par rapport à l'air qui aide à l'action de la fécondation, en transportant, souvent à des distances considérables, l'élément pollinique, dont l'air est, dans ce cas, le véhicule.

**VEINES.** On désigne, en botanique, sous ce nom les nervures secondaires peu saillantes.

**VEINÉ, E.** Parcouru par de fines nervures.

**VELOURS** (du latin *velumen*). Nom donné par les botanistes à l'assemblage de poils serrés, mous, courts et ras que présente la surface de certains organes. De là l'épithète de *veloutés* donnée aux organes qui présentent une villosité de ce genre. Cette épithète est devenue spécifique pour certaines espèces de plantes.

**VELU, E.** Couvert de poils fournis, longs et menus, d'où est venu le substantif *villosité*. V. ce mot.

**VELUM.** Mot latin qui signifie voile, et que l'on a appliqué, dans le genre agaric, à la membrane qui part du bord du *chapeau*, dont elle est la continuation, et qui recouvre la face inférieure revêtue de *lames*, en s'avançant jusqu'au pédicule qu'elle embrasse et auquel elle reste quelquefois attachée en manière d'anneau nommé aussi collerette.

**VENTRAL, E.** Qui appartient à la face désignée sous le nom de ventre, dans les carpelles, et qui correspond au côté intérieur occupé par les bords soudés formant le placenta.

**VENTRU, E.** Qui est renflé au milieu, gonflé en manière de ballon. *Calice ventru*, *tube ventru* (de la corolle).

**VERNATION** (de *vernalis*, vernal, fait de *ver*, printemps). Arrangement des fleurs dans le bouton avant leur développement. Synon. : *Préfoliaison*, qui est plus usité.

**VERRUQUEUX, SE** (de *verruca*, verrue). Qui est chargé de protubérances en forme de verrues.

**VERSATILE** (de *versatilis*, fait de *versare*, verser, tourner). Qui se renverse aisément sur son support ; s'applique à de certaines anthères très-mobiles fixées par le milieu sur le filet.

**VERSICOLOR.** Qui change plusieurs fois de couleur pendant les phases de son développement. Telle est la corolle de certaines plantes de la famille des borraginées.

**VERTICAL, E** (du latin *vertex, verticis*, faîte, sommet). Dont la direction est perpendiculaire à celle du sol ; s'oppose à horizontal. S'applique à la direction de la feuille sur la tige, de l'ovule sur le placenta.

**VERTICILLE** (du latin *verticillum* ou *verticillus*, qui signifie proprement le bouton percé mis au bout d'un fuseau pour lui donner de la pesanteur). Disposition des fleurs autour de la tige et des rameaux, par séries horizontales ; ensemble d'organes disposés en cercle sur un même plan autour d'un axe. Ainsi, lorsque trois ou plusieurs feuilles, trois ou plusieurs fleurs s'attachent à la même hauteur autour d'un même point de la tige ou du réceptacle, leur arrangement constitue un *verticille*.

**VERTICILLÉ, E.** Qui est disposé en verticille.

**VÉSICULAIRE** (de *vesicula*, fait de *vesica*, vessie). On donne le nom de *glandes vésiculaires*, de *réservoirs vésiculaires* à de petites cavités creusées dans le tissu même des organes des plantes, surtout des feuilles, et dans lesquelles s'amassent des liquides spéciaux, tels que les huiles essentielles, qui sont le résultat de la sécrétion des tissus glanduleux ambiants.

**VÉSICULE** (même étymologie). Organe membraneux en forme de petite vessie. *Vésicule embryonnaire*, vésicule membraneuse, très mince, de laquelle naît l'embryon et qui est contenue dans le sac embryonnaire. Les *vésicules* sont aussi des renflements pleins d'air que présentent certaines plantes aquatiques, et qui forment pour elles des sortes de vessies natatoires. De Candolle oppose ces vésicules développées sur les organes foliacés aux ampoules qui se forment, dit-il, sur les racines; et il cite, comme exemple des premières, les renflements creux et clos de certains *fucus*, celui que présente le *trapa natans*. On peut juger par là que l'emploi du mot *vésicules* est assez arbitraire parmi les botanistes, qui désignent ainsi, plus vaguement encore, diverses cavités closes, divers organes creux de natures fort différentes.

**VÉSICULEUX, SE** (même étymologie). En forme de vésicule. Se dit surtout d'un calice membraneux et renflé, comme dans le *silene inflata*.

**VESPERTINE** (de *vesper*, soir). Se dit de la fleur qui s'épanouit après le coucher du soleil. Peu usité.

**VEXILLAIRE** (de *vexillum*, étendard). S'applique particulièrement au mode d'estivation ou de préfloraison des corolles papilionacées, dans lesquelles le pétale supérieur et impair, dont les dimensions dépassent en général celles des ailes et de la carène, protége et recouvre ces dernières en se ployant sur la médiane.

**VEXILLUM.** Mot latin qui signifie étendard. En botanique, pétale supérieur de la corolle des papilionacées, plus souvent désigné par le mot français *étendard*.

**VILLOSITÉ** (du latin *villus*, poil). Qualité d'une tige, d'une feuille velue.

**VIRENS.** Mot latin qui signifie verdoyant, d'où l'on a fait le mot *sempervirens*, toujours vert, appliqué aux plantes à feuilles persistantes.

**VIREUX, SE** (de *virus*, venin, poison). D'une odeur ou d'une saveur vireuse, ce qui est le propre de certaines plantes narcotiques plus ou moins vénéneuses. *Plantes vireuses.*

**VISQUEUX, SE** (du latin *viscosus*, gluant, tenace). Se dit de l'espèce d'enduit de consistance sirupeuse ou gluante qui recouvre les stigmates, et parfois certains autres organes des plantes.

**VITTA,** au pluriel *vittæ*. Mot latin qui signifie bandelettes. Canaux résinifères, c'est-à-dire remplis d'un liquide brunâtre, de nature résineuse. Vaisseaux des sucs propres des graines des ombellifères. On emploie le mot latin *vittatus*, d'où l'on pourrait former le néologisme *vitté* pour qualifier un fruit muni de canaux résinifères et aussi pour dire rayé de bandes colorées. V. VALLÉCULES.

**VIVACE.** S'applique à la plante dont la souche vit un nombre indéterminé d'années, que les tiges aériennes soient elles-mêmes persistantes, ou que, périssant chaque année, elles ne deviennent jamais ligneuses. Il suffit, pour qu'une plante soit dite *vivace*, que la vie se conserve dans sa portion souterraine.

**VIVIPARE** (du latin *viviparus*, fait de *vivus*, vivant, et de *parere*, engendrer). *Plante vivipare*, celle sur laquelle naissent, dans diverses parties, des bulbilles qui la reproduisent.

**VOLUBILE** (du latin *volubilis*, qui signifie tourner aisément). Se dit d'une tige, d'une vrille, etc., qui s'enroule en spirale autour des tiges voisines, dont elle se fait ainsi des supports. Il y a des tiges volubiles de droite à gauche, et d'autres de gauche à droite.

**VOLUTE** (du latin *voluta*, fait de *volvere*, tourner, rouler). Se dit, en botanique, de la feuille roulée en crosse, en volute. On en a fait l'adjectif *voluté, e*, qui a la même signification.

**VOLVA.** Mot latin. Membrane en forme de sac, qui renferme le champignon durant la première période de sa végétation. Cette enveloppe persiste plus ou moins, puis se rompt quand le développement pris par le végétal exige qu'il en sorte. On emploie souvent aussi le mot *bourse*.

**VOÛTE.** S'applique, en botanique, à la partie supérieure interne de l'ovaire; cette partie prend le nom de *voûte ovarienne*. S'applique aussi à la lèvre supérieure voûtée de la corolle bilabiée.

**VRILLE.** Dans le sens général, instrument qui sert à percer, à forer. En botanique, organe, appendice filiforme qui s'enroule en spirale autour des corps voisins et sert à soutenir la plante qui en est munie, comme cela a lieu pour la vigne, la bryone, etc. Les feuilles et les rameaux peuvent se terminer en vrille ou en prendre la forme. La nervure moyenne de la feuille ou rachis se termine en vrille dans beaucoup de légumineuses. Les vrilles de la vigne sont formées par la râfle, de grappes qui tantôt ont avorté complétement, tantôt ont conservé quelques grains à l'extrémité de cette râfle. La vrille n'est pas un organe particulier: elle provient généralement de l'avortement ou de la dégénérescence d'autres organes, du prolongement des nervures, etc.

# X

**XANTHOXYLÉES** ( de ξανθός , jaune , ξύλον , bois). Famille de plantes dicotylédones, à fleurs unisexuées qui a pour type le genre *xanthoxylon*. On écrit moins bien *zanthoxylées*.

**XÉROTÉ, E** (du grec ξηρός, sec, aride). Qui croît dans les lieux secs. Peu usité, sauf pour désigner la tribu des *xérotées*, de la famille des liliacées.

**XYLOLITHE** (de ξύλον, bois, λίθος, pierre). Bois pétrifié.

**XYLOPHILE** (de ξύλον, bois, φίλεω, j'aime, ami du bois). Se dit quelquefois de champignons qui végètent sur le bois pourri. Peu usité.

# Z

**ZANTHOXYLÉES**. V. XANTHOXYLÉES.

**ZONE** (du grec ζώνη, ceinture). Dans les végétaux dicotylédones, les parties constituantes de la tige, écorce et corps ligneux, sont disposées par zones ou couches circulaires concentriques.

**ZONÉ, E.** S'applique à une feuille qui présente une tache transversale en forme de zone.

**ZOOSPORE** (de ζῶον, animal, σπορά, semence). Nom donné à des sortes d'animalcules végétaux renfermés dans les organes désignés sous le nom de sporidées, et qui existent chez des plantes de la famille des algues. A une époque déterminée de la vie de certaines algues, la matière verte contenue dans les cellules ou dans les tubes qui constituent les plantes, subit une modification organique profonde, par suite de laquelle elle se transforme en corpuscules mobiles nommés *zoospores*, par MM. Decaisne et Thuret. Ces corpuscules sont globuleux ou ovoïdes et munis d'un appendice en forme de bec, qui est pourvu de cils vibratiles ou organes de locomotion. Là les cils tombent, le corpuscule s'allonge, germe en un mot, et reproduit une plante semblable à celle qui lui a donné naissance. Les mouvements commencent dans l'intérieur des tubes. Devenus libres (par leur sortie de la cellule), les *zoospores* s'agitent et s'abandonnent à des mouvements rapides, toujours dirigés vers la lumière, et qui paraissent instinctifs et volontaires. Ces mouvements, après avoir duré l'espace d'environ un quart d'heure, ne cessent qu'au moment où les *zoospores* se sont fixés sur les corps environnants. V. SPERMATOZOÏDES et SPOROZOÏDES.

**ZYGOPHYLLÉES** (de ζυγός, paire, deux par deux, φύλλον, feuille). Famille de plantes dicotylédones créée par Robert Brown, et qui a pour type le genre *zygophyllum* (fabagelle).

FIN DU DICTIONNAIRE DES TERMES DE BOTANIQUE.